Systematische Uebersicht

der

Thiere Brasiliens,

welche

während einer Reise durch die Provinzen von Rio de Janeiro und Minas geraës

gesammelt oder beobachtet

wurden

von

Dr. Hermann Burmeister,

o. ö. Prof. d. Zoologie und Direct. d. zool. Mus. der Universität zu Halle.

Dritter Theil.

Vögel (Aves).

Zweite Hälfte.

Berlin, 1856.

Druck und Verlag von Georg Reimer.

Vorrede.

Die systematische Uebersicht der Thiere Brasiliens, wovon die Säugethiere und Vögel vollendet vorliegen, findet mit diesem dritten Bande zunächst ihren Abschluß, weil ich im Begriff stehe, eine neue Reise nach Süd-Amerika anzutreten, und deshalb die weitere Bearbeitung meiner Materialien zunächst ruhen lassen muß. Indem ich mich in die mehr südlichen Gegenden des Continents zu begeben gedenke, welche bisher von Europäischen Naturforschern nur sehr wenig besucht waren, hoffe ich eine reiche Ausbeute interessanter Gegenstände für die Fauna dieses Gebietes zu machen und erspare die Fortsetzung meines Werkes um so lieber, als ich mit Benutzung der mir in Aussicht liegenden neuen Erwerbungen im Stande sein werde, eine umfassendere, also auch werthvollere Bearbeitung des vorliegenden Stoffes zu verheißen. Für die Vögel war, bei der großen Menge früherer Schriftsteller über diese Klasse, die Behandlung leicht und für mich wenig Neues übrig geblieben, zumal wenn es sich nur, wie hier, um eine „systematische Uebersicht" handelte; dennoch bin ich oft in den Fall gerathen, fremder Beihülfe mich bedienen zu müssen, weil meine eigene Sammlung begreiflicher Weise nicht alle bereits bekannten Arten umfassen konnte. Ich nenne hier gern und mit aufrichtigem Danke die HH. Geh. R. Lichtenstein in Berlin, Hofr. Reichenbach in Dresden, Dr. Hartlaub in Bremen und Dr. Cabanis in Berlin, welche sich durch bereitwilligen, gütigen Rath und direkte Mittheilung mir fehlender Materialien um die Vollendung meines Unternehmens verdient gemacht haben.

Halle, den 3. September 1856.

H. Burmeister.

Inhalt.

Funfzehnte Familie.

Zweigschlüpfer. Anabatineae.

Tracheophonen mit allermeist langem, mitunter zierlichem, gewöhnlich starkem, bald gradem, bald mehr oder weniger gebogenem Schnabel, dessen gangbarste Länge den Kopf übertrifft oder ihm wenigstens gleichkommt; die Spitze des Schnabels ist nicht eigentlich hakig, obgleich wohl etwas herabgekrümmt, meistens ganz grade, ohne Kerbe, mitunter gar etwas aufsteigend; die Nasengrube ist kurz und auf den Grund des Schnabels beschränkt, das Nasenloch in der vordersten Ecke angebracht; lange steife Borsten fehlen dem Schnabelrande allgemein, kaum sind einige feine Borstenspitzen am Gefieder des Schnabelgrundes sichtbar. Der Flügelschnitt ist kurz, die Form der Flügel mehr abgerundet als zugespitzt; die erste Schwinge daher stets bedeutend verkürzt. Der Schwanz hat zwölf meist lange, mitunter steifschaftige, zum Anstemmen geeignete Federn. Die Beine haben einen mäßig langen Lauf, dessen Vorderseite mit Tafelschildern bekleidet ist, welche weit nach hinten herumgreifen; in der Mitte der Laufsohle bleibt eine schmale Lücke, worin gewöhnlich nur eine einfache Reihe von Warzen sich bemerklich macht. Die Zehen sind ziemlich lang, besonders der Daumen und die vordere Mittelzehe; sie tragen große, nach Verhältniß starke, mitunter sehr stark gekrümmte Krallen. Die Außenzehe nähert sich zwar der Mittelzehe am Grunde, aber eine förmliche Verwachsung beider ist selten; dagegen schwankt ihre Größe auffallend, insofern sie bald die Länge der Mittelzehe erreicht, bald nur der Innenzehe gleichkommt. —

Die Mitglieder dieser Gruppe haben vorzugsweise eine rostgelbe, rostrothe oder rothbräune Farbe; zeichnen sich z. Th. durch blasse, scharfe Schaftstreifen auf ihrem Gefieder aus und leben an den kleinen Zweigen des niedrigen Buschwerkes, besonders den Schlingpflanzen, an denen sie meist in senkrechter Stellung wie die Certhien herumhüpfen und nach Insekten suchen. Mehrere von ihnen sind durch eine laute, kreischende Stimme ausgezeichnet. Sie bauen mitunter höchst kunstreiche Nester und legen größtentheils ganz weiße Eier.

1. Furnariinae.

Schnabel von Kopfeslänge oder etwas kürzer, seitlich zusammengedrückt, grade oder sanft gebogen, mäßig stark; die Nasengrube vortretend, das Nasenloch ziemlich groß, meist spaltenförmig. Flügel etwas über den Anfang des Schwanzes hinabreichend. Schwanz eher kurz als lang, gewöhnlich weich. Lauf hoch, hinten ganz glatt oder flach warzig. Zehen stark und z. Th. recht lang, die Außenzehe ziemlich kurz; die Krallen nur klein, aber scharf, mäßig gekrümmt; die Daumenkralle viel stärker und länger als die übrigen, wie überhaupt der ganze Daumen. —

Die Vögel gehen viel auf dem Boden, hüpfen zwar im Gebüsch herum, aber klettern nicht; sie sind z. Th. sehr dreist und kommen selbst bis in die Ansiedelungen. Ihr Hauptgebiet sind die Campos, Pampas und Savannen der inneren Gegenden Süd-Amerikas*). —

1. Gatt. Furnarius *Vieill.*

Galer. II. 300.

Figulus ***Spix.*** Opetiorhynchus ***Temm.***

Schnabel kaum länger als der Kopf, vorn höher als breit, am Grunde etwa so breit wie hoch, leicht gebogen; Gefieder bis auf die Nasengrube hinab reichend, ohne alle Borstenspitzen. Flügel stumpf, aber nicht gerundet, über die Basis des Schwanzes hinabreichend; erste Schwinge merklich, zweite wenig verkürzt, die dritte die längste. Schwanz weich, mäßig lang, breit gerundet, die äußeren Federn sichtbar verkürzt. Lauf sehr hoch, Zehen kräftig, Krallen kurz, scharf, ziemlich gebogen. — Die Vögel bauen große backofenförmige Nester

*) Außer den hier erwähnten 2 Gattungen gehören noch Geositta, Henicurus, Ochetorhynchus, Cillurus und Rhodinocinclus (Journ. f. Orn. I. 33.) hierher.

aus Lehm, welche in schwebender Stellung horizontal auf wagrechten Aesten angebracht sind und 2 Abtheilungen, eine Brütkammer und eine Wohnkammer enthalten, in welche letztere der stets links gelegene senkrechte halbelliptische Eingang führt. —

1. Furnarius rufus *Gmel.*

Merops rufus *Gmel. Linn.* s. Nat. I. 1. 456. — *Buff.* pl. enl. 739. — *Lath.* Ind. orn. I. 276. 22. —
Turdus badius *Licht.* Doubl. d. zool. Mus. 40. 451.
Figulus albogularis *Spix.* Av. Bras. I. 76. tb. 78.
Opetiorhynchus ruficaudus *Pr. Max.* Beitr. III. 6. 671. 2.
Furnarius rufus *D'Orb.* Voy. Am. mer. Ois. 250. — *Burm. Caban.* Journ. I. 167. 8. —
Hornero *Azara* Apunt. II. 221. 221.
João de barro der Brasilianer in Minas geraes.

Rostgelbroth, Oberkopf brauner, Unterseite lichter, die Kehle weißlich; Schwingen braun, Handschwingen am Grunde, Armschwingen am ganzen Innenrande blaß gesäumt. —

So groß wie ein Staar; — Gefieder rostgelbroth, der Oberkopf ziemlich dunkel, beinahe braun, wie die Schwingen; hinter dem Auge ein frischer gefärbter rostgelber Streif; ebenso die Kehlseiten, aber die Kehlmitte reiner weiß; Brust, Bauch und Steiß lichter gefärbt, als der Rücken, aber doch in demselben Ton gehalten. Handschwingen an der Basis eine kurze Strecke blaßgelb gesäumt, übrigens grau auf der Innenseite; Armschwingen am ganzen Innenrande mit blaßgelbem Saum. Schwanzfedern viel heller rostgelbroth als die Flügel. Iris gelbbraun; Schnabel braun, der Unterkiefer am Grunde weißlich; Beine braun. —

Ganze Länge 8″, Schnabelfirste 10‴, Flügel 4″ 2‴, Schwanz 2″ 8‴, Lauf 1″ 2‴, Mittelzehe 9‴ ohne Kralle. —

Im Innern des südlichen Brasiliens, auf dem weiten Camposgebiet von Minas geraes, Goyaz, Mato grosso, St. Paulo und hinab bis in die argentinische Republik ist dieser Vogel eine der merkwürdigsten und häufigsten Erscheinungen. Ich traf ihn zuerst am Fuße des Itacolumi, auf der Fazende Mainarte und war sehr erstaunt, das dreiste Geschöpf auf dem Hofe herumgehen und vor Niemandem sich fürchten zu sehen. Bei meiner Nachfrage erfuhr ich, daß er ein den Brasilianern heiliger Vogel (passerino catholico) sei, weil er an seinem großen, backofenförmigen Neste Sonntags nicht arbeite und das Flugloch desselben stets nach Morgen lege. Daß letztere Angabe nicht richtig sei, fand ich bald selbst und überzeugte davon auch mehrere Einwohner, die ich deshalb zu Rathe zog; die Sage, daß der Vogel Sonntags nicht arbeiten soll, hat wohl ihren Grund in der Schnellig-

1*

keit von 5—6 Tagen, womit er sein schwieriges Werk vollendet. Hat er also nicht grade am Sonntage begonnen, so ist er fertig, ehe der nächste Feiertag herankommt. Dies Nest, von dem D'Orbigny eine rohe Figur geliefert hat (Voy. Am. mer. Ois. pl. 55 fig. 2; — man vgl. den Atlas zu meiner Reise Taf. VI.), ist für den kleinen Vogel wirklich ein erstaunenswürdiges Werk; es ist unten über einen Fuß lang, 6—7 Zoll breit und gegen 8—9" hoch; so schwebt es, einem ovalen Backofen ähnlich, auf einem horizontalen starken Aste, selten auf einem Dachgiebel oder einem Kirchenkreuze, und hat an der linken Seite der einen längeren Fläche eine senkrechte halbelliptische Oeffnung so hoch, daß der Vogel darin stehen kann. Nach rechts neben der Oeffnung geht eine halbe Querwand durch das Innere des Nestes und darin brüten, auf weicher Unterlage von Grashalmen, Haaren und Federn, beide Gatten abwechselnd ihre 3—4 rein weißen Eier (*D'Orbigny* l. l. pl. 56 f. 3). Die erste Brut fällt in den Anfang des September, der Bau wird Ende August ausgeführt, indem beide Geschlechter große Lehmballen, wie Wallnüsse, aus dem Koth der Fahrwege holen und mit den Füßen auskneten; — eine zweite Brut wiederholt sich im Januar. Beide Gatten sind fast immer zusammen, sitzen vereint auf einer Dachspitze, und schreien jeden Vorübergehenden mit lauten, kreischenden Tönen an, wobei das Weibchen die zweite Stimme singt und beide eine genaue chromatische Tonleiter inne halten. Die ganze Scala fällt etwas von den höchsten Tönen zu den tiefern hinab. Sie vertheidigen ihr Nest gegen alle Angreifer, und durch Nachsicht verwöhnt, welche ihnen allerorts zu Theil wird, drücken sie in den possirlichsten Stellungen ihre Verwunderung aus, wenn man es wagt, ihnen zu nahe zu kommen. — Die Nahrung unseres Töpfervogels, den die Mineiros ihren Lehmhans (João de barro) nennen, besteht in Insekten, welche er auf dem Boden sucht; in der Luft oder an Zweigen sieht man ihn nie darnach haschen. — Weitere Mittheilungen habe ich, namentlich über die Art, wie das Nest gebaut wird, in *Cabanis* Journ. f. Ornith. I. S. 168 gegeben. —

2. Furnarius figulus *Ill.*

Turdus figulus *Illig. Licht.* Doubl. zool. Mus. 40. 450.
Furnarius rufus *Vieill.* Gal. II. 301. pl. 182.
Opetiorhynchus rufus *Pr. Max.* Beitr. III. 6. 667. 1.
Furnarius figulus *Reichenb.* Handb. 202. 493.
Furnarius melanotis *Swains.*

Rückengefieder hell zimmtroth, Bauchseite gelblich weiß, hinter dem Auge ein weißgelber Streif; Handschwingen mit blaßgelber Binde. —

Etwas kleiner als die vorige Art, übrigens ebenso gestaltet. Schnabel relativ feiner und kürzer, braun, die Kinngegend gelblich. Iris gelbbraun. Oberkopf dunkel zimmtrothbraun, an den Schläfen hinter dem Auge ein breiter blaßgelber Streif; die Ohrdecke besonders am oberen Rande schwarzbraun. Nacken, Rücken, Flügel und Schwanz hell einfarbig zimmtroth; die Schwingen braun, auf der Innenseite grau, nicht bloß mit blaßgelber Basis, sondern auch mit einer breiten blaßgelben Binde über die Mitte, welche mit dem ebenso gefärbten Saum des Innenrandes verfließt und an den Armschwingen allmälig schmäler und undeutlicher wird. Kehle, Vorderhals und Backen weiß; Brust und Bauchseiten gelblich, Bauchmitte und Steiß weiß. Beine fleischbraun. —

Ganze Länge 6½″, Schnabelfirste 7‴, Flügel 3″ 4‴, Schwanz 2″ 4‴, Lauf 1′, Mittelzehe 8‴ ohne Kralle.

Diese Art bewohnt die Campos der Provinz von Bahia und die weiter nordwärts gelegenen Districte; sie stimmt, so weit bekannt, in ihren Gewohnheiten ganz mit der vorigen überein und vertritt dort deren Stelle.

Anm. 1. Buffons pl. enl. 739 gehört nicht zu dieser, sondern zur vorigen Art, obgleich das Colorit manche Aehnlichkeit mit gegenwärtiger hat; aber die Größe des Vogels, der mangelnde Schläfenstreif und die Angabe, daß er von Buenos-Ayres stamme, entscheiden für die vorige Spezies. Dagegen ist Vieillots Abbildung ganz gewiß hierher und nicht zur vorigen Art zu ziehen; keinesweges aber Spix Figur; sie stellt die südbrasilianische Art in einer etwas zu dunklen Färbung vor. —

2. Swainson hat in seinen Two Century and a Quarter etc. pag. 324—351 noch eine ganze Reihe von Furnarii species unterschieden, über deren Rechtmäßigkeit ich kein Urtheil fällen kann, da ich sie nicht gesehen habe. Eine derselben, der Furnarius leucopus wird von Schomburgk (Reise III. 688. 110) als in Guyana einheimisch aufgeführt; die anderen hat Hofr. Reichenbach (Handb. I. 203. flgd.), der auch den F. melanotis als Art beibehält, kurz beschrieben. Ich kann im letzteren, mit Bonaparte und Gray, nur den ächten F. figulus entdecken.

3. Furnarius rectirostris *Pr. Wied.*

Opetiorhynchus rectirostris *Pr. Max.* Beitr. III. 679. 4. —
Figulus rectirostris. *Gray. Bonap.* Consp. 214. 3. — *Reichenb.* Handb. I. 204. 495.

Kopf, Flügel und Schwanz rostroth, Rücken matt olivenbraun; Unterseite gelblich olivenbraun. —

Schnabel ziemlich lang, stark, hoch, grade und zugespitzt, nach der etwas über den Unterkiefer vortretenden Kuppe sanft hinabgebogen; Oberkiefer hornbraun, Unterkiefer röthlichweiß mit brauner Spitze. Iris hochgelb. Rücken-Gefieder vom Kopf bis zum Schwanzende rostroth, Flügel und Schwanz dunkler mit Beimischung von braun; Rücken mit leichtem olivenfarbenen Anflug. Alle Untertheile sanft röthlich olivengelb, an der

Kehle reiner gelb, die Seiten von Brust und Bauch bräunlicher. Schwingen kürzer, der Flügelschnitt mehr gerundet, schwärzlich graubraun, die Außenfahne obenauf zimmtroth, die Innenfahne blaßgelb gesäumt. Beine hell graubrännlich. Schwanzfedern stufig abgesetzt, die mittleren verlängert.

Ganze Länge 8″ 8‴, Schnabelfirste 9‴, Flügel 3″ 6‴, Schwanz 3‴, Lauf 11‴, Mittelzehe ohne Kralle $7\frac{1}{2}$‴. —

Die Art ist nur vom Prinzen zu Wied im Innern der Provinz von Bahia auf deren Camposgebiet beobachtet worden; sie baut ein backofenförmiges Nest aus Lehm mit Kammern, wie die vorige und heißt auch dort João de barro. Der Vogel hüpft im Gebüsch herum, und wippt mit seinem viel längerm Schwanze; Gewohnheiten die den vorigen beiden Arten nicht zustehen.

Anm. Nach der Form des Schnabels und Schwanzes zu urtheilen muß dieser Vogel eine eigne Gattung bilden, welche auch Gray und Reichenbach annehmen.

2. Gatt. Lochmias *Swains.*

Myiothera *Licht.* Picerthia *Geoffr.*

Schnabel von Furnarius, nur etwas feiner; so lang wie der Kopf, höher als breit, sanft gebogen, mit grader Spitze; Nasenloch eine Spalte am unteren Rande der Nasengrube; Flügel kürzer, mehr abgerundet; die erste Schwinge sehr stark, die zweite ziemlich verkürzt, die dritte fast so lang wie die vierte längste. Schwanz kurz, die Federn ziemlich schmal, die Schäfte in stechende steife Spitzen verlängert. Beine zierlicher, der Lauf fein, die Hinterzehe minder stark verlängert, daher die vorderen relativ länger erscheinen, mit feinen wenig gebogenen Krallen; die Laufsohle mit glatten Warzen bekleidet. —

Lochmias nematura.

Myiothera nematura *Licht.* Doubl. d. zool. Mus. 43. 472.
Furnarius St. Hilarii *Less.* Traité d'Orn. 307. 5.
Lochmias squamulata *Swains.* Birds of Braz. pl. 33.
Myrmothera nematura *Ménétr.* Mon. d. Myioth. l. l. 474.
Lochmias nematura *Cabanis, Wiegm.* Arch. 1847. I. 231. — *Bonap.* Consp. 210. — *Reichenb.* Handb. I. 178. 411.
Lochmias St. Hilarii *Gray.* Gen. Birds XXII. no. 1.

Rauchschwarz, Rücken braun; Kehle Brust und Bauch mit weißem Tropfen auf jeder Feder.

So groß wie unsere Blaumeise (Sitta europaea), nur Schnabel und Kopf kleiner. Oberschnabel schwarzbraun, Unterschnabel und Beine blaß fleischbraun; Iris braun. Gefieder in der Hauptsache rußschwarz, der Rücken lebhafter braun, mit etwas olivenfarbenem Anfluge. Vorderste Stirn-, Zügel- und Ohrdeckenfedern mit gelblichen, scharfen Schaftstreifen. Schwanz tiefschwarz. Unterseite von der Kehle bis zum Steiß weiß getüpfelt, indem jede Feder auf der Mitte einen weißen Fleck hat, welcher an der Kehle und dem Halse die ganze Mitte ausfüllt, an den Seiten der Brust und des Bauches wie am Steiß sich zu schmalen Schaftstreifen verengert, und auf der Brustmitte aus solchem Schaftstreif mit runder Erweiterung am Ende besteht. — Untere Flügeldeckfedern weiß getüpfelt. —

Ganze Länge 5½″, Schnabelfirste 7‴, Flügel 3″, Schwanz 1½″, Lauf 10‴, Mittelzehe ohne Kralle 7‴.

Der Vogel war ziemlich häufig in Congonhas, dem Orte wo ich mich 3 Monate vom August bis November aufhielt; er zeigte sich des Vormittags im Garten hinter meinem Wohnhause an einem tiefen Bacheinschnitt, wohin gewöhnlich die Nachtstühle geschüttet wurden, lief hier auf dem Boden, selbst auf den Steinen des Baches, und suchte noch im Koth nach Fliegenmaden und andern Insekten. Nur mitunter hüpfte er auf die unteren Zweige der Gebüsche, mit feinen pfeifenden Tönen sich verrathend. Die Mineiros nannten ihn, wegen dieser ekelhaften Liebhaberei, den Präsidenten der Schweinerei (presidente da porcaria). Sein Nest habe ich nicht erhalten, auch keine laute oder eigenthümliche Stimme von ihm vernommen. Mein Sohn schoß mehrere Exemplare, da der Vogel nicht scheu ist. —

2. Dendrocolaptidae.

Schnabel allermeist viel länger als der Kopf, mitunter sehr lang, mehr oder weniger gebogen; die Spitze gerade und scharf, überhaupt der ganze Schnabel stärker und höher als in der vorigen Gruppe. Flügel ziemlich spitz, über den Anfang des Schwanzes merklicher hinab reichend, steiffedrig. Schwanz lang und sehr steif, die mittleren Schäfte stark verdickt, zum Anstemmen geeignet. Lauf mäßig lang, hinten mit kleinen Tafeln belegt. Zehen groß, stark, mit hohen, scharfen, sehr gekrümmten Krallen; Außen- und Mittelzehe genau gleich lang, am Grunde innig mit einander verwachsen. —

Die Mitglieder dieser Gruppe sind strenge Baumkletterer, welche den Boden nicht betreten, sondern senkrecht stehend nach Art der Spechte an den Baumzweigen herumhüpfen, hier nach Insekten in den Fugen und Spalten der Rinde suchend. —

Anm. Diese eigenthümlich gestaltete, leicht kenntliche Gruppe ist mehrmals monographisch bearbeitet worden, zuerst von G. R. Lichtenstein in den Abh. d. Kön. Acad. z. Berlin, phys. math. Cl. a. d. J. 1818 und 1820. S. 255. und kürzlich von Lafresnaye (Guèr. Rev. zool. 1849 und 1851.). Eine Zusammenstellung aller Arten enthält *Reichenb.* Handb. d. spez. Orn. I. S. 176. flgd.

A. Schnabel breiter als hoch, ziemlich dick und wenig gebogen, von Kopfeslänge.

3. Gatt. Dendrocincla *Gray.*

Dryocopus *Pr. Wied.*

Schnabel grade, etwa so lang wie der Kopf, breiter als hoch, die Firste nach der Spitze hin sanft gebogen; am Ende mit einem Häkchen hinabgewölbt, aber ohne Kerbe daneben. Nasengrube vortretend, mit schmalem spaltenförmigem Nasenloch am unteren Rande. Flügel mäßig lang, etwa ein Drittel des Schwanzes erreichend. Schwanz stark, die Federn stufig abgesetzt, die Schäfte mäßig steif, mit vortretenden etwas gebogenen Spitzen. Beine nach Verhältniß hoch und schlank, übrigens wie bei Dendrocolaptes.

Dendrocincla turdinea.

Gray. Gen. of the Birds. — *Reichenb.* Handb. I. 191. 459.
Dendrocolaptes turdineus *Lichtenst.* l. l. 1818. 204. tb. 2. f. 1. — 1820. 264. 7. — Doubl. z. Mus. 16. 150. — *Kittl.* Abb. tb. 24. f. 1.
Dryocopus turdineus *Pr. Max.* Beitr. III. 1112. 1. —
Dendroceps turdineus *Lafresn.* Rev. zool. 1851. 465. 7.

Ganzes Gefieder olivenbraun, Kehle röthlich gelb, Unterrücken röthlichbraun. —

Schnabel blaßbraun, der Unterkiefer weißlich; Iris braun. Ganzer Körper etwas trüb olivenbraun, die Unterseite etwas lichter; Stirn und Oberkopf sehr matt lichter gestreift; Kehle gelbröthlich überlaufen; Unterrücken etwas röther braun. Schwingen lebhafter braun, der Innensaum rostroth, die Spitze graubraun. Schwanz rothbraun. Beine bleigrau.

Ganze Länge 8″ 2‴, Schnabelfirste 9‴, Flügel 3″ 10‴, Schwanz 3″ 3‴, Lauf 10‴, längste Vorderzehe 7‴ ohne Kralle. —

In den Waldungen der Küstenstrecke von Rio de Janeiro bis Bahia, aber nicht häufig; lebt wie die Dendrocolapten an den Zweigen der Bäume.

Anm. G. R. Lichtenstein beschreibt a. a. O. noch 2 Arten, welche ich nicht kenne; ihre Diagnose lautet wie folgt:

Dendrocincla fumigata: Dendrocolaptes fumigatus *Licht.* l. l. 203. 1818 und 264. 8. 1820. — Rostro nigro, capite corporeque immaculato fumigato; vitta utrinque duplici supra et infra oculos pallida. Long. 8″.

Dendrocincla merula: Dendrocolaptes merula *Licht.* I. l. 208. 17. 1818 und 264. 9. 1820. — Rostro brevi, nigrescente, mento albido; corpore toto obscure guajacino, gula alba. Long. $7\frac{1}{2}$".

Ueber beide Arten vgl. auch *Lafresn.* Rev. zool. 1851. 466 und *Reichenb.* Handb. I. 191. —

4. Gatt. Dendrocopus *Swains.*

Premnocopus *Cabanis.*

Schnabel dick, stark, nicht länger als der Kopf, breiter als hoch, mit stumpfer sanft gewölbter Rückenfirste und leichter Biegung abwärts; Nasenloch weit, kreisrund. Flügel und Schwanz ziemlich lang, die ersteren zumal bis beinahe zur Mitte des Schwanzes reichend. Schwanzfedern kurz zugespitzt, die Enden der Schäfte wenig vortretend, nicht abwärts gebogen. Beine mäßig stark; die Zehen nicht ganz so lang wie bei den folgenden, aber auch nicht sehr dünn; die Krallen minder stark gebogen als bei den gleich großen Dendrocolaptes-Arten. —

Bewohnen einzeln die großen dichten Waldungen und machen sich durch ihren dicken, ganz schwarzen, flach gewölbten Schnabel sehr kenntlich. —

Dendrocopus platyrhynchus.

Dendrocolaptes platyrostris *Spix* Av. Bras. I. 87. 3. tb. 89. —
Dendrocolaptes melanops *Less.* Suppl. à *Buff* 283. — Rev. zool. 1840. 269.
Dendrocolaptes fortirostris *Such*, zool. Journ. II. 115.
Dendrocopus platyrostris *Swains.* Class. of. birds, 314. — *Lafresn.* Rev. zool. 1851. 326.
Dendrocolaptes platyrhynchus *Reichenb.* Handbuch I. 194. 473.

Tabacksbraun, Kopf, Hals und Unterbrust blaßgelb gestreift; Bauch und Steiß schwarz quergewellt. Kehle weiß, Vorderhals schwarz getüpfelt. —

In Größe und Ansehn dem Dendrocolaptes decumanus ähnlich, aber durch den kürzern, niedrigern und breitern Schnabel verschieden. Schnabel schwarzbraun, Iris gelbbraun. Gefieder des Rumpfes tabacksbraun, die Flügel und Schwanzfedern rostrother. Oberkopf schwärzlich braun, jede Feder mit einem blaßgelben Fleck, welcher nach der Stirne zu runder, nach dem Nacken zu länglicher gestaltet ist; ähnliche aber längere Schaftstreifen am Halse und der Brust besonders an den Seiten; die Streifen des Vorderhalses schwarzbraun an jeder Seite punktirt, die der Oberbrust ähnlich, aber matter. Kehle weißlich, die Federnränder mehr gelblich angelaufen; die Gegend über dem Auge und am Ohr deutlicher weißgefleckt, schwarz punktirt; Bauch und Steiß blaßgelblicher, die Federn mit feinen schwarzen Querwellen gezeichnet, welche aber nicht so deutlich sind, wie bei Dendr. decumanus. Schwanz lebhafter rostroth als die Außenseite der Schwingen; die Innenseite braun, der Saum blaßgelbroth; innere Flügeldeckfedern blaß ochergelb, braun gesäumt. — Beine dunkel bleigrau. —

Ganze Länge 9½″, Schnabelfirste 1½″, Flügel 4⅓″, Schwanz 4″, Lauf 1″.

Spix entdeckte diese Art in den Wäldern bei Rio de Janeiro, sie ist dort nicht häufig und gehört überhaupt zu den seltenen. In ihrer Lebensweise weicht sie, so weit bekannt, von den übrigen nicht ab. —

B. Schnabel höher als breit, besonders nach vorn stark zusammen gedrückt, in den meisten Fällen mehr gebogen und länger als der Kopf.

5. Gatt. Dendrocolaptes *Herm.*

Schnabel hoch, stark seitlich zusammengedrückt, viel höher als breit, mit stumpfer aber deutlicher Firstenkante; Nasengrube mit großem runden offnem Nasenloch an der Spitze. Flügel und Schwanz ziemlich lang, wenigstens nicht kürzer als bei den folgenden Formen, beide ohne besondere Auszeichnung. Beine stark und je nach der Größe des Vogels um so kräftiger, je dicker und kräftiger die Schnabelbildung ist. Gefieder am Kopf und Unterleibe streifig gefleckt.

A. Schnabel und Beine sehr kräftig, ersterer besonders hoch und daher plumper erscheinend als bei den folgenden Arten; Nasenloch ganz kreisrund. Dendrocopus *Vieill.* Dendrocolaptes *Bonap.*

1. Dendrocolaptes decumanus *Licht.*

Lichtenst. a. a. O. 1820. 256. 1. tb. 1. fig. 1. — *Spix* Av. Bras. I. 86. 1. tb. 87.
Dendrocolaptes guttatus *Pr. Max.* Beitr. III. 1120. 1.
Dendrocopus albicollis *Vieill.* N. Dict. Tm. 26. pag. 117. — *Lafresn.* Rev. zool. 1850. 98. — *Reichenb.* Handb. I. 189. 454.

Tabacksbraun, Schwingen nach innen und die Schwanzfedern mehr rothbraun, Oberkopf schwärzlich; alle Federn des Kopfes, Halses und der Brust mit blaßgelben Schaftstreifen, Bauch schwarz quer gebändert, Kehle einfarbig weißgelb. —

Die größte Art unter den in Brasilien einheimischen. Schnabel tief und glänzend schwarz; Iris braun; Beine dunkel bleigrau, die Krallen brauner. Gefieder in der Hauptsache von der Farbe getrockneter Tabacksblätter, also röthlich olivenbraun, der Oberkopf mehr schwarzbraun; jede Feder der Stirn, des Scheitels, Halses und der Brust mit einem blaßgelben Schaftstreif, welche Streifen hinter dem Auge und am Ohr breiter und vorherrschender sind, und zunächst neben sich die dunkelste Grundfarbe haben. Kehle und Anfang des Halses gelblich weiß, ohne alle Streifen; Brustmitte Bauch und Stirn mit dichten schwarzbraunen Querlinien, die zuerst an der Brust als kleine Punkte neben den hellen Schaftstreifen auftreten. Unterrücken lebhaft rostgelbbraun. Schwingen unten und an der Innenseite entschieden rothbraun; der Schwanz von derselben Farbe, aber matter; die Federschäfte an beiden außen schwarzbraun, innen rothgelb.

Ganze Länge 11″, Schnabelfirste 1″ 8‴, Flügel 5½″, Schwanz 3½″, Lauf 1″, beide verwachsene Zehen 1″ 2‴ ohne die Krallen.

Ich erhielt diese seltene Art nur einmal bei Neu-Freiburg, wo sie in der Nachbarschaft erlegt worden war. Der Vogel lebt nur im Urwalde und kommt nicht leicht in die Nähe der Ansiedelungen; wenigstens nicht in stark bevölkerte Gegenden. Der Prinz zu Wied traf ihn von Rio de Janeiro bis zum Rio Espirito santo.

Anm. Obgleich Vieillots Benennung älter ist, als die von Lichtenstein, so eignet sie sich doch nicht zur Annahme, weil der Ausdruck albicollis dem Vogel durchaus nicht gebührt. Azara's Trepadore grande (Apunt. II. 277. no. 241.) wird von Lichtenstein zu dieser, von Lafresnaye zur folgenden Art gezogen. Ich setze die Beschreibung nach dem Spanischen Original her: „Länge 12½″, Schwanz 3⅚″, Flugbreite 18″. Ganzes Gefieder tabacksfarben, etwas mehr röthlich; weniger frisch und etwas gelbbräunlich auf der Unterseite; auf jeder Feder der Kehle und einem Theil der Brust zeigt sich ein breiter dunkler Streif, welcher an andern weißlich ist. In der Umgegend am Bauch und den Seiten stellen sich dunkle Querlinien ein.“ — Hiernach glaube ich nicht, daß Azara diese, sondern die folgende Art vor sich hatte.

2. Dendrocolaptes cyanotis.

Lichtenst. a. a. O. 264. 5. — *Le Vaill.* Prom. et Guêp. pl. 25.
Dendrocolaptes falcirostris *Spix.* Av. Bras. I. 86. 2. tb. 88. — *Reichenb.* Handb. 189. 455.
Dendrocopus major *Vieill.* N. Dict. Tm. 26. pag. 118.
Dendrocolaptes major *Lafresn.* Rev. zool. 1850. 103. 6.
rubiginosus *Laf.* Mag. d. Zool. III. pl. 16. Cl. II.

Blaß röthlich tabacksbraun, Flügel und Schwanz rothbraun; Kopf, Hals und Brust matt lichter und dunkler gestreift, Bauch dunkler gebändert.

So groß wie die vorige Art, aber der Schnabel nicht ganz so hoch und deshalb länger erscheinend. Schnabel hellbraun, im Leben bläulich braun, aber nicht schwarz; Iris grau. Gefieder tabacksbraun, die Rückenseite mit rothbraun überlaufen; Flügel und Schwanz deutlicher rothbraun; Ohrgegend und Backen ins gräuliche fallend, die Bauchfläche falber. Stirn,

Oberkopf, Vorderhals und Brust mit matten blaßgelblichen Schaftstreifen, deren Ränder dunkler eingefaßt sind, daher diese Theile heller und dunkler gestreift erscheinen; die meisten und schärfsten Streifen auf der Brust, die Kehle einfarbig weißgelb, die Brustseiten dunkler punktirt; die Mitte der Unterbrust und der Bauch dunkler quergebändert, in der Anlage also ganz wie bei der vorigen Art, aber die Zeichnung nirgends so deutlich. Beine braun. —

Ganze Länge 10½", Schnabelfirste 1½", Flügel 4⅓", Schwanz 4".

Der Vogel bewohnt die Waldungen des Inneren von Brasilien und scheint von Spix anfangs nicht als eigne Art beachtet zu sein, weil er keinen Fundort angiebt. D'Orbigny brachte ihn aus Bolivien mit. Azara beschreibt ihn für Paraguay.

B. Schnabel niedriger und besonders flacher erscheinend; die Beine dünner, mit feineren Zehen.

a. Schnabelform minder gebogen, grader, dicker und breiter am Grunde. Nasenloch ganz rund. Nasica *Lafr.* Dendrocops *Swains.* Premnocopus *Reichenb.*

3. Dendrocolaptes guttatus *Licht.*

Lichtenst. l. l. 1820. 264. 6. —
Dendrocolaptes flammeus *Id.* 1818. 201. no. 7.
Nasica guttatus *Lafresn.* Rev. zool. 1850. 385. 5.
Premnocopus guttatus *Reichenb.* Handb. I. 186. 443. —

Tabacksbraun, Oberkopf, Hals, Brust, Bauch und Steiß mit hellen Schaftflecken oder Streifen; Flügel und Schwanz rothbraun. —

Aehnelt durch den ziemlich kräftigen Schnabel und die Färbung am meisten dem D. cyanotis, ist aber kleiner und bis zum Steiß licht gestreift. Schnabel braun, der Unterkiefer weißlich, nach der Spitze zu allmälig braun werdend. Oberkopf dunkelbraun, jede Feder mit einem gelben runden Mittelfleck. Am Halse werden diese Flecken länglicher und an der Brust zu wahren, hier schwarzbraun gerandeten Schaftstreifen. Die Kehle ist ganz gelb. Der Bauch und der Steiß haben ebenfalls helle Schaftstreifen auf jeder Feder, aber sie sind blasser, schmäler und an den Seiten matt dunkler punktirt. Flügel und Schwanz einfarbig rothbraun, die Schäfte der mittelsten Schwanzfedern sehr steif und abwärts gebogen, mit geschwungener Spitze. Beine bläulich fleischbraun, die Krallen hellbraun. —

Ganze Länge 9", Schnabelfirste 1⅓", Flügel 4¼", Schwanz 3⅔", Lauf 1".

Die Art ist hier nach einem Exemplar unserer Sammlung beschrieben, das von Berlin bezogen wurde; ihre Heimath fällt in die Gegend von Bahia.

4. Dendrocolaptes obsoletus *Licht.*

Lichtenst. l. l. 1818. 203. 10. — 1820. 265. 10. —
Pr. Max Beitr. III. 6. 1125. 2. —
Nasica obsoletus *Lafresn.* Rev. zool. 1850. 425.
Premnocopus obsoletus *Reichenb.* Handb. I. 188. 452.

Tabacksbraun; Oberkopf, Hals und Brust mit blaßgelben Schaftflecken oder Strichen; Flügel und Schwanz rothbraun.

In der Schnabelform ähnelt diese Art der vorigen sehr, er ist aber nicht ganz so hoch und sieht darum noch grader aus; Oberkiefer braun, Unterkiefer blaßgelb. Iris graubraun. Gefieder wie gewöhnlich tabacksfarben, der Oberkopf dunkler braun, jede Feder mit blaßgelbem Schaftfleck; die Kehle hell rostgelb, ungefleckt; Hals und Brust mit blaßgelben Schaftstreifen, die schon mehr verloschen sind, als bei der vorigen Art; Bauch und Steiß ungefleckt. Flügel und Schwanz rothbraun, die Innenseite der ersten graubraun; mittlere Schwanzfedern relativ kürzer, aber ebenfalls mit steifen, am Ende etwas abwärts gewundenen Schäften. Beine graulich braun, dünner und namentlich die Zehen viel zierlicher als bei D. guttatus; die Krallen hellbraun. —

Ganze Länge 8″, Schnabelfirste 1″ 3‴, Flügel 4″, Schwanz 3½″, Lauf 9‴; längste Zehen ohne die Kralle 6‴. —

Die Art findet sich im Waldgebiet des nördlichen Brasiliens und wurde der Berliner Sammlung hauptsächlich aus der Gegend von Para übersendet. Ihre Lebensweise ist die der vorigen.

Anm. In denselben Gegenden ist eine andere Art zu Hause, welche ich nicht kenne, daher nicht beschreiben kann, und nur kurz definire:

5. Dendrocolaptes longirostris *Illig.*

Licht. l. l. 1818. 200. 2. — 1820. 263. 2. — *Le Vaill.* Prom. et Guêp. pl. 24. — Nasica nasalis *Less.* Traité 311. — N. albicollis *Less.* Suppl. à Buff. 280. — N. longirostris *Lafresn.* Rev. zool. 1850. 383. 1. — *Reichenb.* Handb. I. 180. 417. —

Schnabel sehr lang, ziemlich stark gekrümmt, aber hoch, weißgelb gefärbt; Gefieder röthlich tabacksbraun; Oberkopf dunkler, er und der Nacken mit blaßgelben Schaftstreifen; Kehle weiß, desgleichen ein Streif über dem Auge; Vorderhals, Brust und Bauch mit rein weißen, schuppenförmigen Schaftflecken. Beine kräftiger als bei den vorigen 2 Arten. — Ganze Länge 12½″, Schnabel 2″, Flügel 5½″, Schwanz 4″.

b. Schnabel entschiedener gebogen, niedriger, feiner, spitzer; das Nasenloch kleiner, mehr oder minder oval gestaltet. Lepidocolaptes *Reichenb.* Picolaptes *Lafr.*

6. Dendrocolaptes squamatus *Licht.*

Lichtenst. l. l. 1820. 258. 2. tb. 2. Fig. 1. — Doubl. 17. 152.
Picolaptes squamatus *Lafresn.* Rev. zool. 1850. 148. 1. — 1851. 318.
Lepidocolaptes squamatus *Reichenb.* Handb. I. 184. 432.
Xiphorhynchus maculiventer *Less.* Suppl. à *Buff.* 283.
Dendrocolaptes Wagleri *Spix.* Av. Bras. I. 88. 5. tb. 90. Fig. 2.

Rückengefieder gelbbraun, Flügel und Schwanz etwas rostrother; Unterseite schwarzgrau, mit breiten weißen Schaftstreifen. —

So groß wie ein Staar, feiner und zierlicher gebaut als die früheren Arten. — Gefieder des Rückens, von der Stirn an, hell gelbbraun, lebhaft glänzend; Flügel und besonders der Schwanz röthlicher, rostbraun; Oberkopf nach der Stirn zu dunkler, jede Feder mit hellgelbem Schaftstreif, der sich nach der Spitze zu etwas erweitert und lebhafter färbt; ähnliche aber schmälere Streifen im Nacken. Kehle rein weiß, Backen und Schläfen weißlich, die Federn fein schwarz gerandet, der obere Augenrand weiß, die Gegend hinter dem Auge dunkler. Vorderhals, Brust und Bauch schieferschwarz, aber auf jeder Feder ein breiter, spitzer, weißer Schaftstreif, welcher fast die ganze Mitte einnimmt. Schwingen schwarzbraun, Außenfahne rostgelbroth, Innenfahne der Armschwingen blaßgelb gesäumt. Beine graubraun, die Krallen bräunlicher. Oberschnabel blaßbraun, Unterschnabel weißlich. Iris graubraun. —

Ganze Länge 8″, Schnabelfirste 1″ 2‴, Flügel 4″, Schwanz 3″, Lauf 8‴. —

Ich erhielt diese Art in Neu-Freiburg, woselbst sie die benachbarten Gebirgswaldungen bewohnte und nicht eben selten war; südwärts geht sie bis St. Paulo, nordwärts vielleicht bis Bahia; da sie aber der Prinz zu Wied auf seiner Reise nirgends getroffen hat, so kann sie nach dieser Richtung hin wenigstens nicht häufig sein.

Anm. Der Dendrocolaptes Wagleri von Spix paßt nach der Abbildung ziemlich gut zu meinen Individuen, daher ich die im Text angegebene etwas geringere Größe für nicht genügend halten möchte, auf ihn mit Lafresnaye (Guer. Rev. zool. 1851. 319.) und Reichenbach (Handb. I 1. no. 433.) eine eigene Art zu gründen. Der ganz blaßgelbe Schnabel und die etwas dunklere Farbe sind außerdem die erheblichsten Unterschiede des D. Wagleri.

7. Dendrocolaptes tenuirostris *Licht.*

Lichtenst. l. l. 1820. 265. 13. — Doubl. d. zool. Mus. 17. 153. — *Pr. Max z. Wied* Beitr. III. 1127. 3. — *Spix* Av. Bras. I. 88. 7. tb. 91. f. 2.
Picolaptes guttatus *Less.* Cent. zool. 93. pl. 32.
- Spixii *Less.* Traité d'Orn. 314.
- tenuirostris *Lafresn.* Rev. zool. 1850. 151. 3.

Lepidocolaptes Spixii *Reichenb.* Handb. I. 185. 437.
Dendrocolaptes fuscus *Vieill.* N. Dict. T. 26. pag. 117. Enc. meth. 624. — *Lafresn.* Rev. zool. 1850. 278. 11 und 283. 18.

Gelbbraungrau, tabacksfarben, Flügel und Schwanz rothbraun; Kopf, Hals, Brust und Bauch bis zum Steiß mit gelblichen Schaftflecken.

Kleiner als die vorige Art, etwa wie Tichodroma muraria, aber der Schnabel kürzer, stärker. Oberschnabel braun, Unterschnabel blaßgelb mit bräunlicher Spitze. Ganzes Rumpfgefieder mit hellen Schaftflecken, die Grundfarbe wie gewöhnlich tabacksbraun, der Oberkopf dunkelbraun, der einfarbige Unterrücken rothbraun, wie die Flügel und der Schwanz. Oberkopf und Nacken mit tropfenförmigen schwarzgerandeten Schaftflecken; die Rückenflecken länger, schmäler. Kehle bis zum Vorderhalse blaßgelb, die unteren Federn fein schwarz gerandet; Brust mit breiten, Bauch und Steiß mit schmalen Schaftstreifen von blaßgelber Farbe, die nach hinten immer undeutlicher werden, aber selbst den unteren Schwanzdecken nicht fehlen. Schwingen schwarzbraun, der Außenrand rothbraun, die hintersten Armschwingen obenauf ganz rothbraun; Schwanzfedern lebhafter rostroth, die mittleren mit sehr steifen, am Ende abwärts gewundenen Schäften. Beine bleigraubraun, die Krallen hellbraun. —

Ganze Länge 6½″, Schnabelfirste 1″, Flügel 4″, Schwanz 2½″, Lauf 8‴.

Diese Art war in den Gebüschen bei Neu-Freiburg die häufigste; sie wird aber nur tief im Walde gefunden, wo sie an den Schlingpflanzen und dünnen Zweigen herumhüpft.

Anm. 1. Ein aus Berlin bezogenes Exemplar unserer Sammlung zeugt dafür, daß diese Art der ächte D. tenuirostris *Licht.* ist. Hofr. Reichenbach hat ihn zu einer anderen Spezies gezogen, sich auf Lichtenstein stützend, der die Flecken weiß nennt; aber in der Definition l. l. heißen sie bestimmt flavescentes. Der vom Verfasser des Handb. I. 181. 422. als Picol. tenuirostris aus Mexico beschriebene Vogel ist also nicht G. R. Lichtensteins Art, sondern eine andere mir unbekannte Spezies und Spix Vogel mit dem von Lichtenstein identisch. Daß der Prinz zu Wied beim D. tenuirostris den D. Wagleri citirt, ist offenbar ein Schreibfehler; hätte er den zu seinem D. tenuirostris bringen wollen, so würde er sich darüber am Schluß seiner Beschreibung, wie gewöhnlich, erklärt haben. —

2. Ganz neuerdings hat Sclater in den Proc. zool. Soc. Jun. 1853. einen Dendrocolaptes Eytoni von Para aufgestellt, welchen ich nicht kenne, nach der Definition aber für nah verwandt mit dem D. tenuirostris halte; er hat dessen Farbe und Zeichnung, ist aber viel größer (9″ 5‴ lang, Schnabel 1″ 9‴), auch sind Kehle und Vorderhals ganz weißgelb. —

6. Gatt. Xiphorhynchus *Swains.*

Schnabel sehr lang, auffallend stark gebogen, fein, schlank, stark seitlich zusammengedrückt, also höher als breit; die Nasengrube sehr kurz, mit kleinem runden Nasenloch an der Spitze; Kinnwinkel kaum etwas länger als die Nasengrube. Gefieder von Dendrocolaptes, nur der Schwanz nach Verhältniß etwas kürzer. Beine zierlich, der letzten Gruppe von Dendrocolaptes ähnlich; Lauf nicht viel länger als die langen Vorderzehen, auf der hintern Seite nur nach außen mit ziemlich großen Tafeln belegt.

Xiphorhynchus trochilirostris *Licht.*

Pr Max. z. Wied Beitr. III. b. 1140. — *Reichenb.* Handb. I 183. 431. — *Lafresn.* Guer. Rev. zool. 1850. 374. 1.
Dendrocolaptes trochilirostris *Lichtenst.* l. l. 1818. 207. tb. 3. — 1820. 263 1.
Dendrocolaptes procurvus *Temm.* pl. col. 28.
Dendrocolaptes falcularius *Vieill.* Gal. II. 286. pl. 175. — *Lesson* Traité D'Orn. 313. — Enc. meth. Orn. 626.

Olivenbraun, Flügel und Schwanz rothbraun, Kopf, Hals und Brust blaßgelb gestreift. Kehle weißgrau.

Schnabel dunkel schwarzbraun, gegen die Spitze hin röthlicher, sehr glänzend, mehr oder minder stark gekrümmt; Iris braun. Oberkopf schwarzbraun, jede Feder mit einem schmalen, gleichbreiten, braungelben Streif, der stumpf abgerundet ist. Kehle weißlich, nach dem Halse zu hellgrau, die letzten Federn gelb gesäumt; Backen, Ohrgegend, Hals und Oberbrust blasser, weißlicher gestreift, die Nackenfedern mit schwärzlichen Rändern der Streifen. Schwingen, Schwanzfedern und Unterrücken dunkelrothbraun, die Spitzen der Schwingen unten graulich; die Schwanzfedern einfach und nicht sehr lang zugespitzt, die äußeren Federn verkürzt. — Beine bleigrau, Krallen hell braungelb. —

Ganze Länge 10″, Schnabelfirste 2″ 8‴, Flügel 4″, Schwanz 3″, Lauf 9‴, längste Vorderzehe 8‴ ohne die Kralle.

Ich erhielt von dieser Art 3 Exemplare bei Neu-Freiburg, woselbst sie die Waldungen in den Schluchten des Orgelgebirges bewohnt; der Prinz z. Wied fand seine Vögel im Sertong von Bahia, nach Schomburgk (Reise III. 690. 118.) geht er nördlich bis Guyana und Columbien.

Anm. Da mir Originalexemplare aus anderen Gegenden Süd-Amerikas fehlen, so kann ich mich über die Trennung in mehrere Arten, welche Lafresnaye und Reichenbach a. a. O. befolgen, nicht äußern. Temmincks Figur ziehe ich ohne Bedenken zu den von mir gesammelten Vögeln, dagegen hat Vieillots Bild einen weit weniger gebogenen Schnabel, größere bis auf den Flügel ausgedehnte Schaftstreifen, und einen relativ spitzeren Schwanz. Wenn diese Unterscheidungen constant sind, so würden sie eine eigene Art bezeichnen, da aber Vieillot ihre Heimath in die Thäler des Orgelgebirges verlegt, so hat er wohl einerlei Art mit der meinigen vor sich gehabt. Indessen zeigt keins meiner 3 Exemplare helle Schaftstreifen auf den kleinen Flügeldeckfedern und alle 3 einen viel stärker gekrümmten Schnabel, völlig wie Temmincks Abbildung, nur ist ihr Schnabel noch etwas länger, oder der ganze Vogel, im Gegentheil, vielleicht etwas kleiner. —

7. Gatt. Picolaptes *Less. Reichenb.*

Thripobrotus *Caban.*

Schnabel zwar seitlich zusammengedrückt, aber niedriger und namentlich am Grunde viel breiter und flacher als bei den vorhergehenden; die Nasengruben weiter vortretend, mit schmalem spaltenförmigem Nasenloch am ganzen unteren Rande. Flügel und Schwanz mäßig lang; besonders die ersteren nach Verhältniß länger, der Schwanz kürzer. Beine zierlicher, der Lauf auf der äußeren Sohlenseite nicht mit Tafeln, sondern kleinen zerstreuten ovalen Warzen besetzt; Zehen sehr fein, mit mäßig hohen scharf zugespitzten Krallen. —

Picolaptes bivittatus *Licht.*

Lafresn. Rev. zool 1850. 152. 5.
Dendrocolaptes bivittatus *Lichtenst.* l. l. 1820. 258. 3. tb. 2 Fig. 2. — Doubl. d. zool. Mus. 17. 154. — *Spix.* Av. Bras. I. 87. 4. tb. 90. F. 1. —
Dendrocolaptes rufus *Pr. Max* Beitr. III. 1130. 4.
Thripobrotus bivittatus *Caban. Wiegm.* Arch. 1847. 1. 340.
Picolaptes angustirostris *Vieill.* Enc. meth. Orn. 624. — *Reichenb.* Handb. I. 181. 421. — *Lafresn.* Rev. zool. 1850. 151. 4.
Trepadore comun. *Azara* Apunt. II. 279. 242.

Rückengefieder zimmtroth, Oberkopf schwarzbraun: die Schaftstreifen, ein Randstreif über dem Auge und die ganze Unterseite blaßgelb. —

Eine ausgezeichnete eigenthümliche Art, welche sich von allen früheren scharf absondert. Der feine ziemlich lange Schnabel ist ganz blaßgelb, nur die Gegend am Nasenloch spielt ins Braune. Oberkopf dunkelbraun, jede sehr schmale spitze Feder mit einem weißlichen Schaftstrich; Zügel, oberer Augenrand und ein Streif über dem Ohr weißlich, ebenso die Kehle und die ganze Unterfläche; aber vom Bauch an fällt die Farbe mehr ins Isabellgelbe, mit gräulicher Unterlage bei jungen Vögeln. Nacken, Rücken, Flügel und Schwanz hell zimmtroth; Schwingen braun, rostroth gerandet. Beine bleigrau, die Krallen braun; Iris braun. —

Ganze Länge 8″, Schnabelfirste 1″ 2‴, Flügel 4″, Schwanz $2^2/_3$″, Lauf 8‴. —

Die Art ist nur im Innern, in den Gebüschen der Campos-Region zu treffen und wurde von mir nicht selbst erlegt, sondern während meines Aufenthalts in Lagoa santa von dem benachbarten Sette Lagoas bezogen; der Prinz zu Wied traf sie im Sertong von Bahia. Nach Azara ist sie in Paraguay die häufigste von allen. Die Berliner Sammlung bezog sie aus St. Paulo, Spix traf sie angeblich noch in Piauhy.

8. Gatt. Dendroplex *Swains.*

Schnabel ganz grade, von oben wie von unten gleichmäßig zugespitzt, stark seitlich zusammengedrückt, ziemlich hoch, mit scharfer Rückenfirste. Nasengrube kurz, das Nasenloch oval, aber weit und die ganze Grube ausfüllend. Flügel ziemlich kurz, nur wenig über den Anfang des Schwanzes hinabreichend, mehr gerundet. Schwanz von mäßiger Länge, die mittleren Schäfte nicht sehr steif, mit einfacher, grader, vortretender Spitze; die Seitenfedern stumpf, stufig verkürzt. Beine groß, für die Größe des Vogels stark, der Lauf kurz, die Sohle hinten mit großen schiefen Tafeln belegt, die Krallen lang. —

Dendroplex picus *Licht.*

Swainson, classif. 314. f. 281. e. — ***Reichenb.*** Handb. I. 180. 415. — ***Lafresn.*** Rev. zool. 1850. 595 1.
Oriolus Picus ***Gmel. Linn.*** S. Nat. I. 384. — ***Buff.*** pl. enl. 605. — ***Lath.*** Ind. orn. I 188. 47. — ***Levaill.*** Prom. et Guép. pl. 27.
Dendrocolaptes minor, ***Herm.*** obs. zool. 135
Dendrocolaptes Picus ***Lichtenst.*** I. I. 1818. 203. — 1820. 265. 11. — Doubl. zool. Mus. 16. 151. — ***Pr. Max.*** Beitr. III. 1134. 5.
Dendrocolaptes rectirostris ***Vieill.*** N. Dict. Tm. 26. pag. 129. Enc. meth. Orn. 626.
Dendrocolaptes chrysolophus ***Illig. Licht.*** I. I. 1818. 209.
Trepadore pico corto ***Azara*** Apunt. II. 281. 243.

Röthlichbraun, Flügel und Schwanz rothbraun; Federn des Kopfes, Halses und der Brust mit weißen, dunkler gerandeten Tropfen. Schnabel ganz weißlich.

So groß wie ein Staar und beinahe auch so gestaltet. Schnabel von Kopfeslänge, ganz gerade, weißgelb, die Basis etwas gebräunt. Oberkopf trüb braun; jede Feder mit einem kleinen runden dunkler gesäumten Fleck, die nach hinten länglicher und schmäler werden. Kehle ganz weiß. Ohrdecke weißlich, braun gestreift, darüber hinter dem Auge ein mehr weißlicher Streif. Hals und Brust mit weißen, schwarzbraun gerandeten Tropfen; die des Vorderhalses breit und die oberen bis auf einen feinen Rand die ganze Feder einnehmend; die unteren allmälig länger, die des Nackens viel kleiner; die untersten am Oberbauch undeutliche weißliche Wische, welche bis an den Steiß reichen und selbst dem Schenkelgefieder nicht abgehen. Beine bleigrau, die Krallen blaß braun. Iris braun.

Ganze Länge 8″, Schnabelfirste 1″, Flügel 4″, Schwanz 3″, Lauf 8‴, längste Vorderzehe ohne Nagel 8‴.

Die Art ist nicht selten in allen Wäldern Brasiliens anzutreffen, sie verbreitet sich von Paraguay bis Guyana und stimmt in der Lebensweise mit den wahren Dendrocolapten überein.

Anm. Ich vermuthe, daß Dendrocolaptes guttatus *Spix* Av. Bras. I. tb. 91. F. 2, den er im Text l. l. 88. 6. D. ocellatus nennt, auf ein junges Individuum dieser Art mit dunkelfarbigem Schnabel gegründet ist, und als Spezies ganz eingezogen werden muß. —

C. Schnabel feiner, kürzer als der Kopf, nach vorn seitlich zusammengedrückt, hinten breiter als hoch.

9. Gatt. Glyphorhynchus *Pr. Wied.*

Schnabel zwar klein, aber ziemlich stark, beide Kiefer zugespitzt; die Spitze ganz grade, fast kegelförmig, etwas zusammengedrückt; die Firste abgesetzt, wenn auch nicht sehr scharf. Nasengrube etwas vortretend, das Nasenloch eine Spalte am unteren Rande. Flügel ziemlich spitz, bis auf ein Drittel des Schwanzes hinabreichend; Schwanz lang, stufig, die Federn schief abgestutzt, mit vortretenden stachelförmigen Enden der Schäfte. Beine klein und zierlich, die Zehen kurz. —

Glyphorhynchus cuneatus *Licht.*

Lafresn. Guer. Rev. zool. 1850. 595. — *Reichenb.* Handb. I. 177. 410. — Dendrocolaptes cuneatus *Licht.* l. l. 1818. 204. tb. 3. Fig. 1. — 1820. 266. 18. — Doubl. d. zool. Mus. 17. 156. — *Levaill.* Prom. et Guép. pl. 31. F. 1. — *Lafresn.* Guer. Mag. III. cl. 2. pl. 17. 1833. — *Spix.* Aves Bras. I. 89. 8. tb. 91. F. 3.
Neops spirurus *Vieill.* N. Dict. Tm. 31. 338.
Glyphorhynchus ruficaudus *Pr. Max* Beitr. III. b. 1150. 1.
Zenophasia platyrhyncha *Swains.* zool. Illustr. III. 351.

Röthlich olivenbraun, Kehle, Kopfseiten und Vorderhals gelblichweiß gestreift; Schwanz rothbraun.

Nicht größer als eine Schwanzmeise (Parus caudatus) und fast von deren Verhältnissen, wenn man sich den Schnabel dreimal so groß denkt. Schnabel dunkel hornbraun, nach dem Kinn zu lichter; Iris braun. Gefieder röthlich olivenbraun, besonders auf dem Rücken und den Flügeln röthlicher unterlaufen, aber nur der Schwanz entschieden rothbraun. Oberkopf mit kleinen matten blaßgelblichen Flecken auf jeder Feder; die Kopfseiten etwas deutlicher blaß gefleckt und hinter dem Auge ein lichterer Streif dadurch gebildet. Kehle, Vorderhals und Oberbrust mit ziemlich klaren gelblichen Streifen, welche sich auf der Mitte etwas mehr in die Breite ausdehnen. Schwingen graubraun, die Außenfahne röthlich olivenbraun, die Innenfahne lichter rothbraun gesäumt. Beine dunkel bleigrau.

Ganze Länge 5″, Schnabelfirste 5‴, Flügel $2\frac{1}{2}$″, Schwanz $2\frac{1}{4}$″, Lauf 6‴, längste Vorderzehe ohne die Kralle $3\frac{1}{2}$‴. —

Dies kleine zierliche Vögelchen gehört den Walddistrikten des nördlichen Brasiliens von Bahia bis Cayenne an, und kam mir auf meiner Reise nicht vor.

10. Gatt. Sittasomus *Swains.*

Schnabel viel zierlicher, aber wohl ebenso lang wie bei der vorigen Gattung, die Firste gerundet, leicht gebogen, die Spitze herabgekrümmt mit feinem Häkchen und seichter Kerbe daneben. Nasengrube verkürzt, mit spaltenförmiger Oeffnung am unteren Rande. Flügel ziemlich lang und spitz, die Schwingen etwas verschmälert. Schwanz lang, die Federn schief abgestutzt, mit vortretender geschwungener Schaftspitze, neben welcher beide Fahnen aber noch als schmaler Franzensaum bis zur Spitze fortsetzen. Beine zwar zierlich und fein gebaut, aber die Zehen von beträchtlicher Länge, und besonders die hintere durch ihren langen, wenig gekrümmten Nagel ausgezeichnet.

Sittasomus Erithacus *Licht.*

Lafresn. Rev. zool. 1850. 589. — *Reichenb.* Handb. I. 176. 405. —
Dendrocolaptes Erithacus *Licht.* l. l. 1820. 259. 4. tb. 1. fig. 2. — Doubl. zool. Mus. 17. 155.
Dendrocolaptes sylviellus *Temm.* pl. col. 72. 1.
Sittasomus olivaceus *Pr. Max.* Beitr. III. b. 1146.
Sittasomus Temminckii *Lesson* Traité 314.

Gelblich olivenbraun, Flügel und Schwanz rothbraun, Kehle und Vorderhals gelblicher. —

Etwas derber und größer im Rumpf, aber feiner im Schnabelbau, als der vorher beschriebene Vogel. Schnabel sängerartig, schwärzlich, die Kinngegend weißlich. Iris braun. Gefieder gelblich olivengrünbraun, Kehle und Vorderhals etwas lichter gefärbt; Unterrücken, Flügel und Schwanz klar rothbraun; kleinste untere Deckfedern und Schwingen schwarzbraun, nur am Rande roth überlaufen, die Armschwingen lebhafter rostroth gesäumt, die hintersten ganz rostroth, alle Armschwingen unten mit blaßgelber Spitze, und, wie die Handschwingen mit Ausschluß der 2 vordersten, mit blaßgelbem Fleck an der Innenseite nach der Basis zu. Beine dunkel bleigrau, die Krallen blaß graubraun. —

Erste Schwinge um 8 Linien kürzer als die zweite, doch diese nur 1‴ kürzer als die dritte, welche der vierten gleichkommt; beide sind die längsten. Schwanzfedern stark stufig, das äußerste kleinste Paar ohne abgesetzte Spitze, an den folgenden der vortretende Schafttheil stets größer, länger und stärker geschwungen. Lauf mit einer langen schmalen Tafel auf der Außenkante der Sohle und darüber 1—2 kleine Täfelchen.

Ganze Länge 6″, Schnabelfirste 5‴, Flügel 3″ 2‴, Schwanz 2″ 8‴, Lauf 7‴, längste Vorderzehe 5‴ ohne Kralle.

Diese Art erhielt ich in Lagoa santa von dem benachbarten Sette Lagoas; im Küsten-Waldgebiet kommt sie nicht vor. Sie ist an ihren Standorten nicht selten und lebt wie die Dendrocolapten im Walde an den Zweigen herumhüpfend. —

Anm. Eine Trennung in 2 Arten, welche Hofr. Reichenbach a. a. O. vorschlägt, finde ich nicht gerechtfertigt; meine 3 Exemplare, auf welche die Beschreibung des Prinzen gut paßt, stimmen zugleich ganz mit der Abbildung von Temminck überein. Die Abbildung von Lichtenstein a. a. O. ist nicht gut colorirt, die Kehle mit dem Halse zu gelb, das übrige Rumpfgefieder zu grau. In der Beschreibung ist zwar nichts von der eigenthümlichen Zeichnung der Schwingen gesagt, aber daraus folgt nicht, daß sie nicht vorhanden sei, weil die Farbenangaben nur die sichtbare Außenfläche der Federn berühren. —

3. Anabatidae.

Vögel vom Ansehn der Vorigen, mit ziemlich starkem gradem Schnabel, dessen Länge der des Kopfes kaum gleichkommt, gewöhnlich etwas geringer ist; dessen allgemeine Form grader zu sein pflegt, und dessen Spitze sich etwas mehr herabbiegt, etwa in der Art wie bei Sittasomus, obgleich es auch Formen mit völlig grader Spitze giebt. Die Nasengrube tritt etwas in den Schnabel vor, und das Nasenloch ist auch hier gewöhnlich eine runde Oeffnung an der Spitze der Grube. Die Flügel haben ganz denselben Schnitt wie bei den Dendrocolapten, aber der Schwanz ist gewöhnlich kürzer, weichfedriger und darum nicht zum Anstemmen geeignet; doch kommen auch Formen mit langem, ziemlich steifem Schwanze vor, dessen Federnschäfte in vortretende Spitzen ausgehen; aber einen eigentlichen wahren Stemmschwanz giebt es in dieser Gruppe nicht. Die Füße unterscheiden sich scharf von denen der vorigen Gruppe dadurch, daß die Außenzehe stets kürzer ist, als die Mittelzehe, obgleich beide am Grunde etwas verwachsen zu sein pflegen. Die Laufsohle hat am Außenrande einen gewöhnlich ganz nackten Streif und die Krallen sind kleiner, kürzer, weniger gekrümmt, weil diese Vögel nicht klettern, sondern auf den Zweigen nur herumhüpfen, indessen ebenfalls gern in senkrechter Stellung, der Richtung des Zweiges folgend. Sie sind strenge Waldbewohner, die gleichfalls von Insecten leben, welche sie von den Zweigen und Blättern ablesen.

11. Gatt. Xenops *Hoffm.*

Illig. Prodrom. Syst. Mamm. et Av. 213.

Schnabel ziemlich klein, stark seitlich zusammengedrückt, grade, die Firstenkante ohne Krümmung abwärts, aber die Kinnkante des Unterschnabels stark aufwärts gekrümmt und in ähnlicher Weise, aber schwächer, der Mundrand. Nasengrube kurz, weit nach außen gerückt, mit offnem Nasenloch am untern Rande der Grube. Flügel schmal und ziemlich spitz, bis zur Mitte des Schwanzes hinabreichend. Schwanz klein, schwach, schmalfedrig, ganz weich, abgerundet, die äußeren Federn merklich verkürzt. Beine zierlich aber die Zehen lang; Lauffohle außen glatt, vordere Außenzehe etwas länger als die Innenzehe. —

1. Xenops genibarbis *Hoffm.*

Illig. l. l. 213. — *Pr. Max z. Wied* Beitr. III. b. 1155. 1. — *Le Vaill.* Prom. et Guép. pl. 31. 2. — *Lichtenst.* Doubl. zool. Mus. 17. 157. — *Temm.* pl. col. 150. 1. — *Reichenb.* Handb. I. 197. 479.

Neops ruficauda *Vieill.* Gal. II. 278. pl. 170. — N. Dict. Tm. 31. 338. pl. 20. f. 2.

Rückengefieder olivenbraun, Schwingen und Schwanzfedern mit rostrothen Binden; Kehle und ein Streif am Auge weißlich. Brust und Bauch graubraun, ungefleckt. —

Ein kleines munteres Vögelchen, kaum so groß wie ein Zeisig. Schnabel schwarzbraun, Kinngegend und Kinnfirste weißlich; Iris braun. Rückengefieder etwas röthlich olivenbraun, Oberkopf dunkler, die Federn mit blässeren, verloschenen Schaftflecken. Zügel und ein Steif hinter dem Auge weißlich gefleckt; Kehle und Vorderhals graulich weiß, unter der Ohrdecke ein schneeweißer Streif. Unterhals und Oberbrust mit weißlichen, verloschenen Flecken auf graugelbbraunem Grunde, die Brustmitte und der Bauch einfarbig und ungefleckt. Flügel dunkler braun. Die Innenseite des Deckgefieders blaßgelb, die Außenseite etwas röthlich überlaufen. Schwingen schwarzbraun, an der Außenfahne ein rostgelber Randstreif, der oben neben der Spitze der zweiten Schwinge beginnt und sich schief über alle bis zur Basis der Armschwingen hinzieht, die 3 letzten Armschwingen ringsum rostgelb gerandet, alle am Saum der Innenfahne blaßgelb. Schwanzfedern hell rostgelbroth, die 3 jeder Seite neben der Mitte schwarz, mit rostgelber nach außen breiterer Spitze; alle etwas stufig verkürzt. Beine bleigrau. —

Ganze Länge 4″, Schnabelfirste 4‴, Flügel 2″, Schwanz $1\frac{1}{3}$″, Lauf 6‴, Mittelzehe 6‴ ohne Kralle.

Ich erhielt mehrere Exemplare in Neu-Freiburg, wo die Vögelchen bis in den Garten hinter unserer Wohnung kamen und munter mit pfeifenden Tönen, wie die Baumläufer, an den Zweigen umherhüpften. —

2. Xenops rutilans.

Lichtenstein Doubl. zool. Mus. 17. 158. — *Pr. Max z. Wied* Beitr. III. 1150. ?. — *v. Tschudi*, Fn. per. Orn. 38. und 238. — *Temm.* pl. col. 72. 2. — *Reichenb.* Handb. I. 197. 479.
Xenops genibarbis *Swains.* zool. Ill. pl. 100.
Xenops affinis *Id.* two Cent. etc. 352. no. 210.

Rückengefieder rothbraun; Kehle und 2 schwarz gerandete Streifen am Kopf weiß; Unterseite olivengraubraun, weiß gestreift. —

Von dem Ansehn und der Größe der vorigen Art. Der Schnabel etwas kürzer, ganz schwarzbraun. Rückengefieder rothbraun. Oberkopf etwas dunkler, matt blaßgelb gefleckt. Zügel, ein Streif hinter dem Auge und die Kehle weiß, die Ränder der Streifen dunkler, der weiße Streif unter der Ohrdecke ebenso deutlich, die Ohrdecke selbst schwärzlich umrandet. Brust und Bauch grünlich olivenbraungrau, jede Feder mit einem weißlichen Schaftstreif bis zum Steiß hin. Schwingen schwarzbraun, mit rostrothem Streif am Vorderrande schief über die Außenfahnen hinablaufend; die hintersten Armschwingen ganz rostroth. Schwanz einfarbig rostroth braun, nur die vierte Feder von außen in der Tiefe schwarz. Beine bleigrau. —

Maaße wie bei der vorigen Art.

Lebt in denselben Gegenden, wie die vorige Spezies und unterscheidet sich von ihr im Benehmen nicht; mir kam sie nicht vor. —

12. Gatt. Anabatoides*).

Anabazenops *Hartl.* Brem. Verz. 27. — *Reichenb.*

Schnabel ähnlich wie bei Xenops, aber länger, die Rückenfirste nicht völlig so grade, dagegen der Mundrand ganz grade und

*) Die ganz unrichtige Bildung des ersten Gattungsnamens, der richtig Anabatoxenops lauten müßte, hat mich bestimmt, ihn fallen zu lassen und mit Lafresnaye Temminck's Speziesnamen zum Gattungsnamen zu erheben.

die Kinnfirste weniger stark gebogen; Nasengrube sehr kurz, das runde Nasenloch auf die vorderste Ecke beschränkt. Flügel kürzer, rundlicher im Schnitt, die Schwingen breiter, am Ende schnell aber scharf zugespitzt, die dritte noch etwas kürzer als die vierte, die zweite um 1, die erste um 5 Linien kürzer als die dritte. Schwanz etwas länger, die Federn ziemlich breit, aber am Ende doch mehr zugespitzt als abgerundet, die Schäfte sehr weich. Beine groß und stark, die Laufsohle hinten von den herumgreifenden Tafeln der Vorderseite mit bedeckt, nur außen am Rande ein schmaler matter Streif; Zehen kräftig, besonders der sehr lange Daumen; die Krallen etwas mehr gekrümmt als bei Xenops; die äußere Vorderzehe nur sehr wenig länger als die innere. —

Anm. Im Ganzen sind die Unterschiede dieser Gattung, abgesehen von der Größe ihrer Arten, so gering, daß man sie füglich mit der vorigen verbunden lassen k nnte. —

1. Anabatoides fuscus.

Sitta fusca *Vieill.* N. Dict. d'hist. nat. — Enc. meth. Orn.?
Lafresn. Guer. Mag. d. Zool. II. Cl. 2. pl. 7. (1832.) — *Reichenb.* Handb. I. 198. 482.
Sphenura albicollis *Licht.* Doubl. zool. Mus. 41. 456.
Xenops anabatoides *Temm.* pl. col. 150 2.

Gefieder gelbbraun, Kehle und ein Ring um den Nacken weiß; Schwanz hell rostroth.

Von der Größe des Staar's (Sturnus vulgaris). Schnabel blaß horngelb, der Oberkiefer nach der Firstenkante zu allmälig dunkler. Stirnrand, Zügel, Kehle, Vorderhals, ein breiter Ring um den Nacken und ein schmaler Streif hinter dem Auge gelblich weiß. Das ganze übrige Gefieder hell gelbbraun, die Unterseite blasser, längs der Mitte weißlicher. Schwingen graubraun, die Außenfahne aller gelbbraun, die Innenfahne blaßgelb gesäumt. Schwanz hell rothgelbbraun, die äußerste Feder jeder Seite stark verkürzt. Beine bleifarben mit blaßgelben Krallen. Iris gelb.

Ganze Länge 7″, Schnabelfirste 9‴, Flügel 3″ 4‴, Schwanz 3″, Lauf 9‴, Mittelzehe ohne Kralle 8‴.

Ich erhielt diesen kenntlichen Vogel in Lagoa santa von dem benachbarten Sette Lagoas; er lebt nur auf dem Camposgebiet und geht nicht bis in die Urwälder der Küstenstrecke. —

2. Anabatoides adspersus *Licht.*

Anabates adspersus *Licht.* Mus. ber. Nom. Av. 64. — Verz. d. Hall. zool. Mus. 45. 1.

Cichlocolaptes adspersus *Reichenb.* Handb. I. 174. 395.
Cichlocolaptes ochroblepharus ibid. 394.
Xenops rufosuperciliatus *Lafresn.* Guer. Mag. d. Zool. II. Cl. 2. pl. 7.
Leptoxyura rufosuperciliata *Reichenb.* Handb. I. 171. 384.

Bräunlich olivenfarben, etwas grünlich angeflogen, über dem Auge ein rostgelber Streif; Kehle weißlich, Brust und Bauch röthlich gefleckt; Schwanz lebhaft rostroth.

Etwas kleiner als die vorige Art, der Schnabel namentlich kürzer, aber ebenso gestaltet, stark seitlich zusammengedrückt, die Spitze sanft gebogen, die Kinnkante etwas vortretend, weiß, der übrige Schnabel schwarzbraun. Iris braun. Rückengefieder olivenbraungrün, über dem Auge und besonders dahinter ein rostgelber Streif. Kehle weißlich, bei jungen Exemplaren die Federn mit schwarzbraungrauen Rändern, zumal die unteren; Vorderhals ebenso gefleckt, nur die blassen Flecken etwas länglicher und mehr verwaschen; viel deutlicher bei jungen Vögeln als bei alten. Bauchseite grünlicher graugelb, mit im Alter sehr verwaschenen, in der Jugend deutlichen Schaftstreifen; die letzten Schwanzdecken unten schon rostroth. Flügel lebhafter und röther braun, die Schwingen graubraun, außen braun, innen rostgelb gesäumt. Schwanz lebhaft zimmtroth, die Federn scharf und lang zugespitzt, nur die 4 mittlern gleichlang, die seitlichen stufig verkürzt. Beine bleifarben, in der Jugend bräunlicher, die Krallen gelbgrau.

Ganze Länge 6½'', Schnabelfirste 6''', Flügel 3'', Schwanz 2½'', Lauf 9''', Mittelzehe 8'''.

Ich erhielt diese Art aus den Wäldern bei Neu-Freiburg, wo sie nicht selten war; ihre Lebensweise ist mir nicht näher bekannt. —

Anm. Ueber die Synonymie bin ich nicht zweifelhaft; meine 3 Exemplare, worunter eins aus Berlin bezogen, schwanken etwas in der Rückenfarbe, die bald mehr ins Braune bald etwas ins Grüne spielt; daher die verschiedenen Beschreibungen a. a. O. — Wahrscheinlich gehört in eben diese Gattung noch eine mir unbekannte Art, von der ich eine kurze Beschreibung hersetze:

3. Anabatoides ferruginolentus.

Anabates ferruginolentus *Pr. Max z. Wied* Beitr. III. b. 1166. 1. — Cichlocolaptes ferr. *Reichenb.* Handb. I. 174. 393.

Schnabel und Beine genau wie bei der vorigen Art, doch ersterer etwas länger, ebenso gefärbt. Gefieder röthlichbraun; Kopf, Hals und Rücken dunkler, jede Feder mit hell rostrothem Schaftstreif; über und hinter dem Auge eine gelblichweiße Linie. Kehle gelblichweiß; Seiten und Unterhals röthlichbraungelblich gestrichelt; Brust, Bauch und Steiß graulich rothbraun mit allmälig mehr erloschenen gelblichen Schaftstreifen. Flügel dunkel röthlichbraun, innen blaßgelb; die Schwingen grau, außen braun, innen blaßgelb gesäumt. Schwanz lebhaft zimmtroth, die Seitenfedern stufig, alle ziemlich schmal. — Ganze Länge 8″ 3‴, Flügel 3″ 8‴, Schwanz 3″ 2‴. — Im Sertong von Bahia vom Prinzen zu Wied entdeckt; in der Lebensweise mit Dendrocolaptes verwandt, klettert an Bäumen und ist nicht häufig.

13. Gatt. Anabates *Temm.*

Anabates et Philydor *Spix.* Dendroma *Swains.*

Schnabelfirste nicht ganz grade, vielmehr gegen die Spitze hin mehr oder minder deutlich abwärts gebogen, die Spitze selbst ein kleines, kaum überhängendes Häkchen, doch ohne Spur einer Randkerbe; Unterkieferkante sanft aufsteigend, aber nicht so deutlich am Kinnwirbel vortretend, wie bei Xenops und Anabatoides. Nasengrube vorspringend, mit rundem offenem Nasenloch in der Spitze. Vor dem Auge eine Gruppe eigenthümlicher abstehender Federn mit feinen Borstenspitzen. Flügel ziemlich kurz, nur wenig über den Anfang des Schwanzes hinabreichend, die ersten 3 Schwingen wie gewöhnlich verkürzt. Schwanz ziemlich lang, breitfedrig, die Schäfte der Federn weich, aber doch an der Spitze etwas vortretend, die Fahne zugespitzt; das äußerste Paar der Federn stets merklich verkürzt, die folgenden kurz stufig, die ganze Schwanzform abgerundet*). Beine etwas feiner gebaut, der Lauf ziemlich hoch, die Sohlenkante am Außenrande nackt; die Zehen nicht ganz so lang wie bei Xenops und Anabatoides, die Krallen kleiner, besonders die der Hinterzehe; Außenzehe kaum etwas länger als die Innenzehe, am Grunde mit der mittleren etwas verwachsen.

Die Mitglieder dieser Gattung variiren etwas in der Größe und Form des Schnabels, so daß kaum 2 Arten ganz genau dieselbe Form haben; deshalb zerlegt man sie jetzt, wie ich glaube mit Unrecht, in eine große Zahl von Gattungen.

A. Schnabel ziemlich stark, anfangs grade, die Firstenkante erst von der Mitte abwärts gebogen. Männchen mit längeren spitzeren Kopffedern.

1. Anabates cristatus *Spix.*

Spix. Av. Bras. I. 83. 2. tb. 84. —
Homorus cristatus *Reichenb.* Handb. I. 173. 380.

---

*) Der Prinz zu Wied führt Arten mit 10 Schwanzfedern auf, welche ich nicht kenne.

Rothbraun, Kehle blaß gelblich weiß, Schwanz lebhafter rothbraun. — Männchen mit mehr oder minder verlängertem spitzerem Oberkopfgefieder. Weibchen mit stumpfen Kopffedern.

So groß wie eine Singdrossel (Turdus musicus). Schnabel hell hornbraun, die Unterkieferkante weiß. Iris hellbraun. Ganzes Gefieder hellrostrothbraun, die Kehle bis zum Halse hinab weißlich, nach hinten verwaschen; die Bauchseiten grau unterlegt, die ganze Unterfläche mehr gelbbraun als rostbraun. Kopf, Nacken und Schwanz rein und lebhafter rostroth; der Rücken schon etwas gelblicher als die Flügel. Schwingen graubraun, an der Innenfahne blaßgelb gesäumt. Schwanz zwölffedrig, die 2 Außenfedern jeder Seite verkürzt und zugerundet, die übrigen zugespitzt, aber gleichlang. Beine blaß bläulichhornfarben. Weibchen etwas kleiner als das Männchen, durch stumpfe Kopffedern verschieden; ebenso der junge zugleich matter gefärbte männliche Vogel.

Ganze Länge 8⅓″, Schnabelfirste 10‴, Flügel 4″, Schwanz 3″, Lauf 1″, Mittelzehe ohne Kralle 9‴. —

Ich erhielt von dieser ausgezeichneten Art ein Weibchen in Lagoa santa, das mir von dem benachbarten Sette Lagoas gebracht wurde. —

Anm. Die Abbildung von Spix ist in der Farbe ziemlich richtig, nur die Kehle erscheint zu dunkel; aber die langen Kopffedern sind viel zu groß. Spix sagt in der Beschreibung selbst, daß sie nur wenig verlängert seien. — Daß Anabates unirufus *D'Orbign.* Voy. d. l'Am. mer. Ath. Ois. pl. 55. f. 1. hierher gehört, bezweifle ich, wenn anders die Abbildung richtig ist; sie erscheint viel dunkler, als mein Vogel und hat lauter stufig abgesetzte Schwanzfedern. Vielleicht ist dies nur männlicher Geschlechtsunterschied und beide Arten gehören doch zusammen. —

2. Anabates leucophthalmus *Pr. Wied.*

Beitr. z. Naturg. Bras. III. b. 1170. 2. —
Sphenura sulphurascens *Licht.* Doubl. zool. Mus. 41. 457.
Automolus sulphurascens *Reichenb.* Handb. I. 174. 392.
Philydor albogularis *Spix.* Av. Bras. I. 74. 2. tb. 74. —
Xenops gularis *Less.* Traité 317.

Rückengefieder gelbbraun, Schwanz zimmtroth, Kehle und Vorderhals weiß, Unterseite graulich gelbbraun. —

Schnabel lang, groß, stark, hellbraun, die Firstengegend dunkler, der Kinnrand weiß bis zur Spitze. Iris perlweis. Gefieder am ganzen Rücken dunkel rothbraun; die Federn der Stirn zugespitzt, mit feinen rostgelben Schaftstreifen; die des Oberkopfes dunkler gefärbt, beim Männchen etwas verlängert und spitzer als beim Weibchen; hinter dem Auge ein blasser Streif. Zügel, Kehle und Backen bis zur Mitte des Halses rein weiß. Unterhals und Brust graugelb, die Seiten der Brust und des Bauches braungelb, die Mitte beider blasser; letzte Steißfedern rostroth. Schwingen braun, außen rostroth, innen rostgelb gesäumt; Schwanz lebhafter rostroth beinahe zimmtroth, die äußeren 3 Seitenfedern stufig verkürzt. Beine bleigrau, hornbraun unterlegt, die Krallen blaß gelbgrau. —

Männchen frischer und röther gefärbt, mit spitzeren Kopffedern und deutlichem lichteren Streif hinter dem Auge. — Weibchen trüber, mehr braun als rostroth, ohne Streif hinter dem Auge.

Ganze Länge 7³/₄", Schnabelfirste 9''', Flügel 3" 3''', Schwanz 3", Lauf 9''', Mittelzehe 8'''.

Auch diese Art erhielt ich nur im Innern auf dem Camposgebiet bei Lagoa santa, aber in den dichten Gebüschen der Thalfurchen, nicht auf den lichten Camposhöhen; der Prinz zu Wied traf den Vogel am Flusse Ilheos in den dortigen Urwäldern, Spix am Rio Verde. Nach ihm hält er sich nur in der Nähe von Gewässern auf und läuft am Ufer. Eben deshalb besucht er auch die Waldstrecke am Ufer der Sees von Lagoa santa. —

B. Schnabel etwas kürzer, schon vom Grunde an sanft gebogen, daher spitzer und mehr kegelförmig sich ausnehmend, doch seitlich zusammengedrückt.

a. Schwanzfedern von gewöhnlicher Länge und Breite, nur die seitlichen stufig verkürzt.

3. Anabates superciliaris.

Sphenura superciliaris *Licht.* Doubl. d. zool. Mus. 41. 459.
Philydor superciliaris *Spix.* Av. Bras. I. 73. 1. tb. 73. f. 1. — *Reichenb.* Handb. I. 199. 484.
Anabates atricapillus *Pr. Max.* Beitr. III. b. 1187. 5.
Xenops melanocephalus *Lesson* Traité. 318. 8.
Xenops Canivetii *Less.* Cent. zool. pl. 16.
Trepadore dorado, *Azara* Apunt. II. 286. 247.

Rothbraun, Scheitel schwarzbraun, Kehle rostgelb, Schwingen braun. —

Vom Ansehn einer kleinen Drossel, daher auch ursprünglich zu Sylvia gestellt (S. rubricata *Ill.*); der Schnabel größer und stärker, besonders höher als bei Drosseln, aber von ähnlicher Form, nach vorn stark zusammengedrückt; Oberschnabel schwarzgrau, Unterschnabel blaßgelb. Oberkopf schwarzbraun; Zügel und Ohrgegend blaßgelb, über der Ohrdecke eine feine schwarzbraune Linie und die untere Partie der Ohrdecke bis zum Unterkiefer hin schwarzbraun. Nacken, Rücken, Flügel und Bauch lebhaft rostroth; der Schwanz frischer und mehr zimmtroth gefärbt, die Kehle blaß rostgelb; die Schwingen außen braun, innen grau, Vorderfahne rothbraun, Hinterfahne blaßgelb gesäumt. Beine hellgelblich graubraun. Iris rothbraun.

Ganze Länge 6″ 10‴, Schnabelfirste 6‴, Flügel 3 $^1/_3$″, Schwanz 2 $^3/_4$″, Lauf 7 $^1/_2$‴, Mittelzehe 6‴. —

Im Urwaldgebiet des mittleren Brasiliens paarweis oder in kleinen Gesellschaften, hüpft in den Zweigen umher, nach Art der Meisen, dabei zirpende Töne ausstoßend; übrigens scheu und flüchtig. Spix beobachtete den Vogel in Minas geraes, wo er mir nicht vorgekommen ist; nach Azara besucht er zuweilen auch Paraguay. —

4. Anabates amaurotis *Temm.*

Temm. pl. col. 238. 2. — *Bonap.* Consp. 210. 435. 2.
Philydor amaurotis *Reichenb.* Handb. I. 199. 483.
Xenops nigricapillus *Lesson,* Traité 318. 7.

Rückengefieder braun, Schwanz rostroth; Kehle, Backen, Augenstreif weiß; Brust, Bauch und Nackenring blaßgelb.

Rückengefieder braun; Oberkopf dunkler, die Federn mit schwärzlichen Schaftflecken; Zügel, Augenrand und ein Streif hinter dem Auge, der zum Nacken läuft, weißlich, ebenso die Kehle und die Backen; Ohrdecke am oberen Rande braun, am unteren gelb. Halsseiten und eine von ihnen ausgehende matte Binde um den Nacken, Brust und Bauch blaßgelb, allmälig nach hinten trüber graulicher. Flügel braun, Schwingen graulich, am Innenrande blaßgelb, am Außenrande braun. Schwanz lebhaft rostroth, die Seitenfedern stufig verkürzt. Schnabel am Oberkiefer schwarzbraun, am Unterkiefer blaßgelb; Beine graubraun, Krallen lichter. —

Ganze Länge 6″, Schnabelfirste 6‴, Flügel 3″, Schwanz 2″ 8‴, Lauf 7 $^1/_2$‴, Mittelzehe 6‴ ohne Kralle. —

Von Natterer im Innern Brasiliens beobachtet; mir unbekannt.

b. Schwanz sehr lang, die Federn schmäler, alle stufig verkürzt; Schnabel noch etwas feiner und drosselartiger.

5. Anabates poliocephalus.

Sphenura poliocephala *Licht.* Doubl. d. zool. Mus. 41. 458.
Philydor poliocephalus *Reichenb.* Handb. I. 199. 485.
Philydor ruficollis *Spix* Av. Bras. I. 74. 3. tb. 74.
Dendrocolaptes rufus *Vieill.* N. Dict. Tm. 26. 114. — *Lafresn.* Rev. zool. 1850. 283. —
Dendroma caniceps *Swains.* orn. Draw. pl. 80.
Xenops rufifrons *Valenc. Lesson.* Traité. 317. 1.

Rostgelb, Flügel und Schwanz rothbraun; Scheitel, Nacken und Ohrstreif grau. —

Schnabel fein gebaut, mit ziemlich schlanker, hakenförmig gebogener Spitze; horngrau, Unterkiefer und Mundrand mit der Spitze blasser, gelblicher. Iris rostgelbbraun. Gefieder weich, die Stirnfedern bis zum Scheitel länglicher, etwas zugespitzt; überall lebhaft rostgelb gefärbt; Oberkopf, Nacken und ein Streif hinter dem Auge bis zum Ohr schiefergrau. Kehle, Vorderhals und Stirn lichter und fast isabellgelb; Brust und Bauch etwas dunkler auch voller rostgelb, Rücken bräunlicher gelb. Flügel und Schwanz rothbraun, die vordersten kleinen Deckfedern graubraun, wie die Schwingen, doch letztere am Vorderrande lebhaft, am Hinterrande trüber rostroth gesäumt. Schwanzfedern sehr lang zugespitzt, alle etwas stufig verkürzt, am bedeutendsten das äußerste Paar. Beine blaß graubräunlich, die Krallen fast weiß.

Ganze Länge 7½″, Schnabelfirste 7‴, Flügel 3″ 2‴, Schwanz 3″ 6‴, Lauf 7‴, Mittelzehe 6‴. —

Im nördlichen Brasilien von Bahia bis Para zu Hause und dort nicht selten; das hier beschriebene sehr schöne Exemplar wurde aus Berlin bezogen.

Anm. Daß Azara's Trepadore dorado diese Art sei, wie Dr. Hartlaub vermuthet (System. Index etc. 16) bezweifle ich; die Maßangaben Azara's passen durchaus nicht, dagegen sehr gut zu Anabates superciliaris, der südlicher geht und mit dem auch Azara's Beschreibung wenigstens nicht im Widerspruch steht. —

6. Anabates erythrophthalmus *Pr. Wied.*

Pr. Max. z. Wied, Beitr. etc. III. b. 1175. 3. — Dessen Reise n. Bras. II. 147. — *Des Murs* Icon. pl. 44.
Homorus erythrophthalmus *Reichenb.* Handb. I. 173. 391.
Anabates aradoides *Lafresn.* Guér. Mag. d. Zool. II. Cl. 2. pl. 8.
Asthenes aradoides *Reichenb.* Handb. I. 169. 378. —

Gefieder olivenfarben, etwas ins Graubraune fallend; Stirn, Vorderhals und Schwanz rostroth. —

Genau wie die vorige Art gebaut und ihr in allen Theilen höchst ähnlich. Schnabel vollkommen so geformt, Oberkiefer grau, Unterkiefer blasser, Iris orangeroth. Gefieder etwas bräunlich olivenfarben, bald mehr ins Graue, bald etwas ins Grünliche spielend; Stirn- und vordere Scheitelfedern zugespitzt, wie Kinn, Kehle und der Vorderhals lebhaft rostrothgelb; der Schwanz ebenso, nur etwas dunkler und reiner rostfarben. Flügel bräunlich überlaufen, die Deckfedern röthlicher gerandet; Schwingen brauner, innen blaß rostgelb gesäumt. Schwanzfedern etwas breiter und nicht völlig so spitz wie bei der vorigen Art. Beine graulichbraun, die Krallen blasser. —

Ganze Länge 7″ 9‴, Schnabelfirste 6½‴, Flügel 2″ 8‴, Schwanz 3″ 6‴, die äußersten Federn nur 1″ 4‴, Lauf 9‴, Mittelzehe 6½‴. —

Der Prinz zu Wied beobachtete diesen hübschen Vogel in den dichten Urwäldern am Rio Catolé; er baut an Schlingpflanzen ein beutelförmiges Nest aus dünnen trocknen Reisern und Halmen, worin Anfangs Januar sich junge Vögel befanden, welche schon flügge waren und die Aeltern begleiteten. Eine laute, sonderbare Stimme, welche der Prinz auf Noten gesetzt hat, machte ihn kenntlich.

Anm. 1. Die hübsche Abbildung von Lafresnaye a. a. O. ist etwas zu grün colorirt, im Uebrigen der Vogel kenntlich dargestellt. Daß er nur zehn Schwanzfedern haben soll, wie der Prinz angiebt, ist besonders merkwürdig, vielleicht aber bloß eine Anomalie, denn Lafresnaye's Figur stellt 12 vor. Sollte das äußerste kleinste Paar verloren gegangen sein, als der Prinz seinen Vogel untersuchte? Bei den jungen Vögeln kommt es stets zuletzt, und öfter viel später, als die übrigen. —

2. Was ich aus Sphenura subulata *Spix*. Av. Bras. I. 82. 1. tb. 83. fig. 1. machen soll, weiß ich nicht; ebenso wenig kennen den Vogel die übrigen neueren Schriftsteller (*Reichenb*. Handb. I. 210. 513. — *Bonap*. Consp. 210. 435. 6.). Mit Thripophaga ist er wohl nicht verwandt, und ebensowenig ein Anabates, wie es mir scheint, weil die Schwanzfedern ganz stumpf und abgerundet dargestellt sind. Darnach müßte er zu den Synallaxinen gehören. Am nächsten scheint ihm Anabates melanorhynchus *v. Tschudi* Fn. per. Orn. 241. 4. tb. 21. f. 1. zu kommen. Die Art stammt aus dem Innern, vom oberen Amazonenstrom. Beide zeichnen sich durch den ganz dunkelbraunen Schnabel, neben hellfarbigen Beinen aus. Ihre Zeichnung und Färbung sind wie bei Dendrocolaptes. —

14. Gatt. Heliobletus *Reichenb.*

Handb. d. spez. Ornith. I. 201.

Schnabel fein und zierlich, wie bei Synallaxis, also viel kürzer als der Kopf, die Firste sanft abgebogen, seitlich zusammengedrückt, am Ende etwas herabgekrümmt; Nasengrube kurz, breit, mit offenem Nasenloch in der Spitze. Gefieder weich, Unterseite fleckig gestreift; Flügel ziemlich lang und spitz, bis auf die Mitte des Schwanzes hinabreichend; die Schwingen ziemlich schmal, die erste merklich verkürzt, die zweite schon ebenso lang wie die dritte längste. Schwanz von mäßiger Länge, die Schäfte der Federn weich, nicht vortretend, die Fahnen spitz zugerundet, nur die 2 äußeren Federn jeder Seite stufig verkürzt. Beine wie bei Xenops nur etwas größer, die Hinterzehe sehr lang mit auffallend großer Kralle, die vordere fein und zierlich, die Außenzehe um ein halbes Glied länger als die Innenzehe.

Anm. Das niedliche Vögelchen, welches den Repräsentanten dieser Gattung bildet, hat den Schnabel von Synallaxis, das Gefieder von Dendrocolaptes, den Fuß und Schwanz von Anabatoides, aber keinen wesentlichen Charakter von Anabates, kann also mit keiner dieser Gattungen verbunden werden, und muß, wie schon Hofr. Reichenbach a. a. O. vermuthete, eine eigene Gattung für sich erhalten.

Heliobletus superciliosus *Illig.*

Dendrocolaptes superciliosus *Illig. Lichtenst.* Monogr. I. I. 1818. 204 — 1820. 265. 15. —
Dendrocopus pyrrhophaeus *Vieill.* N. Dict. Tm. 26. 121. — cf. *Lafresn.* Rev. zool. 1850. 370.
Philydor superciliosus *Reichenb.* Handb. I. 200. 490.

Grundfarbe olivenbraun, Rücken und Flügel reiner braun, Schwanz rostroth; Oberkopf schwarzbraun, mit feinen blaßgelben Schaftstreifen; Kehle, Augenstreif, Nackenring und untere Schaftstreifen blaßgelb.

So groß wie eine Garten-Graßmücke (Sylvia hortensis) nur der Schnabel etwas länger, aber kaum dicker. Oberkiefer schwarzbrann, Unterkiefer am Grunde blaßgelb, an der Spitze braun. Oberkopf schwarzbraun, jede Feder mit blaßgelbem, nach außen verwaschenem Schaftstreif. Zügel blaßgelb, hinter dem Auge bis zum Ohr ein isabellgelber sehr klarer Streif. Ohrdecke braungelb liniirt. Kehle und Vorderhals, Backen und ein etwas verwaschener Ring um den Hals blaßgelb, der Vorderhals allmälig grauer werdend; die übrige Unterseite graulich olivenbraun, mit blaßgelben verwaschenen Schaftstreifen, die gegen den Bauch hin verschwinden; untere Schwanzdecke rostroth. Rücken und Flügel braun, Schwingen schwarzbraun, außen braun, innen blaßgelb gesäumt. Schwanz lebhaft rostroth, die vier mittleren Federn mit feinen freien Spitzen der Schäfte. Beine graubraun, die Krallen sehr blaß graugelb.

Ganze Länge 5³/₄″, Schnabelfirste 5‴, Flügel 3″, Schwanz 2″, Lauf 8‴, Hinterzehe ohne Kralle 5‴, vordere Mittelzehe ohne Kralle 7‴. —

Ich bekam diesen seltnen Vogel einmal während meiner Anwesenheit in Neu-Freiburg, woselbst er in den benachbarten Waldungen erlegt war. Nach Aussage des Schützen hüpfte er, wie ein Dendrocolaptes, an den Zweigen des Dickigtes umher. —

Anm. Am nächsten steht ihm der Anabates squamiger *Lafresn. D'Orbigny* Voy. d. l'Am. merid. Ois. pag. 369. no. 308. pl. 54. f. 2 — ja ich würde beide Vögel zusammenziehen, wenn nicht die Abbildung a. a. O. einen längeren, mehr stufigen, scheinbar steiferen Schwanz vorstellte. Besonders charakteristisch und mit Anabates im Widerspruch ist die große lange Hinterzehe, welche vielmehr völlig wie bei Xenops und Anabatoides sich verhält. Mit Anabatoides adspersus hat mein Vogel die meiste Aehnlichkeit, aber der Schnabel ist genau wie bei Synallaxis. —

15. Gatt. Oxyrhamphus *Strickl.*

Oxyrhynchus *Temm.*

Schnabel ganz grade, kegelförmig, beinahe flacher als hoch, ohne alle Biegung der Rückenfirste und der Spitze. Nasengrube lang, mit spaltenförmigem Nasenloch am unteren Rande. Vor dem Auge die eigenthümlichen Federn mit Borstenspitzen, wie bei Anabates, aber auch solche Spitzen an den Federn des Kinnwinkels, wo sie den Anabaten fehlen. Flügel ziemlich lang und spitz, bis auf die Mitte des Schwanzes reichend; die erste Feder nur wenig verkürzt, die zweite die längste. — Schwanz kurz, breit, grade abgestutzt, die Schäfte weich, ohne Spur einer vortretenden Spitze. Beine stark, die Laufsohle an der Innenseite mit einem matten Streif, indem die Tafelschilder nicht von innen, sondern von außen her um die Sohlenkante herumgreifen. Zehen dick, die hinteren stark, mit großer Kralle; die vorderen kurz, besonders die mittlere, welche die beiden anderen gleich langen nur wenig übertrifft.

Anm. Diese höchst eigenthümliche Gattung paßt nirgends recht hin; im Flügelschnitt ist sie am meisten mit Holiobletus verwandt, in der Form des Nasenlochs mit Thripophaga und Anumbius; das hellgrüne Gefieder und die rothe Scheitelholle erinnern an die Tyranniden, die Fußbildung an die Ampeliden. —

Oxyrhamphus flammiceps.

Oxyrhynchus flammiceps *Temm.* pl. col. 125.
Oxyrhynchus cristatus *Swains.* zool. Illustr. pl. 49.
- serratus *Mikan*, Delic. Flor. et Fn. Bras. —

Grün, Scheitelmitte feuerroth; Unterseite heller, schwarzgrau getüpfelt. —

Schnabel horngrau, der Unterkiefer blasser. Stirn, Kehle, Backen und Oberkopf schwarz und blaßgrün quergestreift; Kopfmitte orange oder feuerroth, die Federn schopfartig verlängert, mit schwarzen Spitzen; Nacken und Halsseiten matter schwärzlich und blaßgrün gebändert. Rücken, Flügel und Schwanz grün; die Schwingen schiefergrau, hellgrün gerandet, die Innenfahne breit blaßgrün gesäumt, die Deckfedern mit lichteren Säumen. Unterseite blaßgrün, die Federn mit schieferschwarzen Querbinden, welche auf der Brust und dem Oberbauch sich seitwärts verschmälern und hier mehr Tüpfeln gleichen. Beine hellblaugrau, die Krallen lichter gelbgrau.

Ganze Länge 7″, Schnabelfirste 7‴, Flügel 4″, Schwanz 2″, Lauf 9‴, Mittelzehe ohne Kralle 6‴. —

Im Innern Brasiliens, von Joh. Natterer entdeckt; hier nach einem weiblichen Exemplar unserer Sammlung beschrieben, dessen Fundort mir nicht näher bekannt ist; das von Temminck a. a. O. abgebildete Männchen hat eine viel stärkere, längere Federnholle auf dem Scheitel, weicht aber sonst nicht vom Weibchen ab. —

4. Synallaxidae.

Schnabel fein, zierlich, drossel- oder sängerförmig, aber etwas höher, viel stärker seitlich zusammengedrückt; die Firste sanft und allmälig herabgebogen, mit leicht hakiger Spitze, doch ohne Kerbe daneben. Nasengrube etwas mehr vorspringend, das Nasenloch länglich, mehr als Spalte am unteren Rande auftretend. Vor dem Auge eine Gruppe eigenthümlicher Federn mit Borstenspitzen. Gefieder weich und lax, die Flügel stets kurz, wenig über den Anfang des Schwanzes hinabreichend; der Schwanz dagegen lang und langstufig, die Federnschäfte aber weich, obgleich zum Anstemmen brauchbar, mitunter mit hervorragenden Schaftspitzen. Beine fein und zierlicher als bei den Anabatiden, die Laufsohle breiter, mit besondern Täfelchen oder kleinen Warzen bekleidet, nicht glatt, wie bei den Anabatiden; Außenzehe nur sehr wenig länger als die Innenzehe, am Grunde mit der Mittelzehe verwachsen. —

Die Vögel hüpfen wie Meisen im Gebüsch an den freieren Zweigen umher, sitzen der Länge nach auf den Zweigen, und stützen sich dabei mit dem Schwanz; sie fressen Insecten. —

16. Gatt. Thripophaga *Caban.*

Wiegm. Arch. 1847. I. 338.

Schnabel beinahe so lang wie der Kopf, sehr sanft zugespitzt, die Rückenfirste allmälig vom Grunde an herabgebogen; die Nasengrube nach hinten befiedert, wie bei Oxyrhamphus und ebenso lang, schmal spaltenförmig auch das Nasenloch. Gefieder langfedrig und daher die Flügel auch etwas länger als sonst in dieser Gruppe; erste Schwinge bedeutend verkürzt und überhaupt kleiner, zweite etwas kürzer als die dritte und diese nicht ganz so lang wie die vierte längste. Schwanz sehr lang, alle Federn paarig verkürzt, die äußersten nur ein Drittel der mittelsten betragend. Beine noch ziemlich stark, wenigstens stärker als bei den folgenden Gattungen; Laufsohle mit einer Reihe kleiner runder Warzenschilder auf der Außenkante. Zehen lang, mit ziemlich hohen aber nicht grade langen Krallen. —

Thripophaga striolata.

Reichenb. Handb. I. 209. 509. — ***Caban.*** l. l.
Sphenura striolata ***Licht.*** Doubl. d. zool. Mus. 42. 465. — ***Spix.*** Av. Bras. I. 83. 1. tb. 83. F. 2.
Anabates striolatus ***Pr. Max.*** Beitr. III. b. 1182. 4. — ***Temm.*** pl. col. 238. 1.
Anabates macrurus ***Pr. Max.*** Reise II. 147.
Xenops ruficollaris ***Lesson***, Cent. zool. pl. 36.

Rückengefieder rostrothbraun, jede Feder mit blaßgelbem Schaftstreif; Schwanz hell zimmtroth; Bauchseite rothgraubraun, lebhafter blaßgelb gestreift.

Ungemein schlank und gestreckt gebaut, auch größer als alle übrigen Synallaxinen, etwa wie Sylvia turdoides gestaltet, aber der Schwanz länger. — Schnabel schwarzgrau, Unterkiefer und die Spitze blasser; Iris rothgelb. Rückengefieder rostrothbraun, jede Feder mit einen hellerem Schaftstreif; Flügel einfarbig rothbraun, die Schwingen schwarzbraun, mit rothbraunem Rande. Schwanz hell zimmtrothgelb, alle Federn gerundet, ohne vortretende Spitzen der Schäfte. Kehle lebhaft rothgelb; Backen, Zügel, Ohrgegend und Hals etwas graulichbraun, mit breiten, lebhaften blaßgelben Schaftstreifen, welche von der Brust an schmäler werden und sich am Steiß fast verlieren; die Schäfte der Federn weißlich, die Ränder am Schaftstreif dunkler braun. Beine graubraun, Krallen blaßgelb. —

Ganze Länge 6$^3/_4$", Schnabelfirste 7‴, Flügel 3", längste Schwanzfedern 3", kürzeste 1$^1/_4$", Lauf 9‴, Mittelzehe ohne Kralle 7‴.

Ein ausgezeichneter Vogel, welcher dem Waldgebiet des mittleren Brasiliens angehört und wie alle Synallaxinen im dichtesten Gebüsch an den Zweigen herumhüpft, die Federn gewöhnlich abstehend gebläht tragend, wie das auch die Synallaxis-Arten thun. Seine Bewegungen sind mehr hüpfend als kletternd, doch zeigen die meist abgenutzten mittelsten Schwanzfedern, daß er auch darauf sich stützt. Von Zeit zu Zeit hört man einen einfachen Lockton von ihm.

Anm. Temminck's Figur ist zu dunkel, wenigstens habe ich kein Individuum von so dunkler Färbung gesehen. — Eine zweite Art aus Peru hat ***v. Tschudi*** Fn. per. Orn. 239. 1. als Anabates auritus beschrieben. Sie hat den dunkleren Farbenton des Temminck'schen Bildes, aber einen tief schwarzbraunen Oberkopf, ohne Schaftstreifen, und einen hellgelben Streif hinter dem Auge bis zum Ohr.

17. Gatt. Anumbius *D'Orb.*

Sphenopyga *Caban.* Phacellodomus ***Reichenb.***

Schnabel kürzer und darum höher erscheinend, die Rückenfirste stärker gebogen, viel kürzer; Nasengrube ganz befiedert, mit spaltenförmiger Oeffnung am unteren Rande. Stirnfedern bis zur Kopfmitte stark zugespitzt; das übrige Gefieder dagegen sehr breitfedrig, weich, gerundet. Flügel kurz, nur bis zum Anfange des Schwanzes reichend, die vierte Schwinge die längste, aber die erste nicht sehr verkürzt. Schwanz lang, keilförmig, alle Federnpaare stufig abgesetzt, die Fahnen gerundet aber doch abgenutzt, die Schäfte weich ohne vortretende Spitze. Beine höher, mit relativ kleineren Zehen; die Laufsohle am Außenrande mit einer Reihe ziemlich großer, viereckiger Tafeln; die Krallen kurz, wenig gekrümmt. —

Anumbius frontalis.

Sphenura frontalis *Licht.* Doubl. zool. Mus. 42. 460.
Anabates rufifrons *Spix.* Av. Bras. I. 84. 3. tb. 84. f. 1. — *Pr. Max* Beitr III. b. 1191. 6. — Dessen Reise, II. 177.
Malurus garrulus *Swains.* zool. Ill. pl. 138
Phacellodomus rufifrons *Reichenb.* Handb. I. 169. 379.

Grau, Stirn lebhaft rostroth; Kehle, Vorderhals und Brust gelblichweiß; hinter dem Auge ein weißlicher Streif. —

Schlank und gestreckt gebaut, nur der Schnabel dagegen kurz. Oberschnabel braun, Unterkiefer blasser. Stirnfedern bis zur Kopfmitte stark zugespitzt, die ersteren lebhaft rostroth; das übrige Rückengefieder aschgrau, die Flügel und der Schwanz, besonders ersterer, etwas braun angelaufen; Schwingen lebhafter röthlich gelbgrau gerandet. Zügel, Kehle, Vorderhals und ein Streif hinter dem Auge bis zum Ohr gelblich weißgrau; Brust und Bauch lebhafter gefärbt, besonders die Seiten und die Steißfedern etwas mehr röthlichgrau. Beine blaß gelbgrau, die Krallen fast ganz weiß; die Iris grau. —

Ganze Länge 6″ 8‴, Schnabelfirste 5½‴, Flügel 2″ 4‴, Schwanz 2″ 8‴, die äußerste Feder nur halb so lang; Lauf 9‴, Mittelzehe 7‴.

Bewohnt die lichten Gebüsche des Camposgebiets vom nördlichen Minas geraes bis über Bahia hinauf und ist wegen seines merkwürdigen beutelförmigen, sehr großen Nestes, das man an den Bäumen hängen sieht, ein allbekannter Vogel. Das Nest ist aus trocknen Halmen und Reisern geflochten, deren Spitzen wie Stacheln nach allen Seiten abstehen; es sitzt an einem aufrechten Zweige und enthält einen napfförmigen Brütraum, zu dem von unten her ein an der Seite hinaufsteigender Gang führt; ersterer ist mit Federn, Baumwolle und Seide ausgefüttert und darin 3—4 ganz weiße Eier. Der Vogel vergrößert seinen Bau alljährlich, indem er den früheren Brütraum nicht wieder benutzt, sondern einen neuen oben draufsetzt. Dadurch erlangen diese Nester eine solche Größe, daß man sie schon von Ferne in der Landschaft erkennt. Gestört, läßt der Vogel ein lautes, fast so gellendes Geschrei hören, wie der Furnarius.

18. Gatt. Melanopareia *Reich.*

Handb. d. sp. Orn. I. 164.

Schnabel ziemlich kurz und nicht ganz so hoch; dem von Anumbius zwar nicht unähnlich, aber nicht so stark, weniger gekrümmt, die Spitze sanft hakig herabgebogen, mit schwacher Kerbe daneben. Nasengrube wenig vortretend, das Nasenloch eine Spalte am unteren Rande. Flügel sehr kurz, stark abgerundet, klein und schwach; die vordersten Schwingen alle stufig verkürzt, erst die fünfte Schwinge die längste. Schwanz lang, die Federn nur wenig stufig verkürzt, alle gleich breit, mit abgerundeter Fahne ohne vortretende Schaftspitzen. Beine ziemlich hoch, die Zehen von mäßiger Länge, die Krallen nicht sehr groß, flach gebogen, die des Daumens fast spornartig aufgerichtet. —

1. Melanopareia torquata.

Reichenb. l. l. 165. 368. —
Synallaxis torquatus *Pr. Max.* Beitr. III. b. 697. 4. — *Lafresn. D'Orb.* Voy. Am. mer. Ois. 248. pl. 15. f. 2. (S. bitorquata).

Rückengefieder graubraun, Bauchseite rostgelb; um den Nacken ein rostrother Ring, über die Brust eine schwarze Binde; kleinste Deckfedern weißlich gesäumt.

Schnabel schwärzlich, Unterkiefer am Grunde blasser; Iris rothgelb. Rückengefieder graulich olivenbraun, Stirn, Zügel und Backen schwarz; vom Schnabelrande bis zum Ohr ein weißlicher Streif. Kehle, Brust und Bauch rostgelb; über die Brust ein schwarzer Ring, der einen weißlichen Vorstoß hat; Nacken breit rothbraun bis zur Schulter. Kleine Flügeldeckfedern am Bug schwärzlich, mit breitem weißen Saum nach außen. Schwingen und Schwanzfedern graubraun, der feine Außenrand röthlich überlaufen. Beine hell bläulich fleischroth. —

Ganze Länge 6″ 3‴, Schnabelfirste 4‴, Flügel 2″, Schwanz 2¼″, Lauf 7‴.

In den Gebüschen der Campos-Region, an den Zweigen mit einzelnen pfeifenden Locktönen herumhüpfend. —

Anm. Der Prinz hielt diesen Vogel für eine schon von Azara beschriebene Art, die ihm sehr ähnlich sieht, daher ich eine kurze Charakteristik derselben um so lieber hersetze, als sie wahrscheinlich auch in Süd-Brasilien vorkommt.

2. Melanopareia Maximiliani.

Reichenb. l. l. 165. 367. —
Synallaxis Maximiliani *D'Orb.* Voy. Am. mer. Ois. 247. pl. 15. f. 1. (S. torquata).
Pardo collar negro, *Azara*, Apunt. II. 264. 235.

Rückengefieder grünlich graubraun, Kehle und Vorderhals gelb, Brust und Bauch zimmtroth, über die Brust eine schwarze Binde. Flügelbug ungefleckt.

Schnabel schwärzlich, am Grunde bläulich; Iris hellblau. Rückengefieder grünlicholivengraubraun; Zügel, Backen und Ohrgegend schwarz; vom Schnabel läuft über dem Auge zum Ohr ein weißlicher Streif. Kehle und Vorderhals blaßgelb, durch eine schwarze Binde von der Brust abgesetzt; Brust, Bauch und Steiß lebhafter rostgelbroth. Flügel am Rande unter dem Bug weißlich, die kleinen Deckfedern aber ungefleckt; Schwingen und Schwanzfedern graubraun, mit grünlichgrauen Außenrändern. Beine hell fleischroth.

Ganze Länge 5¾″, Flügel 1″ 9‴, Schwanz 1½″, Lauf 7‴, Mittelzehe 5‴. —

Im Innern Süd-Amerikas, an der Grenze von Bolivien gegen Paraguay und Brasilien bei Yungos gesammelt. —

19. Gatt. Synallaxis *Vieill.*

Galer. II. 284.

Schnabel fein, sanft gebogen, sylvienartig aber länger; Nasengrube klein, mit schmaler spaltenförmiger Oeffnung am unteren Rande. Flügel kurz, zugerundet, nur wenig über den Anfang des Schwanzes hinabreichend; erste Schwinge sehr verkürzt, die zweite und dritte stufig abgekürzt, die vierte und fünfte die längsten. Schwanz lang, die Seitenfedern stark stufig verkürzt, alle mit steifen Schäften und scharfzugespitztem, durch Abnutzung bei älteren Federn bis auf den Schaft zerstörtem Ende. Beine ziemlich hoch, der Lauf dünn, hinten mit einer Reihe Warzen bekleidet; die Zehen lang, besonders die hintere mit großer aber nur wenig gebogener Kralle. Außenzehe fein, nur wenig länger als die Innenzehe. — Gefieder weich, voll, vorherrschend röthlich braun. —

Es sind kleine zierliche Vögelchen, welche ungemein behende in den Gebüschen an den dünnen Zweigen herumklettern, wenig Furcht verrathen, und völlig wie unsere Certhia sich benehmen. Sie sitzen in der Regel der Länge nach an den Zweigen und stützen sich dabei auf den Schwanz, dessen Federn daher bald abgenutzt werden. —

a. Schnabel sehr fein und kurz; Schwanz sehr lang, die mittelsten Federn allein die längsten, ohne freie Schaftspitzen.

1. Synallaxis ruficapilla *Vieill.*

Vieill. Gal. d. Ois. II. 284. pl. 174. — N. Dict. Tm. 32. pag. 10. — *Schomb.* Reise III. 689. 112. — *D'Orbigny*, Voy. Am. mer Ois. pag. 246.

Sphenura ruficeps *Licht.* Doubl. 42. 463.
Parulus ruficeps *Spix.* Av. Bras. I. 85. 1. tb. 86. f. 2.
Synallaxis cinereus *Pr. Max* Beitr III b. 685. 1.
Chicli et Cógogo, *Azara* Apunt. II. 266. 236. 237.

Scheitel, Flügel und Schwanz rostroth; Rücken und Bauchseiten olivenbraun; Unterseite grau, Kehle weißlich. —

Schnabel ziemlich stark, der Oberkiefer schwarzgrau, der Unterkiefer blasser mit weißlichem Kinnrande. Iris gelbbraun. Oberkopf bis zum Nacken hellrostroth; Hinterhals, Rücken und Bauchseiten olivenbraun, röthlich überlaufen. Flügel und Schwanz dunkel rothbraun, die hinteren Armschwingen olivenbraun. Zügel, Augengegend und Backen schiefergrau; ein Streif über dem Auge, Kehle und Vorderhals weißlich, aber jede Feder in der Tiefe grau, daher fleckig; Brust und Bauchmitte grau, beim Weibchen mehr aschgrau, beim Männchen mehr blaugrau gefärbt. Flügel innen grau, die unteren Deckfedern und der Saum der Schwingen blaß rostgelb. Beine braungrau, die Krallen lichter gefärbt. —

Das Männchen unterscheidet sich vom Weibchen durch die rostrothe Stirn, eine lebhaftere vollere Farbe, besonders durch einen rötheren Schwanz und eine mehr blaugraue Brust; es ist in Vieillot's Figur dargestellt; Spix l. l. Fig. 2. zeigt das Weibchen, kenntlich an seiner brauneren, nicht rostrothen Stirn, und seinen schmäleren Schwanzfedern. —

Ganze Länge 6″, Schnabelfirste 6‴, Flügel 2″ 4‴, Schwanz 3″, Lauf 8‴.

Junge Vögel haben kürzeren Schwanz, kürzeren Schnabel und sehr matte Farben. —

Die Art ist in ganz Brasilien häufig; in allen dichten Gebüschen nicht bloß, sondern auch im Urwalde und in der Nähe der Dörfer leicht zu treffen. Ich erhielt den Vogel bei Congonhas und Lagoa santa; er geht südlich bis Paraguay und nördlich bis Guyana.

Anm. Vorstehende Art scheint vielfältig verkannt worden zu sein, was besonders ihre große Aehnlichkeit mit der folgenden verschuldet. Wie der Prinz zu Wied richtig bemerkt, stimmen Männchen und Weibchen in der Färbung des Schwanzes wie der Flügel mit einander überein, dagegen hat das Männchen eine viel dunkler gefärbte Brust als das Weibchen. Hofr. Reichenbach hat in seinem Handbuch zwar richtige Citate, aber seine Definition ist nicht richtig, wenn er den Schwanz olivenbraun nennt, das ist er nur bei S. albescens, nicht bei S. ruficapilla.

2. Synallaxis albescens *Temm.*

Temm. pl. col. 227. 2. juv. — *Reichenb.* Handb. I. 159. 349.
Parulus ruficeps *Spix.* Av. Bras. I. 85. 1. tb. 86. f. 1. mas.

Oberkopf hell rostroth, Rücken und Schwanz olivengraubraun; Brust und Bauch bleigrau beim Männchen, weißlichgrau beim Weibchen. —

Feiner und zierlicher gebaut, als die vorige Art, der Schnabel etwas kürzer und dünner; Oberschnabel schwarz, Unterschnabel weißlich. Iris gelbbraun.

Männchen überall lebhafter gefärbt als das Weibchen, sein ganzer Oberkopf hell rostroth, ebenso die kleinen Flügeldeckfedern am Bug und die Außenfahne der großen Deckfedern; Rücken, Schwingen und Schwanz graulich olivenbraun, die Schwingen am Außenrande mit feinem rostrothem Saum; die kleinen Deckfedern auf der Innenseite blaßgelb, die Schwingen hier ebenso gesäumt. Kehle, Vorderhals und Brust bleigrau, die Mitte des Halses schwärzlich; Bauch und Steiß aschgrau, die Seiten olivenbräunlich. Beine blaß braungrau, die Krallen weißlich.

Weibchen blasser und matter gefärbt, die Stirn bräunlichgrau, der Scheitel bis zum Hinterkopf rostroth; Flügel und Schwanz wie beim Männchen, aber die Unterseite licht aschgrau, auf der Mitte weißlich; über dem Auge ein weißlicher Streif.

Die Schwanzfedern sind beim frisch gemauserten Vogel völlig unversehrt, am Fahnenrande nicht abgenutzt und am Schaftende befiedert; sie werden aber durch den Gebrauch etwas zerstört und abgestoßen, in welchem Fall die Schaftspitze nackter aussieht. —

Ganze Länge 6″, Schnabelfirste 5‴, Flügel 2″ 2‴, Schwanz 3″, Lauf 8‴.

Der Vogel war sehr häufig in allen Gebüschen bei Neu-Freiburg, er kam bis in den Garten am Hause und hüpfte hier, wie eine Certhia, an den Stengeln umher; ich erinnere mich nicht, die vorige Art, welche dem Binnenlande angehört, dort gesehen zu haben. —

Anm. Spix hat beide Spezies verwechselt, Fig. 1. Taf. 86. stellt das alte Männchen von dieser vor, Fig. 2. das Weibchen der vorigen, aber die Brust ist in dieser Figur zu bleigrau; Temminck bildet a. a. O. das Jugendkleid ab.

Auf derselben Tafel 227. stehen bei Temminck noch 2 Arten, welche ich nicht kenne, daher nur anhangsweise berühre:

3. Synallaxis cinerascens *Temm.* l. l. f. 3. — *Reichenb.* Handb. I. 159. 350. — Sphenura cinnamomea *Lichtenst.* Doubl. 42. 462. (excl. Synon.). — Rückengefieder olivenbraungrau, ebenso der Oberkopf; Unterseite bleigrau, die Kehle weißlich, der Vorderhals schwärzlich; Flügel und Schwanz lebhaft rostroth. Gestalt etwas kräftiger, sonst wie S. albescens. — Nord-Brasilien.

4. Synallaxis rutilans *Temm.* l. l. fig. 1. — *Reichenb.* Handb. I. 159. 351. — Ganzes Gefieder lebhaft und hell rostroth, Kehle und Zügelstreif schwarz; Schwingen und Schwanz rußbraun, erstere rostroth gerandet. Ganze Länge 5″ 6‴, Schwanz 2″ 8‴. — Im Innern Brasiliens.

b. Schnabel länger und darum scheinbar mehr gebogen, auch etwas kräftiger; Schwanz viel kürzer, die 4 mittleren Federn ziemlich von gleicher Länge, alle in feine Schaftspitzen ausgehend, die Seitenfedern stark stufig, fein und scharf zugespitzt. Leptoxyura *Reichenb.*

5. Synallaxis pallida *Pr. Wied.*

Pr. Max. z. Wied, Beitr. z. Naturg. Bras. III. b. 690. 2.
Reichenbach Handb. I. 171. 383.

Oberkopf, Flügel und Schwanz rothbraun; Rücken olivengraubraun; Kehle und ein Streif am Auge weiß, Unterseite gelbgrau. —

Wegen des kürzeren Schwanzes kleiner erscheinend, als die vorigen Arten, im Grunde aber kräftiger gebaut. Schnabel braun, der untere Rand bis zur Spitze weißlich. Oberkopf rothbraun, die Stirnfedern graubräunlich, mit weißlichen Schaftstreifen, wenigstens bei meinen weiblichen(?) Individuen. Ueber dem Auge bis zum Ohr ein weißer Streif; Kehle weißlich; Vorderhals, Brust und Bauch graugelb, oben bräunlich überlaufen; Nacken, Rücken und obere Flügeldeckfedern gelbbraungrau; die vorderen Deckfedern am Bug und die großen Deckfedern rothbraun, Schwingen schwarzbraun, rostroth gerandet, die letzten Armschwingen obenauf lebhaft hellbraun. Schwanz hellzimmtroth. Innenseite der Flügel und der Saum der Schwingen blaßgelb. Beine graubraun, die Krallen blasser, Iris hell rothbraun.

Ganze Länge 5½", Schnabelfirste 5‴, Flügel 3", Schwanz 2⅓", Lauf 7‴, Mittelzehe 6‴. —

Ich erhielt die Art in Neu-Freiburg, aber nur einmal; nach dem Prinzen zu Wied bewohnt sie die Gebüsche der Campos-Region.

6. Synallaxis mentalis *Licht.*

Sphenura mentalis *Licht.* Doubl. 42. 461.
Synallaxis caudacutus *Pr. Max.* Beitr. III. b. 692. 3.
Sylvia russeola *Vieill.* N. Dict. II. 217. — Enc. meth. Orn. 463.
Synallaxis ruficauda *Vieill.* ibid. Tm. 32. 310.
Opetiorhynchus inundatus *Temm.*
Leptoxyura ruficauda *Reichenb.* Handb. I. 170. 350.
Anegadizos, *Azara* Apunt. II. 262. 233.

Rückengefieder dunkel rothbraun, Flügel lebhafter rostroth, Schwanz zimmtroth; Kehle gelb, Vorderhals weiß, Brust und Bauch graugelblich.

Noch kürzer und gedrungener gebaut, aber der Schnabel trotzdem länger, ganz schwarzbraun, nur der untere Kinnrand weißlich. Iris rothbraun. Rückengefieder trüb röthlichbraun, nur die Deckfedern und die Ränder der Schwingen lebhafter rostroth, die Schwingen selbst dunkelbraun.

Schwanz hell rostroth, fast zimmtroth. Kehle gelb, die Mitte sehr rein gelb; Vorderhals weiß, die Brust und der Bauch mehr blaßgelb überlaufen, grau unterlegt, die Seiten ins Bräunliche fallend. Beine braun, die Krallen lichter.

Ganze Länge 5½", Schnabelfirste 6''', Flügel 2½", Schwanz 2", Lauf 8''', Mittelzehe 6'''.

Ich habe diese Art sowohl in Neu-Freiburg, als auch in Lagoa santa getroffen; sie lebte in den Gebüschen am Seeufer oder an Waldbächen, hüpft selbst noch am Schilf herum und sucht hier ihre Nahrung. Der Prinz zu Wied traf auch das Nest des Vogels in einem Gabelast über dem Schilf, wo es einen dicken Büschel trockner Pflanzenstengel und Halme bildete, und mit den Samenkronen von Asclepiadeen ausgekleidet war. Es enthielt erst zwei rein weiße Eier, doch vermuthet der Prinz, daß der Vogel noch 2 gelegt haben würde, weil jene 2 nicht bebrütet waren. —

7. Synallaxis cinnamomea.

Certhia cinnamomea *Gmel. Linn.* S. Nat. I. 1. 480. 47. — *Lath.* Ind. orn. 1. 298. 56. — *Vieill.* Galer. II. 283. pl. 173.
Synallaxis ruficauda *Spix.* Av. Bras. I. 84. 1. tb. 85. f. 2.
Leptoxyura cinnamomea *Reichenb.* Handb. I. 170. 382.

Rückengefieder hell zimmtfarben, Unterseite rein weiß, die Kehle schwefelgelb.

Schnabel braun, Unterkiefer blasser. Iris rothgelb. Rückengefieder lebhaft und gleichmäßig zimmtrothbraun, die Flügel am hellsten, etwas heller als der Rücken; die Schwingen braun, außen und innen zimmtroth gerandet. Unterseite rein weiß, die Kehle schwefelgelb, die Seiten der Brust, des Bauches und die Schenkel trüb isabellgelb; die Beine blaßgelbbraun mit weißlichen Krallen.

Ganze Länge 5", die Spitzen der mittelsten Schwanzfedern nicht mitgerechnet; Schnabelfirste 6''', Flügel 2⅓", Schwanz 2", Lauf 9''', Mittelzehe ohne Kralle 6½'''.

In der Gegend von Para und in Guyana zu Hause, hier nach einem Exemplar unserer Sammlung beschrieben, das von Berlin bezogen wurde.

Anm. Spix Abb. a. a. O. paßt genau zu meinen Vogel; seine Angabe, daß er ihn bei Rio de Janeiro gefunden habe, beruhet auf einer Verwechselung mit der vorigen Art, welche er nicht von dieser getrennt zu haben scheint.

8. Synallaxis obsoleta.

Leptoxyura obsoleta *Reichenb.* Handb. I. 171. 385.

Rückengefieder braun, Bauchseite blasser; ein unten schwarzgerandeter weißer Streif am Auge. —

Schnabel und Beine schwärzlichbraun, Rückengefieder ganz braun, Bauchseite heller; Kehle und Vorderhals in die Grundfarbe verlaufend, rothgelb; hinter dem Auge ein abwärts verlaufender weißer Streif, welcher unterwärts schwärzlich gesäumt ist; Flügelaußenwand gelblich weiß, ein schwarzer Fleck vorn auf der zweiten Deckfedernreihe. Schwanz zimmtfarbig.

Ganze Länge 5″ 3‴, Schnabelfirste 5‴, Flügel 2″ 1‴, Schwanz 2″ 3‴, Lauf 7‴. —

In Brasilien; mir unbekannt.

Anm. Nach der Beschreibung paßt Azara's Trepadore palido y roxo, Apunt. II. 282. 244., den G. R. Lichtenstein zu Certh. cinnamomea zieht, wie schon Sonnini that, ziemlich zu dieser Art; es scheint, als ob Azara einen jungen Vogel vor sich gehabt habe. Freilich giebt er ihn etwas größer an, zu 6″ 1‴ Länge.

Sechszehnte Familie.

Wollschlüpfer. Eriodoridae.

Die Mitglieder dieser Familie zeichnen sich durch eine Schnabelbildung aus, welche die Charaktere der beiden vorigen Familien in sich vereinigt; von den Colioptariden hat er die hakige Spitze mit tiefer oder wenigstens deutlicher Kerbe daneben; von den Anabatiden die stärkere seitliche Zusammendrückung, daher er oft höher ist als breit, wenigstens nach vorn, und erst hinten vor der Stirn sich mehr abplattet. Am meisten schließt er sich an die Form des Schnabels der Fluvicolinen, aber er ist in der Regel kürzer, höher und seine Spitze hakiger, als wir sie dort antrafen. Der Mundrand ist, besonders an den Zügeln, mit Borstenfedern besetzt, aber ihre Spitzen erreichen in den meisten Fällen weder die Länge noch die Stärke der Tyrannidenformen, bei denen wir die kräftigsten Mundborsten wahrnahmen; namentlich fehlen stets die steiferen am Zügelrande, welche die Tyranniden so kenntlich machen. Die Nasengrube ist ziemlich kurz, unter den überliegenden Borstenspitzen versteckt und nur das runde Nasenloch vorn in der Grube sichtbar. Das Gefieder ist ungemein weich und zeichnet sich insonderheit durch eine auffallend starke Entwickelung der sehr langen, fast wolligen Rückenfedern aus; Flügel und Schwanz sind bald kurz, bald sehr lang, wenigstens der Schwanz, dessen Federn alsdann stufig abgesetzt sind. Die ruhenden Flügel reichen freilich selten weit über die Basis des Schwanzes hinab und sind stets mehr abgerundet, als zugespitzt; daher auch die erste Schwinge sich merklicher zu verkürzen pflegt.

Nicht minder kenntlich sind die Beine durch ihren hohen dünnen Lauf und ihre schlanken, gestreckten Zehen. Am Lauf sieht man mitunter, z. B. bei Conopophaga, eine einzige zusammenhängende Schiene, auf welcher feine Querstreifen in der Tiefe die Trennung in Schilder andeuten; die hintere Seite oder Sohle ist dann ebenso glatt, aber weicher und ohne alle Bedeckung. Allmälig werden die Schilder der Vorderseite deutlicher und zuletzt bekommt auch die Sohle große Tafeln, welche am deutlichsten bei Pteroptochus und dessen Verwandten hervortreten, aber auch schon bei Myiothera Colma nicht fehlen. Die Thamnophili haben die kürzesten stärksten Läufe und darum auch die deutlichste Tafelbekleidung, welche an der Sohlenseite aus 2 Reihen ziemlich großer Schilder besteht, die, wie bei Pteroptochus und Formicarius, etwas alternirend an einander stoßen. Die Zehen sind nicht so charakteristisch; die Außenzehe pflegt mit der mittleren zwar inniger verbunden, aber nur zuweilen völlig verwachsen zu sein; die Krallen sind bei den Gattungen mit hohen Läufen lang und wenig gebogen, bei den mit kürzeren stärker gekrümmt; jene leben auf dem Boden, diese im Gesträuch. Die Nahrung besteht bei allen nur aus Insekten, bei den größeren sogar aus kleinen Vögeln, besonders aus jungen. — Sie sind ziemlich strenge Waldbewohner und ausnehmend behende, im Ganzen wenig scheue Vögel.

1. Myiotheridae.

Schnabel etwas verschieden gestaltet, bald ziemlich dick, hoch nach der Spitze und breit nach der Basis zu, bald fein zierlich und mehr pfriemförmig; selten lang, gewöhnlich viel kürzer als der Kopf und nie länger. Flügel und Schwanz kurz, besonders der letztere ganz klein, schwach und in vielen Fällen wie verkümmert aussehend, seine Federn von gleicher Länge. Lauf in der Regel sehr hoch, nur bei der ersten Gattung (Scelurus) ziemlich kurz, dünn, fein, hinten glatt oder mit Tafeln bekleidet; Zehen in der Regel sehr lang, ebenfalls dünn, fein, mit wenig gebogenen Krallen, von denen die hinterste die längste und mitunter sogar spornartig gestaltet ist. Die Vögel leben auf dem Boden im Dickigt des Unterholzes.

Anm. Eine Monographie dieser und der folgenden Gruppe hat Herr Menetriers in den Mem. d. l'Acad. Imp. d. St. Petersb. 6. Ser. Tm. III. 1835. gegeben.

1. Gatt. Scelurus *Swains.*

Tinactor *Pr. Wied.* Oxypyga *Men.*

Gestalt der folgenden Gattung, aber etwas plumper gebaut; der Schnabel grade so lang wie der Kopf, ziemlich stark, die Firste am Ende sanft herabgebogen, mit leichter aber deutlicher Kerbe daneben; Nasengrube weit, das Nasenloch eine offene elliptische Mündung am Ende der Grube. Flügel breit gerundet, obgleich nicht grade sehr kurz; die erste Schwinge stark, die zweite mäßig verkürzt, die dritte fast so lang wie die vierte längste. Schwanz sehr kurz, ziemlich breit, die Spitzen der mittleren Federn abgenutzt, mit etwas vortretenden Schäften. Lauf nicht hoch, die Sohle glatt; die Zehen lang, besonders der mit einer auffallend langen sanft gebogenen Kralle versehene Daumen; vordere Krallen kürzer und mehr gebogen; die Außenzehe mit der mittleren bis zur Hälfte innig verwachsen.

Scelurus caudacutus.

G. R. Gray Gen. of the Birds XXXII. no. 2. — *Cabanis Wiegm.* Arch. 1847. I. 231. —
Myiothera umbretta *Licht.* Doubl. zool. Mus. 43. no. 471. — *Ménétr.* Myioth. etc l. l. 468. 5.
Myiothera caudacuta *Lafr.* Guer. Mag. d. Zool. III. cl. II. pl. 10.
Thamnophilus caudacutus *Vieill.* N. Dict. Tm. 25. pag. 145.
Tinactor fuscus *Pr. Max.* Beitr. III. b. 1106. 1.
Oxypyga scansor *Ménétr.* Myioth. l. l. 520. pl. 11.
Scelurus albogularis *Swains.* birds of Braz. pl. 78.

Ganzes Gefieder umbrabraun, Kehle weißlich, Brust und Unterrücken rostrothbraun. —

Fast vom Ansehn und der Größe des Wasserstaars (Cinclus aquaticus). Schnabel schwarz, Unterkiefer am Kinnrande blaßgelb. Iris braun. Ganzes Gefieder umbrabraun, leicht olivenfarben angeflogen; der Schwanz allein dunkler und fast schwarz. Kehle weißlich, die vorderste Partie ganz weiß, die hintere mit dunkleren Federrändern; der Vorderhals rostrothbraun, nach der Brust hin verwaschen; von derselben Farbe der Unterrücken bis zum Bürzel. Schwingen einfarbig braun, inwendig graulicher. Beine hornschwarzbraun, die Krallen etwas lichter.

Ganze Länge 7″, Schnabelfirste 1″, Flügel 4″, Schwanz 2″ 4‴, Lauf 10‴, Mittelzehe ohne Kralle 9‴, Hinterzehe mit der Kralle 8‴. —

Der Vogel lebt zwar im Urwalde, und nur da, aber nicht im Buschwerk der Höhe, sondern auf dem Boden; hüpft hier im trocknen Geröll herum, seine Nahrung sich suchend. Nach der Versicherung des Prinzen zu Wied dreht er nicht bloß abgefallene Blätter mit dem Schnabel um, die darunter versteckten Insekten hervorholend, sondern er wirft sie auch in die Höhe oder nach allen Seiten um sich her; mitunter klettert er auch an den Stämmen der Schlinggewächse hinauf, aber in beträchtlicher Höhe sieht man ihn nie über dem Boden. Ich erhielt ihn bei Neu-Freiburg.

Anm. Die Stellung des Vogels im System ist nach meinem Dafürhalten richtiger hier, als bei den Dendrocolapten; er verbindet die Myiotheren mit den Anabaten. wie schon seine Lebensweise auf dem Boden des Waldes andeutet. Sein Schnabel hat alle Charaktere der Myiotheren und nichts von dem der Dendrocolapten.

2. Gatt. Myiothera *Ill.*

Formicarius *Bodd.* Myrmothera *Vieill.* Myrmornis *Herm.* Myrmecophaga *Lacep.* Myioturdus *Pr. Wied.*

Schnabel kürzer als der Kopf, etwas breiter und niedriger, mit schwachem Endhaken und undeutlicher Kerbe; Nasengrube kurz, bis zum Nasenloch befiedert, letzteres eine Längsspalte am unteren Rande. Flügel kürzer, nur eben bis zum Anfange des Schwanzes reichend, die dritte Schwinge die längste, die zweite etwas, die erste beträchtlich verkürzt. Schwanz kurz, abgerundet, die einzelnen Federn ziemlich breit, ohne vortretende Enden der Schäfte; Lauf hoch, und höher als bei Scelurus, die Sohle mit 2 Reihen kleiner Tafeln, wie bei Pteroptochus; die Zehen kürzer als bei Scelurus, besonders die hintere, aber ihre Kralle ebenso grade; Vorderkrallen sehr klein, Außenzehe nur am Anfange mit der Mittelzehe verbunden. —

1. Myiothera Tetema *Ill.*

Vieill. N Dict. Tm. 7. pag. 21. —
Turdus Colma var. A. *Gmel. Linn.* S. Nat. I. 2. 827. — *Lath.* Ind orn I. 360. 124. — *Buff.* pl. enl. 821.
Myioturdus Tetema *Pr. Max.* Beitr. III. 1038. 4. — *Ménétr.* l. l. 466. 4.
Myiothera ruficeps *Spix.* Av. Bras. I. 72. 1. tb. 72. f. 1.

Olivenbraun, Oberkopf und Nacken rostgelb, Kehle, Backen und Vorderhals schwarz. —

Ebenfalls von der Größe unseres Wasserstaars (Cinclus aquaticus), aber etwas hochbeiniger. Schnabel schwarz, Iris braun. Stirn, Oberkopf und Nacken rostgelbbraun, auf der Mitte gefleckt. Rückengefieder grünlich olivenbraun, Schwingen und Schwanz einfach dunkelbraun; Rand des

Flügels unter dem Bug und die Schwingen am Grunde rostgelb. Kehle, Zügel, Backen und Brust bis zum Vorderhalse schwarz, dann dunkel schiefergrau auf der Brust, mehr olivengrün am Bauch und dem Steiß. Beine bräunlich fleischfarben. —

Ganze Länge 7″, Schnabelfirste 6½‴, Flügel 3″, Schwanz 1″ 8‴, Lauf 1″ 2‴, Mittelzehe ohne Kralle 8‴.

Der junge Vogel hat mattere Farben und einen deutlicher schwarz gefleckten Oberkopf; noch jüngere Individuen zeigen blaß gelbgraue Ränder an fast allen Federn.

Lebt in den großen Urwäldern auf dem Boden, hüpft im Dickigt des Gesträuchs nahe am Grunde herum, und sucht hier nach Insekten; ich erhielt ihn bei Neu-Freiburg, wo er in den benachbarten Wäldern vorkam. —

Anm. Noch 2 Arten dieser Gattung, welche Nord- und Süd-Brasilien bewohnen, sind mir nicht vorgekommen, daher ich sie nur kurz definire.

2 Myiothera Colma, Turdus Colma, *Gmel. Lath.* l. l. — *Buff.* pl. enl. 703. 1. — Myiothera fuscicapilla *Vieill.* N. Dict Tm. 7. pag. 23. — Rückengefieder etwas röthlicher braun; Zügel und Kehle weiß, Brust, Bauch und Steiß bleigrau, Nacken mit rothgelbem Ringe. — Nord-Brasilien, Guyana.

3. Myiothera analis, *Lafr. D'Orb.* Voy. Am. mer. Ois. 191. pl. 6. bis Fig. 1. — *Schomb.* Reise, III. 686, 96. — Rückengefieder rußbraun; Zügel, Kehle und Backen schwarz, Brust und Bauch aschgrau, Steiß rostgelb. — Süd-Brasilien, Bolivien am Ostabhange der Kordilleren. — Beide Vögel haben die Größe der zuerst beschriebenen Art. —

3. Gatt. Chamaezosa *Vig.*

Schnabel nach dem Grunde zu breiter, überhaupt etwas flacher, vorwärts etwas zusammengedrückt, drosselförmig und leicht gebogen; Endhaken und Kerbe sehr schwach; Nasengrube mäßig vortretend, das Nasenloch eine Spalte am unteren Rande, die sich vorwärts erweitert. Flügel bis zum Anfange des Schwanzes reichend, abgerundet, die 3 ersten Federn stufig verkürzt; Schwanz sehr kurz, die Federn schmal, stumpf abgerundet. Lauf sehr hoch, noch etwas höher als bei Myiothera, vorn ebenso bedeckt, hinten glatter, kaum in Tafeln abgesetzt. Zehen etwas länger, wenigstens die vorderen und diese auch mit viel längeren Krallen; die Hinterzehe dagegen kaum so groß wie bei Myiothera und die Kralle kürzer, gekrümmter. —

1. Chamaezosa marginata *Pr. Wied.*

Myioturdus marginatus *Pr. Max.* Beitr. III. 1035. 3. — *Ménétr.* Myioth. l. l. 465. 3. pl. 1. —

Turdus brevicaudus, *Vieill.* N. Dict. Tm. 20. pag. 239. — *Lafresn.* Rev. zool. 1842. 333. — Encycl. meth. Orn. 645.

Myiothera campanisona *Licht.* Doubl. zool. Mus. 43. n. 469.

Chamaezosa meruloides *Vigors*. Jard. Selb. Ill. Orn. pl. 11.
Grallaria brevicauda *Lafresn*. Rev. zool. 1842. 334. 8.
Fourmilier flambé *Lesson* Traité 395.

Rückengefieder braun, Bauchseite weiß; die Federn auf der Brust und an den Seiten schwarzbraun gerandet, Schwanzfedern mit hellem Endsaum.

Oberkiefer hornbraun, Unterkiefer blaßgelblich weiß; Iris braun. Rückengefieder umbrabraun, Oberkopf röthlicher braun; Flügel etwas dunkler braun, die Schwingen graubraun; Schwanzfedern mit schwärzlicher Binde nach der Spitze zu und lichterem blaßgelblich weißem Endrande. Unterseite rein weiß; Zügel, Backen und ein Streif über dem Auge blaßgelb; Oberbrust gelblich, die Federn hier und an den Seiten des Bauches bis zu den Schenkeln mit schwarzbraunen Säumen; die Kehlfedern blaßgelb getüpfelt, die Ohrgegend schwarzbraun, der Steiß lehmgelb; die Beine fleischfarben, etwas gebräunt.

Ganze Länge 6″ 8‴, Schnabelfirste 7½‴, Flügel 3″ 8‴, Schwanz 2″, Lauf 1″ 8‴, Mittelzehe 10‴. —

Mehr im mittleren als im südlichen Brasilien zu Hause, besonders häufig bei Bahia; in der Provinz von Rio de Janeiro selten. Lebt wie die vorigen Arten auf dem Boden im Dickigt des Unterholzes.

2. Chamaezosa ochroleuca *Pr. Wied.*

Myioturdus ochroleucus *Pr. Max.* Beitr. III. 1032. 2. — *Ménétr* l. l. 464. 2.

Rückengefieder braun, Schwingen und Deckfedern rothgelb gerandet; Unterseite weiß, Brust und Bauchseiten schwarz gefleckt.

Schnabel dünner, schlanker, der Oberkiefer horngraubraun, der Unterkiefer röthlich weiß; Iris braun. Rückengefieder bräunlich olivengrau; Flügel etwas dunkler, die Ränder der großen Deckfedern und der Schwingen rothgelb, der Innensaum der letzteren blaßgelb, besonders breit an der Wurzel. Ueber dem Auge bis zum Ohr ein blaßgelber Streif, dessen oberer Rand gegen den Kopf dunkler abgesetzt ist. Unterseite weiß, Backen gelb, vom Mundwinkel her schwärzlich gestreift; Brust rostgelb angeflogen, jede Feder mit anfangs rundem, hernach dreieckigem schwarzbraunen Flecken, die sich an den Seiten bis zu den Schenkeln hinabziehen. Aftergegend blaßgelb, Beine fleischfarben.

Ganze Länge 5″ 9‴, Schnabelfirste 7‴, Flügel 3″, Schwanz 1½″, Lauf 1½″, Mittelzehe 7‴. —

Im Innern Brasiliens, in den Gebüschen des Camposgebietes, von St. Paulo durch Minas geraes bis Bahia verbreitet, aber nicht häufig.

4. Gatt. Grallaria *Vieill.*

Myioturdus *Boje*. Codonistris *Gloy*. Colobathris *Caban*.

Schnabel ziemlich dick und etwas höher als breit, kürzer als der Kopf, leicht gebogen, gegen die Spitze hin etwas zusammengedrückt, mit hakiger Spitze und kleiner Kerbe daneben. Nasengrube etwas befiedert, das Nasenloch weiter, runder und mehr nach vorn gerückt. Flügel kurz, abgerundet, kaum über die Basis des Schwanzes hinabreichend; erste Schwinge stark verkürzt, die zweite mäßig, die dritte und vierte wenig, die fünfte die längste. Schwanz sehr kurz, die Federn klein und schwach. Beine zierlich gebaut, der Lauf sehr hoch, vorn geschildert, hinten nach innen glatt, nach außen etwas unregelmäßig mit kleinen platten Schildern besetzt; Zehen nicht grade lang, die Krallen sanft gebogen, die Daumenkralle die längste. —

1. Grallaria rex *Gmel.*

Turdus rex *Gmel. Linn.* S. Nat. I. 2. 828. — *Buff.* pl. enl. 702.
Turdus grallarius *Lath.* Ind. orn. I. 361. 129.
Grallaria fusca *Vieill.* Gal. II. 248. pl. 154.
Grallaria rex *Lafresn.* Rev. zool. 1842. 333. 1.
Colobathris rex *Caban. Wiegm.* Arch. 1847. I. 217. 1.
Myioturdus rex, *Pr. Max.* Beitr. III. 1027. 1. — *Ménétr.* l. l. 462. 1.
Galinha do mato der Brasilianer.

Gefieder braun, alle Federn mit blassen Schaftflecken; Oberkopf graulich, Backen gelblich gestreift; Schwingen und Schwanz braun. —

Dicker und plumper gebaut, aber hochbeiniger, als die bisher betrachteten Formen. Schnabel braun, der Unterkiefer blasser, am Kinn röthlichweiß; Iris braun. Gefieder in der Hauptsache auch braun, aber heller gefleckt; Oberkopf bis zum Nacken aschgrau, jede Feder mit schwärzlichem Rande; Rücken und Achselfedern braun, die Mitte am Schaft blasser, gelblicher, der Rand dunkler schwarzbraun; Flügeldeckfedern ins Röthliche fallend, die Spitzen der kleineren meist blaßgelb mit davon ausgehendem Schaftstreif; Schwingen schwarzbraun, der Vorderrand rostroth, der Innensaum blaßgelb; Schwanz rostroth. Zügel, Backen und ein Streif, der vom Kinn bis zur Kehle hinläuft, blaß gelblich weiß, die Federn mit schwärzlichen Rändern, besonders die hintersten. Unterseite von der Kehle bis zum Steiß blaßgelbbraun, die vordersten Halsfedern weißer mit schwarzen Rändern; die übrigen Federn lichter am Schaft, dunkler am Saum, matt heller und dunkler gewellt; Schenkel- und Aftergegend lebhafter rostgelb. Beine röthlichgrau.

Das Weibchen ist mehr braun, überhaupt dunkler gefärbt und nicht aschgrau am Oberkopf. Es legt nur 2 weißlich grüne, braun sparsam gefleckte Eier und nistet auf dem Boden im Blättergeröll. —

Ganze Länge 8″, Schnabelfirste 9‴, Flügel 4‴, Schwanz kaum 1½″, Lauf 2″, Mittelzehe 10‴. —

In den dichten geschlossenen Waldungen des ganzen Küstengebietes bis nach Columbien und hier zwar überall bekannt, auch nicht grade selten, aber schwer zu bekommen, weil der Vogel nur im schattigen Dickigt des Unterholzes sich aufhält und nicht leicht schußgerecht erkannt wird. Der Prinz zu Wied bekam ihn erst am Rio Belmonte; Herr Menetrier schoß ihn an der Sierra d'Estrella bei Mandioco, dem damaligen Landgute des Hrn. v. Langsdorff. Der Vogel ist zeitig munter, man hört in der stillen Morgendämmerung seinen Ruf, und auch am Tage verräth er sich durch einen durchdringenden pfeifenden Lockton, welcher an die Stimme der Tinamus erinnert.

Anm. Eine ähnliche große Art aus Süd-Brasilien (St. Paulo, St. Catharina) hat Natterer von der vorigen unterschieden:

2. Grallaria imperator *Natt. Lafresn.* Rev. zool. 1842. 333. 2. — Größer als Gr. rex, ähnlich gefärbt, aber auf der Brust deutliche Querbinden statt der Längsstreifen. — Mir nicht bekannt. Möglicher Weise gehören auch die von Menetriers beschriebenen Individuen zu dieser Art, weil er die Brust quergebändert nennt und viel heller schildert, mit deutlichen Querlinien am Bauch. —

3. Grallaria macularia *Lafr.*

Pitta macularia *Temm.* pl. col. 506. Texte. sp. 11.
Grallaria macularia *Lafresn.* Rev. zool. 1842. 334. 6.
Myioturdus macularius *Lafresn.* ibid. 1838. 133.
Colobathris macularia *Caban. Wiegm.* Arch. 1847. I. 217. — *Schomb.* Reise, III. 685. 93.

Rückenseite braun, Scheitel grau; Unterseite weiß, schwarz gefleckt.

Schnabel braun, Unterkiefer weißlich. Rückengefieder olivenbraun, Oberkopf aschgrau; Unterseite weiß, an jeder Seite der Kehle ein doppelter schwarzer Streif, die Brust mit dreieckigen schwarzen Flecken; Zügel, Augengegend, Flügelbug, untere kleine Flügeldeckfedern am Rande und Vorderfahne der Schwingen rothbraun; Bauchseiten und Aftergegend rostgelb. Beine blaß fleischfarben.

Ganze Länge 5″. —

In Brasilien; nach Temminck und Lafresnaye beschrieben, mir unbekannt.

Anm. Die Beschreibung stimmt in allen Hauptsachen so sehr mit der von Chamaezosa ochroleuca (S. 48) überein, daß ich beide Vögel für identisch halten muß. Da mir indessen keiner von beiden aus eigner Ansicht bekannt ist, so habe ich es vorgezogen, sie von einander getrennt dort aufzuführen, woselbst sie bei den Schriftstellern, die ihrer gedenken, stehen.

4. Grallaria tinniens *Gmel.*

Turdus tinniens ***Gmel. Linn.*** S. Nat. I. 2. 827. — ***Buff.*** pl. enl. 706. 1. — ***Lath.*** Ind. orn. I. 360. 125.
Myioturdus tinniens ***Ménétr.*** l. l. 469. 6.
Grallaria tinniens ***Sundev.*** Vet. Acad. Handb. 1835. 77. — ***Lafresn.*** Rev. zool. 1842. 334. 5.
Colobathris tinniens ***Cab. Wiegm.*** Arch. 1847. I. 217. — ***Schomb.*** Reise, III. 686. 94.
Grallaria brevicauda ***Gray.*** N. 6.

Rückengefieder braun, Bauchseite weiß, Brust braun gestreift. —

Schnabel hornbraun, Unterkiefer blasser gelbbraun. Iris braun. Rückengefieder einfarbig olivenbraun, die Seitentheile etwas röthlicher, die Schwingen und Schwanzfedern dunkler braun. Kehle, Vorderhals, Brust, Bauch und Steiß rein weiß; die Brustfedern besonders an den Seiten vor den Flügeln braun gesäumt, am Ende mit größerem dunklerem dreieckigem Fleck. —

Ganze Länge 7″, Schnabelfirste 6‴, Flügel 3″, Schwanz $1\frac{1}{2}$″, Lauf $1\frac{1}{2}$″, Mittelzehe 9‴. —

Selten in Süd-Brasilien, häufiger in Guyana. Von Menetrier einmal in einem Gebüsch bei Rio de Janeiro beobachtet, wo der Vogel am Boden herumhüpfte und von Zeit zu Zeit einen lauten, 5—6mal wiederholten Pfiff (tiu) hören ließ; nach Buffon gemein in Cayenne und dort an seiner lauten, glockenförmigen Stimme allgemein bekannt.

5. Gatt. Conopophaga *Vieill.*

Myiagrus ***Boje.*** ***Pr. Max.*** Urotomus ***Sw.***

Schnabel beträchtlich kürzer als der Kopf, breit, von länglich dreiseitigem Umriß, mit ansehnlicher Wölbung der Firste und daher nach vorn nicht abgeplattet, sondern kuppig gewölbt; die Spitze fein hakig herabgebogen, die Kerbe daneben klein, aber deutlich; die Nasengrube nur wenig vortretend, mit kleinem runden Nasenloch in der Spitze; viele feine Borstenspitzen am ganzen Grunde des Schnabels. Flügel ziemlich wie bei Grallaria abgerundet, etwas über den Anfang des Schwanzes hinabreichend, die erste Schwinge stark verkürzt und überhaupt kleiner; die zweite mäßig, die dritte wenig kürzer als die vierte und fünfte oder sechste, welche die längsten und ziemlich gleich lang sind. Schwanz sehr kurz, klein und schwach, die Federn zugerundet, alle gleich lang. Beine dünn und hoch, der Lauf vorn schwach getäfelt, insofern die Nähte der Tafeln ganz verwachsen und verstrichen sind, hinten glatt. Zehen ziemlich lang, besonders die hintere, mit langer aber beträchtlich gebogener Kralle; Mittel- und Außenzehe am Grunde verwachsen.

1. Conopophaga lineata *Pr. Wied.*

Cabanis Wiegm. Archiv. 1847. I. 215. 1.
Myiagrus lineatus *Pr. Max.* Beitr. III. 1046. 1.
Conopophaga vulgaris *Ménétr.* l. l. 534. 51. pl. 14. f. 1.

Braun, Kehle und Brust rostgelbroth, Bauchmitte weiß; hinter dem Auge ein Streif größerer weißer Federn.

Oberschnabel schwarzbraun, Unterkiefer blaßgelb. Iris braun. Rückengefieder gleichmäßig olivenbraun, die Schwingen mehr schwarzbraun, an der Innenfahne fein blaßgelb gesäumt. Die vierte und fünfte beim Männchen eigenthümlich am Rande von der Spitze erweitert. Schwanz etwas röthlicher braun. Zügelfedern in der Tiefe weißgrau, mit schwarzen Spitzen; hinter dem Auge ein Streif rein weißer, etwas derberer, größerer Federn, der über das Ohr hinausragt; diese Federn bei jungen Vögeln unentwickelt und nur durch einen grauen Streif angedeutet. Kehle, Vorderhals und Brust lebhaft rostgelbroth; Bauchseiten braungrau, Bauchmitte weiß; After und Steiß gelb, in der Tiefe grau. Beine bräunlich fleischfarben. —

Ganze Länge 5″, Schnabelfirste 6‴, Flügel 3″, Schwanz $1\frac{1}{3}$″, Lauf 1″, Mittelzehe 8‴.

In den Gebüschen bei Neu-Freiburg nicht selten und, wie es scheint, durch das ganze Küstenwaldgebiet Brasiliens verbreitet. — Der Prinz zu Wied erhielt nur einen jungen Vogel bei Bahia; Menetrier fand den Vogel häufig bei Rio de Janeiro und noch in Minas geraes; er ist munter und hat eine zwitschernde Stimme, die mit tiu endet. —

2. Conopophaga aurita *Linn.*

Turdus auritus *Gmel. Linn.* S. Nat. I. 2. 827. 94. — *Buff.* pl. enl. 822. — *Lath.* Ind. orn. I. 360. 123.
Pipra leucotis *Gmel. Linn.* S. Nat. I. 2. 1003. 19.
Conopophaga leucotis *Vieill.* Gal. II. 203. pl. 127. — *Ménétr.* l. l. 532. 49.

Rückengefieder olivenbraun, Stirn, Kehle und Vorderhals schwarz, Brust röthlichbraun, Bauchmitte weiß; hinter dem Auge ein weißer Streif.

Etwas größer und kräftiger gebaut als die vorige Art; Schnabel schwarzbraun, Unterkiefer am Kinn graulich. Oberkopf bis zum Nacken umbrabraun; hinter dem Auge ein ebenso gebauter Streif weißer Federn,

Rücken, Flügel und Schwanz olivenbraun, die Deckfedern und Schwingen lichter gerandet, letztere innen blaßgelb gesäumt. Stirn, Kehle, Zügel, Backen und Vorderhals schwarz; Brust rothbraun, Bauchmitte bis zum After weiß, Bauchseiten und Schenkel gelbbraun; Beine dunkel fleischbraun.

Das Weibchen ist weniger klar gefärbt, als das Männchen; sein ganzer Oberkopf ist bis zu den Backen rothbraun und die Kehle weißlich.

Länge 5 1/4″, Schnabelfirste 6‴, Flügel 3″, Schwanz 1 1/4″, Lauf 14‴, Mittelzehe 9‴. —

Gehört den Wäldern des mittleren Brasiliens an, und wird besonders in den Gegenden nördlich von Bahia bis nach Guyana gefunden; weder dem Prinzen zu Wied, noch Hrn. Menetriers, noch mir ist diese Art in Süd-Brasilien vorgekommen. —

3. Conopophaga melanogaster *Mén.*

Ménétriers Mon. l. l. 537. 53. pl. 15. f. 2.

Kopf, Hals, Brust und Oberbauch schwarz; hinter dem Auge ein weißer Streif; Rücken und Flügel rothbraun. —

Von der Größe der vorigen Arten. Schnabel schieferschwarz. Kopf, Hals und Brust nebst dem Bauch bis zu den Schenkeln hinab schwarz; hinter dem Auge ein Streif rein weißer, derber Federn, welche sich neben dem Ohr am Halse hinabziehen; Nacken, Rücken und Flügel lebhaft kastanienrothbraun, die Schwingen und Schwanzfedern dunkler schwarzbraun, erstere rothbraun gerandet. Unterbauch und die Seiten bis zum After röthlich aschgrau. Beine licht fleischbraun.

Ganze Länge 5″, Schnabelfirste 6‴, Flügel 3″, Schwanz 10‴, Lauf 1″ 4‴.

Im Innern Brasiliens, von Hrn. v. Langsdorff bei Cuyaba entdeckt. —

4. Conopophaga dorsalis *Mén.*

Ménétriers Mon. l. l. 533. 50. pl. 14. f. 2.
Conopophaga ruficeps fem. *Swains.* Birds of Brazilia pl. 68.

Rückengefieder olivenbraun, hinter dem Auge ein weißer Streif; Unterseite rostgelb, Kehle und Bauchmitte blasser.

Schnabel braungrau, nur die Gegend am Kinn etwas gelblicher. Iris braun. Oberkopf graulich, Rückengefieder olivenbraun, die Spitzen der Federn mit einem matten, schwärzlich gerandeten Fleck; an der rostbraunen Achsel ein schwarzbrauner Streif. Zügel grau, mit schwarzen Borstenspitzen; hinter dem Auge ein rein weißer Streif, der schmaler ist, als bei den vorigen Arten und einen graulichen Rand nach unten hat; dieser Streif beim Weibchen kürzer und gelblicher gefärbt. Flügelrand unter dem Bug weiß, die Federn des Daumens schwarz, die großen Deckfedern und die Reihe vor ihnen mit rostgelben Spitzenflecken. Erste Schwinge weiß gerandet, die Handschwingen hinter der fünften eigenthümlich nach innen in eine vorspringende Ecke erweitert, was wahrscheinlich nur männlicher Geschlechtscharakter ist. Kehle und Bauchmitte blaß isabellgelb, die übrige Unterfläche lebhaft rostgelbroth, die Bauchseiten am Schenkel etwas graubraun. Beine fleischfarben.

Das Weibchen hat eine düstere bräunliche Farbe, keinen so rein weißen Augenstreif, aber eine rein weiße Kehle; — Swainson hat es mit Unrecht als Weibchen der folgenden Art abgebildet. —

Ganze Länge $4\frac{1}{2}''$, Schnabelfirste $5\frac{1}{2}'''$, Flügel $2\frac{1}{2}''$, Schwanz $1''$, Lauf $14'''$, Mittelzehe $8'''$. —

Im Waldgebiet der höher gelegenen Gegenden, aber nicht häufig; Herr Menetrier fand diese Art bei Sumidoro an der Straße nach Minas, ich erhielt sie aus der Gegend von Bahia, von wo sie auch Swainson mitbrachte. —

5. Conopophaga perspicillata *Licht.*

Cabanis Wiegm. Arch. 1847. I. 215. 3.
Myiothera perspicillata ***Licht.*** Doubl. d. zool. Mus. 43. 147.
Myioturdus perspicillatus ***Pr. Max.*** Beitr. III. b. 1042. 5.
Conopophaga nigrogenys ***Lesson***, Traité — ***Ménétr.*** Mon. I. l. 536. 52. pl. 15. f. 1.
Conopophaga ruficeps ***Swains.*** Birds of Braz. pl. 67. — Nat. Libr. X. pl. 16.

Oberkopf rostgelb, Backen schwarz; Rücken olivenbraun, Bauchseite bleigrau, Kehle und Bauchmitte weiß. —

Schnabel schwarz, für die Größe des Vogels ziemlich dick. Stirn, Zügel, Backen und Ohrdecke schwarz; Oberkopf bis zum Nacken lebhaft rostgelb. Rückengefieder olivenbraun, die mittelsten Rücken- und Achselfedern schwarz gerandet, wodurch ein schwärzlicher Fleck und jederseits daneben ein solcher Streif entsteht. Oberste kleinste Deckfedern und Schulterfedern daneben rostgelb, die übrigen olivenbraun mit rostgelber Spitze; der Flügelrand unter dem Bug weiß, ebenso der Rand der ersten Schwinge; hinterste Armschwingen mit rothgelben Endsäumen. Kehle weiß; Brust, besonders an den Seiten bleigrau; Bauchmitte weiß, Steißfedern aschgraugelb angeflogen. Beine fleischfarben.

Ganze Länge $4\frac{1}{2}''$, Schnabelfirste $5'''$, Flügel $2\frac{2}{3}''$, Schwanz $10'''$, Lauf $15'''$, Mittelzehe $7\frac{1}{2}'''$.

In den Gebüschen bei Rio de Janeiro, aber nicht häufig; auch ich erhielt dort nur 1 Exemplar.

Anm. Diese und die vorige Art sind sich im Bau des Schnabels und der Flügelzeichnung so ähnlich, daß man sich nicht wundern darf, sie von Swainson in eine vereinigt zu sehen, besonders wenn er von jener nur Weibchen, von dieser nur Männchen besaß. Herr Menetrier hat aber beide Geschlechter von beiden Arten gefunden, daher ihre übrige Differenz zur Trennung berechtigt. Ich besitze von beiden nur das männliche Geschlecht. —

6. Gatt. Rhopoterpe *Cabanis.*

Wiegm. Arch. 1847. I. 227.

Schnabel schlanker gestreckter, am Grunde etwas flacher, nach vorn stark zusammengedrückt, mit hakiger Spitze aber sehr wenig bemerkbarer Kerbe. Nasengrube ziemlich vorragend, mit kleinem rundem Nasenloch vorn an der Spitze; alle Federn am Schnabelgrunde mit sehr kurzen, wenig bemerkbar werdenden Borstenspitzen. Flügel und Schwanz kurz; jene mehr spitzig, als gerundet; dieser zwar vorragend, aber aus kleinen, schwachen schmalen Federn von gleicher Länge gebildet. Lauf nicht mehr so lang, wie bei den vorhergehenden Gattungen, aber doch von beträchtlicher Länge, die äußere Sohlenkante mit kleinen Schildern bekleidet; Zehen lang, dünn, die hintere mit großer, starker, wie bei Conopophaga gebogener Kralle. —

1. Rhopoterpe formicivora *Gmel.*

Turdus formicivorus ***Gmel. Linn.*** S. Nat. I. 2. 828. — ***Buff.*** pl. enl. 700. 1. — ***Lath.*** Ind. orn. I. 361. 127.
Myioturdus palicour ***Ménétr.*** l. l. 470. 7.
Formicarius torquatus ***Gray.*** Gen. of Birds. 32. n. 3.
Rhopoterpe formicivora ***Caban.*** l. l. 228. 1.

Rothbraun am Rücken, weiß am Bauch; Kehle und Vorderhals schwarz; Rücken und Flügeldeckfedern schwarz gefleckt. —

Größer als Conopophaga lineata, ähnlich gestaltet, aber der Schnabel länger, höher, schlanker, ganz schwarz. Iris braun. Rückengefieder rostroth, die Federn des eigentlichen Rückens und die oberen Flügeldeckfedern schwarz mit rostrothem Saume; Schwingen schwarzbraun, der Flügelrand unterm Bug und die Innenseite weiß, Schwanzfedern rothbraun. Kehle, Vorderhals und Oberbrust schwarz; Backen, Zügel und untere Brustfedern schwarz und weiß gebändert; die übrige Unterseite weißlich, die Bauchseiten silbergrau. Beine schwarzbraun.

Ganze Länge 6″, Schnabelfirste 8‴, Flügel 3½″, Schwanz 1″, Lauf 11‴. —

Im nördlichen Brasilien und Guyana, südwärts kaum über Bahia hinabgehend; lebt tief im Urwalde und läßt sich nur in den Vormittagsstunden sehen. —

2. Rhopoterpe gularis *Spix.*

Thamnophilus gularis *Spix.* Av. Bras. II. 30. 15. tb. 41. fig. 2.
Myrmothera gularis *Ménétr.* l. l. 476. 12. pl. 2. fig. 2.
Myiothera cinerea *Pr. Max.* Beitr. III. b. 1093. 16.
Rhopoterpe gularis *Caban.* l. l. 2.

Rücken rothbraun; Kehle schwarz, weiß gefleckt, Brust und Bauch grau; Flügeldeckfedern schwarz, mit gelben oder weißen Spitzen. —

Nur halb so groß, wie die vorige Art; Schnabel freier, zierlicher, schwarz. Iris braun. Oberkopf graubraun, die Federnränder etwas dunkler; Nacken, Rücken, Flügel und Schwanz trüb rothbraun. Kinn, Kehle, Backen und Vorderhals schwarz, die Federn mit weißem Spitzenfleck, der sich am Schaft heraufzieht. Brust und Bauch bleigrau, After und Steiß gelbgrau. Flügel am Bug und am Rande daneben weiß; die Deckfedern schwarz, beim Männchen mit weißen, beim Weibchen mit gelben Spitzen; Schwingen schwarzbraun, außen rothbraun gerandet. Beine graubraun, mit lichteren Krallen. —

Ganze Länge 4″, Schnabelfirste 6‴, Flügel 2½″, Schwanz 9‴, Lauf 9‴, Mittelzehe 6‴.

In den Gebüschen bei Neu-Freiburg und dort nicht selten; auch in den Umgebungen von Rio de Janeiro von Menetrier beobachtet, der das Nest auf dem Boden fand und darin (August) 5 röthliche, weiß gefleckte Eier. —

Anm. Eine dritte Art, welche zwischen den beiden hier beschriebenen die Mitte hält, ist:

3. Rhopoterpe guttata — Myrmothera guttata *Vieill.* Gal. d. Ois. II. 251. pl. 155. — Gefieder dunkel schwarzgrau, Scheitel und Flügel schwarz; alle Deckfedern, Schwingen und Steuerfedern mit rostgelbem Saume. Bauch rostroth. — In Guyana zu Hause.

7. Gatt. Pithys *Vieill.*

Schnabel höher und kräftiger, länger, grader, stark seitlich zusammengedrückt, mit sanft gebogenem Endhaken und schwacher Kerbe; der Kinnrand vom Kinnwinkel etwas aufsteigend; Nasengrube dicht befiedert, mit völlig rundem Nasenloch in der Spitze. Gefieder etwas derbe; die Flügel ziemlich lang und etwas spitzig, ganz wie bei Rhopoterpe, die 3 ersten Schwingen stufig verkürzt; Schwanz sehr kurz, kaum etwas länger als die ruhenden Flügel. Beine mit hohen aber etwas stärkeren Läufen, deren Sohle völlig glatt ist; Zehen ebenfalls etwas kräftiger, doch lang, die Krallen stark und mehr gekrümmt; die Außenzehe bis zur Mitte mit der großen Zehe verwachsen.

1. Pithys albifrons *Gmel.*

Pipra albifrons *Gmel. Linn.* S. Nat. I. 2. 1000. — *Buff.* pl. enl. 707. 1. — *Lath.* Ind. orn. II. 560. 21.
Pithys leucops *Vieill.* Gal. II. 205. pl. 129.
Myiothera albifrons *Licht.* Doubl. 44. 476.
Dasycephala albifrons *Gray.* G. 32. n. 9.
Pithys albifrons *Cabanis Wiegm.* Arch. 1847. 1. 214. 1. — *Schomb.* Reise, III. 685. 90.

Kopf, Rücken und Flügel schwarz, das übrige Gefieder rothbraun; Stirn und Kehlfedern verlängert, weiß.

Schnabel schwarz, die Spitze bräunlich; Iris braun. Oberkopf, Backen am Auge, Rücken und Flügel schwarz; Bürzel, Schwanz, alle unteren Theile und der Nacken rostrothbraun; Stirn, Zügel und Kehle weiß, die hintersten Federn der Stirn und der Kehle sehr verlängert, fein zugespitzt, abstehend. Beine fleischfarben. —

Ganze Länge 5″, Schnabelfirste 7‴, Flügel 3″, Schwanz 1″, Lauf 9‴, Mittelzehe 6‴. —

Im nördlichen Brasilien und Guyana zu Hause, bewohnt dieselben Gegenden mit der großen Wander-Ameise (Atta cephalotes) und scheint von ihr hauptsächlich zu leben. —

Anm. Man kennt noch zwei ähnliche Arten aus Süd-Amerika, aber beide ohne verlängerte Stirn- und Kehlfedern.

2. Pithys leucophrys *Tschudi* Fn. peruan. Orn. 176. tb. 11. f. 2. — Ganz schwarz, mit weißen Stirn-, Zügel- und Augendecken bis zum Ohr. — Peru. —

3. Pithys pectoralis *Caban.* — Turdus pectoralis *Lath.* Ind. orn. I. 357. 112. — *Buff.* pl. enl. 644. 2. — Braun, Stirn, Backen und die ganze Unterseite rostgelbroth; Flügeldeckfedern gelbbraun gerandet. — Etwas größer als die Vorigen. — Guyana. —

Noch eine Pithys erythrophrys hat Sclater (Proc. zool. Soc. 1854.) aus Neu-Granada bekannt gemacht, indessen selbst bezweifelt, daß die Art eine ächte Pithys sei.

2. Formicivorinae.

Schnabel wenig ausgezeichnet, im Ganzen von mäßiger Stärke, mehr seitlich zusammengedrückt, als flach, aber doch nicht grade hoch, beinahe pfriemen- oder kegelförmig, je nach seiner Größe gestaltet;

die Spitze fein hakig herabgebogen, mit schwacher Kerbe. Das Auge von ganz auffallender Größe. Flügel nicht ganz so kurz wie bei den Vorigen, mehr über die Basis des Schwanzes hinabreichend. Schwanz allermeist lang, die seitlichen Federn stufig verkürzt, die mittleren vier gewöhnlich nicht bloß länger sondern auch breiter. Beine dünn und schlank gebaut, mit hohen, hinten glatten Läufen, deren Außenkante mit einer schmalen Stiefelschiene oder einer Reihe kleiner Tafelschilder belegt ist, und zierlichen, mäßig langen Zehen; aber der Daumen nach Verhältniß schon etwas kürzer, mit schlankem, nicht sehr stark gebogenem Nagel.

Die Vögel leben, gleich den Vorigen, nur in schattigen Gebüschen, aber nicht auf dem Boden, sondern im Gezweige des Unterholzes, hier nach Insekten, besonders Ameisen suchend, die ihre Hauptnahrung bilden; durch den langen Schwanz unterscheiden sie sich leicht von den Myiotheren, ihre Fußbildung und ihr Schnabel ähneln dagegen einander sehr. —

8. Gatt. Corythopis *Sundev.*

Kongl. Vetensk. Acad. Handb. 1836.

Schnabel ziemlich schlank, an der Wurzel etwas breit, nach vorn mehr zusammengedrückt, aber nicht stark, die Firste etwas abgesetzt, der Endhaken klein, die Kerbe fast verwischt. Nasenloch eirund. Flügel etwas länger, beinahe bis zur Mitte des Schwanzes reichend, die vierte Schwinge die längste. Schwanz noch nicht sehr groß, aber lang, die Federn von mäßiger Breite, die äußeren nur wenig verkürzt. Beine wie gewöhnlich hoch, die Lauffohle glatt, außen gestiefelt; die Zehen von mäßiger Länge, der Nagel des Daumens sehr gestreckt, spornartig, die Außenzehe mit der Mittelzehe ein wenig am Grunde verwachsen.

Corythopis calcarata *Pr. Wied.*

Myiothera calcarata *Pr. Max.* Beitr. III. b. 1101. 19.
Corythopis calcarata *Sundev.* l. l. — *Cabanis, Wiegm.* Arch. 1847. I. 215.

Rückengefieder olivengrün, Bauchseite weiß; Oberbrust schwarz, darunter schwarz gefleckt. —

Oberkiefer graubraun, Unterkiefer weißlich. Iris braun. Rückengefieder etwas schmutzig olivengrün; Schwingen und Schwanzfedern graubraun, mit grünlichen Außenrändern. Untertheile vom Kinn bis zum Steiß weiß, am Unterhalse und den Seiten gelblich überlaufen; Oberbrust mit einem schwarzen Querbande, das sich nach unten in Flecken auflöst, indem die Federn weiße Säume bekommen; die hintersten Flecken gestreckter, gegen die Bauchmitte hinablaufend. —

Ganze Länge 5", Schnabelfirste 6‴, Flügel $2^1/_2$", Schwanz 2", Lauf 10‴, Mittelzehe 6‴.

Im dichten Walde auf niedrigen Zweigen im Gebüsch herumhüpfend, geht auch von Zeit zu Zeit auf den Boden hinab. —

Anm. Einen sehr ähnlichen Vogel hat D'Orbigny als Conopophaga nigrocincta *Lafresn.* beschrieben (Voyag. d. l'Am. mer. Ois. 187. pl. 6. f. 2.); ich halte ihn sogar für nicht verschieden von dem hier geschilderten, welchen Menetriers mit Unrecht zu den Muscicapiden stellt (Mon. l. l. 540.).

2. Als zweite Art gehört Corythopis torquata *Tschudi* Fn. per. 177. 1. hierher; — dieselbe ist etwas größer (5" 10‴), hat einen viel längeren Schnabel (9‴), eine mehr braune Rückenfarbe, mehr ins Graue fallende Flügeldeckfedern und mehr bräunliche Bauchseiten. Auch ist die Mittelzehe größer. — Peru. —

9. Gatt. Pyriglena *Caban.*

Wiegmanns Archiv. 1847. I. 211. Drymophila *Swains.*

Schnabel grade, ziemlich stark, fast kegelförmig, höher als breit, die Firste abgerundet, die Spitze hakig, mit deutlicher obgleich kleiner Kerbe; Nasengrube befiedert, in der Spitze mit rundem Nasenloch. Flügel etwas über die Basis des Schwanzes hinabreichend, die erste Schwinge sehr kurz, die vierte die längste; Schwanz ziemlich lang und kräftig, die Federn von der Mitte an alle etwas verkürzt, daher vollständig abgerundet. Lauf hoch und stark, die Sohle mit deutlicher breiter Stiefelschiene, die Zehen kräftig, aber nicht sehr lang; die Mittelzehe mit der Außenzehe am ersten Gliede verwachsen, die Kralle des Daumens aufgerichtet, aber etwas mehr gebogen; die Vorderkrallen schlank, ziemlich kurz. —

1. Pyriglena domicella *Licht.*

Cabanis Wiegm. Arch. 1847. I. 211. 1.
Lanius domicella *Licht.* Doubl. etc. 47. 502 u. 503.
Myiothera domicella *Pr. Max.* Beitr. III. b. 1058. 3.
Formicivora domicella *Ménétr.* Mon. l. l. 503. 28.
Drymophila trifasciata *Swains.* zool. Journ. I. 302. — II. 152. 3. — *Ej.* zool. Ill. 2. Ser. pl. 27. — *Lesson.* Mon. I. 196.
Myrmeciza melanura *Strickl.* Ann. nat. Hist. 1844. 417.

Männchen schwarz, Flügeldeckfedern am Bug und die Ränder der großen Deckfedern weiß.

Weibchen olivenbraun, Kehle und Nackenfedern blaßgelblich.

So groß wie eine Rohrdrossel (Sylvia turdoides) und fast so gestaltet. Männchen ganz schwarz, auch der Schnabel und die Beine; die Iris dunkel feuerroth; Rückenfedern im Nacken am Grunde weiß, dann schwarz; die kleinen Flügeldeckfedern am Bug weiß, die darauf folgende Reihe und die großen Deckfedern schwarz, mit weißem Saum. — Weibchen olivenbraungrau, die Flügel lebhafter braun, der Schwanz schwarzbraun; die Kehle und ein Fleck jederseits im Nacken oberhalb des Flügelbugs blaßgelblich, die Brust gelbgrau, Bauch und Steiß schiefergrau. Schnabel und Beine hornbraun, Iris heller feuerroth. —

Ganze Länge 7″, Schnabelfirste 6‴, Flügel 3″, Schwanz 2½″, Lauf 15‴, Mittelzehe 8‴.

Gemein in allen Wäldern und schattigen Gebüschen Brasiliens, lebt in kleinen Trupps, hält sich gern in der Nähe der Bäche, und läßt von Zeit zu Zeit eine zwitschernde, pfeifende Stimme hören. —

2. Pyriglena atra *Swains.*

Cabanis Wiegm. Arch. 1847. I. 212. 2.
Drymophila atra *Swains.* zool. Journ. II. 153. 4.
Formicivora atra *Ménétr.* Mon. l. l. 505. 29.

Männchen schwarz, Rücken weiß gefleckt. —

Weibchen wahrscheinlich olivenbraun. —

Etwas stärker und kräftiger gebaut, als die vorige Art, besonders der Schnabel höher und länger. — Männchen ganz schwarz, Iris feuerroth; Rückenfedern zwischen den Schultern weiß, mit großem schwarzem, nach der Basis verschmälertem Fleck, welcher nach dem Ende bloß einen weißen Rand übrig läßt. — Flügel etwas breiter, übrigens auch hier die vierte, fünfte und sechsste Schwinge die längsten. Schwanz ebenso abgerundet, d. h. alle Federn nach außen allmälig etwas kürzer. — Weibchen wahrscheinlich olivenbraun, mir nicht bekannt. —

Ganze Länge 7″, Schnabelfirste 8‴, Flügel 3½″, Schwanz 2½″, Lauf 14‴, Mittelzehe 9‴. —

Ich erhielt von diesem Vogel ein männliches Stück aus Bahia durch einen meiner früheren Zuhörer. —

3. Pyriglena maura *Ménétr.*

Cabanis l. l. 3.
Formicivora maura *Ménétr.* Mon. l. l. 506. 30 pl. 7. fig. 8.

Männchen, schwarz, Rücken in der Tiefe weiß.
Weibchen, noch unbekannt.

Ganz wie P. domicella, das Männchen einfarbig schwarz mit feuerrother Iris und weißen Rückenfedern zwischen den Schultern, welche aber am Ende so breit schwarz sind, daß sie in richtiger Lage nichts von der weißen Basis erkennen lassen. — Weibchen noch nicht beobachtet.

Ganze Länge 6″ 8‴, Schwanz 2″ 10‴, Lauf 14‴.

In Minas geraes, von Hrn. v. Langsdorff gesammelt.

Anm. Mit den hier beschriebenen Vögeln scheint nahe verwandt zu sein: 4. Pyriglena leuconota *Spix* — Thamnophilus leuconotus *Spix* Av. Bras. II. 28. 12. pl. 39. fig. 2. mas und Th. melanoceps *Spix*. ibid. n. 11. fig. 1. fem. — Männchen ganz schwarz, nur der Nacken von dem Rücken bis zum Flügelbug mit einem weißen Mondfleck geziert; — Weibchen rostgelblich, Kopf und Hals schwärzlich, Flügel und Schwanz braunroth, die Schwingen dunkler. — Ganze Länge 6½″, Schnabelfirste 10‴, Flügel 3″, Schwanz 2½″, Lauf 14‴. — Spix sammelte beide Vögel in der Gegend von Para, verwechselte aber offenbar die Geschlechter, indem er den schwarzen als Weibchen des rostgelben beschreibt.

10. Gatt. Scytalopus *Gould*.

Proceed. zool. Soc. 1836.

Platyurus *Swains.* Malacorhynchus *Ménétr.* Sarochalinus *Cabanis.*

Schnabel schlank und gestreckt, drosselförmig, dem von Pyriglena ähnlich, aber feiner, länger, mit fein hakiger Spitze und schwacher Kerbe; Nasengrube vorragend, befiedert, das Nasenloch am Rande einer Hornschuppe in der Nasengrube, und darin der folgenden Gattung ähnlicher als der vorigen. Zügelfedern etwas steifer als gewöhnlich, mehr oder weniger aufgerichtet, das Rumpfgefieder dagegen sehr weich. Flügel kurz, nur wenig über die Basis des Schwanzes hinabreichend. Schwanz lang, stark stufig, die mittleren Federn sehr breit, die seitlichen parig kürzer. Lauf hoch, dünn, fein, hinten glatt oder mit einer Reihe kleiner Schilder; Zehen lang, fleischig, die Krallen wenig gekrümmt, die Hinterkralle lang, die vorderen kurz, die Außenzehe mit der Mittelzehe etwas verwachsen. —

a. Zügelfedern verlängert, abstehend, etwas steifer. Sarochalinus *Caban.* Merulaxis *Less.*

1. Scytalopus ater *Less.*

Merulaxis ater *Lesson*, Cent. zool. pl. 30.
Sarochalinus ater *Caban. Wiegm.* Arch. 1847. 1. 220.
Malacorhynchus cristatellus *Ménétr.* Mon. l. l. 523. 43. tb. 12.
Platyurus corniculatus *Swains.* Birds of Braz. pl. 55. 56.

Schiefergrau, Rücken und Flügel braun, Schwanz schwarz. — Männchen mit schiefergrauer, Weibchen mit rostgelber Brust. —

Vom Ansehen und der Größe der vorigen Vögel; einer Rohrdrossel noch ähnlicher, nur schlanker, aber der Schwanz relativ viel länger. Schnabel, Iris und Beine braun, Unterkiefer am Kinn röthlicher. Zügelfedern abstehend aufgerichtet, lang zugespitzt. Gefieder des Männchens am Kopfe, Halse, der Brust und dem Bauch dunkel schiefergrau; am Rücken, den Flügeln und dem Steiße bräunlichgrau; die Flügel brauner, mit lichtern Federrändern der hintern Armschwingen, der Bürzel rostrothbraun; der Schwanz schwarzbraun, heller und dunkler gewässert, angeblich aus 14 Federn bestehend, von denen nur die 2 mittelsten sehr groß sind, die seitlichen paarweis kleiner werden; jene an der Spitze etwas abgenutzt. —

Weibchen etwas kleiner als das Männchen, das ganze Rückengefieder und die Bauchseiten röthlichbraun, die Rückenfedern dunkler gerandet; die Bauchseite rostgelb, die Federn mit matten bräunlichen Rändern.

Das Jugendkleid hat zickzackförmige dunklere Querlinien auf lichterem Grunde, und zeichnet sich dadurch kenntlich aus.

Ganze Länge 8″, Schnabelfirste 9‴, Schwanz 3″ 3‴, Bauch 14‴.

Lebt in den dichtesten Urwaldungen, ist schnell und gewandt, aber sehr vorsichtig; zeigt sich nur einsam und läßt von Zeit zu Zeit eine laute fast glockenförmige Stimme hören, die 2—3mal schnell wiederholt wird. Hr. Menetriers hörte den Vogel viel an der Serra d'Estrella, war aber nur ein paar Mal so glücklich, ihn zu erlegen; — mir ist er nicht vorgekommen.

2. Scytalopus rhinolophus *Pr. Wied.*

Myiothera rhynolopha *Pr. Max* Beitr. III. b. 1051. 1.
Malacorhynchus rhynolophus *Ménétr.* Mon. l. l. 524. 45.

Rückengefieder braun, Flügel und Schwanz dunkler; Kehle und Brust rothbraun, Bauch und Steiß röthlich gewellt auf dunklerem Grunde. —

Schnabel, Iris und Beine braun, die Basis des Unterkiefers röthlich. — Rückengefieder schwärzlich olivenbraun, am Rücken und Rande der Schwingen röthlicher überlaufen; Innenseite der Schwingen und Schwanz schwarzbraun. Zügel, Backen, Brust lebhaft rostroth, die Federn der Brust dunkler zackig gebändert, die des Bauches und Steißes dunkelbraun mit rothbraunen Endsäumen. —

Ganze Länge 7″ 9‴, Schnabelfirste 8‴, Flügel 2″ 8‴, Schwanz 2″ 9‴, Lauf $13\frac{1}{2}$‴. —

In den dichten Urwäldern am Rio Belmonte vom Prinzen zu Wied entdeckt, wie es scheint selten.

b. Zügelgefieder nicht verlängert, weich. — Scytalopus *Cab.*

3. Scytalopus indigoticus *Licht.*

Caban. Wiegm. Arch. 1847. I. 220. 3.
Myiothera indigotica *Licht.* — *Pr. Max* Beitr. III. b. 1091.
Malacorhynchus indigoticus *Ménétr.* Mon. l. l. 529. 48. — Malac. albiventris *Mén.* ibid. 525. 45. pl. 13. f. 2.
Scytalopus albogularis *Gould* Proc. zool. Soc. 1836. 10.

Rückengefieder dunkel blaugrau, Bürzel und Steiß bräunlich, Bauchseite weiß. —

Kleiner als die vorigen Arten, der Schwanz nach Verhältniß kürzer, nicht so breitfedrig. Zügelfedern kurz, auf die Nasengrube ausgedehnt. Schnabel und Beine horngrau, die Kinngegend blasser, die Beine fleischfarben durchscheinend. Iris braun. Rückengefieder dunkelbraungrau, bläulich überlaufen, besonders bei alten Vögeln; Unterrücken, Bürzel und Steiß bis zu den Schenkeln röthlich braun; Kinn, Kehle, Brust und Bauch weiß; in der Jugend die Brust matt grau gewellt. Flügel und Schwanz schwarzbraun, die großen Deckfedern und die Reihe vor ihnen mit rothbraunen Spitzen, die Schwingen ähnlich aber matter gerandet. —

Ganze Länge 6″, Schnabelfirste 5 1/2‴, Flügel 2″, Schwanz 1 1/2″, Lauf 9‴, Mittelzehe 7‴. —

In den Wäldern der Küstenstrecke, von Bahia bis Rio de Janeiro, aber auch nicht häufig sichtbar, wegen seiner versteckten Lebensweise. —

Anm. Unter dem Namen: 4. Scytalopus speluncae wäre hier eine von Menetrier als Malacorhynchus (Monogr. l. l. 527. 46. pl. 13. fig. 1.) beschriebene Art aufzuführen, welche offenbar auf einen noch sehr jungen Vogel gegründet ist, der ein einfarbig dunkel blaugraues Gefieder mit schwarzbraunen Flügel- und Schwanzfedern besitzt. Der ziemlich kurze Schnabel ist am Unterkiefer weißlich, die Beine sind fleischfarben, die Iris hellbraun. Ganze Länge 4″ 5‴, Schwanz 2″, Lauf 9‴. — Bei St. João del Rey. —

11. Gatt. Myrmonax *Cabanis.*

Wiegmanns Archiv. 1847. I. 210. Drymophila *Swains.*

Schnabel sängerartig, grade, nach vorn zusammengedrückt, mit schwachem Endhaken, feiner Kerbe, länglicher Nasenöffnung und z. Th. befiederter Nasengrube; in der Hauptsache wie bei Scytalopus, nur kürzer und feiner. Gefieder nicht völlig so weich, wie bei Scytalopus und Formicivora; Flügel kurz, nur bis auf den Anfang des Schwanzes reichend, die 3 ersten Federn stark verkürzt, die 3 folgenden die längsten und gleich lang. Schwanz zwölffedrig, ziemlich lang, alle Federn schmal und stufig verkürzt. Lauf hoch, hinten glatt; Zehen lang, dünn; nur die Hinterzehe mit großem Nagel, die Außenzehe wenig mit der mittleren am Grunde verwachsen. —

1. Myrmonax longipes *Swains.*

Cabanis Wiegm. Arch. 1847. I. 210.
Myrmothera longipes *Vieill.* N. Dict. Tm. 27. 321. — *Ménétr.* Mon. l. l. 474. 10.
Drymophila longipes *Swains.* zool. Journ. II. 152. — *Ej.* zool. Illustr. 2. Ser. pl. 23.

Rückengefieder rothbraun, Kehle und Unterseite weiß, Vorderhals und Brust schwarz; Augenstreif weißgrau.

Schnabel schwarz, Iris braun. Rückengefieder rothbraun, der Oberkopf intensiver roth gefärbt; vom Zügelrande läuft über dem Auge bis zum Ohr ein blasser, weißlicher Streif; die etwas steiferen Stirnfedern sind graulich und dunkler gerandet. Die Kehle ist am Kinn weiß, darunter der Vorderhals bis zur Brust hinab schwarz, welche Farbe sich an den Seiten bis zum Ohr hinaufzieht; Bauch und Steiß haben wieder eine weiße Farbe, welche am letzteren und an den Bauchseiten rothgelb überlaufen ist. Der Schwanz hat die Farbe des Rückens, aber nicht ganz die Länge wie bei der folgenden Art; dagegen sind die Läufe sehr hoch. —

Ganze Länge $6\frac{1}{4}''$, Schwanz $2\frac{1}{2}''$, Lauf $14'''$. —

Nach Swainson aus der Gegend von Rio de Janeiro; mir unbekannt. —

2. Myrmonax loricatus *Licht.*

Myiothera loricata *Licht.* Doubl. d. zool. Mus. 44. no. 477.
Formicivora loricata *Ménétr.* Mon. l. l. 490. 20. pl. 4. f. 1. et 2.
Myiothera ruficauda *Pr. Max.* Beitr. III. b. 1060. 4.
Drymophila leucopus *Swains.* zool. Journ. II. 150.

Rückengefieder rostgelbbraun; über dem Auge ein blaßgelber Streif, Backen schwarz.

Männchen mit schwarzer Kehle und schwarz gefleckter Brust auf weißem Grunde.

Weibchen mit rostgelbem Vorderhalse und weißem Bauch.

Schnabel des Männchens ganz schwarzbraun, des Weibchens mit weißem am Ende braunem Unterkiefer. Iris braun. Rückengefieder rostgelbbraun; kleine und große Deckfedern schwarz mit blaßgelben Spitzen; Schwingen außen rostroth, innen graubraun; Schwanzfedern rostrothbraun. —

Männchen mit schwarzer Kehle am Kinn und schwarzen Backen, welche sich bis auf die Seiten des Halses erstrecken; Brustfedern schwarz, breit weiß gesäumt. Bauch und Steiß weiß, die Seiten am Schenkel und die Aftergegend rostgelb überlaufen.

Weibchen bloß am Zügel und an den Backen schwarz; die Kehle, der Vorderhals und die Brust rostgelb, die Bauchmitte weiß, der Steiß wieder rostgelb. — Beine lebhaft fleischfarben, im Tode blaßgelb.

Ganze Länge 6″, Schnabelfirste 6¼‴, Flügel 2″ 8‴, Schwanz 2″ 4‴, Lauf 1″, Mittelzehe 8‴. —

In den Gebüschen bei Neu-Freiburg, nicht selten, in kleinen Trupps von 5—6 Stück; nach Swainson auch noch bei Bahia. —

3. Myrmonax cinnamomeus *Gmel.*

Turdus cinnamomeus *Gmel. Linn.* S. Nat. I. 2. 825. 85. — *Buff.* pl. enl. 560. 2. — *Lath.* Ind. orn. I. 358. 114.
Holocnemis cinnamomea *Strickl.* Ann. Mag. nat. hist. 1844. 416.
Myrmonax cinnamomeus *Caban. Wiegm.* Arch. 1847. I. 210. 3. — *Schomb.* Reise III. 684. 84. —

Rückengefieder rostroth; Kehle, Vorderhals und Brust schwarz, mit weißen Federrändern; Flügeldeckfedern schwarz mit rostgelben Spitzen. —

Der vorigen Art höchst ähnlich, aber größer, wohl so groß wie Sylvia turdoides und von deren Ansehn. Schnabel schwarz, Iris und Beine braun, letztere beim Weibchen blasser gefärbt, Rückengefieder rostroth; alle Flügeldeckfedern schwarz, mit rostgelben Spitzen; Schwingen in der Tiefe braun. —

Männchen am Zügel, den Backen, der Kehle und der Brust schwarz, gegen die Oberseite hin weißlich abgesetzt, die Brustfedern weiß gerandet und zwar um so breiter, je jünger der Vogel ist; Bauchmitte weiß; Seiten, Schenkel und Steiß rostroth.

Weibchen matter gefärbt, oben bräunlicher; Kehle, Vorderhals und Brust gelbbraun, nur am Ohr eine schwärzliche Stelle, die am Halse herabläuft. —

Ganze Länge 7″, Schnabelfirste 7½‴, Flügel 2″ 8‴, Schwanz 2″ 6‴, Lauf 14‴. —

Im nördlichen Brasilien bei Para, häufiger in Guyana, doch nur in den Küstenwäldern, woselbst der Vogel im schattigen Unterholz sich aufhält.

4. Myrmonax ardesiacus *Licht.*

Myiothera ardesiaca *Licht. Pr. Max.* Beitr. III. b. 1055. 2.
Formicivora ardesiaca *Ménétr.* Mon. I. 1. 507. 31.
Myrmothera thamnophiloides *Ménétr.* ibid. 475. 11.
Thamnophilus myiotherinus *Spix.* Av. Bras. II. 30. tb. 42. f. 1.
Myrmonax myiotherinus *Caban. Wiegm.* Arch. 1847. I. 210. 4.

Grau; Kehle, Flügel, Rücken und Schwanz schwarz; Flügeldeckfedern mit weißen Spitzen. —

Männchen bleigrau, überall dunkler gefärbt.

Weibchen aschgrau, Unterseite und Kehle gelblich.

Schnabel und Beine schwarzgrau, Iris roth. — Männchen bleigrau gefärbt; Kehle, Zügel und Backen schwarz, vorderste Stirnfedern und Augenrand weißlich. Rücken, Flügel und Schwanz schieferschwarz, ersterer in der Tiefe weiß; die Flügeldeckfedern mit weißen Spitzen; After und Steißgegend lichter grau. — Weibchen am ganzen Rückengefieder gelblich überlaufen, also aschgrau; auch auf den Flügeln, deren Rückenfedern gelbliche Spitzen haben; Unterseite trüb röthlichgelb, die Brust am dunkelsten.

Ganze Länge 6″ 8‴, Schnabelfirste 7½‴, Flügel 2″ 8‴, Schwanz 2″ 8‴, Lauf 13‴, Mittelzehe 7‴. —

Im dunkeln Schatten der Wälder und Gebüsche, doch nicht häufig.

Anm. In der Abbildung von Spix ist der Schwanz viel zu kurz gerathen und überhaupt der Vogel zu dick vorgestellt; nur in diesem verkehrten Bilde erscheint er mit einer figura myiotherina, und daher ließ ich den Namen fallen.

5. Myrmonax lugubris *Caban.*

Wiegmanns Archiv. 1847. I. 211. 5.
Thamnophilus myiotherinus fem. *Spix*. I. I. Fig. 2.

Männchen schieferschwarz, Kehle kohlschwarz; Stirnfedern und Augenrand weißlich.

Weibchen noch unbekannt, wahrscheinlich aschgrau mit blaßgelber Bauchseite. —

Von der gedrungenen Gestalt der vorigen Art, aber merklich größer; Gefieder einfarbig schieferschwarz; Schnabel, Kehle und Beine rein und kohlschwarz. Flügeldeckfedern ohne weiße Spitzen, aber die Stirnfedern und ein Streif hinter dem Auge von weißlicher Farbe. —

Von Spix ohne Angabe des Fundortes beschrieben.

12. Gatt. Ellipura *Caban.*

Wiegm. Arch. 1847. I. 228.

Schnabel zwar wie bei Myrmonax gestaltet, also sängerartig, aber nach Verhältniß etwas größer, kräftiger, doch stets kürzer als der Kopf; das Nasenloch eine kleine runde Oeffnung an der Spitze der Nasengrube. Gefieder ganz auffallend weich und lang, wolliger als bei irgend einer andern Gattung, besonders am Rücken; Flügel mit sehr kleiner erster Schwinge, die vierte und fünfte die längsten.

Schwanz ziemlich lang, alle Federn stark stufig verkürzt, aus zwölf oder aus zehn Federn gebildet. Lauf und Zehen kürzer, die Sohle glatt, außen mit schmaler Stiefelschiene; Krallen schlank, dünn, fein, mäßig gebogen, die Daumenkralle etwas kleiner als bisher. —

Anm. Die Gattung unterscheidet sich von der vorigen leicht, weniger leicht von Formicivora; letztere hat einen feineren Schnabel, ein derberes Gefieder, getäfelte Laufsohle und einen kürzeren stets zwölffedrigen Schwanz. —

1. Ellipura grisea *Gmel.*

Formicivora grisea ***Strickl.*** ***Caban.*** ***Wiegm.*** Arch. 1847. I. 225. 1.
Motacilla grisea ***Gmel.*** ***Linn.*** S. Nat. I. 2. 964. — ***Buff.*** pl. enl. 643. 2.
Sylvia grisea ***Lath.*** Ind. orn. II. 532. 88.
Thamnophilus griseus ***Spix.*** Av. Bras. II. 29. 13. tb. 41. Fig. 1.
Myrmothera leucophrys ***Vieill.*** N. Dict. Tm. 17. pag. 322.
Myiothera leucophrys ***Pr. Max*** Beitr. III. b. 1075. 9.
Formicivora Deluzae ***Ménétr.*** Mon. I. I. 484. 16. pl. 5. f. 2.
Myiothera superciliaris ***Licht.*** Doubl. d. zool. Mus. 44. no. 480—82.
Formicivora nigricollis ***Swains.*** zool. Journ. II. 147. 1.

Schwanz zwölffedrig; Rückengefieder braungrau, Flügel und Schwanz schwarz, Deckfedern und seitliche Schwanzfedern mit weißen Spitzen.

Männchen mit schwarzer Kehle, Vorderhals, Brust und Bauchmitte.

Weibchen mit rostgelber Unterseite.

Schnabel schwarz, Iris braun, Beine fleischfarben, bläulich überlaufen. — Männchen am ganzen Rücken bräunlichgrau, Spitzen der Zügelfedern und des Augenrandes weißlich; Flügel und Schwanz schwarz, die Spitzen der 5 äußeren Schwanzfedern jeder Seite, der Deckfedern und die Säume der Armschwingen fein weiß gerandet. Kehle, Backen, Hals, Brust und Bauchmitte bis zum After schwarz, Bauchseiten und Steiß weiß. — Weibchen am Rücken etwas blasser; Flügel und Schwanz wie am Männchen; Stirnrand, Zügel, Augendecke und Kehle weiß; Backen, Hals, Brust und Bauch rostgelb; Steiß und Bauchseiten weiß. —

Ganze Länge 4½″, Flügel 2″, Schwanz 1½″, Lauf 8½‴.

In dichten Gebüschen des mittleren Brasiliens, besonders der inneren Gegenden.

Anm. Die von mir untersuchten Exemplare haben eine sehr deutliche Stiefelschiene, keine Schilder an der Außenseite des Laufs und passen auch sonst, wegen des derberen Schnabels, der längeren Zehen und des laxeren Gefieders, meiner Ansicht nach, besser zu Ellipura als zu Formicivora. Es ist auffallend, wie man den hier beschriebenen Vogel mit Formicivora superciliaris hat verwechseln können; ihre Unterschiede sind grell genug, um den Beobachter nie zu trügen.

2. Ellipura coerulescens *Vieill.*

Myrmothera coerulescens ***Vieill.*** N. Dict. Tm. 17. pag. 321.
Formicivora coerulescens ***Ménétr.*** Mon. I. I. 499. 23. pl. 6. f. 1. 2.

Männchen bleigrau, Rückenfedern am Grunde, die Spitzen der Deckfedern und des Schwanzes weiß.

Weibchen gelbgraubraun, Unterseite blaßgelb, Flügel und Schwanz fast einfarbig.

Sehr schlank gebaut, besonders der Schwanz lang. — Schnabel genau wie bei der vorigen Art, doch etwas länger, schwarzgrau. Iris braun, Beine bleigrau. — Männchen lebhaft bleigrau gefärbt, an der Bauchseite etwas lichter, die Rückenfedern am Grunde weiß; Flügel und Schwanz schieferschwarz, alle Deckfedern und Schwanzfedern mit weißer Spitze, Schwingen fein weiß gerandet. — Weibchen mit graulich olivenbraunem Rücken und blaß gelblicher Unterseite; Flügel und Schwanz mehr braun, die Deckfedern und äußeren Schwanzfedern nur z. Th. mit blaßgelben Spitzen. —

Ganze Länge 5½″, Schnabelfirste 7‴, Flügel 2″, Schwanz 3—3½″, Lauf 8½—9‴. —

In den Umgebungen von Rio de Janeiro, gleich den übrigen Arten in dichten schattigen Gebüschen einsamer Gegenden sich aufhaltend. —

Anm. Formicivora melanaria *Ménétr.* Mon. l. l. 500. 26. pl. 9. Fig. 2. und pl. 7. c. gehört offenbar zu Ellipura, und mag hier, als eine mir unbekannte Art, definirt werden:

Ellipura melanaria. Männchen kohlschwarz, Rückenfedern am Grunde, die Spitzen der Deckfedern und der 3 seitlichen Schwanzfedern weiß.

Weibchen olivenbraun, unten heller, Flügel braun, die Schwingen blaß gesäumt am Innenrande, Kehle weiß.

Gestalt wie Ellipura coerulescens, vielleicht noch etwas größer, der Schwanz nicht völlig so lang, aber stark stufig; Schnabel ziemlich breit am Grunde, hernach kegelförmig und ziemlich hoch am Ende, schwarz; Iris braun. — Gefieder des Männchens kohlschwarz, die Rückenfedern am Grunde grau, dann weiß, die Spitze breit schwarz; kleine Deckfedern am Bug weiß, die folgenden und die großen schwarz, mit weißer Spitze. Schwingen und Schwanzfedern schwarz, die vier äußeren jeder Seite mit weißer Spitze. — Weibchen olivenbraun, Rückenfedern in der Mitte ebenfalls weiß; Flügel braun, die Deckfedern lichter gerandet, außerdem mit kleinem weißlichen Fleck an der Spitze; Innenseite der Flügel und der Saum der Schwingen weißlich; Schwanz schwarzbraun, die äußeren Federn jeder Seite mit weißer Spitze. — Aus Minas geraes, nicht häufig. In der Abbildung sind nur 10 Schwanzfedern sichtbar. —

Ganze Länge 6″, Schwanz 3″ 3‴, Lauf 1″.

3. Ellipura malura *Natt.*

Myiothera malura *Natt. Temm.* pl. col. 353.
Formicivora malura *Ménétr.* Mon. l. l. 496. 23.

Männchen bleigrau, Steiß aschgrau; Hals- und Brustgefieder mit dunkleren Schaftstreifen; Flügeldeckfedern mit weißen Spitzen.

Weibchen braungrau, Hals und Brust mit dunkleren Schaftstrichen; Deckfedern mit weißgelben Spitzen. —

Von der Größe und dem Ansehn der vorigen Art, aber der Schwanz etwas kürzer und der Leib dagegen etwas kräftiger; Schnabel schwarzgrau, Unterkiefer weißlich, mit grauer Spitze; Iris braun, Beine dunkel schiefergrau. — Männchen bleigrau, besonders an der Brust; der Rücken mehr schiefergrau, die Aftergegend aschgrau; alle Federn des Kopfes, Vorderhalses, der Brust und des Oberbauchs mit dunklen Schaftstreifen; Rückenfedern am Grunde weiß; Flügel und Schwanz schwärzlich, die Deckfedern mit weißen Spitzen, die Schwingen gelbgrau gerandet; Schwanzfedern etwas graulich am Rande, aber ohne weiße Spitzen. — Weibchen ganz wie das Männchen gezeichnet, aber die Farbe gelblich olivenbraun und die Schaftstreifen matter, kleiner, fleckiger; Flügel schwarzbraun, die Spitzen der Deckfedern blaß gelblichweiß. —

Ganze Länge 6″, Schnabelfirste 6‴, Flügel 2½″, Schwanz 2½″, Lauf 9‴. —

In der Provinz St. Paulo bei Ipyanema von Natterer entdeckt; von Menetrier auch bei Rio de Janeiro gefunden.

Anm. In Temminck's Figur sind zwölf Schwanzfedern abgebildet und Menetrier giebt der vorigen elf, was gewiß nicht zufällig geschehen ist, bei der großen Deutlichkeit der Zeichnung. Wahrscheinlich haben beide Arten, gleich der ersten, wirklich zwölf Schwanzfedern.

4. Ellipura striata *Spix.*

Cabanis, Wiegmanns Archiv. 1847. I. 228. 3.
Thamnophilus striatus *Spix*. Av. Bras. II. 29. 14. tb. 40. f. 2.

Männchen grau (?), Weibchen olivenbraun; Kopf, Kehle und Vorderhals dunkler gefleckt; kleine Flügeldeckfedern und äußere Schwanzfedern mit weißlichen Spitzen. —

Der vorigen Art zum Verwechseln ähnlich, aber kleiner und besonders durch relativ kürzeren Schwanz und kürzere Läufe sich auszeichnend. — Schnabel schwarz, Unterkiefer grau; Iris braun, Beine blaugrau. Männchen mir unbekannt, wahrscheinlich grau gefärbt, übrigens wie das Weibchen gezeichnet. — Weibchen am Rücken olivenbräunlich, Flügel und Schwanz etwas dunkler; über dem Auge ein rostgelber Streif bis zum Ohr; Kehle, Vorderhals und Brust weißlichgelb; Bauchseiten, Steiß und Unterrücken hell rostgelbroth; Kopf, Hals und Brust bis zum Bauch mit dunkleren, allmälig spitzeren Schaftflecken; Flügeldeckfedern mit rostgelben Spitzen, desgleichen die drei äußeren Schwanzfedern jeder Seite; im Schwanz überhaupt nur zehn Federn.

Ganze Länge 4⅓″, Schnabelrand 7‴, Flügel 2″ 3‴, Schwanz 1½″, Lauf 9‴.

Nach Menetrier, welcher das Weibchen bei der vorigen Art bespricht, im Innern von Minas geraes bei Diamantina. —

5. Ellipura squamata *Licht.*

Myiothera squamata *Licht.* Doubl. zool. Mus. 44. no. 478. — *Pr. Max* Beitr. III. b. 1070. 7.
Formicivora maculata *Swains.* zool. Journ. II. 147. — *Ménétr.* Mon. l. l. 494. 22. pl. 5. f. 1.
Ellipura squamata *Caban. Wiegm.* Arch. 1847. I. 229. 5.

Männchen schwarz, alle Federn mit weißen Spitzen; Bauchseite mehr weiß. —

Weibchen braun, alle Federn mit gelben Spitzen; Bauchseite wie beim Männchen, Steiß gelb. —

Schnabel des Männchens schieferschwarz mit weißlichem Kinnrande, des Weibchens braun mit blaßgelbem Unterkiefer; Iris braun. Beine bleigrau. Gefieder des Männchens am ganzen Rücken schwarz, die Federn des Kopfes an den Seiten mit weißen, schief gezogenen Schaftstreifen; die des Rückens mit weißem Fleck vor der Spitze; die Flügeldeckfedern mit weißem Endsaum, die Schwingen fein weiß gerandet und die letzten auch am Ende weiß; die Schwanzfedern mit weißen Spitzen und am Schaft unterbrochenen Binden. Unterfläche weißer, indem jede Feder nur auf der Mitte einen großen schwarzen Fleck trägt; Bauchseiten und Steiß bleigrau. — Weibchen ganz wie das Männchen gezeichnet, aber die Grundfarbe ins Bräunliche fallend und die sämmtlichen hellen Zeichnungen des Rückens gelb. Kinn, Vorderhals, Brust und Bauchmitte ganz wie beim Männchen gefärbt und gezeichnet; Bauchseiten und Steiß aber rostgelb. —

Ganze Länge 4³/₄″, Schnabelfirste 5‴, Flügel 2″, Schwanz 1¹/₂″, Lauf 8‴. —

Häufig in den Gebüschen der Provinz von Rio de Janeiro, aber schwer zu schießen; lebt nahe am Boden im tiefsten Dickigt, nistet auf dem Boden selbst, und legt 4—5 weiße, schwarz und roth gefleckte Eier. —

6. Ellipura rufa *Pr. Wied.*

Cabanis Wiegm. Arch. 1847. I. 229. 4.
Myiothera rufa *Pr. Max.* Beitr. III. b. 1095. 17.
Formicivora rufa *Ménétr.* Myioth. l. l. 497. 24. pl. 9. f. 1.

Obertheile rothbraun; kleine Deckfedern und Schwanz schwarz, mit weißen Spitzen; Unterseite weiß, Kehle, Hals und Brust grau gestreift. —

Ganz vom Ansehn und der Größe der vorigen Art; der Schnabel schieferschwarz, weißlich am Grunde. Iris braun, Beine bleigrau. — Obertheile des Gefieders rothbraun, der Vorderkopf graulich, bis zur Mitte mit dunkleren Schaftstreifen. Flügeldeckfedern schwarzbraun, mit weißen Spitzen; Schwingen braun mit rostrothen Rändern; Schwanz schwarzbraun, die Spitzen der Federn weiß. Ueber dem Auge ein weißgelber Streif bis zum Ohr; Kinn, Kehle, Hals und Brust weiß, mit graubraunen Schaftstreifen; Bauchseiten und Steiß rostgelbroth. — Weibchen etwas matter gefärbt als das Männchen, mehr ins Gelbliche spielend, besonders auf der Brust und hier bräunlich gefleckt. —

Ganze Länge 4″ 10‴, Schnabel 5½‴, Flügel 2″, Schwanz 1″ 10‴, Lauf 9‴. —

Im mittleren Brasilien, auf dem Camposgebiet der Provinzen Bahia und Goyaz bei Cuyaba.

Anm. Formicivora melanura *Ménétr.* Mon. l. l. 508. 32. pl. 8. — ist eine mir unbekannte Art, über deren Stellung ich im Ungewissen geblieben bin, daher ich sie hier anhangsweise aufführe als:

Ellipura melanura: Rückengefieder rothbraun, kleine Flügeldeckfedern mit weißen Tüpfeln; Schwanz einfarbig schwarz.

Männchen grau, an der Bauchseite mit schwarzer Kehle, Hals- und Brustmitte.

Weibchens Kehle, Vorderhals und Bauch weiß, Brust- und Bauchseiten rostroth. —

Gestalt etwas gebrungen, der Schnabel braun, der Oberkiefer dunkler, die Gegend am Kinn blaßgelblich. Iris braun. Rückengefieder rothbraun, etwas graulich; Stirn und Backen schwärzlich; kleine Flügeldeckfedern mit weißlichgelbem Endfleck, der nach innen von einem schwärzlichen Ringe umgeben ist. Schwingen und Schwanz einfarbig schwarzbraun, die erstere an der Außenfahne rothbraun. — Männchen an der ganzen Bauchseite aschgrau; Kinn, Kehle, Vorderhals und Mitte der Brust kohlschwarz. — Weibchen am Kinn, der Kehle, dem Halse, dem Bauch und Steiß weiß; an der Brust und den Bauchseiten rostrothgelb. — Beine fleischfarben, der Lauf hoch, die Zehen stark, die Daumenkralle doppelt so lang wie die Mittelkralle.

Ganze Länge 4″ 11‴, Schwanz 1″ 9‴, Lauf 1″.

Im Innern, auf dem Camposgebiet bei Queluz und Cuyaba.

7. Ellipura ferruginea *Licht.*

Myiothera ferruginea *Licht.* Doubl. d. zool. Mus. 44. no. 476. — *Temm.* pl. col. 132. 3.
Formicivora ferruginea *Ménétr.* Mon. l. l. 488. 19.
Ellipura ferruginea *Cabanis* l. l. 228. 1.
Drymophila variegata *Such.* zool. Journ. I. 559.?

Oberkopf schwarz, Augenstreif und Backen weiß, übrigens rostroth; Flügel und Schwanz schwarz, die Federn mit weißen Spitzen.

Schnabel braun, die Kinngegend blasser. Iris braun, Beine bleigrau. — Gefieder des Männchens am Kopf bis zum Nacken, den Flügeln und dem Schwanz schwarz; die Spitzen der kleinen und großen Flügeldeckfedern nebst denen der hintern Armschwingen und der Schwanzfedern weiß; desgleichen Zügel, Augenstreif bis zum Ohr und die Backen unter dem Auge. Vorderhals, Brust, Bauch, Unterrücken und Steiß rostroth; Oberrücken mit am Grunde weißen, dann schwarzbraunen Federn; die Schwingen mit rostrothem Außenrande. — **Weibchen** matter gefärbt, Oberkopf braun gestreift, die meisten Spitzen der Flügeldeckfedern blaßgelb. — **Junger Vogel** mit braunen Flecken auf allen Rumpffedern.

Ganze Länge 5″ 2‴, Schnabelfirste 6‴, Flügel 2″, Schwanz 2″ 4‴, Lauf 9‴. —

Lebt einsam in den Gebüschen des Orgelgebirges und hält sich etwa 6—8′ hoch über dem Boden, hier am Gezweig besonders nach Ameisen suchend. Die Stimme des Vogels besteht aus 3 Tönen und endet mit einem lang ausgezogenen Nachhall; sie klingt voll, laut, etwas metallisch.

13. Gatt. Ramphocaenus *Vieill.*

Gal. d. Ois. II. 203.

Leptorhynchus *Ménétr.*

Schnabel lang, dünn, stark seitlich zusammengedrückt, so lang oder noch etwas länger als der Kopf, die Spitze hakig herabgebogen, die Kerbe daneben verwischt; Nasengrube ziemlich lang vortretend, das Nasenloch eine Längsspalte am untern Rande einer kleinen Schuppe; nicht rund, wie bei Ellipura. Flügel kurz, abgerundet, die erste Schwinge sehr klein, die fünfte die längste. Schwanz ziemlich lang, **zehnfedrig**; die Federn schmal, die äußeren verkürzt, ungemein klein und viel schmäler als die mittleren. Lauf ziemlich hoch, glatt, außen mit schmaler Stiefelschiene; Zehen fein, ziemlich kurz, besonders der Daumen, dessen Kralle stärker gekrümmt ist. —

1. Ramphocaenus melanurus.

Vieill. Gal. d. Ois. II. 204. pl. 128. — *Ej.* N. Dict Tm. 29. pag. 6.
Troglodytes rectirostris *Swains.* zool. Illustr. III. pl. 140.
Thryothorus gladiator *Pr. Max.* z. *Wied.* Beitr. z. Naturg. Bras. III. b. 751. 3.
Myiothera longirostris *Licht.* Nom. Av. Mus. ber. 22.

Rückengefieder olivenbraun; Kehle, Vorderhals und Bauchmitte weiß, Bauchseiten rostgelb; mittlere Schwanzfedern schwarzbraun.

Vom Ansehn des Zaunkönigs (Troglodytes parvulus), aber Schnabel und Schwanz nach Verhältniß länger. Schnabel hornbraun, der Unterkiefer lichter, gelblich weiß; Iris braun, Beine dunkelgrau. Rückengefieder gelblich olivenbraun, der Nacken und die Halsseiten etwas mehr ins Rostgelbe spielend; Schwingen braun, mit rostgelbem Vorderrande. Schwanz schwarzbraun, die beiden äußersten Federn oben gelb, unten weiß. Kehle und Vorderhals weiß; Bauch- und Brustseiten rostgelb, die Mitte weiß; die Aftergegend graugelblich.

Ganze Länge 4½″, Schnabelfirste 8½‴, Flügel 1″ 8‴, Schwanz 1″ 6‴, Lauf 9‴. —

In der Gegend von Bahia, woher auch das hier beschriebene Exemplar bezogen wurde; lebt, gleich den Formicivorinen, im Unterholz schattiger Waldungen, und ist nicht leicht zu haben. —

2. Ramphocaenus guttatus.

Leptorhynchus guttatus *Ménétr.* Mon. l. l. 516. 40. pl. 10. f. 1.

Bräunlich grau, Kehle weiß; alle Federn des Rückens lichter, des Bauches dunkler punktirt; Schwanzfedern gebändert. —

Noch mehr vom Ansehn eines Zaunkönigs, weil der Schnabel etwas kürzer ist, und das Gefieder eine ähnliche Zeichnung hat. Schnabel oben braun, unten blaßgelb. Iris braun. Beine blaß violett. Rückengefieder gelbbraungrau, jede Feder mit kleinem weißlichgelbgrauem Fleckenpaare zu beiden Seiten des Schaftes; Flügel rostbraun, die Deckfedern mit weißem, braungesäumtem Endfleck, die Schwingen in der Tiefe graubraun. Schwanz braun, jede Feder mit weißlicher Spitze und 4—5 lichten, dunkler braun umrandeten, schmalen Querbinden. —

Ganze Länge 4½″, Schnabelfirste 7½‴, Flügel 1″ 8‴, Schwanz 1″ 9‴, Lauf 11‴.

Im Innern Brasiliens von Hrn. v. Langsdorff bei Cuyaba gesammelt, mir nicht bekannt.

Anm. Die große habituelle Aehnlichkeit läßt mich nicht zweifeln, daß die Art eher hierher, als zu Ellipura gehört; besonders da Hr. Menetrier das Nasenloch seiner Gattung Leptorhynchus als eine Spalte beschreibt, während es bei Ellipura ein rundes Loch ist. Auch passen der relativ höhere Lauf, die kürzeren Zehen und der lange Schnabel sehr gut zu Ramphocaenus.

3. Ramphocaenus maculatus *Pr. Wied.*

Myiothera maculata *Pr. Max.* Beitr. III. b. 1088. 14.
Ellipura maculata *Cabanis, Wiegm.* Arch. 1847. I. 229. 7.
Leptorhynchus striolatus *Ménétr.* Mon. l. l. 517. 41. pl. 10. f. 2.
Formicivora striolata *Gray.* Gen. no. 27.

Kopf, Hals und Brust weiß, schwarz gestreift; Rücken kastanienbraun, Bauch blaßgelb. —

Ein kleines zierliches Vögelchen, das sich durch seinen langgestreckten, obgleich kürzeren Schnabel den vorigen anreihet; Oberkiefer braun, Unterkiefer blaßgelb. Iris braun. Kopf, Hals und Brust weiß, auf dem Scheitel bis zum Nacken jede Feder mit breitem schwarzem Schaftstrich, daher der Oberkopf schwarz und weiß gestreift erscheint; Hals und Brust nur an den Seiten mit einzelnen schwarzgrauen Schaftstreifen. Oberrücken kastanienbraun; Unterrücken aschgrau, Bauch, Steiß und untere Schwanzdecken hell limonengelb. Flügel schwarz, die Gegend am Bug und die Innenseite weiß; die großen Deckfedern und die Reihe vor ihnen mit weißen Spitzen; Schwingen nach unten und die letzten Armschwingen weiß gerandet, innen breiter weiß gesäumt; Schwanz schwarzbraun, alle Federn an der Spitze weißgrau. Beine bleifarben.

Ganze Länge 3½″, Schnabelfirste 6‴, Flügel 1½″, Schwanz 1″ 3‴, Lauf 7‴. —

Paarweis oder in kleinen Trupps in den dichten Gebüschen der Waldregion, schon in den Umgebungen von Rio de Janeiro und von da weiter nach Norden hinauf. —

14. Gatt. Formicivora *Swains.*

Eriodora *Glog.*

Schnabel kürzer als bei Ellipura, z. Th. auch feiner, zierlicher und ganz sängerartig; am Ende herabgebogen, mehr oder minder hakig, die Kerbe daneben ziemlich deutlich; Nasengrube etwas vortretend, mit rundem Nasenloch an der Spitze. Gefieder nicht völlig so weich wie bei Ellipura; die Flügel kurz, abgerundet; der Schwanz stets zwölffedrig, relativ kürzer, die Federn einzeln weniger ungleich, die seitlichen mäßig verkürzt, aber nicht sehr verschmälert; Lauf zwar nicht viel kürzer, aber etwas dicker, auf der Außenkante eine Reihe kleiner Tafeln, keine schmale Stiefelschiene; die Zehen kürzer, schwächer, besonders der Daumen; die Krallen kleiner, mehr gebogen, vorzüglich die Daumenkralle. —

Anm. In dieser Gattung tritt am Lauf und an den Zehen der Uebergang zu den Thamnophiliden auf, welchen besonders die dritte Gruppe entschiedener ausbildet. —

A. Schnabel sehr fein pfriemenförmig, beinahe ohne Endhaken; Zehen länger, die Krallen etwas größer als in der folgenden Gruppe. Formicivora ***Caban.***

1. Formicivora superciliaris *Pr. Wied.*

Myiothera superciliaris *Pr. Max.* Beitr. III. b. 1072. 8. (nec *Lichtenst.*).
Formicivora nigricollis *Ménétr.* Mon. l. l. 482. 15. pl. 3. mas sen. et juv.

Thamnophilus griseus *Spix*. Av. Bras. II. pl. 40. fig. 1. fem.
Thamnophilus rufater *D'Orb. Lafr.* Syn. Guér. Mag. VII. cl. 2. 12. 12.
Formicivora rufatra *Caban. Wiegm.* Arch. 1847. I. 225. 2.
Batara gola negra, *Azara* Apunt. II. 208. 216.

Rückengefieder rothbraun; Kehle, Brust und Bauchmitte beim Männchen schwarz, beim Weibchen weiß. Steiß graubraun. Ueber dem Auge ein weißer Streif bis zum Ohr. Flügeldeckfedern und äußere Schwanzfedern am Rande und Ende weiß. —

Vom Ansehn unseres Hausrothschwanzes (Sylvia Tithys) aber beträchtlich kleiner. Schnabel schwarz, die Spitze etwas blässer; Iris braun. Rückengefieder trüb rothbraun beim jungen, reiner und voller rostroth beim alten Vogel; Zügel und ein Streif hinter dem Auge, der am Halse herabläuft, weiß. Flügel und Schwanz schwarz; die Deckfedern mit kleinem weißem Spitzenfleck, die Schwingen braun gerandet; die drei äußeren Schwanzfedern mit weißem Rande und Endfleck, die vierte von außen mit feiner weißer Spitze. Beine dunkel bleigrau.

Männchen am Kinn, der Kehle, dem Vorderhalse, der Brust und der Mitte des Bauches kohlschwarz; der weiße Augenstreif bis zur Achsel verlängert, die schwarzen Achselfedern weiß gerandet; die Brust- und Bauchseiten mit weißen Enden an einigen Federn, der Steiß und die Bauchseiten rothbraungrau. —

Weibchen heller rostroth am Rücken, der weiße Augenstreif verloschen, bloß die Backen am Ohr schwarz, die ganze Unterseite bis zum Bauch weiß; die Steißgegend rostgelbroth.

Junger Vogel trüb rostrothbraun, mit blaßgelblicher Bauchseite, auf der, wenn es ein Männchen ist, zuerst an der Kehle und am Vorderhalse schwarze Stellen sich bilden.

Ganze Länge 5″, Schnabelfirste 6‴, Flügel 2″ 2‴, Schwanz 2″, Lauf 8‴, Mittelzehe 6‴. —

In den Gebüschen der Campos-Region nicht selten; in Minas geraes bei Congonhas und Lagoa santa erlegt; vom Prinzen zu Wied noch bei Bahia beobachtet.

Anm. Azara's angezogener Vogel, den mehrere Schriftsteller zu Myrmonax cinnamomeus (S. 65.) ziehen, gehört ohne Zweifel zu dieser Art, die angegebenen Maaße sind dafür entscheidend. — Dagegen ist Myiothera superciliaris *Licht.* nach Cabanis Untersuchung der Original-Exemplare, mit Ellipura grisea zu verbinden, wohin er auch Swainson's Formicivora nigricollis stellt. (S. S. 67.). —

2. Formicivora erythronota.

Hartlaub, Revue zool. d. l. Soc. Cuv. 1853. 4.

Schwarz, Rücken zimmtroth; Flügeldeckfedern fein weiß gerandet.

Noch etwas kleiner als die vorige Art, namentlich der Schwanz kürzer und die Federn weit weniger stufig abgesetzt. Schnabel schwarz. Iris dunkelbraun. Gefieder ganz schwarz, die langen weichen Rückenfedern in der Tiefe grau, am Ende lebhaft zimmtroth gefärbt; Flügeldeckfedern mit feinen weißen Rändern am Ende, nicht an der Seite. Bauch und Steiß beim Weibchen schiefergrau, beim Männchen kohlschwarz; Brustseiten unter den Flügeln weiß. Schwanzfedern einfarbig schwarz. Beine dunkel bleigrau. —

Ganze Länge 4" 4"', Schnabelfirste 5"', Flügel 2", Schwanz 1½", Lauf 8"', Mittelzehe 6"'. —

Bei Neu-Freiburg in den dortigen Gebüschen, mitunter in kleinen Gesellschaften auftretend; lebt, wie die übrigen Arten, im Unterholz. —

B. Schnabel entschieden stärker und mehr gewölbt, die Spitze hakiger; Zehen und Krallen sehr kurz.

a. Schwanz und Lauf ebenfalls kurz, der erstere bloß etwas zugerundet, die Seitenfedern nach Verhältniß länger. Myrmothera *Lafresn. D'Orb.*

Anm. Mit demselben Rechte, wie die folgende Gruppe, könnte auch diese eine eigene Gattung bilden; die Arten stehen in allen Bildungen genau zwischen beiden. Sollte ich sie aber in eine derselben einreihen, so würde ich sie lieber zu Herpsilochmus, als zu Formicivora bringen. —

3. Formicivora axillaris *Vieill.*

Turdus cirrhatus *Gmel. Linn.* S. Nat. I. 2. 826. — *Buff.* pl. enl. 643. 2. — *Lath.* Ind. orn. I. 359. 120.
Myiothera fuliginosa *Illig. Licht.* Doubl. zool. Mus. 45. no. 483. 484. — *Pr. Max* Beitr. III. b. 1067. 6.
Myrmothera axillaris *Vieill.* N. Dict. d. Sc. nat. Tm. 17. 321. — *Ménétr.* Mon. l. l. 478. 13. — *D'Orb.* Voy. Am. mer. Ois. 185.
Formicivora brevicauda *Swains.* zool. Journ. II. 148.
Thamnophilus melanogaster *Spix.* Av. Bras. II. 31. 17. tb. 43. fig. 1.
Formicivora axillaris *Caban. Wiegm.* Arch. 1847. I. 226.

Dunkel bleigrau, Kehle, Flügel und Schwanz schwarz, Deckfedern und seitliche Schwanzfedern mit weißen Spitzen.

Ein kleiner sonderbarer Vogel wegen des kurzen Schwanzes, der kurzen Zehen und des verhältnißmäßig starken Schnabels; letzter glänzend schwarz, mit fein hakiger Spitze; die Seiten etwas gewölbt, im Ganzen vorn höher als breit, hinten breiter als hoch. Iris dunkel schwarzbraun. Gefieder dunkel bleigrau, ein etwas bläuliches Schiefergrau; Kehle vom Kinn an über den Hals und die Mitte der Brust bis zum Bauch hinab schwarz. Flügeldeckfedern schwarz, mit ziemlich breiten weißen Spitzen;

Schwingen außen grau, innen weiß gerandet; alle Armschwingen mit feinem weißen Endpunkt. Schwanz schwarz, die 4 äußeren Federn jeder Seite mit weißen Spitzen, die von außen nach innen kleiner werden. Beine dunkel bleigrau, die Krallen blasser.

Ganze Länge 4″, Schnabelfirste 6‴, Flügel 2″, Schwanz 1″, Lauf 7‴, Mittelzehe $4\frac{1}{2}$‴. —

In allen größeren Waldungen, im Unterholz; besonders häufig in den Umgebungen von Rio de Janeiro.

4. Formicivora unicolor *Mén.*

Cabanis Wiegm. Arch. 1847. I. S. 227. 6.
Myrmothera unicolor *Ménétr.* Mon. l. l. 480. 14. pl. 2. f. 1.

Schiefergrau, Kehle, Flügel und Schwanz einfarbig schwarz; Zügel und Augenrand weißlich.

Völlig vom Ansehn der vorigen Art, aber noch kleiner, ganz grau, weniger bläulich; Kehle bis zur Brust schwarz; die Kinn-, Zügel- und oberen Augenrandfedern haben feine weißliche Spitzen; die Flügel und der Schwanz sind schwarz, aber die Ränder der Federn fallen ins Graue. Der Schnabel hat eine schwarze, die Iris eine schwarzbraune, das Bein eine bleigraue Farbe.

Ganze Länge 3—$3\frac{1}{2}$″, Flügel 1″ 9‴, Schwanz kaum 1″, Lauf 6‴.

Von Herrn Menetrier einige Mal paarweis im dichten Gebüsch erlegt. —

5. Formicivora pygmaea.

Muscicapa pygmaea *Gmel. Linn.* S. Nat. I. 2. 933. — *Buff.* pl. enl. 831. 2. — *Lath.* Ind. orn. II. 488. 84.
Myrmothera minuta *D'Orb.* Voy. d. l'Am. mer. Ois. 184.
Formicivora pygmaea *Caban.* l. l. 237. 7.

Rückengefieder rothgelb, jede Feder mit großem schwarzen Mittelfleck; Unterseite blaßgelb, Brust schwarz gefleckt.

Schnabel blaugrau, Kinngegend weißlich. Iris braun. Rückengefieder rothgelb, jede Feder mit großem schwarzen Fleck, der die ganze Mitte einnimmt. Gefieder der Unterseite blaßgelb, auf der Brust mehrere schwärzliche Schaftstreifen. Flügel schwarz, die Deckfedern weiß gerandet, mit etwas breiterem Spitzenfleck; die Schwingen ebenfalls mit blaßgelben Rändern, die letzten Armschwingen breiter und alle am Innenrande blaßgelb gesäumt. Schwanz kurz, die Federn stufig abgesetzt, mit blaßgelber Spitze. Beine bleigrau. —

Männchen klarer gefärbt, die rothen Säume der Rückenfedern voller; die helleren Ränder der Federn rein weiß.

Weibchen trüber gefärbt, alle Federnränder der Flügel blaßgelb. —

Ganze Länge 3—3¼″, Schnabelfirste 6‴, Flügel 1½″, Schwanz 10‴, Lauf 6‴. —

Im Innern und Norden Brasiliens, bis nach Guyana und Bolivien verbreitet. —

b. Schwanz und Lauf etwas länger, besonders der erstere; die Zehen aber klein, mit kurzen stark gebogenen Krallen; Schnabel ziemlich hoch und dick. — Herpsilochmus *Cabanis.*

6. Formicivora pileata *Licht.*

Myiothera pileata *Licht.* Doubl. d. zool. Mus. 44. no. 479. — *Pr. Max* Beitr. III. b. 1078. 10.
Formicivora pileata *Ménétr.* Mon. l. l. 485. 16.
Thamnophilus pileatus *D'Orbigny*, Voy. dans l'Am. mér. Ois. 175.
Herpsilochmus pileatus *Cabanis, Wiegm.* Arch. 1847. I. 224. 1.

Licht bleigrau; Scheitel, Flügel und Schwanz schwarz, die Ränder der Federn weiß; ebenso Kehle, Augenstreif und Bauch.

Von kräftigerem Körperbau, und wie **Cabanis** richtig sich ausdrückt, den Uebergang zu Thamnophilus andeutend. Schnabel schwarz, Unterkiefer und Mundrand weiß. Iris gelbbraun. Stirn, Scheitel und Unterkopf schwarz, an den Seiten über dem Auge ein weißer Streif. Rücken hell bleigrau, die Federn auf der Mitte mit einen weißen, aber ganz versteckten Fleck. Flügel und Schwanz schwarz, alle Deckfedern mit breitem weißen Fleck an der äußeren Spitzenhälfte; die Schwingen weiß gerandet, die hintersten Armschwingen etwas breiter weiß gesäumt an der Spitze. Alle Schwanzfedern mit weißem Endrande, der um so breiter wird, je kürzer die Feder ist und je mehr sie nach außen steht, die äußerste schmälste jeder Seite auch breit weiß gesäumt. Unterfläche an der Kehle und dem Vorderhalse weiß, an der Brust und den Bauchseiten hell bleigrau, am Bauch und Steiß gelblichweiß. Beine blaugrau, die Krallen gelbgrau. —

Ganze Länge 4″ 9‴, Schnabelfirste 6‴, Flügel 2″ 3‴, Schwanz 1″ 9‴, Lauf 8½‴, Mittelzehe 5‴. —

Beim **Weibchen**, das matter und mehr aschgrau gefärbt ist, haben die Scheitelfedern weiße Spitzen; beim **jungen** Vogel ist das ganze Gefieder gelblich überlaufen, also noch aschgrauer und die lichten Federnsäume sind gelb, auch etwas breiter.

Ich erhielt diesen ausgezeichneten und besonders an dem starken Schnabel neben den zierlichen Füßen kenntlichen Vogel in Neu-Freiburg. Er bewohnt das Küstenwaldgebiet und streift hinüber bis nach Bolivien, wo D'Orbigny ihn in der Provinz Chiquito antraf.

7. Formicivora rufo-marginata *Temm.*

Myiothera rufo-marginata *Temm.* pl. col. 132. 1. 2.
Myiothera variegata *Licht. Pr. Max.* Beitr. III. b. 1086. juv.
Myiothera scapularis *Licht. Pr. Max.* ibid. 1083. 12.
Formicivora rufo-marginata *Ménétr.* Mon. I. l. 487.
Herpsilochmus rufo-marginatus *Caban. Wiegm.* Arch. 1847. I. 224. 2.

Rücken olivengrau, Flügel und Schwanz schwarz, die Federn mit weißen Spitzen, die Schwingen am Rande rostroth, Bauchseite blaßgelb.

Männchen mit schwarzem, Weibchen mit rostrothem Scheitel, beide mit weißem Augenstreif und weißer Kehle.

Vom Ansehn der vorigen Art, vielleicht etwas schlanker und feiner gebaut. — Schnabel bleifarben, die Firste etwas dunkler. Iris braun. Rückengefieder vom Nacken bis zum Bürzel grünlich aschgrau, olivenfarben, die Flügel und der Schwanz schwarz; alle Deckfedern und die hintersten Armschwingen mit feinen weißen Rändern und breiter weißer Spitze; die Handschwingen und vorderen Armschwingen am Vorderrande rostroth, am Hinterrande blaßgelb gesäumt. Schwanzfedern ebenfalls mit weißen Spitzen, die an den äußeren, allmälig kürzeren Federn stets breiter werden, und zuletzt den ganzen Rand einnehmen; alle Federn ziemlich schmal, besonders die seitlichen, ganz wie bei der vorigen Art. Kehle, Zügel, Scheitelrand und Backen weiß, hinter dem Auge ein schwarzer Streif. — Männchen mit schwarzem Oberkopf, Weibchen mit rostrothem; bei jenem der Rücken mehr bleigraugrün, bei diesem mehr rostgelbgrau. — Beine bleifarben. —

Junge Vögel beider Geschlechter sind matter gefärbt und haben auf dem Kopf lichtere Federnränder mit Schaftstreifen, welche beim männlichen Vogel eine aschgraue, beim weiblichen eine rostgelbe Farbe zeigen; auch die Spitzen des Flügeldeckgefieders fallen beim Weibchen mehr ins Gelbe. —

Ganze Länge 4″ 6‴, Schnabel 5‴, Flügel 2″, Schwanz 1″ 9‴, Lauf 8‴, Mittelzehe 4‴. —

In den Gebüschen der mittleren Waldregion Brasiliens, bei Bahia.

Anm. In diese Gattung und zwar in die dritte Abtheilung gehört noch Thamnophilus axillaris *v. Tschudi*, Fn. per. 174. 7. —

3. Thamnophilidae.

Schnabel besonders hoch und stark, die Spitze als kräftiger Haken herabgebogen, mit deutlicher Kerbe daneben; die Nasengrube flach, mit großem runden Nasenloch in der Spitze; die Vorstenspitzen am Schnabelgrunde steifer, als bisher, besonders die am Zügelrande, welche mitunter die Stärke der Tyranniden erreichen. Gefieder weich aber auch voll, grossfedrig. Flügel etwas über die Basis des Schwanzes hinabreichend, die 4 ersten Federn ziemlich stark stufig verkürzt und daher die erste kurz, aber nicht grade schmal. Schwanz gewöhnlich von mittlerer Länge, mitunter sehr kurz oder sehr lang, breitfedrig, stark zugerundet, bisweilen schmalfedrig und abgestutzt. Beine kräftig, der Lauf hoch und dick, die Sohle von kleineren Tafeln bekleidet; die Zehen fleischig, die äußere mit der mittleren am Grunde etwas verwachsen, der Daumen mit ziemlich großer, aber stark gebogener Kralle; im Allgemeinen aber die Zehen kürzer als bei den typischen Formicivorinen. —

Die Thamnophiliden sind meistens große kräftige Vögel, welche sich durch ein dreistes verwegenes Benehmen kenntlich machen und im Betragen an unsere großen Würger erinnern. —

15. Gatt. Dasythamnus *Cabanis*.

Wiegm. Arch. 1847. I. 223.

Durch die relativ geringe Größe und den kurzen, schmalfedrigen, abgestutzten Schwanz sehr ausgezeichnet. Der Schnabel zwar höher als breit, zumal nach vorn, aber nicht so hoch wie bei Thamnophilus, dem Schnabel von Formicivora ähnlicher, nur kräftiger, mit kleinem aber dickem Endhaken und feinen Borstenspitzen am Grunde, namentlich auch am Kehlgefieder; darunter aber keine besonders großen Zügelborsten. Flügel ohne Eigenheiten, die erste Schwinge klein und schmal, die vierte die längste. Schwanz kurz, die Federn gleichlang, schmal und einzeln etwas zugespitzt, insbesondere für diese Gattung charakteristisch. Beine ziemlich fein, namentlich die Zehen schwach, gleichfalls an Formicivora erinnernd, aber die Laufsohle ganz mit länglich sechseckigen Tafeln belegt. —

1. Dasythamnus xanthopterus.

Oberkopf, Flügeldeckfedern und mittlere Rückenfedern hell rostgelbroth; Backen, Brustseiten und Nacken grau, jene weißgefleckt. Kehle weiß, Bauch blaßgelb. —

Schnabel horngrau, der Unterkiefer weißlicher; Iris braun. Stirn und Zügelfedern blaßgelb, mit feinen schwarzen Borstenspitzen. Oberkopf bis zum Nacken rostgelbroth, die Spitzen der Federn etwas dunkler bräunlicher, der Schaft nach unten heller. Nacken bleigrau, gegen den Rücken hin aschgrau, Rückenmitte rostgelbroth, die besonders langen Federn des Unterrückens gelblich aschgrau. Achsel- und oberste Flügeldeckfedern schön und voll rostgelbroth; die mittleren bräunlich, breit rostgelbroth gerandet, die Gegend am Bug blaßgelb; alle Schwingen graubraun, mit rostgelbem Vorderrande, der Innenrand weißlich gelb. Schwanzfedern schmal und zugespitzt, graubraun mit rostgelben Rändern. Kehle weiß, die langen Borstenspitzen der Federn schwarz. Augenringfedern weiß, die vorderen mit schwarzen Borstenspitzen. Backen und Halsseiten voll bleigrau, jede Feder auf der Mitte weiß; Vorderhals licht weißgrau, Brust ins Rostgelbe spielend, Bauch und Steiß blaß limonengelb. Beine bleigrau, die Krallen blaßgelbgrau.

Ganze Länge 5″, Schnabelfirste 6‴, Flügel 2″ 6‴, Schwanz 1″ 9‴, Lauf 9‴, Mittelzehe ohne Kralle 4‴. —

Von diesem Vogel erhielt ich ein einziges Exemplar durch meine Jäger in Neu-Freiburg, das im nahen dichten Walde im Unterholz erlegt worden war; die Spezies scheint unbeschrieben zu sein, wenigstens finde ich in den mir zugänglichen Werken sie nirgends erwähnt.

Anm. Am nächsten kommt ihr Dasythamnus olivaceus, *Tschudi* Fn. peruan. 174. tb. 11. fig. 1. — welcher aber, nach der Abbildung zu urtheilen, viel dunkler gefärbt sein muß; auch lauten die Maaße a. a. O. ganz anders. —

2. Dasythamnus guttulatus.

Cabanis Wiegm. Arch. 1847. I. 223. 1.
Lanius guttulatus *Licht.* Doubl. d. zool. Mus. 46. no. 500. 501.
Myiothera strictothorax *Temm.* pl. col. 179. fig. 2. mas fig. 1. fem.
Thamnophilus strictothorax *Pr. Max.* Beitr. III. b. 1013. 7.

Rückengefieder olivengrün, Halsseiten grau, weiß gefleckt; Unterseite blaßgelb; Flügeldeckfedern schwärzlich mit weißen Spitzen.

Männchen: Scheitel aschgrau, Brust mit schwärzlichen streifigen Flecken.
Weibchen: Oberkopf rothbraun, Brust kaum gefleckt.

Schnabel schieferschwarz, am Kinnrande blasser; Iris braun. Kopf und Nacken aschgrau, die Seiten des Halses, zumal hinter dem Ohr, etwas dunkler, mit weißen Flecken auf jeder Feder, wie bei der ersten Art; Scheitel des Männchens schiefergrau, des Weibchens rothbraun. Rückengefieder olivengrün, beim Weibchen bräunlich überlaufen. Flügel schwarzbraun, die Deckfedern graulich überlaufen, mit weißen Spitzen beim Männchen und gelblichen beim Weibchen; Schwingen am Vorderrande bleigrau, an der Innenfahne weißgelb gesäumt. Schwanz einfarbig braungrau, obenauf dunkler. Ganze Unterseite vom Kinn bis zum Steiß limonengelb, der Vorderhals und die Brust beim Männchen mit schwärzlichen Schaftstreifen, wovon beim Weibchen nur einige Tropfen übrig bleiben. Beine bleigrau. —

Ganze Länge 4″ 10‴, Schnabelfirste 6½‴, Flügel 2″ 2‴, Schwanz 1″ 6‴, Lauf 9‴. —

In den großen schattigen Waldungen des Küstengebietes, von Natterer in St. Paulo, vom Prinzen zu Wied bei Bahia gefunden. —

3. Dasythamnus mentalis.

Cabanis Wiegm. Arch. 1847. I. 223. 2.
Myiothera mentalis *Temm.* pl. col. 179. fig. 3. mas.
Thamnophilus mentalis *v. Tschudi*, Fn. per. 173. 5. — *D'Orbigny*, Voy. Am. mer. Ois. 177.
Myiothera poliocephala *Pr. Max* Beitr. III. b. 1098. 18.

Rückengefieder olivengrün, Kehle weißgrau, die übrige Bauchseite blaßgelb; Flügeldeckfedern mit weißen Spitzen. — Oberkopf des Männchens aschgrau, des Weibchens rothbraun. —

Schnabel horngrau, der Unterkiefer blasser; Iris graubraun. — Oberkopf beim Männchen dunkel aschgrau, die Gegend hinter dem Auge etwas lichter; beim Weibchen der Scheitel rostroth. Rückengefieder blaß grünlich grau, beim Männchen mehr ins Grünliche, beim Weibchen mehr ins Bräunliche fallend; die langen weichen Federn des Unterrückens grau, mit grünlichen Spitzen. Kleinste Flügeldeckfedern weiß, die folgenden schwarz, mit weißen Spitzen; die Reihe der großen Deckfedern graulich olivengrün, mit helleren Endsäumen; alle diese Farben beim Männchen klarer als beim Weibchen. Schwingen graubraun, der Vorderrand graugrün, der Innensaum gelblichweiß. Schwanzfedern grau, grünlich gerandet. Kehle weißgrau, Hals, Brust und Bauch limonengelb, an den Seiten etwas ins Graugrüne spielend. Beine bleigrau.

Ganze Länge 4″ 8‴, Schnabelfirste 6‴, Flügel 2″ 2‴, Schwanz 1″ 3‴, Lauf 8‴, Mittelzehe 4½‴. —

In den großen geschlossenen Waldungen einsam im Unterholze, aber selten. —

4. Dasythamnus stellaris.

Cabanis Wiegm. Arch. 1847. I. 224. 4.
Thamnophilus stellaris *Spix.* Av. Bras. II. 27. 8. tb. 36. fig. 2.
Myiothera plumbea *Pr. Max.* Beitr. III. b. 1080. 11.

Bleigrau, Flügel und Schwanz braungrau, die Deckfedern mit weißen Spitzen, die Schwingen und Schwanzfedern bleigrau gesäumt.

Schnabel schieferschwarz, an der Spitze etwas blasser. Iris braun. Gefieder bleifarben, Rückenfedern am Grunde weiß; Flügel dunkler und mehr schwarzbraun gefärbt, die sämmtlichen Deckfedern mit weißlichen Spitzen, die Schwingen grau gesäumt. Schwanz ziemlich kurz und schmalfedrig, die Außenfahne bleigrau, die Innenfahne schwarzbraun, unten lichter. After und Steiß gelblich aschgrau, Bauch lichter bleigrau. Beine bleigrau. —

Diese Beschreibung giebt nur den männlichen Vogel wieder, der weibliche hat wahrscheinlich einen bräunlicheren Farbenton und blaßgelbe Spitzen an den Flügeldeckfedern. —

Ganze Länge 5″, Schnabelfirste 6‴, Flügel 2″ 7‴, Schwanz 1″ 8‴, Lauf 9½‴. —

An denselben Stellen, wie die vorigen Arten.

Anm. Sclater hat den von Spix abgebildeten Vogel vermuthweise zu einer ganz anderen Art gerechnet, die am obern Amazonenstrom lebt und von ihm Thamnophilus maculipennis genannt wird. (Proc. zool. Soc. 1854. — Edinb. new. phil. Journ. Apr. 1855.).

16. Gatt. Biastes *Reich.*

Reichenbach **Handb. d. speziell. Orn. I. 175. (1855).**

Schnabel etwas höher, aber stärker nach vorn zusammengedrückt, daher die Firstenkante deutlicher, sonst von den Verhältnissen der vorigen Gattung; der Endhaken klein, die Kerbe sehr schwach; die Nasengrube fast ganz verflacht, das Nasenloch weit und rund. Borstengefieder am Schnabelgrunde wenig entwickelt, auf den Zügeln abstehende buschige Federn wie bei Thamnophilus. Oberkopffedern etwas verlängert, das übrige Gefieder ziemlich derbe. Flügel abgerundet, die erste Schwinge sehr klein, die zweite um die Hälfte länger, die dritte nur wenig kürzer als die vierte längste. Schwanz ebenso schmalfedrig, wie bei Dasythamnus, aber die Federn stufig abgesetzt und schlank zugerundet, daher viel länger. Lauf und Zehen von mäßiger Stärke, die Sohle getäfelt, der ganze Bau völlig wie bei Dasythamnus, nur etwas gröber. —

Biastes nigropectus *Lafr.*

Reichenb. a. a. O. I. S. 175. Anm.
Anabates nigropectus *Lafresn.* Guér Rev. zool. 1850. 107. pl. 1. fig. 3.

Oberkopf und Vorderhals schwarz, Kehle und Nackenring blaßgelb, übriges Gefieder olivenbraun, Schwingen am Rande und der Schwanz rostroth. —

Der Vogel hat ein etwas fremdartiges Ansehn, daher ihn auch Bar. Lafresnaye zu den Anabatiden gezogen hat, denen er wohl in der Färbung, aber durchaus nicht im Körper. Schnabel- und Fußbau sich anschließt; — er gehört sicher, wie Hofr. Reichenbach a. a. O. bemerkt, zu den Thamnophiliden.

Schnabel blaugrau, der Kinnrand weißlich. Iris braun. Stirn, Zügel, Augengegend, Oberkopf und Vorderhals kohlschwarz; Kinn rein weiß, daneben ein blaßgelber Ring so um den Hals gelegt, daß er vom Mundwinkel zum Ohr und so weiter bis zum Hinterkopf sich erstreckt. Ganzes Gefieder übrigens olivenbraun, die Federn in der Tiefe grau. Flügel am Rande weiß unter dem Bug, die Schwingen braun, außen rostroth, innen blaß rostgelb gesäumt; die hintersten Armschwingen obenauf ganz rostroth. Schwanz einfarbig rostrothgelb, heller als die Flügel gefärbt, die Seitenfedern 1″ kürzer als die mittelsten; Steiß rostgelb angeflogen. Beine schieferschwarz, die Krallen weißgrau.

Ganze Länge 7″, Schnabelfirste 7½‴, Flügel 3½″, Schwanz 2″ 8‴, Lauf 9‴, Mittelzehe 6‴ ohne die Kralle. —

Ich erhielt diesen hübschen Vogel einmal während meiner Anwesenheit in Neu-Freiburg von Herrn Beske, der ihn als eine seltene Erscheinung der dortigen Gegend mir empfahl; er lebt tief im Walde und hat, so weit bekannt, nichts auszeichnendes in seinem Betragen. —

Anm. Schnabel- und Fußbildung dieses Vogels stimmen mehr mit Dasythamnus als mit Anabates überein; das Gefieder, anscheinend höchst Anabates ähnlich, hat doch eine unverkennbare nahe Beziehung zu dem von Dasycephala, zwischen welcher Gattung und Dasythamnus die richtige Stellung des Vogels mir zu sein scheint. —

17. Gatt. Dasycephala *Swains.*

Thamnolaimus et Attila *Lesson.*

Schnabel grade, stark, ziemlich bauchig gewölbt, aber schlank zugespitzt, mit besonders am Unterkiefer gewölbter Kinnfirste und kräftigem Endhaken; die Nasengrube ganz von Federn überdeckt, das Nasenloch klein, kreisrund, vorwärts gewendet; alle Federn am Schnabelgrunde mit langen kräftigen Borstenspitzen, besonders die am Zügel-

rande. Gefieder ziemlich derbe, die Flügel länger und spitziger als bei den übrigen Thamnophiliden, die erste Schwinge schon so lang wie gewöhnlich nur die zweite, die dritte die längste. Schwanz schmalfedrig, die äußeren Federn nicht stufig verkürzt, wohl aber die mittleren ein wenig kürzer, daher die Gesammtform etwas ausgeschnitten. Beine nicht dick, aber Lauf und Zehen lang; der Lauf hinten mit kleinen Warzen in mehreren Reihen bekleidet, die Zehen mit sehr langen, mäßig gebogenen, aber nicht hohen Krallen; die Außenzehe mit der mittleren am ersten Gliede verwachsen, nur wenig länger als die Innenzehe. —

1. Dasycephala cinerea *Gmel.*

Cabanis Wiegm. Arch. 1847. I. 221. 1.
Muscicapa cinerea *Gmel. Linn.* S. Nat. I. 2. 933. 27. — *Lath.* Ind orn. II. 488. 83. — *Pr. Max.* Beitr. III. b. 853. 19. — *Spix.* Aves Bras. II. 19. 16. tb. 25. f. 2.
Tyrannus cinereus *Swains.* Quartl. Journ. XX. 278.
Tyrannus rufescens *D'Orb. Lafresn.* Syn. Guér. Mag. d. Zool. VII. 44. 8. — *Ej.* Voy. Am. mer. Ois. 308. no. 208.
Dasycephala cinerea *Swains.* Fly-Catch. Nat. Libr. X. 1831.

Gefieder hell rostgelb, Kopf und Hals grau, Zügel und Kehle weiß gestreift.

Beinahe so groß wie eine Singdrossel, nur schlanker gebaut, mit viel längerem Schnabel; letzterer hornbraun, die Firste angedunkelt, die Kinngegend blasser. Kopf, Hals und Nacken trüb bleigrau, die Säume der Federn etwas lichter, die an der Kehle, den Zügeln und dem Vorderhalse größtentheils weiß, mit schwarzen Spitzen und grauen Rändern. Iris braun. Rumpf hell rostgelb, der Rücken etwas dunkler, fast zimmtroth, die Flügel braun; Deckfedern und Schwingen außen rostroth, innen rostgelb gesäumt. Schwanz einfarbig rostgelb, wie die Brust; Bauch und Steiß etwas lichter. Beine fleischbraun, bleigrau überlaufen. —

Weibchen mit gelblichem Kopfe und Halse, dessen Scheitel etwas dunkler und grau angeflogen ist; überhaupt matter gefärbt. —

Ganze Länge 7″ 3‴, Schnabelfirste 1″, Flügel 3″ 6‴, Schwanz 2″ 8‴, Lauf 1″, Mittelzehe 7‴. —

Im Urwalde und den Walddistrikten des Campos-Gebietes nicht selten, lebt einsam, wie die Tyranniden, und hat überhaupt ganz deren Betragen.

Anm. Eine ähnlich gefärbte Art, mit rothbraunem Kopfe, dessen Scheitel, Stirn und Augenrand schwarze Schaftstreifen enthalten, hat Cabanis aus Guyana in *Schomb.* Reise III. 686. no. 98. als Dasycephala uropygialis beschrieben; ihre Unterseite ist weiß, an der Brust graulich grün gestrichelt, am Steiß gelblich. —

2. Dasycephala thamnophiloides.

Cabanis Wiegm. Arch. 1847. I. 222. 2.
Muscicapa thamnophiloides *Spix.* Av. Bras. II. 19. 17. tb. 25. f. 2.
Tyrannus rufescens *Swains.* Quartl. Journ. XX. 278. 14.
Tyrannus thamnophiloides *D'Orb.* Voy. Am. mer. Ois. 308. 209.

Gefieder rostgelbroth, der Rücken voller, die Schwingen braun, am äußeren Rande bis zur Mitte rostroth.

Schnabel fleischfarben, Rückenfläche und Spitze bräunlich; Iris rothbraun. Ganzes Gefieder rostgelbroth; Scheitel, Rücken und Schwanz voller gefärbt als die blassere Unterseite; besonders an der Kehle und am Bauch lichter, weißlicher. Schwingen schwarzbraun, die Außenfahne zur Hälfte bis gegen die Spitze hin rostroth, die Innenfahne breit blaßgelb gesäumt. Beine schiefergrau. —

Ganze Länge 8″, Schnabelfirste 9‴, Flügel 3″ 4‴, Schwanz 3″ 2‴, Lauf 10‴. —

Scheint durch das ganze Innere Brasiliens verbreitet zu sein, aber die östlichen Gegenden weniger als die westlichen zu bewohnen; von Spix am Amazonenstrom, von D'Orbigny in Chiquitos beobachtet; vielleicht auch noch im Thale des Rio St. Franzisco, aber mir nicht auf meiner Reise vorgekommen. —

3. Dasycephala rubra *Vieill.*

Muscicapa rubra *Vieill.* N. Dict. Tm. 21. 457. — *Id.* Enc. meth. Orn. II. 831.
Muscicapa haematodes *Licht.* Mus. ber.
Dasycephala haematodes *Cabanis Wiegm.* Arch. 1847. I. 222. 4.
Suiriri roxo, *Azara* Apunt. II. 128. no. 188.

Gefieder rostgelbroth, Rückenseite voller zimmtroth; Schwingen braun, am ganzen Vorderrande rostroth. —

Kleiner als die vorige Art, der Schnabel relativ stärker gewölbt, weil etwas kürzer, nur an der Spitze braun, übrigens blaßgelb, zumal am Unterkiefer. Iris gelbbraun. Gefieder wie bei der vorigen Art gefärbt, aber der Rücken klarer zimmtroth, statt rostroth. Die etwas längeren spitzeren Flügel haben schwarzbraune, aber an der ganzen Außenfahne mit der Spitze rostroth gefärbte, am Innenrande blaßgelb gesäumte Schwingen; der Schwanz ist lebhaft rostgelbroth, die Kehle und der Bauch lichter weißlich rostgelb. Beine bleigraubraun.

Ganze Länge 7″, Schnabelfirste 7‴, Flügel 3″ 3‴, Schwanz 3″, Lauf 8½‴. —

Bewohnt die südlichen Gegenden Brasiliens, St. Paulo, St. Catharina, Montevideo. —

Anm. Azara beschreibt offenbar diese Art, und nicht die vorige, als seinen Suiriri roxo; ich habe daher die von Vieillot darauf gegründete ältere Benennung der späteren vorziehen zu müssen geglaubt. D'Orbigny hat nicht diese, sondern die vorige Art beobachtet, wie seine Charakteristik zeigt. —

18. Gatt. Thamnomanes *Cabanis.*

Wiegm. Arch. 1847. I. 230.

Schnabel beträchtlich kürzer als bei Dasycephala, ähnlich gewölbt, etwas bauchig, an Psaris erinnernd, aber mit starkem Endhaken, der scharf und eigenthümlich gerundet durch die Kerbe vom Schnabelrande abgesetzt ist. Nasengrube vortretend, mit rundem Nasenloch. Alle Federn am Schnabelgrunde mit langen steifen Borstenspitzen, besonders die am Zügelrande steif, aber mehr abstehend, als bei Dasycephala und das Nasenloch freier. Gefieder sehr weich und lang; die Flügel kürzer, mehr gerundet, die erste Schwinge so klein wie bei Thamnophilus, aber die dritte mit der vierten die längsten. Schwanz von mäßiger Länge, die Federn nicht breit, die äußeren verkürzt, die Gesammtform abgerundet. Beine feiner als bei den übrigen Thamnophiliden, die Laufsohle hinten getäfelt, an der Seite warzig; die Außenzehe mit der Mittelzehe etwas mehr verwachsen; die Krallen dünn, mäßig gebogen, die Daumenkralle wie gewöhnlich die größte.

Thamnomanes caesius *Licht.*

Lanius caesius *Licht.* Doubl. d. zool. Mus. 46. no. 488.
Muscicapa caesia *Pr. Max.* Beitr. III. b. 826. 12. — *Temm.* pl. col. 17. —

Männchen dunkel blaugrau, Schwingen und Schwanz schwärzlich, jene innen weiß gesäumt.

Weibchen olivengrau, Flügel bräunlich, Steiß rostroth.

Schnabel horngrau, beim Weibchen der Unterkiefer blasser, beim Männchen der ganze Schnabel schwärzlicher; Iris braun. — Gefieder des Männchens dunkel blaugrau, die Rückenfedern am Grunde mit weißlichem Fleck, die Schwingen am Innenrande rein weiß. Beine bleigrau. — Weibchen in allen Farben matter, das Gefieder gelblich aschgrau oder olivengrau; die Schwingen und Schwanzfedern brauner, erstere röthlicher mit blaßgelbem Innenrande. Backen und Kehle gelblichweiß gefleckt; innere Flügeldeckfedern, der Rand unter dem Bug und die Steißgegend rostgelb. Beine blaßgrau, die Krallen weißlich. —

Ganze Länge 6″, Schnabelfirste 7‴, Flügel 2″ 8‴, Schwanz 2″ 3‴, Lauf 8‴. —

In allen großen Waldungen im dichten Gebüsch; ein einsamer, stiller Vogel, der gar nicht selten ist, aber selten sich schußgerecht treffen läßt. Der Prinz zu Wied fand ihn am häufigsten in der Provinz Bahia. —

Anm. Cabanis hat die sehr ähnliche Form in Guyana von der hier beschriebenen Brasiliens spezifisch getrennt und Thamnomanes glaucus genannt (a. a. O. und *Schomb.* Reise III. 688. 109.). Nach ihm ist der Schnabel derselben weniger platt gedrückt, nach hinten nicht so breit, nach vorn mehr zusammengedrückt, und die Rückenfedern des Männchens sind am Grunde rein weiß. Das Weibchen hat eine weiße Kehle und von da an ist die ganze Unterseite, nicht bloß der Steiß, rostrothgelb. —

19. Gatt. Thamnophilus *Vieill.*

Schnabel hoch, stark seitlich zusammengedrückt, aber die Firste doch gerundet, mit scharf abgesetztem großen Endhaken und deutlicher Kerbe daneben; die Nasengrube ganz flach, das Nasenloch weit und rund; der Unterkieferrand gebogen, wie bei Dasycephala, aber viel höher und mehr kahnförmig gestaltet. Borstenspitzen am Grunde des Schnabels für die Größe der Vögel wenig entwickelt und viel kleiner als bei Dasycephala und Thamnomanes, um das Auge ein nackter, sparsam befiederter Ring. Flügel ziemlich kurz abgerundet, die 3 ersten Schwingen beinahe gleichmäßig verkürzt, die vierte mit der fünften die längsten. Schwanz lang, breitfedrig, die Seitenfedern stark verkürzt, schlank gerundet, mehr parabolisch als kreisförmig. Beine kräftig gebaut, der Lauf ziemlich dick, die Sohle hinten getäfelt, an den Seiten warzig; die Zehen fleischig aber doch lang, die Außenzehe etwas länger als die Innenzehe, das erste Glied mit der Mittelzehe verwachsen; die Krallen groß und hoch, sehr schlank und ziemlich stark gebogen, die Daumenkralle bei Weitem die größte. —

Kräftige Waldvögel von dreistem Benehmen, die bis in die Gärten der Dörfer kommen und auf Insekten stoßen; sehr hoch im Gebüsch halten sie sich nicht, sondern mehr in der mittleren Laubregion; bis auf den Boden pflegen sie aber nicht herabzukommen. Unter dem Namen Batara hat sie schon Azara als eigne Gruppe zusammengefaßt. — Die auffallende Verschiedenheit im Kolorit der Männchen und Weibchen ist hier größer, als bei allen andern

Thamnophiliden; jene sind schwarz und weiß, diese gelbbraun und schwarz oder rostroth und weiß gefleckt; nur mitunter stimmt die Rückenfarbe beider Geschlechter überein und ist dann rothbraun. — Eine systematische Uebersicht der Gattung hat kürzlich Sclater in dem Edinb. new phil. Journ. 2. Ser. Apr. 1855 gegeben.

A. Schnabel sehr groß und stark; Schwanz von bedeutender Länge und Breite.

1. Thamnophilus undulatus *Mikan.*

Lanius undulatus ***Mikan,*** Delect. Fn. et Flor. Brasil. pl. 2.
Lanius procerus ***Licht.*** Mus. ber.
Vanga striata ***Quoy*** et ***Gaimard,*** Voyage de l'Uranie. Ois. I. 98. pl. 18 et 19.
Batara striata ***Lesson,*** Traité d'Orn. 347.
Thamnophilus cinereus ***Vieill.*** Dict. d'hist. nat. Tm. 35. pag. 200. mas. — ***Sclater*** l. l. no. 1.
Thamnophilus rufus ***Vieill.*** ibid fem.
Thamnophilus Vigorsii ***Such.*** zool. Journ. I. 557. pl. 7. et 8.
Thamnophilus gigas ***Swains.*** Classif. of Birds II. 220.

Männchen am Rücken schwarz, wie Flügel und Schwanz fein weiß gebändert; Unterseite bleigrau.

Weibchen gelbbraun, Scheitel schwarzbraun, am Rücken, Flügeln und Schwanz schwarz gebändert.

Einer der größten Tracheophonen Brasiliens, nur wenig kleiner, mindestens schlanker als Coracina scutata, vom Ansehn der Elster (Corvus pica *Linn.*), aber hochbeiniger. — Schnabel sehr groß, bleigrau, Rückenfirste und Endhaken schwarz; Iris braun, Scheitelgefieder haubenartig verlängert abstehend. Beine dunkel blaugrau, die Krallen gelblichgrau mit schwärzlicher Rückenkante. —

Männchen mit schwarzem Oberkopf, Rücken, Flügel und Schwanz; die drei letzteren Theile fein weiß in die Quere gebändert. Unterseite und Nacken bleigrau, die Kehle weißlicher. —

Weibchen gelbbraun, Oberkopf vorn rothbraun, nach hinten allmälig in schwarz übergehend. Rücken, Flügel und Schwanz schwarz und rostgelb gebändert, die Binden beider Farben von gleicher Breite. Unterseite gelbgraubraun, Kehle blasser.

Ganze Länge 14″, Schnabelfirste 1″ 2‴, Flügel 5″, Schwanz 6″ Lauf 1½″, Mittelzehe 13‴ ohne die Kralle. —

In den Gebirgswäldern der Waldregion, zumal der Provinzen Rio de Janeiro und St. Paulo; von meinem Sohne dicht bei Neu-Freiburg im Gebüsch erlegt. — Der Vogel ist nicht scheu, läßt den Schützen nahe herankommen, hüpft in mäßiger Höhe im Gezweig herum und läßt nur sehr selten einen einfachen Laut hören, der einige Mal wiederholt wird. Ich bekam allmälig 2 Weibchen und 1 Männchen in der dortigen Gegend. —

Das Männchen ist ein sehr schöner Vogel, dessen feine weißen Linien 7 — 8‴ von einander abstehen, während die Binden der Weibchen jede $1\frac{1}{2}$—2‴ breit sind und einander gleichmäßig folgen. Der Schwanz des Männchens hat daher nur 10 Binden mit etwas versetzten Hälften auf beiden Fahnen, des Weibchens 15—16 Binden, deren Hälften auch zu beiden Seiten des Schaftes alterniren. Die Schwingen sind ebenso und in entsprechendem Verhältniß gebändert, aber die beiden Seiten jeder Binde stehen einander mehr gegenüber.

Anm. Mikan's bezeichnender Name verdient deshalb den Vorzug, weil Vieillot's Benennung nur für das Männchen paßt und nur dafür gebildet wurde. —

2. Thamnophilus severus *Licht.*

Lanius severus *Licht.* Doubl. d. zool. Mus. 45. no. 489. 490.
Thamnophilus niger *Such.* zool. Journ. I. 589. — *Jard. Selby.* Ill. orn. pl 21. mas.
Thamnophilus Swainsonii *Such.* zool. Journ. I. 556. pl. 5.
Thamnophilus Othello *Lesson.* Cent. zool. 65. pl. 19. — *Id.* Traité 347.

Männchen ganz schwarz.
Weibchen kastanienbraun, überall schwarz gebändert.

Etwas kleiner als die vorige Art, aber von deren Bau. Oberkopf bei beiden Geschlechtern mit verlängerten Federn, die eine hohe aufrichtbare Haube bilden. Schnabel und Beine schieferschwarz, Iris schwarzbraun. — Gefieder des Männchens einfarbig schwarz; — des Weibchens kastanienbraun, am ganzen Körper, den Flügeln und Schwingen mit dichten schieferschwarzen Querbinden, die am Schwanz etwas weitläuftiger stehen.

Ganze Länge 9—$9\frac{1}{2}$″, Schnabel 10‴, Flügel $3\frac{1}{2}$″, Schwanz $4\frac{1}{2}$″.

Im südlichen Brasilien: St. Paulo, Sta Catharina, untere Partie von Minas geraes. Mir nicht vorgekommen.

3. Thamnophilus Leachii *Such.*

Sclater New. Ed. phil. Mag. 2. Ser. l. l. no. 3. — *Such.* zool. Journ. I. 588. mas. *Jard. Selby.* Ill. orn. pl. 41.
Thamnophilus rufipes *Such.* l. l. 589. fem.
Thamnophilus variolosus *Licht.* Mus. ber.

Männchen schwarz, Rückengefieder weiß punktirt; Unterrücken, Brust und Bauch fein weiß quergebändert. —

Weibchen schwarzbraun, breiter und gröber gelblichweiß punktirt und gebändert. —

Schnabel kurz, aber hoch, der Endhaken stark, schwarz, glänzend. Iris schwarzbraun. Beine dunkel bleifarben. — Scheitelgefieder nicht haubenartig verlängert, glatt anliegend. — Männchen überall gleichmäßig kohlschwarz; jede Feder des Kopfes, Nackens, Rückens und der Schulter mit feinen blaß weißgrauen Querbinden in der Tiefe und einem kleinen herzförmigen weißen Fleck an der Spitze. Kehle und Vorderhals schwarz, und die Ränder der Federn sehr fein weißlich vorgestoßen; Brust, Bauch, Steiß und Unterrücken mit deutlichen aber sehr feinen weißen Querlinien, die am Schaft eine vortretende Spitze zu bilden pflegen. Schwingen rein weiß gebändert. Schwanzfedern trüber schieferschwarz, mit feinen grauen Querwellen an jeder Seite des Fahnensaums, die Mitte ungefleckt und um so breiter, je mehr die Feder eine äußere ist. — Weibchen mir nicht bekannt, nach Angabe der Schriftsteller ähnlich gefärbt, wie das Männchen, aber die weißen Zeichnungen bei ihm rostgelb gefärbt, gröber und der Oberkopf rostroth gestreift. —

Ganze Länge 10″, Schnabelfirste 7‴, Flügel 3″, Schwanz 5½″, Lauf 14‴. —

Ein männliches Individuum dieser schönen ausgezeichneten Art erhielt ich in Neu-Freiburg, der Vogel wurde auch dort nur selten beobachtet; er verbreitet sich mehr südwärts, als nordwärts und kommt in St. Paulo, Sta Catharina, Rio grande do Sul bis Montevideo hin vor, scheint aber das Waldgebiet nicht zu verlassen.

4. Thamnophilus Meleager *Licht.*

Sclater l. l. no. 4.
Lanius Meleager *Licht*. Doubl. d. zool. Mus. 46. no. 491.
Thamnophilus guttatus *Spix*. Av. Bras. II. 23. 4. tb. 35. f. 1. — *Pr. Max*. Beitr. III. b. 1019. 9.
Thamnophilus maculatus *Such*. zool. Journ. I. 557. pl. 6. suppl.

Männchen schwarz; Rücken, Flügel, Schwanz und Brust weiß gefleckt, Bauch hellgrau, Steiß gelblich. —

Weibchen schwarzbraun, Rücken, Flügel, Schwanz und Brust blaßgelb gefleckt, Bauch weiß, Steiß rostgelb.

Schnabel der vorigen Art, ziemlich kurz, hoch mit starkem Haken, bleigrau, die Firste dunkler. Iris dunkelbraun. Kopfgefieder anliegend, nicht haubenartig verlängert, schwarz, wie der ganze Rücken, die Flügel und der Schwanz. — Beim Männchen jede Feder mit großen weißen Tropfen am Ende und davor, in der Tiefe, mattere Querbinden; die Flügel und der Schwanz ziemlich breit weiß gebändert, die Binden auf den Schwanzfedern zu beiden Seiten des Schaftes alternirend. Kehle weiß,

Vorderhals und Brust mit so breiten weißen Binden und Flecken auf schwarzem Grunde, daß der letztere nur an den Seiten der Feder als Randfleck auftritt; Bauch besonders an der Seite hellbleigrau, die Mitte weißlich, die Steißgegend gelblich überlaufen. — Weibchen beinahe ebenso gezeichnet, wie das Männchen, aber die lichten Flecke und Binden rostgelb, besonders am Kopf, auf den Flügeln und dem Schwanz intensiver gefärbt; Kehle, Vorderhals und Brust weißlicher gefleckt; Bauch aschgrau, Steiß lebhaft rostgelb. — Beine schieferschwarz.

Ganze Länge 8″, Schnabelfirste 7‴, Flügel 3″, Schwanz 4″, Lauf 13‴. — Weibchen etwas kleiner. —

Nicht im eigentlichen Waldgebiet zu Hause, sondern in den Waldungen der Camposregion von St. Paulo, Minas geraes und Bahia. —

B. Schwanz viel kleiner, kürzer, schmalfedriger als in der vorigen Gruppe.

Anm. Der Schnabel ist in dieser Gruppe im Ganzen kleiner und schwächer, aber sehr verschieden gestaltet; bald ziemlich lang, hoch, und so stark, wie in der vorhergehenden Gruppe, bald sehr viel kleiner, kürzer und schwächer, besonders der Endhaken.

5. Thamnophilus stagurus *Licht.*

Pr. Max Beitr. III. b. 990. 1.
Lanius stagurus *Licht.* Doubl. etc. 45. no. 487. 488.
Thamnophilus albiventris *Spix.* Av. Bras. II. 23. 1. tb. 32.
Thamnophilus major *Vieill.* N. Dict. Tm. 3. pag. 313. — *Ind.* Enc. méth. Orn. II. 744. — *D'Orbign.* Voy. Am. mer. Ois. 166. — *Schomb.* Reise III. 687. 100. — *v. Tschudi* Fn. per. Orn. 170. 1. — *Sclater* l. l. no. 7.
Thamnophilus bicolor *Swains.* zool. Journ. II. 86. — Birds of Bras pl. 60.
Thamnophilus magnus *Less.* Traité d'Orn. 375.
Batara mayor, *Azara* Apunt. II. 192. n. 211.

Männchen am ganzen Rücken schwarz, am Bauch weiß; Schwanzfedern weiß gebändert, Flügeldeckfedern mit weißen Spitzen.

Weibchen mit rostrothem Rückengefieder, Flügeln und Schwanz, und ganz weißer Bauchfläche. —

Schnabel schlank, hoch und beinahe so stark wie bei der ersten Art, nur nicht so dick, mehr zusammengedrückt, nach vorn niedriger, mit kleinem Endhaken, schieferschwarz. Iris zinnoberroth. Federn des Oberkopfes etwas verlängert, aber nicht eigentlich zur Haube ausgebildet; das Rumpfgefieder sehr weich. — Männchen am ganzen Rücken von der Stirn bis zum Schwanz schwarz, Unterrücken grau; alle äußeren Flügeldeckfedern an der Spitze weiß, ebenso die Ränder der Schwingen; innere Flügeldeckfedern weiß, die Schwingen breit weiß gesäumt. Schwanz mit weißen Binden, welche an den mittelsten Federn auf Randflecken beschränkt sind. Unterfläche weiß, Bauchseiten grau unterlegt. — Weibchen am ganzen Rücken mit Einschluß der Flügel und des Schwanzes hell rostroth oder zimmtroth, die Schwingen in der Tiefe graubraun, am Innenrande weiß gesäumt. Bauchfläche von der Kehle bis zum Steiß weiß, die Seiten gelbgrau überlaufen. Beine fleischfarben, bläulich angeflogen. —

Ganze Länge 8½″, Schnabelfirste 11‴, Flügel 4″, Schwanz 2″ 10‴, Lauf 15‴, Mittelzehe 10‴.

Durch ganz Brasilien nicht bloß, sondern durch das ganze wärmere Süd-Amerika verbreitet; lebt im Walde an Flußufern, sitzt sogar im Schilf, ist träge, wenig scheu, und läßt vom Platz seine sonderbare Stimme erschallen, welche wie eine Kugel klingt, die auf einen Stein fällt und mehrmals wieder emporschnellt. Der Prinz zu Wied hat das in Noten wieder zu geben versucht. —

6. Thamnophilus luctuosus *Licht.*

v. Tschudi Fn. per. Orn. 172. 4. — *Sclater*, l. l. no. 10.
Lanius luctuosus *Licht.* Doubl. d. zool. Mus. 47. no. 504.

Oberkopffedern haubenartig verlängert.

Männchen ganz schwarz, Flügeldeckfedern und Schwanzfedern mit weißen Spitzen.

Weibchen braun am Rücken, rostgelb am Bauch; äußere Schwanzfedern mit weißer Spitze.

Schnabel schieferblau, die Firste dunkler. Iris feuerroth. — Gefieder des Männchens ganz kohlschwarz, die Federn des Unterrückens grau, die des Oberrückens mit weißem Fleck in der Tiefe. Flügeldeckfedern mit weißen Spitzen, die vordersten Handschwingen weiß gerandet, alle am Innenrande breit weiß gesäumt. Mittelste Schwanzfedern ganz schwarz, die übrigen mit weißer Spitze und die äußerste mit weißem Randfleck. — Weibchen mit schwarzbraunem Oberkopf und graubraunem Rücken; die Schwingen olivenbraun gerandet, innen weiß gesäumt; die Deckfedern schwarzbraun, am Spitzenrande grau gesäumt; Schwanzfedern schwarzbraun, nur die 2 äußersten mit weißer Spitze; Kehle und Brust bläulich grau, Bauch weißgelb, Steiß tiefer rostgelb. Beine bleigrau.

Ganze Länge 6½″, Schnabelfirste 8‴, Flügel 3″, Schwanz 2″, Lauf 10‴. —

Aus der Gegend von Para und am ganzen Amazonenstrom aufwärts bis Peru, wo von Tschudi die Art am Ostabhange der Cordilleren beobachtete. —

Anm. Am nächsten steht diesem habituell an Pyriglena Domicella erinnernden Vogel Thamnophilus asperiventris *D'Orb.* Voy. Am. mer. Ois. 171. pl. 4. f. 1. mas fig. 2 fem. (Th. schistaceus). — Das Männchen hat einen bleigrauen schwarzgefleckten Bauch und weiße Spitzen auch an den oberen Schwanzdecken, sonst ist es wie Th luctuosus gefärbt; — das Weibchen ist lebhafter gezeichnet, am ganzen Bauch bis zur Brust rostgelb und ebenfalls mit weißen Spitzen an denselben Federn, wie beim Männchen geziert. — In Bolivien. —

7. Thamnophilus naevius *aut.*

Lanius naevius *Gmel. Linn.* S. Nat. I. 1. 308. — *Lath.* Ind. orn. I. 81. 51. — *Licht.* Doubl. d. zool. Mus. 46. no. 496. 497. — *Le Vaill.* Ois. d'Afr. etc. II. pl. 77. fig. 1. mas.

Thamnophilus naevius *Swains.* Birds of Braz. pl. 59. — *Schomb.* Reise III 687. 102. — *Sclater* l. l. no. 28.

Thamnophilus albo-notatus *Spix.* Av. Bras. II. 27. 10. tb. 37. f. 2. mas. — tb. 38. fig 2. juv.

Thamnophilus coerulescens *Lafr.* Rev. zool. 1853. 388.

Scheitelgefieder glatt anliegend; Schwanzfedern stumpf gerundet, das äußerste Paar mit weißem Randfleck weit vor dem Spitzenfleck. —

Männchen bleigrau, Scheitelmitte, Flügel und Schwanz schwarz, weiß gefleckt. —

Weibchen rothbraungrau, Bauchfläche rostgelb; Flügel und Schwanz braun, wie beim Männchen gefleckt. —

Schnabel für die Größe des Voges ziemlich stark, grade, entschieden seitlich zusammengedrückt, schwarz beim Männchen, braun beim Weibchen. Iris braun. — Gefieder des Männchens bläulich schiefergrau, die Mitte des Oberkopfes bis zum Nacken schwarz. Rückenfedern weiß in der Mitte, dann schwarz, zuletzt grau, daher wenig mehr als die graue Farbe sichtbar bleibt; obere Schwanzdecken mit weißlichem Endrande. Aeußere Flügeldeckfedern schwarz, an allen die Spitzen und an den oberen gegen die Achsel hin auch der Rand weiß; Schwingen graubraun, die Handschwingen mit feinem weißem Rande, die Armschwingen bleigrau gesäumt, bei ganz alten Vögeln auch wohl weiß gerandet, wenigstens die drei letzten. Schwanz schwarz, die beiden mittelsten Federn einfarbig, die übrigen alle mit weißer, nach außen breiterer Spitze, und die äußerste jeder Seite auch mit einem weißen Streif an der Außenfahne, der aber weit von dem Spitzenfleck entfernt bleibt. Unterfläche lichter gefärbt, der Steiß weiß und grau mattgebändert. — Weibchen röthlich olivenbraun, Oberkopf bis zum Nacken rostroth, Rücken rothbraun, die Federn in der Tiefe grau, ohne weiß, aber die oberen Schwanzdecken mit weißlicher Spitze. Flügeldeckfedern dunkelbraun, die an der Achsel breiter als beim Männchen weiß gerandet, die Deckfedern mit schiefem weißem Endsaume, die Schwingen außen rostgelb gesäumt, die vordersten Handschwingen mit feinem weißem Rande, die 3 letzten Armschwingen bei alten Vögeln auch außen weiß gesäumt. Schwanz am Grunde rostroth, am Ende schwarzbraun, die Federn wie am Männchen weiß gefleckt, aber die Flecken kleiner und schwärzlich umsäumt. Kehle weißgelb, Brust rostgelb, Bauchseiten grau unterlegt, Steiß roströthlich. Beine bleigrau. —

Ganze Länge 6″, Schnabelfirste 7‴, Flügel 3″, Schwanz 2″ 3‴, Lauf 10‴. —

Im Waldgebiet der Küstenstrecke von Neu-Freiburg, nicht selten; in der Lebensweise den vorigen Arten verwandt.

Anm. Meine männlichen Exemplare haben nicht so breite weiße Ränder, wie Spix Figur. Das Weibchen gleicht dagegen sehr dessen Thamnophilus ruficollis Av. Bras. 27. 9. tb. 37. f. 1., nur der Rücken ist nicht olivengrün, sondern röthlich braun, ein wenig dunkler als der Scheitel. Mir ist kein Vogel, wie der Spix'sche vorgekommen; Cabanis (*Schomb.* Reise III. 687. 103.) und Sclater (l. l. no. 35.) halten ihn für eine eigene Spezies. —

8. Thamnophilus pileatus *Swains.*

Swainson, zool. Journ. II. N. 5. pag. 91. — *Sclater*, l. l. no. 31.
Thamnophilus ventralis *Sclater* l. l. no. 30.

Stirngefieder etwas haubenartig abstehend; Schwanzfedern zugespitzt, das äußerste Paar mit weißem Randfleck dicht am Spitzenfleck.

Männchen bleigrau, ganzer Oberkopf und Nacken schwarz; Flügel und Schwanz weiß gefleckt. —

Weibchen olivenbraun, Bauch rostgelb; Flügel und Schwanz wie am Männchen weiß gefleckt.

Der vorigen Art zum Verwechseln ähnlich, aber etwas kleiner und besonders der Schnabel kürzer, niedriger und in allen Dimensionen kleiner; beim Männchen schwarz, beim Weibchen braun. Stirngefieder etwas verlängert, haubenartig abstehend, beim Männchen ebenso schwarz, wie der Scheitel bis zum Augenrande und der Nacken; das übrige Gefieder schiefergrau am Rücken, bleigrau am Bauch, gegen den Steiß hin gelblich überlaufen, nicht weiß und grau gewellt, wie bei der vorigen Art; Rückenfedern in der Tiefe weiß, dann schwarz, zuletzt grau; Flügeldeckfedern schwarz, bloß an der Spitze weiß, ohne den weißen Rand, welcher besonders den Achselfedern der vorigen Art zusteht; Schwingen bräunlichgrau, nur die zweite mit einem feinen weißen Rande, die übrigen außen bleigrau gesäumt, am Innenrande blaßgelb. Schwanz schmalfedriger, kürzer, die äußeren Federn, besonders bei jungen Individuen, scharf zugespitzt, nicht gerundet; die beiden mittelsten Federn ganz schwarz, die übrigen mit weißer Spitze, die an den mehr äußeren Federn stets breiter wird, und die äußerste jeder Seite noch mit einem weißen Streif an der Außenfahne, welcher die weiße

Spitze am Schaft berührt, so daß zwischen ihr und dem Streif ein ovaler schwarzer Randfleck bleibt. Beine dunkel schiefergrau, Iris braunroth.

Das Weibchen ähnelt dem Männchen in der Zeichnung, aber die weißen Flecken sind bei ihm kleiner; Kopf, Hals, Rücken und Flügel sind gelblich olivenbraun gefärbt, die Kehle ist aschgrau, die übrige Bauchfläche bis zum Steiß rostgelb; von den schwarzbraunen, noch deutlicher zugespitzten Schwanzfedern haben nur die 3 oder 4 äußeren einen viel kleineren weißen Endfleck und der ebenfalls kürzere weiße Randstreif des äußersten Paares bleibt deshalb von dem Spitzenfleck getrennt. Schnabel und Beine sind heller gefärbt. —

Ganze Länge 5½", Schnabelfirste 6''', Flügel 2" 8''', Schwanz 2", Lauf 11''', Mittelzehe 6'''. —

Mein Sohn schoß von dieser Art mehrere Exemplare in den lichten Campos-Gebüschen bei Lagoa santa, wo der Vogel ziemlich häufig war. Er saß gewöhnlich auf einzelnen Bäumen, ziemlich hoch, war nicht scheu, erschien vielmehr träge und ließ sich leicht beikommen. —

Anm. Azara's Batara negro y aplomado, Apunt. II. 199. no. 213., wozu dessen Batara pardo dorado ibid. 203. 214. als Weibchen gehört, scheint mir diese Art, und nicht die vorige zu sein; die angegebenen Maaße nicht bloß, sondern auch die Zeichnung passen besser zu ihr, als zur vorigen. Dann wären sie identisch mit Thamnophilus coerulescens *Vieill.* Enc. meth. Orn. II. 743. mas und dessen Th. auratus ibid. 744., welche beide auf Azara's Vögel gegründet wurden.

9. Thamnophilus nigricans *Pr. Wied.*

Beitr. z. Naturgesch. Brasil. III. b. 1006. 5.
Thamnophilus ambiguus *Swains.* zool. Journ. II. 91. mas. — *Sclater* l. l. no. 32.
Thamnophilus ferrugineus *Swains.* ibid. fem.
Thamnophilus naevius *Vieill.* N. Dict. Tm. 3. pag. 316. — *Lafresn.* Rev. zool. 1853. 338.

Kopfgefieder anliegend, aber aufrichtbar; Schwanzfedern abgerundet, die äußeren an beiden Fahnenseiten mit einem weißen Fleck.

Männchen bleigrau, Scheitel, Flügel und Schwanz schwarz, weiß gefleckt.

Weibchen olivenbraun, Scheitel und Schwanz rostroth, übrigens wie das Männchen gefleckt. —

In Größe und Gestalt mit der vorigen Art übereinkommend, der Schnabel, wie es scheint, etwas stärker, und zwischen den Schnäbeln der beiden vorigen Arten die Mitte haltend; das Kopfgefieder glatt anliegend. Männchen mehr aschgrau als bleigrau gefärbt, an Kehle, Bauch und Steiß weißlicher; Stirn aschgrau, Scheitel schwarz, Rückenfedern in der Tiefe weiß, dann schwarz, zuletzt grau; Flügel schwarz, die Deckfedern am Rande und an der Spitze weiß, ebenso die Schwingen gesäumt; Schwanzfedern schwarz, die Spitzen weiß, und an der äußersten jeder Seite zwei weiße Randflecken, einer auf jeder Seite der Fahne, die einander gegenüberstehen. — Weibchen: Scheitel und Schwanz rothbraun, letzterer weiß gefleckt, wie beim Männchen, aber die Flecken kleiner, mit schwärzlicher Einfassung; Flügel graubraun, röthlich überlaufen, mit starken weißen Rändern an den Deckfedern und letzten Armschwingen. Untertheile fahl graugelb, Rücken olivenbraun. — Schnabel des Männchens schwarz, des Weibchens braun; Iris braun; Beine bleigrau, heller beim Weibchen. —

Ganze Länge 5″ 7‴, Schnabelfirste 6²/₃‴, Flügel 2″ 7‴, Schwanz 2″ 3‴, Lauf 10‴. —

In den dichten Wäldern und Gebüschen des Urwaldgebietes überall gemein; mehr im Unterholz als in den Laubkronen sich aufhaltend, besonders zwischen den Schlinggewächsen. Baut ein kleines kunstloses Nest aus Halmen und legt schmutzig gelbliche Eier mit olivengrauen Flecken, welche am stumpfen Ende sich zu einem Kranze sammeln. Vom Prinzen zu Wied aufgefunden, mir auf der Reise nirgends begegnet; die in Süd-Minas geraes erlegten Vögel gehörten der vorigen Art an, die bei Neu-Freiburg zur Th. naevius. —

Anm. Thamnophilus nigrocinereus *Sclater* l. l. no. 33. von Para scheint dieser Art am nächsten zu stehen, aber sich durch den ganz schwarzen Scheitel und die durchgehende weiße Binde der äußersten Schwanzfedern von ihr zu unterscheiden. — Mir ist ein solcher Vogel nicht bekannt.

10. Thamnophilus cristatus *Pr. Wied.*

Beiträge z. Naturgesch. Brasil. III. b. 1002. 4.
Lanius canadensis *Linn.* S. Nat. I. 134. fem. — *Buff.* pl. enl. 479. 2.
Lanius atricapillus *Merr.* Beitr. II. tb. 10. mas. — *Gmel. Linn.* S. Nat. I. 1. 302. — *Lath.* Ind. orn. I. 73. 19.
Lanius pileatus *Lath.* Ind. orn. I. 76. 31.
Turdus cirrhatus *Gmel. Linn.* S. Nat. I. 2. 826. mas. — *Lath.* Ind. orn. I. 359. 120.
Tyrannus atricapillus *Vieill.* Ois. Am. sept. pl. 48. pag 78. mas. — T. canadensis ib. pl. 49. pag. 79. fem.
Thamnophilus cirrhatus *Caban. Schomb.* Reise III. 687. 101. — *Sclater* l. l. no. 23.
Formicarius cirrhatus *Gray.* Gen. Birds. gen. 32. no. 10.

Kopfgefieder haubenartig verlängert.
Männchen grau, mit schwarzer Haube und schwarzer Brust.
Weibchen olivenbraun, mit rostrother Haube und gelber Brust.

Aehnelt im Ansehn mehr der folgenden Art und hat wie diese einen etwas dickeren Schnabel mit stärkerem Endhaken, der beim Männchen schwarz, beim Weibchen dunkelbraun gefärbt ist; das Kopfgefieder bei beiden Geschlechtern zu einer starken Haube verlängert. — Männchen im Gesicht, am Oberkopf, der Kehle, dem Vorderhalse, der Brust und dem Schwanze schwarz; die Deckfedern und Schwingen fein weiß gerandet, die Schwanzfedern an jeder Fahnenhälfte mit 6—7 weißen, gegenüberstehenden Flecken. Halsseiten, Brustseiten, Bauch und Steiß lichtgrau, die Mitte fast ganz weiß; Nacken und Rücken rothbraun, die Federn in der Tiefe weiß und schwarz. — Weibchen: Gesicht und Scheitel hell rothbraun, Backen schwarz, Rücken olivenbraun, Kehle weißgrau, Brust rostgelb, zum Theil schwarz gefleckt, Bauch und Steiß weiß. Flügel und Schwanz wie am Männchen gezeichnet, aber die Grundfarbe braun, die Flecken, besonders am Schwanz rothgelb. — Iris braun, Beine bleigrau. —

Ganze Länge 6″ 5‴, Schnabel 6 1/3‴, Flügel 2 2/3″, Schwanz 2 1/2″, Lauf 1″. —

In den luftigen Gebüschen der Campos von Bahia und weiter nordwärts über Guyana, Columbien, Westindien bis nach den südlichen Provinzen von Nord-Amerika verbreitet. Im Gebiet meiner Reise nirgends mehr ansäßig. —

11. Thamnophilus doliatus *Linn.*

Lanius doliatus *Linn.* S. Nat. I. 136. 16. — Mus. Ad. Fr. Reg. 12. — *Buff.* pl. enl. 279. 2. — *Lath.* Ind. orn. I. 80. 50. mas. — *Licht.* Doubl. 46. no. 494. 495.

Lanius rubiginosus *Lath.* Ind. orn. Suppl. 18. fem. — *Le Vaill.* Ois. d'Afr. etc. II. pl. 77. f. 2.

Thamnophilus doliatus *Pr. Max.* Beitr. III. b. 995. 2. — *D'Orb.* Voy. Am. mér. Ois. 168. — *Schomb.* Reise III. 687. 99.

Thamnophilus radiatus *Vieill.* Enc. meth. Orn. II. 746. — *Spix.* Av. Bras. II. 24. 3. tb. 35. fig. 2. mas senex et tb. 38. f. 1. mas juv(?).

Thamnophilus capistratus *Lesson*, Rev. zool. 1840. 226.

Batara listado, *Azara* Apunt. II. 196. 212.

Kopfgefieder haubenartig verlängert.

Männchen überall schwarz und weiß gebändert, der Scheitel einfarbig schwarz. —

Weibchen rostroth, am Rücken dunkler, am Bauch blasser; Kehle weiß, Backen grau und weiß gestuft. —

Gestalt und Größe wie Th. naevius, aber der Schnabel nach Verhältniß höher, dicker; Oberkiefer schwarz, Unterkiefer bleigrau; Iris braun. — Gefieder des Männchens schwarz und weiß gebändert oder gestreift; der Oberkopf schwarz, mit feinen weißen Streifen an der Stirn und dem Orbitalrande; Hals und Kehle weißlich, mit schwarzen Längsstufen; Brust, Bauch, Rücken, Flügel und Schwanz schwarz und weiß in die Quere gebändert; die Schwingen und Schwanzfedern mit weißen Querflecken auf beiden Fahnenseiten, aber am Schaft einfarbig schwarz; die weißen Flecken der äußeren Schwanzfedern alternirend. — Weibchen ganz rostroth, die Bauchseiten mehr rostgelb; Rücken, Flügel und Schwanz bei jungeln Vögeln etwas dunkler gewellt; Backen und Halsseiten fein grau gestreift, wie am Männchen; Kehle weiß, Brust bei jüngeren Vögeln dunkler quergebändert. — Junges Männchen wie das Weibchen gefärbt, aber schon mehr wie das Männchen gezeichnet, indem auf der Brust, am Bauch, den Schwingen und Schwanzfedern dunklere schwarzbraune Querbinden auftreten, die allmälig klarer werden und zunehmen. (Spix Figur, Taf. 38. Fig. 1.).

Ganze Länge 6″, Schnabelfirste $6^{2}/_{3}$‴, Flügel 3″, Schwanz 1″ 10‴, Lauf 1″, Mittelzehe 6‴ ohne Kralle.

Durch ganz Süd-Amerika, von Paraguay bis nach Columbien verbreitet; lebt in den dichten schattigen Waldungen besonders der inneren Gegenden, ist lebhaft, behende und meist paarweis beisammen. —

Anm. Lafresnaye (Rev. zool. 1844. S. 82.) und Sclater (a. a. O. no. 14—17.) haben sich bemüht, diese Art in mehrere aufzulösen, allein, wie mir scheint, ohne genügenden Grund. Daß die äußeren Schwanzfedern bei den Vögeln Brasiliens nur am äußeren Fahnenbarte gefleckt seien, ist nicht richtig, der Prinz zu Wied giebt das Gegentheil an, er nennt die äußeren gradezu quergestreift, und Spix bildet selbst noch auf den mittleren Federn den inneren Fahnenbart ohne weiße Flecke ab, während der Prinz ihn nur kleiner gefleckt nennt. Auch Azara beschreibt die Schwanzfedern seines Vogels weiß gebändert, mit Unterbrechung der Binden am Schaft und grade so sind sie bei den Vögeln aus Columbien, die ich besitze. — Was die hervorgehobenen Unterschiede der Weibchen betrifft, so beruhen sie auf dem Alter der Individuen; dagegen ist Spix Figur Taf. 38. kein Weibchen, sondern entweder ein junges Männchen, oder gar, wie ich vermuthe, das Weibchen von Th. scalaris. —

12. Thamnophilus palliatus *Licht.*

Lanius palliatus ***Licht.*** Doubl. d. zool. Mus. 46. no. 492 et 493.
Thamnophilus palliatus ***Pr. Max z. Wied.*** Beitr. III. b. 1010. 6. — ***Sclater*** l. l. no. 21.
Thamnophilus lineatus ***Spix.*** Av. Bras. II. 24. 2. tb. 33. — ***v. Tschudi*** Fn. Per. 171.
Thamnophilus fasciatus ***Swains.*** zool. Journ. II. 88.
Thamnophilus badius ***Id.*** Birds of Braz. pl. 65. 66.

Kopfgefieder anliegend, Rumpf schwarz und weiß quergestreift; Rücken, Flügel und Schwanz rostroth.

Männchen mit schwarzem, Weibchen mit rostrothem Oberkopf.

Gestalt und Größe der vorigen Art, aber das Kopfgefieder glatt anliegend, ohne eine Haube zu bilden; Schnabel ziemlich dick und stark, doch der Endhaken nach Verhältniß kaum so stark, Oberschnabel schwarz, Unterkiefer und Mundrand weiß. — Gefieder des Kopfes, Halses, der Brust und des Bauches bis zum Steiß beim Männchen schwarz und weiß gebändert, der Oberkopf ganz schwarz, nur die Stirn, Augengegend und der

Hinterkopf mit kleinen weißlichen Strichelchen geziert; Backen, Kehle und Halsseiten etwas deutlicher weiß gestreift, Brust und Bauch in die Quere etwas wellenförmig und sehr dicht gebändert, die Steißgegend rostgelb überlaufen. — Beim Weibchen sind dieselben Theile etwas breiter weiß gezeichnet und die Steißgegend ist viel deutlicher rostgelb überlaufen, welche Farbe sich an den Bauchseiten über die Schenkel hinauf erstreckt; aber der Oberkopf ist bis zur Stirn und zum Nacken rothbraun. Eben diese Farbe haben bei beiden Geschlechtern der Rücken, die Flügel und der Schwanz. Die Beine sind bleigrau und die Iris ist braun. —

Ganze Länge 6″, Schnabelfirste 7‴, Flügel 3″, Schwanz 2″, Lauf 10‴, Mittelzehe ohne Kralle 7‴. —

Ein häufiger Vogel, der sich in den Gebüschen ganz dicht bei den Ansiedelungen sehen läßt und wie unser kleiner Neuntödter bis in die Gärten der Dörfer kommt. Seine eigenthümliche Stimme, welche von der Höhe durch eine ganze Octave zur Tiefe hinabgeht, macht ihn bald kenntlich und allgemein bekannt. Mein Sohn schoß ein Weibchen zu Aldea da Pedra mitten im Orte.

13. Thamnophilus scalaris *Licht.*

Pr. Max z. Wied. Beitr. z. Naturg. Bras. III. b 999. 3.
Thamnophilus ruficapillus *Vieill.* N. Dict. Tm. 3. pag. 318. fem.
Thamnophilus atropileus *D'Orbig.* Voy. Am. mér. Ois. 173. mas.
Thamnophilus torquatus *Swains.* zool. Journ. II. 89. — *Sclater* l. l. no. 22.
Thamnophilus pectoralis *Swains.* An in Men. p 283.
Batara acanelado, *Azara* Apunt. II. 205. no. 215.

Scheitelgefieder glatt anliegend, Rücken rothbraun, Brust schwarz und weiß gebändert; Schwanz schwarz mit weißen Querbinden.

Männchen mit schwarzem Scheitel, Weibchen mit rothbraunem.

Kleiner als alle andern Arten und nicht größer als ein Buchfink (Fring. Coelebs); Schnabel feiner, zierlicher, dem von Th. pileatus ähnlich, nur kleiner, schieferschwarz, der Unterkiefer lichter. — Männchen mit grauer Stirn, Wangen und Nacken, aber tief schwarzer Scheitelmitte; im Nacken wird der Ton allmälig rothbraun, und diese Farbe haben der Rücken mit den Flügeln; doch zeigen sich auf den Deckfedern weiße Endpunkte mit schwarzem Vorstoß; der bedeckte Theil der Schwingen ist braun und der Innenrand licht rostgelb. Der schwarze Schwanz hat 6—8 weiße Querbinden, die an den mittelsten Federn nur als Randflecken auftreten. Die Kehle und die Gegend am Auge sind weißlich aschgrau, die Brust ist rein weiß und schwarz in die Quere fein gebändert; Bauch und Steiß haben eine matt gelbliche graue Farbe. — Beim Weibchen ist der ganze

Oberkopf rothbraun und der Rücken dunkler braun; die Unterseite hat schon an der Kehle und auf der Brust einen mehr gelblichen Ton und nicht so deutliche Querbinden. Die Schwanzfedern haben die Zeichnung wie beim Männchen, aber ihre Grundfarbe ist brauner, selbst röthlichbraun. — Die Beine sind bleigrau und die Iris ist rothgelb.

Ganze Länge 5″ 6‴, Schnabelfirste 5½‴, Flügel 2½″, Schwanz 2″, Lauf 10‴, Mittelzehe 6½‴. —

In den Gebüschen des Camposgebietes, wie es scheint über das ganze innere Brasilien verbreitet; mein Sohn schoß ein Männchen bei Lagoa santa, der Prinz zu Wied giebt keinen bestimmten Fundort an; D'Orbigny brachte den Vogel von Chiquito mit. —

Anm. Die Abbildung des Thamnophilus radiatus *Spix*. Av. Bras. II. tb. 38. f. 1. hat viel Aehnlichkeit mit dem Weibchen dieser Art und scheint mir eher hierher, als zu Th. doliatus zu gehören. —

Schließlich erwähne ich hier noch einen mir ganz unbekannten Vogel als:

14. Thamnophilus strigilatus *Spix*, Aves Bras. I. 26. 7. tb. 36. fig. 1. — Derselbe ist olivenbraungrün am Rumpfe gefärbt, mit lichteren blaßgelblichen breiten Schaftstreifen auf jeder Feder des Kopfes, Halses, Oberrückens und der Brust; die Flügel und der Schwanz sind rothbraun, die Schwingen in der Tiefe schwarzbraun, aber der Rücken hat die Farbe des Nackens. Unterfläche von der Brust bis zum Steiß trüb rostgelblich; desgleichen die Innenseite der Flügel. Schnabel braun, Beine schiefergrau. — Ganze Länge 7″.

Nach der Abbildung allerdings ein Thamnophilus, der habituell durch größere Schlankheit von den übrigen Arten sich zu entfernen scheint, aber im Kolorit an Th. palliatus erinnert. —

II. Sänger. Canorae.

Das einzige in die Augen fallende äußere Merkmal dieser Gruppe ist die Anwesenheit einer schmalen ungetheilten Stiefelschiene zu beiden Seiten der Laufsohle, welche oben bis zum Hacken hinaufreicht, unten dagegen schon etwas vor dem Daumen endet und auf der äußeren Seite des Laufs sich in kleine Schilder oder Tafeln aufzulösen pflegt. Der Fuß hat übrigens drei Zehen nach vorn, eine nach hinten, und diese hintere ist nach Verhältniß groß, größer im Allgemeinen als bei den Tracheophonen, obgleich die Unterschiede nicht sehr in die Augen fallen. —

Das Gefieder ist ziemlich derbe, am Grunde dunig und jede Feder mit einem kleinen dunigen Afterschaft versehen. Die Bürzeldrüse hat einen kurzen, nackten Zipfel, ohne Oelfedernkranz und eine sehr breite Herzform. Der Schwanz besteht, mit kaum erwähnungswerthen Ausnahmen, aus zwölf Federn. Die Flügel enthalten am Handtheil in der Mehrzahl nur neun Schwingen, ist eine erste (zehnte) vorhanden, so bleibt sie sehr klein und erreicht dann nur den dritten Theil, höchstens die Hälfte der Größe der zweiten, welche übrigens etwas, aber nur wenig kürzer zu sein pflegt, als die dritte. Bisweilen (z. E. bei den Schwalben) ist indessen grade sie die längste. Am Arm sitzen auch in den meisten Fällen nur neun Federn, mitunter zehn, kaum mehr; die Gesammtzahl aller Schwingen übersteigt also zwanzig nicht. Beachtenswerth ist das Verhältniß der Deckfedern zu den Schwungfedern. Selbige sind stets viel kürzer als bei den Strisoren und lassen mindestens die Hälfte, oft mehr, vom Armflügel unbedeckt. Es besteht nur eine einfache Reihe größerer Deckfedern am Flügel und gleich daran stoßen die kleinen Federn, welche am Bug und dem Rande der Flughaut sitzen, die Flughaut selbst bleibt unbefiedert. Das ist ein merkwürdiges und wichtiges Organisationsverhältniß der ächten Sänger, allein nicht ein ausschließliches; auch die Tracheophonen haben dieselbe Flügelbefiederung, doch pflegen ihre Deckfedern im Ganzen etwas länger zu sein, so daß der Charakter des Singvogel-Flügels minder deutlich in die Augen fällt*).

Die Form des Schnabels ist für die Gruppe im Allgemeinen ohne große Bedeutung, er zeigt die größten Verschiedenheiten in Länge, Breite und Höhe, insofern bald diese, bald jene Richtung die Oberhand behält; groß ist er indessen seltener, als klein, pfriemen- oder kegelförmig, im ersten Falle mit fein hakiger Spitze und schwacher Kerbe daneben; im letzten Falle ohne Endhaken und ohne Kerbe. Sein Ueberzug ist stets eine ziemlich derbe Hornscheide, welche bis an die Nasengrube heranreicht; die Nasengrube selbst wird von einer häutigen Nasendecke ausgefüllt, und umschließt das Nasenloch theils an der Spitze, theils am unteren Rande der Grube. Sehr lange Borsten am Schnabelgrunde findet man, wenigstens bei den brasilianischen Sängern, selten; viel seltener als bei den Tracheophonen; die Zügelgegend ist mit kleinen abstehenden Federn bekleidet, deren Aeste mit Borstenspitzen enden; die Augenliedränder tragen kleine Federchen, keine Wimpern. —

Vom inneren Bau kann hier nur das ganz Allgemeine erwähnt werden. Wir übergehen dabei das Knochengerüst, weil kein Merkmal desselben so sehr sich hervorthut, daß man es als entscheidend betrachten könnte; pneumatisch sind nur die Kopf- und Rumpfknochen nebst dem Oberarm. Die Luft gelangt aus der Paukenhöhle in den Unterkiefer durch ein knöchernes Rohr, das siphonium; das Gabelbein hat einen sehr kurzen, nach hinten gezogenen Stiel, der sich an den vorderen Rand des Brustbeinkammes heftet; zwischen den Schlüsselbeinen tritt ein Gabelfortsatz der Brustbeinplatte hervor; das hintere Ende der Brustbeinfläche hat gewöhnlich einen tiefen Busen. — Die Zunge ist ziemlich klein, flach, am Ende mit mehreren Hornspitzen besetzt, mitunter (bei Nectarinea etc.) in 2 Lappen verlängert. — Die Luftröhre ist kurz und ohne Erweiterung, dagegen am unteren Ende, wo sie sich in die Bronchien theilt, mit fünf kleinen Muskelpaaren belegt, welche den sogenannten Singmuskelapparat bilden und in gleicher Form allen anderen Vögeln feh-

*) Man vergleiche hierüber die schon früher (II. Bd. S. 415.) citirte Abhandlung v. Sundeval in Kongl. Vetensk Acad. Handl. und daraus in der Isis 1846. S. 244.

len. Diesen Apparat haben alle Mitglieder, obgleich nicht alle singen und nur wenige eine schöne melodische Stimme besitzen. — Der Schlund hat keinen Kropf, der Magen eine mehr oder minder verdickte, muskulöse Wand, welche bis zu zweien gegenüberstehenden Halbkugeln anschwellen kann. Der Darm ist nicht lang, der Dickdarm sogar kurz und am Anfange mit zwei kleinen ungleichen Blinddärmen besetzt. — Allen Singvögeln fehlt die rechte Halsschlagader (Carotis); sie besitzen nur einen linken Eierstock und die Männchen 2 ungleiche, außer der Brunstzeit sehr kleine Hoden. Die Thierchen bauen ziemlich kunstreiche Nester und legen in der Mehrzahl 4—5 bunte, seltner weiße Eier.

Ihre Nahrung besteht bei den feinschnäbligen Mitgliedern aus Insekten, bei den grobschnäbligen mehr in Früchten oder harten Samen; größere lebende Geschöpfe gehen sie nicht an, die größten von ihnen fressen Aas oder allenfalls junge Vögel, wenn sie sie haben können. —

Die meisten ächten Singvögel sind auf der östlichen Halbkugel zu Hause, auf der westlichen vertreten die Tracheophonen vorzüglich ihre Stelle; deshalb ist die Zahl der dort ansäßigen gering und grade die größten (Raben) oder angenehmsten Formen (Lerchen, Meisen, Nachtigallen) fehlen in der Tropenzone Süd-Amerikas ganz. —

Ihre Eintheilung in Gruppen ist schwierig, wir folgen hier der üblichen, von der Schnabelform hergeleiteten Gruppirung, die indessen nur im Allgemeinen genommen zulässig ist:

1. Uncirostres. Schnabelspitze hakenförmig herabgekrümmt, mit deutlicher Kerbe daneben; zehn Handschwingen, die erste etwa um die Hälfte kürzer, als die zweite.

2. Subulirostres. Schnabelspitze zwar herabgebogen, aber ohne eigentlichen Endhaken, mit feiner Kerbe; gewöhnlich zehn Handschwingen, aber die erste sehr klein; bisweilen nur neun Handschwingen.

3. Fissirostres. Schnabel sehr kurz, flach, breit am Grunde mit feinem Endhaken; neun Handschwingen, die erste kleinste fehlt ganz.

4. Tenuirostres. Schnabel ohne Endhaken, dünn, schlank gebogen; neun Handschwingen. Zunge am Ende zweizipfelig.

5. Conirostres. Schnabel kegelförmig, ziemlich stark aber kurz, ohne Endhaken, meistens auch ohne Kerbe; neun Handschwingen.

6. Magnirostres. Schnabel groß und stark, von Kopfes Länge, meist ohne Kerbe und stets ohne Endhaken; gewöhnlich zehn, mitunter neun Handschwingen. —

Siebenzehnte Familie.

Zahnschnäbler. Uncirostres.

Der Schnabel hat am Ende einen deutlichen Haken, neben dem vor der Spitze eine Kerbe sichtbar ist, deren Rand, wenn sie groß und tief wird, etwas zahnartig vortritt. In seiner Form ist er bald mehr seitlich zusammengedrückt, also hoch, bald mehr flach gewölbt, also breit, und in ersterem Falle gewöhnlich groß und stark, in letzterem feiner, schwächer und z. Th. ganz in die Pfriemenform der folgenden Familie übergehend. Der Zügelrand ist mit einigen großen, steifen Borsten besetzt, welche mitunter sehr lang werden; in welchem Falle diese Vögel ganz wie die Tyranniden aussehen. Ihre Flügel sind weder sehr kurz noch sehr lang, in der Regel bis auf die Mitte des Schwanzes ausgedehnt; am Handtheil sitzen, mit seltenen Ausnahmen, zehn Schwingen, von denen die erste indessen klein bleibt, selbst kürzer als die halbe zweite, ebenfalls verkürzte. Der Schwanz hat auch eine mittlere Länge und meistens eine etwas ausgeschnittene Form. Die Beine sind kräftiger gebaut, als bei vielen andern Singvögeln und harmoniren mit der Schnabelbildung; ihr Lauf ist weniger hoch als stark; ihre Zehen haben keine große Länge, aber starke, hohe, kräftige Krallen. — Sie fressen Insekten.

In Süd-Amerika giebt es nur ein Paar Repräsentanten dieser über die östliche Halbkugel in zahlreichen Arten verbreiteten Gruppe, welche die Muscicapiden und Laniaden in sich faßt. Erstere fehlen in Süd-Amerika ganz. —

Die Süd-Amerikanischen Mitglieder bilden eine besondere Unterabtheilung der Formen mit seitlich zusammengedrückten, ziemlich hohen Schnäbeln (Laniaden) und unterscheiden sich durch ein weiches, wolliges Gefieder, das an die Beschaffenheit desselben bei den Thamnophiliden erinnert, daher wir mit ihnen den Anfang machen:

Vireoninae.

Schnabel von verschiedener Stärke, doch stets höher als breit nach vorn; der Endhaken und die Kerbe zwar klein, aber deutlich vorhanden.

1. Gatt. Cycloris *Swains.*

Laniagra *Lafr. D'Orb.*

Schnabel sehr hoch, stark, auch ziemlich dick, die Spitze nur wenig hakig, die Kerbe daneben klein, die Firstenkante völlig abgerundet; das Nasenloch vorgerückt, kreisrund, von Borstenfedern beschattet; am Zügelrande einige lange, aber nicht sehr steife Borsten. Augengegend von einer nacktern Ritze umgeben. Gefieder ziemlich derbe, die Flügel mäßig lang, aber nicht viel über den Anfang des Schwanzes hinabreichend; die erste Schwinge sehr klein, nur halb so groß wie die zweite, diese stark verkürzt aber nicht verschmälert, die dritte etwas verkürzt, die vierte und fünfte die längsten. Schwanz sehr schmalfedrig, die Federn zugespitzt, aber nicht scharf, übrigens ziemlich von gleicher Länge. Beine stark, die Laufsohle mit deutlicher Stiefelschiene, die Vorderseite getäfelt, die oberen Tafeln verwachsen; Zehen kurz, nur die hinteren ziemlich lang; die innere Vorderzehe nur sehr wenig kürzer als die äußere und ihre Kralle größer; die Krallen überhaupt nicht groß, mäßig gekrümmt. —

1. Cycloris guianensis.

Tanagra guianensis *Gmel. Linn.* S. Nat. I. 2. 893. — *Lath.* Ind. orn. I. 427. 24. — *Le Vaill.* Ois. d'Afr. etc. II. pl. 76. f. 2.
Lanius superciliosus *Vieill.* Enc. meth. Orn. II. 757. 41.
Lanius guianensis *Licht.* Doubl. 50. 527.
Thamnophilus guianensis *Pr. Max z. Wied.* Beitr. III. b. 1017. 8.
Cycloris guianensis *Swains.* Birds of Bras. pl. 58.
Cycloris poliocephala *v. Tschudi, Wiegm.* Arch. I. 1845. S. 362. — *Ej.* Fn. peruan. Orn. 169.

Oberkopf und Backen bleigrau, Stirn und Zügel rostroth, Rückengefieder grün; Kehle und Brust citronengelb, Anfang des Bauches isabellgelb, Steiß weiß. —

Schnabel nicht völlig so hoch erscheinend, wie bei der folgenden Art, weil nach Verhältniß etwas länger; Oberkiefer am Grunde braun, dann blasser, Unterkiefer bleigrau. Iris orange. Stirn, Zügel und die Gegend hinter dem Auge lebhaft rostroth; Oberkopf, Nacken und Schläfen bleigrau, in der Jugend, besonders am Hinterkopf, braun überlaufen. Rückengefieder, Flügel und Schwanz lebhaft olivengrün; Kehle, Vorderhals und Oberbrust citronengelb, dann isabellfarben bis zum Bauch, besonders an den Seiten; der Steiß weißlich. Beine bleigrau.

Ganze Länge 6″, Schnabelfirste 8‴, Flügel 3″, Schwanz 2″, Lauf 10‴. —

In der Waldregion Brasiliens, besonders nordwärts von Rio de Janeiro bis über Para hinaus, indem diese Art über das ganze Gebiet des Amazonenstromes sich ausbreitet. Ebenso ist sie in Columbien und Peru zu Hause. Die Lebensweise des Vogels ist durch nichts ausgezeichnet, er lebt einsam und still in den Wäldern, ist aber nirgends eine Seltenheit.

2. Cycloris viridis *Caban.*

Cabanis Mus. Heinean. I. 64. 373.
Saltator viridis *Vieill.* Enc. meth. Orn. 793. 13.
Laniagra guianensis *D'Orb.* Voy. Am. mér. Ois. 160.
Cycloris ochrocephala *v. Tschudi Wiegm.* Arch. l. l. 1.
Habia verde *Azara* Apunt. I. 361. no. 89. alter Vogel.
Montese verdoso y cabeza de canela *Azara* ibid. 433. no. 115. junger Vogel.

Oberkopf olivenbraun, Backen bleigrau, Stirn und Zügel rostroth, Rückengefieder grün, Kehle weißlich. Vorderhals und Brust citronengelb, allmälig in isabellgelb übergehend. —

Der vorigen Art zum Verwechseln ähnlich, aber etwas schmächtiger. Der Schnabel kürzer und darum scheinbar höher; Firste und Spitze braun, Seiten fleischroth, am Grunde der Unterkiefer bleifarben. Oberkopf des jungen Vogels bis zum Nacken braun, die Federn heller und rostgelblicher gesäumt, besonders am Augenrande; im Alter der ganze Oberkopf olivenbraun, die Zügel- und vordersten Stirnfedern rostroth. Nacken und Wangen unter dem Auge bis zur Kehle hin bleigrau, die Kehle selbst weißlich. Rückengefieder, Flügel und Schwanz grün; Vorderhals und Brust citronengelb, allmälig auf der Mitte in isabellgelb übergehend, während die Seiten citronengelb bleiben; beim jungen Vogel die letzteren graulich. Steiß beinahe ganz weiß, Beine schieferbraungrau. —

Ganze Länge 6½″, Schnabelfirste 7‴, Flügel 3″, Schwanz 2½″, Lauf 10‴. —

Im südlichen Brasilien, auch schon in der Gegend von Rio de Janeiro, wenigstens gehören die bei Neu-Freiburg erlegten Stücke hierher. — Lebensweise ganz wie die vorige Art. —

2. Gatt. Phyllomanes *Caban.*

Vireosylvia *Lafr. D'Orb.* Vireo *Vieill.*

Schnabel schlank und fein, obgleich noch deutlich nach vorn zusammengedrückt, mit leichtem Endhaken und sehr schwacher Kerbe; die Nasengrube mehr vortretend, mit kleinem runden Nasenloch in der Spitze. Gestalt wie ein Laubsänger, nur der Schnabel größer;

die Flügel ziemlich spitz, etwas über den Anfang des Schwanzes hinabreichend; die erste kleinste Schwinge fehlt ausnahmsweise ganz, die zweite nach unten verschmälert, am Ende zugerundet, etwas kürzer als die dritte, welche mit der vierten und fünften ziemlich gleiche Länge hat. Schwanz relativ kürzer und breitfedriger als bei der vorigen Gattung, die Federn etwas zugespitzt, gleich lang. Beine von mäßiger Stärke, die Vorderzehen nach Verhältniß länger, der Daumen kleiner als bei Cycloris, übrigens ihnen ähnlich. —

Phyllomanes agilis *Licht.*

Lanius agilis *Licht.* Doubl. d. zool. Mus. 49. no. 526.
Muscicapa agilis *Pr. Max z. Wied.* Beitr. III. b. 795. 3.
Thamnophilus agilis *Spix.* Av. Bras. II. 23. 5. tb. 34. f. 1.
Sylvia Chivi *Vieill.* Enc. méth. Orn. 497. 63.
Phyllomanes Chivi *Caban.* Mus. Hein. I. 63. 368.
Gaviero, *Azara* Apunt. II. 34. no. 152.

Scheitel grau, Augenstreif und Unterseite weißlich, Rückengefieder grün, Steiß gelb. —

Ein hübsches, munteres Vögelchen, das in den Gebüschen der Waldregion sehr häufig ist und ganz das Benehmen unserer Laubsänger zeigt, denen es auch habituell ähnlich sieht. —

Schnabel am Unterkiefer blaßgelbgrau, am Oberkiefer braungrau. Iris braun. Stirn und Oberkopf bis zum Nacken grau, die Seiten neben dem Auge schwärzlich; Zügel und Streif über dem Auge weiß, Backen braungrau; Rücken, Flügel, Schwanz und Brustseiten lebhaft grün, die Schwingen in der Tiefe graubraun, am Innenrande weiß gesäumt; Kehle, Vorderhals, Brustmitte und Bauch weißlich, grau unterlegt; Steiß blaßgelb. Beine bleigrau.

Ganze Länge 5″, Schnabelfirste 5‴, Flügel 2″ 10‴, Schwanz 1½″, Lauf 8‴. —

Der junge Vogel ist anfangs am ganzen Rücken aschgrau, ohne grünen Ton; an der ganzen Bauchseite weißgrau und bloß der Steiß etwas limonengelblich; der weiße Augenstreif ist auch in diesem Gefieder vorhanden.

Das Männchen hat einen stärkeren Schnabel und eine lebhaftere Farbe, sonst gleicht es dem Weibchen völlig. —

Im ganzen Waldgebiet des wärmeren Süd-Amerikas zu Hause; der Prinz zu Wied fand auch das Nest des Vogels in einem Gabelast, ähnlich, wie das des Pirols befestigt; es war geräumig, aus Grasfäden und Baumbartflocken, mit Baumwolle untermischt, gebaut und enthielt im December 5 Junge. —

Achtzehnte Familie.

Pfriemenschnäbler. Subulirostres.

Schnabel fein und zierlich gebaut, am Grunde zwar etwas flach und breit, dann aber zugespitzt und ziemlich ebenso hoch wie breit, mit sanft gewölbter Firste und grader Spitze, neben welcher nur eine seichte Kerbe ohne alle Vorsprünge, sich bemerkbar macht. Die Nasengrube ist schmal und das Nasenloch eine Spalte am unteren Rande der häutigen Nasendecke. Die am Zügelrande stehenden etwas größeren Borstenfedern fehlen zwar nicht, aber sie sind kurz, fein und meist ziemlich versteckt. Flügel und Schwanz haben mäßige Länge und der Handtheil trägt in der Regel zehn Schwingen, doch ist die erste Schwinge alsdann ganz auffallend klein. Die Beine sind zierlich, wie der Schnabel, und der Lauf ist ziemlich hoch, die Zehen nach Verhältniß lang mit feinen zierlichen Krallen. — Auch die Nahrung dieser Vögel besteht in Insekten, wenn nicht einige nebenbei noch saftige Beeren fressen; aber harte Sämereien verschmähen sie.

1. Hylophilidae.

Das weiche wollige Gefieder nähert diese kleine Grnppe der vorigen; ihre vorhandene erste Schwinge ist beinahe halb so groß wie die zweite. Der Schnabel hat die feine Pfriemenform deutlich, ist aber nach hinten ziemlich flach und nimmt sich etwas breiter aus, als gewöhnlich.

1. Gatt. Hylophilus *Temm.*

Diese kleine Gattung hat den Schnabel von Basileuterus, er ist nur kürzer und erscheint darum etwas flacher; der Flügelschnitt ist wie bei Cycloris, wohin Bonaparte auch die Gattung gestellt hat, d. h. die erste kleinste Schwinge, welche die halbe Größe der zweiten besitzt, ist vorhanden, die zweite noch beträchtlich kürzer als die dritte, welche auch noch kürzer ist als die vierte längste. Selbst in Farbe und Zeichnung schließen beide Genera nahe aneinander. Hylophilus hat dieselben schmalen spitzen Schwanzfedern, sie sind nur länger, und die Fußbildung ist noch feiner, als bei Phyllomanes, indem die größere Zierlichkeit der Schnabelbildung sich da wiederholt.

1. Hylophilus poecilotis *Pr. Wied.*

Sylvia poecilotis *Pr. Max.* Beitr. III. b. 713. 6. — *Temm.* pl. col. 173. 2.
Sylvia ruficeps *Licht.*
Hylophilus poecilotis *Caban.* Mus. Hein. 64. 371.

Oberkopf zimmtroth, Rückengefieder grün, Kehle und Backen grau, Brust und Bauch gelblich. —

Oberschnabel graubräunlich, Unterschnabel blaßgelbgrau. Oberkopf von der Stirn bis zum Nacken zimmtrothbraun; Augenrand, Ohrdecke, Backen und Kehle weißgrau, am Ohr dunkler mit weißen Schaftstreifen. Rückengefieder, Flügel und Schwanz grün; Oberbrust blaß röthlich gelbgrau, Bauch und Steiß limonengelbgrau. Beine bleigrau, Iris braun. — Beide Geschlechter gleich gefärbt.

Ganze Länge 4″ 10‴, Schnabelfirste 4‴, Flügel 2″ 2‴, Schwanz 2″, Lauf 8‴. —

In den Gebüschen bei Neu-Freiburg. —

2. Hylophilus thoracicus *Temm.*

Temm. pl. col. 173. 1.
Sylvia thoracica *Pr. Max* Beitr. III. b. 717. 7.

Scheitel und Rückengefieder grün, Backen grau, Unterseite blaßgelb, Steiß weiß. —

Ganz wie die vorige Art gestaltet; der Schnabel etwas stärker, grau, die Firste gebräunt. Iris gelb. Rückengefieder und Scheitel nebst den Flügeln und dem Schwanz zeisiggrün; Stirn und Zügel gelbgrün; Hinterkopf, Ohrgegend und Backen bleigrau, die Ohrfedern mit grünlichen Schaftstreifen. Kehle weißlich grau; Vorderhals und Brust citronengelb, Bauch und Steiß weiß. Beine bleigrau.

Ganze Länge 5½″, Schnabelfirste 4‴, Flügel 2″ 3‴, Schwanz 1″ 10‴, Lauf 8‴. —

Weibchen wie das Männchen gefärbt. —

In den Gebüschen der Küstenstrecke von Rio de Janeiro bis zum Rio Parahyba; auch in St. Paulo. —

3. Hylophilus flaveolus.

Sylvia flaveola *Pr. Max* Beitr. III. b. 719. 8.

Rückengefieder graubraun, Flügel und Schwanz mehr rothbraun; Unterrücken, Brust und Bauch rothgelb, Kehle weiß.

Schnabel schlank und fein pfriemenförmig horngraubraun, der Unterkiefer blasser; Iris braun. Ganzes Rückengefieder hell graubraun; Flügel und Schwanz röthlichbraun, die Schwingen am Innenrande blaß gesäumt;

Unterrücken und die ganze Unterseite von der Brust an blaß röthlichgelb, nach hinten allmälig dunkler; Kehle weiß; Innenseite der Flügel blaßgelb. Beine hell bleigrau.

Ganze Länge 5″ 8‴, Schnabelfirste 4½‴, Lauf 6‴. —

Im Sertong von Bahia, mir unbekannt. —

4. Hylophilus cinerascens *Pr. Wied.*

Beiträge z. Naturg. Brasil. III. b. 723. 1.

Rückengefieder grünlich olivengrau, Unterseite weißgrau; Deckfedern graubraun, blaßgelbroth gerandet. —

Schnabel fast wie bei Muscicapa, hinten ziemlich breit, nach vorn hoch und zusammengedrückt, mit feiner Kerbe neben der Spitze; Oberkiefer schwarzbraun, Unterkiefer weißlich. Iris braun. Rückengefieder graubraun, olivengrün überlaufen; Flügel dunkler braun, die Deckfedern röthlichbraun gerandet; Schwingen am Außenrande grünlich, am Innenrande weißlich gesäumt. Kinn, Kehle und Oberbrust weißgraulich, etwas gelblich angeflogen; Bauch und Steiß mehr blaßgelblich weiß. Beine dunkelbleigrau. —

Ganze Länge 4″ 2‴, Schnabelfirste 3‴, Flügel 2″, Schwanz 1½″, Lauf 6‴. —

In den Wäldern am Rio Espirito Santo. —

2. Gatt. Culicivora *Swains.*

Polioptila *Sclater.* Proc. zool. Soc. 1855.

Schnabel fein, schlank, grade, von der Mitte an etwas zusammengedrückt, die Firstenkante sanft gebogen, scharf abgesetzt; die Kerbe sehr schwach. Nasenloch wie bei der vorigen Gattung. Keine starken Borstenfedern am Schnabelgrunde. Gefieder glatt; die Flügel stumpf, kaum etwas über die Basis des Schwanzes verlängert, erste Schwinge halb so lang wie die zweite, dritte und vierte Schwinge die längsten; Schwanz recht lang, die Federn schmal, die seitlichen merklich verkürzt. Beine zierlich, der Lauf nach Verhältniß höher als bei Hylophilus. Die Tafeln der Vorderseite nicht verwachsen; Zehen sehr fein gebaut. —

Culicivora leucogastra *Pr. Wied.*

Polioptila leucogastra *Sclater.* l. l.
Sylvia leucogastra *Pr. Max,* Beitr. III. b. 710. 1.
Motacilla coerulea var. *β. Gmel. Linn.* S. Nat. I. 2. 992. — *Buff.* pl. enl. 704. 1.

Sylvia coerulea var. β. *Lath.* Ind. orn. II. 540. 121.
Sylvia bivittata *Licht.* Doubl. zool. Mus. 35. 397.
Culicivora atricapilla *Swains.* zool. Ill. new. Ser. pl. 57.

Rückengefieder bleigrau, Oberkopf, Schwingen und mittlere Schwanzfedern schwarz, die seitlichen wie die Unterfläche weiß. —

Schnabel schwarz, Iris braun; Stirn, Oberkopf und Zügel schwarz, bläulich schillernd; Rückengefieder und Flügeldeckfedern blaugrau; Schwingen schwarz, der Vorderrand blaugrau angelaufen, der Innenrand weiß gesäumt, die letzten Armschwingen auch auf der Oberseite. Mittlere 4 Schwanzfedern schwarz, die folgenden nach außen schwarz mit weißer Spitze, die beiden äußersten jeder Seite ganz weiß. Unterfläche vom Kinn bis zum Schwanz rein weiß, Brustseiten etwas grau angeflogen. Beine bleigrau, die Zehen schwärzer.

Ganze Länge 4½″, Schnabelfirste 4½‴, Flügel 2″, Schwanz 2″, Lauf 7‴. —

Dem Weibchen und jungen Vogel fehlt der schwarze Scheitel, ihr Oberkopf ist grau, mit schwärzlichem Ohrfleck; das übrige Gefieder matter grau, auch das Weiß nicht so rein am Bauch.

Im mittleren und nördlichen Brasilien, bei Bahia; in Gebüschen, hüpft dort umher etwa wie unsere Schwanzmeise. —

Anm. Azara's Contremaestre azuladillo (Apunt. II. 60. n. 158.) — Sylvia dumicola *Vieill.* Enc. méth. Orn. II. 433. unterscheidet sich, nach Sclater (l. l.) spezifisch von dieser Art, indem nur die Stirn mit den Backen beim Männchen schwarz sind und die Brust hellgrau. — Auch Culicivora bilineata *Licht.* Nom. Av. Mus. ber. 30. — *Bonap.* Consp. I. 316. — aus Columbien unterscheidet sich durch einen weißen Streif über dem Auge und bildet eine dritte Art. —

2. Sylvicolinae.

Schnabel etwas höher nach vorn, daher etwas kräftiger, aber die Spitze ganz grade und fast ohne Kerbe, wie bei den vorigen. Hinterzehe mit kleinem gebogenem Nagel. Keine erste verkümmerte Handschwinge, daher nur neun am Handtheil.

3. Gatt. Basileuterus *Caban.*

Schomb. Reise III. 666.

Schnabel nur klein, zierlich, am Grunde ziemlich breit, dann mehr zusammengedrückt, mit sanftgebogener Spitze und kaum sichtbarer Kerbe; Nasengrube kurz aber weit, das Nasenloch eine Spalte am unteren Rande der Grube; am Grunde des Schnabels zahlreiche lange feine Borstenspitzen. Flügel verlängert, also spitz, bis auf die Mitte des Schwanzes reichend; eine sehr kleine erste Schwinge ist nicht anwesend, die vorhandene erste schmäler und etwas kürzer als die zweite, welche mit der dritten die längste ist. Schwanz ziemlich schmalfedrig, die Federn stumpf zugespitzt, die 2 äußeren jeder Seite verkürzt; Beine sehr fein und zierlich gebaut, der Lauf nicht grade lang, die Hinterzehe im Vergleich gegen die kleinen vorderen groß zu nennen. —

Basileuterus vermivorus *Cab.*

Sylvia vermivora *Vieill.* N. Dict. II. 278.
Muscicapara vermivora *D'Orb.* Voy. Am. mér. Ois. 324.
Muscicapa verticalis *Licht.*
Trichas bivittata *Lafr.* Guér. Rev. zool. 1840. 231. 6.
Basileuterus vermivorus *Caban. Schomb.* Reise III. 667. 7.
Contramaestre coronado *Azara*, Apunt. II. 44. no. 154.

Rückengefieder olivengrün, Bauchseiten gelb; Oberkopf orange, an beiden Seiten schwarz eingefaßt.

Wegen der langen Mundborsten und des am Grunde flacheren Schnabels einem kleinen Tyranniden (Euscarthmus) sehr ähnlich; der Schnabel bräunlich, die Mundgegend blasser. Stirn grauweiß, die Spitzen der Federn schwarz. Oberkopf rothgelb, die Spitzen der Federn graulich, zumal im Nacken; die Seiten vom Augenrande bis zum Nacken schwarz, die Backen grau, aber hinter dem Auge ein weißlicher Streif. Kehle weißlich. Iris braun. Rückengefieder olivengrün, die Schwingen graubraun, außen grün gerandet, innen weiß gesäumt. Schwanzfedern blasser gefärbt als die Schwingen. Ganze Bauchseite vom Halse bis zum Steiß citronengelb, die Seiten etwas grünlich angeflogen. Beine fleischbraun. —

Ganze Länge 4½", Schnabelfirste 3½‴, Flügel 2" 8‴, Schwanz 1" 10‴, Lauf 7‴. —

Gemein in allen Gebüschen um Neu-Freiburg, aber nicht gesellig. — Das Weibchen ist nicht so lebhaft gefärbt, wie das Männchen, sonst ihm ähnlich. —

Anm. Im Berliner Museum befindet sich eine sehr ähnliche, nur etwas kleinere Art aus Brasilien, welche sich bei übrigens gleicher Farbe durch eine weiße Unterseite von der beschriebenen unterscheidet. Das ist: 2. Basileuterus hypoleucus *Caban. Bonap.* Consp. I. 313. 2. — Die übrigen bekannten Arten bewohnen Peru, Columbien und Mexico.

Muscicapara viridicata *D'Orb.* Voy. Am. mér. Ois. 325. — Contramaestre pardo verdoso corona amarilla *Azar.* Apunt. II. 57. no. 156. könnte auch zu dieser Gattung gehören; sie ist grün mit gelbem Scheitel, den 2 schwarze Streifen einfassen; die Bauchseite bis zur Brust weiß, dann blaßgelb; die bräunlichen Flügeldeckfedern haben grünliche Spitzen und die Schwingen solche Ränder. Länge 5½", Lauf 8‴.

4. Gatt. Trichas *Swains.*

Geothlypis *Caban.*

Schnabelbildung wie bei der vorigen Gattung, aber die Basis schmäler, die Biegung der Firste etwas stärker; das Nasenloch ebenso. Mundgefieder ohne lange Borstenspitzen, nur am Zügelrande ein Paar sehr kurze Borsten. Gefieder derber, die Flügel kürzer, abgerundeter, nur die Basis des Schwanzes erreichend; die erste kleinste Schwinge fehlt, die vorhandene erste nur 1‴ kürzer als die zweite, ebenso breit, und die zweite ½‴ kürzer als die dritte längste. Schwanz von mäßiger Länge, die Federn schärfer zugespitzt, die äußeren stufig verkürzt. Lauf hoch, dünn, bachstelzenartig, die Tafeln der Vorderseite verwachsen; Zehen lang und dünn, die Außenzehe etwas mit der Mittelzehe verwachsen; der Daumen mit relativ kleinerer, weniger gebogener, aber doch nicht grader Kralle. —

1. Trichas leucoblephara *Cab.*

Sylvia leucoblephara *Vieill.* Enc. meth. Orn. 550. — *D'Orb.* Voy. Am. mér Ois. 216. pl. 12. f. 2.
Trichas superciliosus *Swains.* An Men. 295.
Contramaestre, *Azara* Apunt. II. 41. 153.

Oberkopf schieferschwarz, die Mitte weißlich; Rückengefieder grün, Bauchfläche weiß, die Seiten der Brust grau, der Steiß gelb. —

Vom Ansehn einer gelben Bachstelze, nur der Schwanz und die Flügel kürzer. Schnabel braun, Kinngegend blasser. Iris braun. Stirn, Oberkopf und Nacken schiefergrau, die Scheitelmitte weißgrau, der Augenrand schwarz; Backen und Halsseiten grau, die Ohrdecke weiß gestreift. Rückengefieder lebhaft olivengrün, ebenso Flügel und Schwanz; die Schwingen in der Tiefe graubraun, am Innenrande weiß gesäumt. Ganze Unterseite vom Kinn bis zum After weiß, die Seiten in grau übergehend, die Halsseiten und Oberbrust entschieden bleigrau; der Steiß citronengelb. Beine hellgelb, fleischroth durchscheinend, sehr schlank und dünn, aber die Daumenkralle klein. —

Ganze Länge 5″ 2‴, Schnabelfirste 4‴, Flügel 2½″, Schwanz 2″, Lauf 1″. —

Ebenfalls häufig in den Gebüschen bei Neu-Freiburg; ein munteres Vögelchen, das sich durch seine eigenthümliche aber kurze Melodie, welche mit einigen hohen lang ausgehaltenen Tönen beginnt, und dann schneller werdend sinket, bald verräth. Es liebt das schattige Dickigt des Unterholzes und geht selbst auf den Boden hinab, um Nahrung zu suchen, welche aus Insekten besteht.

2. Trichas stragulata *Licht.*

Muscicapa stragulata *Licht.* Doubl. d. zool. Mus. 55. no. 564.
Geothlypis stragulata *Caban.* Mus. Hein. 17. 120.

Scheitel grau, schwarz gerandet, am Auge ein weißer Streif; Rückengefieder grün, Kehle, Hals und Bauch weiß, Brustseiten rostfarben. —

Gestalt und Größe der vorigen Art, auch ähnlich gefärbt. Oberkopf grau, die Ränder der Stirn bis zum Auge schwarz; über dem Auge ein weißer Streif, welcher der vorigen Art fehlt. Rücken, Flügel und Schwanz lebhaft olivengrün, der Schwanz am lebhaftesten; Kehle und Vorderhals weiß, Brust besonders nach den Seiten hin blaß rostgelbroth, Bauch weißlich. Schnabel schwarzbraun, Iris braun, Beine blaßgelb. —

Ganze Länge 5″, Lauf 1″. —

In Süd-Brasilien, Provinz St. Paulo. —

3. Trichas velata *Vieill.*

Sylvia velata *Vieill.* Ois. d'Am. Sept. pl. 74. — *D'Orb.* Voy. Am. mér. Ois. 217.
Sylvia canicapilla *Pr. Max.* Beitr. III. b. 701. 1.
Tanagra canicapilla *Swains.* zool. Ill. pl. 174.
Contramaestre verde pecho de oro, *Azara* Apunt. II. 54. 155.

Oberkopf grau, Stirn, Zügel und Backen beim Männchen schwarz. Rückengefieder grün, Bauchseite goldgelb.

Etwas derber gebaut als die vorigen Arten, der Lauf nach Verhältniß kürzer. — Schnabel schwarz, beim Weibchen braun, Kinngegend und Mundrand blasser. Iris braun. — Oberkopf des Männchens schiefergrau, die Stirn, Zügel und Backen unter dem Auge schwarz; des Weibchens bräunlichgrau, vor dem Auge ein gelber Streif am Zügelrande, Backen wie der übrige Körper gefärbt. Rückengefieder olivengrün, auch die Brustseiten grünlich; ganze Bauchfläche vom Kinn bis zum Steiß goldgelb. Beine hell fleischbraun. —

Ganze Länge 5″ 4‴, Schnabelfirste 5‴, Flügel $2\frac{1}{2}$″, Schwanz 2″, Lauf 10‴. —

Bei Neu-Freiburg, der gemeinste von allen Singvögeln, täglich und an jedem Orte im Gebüsche zu sehen; übrigens durch das ganze wärmere Süd-Amerika verbreitet. Der Vogel steigt nicht hoch, sucht auch nicht den Schatten, sondern zeigt sich am liebsten frei auf sonnigem abgeholztem buschigem Terrain; er läßt von Zeit zu Zeit einen einfachen Pfiff hören und kam mir stets nur einzeln vor. Sein Nest habe ich, trotz vieler Nachfrage, nicht erhalten können. —

Anm. Trichas aequinoctialis *Cabanis* Mus. Heinean. I. 16. 118. — Motacilla aequinoctialis *Gmel. Linn.* S. Nat. I. 2. 972. 110. — *Buff.* pl. enl 685. 1. — ist der eben beschriebenen Art so ähnlich, daß ich auf die etwas derbere Beschaffenheit des Schnabels und des Laufes nicht eine eigene Spezies gründen möchte; die Seiten des Kopfes hinter dem Auge sind nicht immer grau, sondern öfters, bei jüngeren Exemplaren von Tr. velata, auch grün gefärbt; so bei den Exemplaren, welche ich aus Minas geraes (von Congonhas) mitgebracht habe. —

5. Gatt. Sylvicola *Swains.*

Schnabel fein kegelförmig, grade, ziemlich hoch, die Rückenfirste kaum etwas abwärts gebogen, die Spitze seicht gekerbt; Nasenloch am unteren Rande der kurzen Nasengrube. Gefieder weich, großfedrig. Flügel zugespitzt, bis zur Mitte des Schwanzes reichend, die erste Schwinge fast ebenso lang wie die zweite und dritte, längste, durchaus nicht verschmälert. Schwanz nicht lang, eher kurz, die Federn schmal, etwas zugespitzt, gleich lang. Beine klein, der Lauf dünn, ziemlich kurz, die Tafelschilder verwachsen; die Zehen mit feinen mäßig gebogenen Krallen. — Gefieder vorwiegend grau und gelb, nicht grün gefärbt. —

Anm. Die zahlreichen Arten dieser Gattung sind besonders über das nicht tropische Amerika, doch an den Grenzen der Tropen verbreitet und nach gewissen habituellen Unterschieden von den neueren Ornithologen in zahlreiche Untergattungen gestellt, welche hier füglich unberücksichtigt bleiben können, weil in Brasilien nur 2 Spezies auftreten, welche der Untergattung Parula *Bonap.* (Compsothlypis *Caban.*) angehören.

1. Sylvicola venusta *Temm.*

Sylvia venusta *Temm.* pl. col. 293. 1. — *Pr. Max z. Wied.* Beitr. III. b. 705. 2.
Sylvia plumbea *Swains.* zool. Ill. pl. 139.
Sylvia pitiayumi *Vieill.* Enc. méth. Orn. II. 479. — *Id.* N. Dict. d'hist. nat. II. 276.
Sylvia minuta *Swains.*
Sylvia brasiliana *Licht.* Doubl. zool. Mus. 35. no. 404.
Compsothlypis pitiayumi *Cabanis* Mus. Hein. I. 21. 143.
Pico de punzou celestre peche de oro, *Azara* Apunt. I. 421. no. 109.

Oberseite blaugrau, Rücken olivengrün; Unterseite dottergelb; Spitzen der Flügeldeckfedern und ein Fleck in den Schwanzfedern weiß.

Zierlicher und schlanker gebaut, vom Habitus unserer Rohrsäger, etwas meisenartig im Ansehen. — Oberschnabel schwarz, Unterschnabel blaßgelb.

Iris braun. Gefieder der Oberseite blaugrau, nur die Mitte des Rückens olivengrün. Große Flügeldeckfedern und die Reihe vor ihnen mit weißen Spitzen; Schwingen schwarz, außen hellblau, innen weiß gesäumt; Schwanzfedern schieferschwarz, die oberen himmelblau gerandet, die beiden äußersten jeder Seite mit weißem Fleck an der Innenfahne. Unterfläche vom Kinn bis zum After dottergelb, der Steiß hinter dem After und die Schwanzdecken weiß. Beine hell fleischbraun. —

Ganze Länge 4″, Schnabelfirste 4‴, Flügel 2″ 2‴, Schwanz 1″ 5‴, Lauf 7‴. —

Männchen und Weibchen sind gleich gefärbt, die jungen Vögel ebenso wie die älteren, aber in allen Verhältnissen matter. —

Der Vogel ist über ganz Brasilien verbreitet, lebt in den Wäldern, kommt schon bei Rio de Janeiro vor und ähnelt im Benehmen mehr den Meisen als den Sängern. —

2. Sylvicola speciosa *Pr. Wied.*

Sylvia speciosa *Pr. Max* Beitr. III. b. 708. 3. — *Temm.* pl. col. 293. 2.

Rückengefieder blaugrau, Bauchseite hellgrau, Steiß rostroth. —

Gestalt und Größe der vorigen Art, auch die Farben ebenso schön himmelblaugrau, aber die Zeichnung verschieden. Oberschnabel braungrau, Unterkiefer und Mundrand blasser. Iris braun. Rückengefieder schön blaugrau, fast rein blau, wenigstens blauer, als bei S. venusta; Unterseite hell bleigrau, gegen den Bauch hin heller; Aftergegend weiß, die Federn hinter dem After und die unteren Schwanzdecken rostroth. Schwanzfedern einfarbig schieferschwarz, hellblau gerandet; die Schwingen außerdem mit einer schiefen weißen Querbinde an der Innenfahne. Beine bleigrau.

Ganze Länge 4″ 3‴, Schnabelfirste 4‴, Flügel 2″, Lauf 6‴. —

In den Gebüschen bei Rio de Janeiro und weiter nördlich noch bei Bahia; kommt in die Gärten der Vorstädte und hüpft an den Zweigen, Insekten suchend, munter umher, völlig wie eine Meise. —

Anm. Nach Lafresnaye, Sclater und Reichenbach gehört dieser mir unbekannte Vogel zu Dacnis; vergl. Handb. d. spez. Orn. I. 228. 534.

3. Motacillidae.

Schnabel der Vorigen, nur etwas niedriger. Hinterzehe lang, mit gradem Sporn. Die erste kleine Handschwinge fehlt ganz, die letzten Armschwingen und die oberen Schwanzdecken sind stark verlängert.

6. Gatt. Anthus *Bechst.*

Schnabel fein, grade, pfriemenförmig, mit kaum bemerkbarer Kerbe neben der Spitze; Nasengrube vortretend, die Nasenöffnung eine Spalte am unteren Rande der häutigen Nasendecke; keine langen Borsten am Schnabelgrunde, nur feine Spitzen an den meisten Federn daselbst, darunter einige etwas stärkere am Zügelrande. Gefieder derbe, lerchenförmig gezeichnet; die Flügel ziemlich lang, zugespitzt, die erste Schwinge fast ebenso lang wie die zweite, längste (eine ganz kleine erste Schwinge fehlt); hinterste Armschwingen zwar stark verlängert, aber nicht völlig so lang wie die Handschwingen. Schwanz mäßig lang, schmalfedrig, schwach ausgeschnitten; die obersten Schwanzdecken sehr verlängert, zugespitzt, die längsten fast so lang wie die Schwanzfedern selbst. Beine hochläufig mit langen dünnen Zehen, deren Krallen nur wenig gebogen sind; die Kralle des Daumens sehr lang, spornartig verlängert. —

1. Anthus rufus *Gmel.*

Alauda rufa *Gmel. Linn.* S. Nat. I. 2. 798. — *Buff.* pl. enl. 738. 1. — *Lath.* Ind. orn. II. 498. 22.

Anthus correndera *Vieill.* Enc. meth. Orn. I. 325. — *D'Orb.* Voy. Am. mér. 225. — *Darwin* Zool. of the Beagle III. 85.

Correndera, *Azara* Apunt. II. 2. 145.

Rückengefieder braun, die Federn blaßgelb geraubet; Kehle weißlich, Brust und Bauch blaßgelb, die erstere mit braun gescheckter Binde.

Die kleinste Art der Gattung, der Rücken mehr graubraun, die Bauchseiten sehr blaß gelblich weiß gefärbt. Auf dem Oberkopf, dem Rücken und den Flügeln haben die Federn blaßgelbgraue Säume, von welchen der innere etwas breiter ist, als der äußere; die Schwingen sind sehr fein lichter gerandet. Die Zügel und ein Streif über dem Auge scheinen heller durch. Kehle und Vorderhals ganz weißgelb, Brust gelbbraun, die Seiten vor dem Flügelbug sehr dunkel, die Mitte mit feinen schwarzbraunen Schaftstreifen, die nach den Seiten schnell verschießen. Unterbrust, Bauch und Steiß einfarbig blaßgelb. Schwanzfedern schwarzbraun, die beiden äußersten jeder Seite weiß, am Innenrande schwarz gesäumt, die äußerste schmal, die zweite breit. Beine blaßgelbbraun, der Daumensporn sehr lang und spitz. Iris braun, Schnabel schwarzbraun, am Kinnrande blasser. —

Ganze Länge 4″ 8‴, Schnabelfirste 5‴, Flügel $2\frac{1}{2}$″, Schwanz $1\frac{1}{2}$″, Lauf 9‴. —

Bei Neu-Freiburg, an offenen Stellen, lebt auf dem Boden, wie unser Wiesenpiper, fliegt kurze Strecken auf und setzt sich wieder in geringer Entfernung; seine Stimme ist unbedeutend. Das Nest ist im dichten Grase versteckt und schwer zu finden; nach Azara legt der Vogel nur zwei weißliche, braun besprengte Eier mit einem dichtern Kranze am stumpfen Ende. —

Anm. Buffon's Abbildung ist sehr kenntlich; D'Orbigny citirt sie aus Versehen zu seinem Anthus fuscus, welcher ebenda Fig. 2. vorgestellt ist. Ich habe nicht Gelegenheit gehabt, die letztere Art zu beobachten; sie gehört dem äußersten Süden Süd-Amerikas an. —

2. Anthus Chii *Vieill.*

Enc. méth. Orn. I. 326. — *Id.* Nouv. Dict. d'hist. nat. Tm. 26. pag. 490.
Lichtenst. Doubl. d. zool. Mus. 37. no. 422.
Pr. Max z. Wied. Beitr. III. a. 631. 1.
Spix. Av. Bras. I. 75. 1. tb. 76. f. 2.
D'Orbigny, Voy. Am. mér. Ois. 225.
Chii, *Azara* Apunt. II. 6. 146.

Rückengefieder schwarzbraun, die Federn rostgelb gesäumt; Unterseite hell roströthlich, Brust schwarzbraun gestreift. Aeußerste Schwanzfedern rostgelb gesäumt.

Etwas größer als die vorige Art, aber der Schnabel und der Sporn nach Verhältniß kürzer. Oberschnabel schwarzbraun, Unterschnabel blaßgelb. Iris braun. Rückengefieder dunkelbraun, die Mitte der Federn schwarz, die Säume rostgelbroth. Flügel und Schwanzfedern wie der Rücken gefärbt, fein rostgelb gerandet; die äußersten Schwanzfedern jeder Seite beinahe ganz rostgelb, die nächstfolgenden nur an der Spitze und am Ende des Schaftes. Kehle weißgelb. Augenring und Backen lichter gefärbt; Vorderhals und Brust lebhaft rostgelbroth, mit feinen braunen Schaftstreifen, welche auch an den Seiten des Bauches bis zu den Schenkeln hin sich zeigen; Bauchmitte und Steiß blasser rostgelb, die unteren Schwanzdecken mit schwarzbraunem Schaftstreif. Beine blaß gelbbraun; die Daumenkralle schlank, aber nicht länger als die Zehe. —

Länge 5″ 6‴, Schnabelfirste $4\frac{1}{2}$‴, Flügel 3″, Schwanz 2″, Lauf 10‴. —

Ueber ganz Brasilien verbreitet, auf Wiesen in der Nähe von Flüssen und Bächen; hält sich am Boden, fliegt selten auf und setzt sich bald wieder.

3. Anthus fuscus *Vieill.*

Vieill. Enc. méth. Orn. I. 326.
Anthus poecilopterus *Pr. Max z. Wied.* Beitr. III. a. 633. 2.
Alondra parda, *Azara* Apunt. II. 11. no. 147.

Rückengefieder röthlichbraun, ein Streif über dem Auge blaß rothgelb. Kehle weiß, Brust und Bauch röthlichgelb, erstere braun gefleckt. Schwingen mit schwarzer Binde. —

Schnabel horngraubraun. Iris braun. Rückengefieder röthlich graubraun, mit helleren Federrändern; über dem Auge zeichnet sich, von der Nasengrube bis zum Ohr hin, ein röthlich gelber Streif aus. Kehle und Vorderhals weißlich, der letztere bis zum Anfange der Brust graubraun gefleckt, indem besonders die Brustseiten dunklere Federnsäume besitzen. Unterseite und Steiß röthlich gelb. Flügeldeckfedern dunkler graubraun mit breitem röthlichgelbem Saume am Ende, der sich in der Form zweier Querstreifen bemerklich macht; Schwingen rothbraun, die Handschwingen am Grunde und an der Außenfahne schwarz, mit einem kleinen Fleck nach Innen; die Armschwingen breiter rothbraun und der Fleck zu einer schiefen Binde ausgedehnt; der Außenrand an allen rostgelblich abgesetzt, mit weißlicher Spitze. Schwanzfedern hell rostroth, die zwei mittleren graubraun überlaufen, die übrigen mit einer winkligen schwarzbraunen Querbinde vor der Spitze. Beine gelbbraun, die Daumenkralle nur mäßig, mehr gebogen und nach Verhältniß kurz. —

Ganze Länge 6″, Schnabelfirste 4‴, Flügel 3″, Schwanz 1″ 10‴, Lauf 9‴, Hinterzehe mit der Kralle 6‴. —

Auf dem Camposgebiet des Innern Brasiliens, wie es scheint, durch das ganze Land südlich vom Amazonenstrom verbreitet.

Anm. Azara giebt zwar beträchtlich größere Maaße an, scheint aber doch denselben Vogel vor sich gehabt zu haben.

Verwandt mit der vorigen Art, wenigstens durch den kurzen Nagel der Hinterzehe, scheint zu sein:

4. Anthus breviunguis *Spix.* Av. Bras. I. 75. 2. tb. 76. f. 1. — A. furcatus *D'Orbign.* Voy. Am. mér. Ois. 227. — Rückengefieder grünlichbraun, die Federn blasser gerandet; über die Flügel zwei lichtere Binden am Ende des Deckgefieders. Schwingen und Schwanzfedern schwarzbraun, die ersten fein blaßgelblich gerandet; die beiden äußersten Schwanzfedern mit weißem Saum. Unterfläche grünlichweiß, Vorderhals ins Gelbliche spielend, mit braunen Schaftstreifen. Ganze Länge $4\frac{1}{2}$″. Von Para.

4. Turdinae.

Schnabel größer und stärker, aber ähnlich gebaut wie bei den vorigen Gruppen. Die erste kleinste Schwinge ist vorhanden, es stehen also zehn am Handtheil des Flügels. Beine hoch, die Zehen ziemlich lang, die Krallen mehr gebogen, besonders die des Daumens.

7. Gatt. Turdus *Linn.*

Sabiah der Brasilianer.

Schnabel hinten ziemlich so hoch wie breit, nach vorn allmälig schmäler werdend, also höher erscheinend und vor der Spitze ziemlich schnell herabgebogen, ohne jedoch einen Haken zu bilden, vielmehr die Spitze selbst grade vorwärts gerichtet, mit sehr leichter Kerbe. Nasengrube ziemlich vorspringend, weil der Schnabel überhaupt lang ist. Am Zügelrande einige recht steife, mäßig lange Borsten. Auge sehr groß, die kleinen Randfedern in feine Borsten ausgezogen. Gefieder derbe, besonders der Rücken hart anzufühlen. Flügel mäßig spitz, doch nicht ganz bis zur Mitte des Schwanzes reichend; erste Schwinge sehr klein, kaum den vierten Theil von der Länge der zweiten erreichend; die zweite mäßig, die dritte wenig verkürzt; die vierte mit der fünften die längsten. Schwanz ziemlich lang, die Federn nicht grade breit, einzeln zugespitzt, alle von gleicher Länge. Lauf hoch und stark, die Tafelschilder bis über die Mitte hinab mit einander verwachsen. Die Zehen lang, die Krallen scharf, spitz, ziemlich kräftig. —

Drosseln giebt es, wie bei uns, in den Gebüschen Brasiliens überall; sie kommen nahe an die Ansiedelungen heran, nisten wenig scheu in den Hecken und legen 4—5 grünliche, rostroth punktirte Eier. Das Nest ist groß aber nicht grade kunstreich. Ihre Stimme ist weniger laut und melodisch, als die unserer Arten; die Hauptsänger gehören zu Mimus. —

A. Eigentliche Drosseln. Rückengefieder bräunlich; Kehle weißlich, dunkler gestreift.

1. Turdus ferrugineus.

Pr. Max. z. Wied. Beitr. III. b. 649. 4.
Turdus fumigatus *Licht.* Doubl. d. zool. Mus. 38. no. 438. 439.
Turdus olivaceus *Lafr.* Guér. Mag. 1837. cl. 2. 17. 5. (juv.).

Gefieder gleichmäßig rostrothbraun, Bauchseite lichter. Kehle weiß und braun gestreift. —

Junger Vogel nicht rothbraun, sondern graubräunlich.

Schnabel und Beine bräunlichgrau, die Beine etwas dunkler; Iris braun. — Gefieder des alten Vogels einfarbig rostbraun, die Bauchseite lichter, fast zimmtroth; Kehle weißlichgelb, braun gestreift. Schwingen am Außenrande rostroth, dann braun, am Innenrande breit rostgelb gesäumt. Steißfedern und untere Schwanzdecken mit blaßgelbem, fast weißem Streif. Schwanzfedern dunkel rostbraun. — Der junge Vogel hat eine gelblich aschgraue Farbe, die auf den Flügeln etwas mehr in braun spielt; die hellen Säume der Schwingen am Innenrande fehlen, die Grundfarbe der Kehle ist weißer, die Steißstreifen sind verwischter. —

Ganze Länge 9½″, Schnabelfirste 9‴, Flügel 4″ 8‴, Schwanz 3″ 4‴, Lauf 14‴. —

Im Waldgebiet des mittlern Brasiliens, vom Rio Parahyba bis hinauf zum Amazonenstrom; mehr in den Ebenen als in den Gebirgsthälern zu finden, daher nicht bei Rio de Janeiro und Neu-Freiburg. Diese Art hat nach Verhältniß den größten Schnabel und den kürzesten Lauf. —

Anm. G. R. Lichtenstein definirt nur junge Vögel mit graulich olivenfarbigem Kleide; die alten Vögel sind völlig rostrothbraun und deshalb die Benennung des Prinzen zu Wied bezeichnender. —

2. Turdus rufiventris *Licht.*

Licht. Doubl. d. zool. Mus. 38. no. 455.
Pr. Max z. Wied. Beitr. III. b. 639. 1.
Spix. Av. Bras. I. 70. 2. tb. 68. — *D'Orbigny* Voy. d. l'Am. mér. Ois. 203.
Turdus Chochi *Vieill.* Enc. méth Orn 638.
Zorzal obscuro y roxo *Azara* Apunt. II. 336. no. 79.

Rückengefieder olivenbraun; Kehle blaßgelb, braun gestreift; Vorderhals grau, Brust und Bauch rostroth.

Nicht völlig so groß wie unsere Misteldrossel, ziemlich von der Größe des Krammetsvogels. Schnabel braungrau, der Mundrand und der Unterkiefer blasser; Iris braun. Rückengefieder gleichförmig olivenbraun; die Kehle weiß, braun gestreift, der Vorderhals bis zur Brust graugelb; die Brust, der Bauch und der Steiß rostgelbroth, bei alten Vögeln sehr lebhaft gefärbt. Schwingen am Innenrande isabellgelb gesäumt. Beine blaß hornbraun. —

Weibchen viel blasser gefärbt, als das Männchen, besonders an der Unterseite; der Rücken graulicher.

Junger Vogel mit rostrothen Schaftstreifen und Endspitzen am Flügeldeckgefieder; die Federn des Oberkopfs lichter gerandet, die Kehle und der ganze Vorderhals blaßgelb, matt braun gefleckt. —

Ganze Länge 9—10″, Schnabelfirste 9‴, Flügel 5″, Schwanz $3^1/_3$—$3^2/_3$″, Lauf 15‴, Mittelzehe ohne die Kralle 11‴. —

Gemein in der Nähe der Ansiedelungen in allen Gebüschen; nistet auch da, in mäßiger Höhe, und legt 4—5 blaßgrüne, rostroth getüpfelte Eier. — Der Gesang des Vogels ist nicht so laut und nicht so mannigfach, wie der unserer Singdrossel; weniger flötend, mehr kreischend und nicht so angenehm. Er ist die gemeinste Drossel-Art Brasiliens im Waldgebiet, woselbst er vorzugsweise sich aufhält.

3. Turdus crotopezus *Illig.*

Licht. Doubl zool. Mus. 38 no. 436. 437. — *Cabanis*, Mus. Hein. I. 5.
Turdus leucomelas *Vieill.* Enc. méth. Orn. 644. — *Id.* N. Dict. d'hist. nat. Tm 20. 226.
Turdus albicollis *Spix* Av. Bras. I. 71. 4. tb. 70.
Zorzal obscuro y blanco *Azara* Apunt. I. 341. no. 80.

Rückengefieder olivenbraungrau; Halsmitte weiß, braun gestreift, Brust und Bauchseiten graulich olivengelb; Steiß und Bauchmitte beim Männchen weiß, beim Weibchen blaßgelb.

Schnabel hellbraun, der Unterkiefer blasser; im Alter beide Schnäbel blaßgelb, in der Jugend dunkelbraun. Iris braun. Rückengefieder graulich olivenfarben, bei recht alten männlichen Vögeln etwas bräunlicher und die Kopfseiten gelblicher. Innere Flügeldeckfedern blaßgelb, ebenso der Saum der Schwingen; vierte und fünfte Schwinge gleich lang und die längsten Schwanzfedern einfarbig olivengraubraun. Kehle und Vorderhals beim Männchen (Spix Figur) weiß, nach den Seiten in gelb übergehend, auf der Mitte braun gestreift; beim Weibchen blaßgelb, ohne weißen Halsfleck, matter braun gestreift. Brust und Bauchseiten graugelblich gefärbt; die Bauchmitte und der Steiß beim Männchen rein weiß, scharf von der gelbgrauen Farbe abgesetzt, die Seiten der Steißfedern gelbgrau; beim Weibchen Bauchmitte und Steiß blaßgelb. Beine fleischbraun.

Der junge Vogel unterscheidet sich vom alten nur durch mattere Farbe, einen dunkler braunen Schnabel, dunklere Beine und den Mangel des unteren weißen Halsflecks.

Das Weibchen ist statt des weißen Halsflecks mit einem gelblichen geziert und hat blaßgelben Unterbauch und Steiß, wo das Männchen ganz rein weiß gefärbt ist. Der Schnabel wird bei alten Vögeln ganz hellbraun, selbst gelblich.

Ganze Länge 9″, Schnabelfirste 7‴, Flügel 4″ 8‴, Schwanz 3″, Lauf 14‴.

Auf den Campos bei Lagoa santa nicht selten, läuft viel am Boden und bekommt sogar Sandflöhe in seine Zehen, wie eins meiner Exemplare von dort beweist.

Anm. D'Orbigny hat sehr mit Unrecht diese Art für das Weibchen der vorigen ausgegeben; sie leben nicht einmal in derselben Gegend zusammen, sondern jene im Walde, und diese auf Triften. In der Synonymie bin ich Cabanis a. a. O. gefolgt, ziehe aber die gleichnamige Art des Prinzen zu Wied lieber zur folgenden, weil die jungen Vögel rothe Schaftstriche besitzen, was beim T. crotopezus *Ill.* nicht der Fall ist. Auch lebt sie nicht im Urwalde.

4. Turdus albiventris *Spix.*

Spix, Aves Brasil. I. 70. 3. tb. 69. — *Cabanis, Schomb.* Reise III. 666. 3. — *Id.* Mus. Heineau. I. 4. 28.
Turdus crotopezus *Pr. Max.* Beitr. III. b. 646. 3.
Turdus humilis *Licht.* Mus. Berol.
Turdus gymnopsis *Temm.* Mus. Lugdun.

Rückengefieder olivenbraun, Halsmitte weiß, schwarz gestreift; Brust grau, Bauchseiten rostgelb, Steiß weiß bei beiden Geschlechtern.

Der vorigen Art ähnlich, aber lebhafter gefärbt; Oberschnabel schwarzbraun, Unterschnabel blaßgelb. Iris braun. Rückengefieder olivenbraun, beim Männchen etwas voller gefärbt, die Seiten des Kopfes und Nackens ins Graue spielend. Flügel und Schwanz völlig wie der Rücken gefärbt, der Schwanz relativ länger, auch etwas schwärzlichgrau überlaufen; innere Flügeldecken rostgelb, wie der Saum der Schwingen; die dritte und vierte die längsten. Kehle und Vorderhals weiß, schwarzbraun gestreift, allmälig in die graue Brust übergeführt, ohne weißes Halsschild; Bauchseiten grau, nach außen in rostgelb übergehend; Bauchmitte und Steiß weiß. Beine fleischbraun.

Das Weibchen ähnelt dem Männchen in der Färbung, ist aber etwas blasser und hat keine so roströthlich gefärbten, mehr rostgelbgraue Bauchseiten.

Der junge Vogel besitzt rostrothe Schaftstreifen und Spitzen am Deckgefieder der Flügel, wie bei der zweiten Art und eine viel hellere Grundfarbe; die Brust ist ebenfalls dunkler, aber sehr matt gefleckt. —

Ganze Länge 8″ 9‴, Schnabelfirste 7‴, Flügel 4″ 6‴, Schwanz 3″ 5‴, Lauf 14‴.

Im Urwaldgebiet der nördlichen Küstenstrecke, bei Bahia, Para und in Guyana.

Anm. Spix hat bei Angabe der Heimath diese und die vorige Art verwechselt; diese ist bei Para, jene in Minas geraes gesammelt worden.

5. Turdus albicollis *Vieill.*

Vieill. Enc. méth. Orn. II. 640. no. 10. — *Id.* N. Dict. d'hist. nat. Tm. 20. pag. 226. — *Cabanis*, Mus. Hein. I. 5. 33.

Rückengefieder röthlich olivenbraun, Kopfseiten und Schwanz schieferschwarz; Vorderhals weiß, die Mitte schwarz gestreift; Brust grau, Bauchseite lebhaft rostroth, Steiß und Bauchmitte weiß.

Eine ausgezeichnete Art, welche in gewisser Beziehung die Mitte zwischen den beiden vorigen hält. — Oberschnabel schwarzbraun, Unterschnabel blaßgelb. Iris braun. Oberkopf dunkelbraun, die Seiten am Ohr und die Zügel schiefergrau; Nacken, Rücken und Flügel röthlich olivenbraun; Schwanz schwarzbraun, die Seiten der Federn schiefergrau überlaufen. Innere Flügeldeckfedern rostgelbroth, aber die Schwingen nicht so gesäumt, einfarbig grau; die vierte allein die längste, länger als die dritte und fünfte. Kehle und Vorderhals weiß, die Mitte und die Seiten schwarzbraun, sehr dicht gestreift, auf dem Halse ein weißer Mondfleck. Brust aschgrau; Bauchseiten lebhaft rostgelbroth, nach der Mitte hin verblassend; Bauchmitte und Steiß weiß, die Seiten der Steißfedern bleigrau, wie die Unterschenkel. Beine hell fleischbraun.

Ganze Länge 9″, Schnabelfirste 7‴, Flügel 5″, Schwanz 3″ 3‴, Lauf 14‴.

In den Gebüschen des Binnenlandes, kommt nicht auf den Boden, wie T. crotopezus, und lebt nur im Walde; mein Sohn schoß die Art einmal bei Lagoa santa.

B. Amseln. Gefieder schwarz, Schnabel im Alter blaßgelb.

6. Turdus carbonarius *Ill.*

Lichtenst. Doubl. d. zool. Mus. 37. no. 427. 428. — *Pr. Max z. Wied.* Beitr. III. b. 646. 2.
Turdus flavipes *Vieill.* Enc. méth. Orn. II. 670. no. 125. — *Id.* N. Dict. Tm. 20 277. — *Spix.* Av. Bras. I. 69. 1. tb. 67. f. 2.

Rumpf grau, Kopf, Flügel und Schwanz schwarz; Schnabel und Beine in der Jugend braun, im Alter gelb.

Etwas kleiner als die vorigen Arten und nicht ganz so groß wie unsere Amsel. — Gefieder des Männchens am Kopfe, Halse, der Brust, den Flügeln und dem Schwanze rein und tief rabenblauschwarz; bei jungen

Vögeln matter, glanzloser. Rücken, Bauch und Schenkel bleigrau, in der Jugend sehr düster und matt gefärbt, im Alter lebhafter und heller; Bauchmitte und hinterste Steißfedern mit weißlichen Spitzen; vierte Schwinge die längste. — Weibchen einfarbig dunkel olivenbraun, die Unterseite etwas lichter, der Schnabel nie ganz gelb, nur hellbraun gefärbt. — Schnabel und Beine der jungen Männchen braun, doch der Schnabel stets etwas dunkler als die Beine; beide mit zunehmendem Alter lichter, doch schneller die Beine; im reifen Alter beide blaßgelb. Iris braun. —

Ganze Länge 8″, Schnabelfirste 7‴, Flügel 4½″, Schwanz 3″, Lauf 1″. —

In den Wäldern der Küstenregion, schon bei Rio de Janeiro und weiter nordwärts; ich erhielt den Vogel bei Neu-Freiburg, wo er zwar nicht häufig, aber auch nicht grade selten vorkommt. —

8. Gatt. Mimus *Boje*.

Orpheus *Swains*.

Schnabel relativ etwas höher und die Firste mehr gebogen, als bei Turdus, sonst ebenso; nur das Nasenloch mehr nach vorn gerückt; die Borstenfedern am Zügelrande recht deutlich. Gefieder weicher, laxer; Flügel relativ kürzer, nur wenig über die Basis des Schwanzes hinabreichend, die erste kleinste Schwinge relativ größer, der halben zweiten gleichkommend, die dritte mit der vierten und fünften ziemlich gleich lang. Schwanz sehr lang, aber nicht breit, die äußeren zwei Federn stufig verkürzt, übrigens aber nicht verkleinert. Lauf und Zehen zwar nicht kürzer, aber relativ kräftiger als bei Turdus, die Tafeln auf der vorderen Seite des Laufs nicht verwachsen nach oben; die Krallen kürzer, weniger gebogen, aber nicht schwächer. Gefieder grau oder graugelb; die Flügeldeckfedern lichter gesäumt. Schnabel und Beine schwarz. —

1. Mimus Calandria.

Gray, Gener. of Birds Orpheus No. 7. — *Cabanis*, Mus. Hein. I. 83. 464.
Orpheus Calandria *Lafr. D'Orb* Voy. Am. mér. Ois. 206. pl. 10. f. 2.
Calandria *Azara*, Apunt. II. 231. no. 223.

Gelbgrau am Bauch, braungrau am Rücken, über dem Auge ein blasser Streif; Flügeldeckfedern sehr schmal weiß gerandet, die Schwingen breit weiß gesäumt am Innenrande.

Die Größe dieser Art, welche beträchtlicher ist, als bei der folgenden, bildet ihr Hauptkennzeichen; im Gefieder steht sie der zweiten am nächsten, hat aber doch einige sichere Unterschiede. — Schnabel sehr groß, um ein Viertel länger als bei M. saturninus, schwarz. Iris braun. Rückengefieder matt graubraun, die Flügeldeckfedern sehr schwach und fein lichter gerandet, aber die Schwingen mit breitem weißem Saum am Innenrande; die erste Schwinge länger und stärker, beträchtlich länger als die halbe zweite. Schwanz ungemein lang, die drei äußeren Federn jeder Seite mit weißer, successiv kürzerer Spitze, welche an der äußersten die Hälfte der sichtbaren einnimmt. Ein Streif über dem Auge bis zum Hinterkopf und die Kehle Fahne weiß; Vorderhals, Brust und Bauch graulich, die Bauchseiten rostgelblich und um so deutlicher braun gestreift, je jünger das Individuum ist. Beine schwarzbraun.

Ganze Länge 11″, Schnabelfirste 11‴, Flügel $4\frac{1}{2}$″, Schwanz 5″, Lauf 17‴. —

Im äußersten Süden Brasiliens, St. Catharina, Rio grande do Sul und besonders auf den offenen Triften, auch weiter südlich und westlich, bis nach Paraguay und Chiquitos; also nicht auf dem von mir bereisten Gebiete. Hier nach einem Exemplar beschrieben, das aus der Gegend von Montevideo herstammt.

Anm. Cabanis hat die Unterschiede a. a. O. zuerst festgestellt, ich finde nur den Schnabel größer, als seine Angaben vermuthen ließen. Sehr charakteristisch ist die Farbe und Zeichnung der Schwingen und Schwanzfedern.

2. Mimus saturninus *Licht.*

Turdus saturninus *Licht.* Doubl. d. zool. Mus. 39. no. 449.
Mimus saturninus *Pr. Max z. Wied.* Beitr. III. b. 658. 2.
Sabiah do Sertão der Brasilianer.

Rückengefieder bräunlichgrau, Bauchseite weißlichgrau, über dem Auge ein blasser Streif, und hinter dem Auge ein schwärzlicher Fleck. Flügeldeckfedern breiter hell gesäumt, Schwingen ohne abgesetzten helleren Saum.

In allen Dimensionen etwas kleiner als die vorige Art, besonders auffallend der Schnabel, der Schwanz und der Lauf. Rückengefieder bräunlicher, jede Feder mit dunklerer Mitte und hellerem Rande; die Flügeldeckfedern scharf und deutlich gelblich weißgrau gesäumt, der Rand unter dem Bug ganz weiß. Die Schwingen auf der Innenseite einfarbig hellgrau, gegen den Binnensaum allmälig etwas lichter; erste kleine Schwinge kleiner, nur etwa halb so lang wie die zweite. Schwanzfedern kürzer, die vier äußeren jeder Seite mit weißer Spitze, welche nicht so tief hinabreicht. Unterseite weißlich graugelb, Kehle reiner weiß; der Augenrandstreif breiter und der dunkle Fleck hinter dem Auge viel deutlicher. Bauchseiten braun gestreift, bei jungen Vögeln auch die Brust.

Das Männchen hat einen rostgelblichen Ton, besonders an der Unterseite, und viel schmälere, spitzere Schwanzfedern mit längeren weißen Spitzen. — Die Grundfarbe des Weibchens ist grauer und die Form der Schwanzfedern viel stumpfer.

Ganze Länge 10″, Schnabelfirste 7½—8‴, Flügel 4″, Schwanz 4″, Lauf 14‴.

Auf dem Camposgebiet des Innern Brasiliens, bei Lagoa santa nicht selten. Der Vogel läuft viel auf dem Boden und erhält dadurch einen ganz rothgelben Bauch, der vom anhängenden Lehmstaube herrührt; auch die Schwanzfedern sind stets am Ende beschmutzt und abgenutzt. Das Nest findet sich in den Camposgebüschen und enthält 4—5 grünliche, rostroth gefleckte Eier, deren größere Fleckengruppe dem spitzen Ende genähert ist. —

3. Mimus lividus.

Turdus lividus *Licht.* Doubl. d. zool. Mus. 39. no. 447.
Mimus lividus *Pr. Max z. Wied.* Beitr. III b 653. 1.
Turdus Orpheus *Spix.* Av. Bras. I. 71. 5. tb. 71.
Sabiah da praya der Brasilianer.

Rückengefieder bleigrau, Flügeldeckfedern weiß gesäumt. Unterseite weiß bei jungen Vögeln braungrau gefleckt.

Viel kleiner und zierlicher gebaut, aber wegen des sehr langen Schwanzes nicht grade kürzer erscheinend. Schnabel feiner, schlanker; die Mundborsten steifer und länger. Rückengefieder beim Männchen hell bläulich aschgrau, wie etwas angelaufenes Blei, beim Weibchen bräunlicher grau; Stirn, Zügel und ein Streif über dem Auge rein weiß, ebenso die Kehle. Brust und Bauch bei alten Vögeln weiß, ohne alle Flecken; bei jungen die Brust mit runden grauen Tüpfeln, welche sich an den Bauchseiten mehr in die Länge ziehen. Alle Flügeldeckfedern weiß gerandet; die Schwingen innen hellgrau, am Innenrande etwas lichter gesäumt, doch nicht ganz weiß. Schwanz sehr lang, die mittleren Federn schieferschwarz, die seitlichen alle mit weißer Spitze, aber der weiße Theil viel kürzer, bei den mittleren auf den Endsaum beschränkt. Auch hier die Federn der Männchen schmäler und spitzer, als die der Weibchen. —

Ganze Länge 9½″, Schnabelfirste 8‴, Flügel 4″ 2‴, Schwanz 4″ 4‴, Lauf 13‴. —

Im Küstenwaldgebiet zu Hause und allgemein bekannt wegen seiner angenehmen Stimme, die ihn sogar als Stubensänger beliebt macht; man sieht den Vogel viel in Käfigen, selbst in Rio de Janeiro. Er lebt aber nicht eigentlich im Urwalde, sondern auf den offnen Strandstrecken vor dem Walde, nistet auch da, und legt, wie die vorige Art, blaßgrüne, rostroth getüpfelte Eier.

9. Gatt. Donacobius *Swains.*

Cichla *Wagl.*

Schnabel länger, niedriger, bauchiger als bei Mimus und dem von Turdus im Bau ähnlicher, aber stärker gebogen und nach Verhältniß viel größer; das Nasenloch eine runde weite Oeffnung vorn in der Nasengrube. Mundborsten ziemlich lang, wie bei Mimus saturninus. Gefieder feiner, glatter, derber als bei Mimus, ebenfalls drosselartiger; Flügel sehr kurz, völlig gerundet, nur bis auf den Anfang des Schwanzes reichend, die erste Schwinge relativ viel größer, zwei Drittel der zweiten messend, die zweite mäßig verkürzt, die dritte ein wenig. Schwanz lang, breitfedrig; alle Federn stark stufig verkürzt, und jedes Paar von verschiedener Länge; das äußerste ein wenig länger als die unteren Schwanzdecken. Beine ziemlich stark gebaut, der Lauf hoch, die oberen Tafeln sehr lang, beinahe verwachsen. Zehen länger, dünner und gestreckter als bei Mimus, besonders auch die Krallen.

Donacobius atricapillus *Linn.*

Cabanis Schomb. Reise III. 674. 42. II 484.
Turdus atricapillus *Linn.* S. Nat. I. 295. 18. — *Buff.* pl. enl. 392. — *Lath.* Ind. orn. I. 353. 96.
Turdus brasiliensis *Gmel. Linn.* S. Nat. I. 2. 831. — *Lath.* Ind. orn. I. 340. 49.
Oriolus Japacani *Gmel. Linn.* S. Nat. I. 1. 385. — *Lath.* Ind. orn. I. 177. 11.
Icterus Japacani *Daudin.* Traité d'Orn. II. 343.
Gracula longirostra *Pall. Spix.* zool. 17. tb. 2. f. 2. — *Lath.* Ind. orn. I. 193. 11.
Turdus platensis *Vieill.* Enc. méth. Orn. 671.
Mimus brasiliensis *Pr. Max z. Wied.* Beitr. III. b. 662. 3.
Donacobius brasiliensis *D'Orb.* Voy. Am. mér. Ois. 213.
Donacobius vociferus *Swains.* zool. Ill. N. Ser. pl. 27.
Donacobius albo-vittatus *D'Orb.* Voy. Am. mér. Ois. 213. pl. 12. f. 1. (D. albolineatus).
Batara agallas paladas. *Azara*, Apunt. II. 214. 219.
Japacani *Marcg.* h. nat. Bras. 212.

Oberkopf bis zum Nacken schwarz, Rücken braun; Unterseite rostgelb; Basis der Schwingen und Spitze der Schwanzfedern weiß. —

Von schlankem Körperbau, nicht ganz so groß wie ein Staar, aber der Schwanz länger. — Schnabel glänzend schwarz, Iris orange. Oberkopf, Rücken und Backen glänzend schwarz; vom Nacken an rothbraun, allmälig gegen den Bürzel hin lichter, der Bürzel gelbbraun. Schwingen und Schwanz schwarz; erstere an der Basis, letzterer an der Spitze weiß. Ganze Unterfläche vom Kinn bis zum Steiß rostgelb, die Bauchseiten fein quer schwarz gestreift. Am Halse, zu beiden Seiten auf der Grenze der schwarzen und gelben Federn eine nackte fleischrothe Stelle. Beine dunkel graubraun. —

Der junge Vogel ähnelt dem alten, ist aber sehr viel matter gefärbt; der glänzend schwarze Oberkopf ist einfarbig braun, wie der Rücken, und die Flügeldeckfedern haben lichtere Säume; die feinen schwarzen Querlinien an den Bauchseiten fehlen.

Ganze Länge 9″, Schnabelfirste 11‴, Flügel 4″, Schwanz $4^{1}/_{2}$″, Lauf 13‴. —

Im Schilf und Gesträuch der Waldbäche nicht selten, und leicht kenntlich an der lauten, nicht unangenehmen, melodischen Stimme, welche der Vogel bei seinen vielfachen Bewegungen, wie unsere Sylvia turdoides, erschallen läßt. Er hat in seinem ganzen Benehmen etwas vom Zaunschlüpfer (Troglodytes) und stände vielleicht passender in der folgenden Gruppe, wohin ihn auch Cabanis (Ornith. Notiz. I. 207.) freilich zugleich mit Mimus, gestellt hat, was ich weniger zutreffend finde. —

Anm. Die zahlreiche Synonymie beweist, wie vielfältig der Vogel verkannt worden ist; ich erhielt ihn in Neu-Freiburg von meinen dortigen Schützen, habe ihn aber selbst nicht lebend getroffen, weil er so versteckte Oertlichkeiten sucht und mit großer Behendigkeit im Schilf und Buschwerk weiterhüpft, daß es schwer hält, den wilden Vogel zu belauschen. —

5. Troglodytidae.

Schnabel länger, feiner, sanft gebogen, ziemlich hoch und für die Größe der Vögel stark. Flügel kurz, stark gerundet, die vorhandene erste Schwinge über halb so lang wie die zweite. Schwanz kurz und abgerundet, oder lang und stufig.

10. Gatt. Campylorhynchus *Spix.*

Ramphocinclus *Lafr. Bon.*

Schnabel von mäßiger Größe, stark seitlich zusammengedrückt, mit deutlicher wenn auch nicht scharfer Rückenfirste; Nasengrube mit schmalem, länglich ovalem Nasenloch am unteren Rande, darüber ein Hautsaum. Keine steifen Mundborsten am Zügel. Gefieder derbe; Flügel weniger abgerundet als bei den folgenden Gattungen, etwas über die Basis des Schwanzes hinabreichend, die erste Schwinge zwei Drittel der zweiten messend. Schwanz lang, die äußeren Federn etwas verkürzt, doch deutlich nur das äußerste Paar. Beine stark für die Größe des Vogels, der Lauf dick, vorn abgesetzt getäfelt; der Daumen ungemein groß, die Krallen hoch und sehr spitz. —

Campylorhynchus variegatus.

Cabanis, Mus. Heinean. I. 80. 452.
Turdus variegatus *Gmel. Linn.* S. Nat. I. 2. 817. 54. — *Lath.* Ind. orn. I. 332. 18.
Turdus scolopaceus *Licht.* Doubl. zool. Mus. 39. no. 444.
Campylorhynchus scolopaceus *Spix.* Av. Bras. I. 77. 1. tb. 79. fig. 1.
Opetiorhynchus turdineus *Pr. Max* Beitr. III. b. 673. — Dess. Reise n. Bras. II. 148.

Rückengefieder graubraun, die Federn lichter gesäumt; ein Streif am Auge und die Unterfläche weiß; Brust braungrau getüpfelt, Bauch und Steiß quergebändert. —

Fast so groß wie Donacobius atricapillus, der Schnabel feiner, zierlicher, hellbraun, der Unterkiefer blaßgelb; Iris braun. Rückengefieder matt graubraun, jede Feder mit einem lichteren Rande; die Flügeldeckfedern und Schwingen in diesem lichteren Rande heller und dunkler absatzweise getüpfelt, gleich als ob Binden sich darin absetzten, die auch stellenweis etwas auf die Fahne nach innen übergehen; die Schwingen übrigens wie der Rücken im Ton, unten heller grauweiß, der Innenrand etwas lichter. Schwanzfedern etwas matter gefärbt, der Rand auf dieselbe Weise bindenartig heller und dunkler gefleckt. Unterfläche vom Kinn bis zum Schwanz weißlich gelb; Kehle und Vorderhals einfarbig, ebenso die Zügel und ein Streif neben dem Auge, der bis zum Ohr reicht. Brust mit runden braunen Flecken auf jeder Feder nahe der Spitze; Bauch und Steiß braun und blaßgelb quer gefleckt oder gebändert, letztere Zeichnung besonders an den unteren Schwanzdecken. Beine hellbraun, die Krallen lichter. —

Ganze Länge 7½″, Schnabelfirste 8‴, Flügel 3″ 4‴, Schwanz 2″ 7‴, Lauf 1″.

In dichten Gebüschen nahe bei Gewässern, besonders an den mit Wald bekleideten Flußufern und Inseln in den Flüssen, doch mehr in den mittleren Theilen des Küstengebietes nördlich vom Rio Parahyba zu Hause; hüpft wie ein Zaunschlüpfer im Dickigt und macht sich durch eine laute, 3mal wiederholte Stimme, die wie kiock! kiock! kiock klingt, kenntlich; nistet auf isolirten alten und hohen Bäumen, doch nur in einsamen, von Menschen ungestörten Gegenden. —

11. Gatt. Cyphorhinus *Cabanis.*

Platyurus *Swains.*

Schnabel relativ viel höher, mehr seitlich zusammengedrückt, wenig gebogen; die Nasenstrecke erhebt sich über die Nasengrube beträchtlich und bildet für sich eine Art Höcker; die Nasenlöcher sind klein, rund, offen und von einem häutigen Saum umgeben; nicht spaltenförmig und von einer Schuppe bedeckt, wie bei den meisten Gattungen der Troglodytiden. Flügel kurz, stark abgerundet; Schwanz mäßig lang, breitfedrig, die Seitenfedern stark stufig verkürzt. Beine ziemlich derbe gebaut, der Lauf oben mit verwachsenen Tafeln, die eine gemeinsame Schiene bilden, bekleidet; die Zehen ziemlich lang mit nach Verhältniß starken Krallen.

1. Cyphorhinus thoracicus *Cab.*

v. Tschudi, Fauna peruana Orn. 184. 1. tb. 16. f. 1.
Platyurus affinis *Swains.* Birds of Brazilia pl. 57.

Braun, Kehle, Vorderhals und Brust rostroth. —

Schnabel schwarz, Unterkiefer und Spitze weißlich; Iris braun. Rückengefieder von der Stirn bis zum Schwanz, nebst dem Bauch und der Steißgegend, ziemlich dunkelbraun, mit leichtem rostrothem Anfluge; die Stirn etwas heller, das Auge von einem dunkleren Ringe umgeben; Schwingen und Schwanz schwarzbraun, erstere matt rostroth gerandet. Kinn, Kehle, Backen und Vorderhals bis zur Brust hinab lebhaft und hell rostroth; Bauchmittte blasser, ins Weißliche fallend, Bauchseiten olivenbraun. Beine fleischbraun, die Krallen lichter gefärbt.

Ganze Länge 5″ 9‴, Schnabelfirste 9‴, Flügel 3″ 2‴, Schwanz 1″ 10‴, Lauf 1″. —

Im Urwalde an Bächen und auf Moorgrund, lebt am Boden und im Unterholz. Sein Hauptverbreitungsbezirk sind die Gegenden am oberen Amazonenstrom bis nach Peru; das südliche Brasilien berührt er nicht.

2. Cyphorhinus cantans *Gmel.*

Cabanis Wiegm Arch. 1847. I. 206. 2. — *Schomb.* Reise III. 673. 36. und II. 435. 448.
Turdus cantans *Gmel. Linn.* S. Nat. I. 2. 825. 27. — *Buff.* pl. enl. 706. 2.
Turdus Arada *Lath.* Ind. orn. I. 358. 116.
Platyurus rubecula *Swains.* nat. hist. II. 319.
Thryothorus carinatus *Id.* Birds of Braz. pl. 14.
Cyphorhinus carinatus *Caban. v. Tschudi* Fn. peruan. Orn. 184. Note.

Rückengefieder braun, fein schwarz gewellt; Kehle und Vorderhals rostroth, Brust und Bauch gelblichweiß; Ohrgegend schwarz und weiß gestrichelt. —

Schnabel schwarz, Unterkiefer am Kinnrande weißlich. Iris braun. Rückengefieder röthlich braun, die Stirn und der Oberkopf heller, röthlicher; Flügeldeckfedern, Schwingen und Schwanz dunkler schwarzbraun, in die Quere fein gewellt; bei jüngeren Vögeln auch der ganze Rücken. Kinn, Kehle und Vorderhals hell rostroth. Halsseiten, Backen, Ohrgegend bis zum Nacken hinab schwarz, jede Feder mit weißem Schaftstreif. Mitte der Brust und des Bauches weißlich gelb, die Seiten matt olivenbraun, etwas dunkler gewellt. Steiß roströthlich. Beine hell fleischbraun. —

Ganze Länge 5″, Schnabelfirste 7‴, Flügel 2″ 2‴, Schwanz 1″ 4‴, Lauf 9‴. —

Im Urwaldgebiet des nördlichen Brasiliens, doch mehr nach Osten (Para), und besonders über Guyana verbreitet; durch seinen angenehmen Gesang, den er Morgens bei Tagesanbruch hören läßt, sich auszeichnend. Vielleicht der beste Sänger der Tropen Süd-Amerikas. —

12. Gatt. Pheugopedius *Caban.*

Mus. Heinean. I. 79.

Schnabel von Cyphorhinus, aber etwas dicker, nicht so stark zusammengedrückt, daher die Nasenfirste breiter, stumpfer, die Spitze mehr hakig herabgebogen; Nasengrube nur kurz, das Nasenloch schmal, eigenthümlich ∿förmig gebogen, von einer gewölbten, dachartigen Schuppe bedeckt. Flügel und Schwanz weniger verkürzt, als bei Cyphorhinus, die erste Schwinge ¾ der zweiten messend, die zweite noch stark abgestuft, die dritte wenig, die vierte und fünfte die längsten. Schwanz ziemlich lang, schmalfedrig, die 3 äußeren Federn jeder Seite stufig verkürzt. Beine wie bei Cyphorhinus gebaut, aber der Lauf bis oben hinauf mit getrennten Tafeln bekleidet. —

Pheugopedius genibarbis *Caban.*

Cabanis, Museum Heineanum, I. 79. 450.
Sphenura Coraya ***Lichtenst.*** Doubl. d. zool. Mus. 42. no. 464.
Myiothera Coraya ***Spix.*** Av. Bras. I. 73. 3. tb. 73. f. 2. — ***D'Orbigny*** Voy. d. l'Am. mér. Ois. 229.
Thryothorus Coraya ***Pr. Max.*** Beitr. III. b. 754. 4.

Oberkopf und Nacken braun, Rücken rothbraun, Schwanz schwarzbraun gebändert. Backen schwarz und weiß gestreift; Kehle und Hals weiß, Brust und Bauch rostgelb. —

Schnabel für die Größe des Vogels stark; Oberkiefer längs der Firste schieferschwarz, Spitze, Mundrand und Unterkiefer weiß. Oberkopf bis zum Nacken und die Nackenseiten graubraun; die vordersten Stirnfedern, die Zügel und ein Streif am Augenrande bis zum Ohr weiß; Backen und Ohrgegend schieferschwarz und weiß gestreift, einige lange schwarzbraune Streifen vom Unterkiefer her an den Halsseiten herab. Kinn, Kehle und Vorderhals weiß; von der Brust an der Ton gelblich, Bauch und Steiß entschieden rostgelb. Rücken und Flügeldeckfedern hell rostroth, die Schwingen braun mit rostrothem Außenrande, am Innenrande blaßgelb gesäumt, die Gegend unter dem Bug am Flügelrande weiß. Schwanzfedern rothbraun und schwarzbraun gebändert, aber die hellen Binden schmäler und z. Th. nur als Randflecken angedeutet. Beine hell fleischbraun, die Krallen ganz blaß.

Ganze Länge 5″ 4‴, Schnabelfirste 7‴, Flügel 2″ 6‴, Schwanz 2″, Lauf 10‴.

In den Gebüschen der Waldregion bei Bahia und nordwärts bis Para; lebt im Unterholz, kommt viel auf dem Boden herab, und hat völlig das Benehmen unseres Zaunschlüpfers. —

Anm. Turdus Coraya *Gmel Linn.* S. Nat. I. 2. 825. — *Buff.* pl. enl. 701. 1. — *Lath.* Ind. orn. I. 358. 117. ist etwas größer, hat eine minder rostrothe, mehr umbrabraune Farbe, einen schwarzbraunen Oberkopf, eine intensiver gefärbte Bauchfläche und wie es scheint, nicht die langen schwarzen Streifen am Halse, welche vom Unterkiefer herkommen; weshalb Cabanis diese in Guyana einheimischen Vögel wohl mit Recht als eigene Art von den beschriebenen aus Brasilien absondert.

13. Gatt. Thryothorus *Vieill.*

Schnabel lang, dünn, sanft gebogen, viel schlanker als bei den vorigen Gattungen; Nasenloch eine kurz ovale, von einem erhöhten Hautrande nach oben umgebene Oeffnung. Zügelrand ohne lange Borstenfedern. Flügel kurz und stumpf, doch etwas über die Basis des Schwanzes hinabreichend; erste Schwinge zwei Drittel der zweiten, stark verkürzten; dritte noch etwas kürzer als die vierte, längste. Schwanz klein, weich, kurz, die äußeren Federn stufig verkürzt. Beine etwas feiner als bei den vorigen Gattungen, sonst ebenso; der Lauf bis oben hinauf getäfelt. —

1. Thryothorus rutilus *Vieill.*

Encycl. méth. Ois. 627. — N. Dict. d'hist. nat. Tn. 34.
Thryothorus rutilans *Swains.* Birds of Bras. pl. 15.

Rückengefieder braun, Backen und Kehle schwarz und weiß gewellt, Brust rostroth, Bauch blaßgelb; Flügel und Schwanz schwarzbraun gebändert.

Etwas kräftiger gebaut als die folgenden Arten, mit relativ stärkerem kürzerem Schnabel; dieser hornbraun, nach der Basis lichter. Iris braun. Rückengefieder umbrabraun, der Scheitel dunkler schwarzbraun mit gelblichem Augenrandstreif; die Schwingen innen und die Schwanzfedern schwarz gebändert. Kehle, Backen und Ohrdecke weißlich, jede Feder mit schwarzem Endrande und schwarzen Querlinien; Unterhals und Oberbrust rostroth; Bauch besonders an den Seiten gelblich, die Mitte und der Steiß weißlich, letzterer grau quer gestreift. Beine bräunlich fleischfarben. —

Ganze Länge 5″, Schnabelfirste 10‴, Flügel 2″, Schwanz 1½″, Lauf 10‴.

Im nördlichen Brasilien, bei Para und Bahia. —

2. Thryothorus striolatus.

Pr. Max z. Wied. Beitr. III. b. 748. 2. — *Swains.* Birds of Braz. pl. 16.
Campylorhynchus striolatus *Spix.* Aves Bras. I. 77. 2. tb. 79. fig. 2.
Thryothorus longirostris *Vieill.* Gal. d. Ois. II. 275. pl. 168.

Rothbraun, Kehle und ein Streif über dem Auge weiß, Backen fein schwarz gestreift; Flügel und Schwanz schwarz gebändert.

Beträchtlich größer als unser Zaunschlüpfer, doch ähnlich gestaltet. Schnabel länger, stärker, mehr gebogen; Oberkiefer schwarzbraun, die Spitze beider Kiefern hellbraun, die Kinnkante und der Mundrand blaßgelb. Iris braun. Rückengefieder rothbraun, die Stirn bis zu den Augen mehr graubraun, Zügelfedern und ein Streif über dem Auge weiß; Backen und Ohrgegend fein schwarzbraun gestreift. Kehle weiß, die etwas abstehenden Federn am Kinnrande mit schwarzen Spitzen; Vorderhals blaßgelb, Brust und Bauch rostgelb, nach dem Steiß hin dunkler. Schwanzdecken ohne Querbinden. Große Flügeldeckfedern, Schwingen und Schwanzfedern dicht schwarz gebändert. Innere Deckfedern und Saum der Schwingen rostgelb. Beine hell fleischbraun.

Ganze Länge 5½″, Schnabelfirste 11‴, Flügel 2½″, Schwanz 2″, Lauf 10‴. —

Bei Neu-Freiburg, aber nur im Walde im dichten Unterholz, wo er ganz wie unser Zaunschlüpfer umherhüpft.

Anm. Die vom Prinzen zu Wied hierher gezogene Sylvia ludoviciana *Lath.* Ind. orn. II. 548. 150. — *Buff.* pl. enl. 730. ist etwas kleiner, überall heller gefärbt und nur in Nord-Amerika zu Hause. Vieillot hat die Art als Th. litoralis beschrieben (*Vieill.* et *Aud.* Ois. d'Am. Sept. pl. 78.). Noch näher steht dem hier beschriebenen Vogel die etwas größere Form aus Guyana, welche Cabanis Th. albipectus nennt. *Schomb.* Reise III. 673. 39.

3. Thryothorus polyglottus *Vieill.*

Vieill. Enc. méth. Orn. 629. — *Id.* N. Dict. d'hist. nat. Tm. 35. pag. 59.
Troglodytes omnisonus *Licht.* Mus. Berol.
Todo voz, *Azara* Apunt. II. 29. 151.

Kleiner, Gefieder rostrothgelb, Rücken, Flügel und Schwanz schwarz gebändert; Backen schwarz gestreift, Kehle und ein Streif über dem Auge weiß.

Schnabel braun, Unterkiefer blasser; Iris braun. Gefieder rostroth. Stirnrand, Zügel und ein Streif über dem Auge weiß; Backen und Ohrgegend braun, darunter ein zweiter weißer Streif, das Uebrige bis an die Seiten des Halses hinab schwarz gestreift; Kinn, Kehle und Vorderhals weiß; Brust und Bauch rostgelbroth. Rücken, Flügel und Schwanz schwarzbraun in die Quere gestreift, die kleinen Deckfedern wie der Nacken rothbraun. Innere Flügeldeckfedern und Saum der Schwingen weißlich. Beine graubraun.

Ganze Länge 4″, Schnabelfirste 6‴, Flügel 2″, Schwanz 1½″, Lauf 8‴.

Im Innern Brasiliens auf dem Camposgebiet; zeichnet sich durch eine angenehme, melodische Stimme aus; hüpft wie ein Zaunschlüpfer, durch das niedrige Gesträuch, fliegt nur kurze Strecken, ist ungemein behende und von früh bis spät am Tage in Bewegung.

4. Thryothorus interscapularis *Licht.*

Troglodytes interscapularis *v. Nordm. Erman* Reise, Atlas 13. 90.

Noch kleiner, graulich rostgelb, Bauchseite weißgelb; Rücken, Flügel und Schwanz schwarzbraun gebändert.

Schnabel braun, Unterkiefer lichter. Iris braun. Gefieder mehr gelblich graubraun, als röthlich gefärbt, die ganze Unterseite sehr blaß, weißlichgelb, der Steiß röthlicher, die Kehle weiß. Scheitel, Nacken und Rücken ziemlich dunkel. Flügeldeckfedern, Schwingen am Außenrande und der Schwanz schwarz gebändert; die Seitenfedern des letzteren ebenfalls nur am Außenrande. Ueber dem Auge ein weißlicher Streif bis zum Ohr, die Ohrdecke oben braun, unten blaßgelb, braun gestreift. Beine fleischbraun.

Ganze Länge 3″ 8‴, Schnabelfirste 4‴, Flügel 1″ 9‴, Schwanz 1″ 6‴, Lauf 6½‴. —

In St. Paulo, St. Catharina und dem südlichen Brasilien.

14. Gatt. Troglodytes *Koch.*

Kleine zierliche Vögelchen, welche sich durch einen kürzeren Schnabel auszeichnen; derselbe ist nicht grade feiner, mitunter ziemlich derbe, aber doch etwas anders gestaltet, zumal in der Nasengrube, welche kein rundes, sondern ein längliches, geschwungenes Nasenloch am unteren Rande einer gewölbten Schuppe einschließt und darin mehr an Cyphorhinus, als an Thryothorus erinnert. Gefieder weich und zart. Flügel kurz, die erste Schwinge viel kleiner als bei Thryothorus, nur halb so lang wie die zweite; diese bemerkbar verkürzt, aber die dritte gleich lang mit der vierten und fünften. Schwanz klein, schwach, schmalfedrig, die äußeren Federn verkürzt. Beine zierlich, der Lauf hoch, die Tafeln der Vorderseite getrennt, (bei unserer Art: Tr. verus, völlig verwachsen, ohne Spur einer Trennung).

Anm. Die Gattung scheint sich nur nach dem Nasenloch von Thryothorus abzusondern; die Größe und Stärke des Schnabels ist veränderlich nach den Arten; die Täfelung des Laufs nur bei den Arten der östlichen Halbkugel zu einer homegenen Schiene, ohne Spur von Verwachsung der Schilder, umgestaltet.

1. Troglodytes furvus *Licht.*

Doubl. d. zool. Mus. z. Berl. 35. no. 406. — *Vieill.* Galer. II. 273. pl. 167
Motacilla furva *Gmel. Linn.* S. Nat. I. 2. 994.
Sylvia furva *Lath.* Ind. orn. II. 548. 151. — *Brow.* Illust. orn. 68. pl. 18.
Thryothorus platensis *Pr. Max.* Beitr. III. b. 742 1.
Thryothorus aequinoctialis *Swains.* Birds of Braz. pl. 13.
Guaricho der Brasilianer.

Rückengefieder graubraun, sehr matt dunkler gewellt; Flügel und Schwanz deutlich schwarz fein gebändert. Unterfläche röthlich fahlgelb.

Genau so groß wie unser Zaunkönig (Troglodytes verus) aber mehr braun und der Schnabel stärker. Oberschnabel braun, Unterschnabel blaßgelb. Iris braun. Rückengefieder röthlich graubraun, sehr matt dunkler gewellt; Flügel und Schwanz deutlich schwarzbraun quer gebändert, die Linien fein und dicht aneinander gerückt. Innenseite der Flügel weißlich grau; Schwingen in der Tiefe graubraun, der Innensaum weißlich, dunkler gewellt. Kehle, Zügel und ein Streif über dem Auge blaß rostgelb, Ohrdecke dunkler gestreift. Vorderhals, Brust und Bauch voller rostgelblich gefärbt, der Steiß am dunkelsten; die unteren Schwanzdecken mit blasserer Spitze, vor der eine schwarze Bogenlinie steht. Beine fleischbraun.

Ganze Länge 4″, Schnabelfirste 6‴, Flügel 2″, Schwanz $1\frac{1}{2}$″, Lauf 8‴. —

Ueberall in der Nähe der Dörfer und Städte, nistet in den Dächern, legt 4—5 blaß rosafarbene, rostbraun fein besprengte Eier, und zeichnet sich durch einen lieblichen, aber schwachen Gesang aus. Ist wenig scheu, hüpft an den Zäunen, sitzt oben auf den Zaunpfählen eine Zeit lang singend, und ähnelt in seinem ganzen Benehmen unserm Zaunkönig völlig. —

2. Troglodytes platensis *aut.*

D'Orb. Voy. d. l'Am. mér. Ois. 231.
Sylvia platensis *Lath.* Ind. orn. II. 548. 149. — *Buff.* pl. enl. 730. 2.
Thryothorus platensis *Vieill.* Enc. méth. Orn. II. 471. — *Lesson* Rev. zool. 1840. 264. — *Darw.* zool. of the Beagl. III. 75.
Basacaraguay, *Azara* Apunt. II. 19. 150.

Schnabel derber, Farben blasser, sonst wie die vorige Art, aber der Schwanz kürzer.

Schnabel etwas höher, dicker und derber gebaut, der Oberkiefer braun, der untere blaßgelb. Iris braun. Gefieder des Rückens braun, gegen den Bürzel hin etwas röthlicher, ohne bemerkbare Querwellen. Flügel und Schwanzfedern schwarzbraun fein in die Quere gebändert, die Schwingen in der Tiefe graubraun, am Innenrande blaßgelb gesäumt; die inneren Flügeldeckfedern heller und dunkler rostgelb gebändert, schwarzbraun gefleckt; bald deutlicher, bald matter. Ueber dem Auge nur ein sehr wenig merklicher Streif, die Kehle weißlich, die Backen braun gestreift; Hals, Brust und Bauch blaßrostgelblich, die Brustseiten röthlicher, matt dunkler gewellt. Schwanz dunkler gefärbt und kürzer als bei der vorigen Art, Beine blasser. —

Ganze Länge 4″ 6‴, Schnabelfirste 6‴, Flügel 2″, Schwanz 1″ 4‴, Lauf 9‴. —

Lebt im Süden Brasiliens und im Binnenlande, bewohnt Paraguay, St. Paulo, Minas geraes, und vertritt dort die Stelle der vorigen, mehr im Waldgebiet einheimischen Art. Lebensweise und Betragen völlig dieselben; die Eier etwas größer, dichter gefleckt. Er nistet lieber auf hartem steinigem Grunde und baut gern in die Mauerlöcher oder in Felsspalten, wo er sie haben kann. —

Neunzehnte Familie.

Spaltschnäbler. Fissirostres.

Schnabel sehr kurz, ganz flach, am Grunde breit, mit tiefer Mundspalte, bauchig gewölbtem Oberkieferrande und herabgebogener Spitze, neben welcher sich eine seichte schwache Kerbe bemerklich macht; Nasengrube klein, mit rundem Nasenloch dicht vor dem Stirngefieder; am Zügelrande einige kurze, steife, abwärts gewendete Borsten; Zügelgefieder vortretend mit feinen, abstehenden Borstenspitzen; Augenliedränder mit kleinen Federn besetzt. Ganzes Gefieder klein, derbe, glatt anliegend, seidenartig glänzend; Schwingen und Schwanzfedern derbe, schmal, meist lang ausgezogen; an der Hand nur **neun** Schwingen, von denen die erste stets die längste ist; am Arm auch neun aber sehr kurze Schwingen, welche der letzten kurzen Armschwinge an Länge gleichstehen. Große Flügeldeckfedern ziemlich lang, ihr frei sichtbarer Theil ebenso lang wie die sichtbaren Theile der Armschwingen und mit dem übrigen kleinen Deckgefieder von beinahe gleicher Länge*). Schwanzfedern mehr oder minder zugespitzt, die äußeren um so mehr verlängert, je spitzer sie sind. Beine sehr kurz, die Laufsohle mit 2—3 großen Tafeln oder einer kurzen Stiefelschiene an jeder Seite belegt; die Zehen zierlich mit kurzen, spitzen stark gebogenen Krallen; die Außenzehe meist kürzer als die Innenzehe. —

Die Schwalben, welche dieser Gruppe angehören, sind ungemein schnell fliegende, gewandte, über die ganze gemäßigte und warme Erdoberfläche verbreitete Vögel, welche Insekten im Fluge fangen, in Erdlöchern oder angeklebten Erdnestern brüten und 2—4 weiße oder fein rothbraun getüpfelte Eier legen. Die meisten haben am Rücken ein stahlblau glänzendes Gefieder und eine weiße Bauchseite. In ihrer äußeren Erscheinung harmoniren sie mit den Seglern, in der zarten Fußbildung mit den Kolibris.

Anm. Die Spezifiker unter den Ornithologen verbinden die Schwalben mit den Seglern zu einer Hauptgruppe, wie Boje in der Isis 1844. S. 164., ja behaupten sogar, daß eine Trennung derselben von einander aller naturgemäßen Systematik der Vögel den Todesstoß gebe, während die anatomisch-physiologischen Forscher (wie Nitzsch, Sundeval rc.) in der Trennung beider die allein richtige Begründung eines wissenschaftlichen Systems der Vögel erblicken. Es ist nicht zu läugnen, daß die Schwalben hier, zwischen den Zaunschlüpfern und Honigsängern der neuen Welt, eine sehr gezwungene Stellung einzunehmen scheinen; berücksichtigt man aber die in Amerika fehlenden Zwischenglieder der östlichen Hemisphäre, so dürfte die Dissonanz sich in Harmonie auflösen lassen. —

A. Schwalben. Hirundineae.

Andurinhae der Brasilianer.

Es giebt auf der westlichen Halbkugel nur diese eine Gruppe der Fissirostres, während die östliche Erdhälfte noch einen Theil der Fliegenschnepper (Muscicapidae), die Ceblepyriden und Ocypteriden (Artamidae) als hierhergehörige Formen aufzuweisen hat. Wir halten es darum für unnöthig, die Unterschiede derselben zu erörtern; sie liegen hauptsächlich in der Schnabel- und Fußbildung. —

---

*) Dieser Flügelschnitt unterscheidet die ächten Schwalben sehr leicht von den Cypseliden, bei denen die Armschwingen viel kürzer, und die Deckfedern relativ viel länger sind; besonders die vorderen oder Handdecken. Auch sitzen zehn Federn am Handtheil, nicht neun. Die Kolibris stehen in diesen Verhältnissen den Schwalben schon etwas näher, als die Segler; aber die Anlage ist doch ganz die der Segler, nicht schwalben- oder singvogelartig.

1. Gatt. Progne *Boje*.

Isis, 1826. 971. — Cecropis *Lesson*.

Große Schwalben mit kräftiger Schnabelbildung, deren Gefieder sich durch einen sehr dunklen Stahlglanz, wenigstens am Rücken, auszuzeichnen pflegt. Der Schnabel ist nicht bloß lang, sondern auch ziemlich hoch, mehr gewölbt, am Ende ziemlich hakig herabgebogen, am Grunde breit, nach vorn allmälig von den Seiten zusammengedrückt; das Nasenloch liegt frei und deutlich vor dem Kopfgefieder. Das Gefieder ist sehr derbe, in der Jugend grau mit weißlicher Unterfläche, im Alter stahlblau, entweder einfarbig oder mit weißer Bauchseite. Die ruhenden Flügel reichen bis ans Ende des Schwanzes; letzterer ist gabelförmig, stark ausgeschnitten, aber ziemlich breit und die äußerste längste Feder reicht nicht weiter als die Spitze der ruhenden Flügel. Die Beine sind besonders stark gebaut, der Lauf ist nackt, hinten getäfelt; die Zehen dick und fleischiger als bei anderen Schwalben, die Außenzehe etwas länger als die Innenzehe.

1. Progne purpurea *Linn.*

Hirundo purpurea *Linn.* S. Nat. I. 1. 344. 5. — *Lath.* Ind. orn. II 578. 22. — *Buff.* pl enl. 722.
Hirundo violacea *Gmel. Linn.* S. Nat. I. 2. 1026. 36.
Hirundo chalybaca *Pr. Max z. Wied.* Beitr. III. a. 354. 1.
Hirundo versicolor *Vieill.* N. Dict. d'hist. nat. X. 509.
Junger Vogel.
Hirundo Subis *Linn.* S. Nat. I. 344. 7.

Alter Vogel ganz stahlblau.

Junger Vogel am Rücken grau, Flügeldeckfedern stahlblau, Kehle und Brust grau mit weißen Federrändern, Bauch weiß.

Die größte Schwalbe Amerikas, größer als Cypselus Melba, aber Flügel und Schwanz kürzer und daher nicht größer erscheinend. — Schnabel des alten Vogels glänzend schwarz, sehr hoch und dick nach vorn, der Mundrand aufgeworfen; Iris graubraun. Ganzes Gefieder lebhaft stahlblau; Flügel und Schwanz matter graulicher gefärbt; recht alte Individuen am Kopfe und der Brust lebhaft violett schillernd. Beine dunkel fleischbraun. Erste Schwinge kaum länger als die zweite.

Junger Vogel matter gefärbt, der Schnabel hornbraun, mit blaß rothgelbem Mundrande; die Beine lichter fleischbraun. Das Gefieder anfangs ganz rauchgrau, die Brust mit breiten weißen Federrändern, die

Bauchmitte und der Steiß weiß, grauflecking; die Bauchseiten mit grauen Federschäften. Flügeldeckfedern mehr oder minder stahlblau und um so intensiver gefärbt, je älter der Vogel ist. Vor dem Auge ein schwärzlicher Bürstenfleck.

Ganze Länge 8″, Schnabelfirste 5‴, Flügel $5^3/_4$—6″, Schwanz in der Mitte $1^1/_2$, an den Seiten $2^1/_3$″ lang, Lauf 6‴. —

Die Weibchen tragen das Federnkleid des jungen Vogels länger und brüten schon, während der Rumpf noch grau gefärbt ist, obgleich die Flügel bis zu den großen Deckfedern hinab einen lebhaften, vollen Stahlglanz besitzen. Sie sind auch etwas größer, als die ganz stahlblauen Männchen. Das ganz alte Weibchen wird zwar stahlblau, aber nie so lebhaft und schön wie das Männchen; scheint auch den weißen Unterbauch und Steiß zu behalten. Bei jüngeren Vögeln sind diese Theile grau gefleckt. —

Gemein in den Umgebungen Rio de Janeiros und ziemlich durch das ganze tropische Süd-Amerika bis nach Nord-Amerika hinauf verbreitet; nistet an alten Gebäuden oder in Felsenlöchern, und verräth sich bald durch ihre Größe.

Anm. Hirundo chalybaea *Gmel Linn.* S. Nat. I. 2. 1026. — *Lath.* Ind. orn. II. 578. 21. — *Buff.* pl. enl. 545. 2. — ist etwas kleiner, als die vorstehende Art und hat jung eine blaß graugelblichweiße Unterseite, welche dem Weibchen bleibt, dem Männchen im reifen Alter fehlt.

2. Progne dominicensis.

Hirundo dominicensis *Briss.* Orn. II. 493. 3. — *Gmel. Linn.* S. No. I. 2. 1025. 33. — *Lath.* Ind. orn. II. 577. 18. — *Buff.* pl enl. 545. 1.
Progne dominicensis *Boje*, Isis 1844. 178.
Hirundo albiventris *Vieill.* N. Dict. d'hist. nat. X. 509.

Rückengefieder stahlblau, Brust und Vorderhals bis zur Kehle grau, Bauch und Steiß weiß.

In allen Theilen kleiner als die vorige Art, besonders der Schnabel flacher und zierlicher; hornschwarzgrau, die Ränder etwas lichter. Rückengefieder von der Stirn an stahlblau, vor dem Auge ein schwarzer Bürstenfleck. Flügel und Schwanz matter stahlglänzend, die Innenseite grau. Kehle, Vorderhals und Brust grau, die Ränder der Federn lichter; die Seiten der Brust mit einem stahlblauen Fleck. Bauch und Steiß weiß, die Bauchseiten mit schwärzlichen Schäften. Beine heller fleischbraun, zumal im Alter. Erste Schwinge beträchtlich länger als die zweite.

Der junge Vogel hat einen ganz grauen Rücken und matter stahlblau schillernde Flügel; das Weibchen ist etwas größer als das Männchen und an der Brust grauer; das alte Männchen hat den vollsten

Stahlglanz, einen mehr violetten Oberkopf und eine fast ganz weiße Unterseite, indem nur auf der Brust viel Grau durchschimmert.

Ganze Länge 7″, Schnabelfirste 3‴, Flügel 5¼″, Schwanz in der Mitte 1¾, an der Seite 2⅙″, Lauf 5‴.

Bewohnt die Gebirgsthäler der Küsten-Walddistrikte und findet sich in Menge bei Neu-Freiburg; nistet wie die vorige Art, an alten Gebäuden, Kirchen, Felsen, in Löchern, und stimmt im Betragen ganz damit überein.

Anm. Der Prinz zu Wied hat diese Art mit der vorigen verwechselt, wie nicht bloß seine Beschreibung, sondern auch die Ausmessung zeigt. Ob die von Vieillot mit dem Namen Hirundo domestica (Enc. méth. Orn. 527. — N. Dict. d'hist. nat. XIV. 520.) belegte Golondrina domestica Azara's (Apunt. II. 502. no. 300.) wirklich von der hier beschriebenen Art verschieden ist, wage ich zu bezweifeln, wiewohl ich kein Exemplar aus Paraguay gesehen habe; Azara's Beschreibung läßt wenigstens keine wirkliche Verschiedenheit erkennen. Nach Dr. Hartlaub (Syst. Ind. zu Azara, S. 19.) ist sie sogar identisch mit Progne purpurea (no. 1.), was ich für weniger sicher halte. Boje dagegen verbindet sie (Isis, 1844. 178. 2.) mit H. chalybaea und Dr. Cabanis (Mus. Heinean. I. 51. 315.) entscheidet sich für die Verschiedenheit beider Spezies, weiß aber nur „etwas größere Körperverhältnisse" für Azara's Art anzugeben. Das ist für die von mir mitgebrachten Individuen nicht zutreffend. — Vergl. auch *v. Tschudi* Fn. peruan. Orn. 21. 2. 132. — *D'Orbign.* Voy. d. l'Am. mér. in *Lafr.* Syn. Guér. Magaz. 171. 68. 1. und *Darwin* Zool. of the Beagle. Orn. III. 38.

2. Gatt. Cotyle *Boje.*

Isis 1822. 550.

Schnabel sehr viel flacher, als in der vorigen Gattung, besonders nach vorn zu; die Spitze gar nicht kuppig gewölbt, sehr fein, stark seitlich zusammengedrückt, weniger abwärts gebogen; übrigens der Schnabel nicht kürzer als bei Progne, aber viel länger als bei Hirundo; die Nasengrube vortretender, das Nasenloch frei vor dem Kopfgefieder. Mundrandborsten sehr fein. Gefieder etwas weicher, entweder ganz ohne allen Stahlglanz, oder nur am Rücken und hier viel matter glänzend, als bei Progne; die Hauptfarbe ein trübes Graubraun mit lichterer Bauchseite. Flügel lang und spitz, über den Schwanz in der Ruhe hinausreichend; erste Schwinge kaum länger als die zweite. Schwanz nicht grade kurz oder schmalfedrig, aber sehr wenig ausgeschnitten; die mittleren Federn etwas kürzer als die äußeren, weniger zugespitzten, ziemlich stumpfen Federn. Beine fein und zierlich gebaut, der Lauf stark seitlich zusammengedrückt, die Zehen viel zarter, dünner mit schwächeren, kürzeren Krallen; die Außenzehe nicht länger als die Innenzehe, am Grunde mit der Mittelzehe inniger verbunden. Der flachere aber doch langgezogene ziemlich kräftige Schnabel und der kürzere, wenig ausgeschnittene Schwanz bilden die Kennzeichen dieser Gruppe. —

1. Cotyle Tapera.

Hirundo Tapera *Linn.* S. Nat. I. 345. 9. — *Lath.* Ind. orn. II. 579. 23.
Progne Tapera *Caban. Schomb.* Reise III. 672. 31. — Mus. Heinean. I. 51. 316.
Hirundo pascuum *Pr. Max z. Wied.* Beitr. III. a. 360. 2.

Rückengefieder graubräunlich, Flügel und Schwanz dunkler; Unterseite weiß, Brust graubraun gefleckt.

Fast so groß wie Cypselus apus, der Kopf kleiner; der Rumpf stärker, die Flügel und der Schwanz etwas kürzer. Rückengefieder graubraun, die Ränder der Flügeldeckfedern etwas lichter; die Schwingen und der Schwanz schwärzlicher, mit mattem Seidenschiller. Schnabel hornbraungrau, der Kinnrand lichter; relativ nicht kleiner als bei Progne, aber viel flacher, vorwärts gestreckter, und besonders der Mundrand grader, erst hinten vor dem Auge etwas bauchig abstehend. Iris braun. Unterseite am Kinn bis zum Halse weiß, die Halsseiten und die Brust rauchgrau, die Ränder der Federn lichter; die Bauchmitte und der Steiß ganz weiß, die letzten Steißfedern unter dem Schwanze sehr lang, fast so lang wie die mittleren Schwanzfedern selbst; Unterschenkel und Bauchseiten rauchgrau. Beine hell fleischbraun.

Ganze Länge 7″, Schnabelfirste 5‴, Flügel 5″, Schwanz 2½″, Lauf 5‴. —

Auf dem Camposgebiet des Innern, aber auch dort nicht grade häufig; lebt nicht im Walde, sondern jagt zwischen dem zerstreuten Buschwerk der Campos nach Insekten, ruhet auf isolirten Zweigen, nistet in alten Baumstämmen und meidet die Nähe des Menschen. —

Anm. 1. Wegen der bedeutenden Größe haben Cabanis und Bonaparte diese Art zu Progne gestellt, aber weder die Schnabelform noch der Schwanzschnitt rechtfertigen die Verbindung; darin harmonirt die Schwalbe vollständig mit der folgenden Hirundo leucoptera *Linn.*

2. Azara's Golondrina parda (Apunt. II. 505. no. 301.) darf meines Erachtens unbedenklich zu dieser Art gezogen werden; auch von ihr wird eine etwas geringere Größe als Unterschied angegeben, den ich nicht finden kann; sie ist Hirundo fusca *Vieill.* Enc. méth. Orn. 529. — D. Dict. d'hist. nat. XIV. 510. — Progne fusca *Caban.* Mus. Heinean. I. 51. 317.

2. Cotyle leucoptera *Gmel.*

Hirundo leucoptera *Gmel. Linn.* S. Nat. I. 2. 1022. 26. — *Lath.* Ind. orn. II. 579. 25. — *Buff.* pl. enlum. 546. 2. — *v. Tschudi* Fn. per. Orn. 21. 3. 132.

Rückengefieder erzgrün, Bauchseite und Saum der Armschwingen weiß.

Schnabel groß für den Vogel, namentlich breit am Grunde und ziemlich lang, ähnlich wie bei der vorigen Art gebaut, hornschwarz. Rückengefieder glänzend metallisch blaugrün, die Schwingen und der Schwanz fast schwarz, nur wenig bläulich glänzend; Armschwingen breit weiß gesäumt, bei jüngeren Vögeln auch die großen und die unteren kleinen Deckfedern mit weißem Rande. Bürzel, die ganze Unterfläche vom Kinn bis zum Steiß und die Innenseite der Flügel weiß. Schwanzfedern am Grunde weiß, die äußeren allmälig breiter weiß; die längsten oberen Schwanzdecken mit schwarzer Spitze. Beine fleischbraun. —

Ganze Länge 5″, Schnabelfirste 3‴, Flügel 4″, Schwanz $1\frac{1}{2}$″.

Am Flußufer der größeren Ströme des Waldgebietes ziemlich durch ganz Brasilien verbreitet; fliegt niedrig über dem Wasser hin, fängt Insekten, nistet in alten Stammästen oder dichten Holztrümmern nahe dem Boden, und legt 2 weiße Eier.

Anm. 1. Im südwestlichen Süd-Amerika wird diese Art durch die Hirundo leucorrhoea *Vieill.* Encycl. méth. 521. — H. leucopyga *Licht.* — Golondrina rabadilla blanca *Azara*, Apunt. etc. II. 509. 304. — H. frontalis *Gould.* Zool. of the Beagl. Orn. III. 40. vertreten. Letztere unterscheidet sich durch einen weißen Zügelstreif, der auf der Stirn am Nasenloch beginnt, und die einfarbigen schwarzblauen Armschwingen von der ächten H. leucoptera.

2. Noch eine ähnliche Art ist Hirundo leucopyga *Meyen* Reise. Nov. act. phys. med. S. C. L. C. N. C. 1834. Suppl. 73. pl. 10. — Petrochelidon Meyeni *Caban.* Mus. Hein. I. 48. 300. — Rückengefieder, Flügel und Schwanz stahlblau; Bürzel und Bauchseite vom Kinn bis zum Steiß weiß; über die Brust eine grauliche Binde, kein weißer Zügelstreif. — Chili. —

3. Cotyle flavigastra.

Boje, Isis. 1844. 170. — *Caban.* Mus. Hein. I. 49. 308.
Hirundo flavigastra *Vieill.* Enc. méth. 531. no. 51. — N. Dict. d'hist. nat. XIV. 534.
Hirundo jugularis *Pr. Max z. Wied.* Beitr. III. a. 365. 4.
Hirundo hortensis *Licht.* Doubl. d. zool. Mus. 57. no. 592. — *Temm.* pl. col. 161. 2.
Hirundo ruficollis *Vieill.* Enc. méth. 525. 27.
Golondrina vientre amarillizo, *Azara* Apunt. etc. II. 512. no. 306.

Schnabel feiner, besonders kürzer; Gefieder graubraun, Schwingen und Schwanz schwärzlich, Kehle rostroth, Steiß weißgelb.

Der etwas feinere, kürzere, schneller zugespitzte Schnabel giebt dieser Art ein zierlicheres Ansehn; sie hat aber übrigens ganz die Bildungsverhältnisse der vorigen. Der Schnabel ist hornbraungrau, die Iris dunkelbraun. Das ganze Gefieder hat einen rauchbraunen Ton, der auf dem Rücken einen lebhaften Seidenschiller zeigt; die Schwingen und Schwanzfedern fallen ins Schwärzliche, aber die letzten, mehr bräunlichen Armschwingen haben einen deutlichen weißgrauen Rand; die Unterseite der Flügel und der von den langen Steißfedern bedeckte Schwanzgrund sind hellgrau. Die Kehle ist vom Kinn bis zum Halse hell rostrothgelb, die Brust lichter rauchbraun, die Bauchmitte weißlich, der Steiß, zumal am After, blaßgelblichweiß, die äußerste Spitze der langen unteren Schwanzdecken schwarz mit weißlichem Rande. Die Schwanzfedern sind kürzer und stumpfer als bei Cotyle leucoptera und die mittleren nur sehr wenig kürzer als die äußeren. Die zierlichen Beine sind schwarz, die Unterschenkel blaßgelb. —

Ganze Länge 5″, Schnabelfirste 2⅓‴, Flügel 4″, Schwanz 2″.

Auf dem Camposgebiet des inneren Brasiliens eine häufige, allgemein verbreitete Art, die sich ohne Scheu bis in die Ansiedelungen begiebt und besonders am Vormittage in den Gärten der Häuser ruhend auf alten laublosen Bäumen sitzend gefunden wird. So fand ich sie in Congonhas fast täglich im August und September hinter meinem Wohnhause. Sie nistet, wie unsere Uferschwalbe, in Erdlöchern an abschüssigen Lehmgehängen, ziemlich hoch über dem Boden; aber weniger an Flußufern, als in den trocknen Thalschluchten, und legt 2 weiße Eier. —

Anm. Dieser Art steht die Hirundo fucata *Temm.* pl. col. 161. 1. am nächsten; sie ist ebenso gestaltet, aber am Rücken etwas dunkler gefärbt und an der Bauchseite ganz weiß; dagegen dehnt sich die rostgelbe Kehle über den Hals und Oberkopf aus und nimmt einen etwas dunklern Ton an. — Azara's Golondrina rabadilla acanelada (Apunt. II. 511. no. 305.) ist damit nicht identisch, sondern offenbar eine eigene Art, welche Vieillot Hirundo pyrrhonota genannt hat (Encycl. méth. Orn. 524.). Zu Hir. americana *Gmel.* kann sie wohl nicht gehören, weil sie ungefleckte Schwanzfedern besitzt; Azara giebt folgende Beschreibung: Ganzer Bau von der vorigen Art (Cotyle flavigastra); Stirn bis zum Auge, Backen und Kehle weinroth; Oberkopf, Nacken und Rücken stahlblau, mit matteren graubraunen Federnrändern; Unterrücken und Bürzel roth; obere Schwanzdecken braun, weißlich gesäumt; Flügel und Schwanz schwärzlich, erstere innen röthlich graubraun; Brust und Bauch weiß, Steiß schwarz, auf dem Vorderhalse ein stahlblauer Fleck.

3. Gatt. Atticora *Boje.*

Isis 1844. 172.

Zierlich gebaute Schwalben mit feinem, kurzem und überhaupt sehr kleinem Schnabel, dessen Nasengrube mit dem Nasenloch unter dem Stirngefieder versteckt bleibt. Das Rückengefieder ist ziemlich derbe, mit mattem oder lebhaftem Stahlglanze, welche Farbe auch dem Bürzel und Steiß unter dem Schwanze, obgleich minder glanzvoll, zusteht; die Schwingen und der Schwanz sind kohlschwarz, ohne Stahlschiller und die erste Schwinge ist nicht viel länger als die zweite.

Der deutlich gabelförmige Schwanz ist theils etwas kürzer als die ruhenden Flügel, theils länger; doch sind in diesem Fall die äußersten Schwanzfedern nicht sehr verschmälert, und keine von ihnen hat einen weißen Fleck. Die sehr zierlichen Beine haben kurze Zehen, wovon die äußere kaum etwas länger ist als die innere. —

1. Atticora fasciata.

Hirundo fasciata *Gmel. Linn.* S. Nat. I. 2. 1022. 24. — *Lath.* Ind. orn. II. 575. 8. — *Buff.* pl. enl. 724. 2. — *Swains.* zool. Illustr. I. pl. 39.

Schwarz mit leichtem Stahlschiller am Rumpfe; eine Binde über die Brust und die Unterschenkel weiß.

So groß wie Cypselus apus, dunkel blauschwarz, seidenartig schillernd, nur auf dem Scheitel und dem Rücken Spuren von wirklichem Stahlglanze. Schnabel horngrau, Flügel und Schwanz kohlschwarz, Iris schwarzbraun, Beine dunkel fleischbraun. Mitten über die Brust, in der Gegend des Flügelbugs, liegt eine mäßig breite weiße Binde; außerdem nur noch die Unterschenkel weiß. Schwingen lang zugespitzt, die erste die längste; Schwanz tief gabelförmig, das äußerste Federnpaar etwas länger als die ruhenden Flügel.

Ganze Länge 6″, Schnabelfirste 2½‴, Flügel 4″, Schwanz 3″.

Im nördlichen Brasilien bei Para und weiter hinauf über Guyana verbreitet; lebt im Walde, fliegt über den offenen Wasserflächen der Flüsse, nach Insekten schnappend; ruht auf überhängenden Zweigen der Ufergewächse oder auf den kahlen Aesten der im Fluß steckenden Bäume, und ist sehr munter und beweglich.

2. Atticora melanoleuca.

Hirundo melanoleuca *Pr. Wied.* Beitr. III. a. 371. 6. — *Temm.* pl. col. 209. 2.

Rückengefieder und eine Binde über die Brust stahlblau, Unterseite bis zum After weiß, Steiß schwarzgrau.

Beträchtlich kleiner als unsere Hausschwalbe (Hir. rustica) aber von deren Ansehn, nur der Kopf mit dem Schnabel kleiner, zierlicher. Schnabel schwarz, Iris schwarzbraun, Beine schiefergraubraun. Rückengefieder dunkel stahlblau, aber die Federn in der Tiefe weiß, besonders im Nacken, der dadurch in gewissen Stellungen einen weißlichen Ring erhält. Flügel und Schwanz schwarzbräunlich, die Schäfte entschiedener braun. Unterseite vom Kinn bis zum After weiß, aber mitten über die Brust, vor dem Flügelbug, eine stahlblaue Binde; Steiß und untere Schwanzdecken bräunlich schwarz, Innenseite der Flügel grau. Schwanz tief gabelförmig, länger als die ruhenden Flügel.

Ganze Länge 5″ 4‴, Schnabelfirste kaum 2‴, Flügel 3½″, Schwanz über 3½″.

Lebt auf dieselbe Weise an den Flüssen im Waldgebiet des mittleren Brasiliens und wurde vom Prinzen zu Wied am Rio Belmonte entdeckt; besonders die von Felsenspitzen unterbrochenen Stromschnellen scheint sie zu lieben.

3. Atticora cyanoleuca.

Cabanis, Mus. Heinean. I. 47. 295.
Hirundo cyanoleuca *Vieill.* Enc. méth. Orn. 521.
Hirundo melampyga *Licht.* Doubl. d. zool. Mus. 57. 593. — *v. Tschudi* Fn. Per. Orn. 21. 4. 133. — *Darw.* zool. of the Beagle. III. Orn. 41.
Hirundo minuta *Pr. Wied.* Beitr. III. a. 369. 5. — *Temm.* pl. col. 209. 1.
Golondrina timoneles negros, *Azara* Apunt. II. 508. 303.

Rückengefieder und Steiß stahlblau; Unterseite vom Kinn bis zum After weiß, dahinter schwärzlich. —

Im Rumpf nicht kleiner als die vorige Art, aber wegen des viel kürzeren Schwanzes kleiner erscheinend. Schnabel schwarz, Iris schwarzbraun, Beine dunkel fleischbraun. Rückengefieder glänzend stahlblau, die Federn in der Tiefe hellgrau, woraus im Nacken bisweilen ein lichterer Ring entsteht. Große Deckfedern, Schwingen und Schwanz schwarz, seidenartig schillernd. Steiß hinter dem After grau, dann stahlblau unter dem Schwanze. Kinn, Kehle, Vorderhals, Brust und Bauch weiß, bei jüngeren Vögeln blaß rostgelblich überlaufen, besonders am Vorderhalse; Innenseite der Flügel rauchbraungrau, Unterschenkel schwarzbraun. Schwanz kürzer als die ruhenden Flügel, stumpf gabelförmig; erste und zweite Schwinge gleichlang. —

Ganze Länge 4″ 6—8‴, Schabelfirste 1½‴, Flügel 3½″, Schwanz 2″.

Von allen Schwalbenarten Brasiliens die gemeinste in dem von mir bereisten Striche; in jeder Stadt, in jedem Dorf in Menge vorhanden. Nistet unter den Dachziegeln, da wo sie auf dem Gesimse ruhen, wie bei uns die Sperlinge; baut ein kunstloses Nest aus trocknen Gräsern, Haaren, und legt 2 weiße Eier. — Die Art scheint übrigens in angebauten Gegenden häufiger zu sein und dort auch im übrigen Süd-Amerika nicht zu fehlen; Azara beschreibt sie aus Paraguay, v. Tschudi aus Peru, ich selbst erhielt sie aus Columbien und traf sie sowohl in Rio de Janeiro, als auch in Neu-Freiburg, Congonhas und Lagoa santa. —

4. Gatt. Hirundo *Linn.*

Cecropis *Boje.* Isis 1826. 971.

Schnabel etwas gröber gebaut, mehr wie bei Cotyle, doch nicht ganz so schlank, kürzer dreiseitig gestaltet; Nasengrube mit den Nasenlöchern vor dem Stirngefieder sichtbar. Gefieder derbe, glatt, am Rücken stahlblau; Stirn, Kehle und oft auch die ganze Unterseite mehr oder weniger rostroth. Flügel schlank und spitz, die beiden ersten Schwingen gleich lang. Schwanz gabelförmig, die meisten Steuerfedern an der Innenfahne mit einem weißen Fleck; die äußeren gewöhnlich stark verlängert und dann mehr oder weniger verschmälert. Beine mit kurzem Lauf aber langen Zehen, sehr fein gebaut, der Lauf nackt; die Außenzehe nur so lang wie die Innenzehe, alle mit langen, spitzen, wenig gebogenen Krallen. —

Ueber die ganze Erdoberfläche verbreiten sich die hierhergehörigen, einander sehr ähnlichen Arten; sie sind an ihren weißgefleckten Schwanzfedern schon im Fluge zu erkennen. In Brasilien kommt nur eine Art und noch dazu nicht eben häufig vor.

Hirundo rufa *Gmel.*

Gmel. Linn. S. Nat. I. 2. 1018. — *Lath.* Ind. orn. II. 574. 5. — *Buff.* pl. enl. 724. 1.
Hirundo americana *Wils.* Am. orn. I. pl. 38. f. 1. 2.
Hirundo cyanopyrrha *Vieill.* Enc. méth. Orn. 528.
Golondrina vientre roxizo, *Azara* Apunt. II. 507. no. 302.

Rückengefieder matt stahlblau, Unterseite des Körpers bis zum Steiß rostgelbroth. —

Größe und Ansehn völlig wie unsere Rauchschwalbe (Hir. rustica); Schnabel schwarz, Iris schwarzbraun, Beine dunkel fleischbraun. Stirn, weißlich, die hintere Partie ins Rostgelbe spielend. Oberkopf und ganzer Rücken stahlblau; die Flügel und der Schwanz braunschwarz, alle seitlichen Steuerfedern mit einem weißen Fleck an der Innenfahne. Kehle, Vorderhals, Brust, Bauch und Steiß rostgelbroth; die Mitte des Bauches und der Brust matter, weißlicher; an jeder Seite der Brust vor dem Flügelbug ein schwärzlich stahlblauer Fleck; die Innenseite der Flügel weißgelblich. Aeußere Schwanzfedern sehr schmal, lang zugespitzt. —

Ganze Länge 5″ 8‴, Schnabelfirste 2‴, Flügel 4″ 3‴, Schwanz 2″ 8‴.

Ich habe diese Art auf meiner Reise nicht getroffen, ebenso wenig der Prinz zu Wied; sie scheint mehr den inneren Gegenden anzugehören, hier aber über ganz Süd-Amerika verbreitet zu sein, denn Azara fand sie in Paraguay und wir besitzen Exemplare aus Guyana und Columbien. —

Anm. In Nord-Amerika vertritt die Hirundo americana *Gmel. Linn.* S. Nat. I. 2. 1017. — *Lath.* Ind. orn. II. 581. 29. — *Vieill.* Ois. Am. sept. pl. 60. — *Audeb.* Am. Av. tb. 173. — deren Stelle; sie ist größer, 6½″ lang, hat einen stärkeren, nicht so tief gabeligen Schwanz und eine weiße Unterseite, wovon nur der Bürzel und Steiß rostgelbroth sind. —

Zwanzigste Familie.

Dünnschnäbler. Tenuirostres.

Der Schnabel gleicht in dieser Gruppe im Allgemeinen einem gebogenen Pfriem von ziemlicher Stärke; er ist also so lang wie der Kopf oder etwas länger, sanft gekrümmt, allmälig und fein zugespitzt, mit grader Spitze ohne Kerbe. Die Nasengrube tritt vor, ist aber nicht eben lang und das Nasenloch eine kleine Längsspalte. Sehr bezeichnend für die Gruppe ist die ziemlich lange, tief zweilappige, am Ende jedes Lappens pinselförmig zerschlissene Zunge, deren Entwickelung stets mit der Länge und Zartheit des Schnabels Hand in Hand geht. Diese Zunge senken die Vögel in Blumen oder Rindenspalten, um daraus, nach Art der Kolibris, die kleinen Insekten hervorzuholen. Daß sie dabei aus ersteren Blumenhonig mit einsaugen, mag seine Richtigkeit haben; der Honig ist aber hier so wenig, wie bei den Kolibris, Hauptnahrung. Die Flügel sind ziemlich lang, aber nie so spitz, wie bei den Schwalben oder Kolibris; sie reichen gewöhnlich bis auf die Mitte des Schwanzes; der Handtheil trägt, mit seltenen Ausnahmen, nur neun Federn, von denen die erste nur wenig verkürzt zu sein pflegt; bei zehn Federn an der Hand ist die erste sehr kurz und nicht halb so lang wie die zweite. Der Schwanz ist von mäßiger Länge, ziemlich grade abgestutzt, mitunter keilförmig aber kaum gabelförmig. Die Beine sind ziemlich stark, der Lauf mäßig dick, vorn getäfelt; die Zehen haben keine besondere Länge und auch nur kleine, doch ziemlich gekrümmte Krallen; bei den Meisten ist der Daumen nach Verhältniß klein, nur die welche klettern können, wie die Certhiaceen, haben große

Krallen, einen starken Daumen und z. Th. einen kräftigen Stemmschwanz. —

Die Mitglieder dieser Gruppe sind vorzugsweise über die alte Welt verbreitet; die Certhiaceen, Meliphagiden und Nectarineiden gehören hierher; Süd-Amerika besitzt nur von den letzteren einige Mitglieder, welche sich als besondere Unterabtheilung der Dacniden aufstellen lassen. Daher charakterisiren wir sie allein.

A. Saiiden. Dacnidae.

Schnabel ziemlich stark, ein- bis anderthalbmal so lang wie der Kopf, sehr fein zugespitzt. Erste Handschwinge fehlt gänzlich, also nur neun Federn am Handtheil. Schwanz kurz, weich, grade abgerundet. Beine fein und zierlich, der Daumen oder die Hinterzehe kurz. Zunge in zwei breite, am Ende gefranzte Lappen getheilt. Gefieder ohne Metallglanz.

1. Gatt. Coereba *Vieill.*

Arbelorhina *Cabanis.*

Schnabel länger als der Kopf, dünn, seitlich etwas zusammengedrückt, vom Grunde bis nach der Spitze ziemlich gleich hoch, am Ende schnell zugespitzt, mit leichter Spur einer Kerbe neben der Spitze. Nasengrube bis zum Nasenloch befiedert, letzteres eine ovale Oeffnung in der Spitze der Grube. Zunge ziemlich lang, zweilappig, die Lappen am Ende gefasert. Gefieder beider Geschlechter sehr verschieden, das des Männchens prachtvoll, das des Weibchens düster. Flügel spitz, die erste bis dritte Schwinge gleich lang und die längsten. Schwanz mäßig lang, grade abgestutzt. Beine in allen Theilen klein, die Tafeln des Laufs sehr lang, so daß man bei flüchtiger Ansicht sie als zur Stiefelschiene verwachsen ansehen könnte. Hinterzehe mit sehr kleiner Kralle.

Coereba cyanea *Linn.*

Certhia cyanea *Linn.* S. Nat. I. 188. — *Lath.* Ind. orn. I. 291. 34. — *Buff.* pl. enl. 83. 2. mas.
Certhia cayana *Linn.* S. Nat. I. 186. 9. — *Lath.* I. I. 293. juv. 37. — *Buff.* pl. enl. 682. 2. fem.
Certhia cyanogastra *Lath.* ibid. 295. 46.
Certhia armillata *Lath.* ibid. 298. 55. fem.

Coereba cyanea *Vieill.* Gal. II. 288. pl. 176. — *Pr. Max* Beitr. III. b. 761. 1. — *Reichenb.* Handb. I. 236. 563.
Arbelorhina cyanea *Cabanis Schomb.* Reise III. 675. 46.
Çaï der Brasilianer.

Männchen lasurblau, Scheitel himmelblau; Zügel, Oberrücken, Flügel und Schwanz schwarz, die Schwingen innen gelb.

Weibchen graugrün, Kehle und Augenstreif weißlich; Schwingen und Schwanz schwärzlich, grün gerandet; Bauchseite weißlich gestreift.

Schnabel dünn, schlank, ziemlich gleich hoch, schwarz. Iris braun. — Gefieder des Männchens am größten Theile des Rumpfes dunkel ultramarinblau, fast lasurfarben, glänzend; Oberkopf himmelblau, die Mitte heller. Zügel bis zum Auge, Nacken, Oberrücken, Flügel, Steiß und Schwanz kohlschwarz, der Rücken mehr sammetschwarz. Schwingen an der Innenseite breit gelb gesäumt, ebenso die mittleren unteren Deckfedern. Beine fleischrothgelb.

Weibchen und junger Vogel grün; Stirn, Zügel, Augenstreif und Backen unter dem Auge weißlich, die Ohrdecke grün, fein weiß gestreift. Schwingen und Schwanz schwärzlich, die Außenseite aller Federn grün, die Innenseite der Schwingen und die unteren Deckfedern blaßgelb. Bauchseiten heller, die Mitte der meisten Federn weißlich; Steiß und Bauchmitte fast ganz weiß, Bürzel am lebhaftesten grün. Beine fleischbraun. —

Ganze Länge $4\frac{1}{2}''$, Schnabelfirste $8'''$, Flügel $2\frac{1}{2}''$, Schwanz $1\frac{1}{3}''$, Lauf $6'''$. —

Dem jungen Vogel fehlen die gelben Säume der Schwingen, ihre Farbe ist bloß lichter grauweiß; die Beine und der Schnabel haben eine hellere Farbe als am alten Weibchen, und das ganze Colorit ist matter. Nach der ersten Mauser tritt beim Männchen schon die Färbung des alten Vogels ein, das Blau ist aber matter, als bei recht alten Vögeln.

Im ganzen Waldgebiet des tropischen Brasiliens, von Rio de Janeiro nördlich bis nach Para und weiter hinauf bis Guyana und Columbien; überall bekannt und nirgends selten. Hauptnahrung sind Insekten, zur Zeit der Reife aber naschen sie gern an saftigen zuckerhaltigen Früchten, z. B. den Orangen und kommen dann selbst in die Gärten der Ansiedler.

Anm. Eine zweite, aber wie es scheint, nicht mehr südlich vom Amazonenstrom in Brasilien auftretende Art ist: 2. Coereba coerulea. Certhia coerulea *Linn.* S. Nat. I. 185. 8. — Mus. Frid. Ad. Reg. II. 22. — *Lath.* Ind. orn. I. 292. 35. — *Edw.* Av. tb. 21. 1. — *Sparm.* Mus. Carls. tb. 82. — *Vieill.* Ois. dor. pl. 44. 45. — Arbelorhina coerulea *Reich.* Handb. I. 235. 559. Der Vogel ist etwas kleiner, das Männchen ultramarinblau gefärbt mit schwarzem Zügel, Augenstreif, Kehle, Flügel und Schwanz, die ersteren ohne gelben Saum an den Schwingen; das Weibchen ist graugrün, der Rücken olivengrün, die Unterseite grau, am After weißlich. — Ganze Länge $3''\ 6'''$. —

Viel weniger klar sind mir: 3. Certhia gutturalis *Linn.* S. Nat. I. 186. 15. — *Buff.* pl. enl. 578. 3. — *Lath.* Ind. I. 291. 32. — Braun, Stirn und Kehle metallisch grün, Vorderhals und Brust purpurroth; kleine Flügeldeckfedern blau überlaufen; — 5″; — und:

4. Certhia brasiliana *Gmel. Lath.* Ind. I. 293. 39. — schwarzbraun, Oberkopf goldgrün, Kehle und kleine Flügeldeckfedern purpurroth, Bürzel blau, Brust rothbraun. — 3½″. — Beide Vögel sollen in Brasilien zu Hause sein.

2. Gatt. Dacnis *Cuv.*

Schnabel kürzer, am Grunde dicker, kegelförmiger, nach dem Ende hin viel spitzer, mitunter ohne Spur einer Kerbe; Nasengrube und Nasenloch länger, weil weniger befiedert. Zunge pinselförmig gefasert an der Spitze. Gefieder weicher, duniger; Flügel und Schwanz wie in der vorigen Gattung, aber die erste und dritte Schwinge ein wenig kürzer als die zweite längste. Lauftafeln kürzer, deutlicher abgesetzt, und der Lauf gegen die Zehen etwas länger. Gefieder beider Geschlechter ungleich, das des Männchens voller und mehr blau gefärbt, das des Weibchens matter, mehr grün. Beim Weibchen ziemlich steife Borsten am Zügelrande, die dem Männchen fast ganz fehlen. — Dasselbe ist übrigens auch bei Coereba der Fall.

1. Dacnis Spiza *Linn.*

Certhia Spiza *Linn.* S. Nat. I. 186. 12. — *Buff.* pl. enl. 578. 2. mas, 682. 1. fem.
Coereba Spiza *Pr. Max z. Wied.* Beitr. III. b. 771. 3.
Dacnis Spiza, *v. Tschudi* Fn. Per. Orn. 37. — *Cabanis*, Mus. Hein. I. 95. 526.
Coereba melanocephala et atricapilla *Vieill.* N. Dict. d'hist. nat. Tm. 14. pag. 50.
Nectarinea mitrata *Licht.* Doubl. 15. no. 139.
Chlorophanes atricapilla *Reichenb.* Handb. d. spez. Orn. I. 234. 558.

Männchen bläulich grün; Scheitel, Backen und Zügel schwarz.
Weibchen grün, Steiß blasser.

Schnabel etwas kräftiger, als bei den folgenden Arten, die Kerbe neben der Spitze deutlicher; Oberschnabel schwärzlich, Mundrand und Kinngegend des Unterkiefers weißlich. Iris braun. — Männchen lebhaft und frisch bläulichgrün gefärbt, in gewissen Richtungen des reflectirten Lichtes blauer und dunkler erscheinend; Oberkopf, Stirn und Backen bis zum Halse hinab schwarz. Schwingen und Schwanzfedern schieferschwarz, hell bläulichgrün gerandet. — Weibchen einfarbig papageigrün, die Schwingen nur in der Tiefe grau, der Steiß blasser, die Seiten und die Mitte des Bauches weißlich. Beine bleigrau.

Ganze Länge 5½″, Schnabelfirste 7‴, Flügel 2″ 7‴, Schwanz 1″ 8‴, Lauf 8‴.

In den Walddistrikten des mittleren Brasiliens, kommt gern auf die offenen Stellen an den Waldrändern, ist wenig scheu und wird, gleich den folgenden Arten, mitunter nahe bei und selbst in den Gärten der Ansiedelungen getroffen. —

2. Dacnis cyanomelas *Gmel.*

Fringilla cyanomelas *Gmel. Linn.* S. Nat. I. 2. 924. 93. — *Lath.* Ind. orn. I. 464. 102. mas.
Fringilla coerulea *Pall.* N. Com. Petrop. XI. 434. tb. 15. f. 6. mas.
Motacilla cyaneocephala *Gmel. Linn.* S. Nat. I. 2. 990. 163. — *Buff.* pl. enl. 578. 1. fem.
Sylvia cyaneocephala *Lath.* Ind. orn. II. 546. 144.
Coereba coerulea *Vieill.* N. Dict. d'hist. nat. Tm. 14. pag. 46. — *Pr. Max z. Wied.* Beitr. III. b. 766. 2.
Dacnis cyanater *Less.* Trait. d'Orn. 458. — *v. Tschudi* Fn. per. Orn. 226.
Dacnis cyanomelas *Cabanis*, Mus. Hein. I. 95. 524. — *Reichenb.* Handb. I. 227. 532.
Dacnis cyanocephala *D'Orb.* Voy. Am. mér. Ois. 221. — *Schomb.* Reise III. 675. 44. — *Swains.* zool. Ill. II. pl. 117.
Pico de punzon celeste y negro, *Azara*, Apunt. I. 408. no. 103.

Männchen hellblau; Stirn, Zügel, Kehle, Rücken, Schwingen und Schwanzfedern schwarz; erstere blau gerandet.

Weibchen grün, Oberkopf und kleinste Flügeldeckfedern himmelblau, Kehle weißlich. —

Kleiner als die vorige Art, der Schnabel viel zierlicher, spitzer, die Kerbe sehr undeutlich, ganz schwarz, nur der Kinnwinkelrand fleischroth. Iris braun. — Männchen hellblau, Stirn, Zügel, Augenrand, Kehle bis zum Halse hinab, der ganze Oberrücken nebst dem Rande der Flügel, die Schwingen und Schwanzfedern schwarz; erstere fein blau gerandet, innen blasser, silbergrau gesäumt. — Weibchen grün, aber heller und matter als die vorige Art; Oberkopf bis zum Nacken himmelblau, desgleichen die kleinsten Deckfedern. Kehle weißlich. Beine fleischroth.

Ganze Länge 4½″, Schnabelfirste 6‴, Flügel 2½″, Schwanz 1″ 4‴, Lauf 7‴. —

An denselben Oertlichkeiten und überall in Brasilien zu Hause, von Rio de Janeiro bis zum Amazonenstrom; in kleinen Trupps an den offenen Waldrändern und auf den mit Gebüsch bestandenen Triften. Sowohl bei Lagoa santa, als auch bei Neu-Freiburg von meinem Sohne erlegt.

3. Dacnis cayana *Linn.*

Motacilla cayana *Linn.* S. Nat. I. 336. 40. — *Buff.* pl. enl. 669. 2.
Sylvia cayana *Lath.* Ind. orn. II. 545. 143. — *Vieill.* Gal. II. 269. pl. 165.
Dacnis cayana *v. Tschudi* Fn. per. Orn. 37. — *Schomb.* Reise III. 675. 43. — *Caban.* Mus. Hein. I. 95. 523.

Dacnis Angelica *de Filippi, Reichenb.* Handb. I. 227. 531.
Junger Vogel.
Pico de punzon verde blanco cabeza celeste, *Azara* Apunt. etc. I. 416. 106.

Männchen hellblau; Zügel, Backen, Oberrücken, Flügel und Schwanz schwarz; Bauchmitte und Steiß weiß.

Junger Vogel: Oberkopf himmelblau, Rücken grünlichgrau, Schwingen und Schwanz schwarz; Bauchseite rostgelblich oder weißlich.

Weibchen aschgrau, oben olivenbräunlich, unten weißlich; Bauch und Steiß weiß.

Wieder etwas kleiner als die vorige Art, doch ebenso gebaut; der Schnabel sehr fein und spitz; beim Weibchen ganz schwarz, beim Männchen blaßgelb am Kinnrande, Iris braun. — Männchen etwas reiner und lichter blau als das vorige, ganz ähnlich gezeichnet, aber der schwarze Zügel geht durch das Ohr an den Seiten des Halses zum schwarzen Rückenschilde hinab und die schwarze Kehle fehlt dieser Art, der ganze Vorderhals bis zum Schnabel ist blau; die unteren Flügeldecken, der Saum der Schwingen, die Bauchmitte und der Steiß sind weiß. Beine fleischroth. — Das junge Männchen hat im ersten Kleide bloß einen himmelblauen Oberkopf, der sich seitwärts über die Ohrgegend ausbreitet; der Oberrücken ist grünlichgrau gefärbt, gleich den Flügeldeckfedern; die Schwingen sind schwarz, mit blaß graugrünen Rändern und weißlichem Saum an der Innenfahne; der Schwanz obenauf schwarz, unten grau; der Unterrücken unter den Flügeln und der Bürzel lebhafter himmelblau, wenigstens an den Rändern der Federn und den Spitzen der oberen Schwanzdecken; ganzer Unterkörper vom Kinn bis zum Steiß rostgelb, die Bauchmitte ist weißlich, die Bauchseiten spielen ins Graugrüne; die Beine sind fleischbraun.

Das Weibchen kenne ich nicht, nach Sclater (Contrib. to Orn. 1851. 107.) ist es auf der ganzen Oberseite, den Kopf eingeschlossen, bräunlichgrau mit olivenfarbigem Anflug, die Flügel und der Schwanz sind dunkler gefärbt, die Unterseite weißgrau.

Ganze Länge 4″, Schnabelfirste 5‴, Flügel 2″ 4‴, Schwanz 1″ 2‴, Lauf 6‴.

Mein Sohn schoß den jungen männlichen Vogel einmal bei Lagoa santa; die Art ist wahrscheinlich durch das mittlere innere Brasilien bis zu den Cordilleren und aufwärts über das Gebiet des Amazonenstromes, Columbien und Guyana verbreitet, da v. Tschudi und Schomburgk sie in den erwähnten Gegenden, obgleich weniger häufig als die vorige, antrafen. Das südliche Waldgebiet betritt sie nicht mehr, der Prinz zu Wied hat kein Exemplar auf seiner Reise erhalten; aber Azara beschreibt noch den jungen Vogel aus Paraguay. —

Anm. Es ist diese Art, nach meinem Dafürhalten, die ächte Motacilla cayana *Linn.*; Sclater nimmt die vorige dafür (Contrib. to Orn. 1851. 106.) und Hofr. Reichenbach gründet für sie, auf die alten Abbildungen, eine eigene Spezies, wogegen schon Sclater sich mit Grund erklärt hat (Proceed. zool. Soc. No. 14. 1854.).

Im Binnenlande treten noch einige Arten auf, welche ich nicht kenne, als solche sind zu erwähnen:

4. Dacnis plumbea *v. Tschudi* Fn. per. Orn. 236. — Sylvia plumbea *Lath.* Ind. orn. II. 553. 171. — Blaugrau, Oberkopf himmelblau, Flügel und Schwanz schwarz, die Ränder der Schwingen olivengrün, innen weiß gesäumt; Unterfläche blasser, Kehle weißlich, Steiß gelblich. Länge 4'' 3'''. — Westabhang der Cordilleren Peru's. — Vielleicht Sylvia coerulescens *Pr. Max.* Beitr. III. b. 713. 5. —

5. Dacnis analis *Lafresn.* Guér. Mag. 17. Cl. 2. pl. 77. pag. 21. 4. — Rückengefieder schmutzig himmelblau, Bauchseite weißgrau, Bauchmitte weiß; Steißgegend olivengelbgrün; Schwingen und Schwanz schwarz, erstere himmelblaugrau gerandet. — Chiquitos.

3. Gatt. Certhiola *Sund.*

Kongl. Vetensk. Ac. Handl. 1835. 99.

Schnabel fein zugespitzt, wie bei Dacnis; fast ohne Spur einer Kerbe, aber der Unterkiefer viel höher am Grunde und daher der Mundwinkel herabgezogen, ähnlich wie bei Emberiza; Nasengrube kurz aber weit, mit enger Spalte am unteren Rande; der Zügelrand trägt einige steife, ziemlich lange Borsten. Gefieder beider Geschlechter gleich, matt und ohne prachtvolle Farbe; die Flügel etwas breiter, stumpfer und die erste vorhandene Schwinge etwas kürzer als die zweite und dritte, welche die längsten sind. Schwanz sehr klein, das äußerste Federnpaar etwas abgekürzt. Beine nach Verhältniß groß, der Lauf ziemlich hoch, vorn getäfelt, die Hinterzehe viel stärker als bei Dacnis und Coereba. Die Zunge tiefer gespalten, ihre beiden Lappen am Außenrande gefiedert gefasert, fast fadenförmig, und weit ausstreckbar. —

Certhiola flaveola *Linn.*

Certhia flaveola *Linn.* S. Nat. I. 1. 187. 18. — *Lath.* Ind. orn. I. 297. 53. — *Edw.* Av. pl. 122. et 362. 2. — *Catesb.* Coral. tb. 59.
Certhia bartholemica *Sparm.* Mus. Carls. 3. tb. 57.
Nectarinea flaveola *Swains.* zool. Ill. III. pl. 142.
Coereba flaveola *Vieill.* Gal. II. 288. — *Pr. Max.* Beitr. III. b. 774. 4. — Dessen Reise I. 297.
Certhiola flaveola *v. Tschudi* Fn. per. Orn. 37. — *Schomb.* Reise III. 675. 48. — *Reichenb.* Handb. I. 250. 604.
Nectarinea antillensis *Less.* Traité. d'Orn.

Rückengefieder schiefergrau, ein Streif über dem Auge und die Kehle weißlich; Brust und Bauch gelb, Schwanzfedern mit weißen Spitzen. —

Kleiner als alle früheren Arten der Gruppe, kaum größer als ein Zaunkönig. Schnabel ziemlich stark für die Größe des Vogels, sanft gebogen, fein zugespitzt, schwarz. Iris braun. Obertheile schiefergrau, bei jungen Vögeln matter, bei recht alten etwas olivenbraun überlaufen. Zügel, Augenrand und Ohrstreif weiß. Kehle weißgrau bis zum Vorderhalse hinab. Vorderhals, Brust und Bauchmitte gelb; Bauchseiten graugrünlich gelb, Steiß und untere Schwanzdecken weißlich, letztere auf der Mitte grau. Flügel und Schwanz grau, die Schwingen außen fein weißlich gerandet, innen breit weiß gesäumt; die 3 äußeren Schwanzfedern mit weißen Spitzen, die übrigen einfarbig. Beine fleischbraun.

Ganze Länge 4″, Schnabelfirste 6‴, Flügel 2″ 3‴, Schwanz 1″ 2‴, Lauf 7‴. —

Ueberall gemein in ganz Brasilien, so wohl im Waldgebiet, als auch auf dem Camposgebiet; kommt in die Gärten, schöpft Insekten aus Blumen, und ähnelt im Benehmen den Kolibris. — Das Vögelchen baut ein beinahe kugelrundes überwölbtes Nest aus Baumwolle, Seidenpappus und Heufäden, mit unterem Flugloch; legt 2 grünlich weiße Eier, mit dicken röthlichen Flecken am stumpferen Ende, und nistet gern im niederen Dickigt an Zweigen, wo auch die Chartergi ihre papiernen Nester aufzuhängen pflegen. Die Ueberwölbung, offenbar gegen die heftigen tropischen Regen von Wichtigkeit, ist nicht immer vorhanden und scheint aus der Oertlichkeit der Stelle zu folgen. Man vgl. *Hill*, Proceed. zool. Soc. Sept. 1841. und *Gosse*, Birds of Jamaica pag. 18. pl. 16.

Anm. Cabanis hat im Mus. Heineanum I. S. 96. den Versuch gemacht, diese Art in mehrere aufzulösen. Er nimmt folgende Arten an:

2. Certhiola chloropyga: l. l. 97. 534. Haube sehr schwärzlich, der übrige Rücken heller, graubräunlich; Bürzel nicht lebhaft gelb, sondern grünlich gelb. Flügel ohne weißen Fleck. — Bahia.

3. Certhiola guianensis, ibid. 535.; wie die vorige Art, aber die Oberseite dunkler, der Bürzel lebhafter; kein weißer Flügelfleck. — Guyana.

4. Certhiola major, ibid. Note; größer, auf dem Flügel ein kleiner weißlicher Fleck, gebildet durch die am Grunde weißen Handschwingen; Unterrücken an den Seiten gelb, wie der Bürzel. — Surinam.

5. Certhiola luteola *Licht.* l. l. 96. 533. — nicht ganz so groß wie C. major, die Oberseite dunkel schwärzlich grau, auf den Flügeln ein deutlicher weißer Fleck, welcher von den am Grunde weiß gesäumten Handschwingen herrührt; Bürzel gelb. — Von Carthagena und Cumana.

Meine Exemplare von Novo Friburgo und Lagoa santa zeigen keine Spur eines weißen Flecks im Flügel und keinen Unterschied im Farbenton der Kopfhaube und des Rückens; sie gehören also der hier als C. flaveola beschriebenen südlichen Form an. —

Einundzwanzigste Familie.

Kegelschnäbler. Conirostres.

Schnabel viel kürzer als der Kopf, in der Regel nur halb so lang, kegelförmig gestaltet, mit sanft gewölbter oder fast grader Firste und grader Spitze, deren Ende z. Th. etwas herabgebogen und dann mit einer kleinen Kerbe daneben versehen zu sein pflegt; im anderen Falle ganz grade und ohne Spur einer Kerbe. Nasengrube kurz, wenig vortretend; das Nasenloch eine runde Oeffnung dicht vor oder nahe dem Kopfgefieder; bisweilen schon ganz darunter versteckt. Zügelfedern meistens ohne steife Borstenspitzen. Zunge am Ende gezackt, kurz dreieckig, nicht tief gespalten oder pinselförmig zerschlissen. Flügel ziemlich lang, über die Basis des Schwanzes hinabreichend; an der Hand nur neun Schwingen, von denen die erste den folgenden ein wenig an Länge nachsteht; am Armtheil ebenso viele. Schwanz ziemlich lang, aber stets weich, nicht zum Anstemmen geeignet, gewöhnlich etwas ausgeschnitten, zwölffederig. Beine ziemlich kräftig, der Lauf stark und hoch, vorn getäfelt, hinten mit Stiefelschiene; die Zehen lang, mäßig stark, mit großen, scharfen, gebogenen Krallen; der Daumen lang, die Kralle sehr groß, mitunter nur mäßig gebogen. —

Die zahlreichen Mitglieder dieser Gruppe nähren sich vorzugsweise von vegetabilischer Kost; die mit feinerem Schnabel und Kerbe an der Spitze meist von saftigen Beeren, daher Baccivorae genannt; die mit kräftigem dickem Schnabel ohne Kerbe von harten Sämereien, besonders den nahrhaften Saamen der Futter- und Kulturkräuter, daher Granivorae. Sie sind über die ganze Erdoberfläche verbreitet, treten aber auf der östlichen Halbkugel mit eigenthümlichen Unterabtheilungen auf, welche die Absonderung in mehrere Sectionen nothwendig machen. Eine für Amerika charakteristische Gruppe ist die der schön- und buntfarbigen Tanagriden, deren Stimme indessen weder sehr laut, noch mit besonderer Melodie begabt ist; während die altweltlichen Fringillinen sich durch eine sehr laute und z. Th. auch sehr melodische Stimme auszeichnen. — Wir beginnen mit jenen ausschließlich amerikanischen Formen, welche als Beerenfresser (Baccivorae) besonders bekannt sind. —

1. Tanagridae.

Thraupinae *Cabanis.*

Schnabel noch ziemlich schlank kegelförmig gestaltet, nicht breiter als hoch, die Rückenfirste wenig gewölbt, die Spitze etwas herabgebogen, mit z. Th. recht deutlicher, stets sichtbarer Kerbe daneben. Nasengrube ziemlich lang, das Nasenloch frei vor dem Kopfgefieder; am Zügelrande gewöhnlich noch einige mäßig lange Borstenspitzen im Gefieder sichtbar. Gefieder ziemlich derbe, bunt und brennend gefärbt, meist blau, grün, roth mit schwarz und weiß gemischt; die Männchen lebhafter voller und schöner als die Weibchen. Flügel und Schwanz von mittlerer Länge. — Es sind Beerenfresser, deren Hauptnahrung in weichen, saftigen, zucker- und mehlhaltigen Fleischfrüchten geringerer Größe besteht; viele fressen nebenbei auch Insekten, manche Formen schon ausschließlich trockne Sämereien. Sie bewohnen vorzugsweise die heiße Zone, leben in Wäldern und Gebüschen, haben keine klangvolle oder melodische Stimme und sind auf Amerika beschränkt.

1. Gatt. Nemosia *Vieill.*

Hemithraupis *Cabanis.* Hylophilus *Pr. Wied.*

Schnabel gestreckt, vorwärts etwas mehr zusammengedrückt; die Nasengrube stark vorspringend, mit rundem Nasenloch in der Spitze, das Ende herabgebogen mit schwacher Kerbe. Gefieder einfach, grünlich oder grau; die Flügel mäßig lang, ziemlich spitz, bis zur Mitte des Schwanzes reichend; die erste Schwinge nur wenig kürzer als die zweite und dritte, welche die längsten sind. Schwanz von mäßiger Länge, leicht ausgeschnitten. Beine mittelstark, Lauf und Zehen nicht sehr lang, aber die Krallen stark gekrümmt.

a. Nemosia *Caban.* Schnabel etwas bauchig, die Firste stärker gebogen, die Seiten nicht sehr flach. Erste Handschwinge ziemlich kurz, die Armschwingen lang.

1. Nemosia pileata.

Tanagra pileata *Gmel. Linn.* S. Nat. I. 2. 898. — *Lath.* Ind. orn. I. 423. 11. — *Buff.* pl. enl. 720. 2.
Nemosia pileata *Vieill.* Enc. méth. Orn. 788.
Hylophilus cyanoleucus *Pr. Max.* Beitr. III. b. 734. — *D'Orb.* Voy. Am. mér. Ois. 261.
Pico de punzon negro azul y blanco, *Azara* Apunt I. 414. 105. mas et ibid. 423. no. 110. fem.

Gefieder bleigrau, Scheitel, Backen und ein Streif am Halse kohlschwarz; Zügel und ganze Unterseite weiß.

Schnabel hornschwarz, der Unterkiefer etwas blasser; Iris orange. Gefieder am ganzen Rücken, den Flügeln und dem Schwanze bläulich bleigrau; die Schwingen in der Tiefe schieferschwarz, an den Rändern lebhafter blaugrau; Unterfläche weiß vom Kinn bis zum Steiß. — Beim Männchen Stirn, Oberkopf, Backen und ein Streif auf der Grenze des Nacken- und Halsgefieders schwarz; Zügel und Augenring weißlich. Beine bleigrau. — Weibchen etwas kleiner, matter gefärbt, ohne die schwarzen Kopffarben, vielmehr mit weißer Stirn, Zügel, Backen und Augengegend und etwas gelblich überlaufener Brust. Beine lichter gelblichgrau.

Ganze Länge 5″—5″ 4‴, Schnabelfirste 5‴, Flügel 2″ 9‴—3″, Schwanz 2″, Lauf 7‴. —

Im Binnenlande, auf dem Camposgebiet; wie es scheint durch den größten Theil des tropischen Brasiliens und bis ins nördliche Paraguay verbreitet. —

2. Nemosia fulviceps.

Emberiza fulviceps *Lafr. D'Orb.* Voy. Am. mér. Ois. 362. pl. 46. f. 2.
Nemosia fulvescens *Strickl.* Ann. Mag. nat. hist. Tm. 13. pag. 420. 1844.
Tanagra icterocephala *Langsd.* Msc.
Thlypopsis fulvescens *Caban.* Mus. Hein. I. 138. 715.
Pipilopsis fulviceps, *Bonap.* Consp. I. 485.

Kopf und Kehle gelb, Hinterkopf mehr rostfarben; Rückengefieder grau, Bauchseite rostgelblich weiß. —

Gestalt der vorigen Art. Schnabel dunkel bleifarben, der Unterkiefer etwas bauchiger, die Nasengrube tiefer, und mehr darin ammernartig sich verhaltend. Stirn, Kehle und Vorderhals dottergelb, Scheitel und Nacken ins Rostrothe fallend. Rückengefieder aschgrau, im Nacken, wo es in den rostgelben Hinterkopf übergeht, grünlich. Schwingen in der Tiefe schwarz, die Ränder weißgrau. Oberbrust und Bauchmitte röthlich isabellfarben, die Bauchseiten graulicher, der Steiß röthlicher. Beine bleifarben.

Ganze Länge 5″ 8‴, Schnabelfirste 4½‴, Flügel 2″ 8‴, Schwanz 2″, Lauf 8‴.

Ich erhielt ein Exemplar dieser Art in Lagoa santa, woselbst es mein Sohn in den benachbarten Gebüschen erlegte.

3. Nemosia ruficeps.

Tachyphonus ruficeps *Strickl.* Ann. et Mag. nat. hist. Tm. 13. 419. (1844.).
Pyrrhocoma ruficeps *Cabanis* Mus. Heinean. I. 138. 717.
Pipilopsis ruficeps, *Bonap.* Consp. I. 485.

Kopf und Kehle rostbraun, Stirn und Zügel schwarz; ganzes Gefieder bleigrau. —

Nur etwas größer als die vorige Art und ihr überhaupt sehr ähnlich; der Schnabel stärker und besonders der Unterkiefer höher, noch mehr ammernartig; Oberkiefer braun, Unterkiefer bleigrau, Mundränder weiß. Iris braun. Kopf bis zum Nacken mit der Ohrgegend und der ganzen Kehle rothbraun, mehr kastanienbraun als rostroth; Stirn, Zügel und vorderster Kinnrand schwarz. Das ganze übrige Gefieder rein und klar bleigrau, die Schwingen in der Tiefe schieferschwarz, am Außenrande fein blaugrau, die Innenseite grau, weißlich gesäumt am Rande. Schwanz wie der Rücken gefärbt, mehr abgerundet. Beine schieferschwarzbraun, die Krallen blasser. —

Ganze Länge 5″ 6‴, Schnabelfirste 5‴, Flügel 2″ 9‴, Schwanz 2″, Lauf 9‴. —

Im Innern Brasiliens, bei Pernambuco.

Anm. Auch diese Art erhebt Cabanis, gleich der vorigen, zu einer besonderen Gattung. Allerdings sind die Flügel etwas kürzer und ist der Schnabel etwas stärker, aber so feine Unterschiede sind kaum zu Gattungsmerkmalen tauglich; zuletzt würde aus jeder Spezies auch ein Genus. Als zweite Art rechnet er dahin: Arremon personatus *sibi Schomb.* Reise III. 678. 58. aus Guyana. —

b. Hemithraupis *Cab.* Mus. Hein. I. 21. Schnabel spitzer, schlanker, die Firste grade; Armschwingen kürzer, erste Schwinge weniger verkürzt.

4. Nemosia flavicollis *Vieill.*

Gall. d. Ois. etc. II. 99. pl. 75. — *Id.* Enc. méth. Ois. 788.
Sylvia melanoxantha *Licht.* Doubl. d. zool. Mus. 34. no. 398. 395.
Tanagra speculifera *Temm.* pl. col. 36. f. 1. 2.

Männchen: An der ganzen Rückenseite schwarz, Kehle und Unterrücken gelb, Bauchseite weiß.

Weibchen: Rückengefieder olivengrün, Bauchseite gelb. —

Oberschnabel schwarzbraun, Unterschnabel und Mundrand blaßgelblich. Iris braun. — Rückengefieder des Männchens kohlschwarz; Unterrücken von den Flügeln abwärts und die Kehle mit dem Vorderhalse schön und lebhaft gelb; Brust und Bauch weiß, Steiß gelb. Alle Schwingen, mit Ausschluß der vordersten, weiß am Grunde, wodurch ein weißer Fleck außen auf den Flügeln unter den großen Deckfedern zu entstehen pflegt, jedoch nicht immer sichtbar ist. — Weibchen am ganzen Rücken olivengrün; die Schwingen in der Tiefe schwarzbraun, gelblich gerandet, wie die Deckfedern. Unterseite vom Kinn bis zum Schwanz gelb. —

Ganze Länge 5″, Schnabelfirste 4½‴, Flügel 3″, Schwanz 1″ 10‴, Lauf 7‴. —

Bei Bahia, in Gebüschen.

5. Nemosia ruficapilla *Vieill.*

Sylvia ruficapilla *Vieill.* Gal. Suppl. c. fig.
Nemosia ruficapilla *Vieill.* Enc. méth. Orn. 788.
Hylophilus ruficeps *Pr. Max* Beitr. III. b. 725. 2. — *D'Orbigny*, Voy. Am. mér. Ois. 219. pl. 13. f. 1. (fem).
Hemithraupis ruficeps *Cabanis* Mus. Hein. I. 21. 145.

Rückengefieder olivengrün, Brust gelb, Oberkopf rostroth, beim Männchen auch die Kehle. —

Etwas zierlicher gebaut, als die vorigen Arten, die Flügel nach Verhältniß kürzer. — Schnabel etwas feiner, Oberkiefer braun, Unterkiefer blaßgelb. Stirn, Oberkopf, Backen und beim Männchen auch die Kehle bis hinab auf den Vorderhals hell rostroth; Rückengefieder, Flügel und Schwanz olivengrün, die Schwingen in der Tiefe braungrau; Unterrücken und Halsseiten dottergelb, die Brust etwas dunkler gelb, die Bauchseiten bis zum Steiß hellgrün, mehr nach oben ins Graue fallend. Weibchen matter gefärbt, bloß der Oberkopf und die Kopfseiten rostroth, die Kehle, der Hals und die Wangen, wie der Unterrücken und die Brust, von hellgelber Farbe. — Beine bleigrau, viel zierlicher gebaut, als bei N. flavicollis.

Ganze Länge 4″ 8‴—5″, Schnabel 4‴, Flügel 2″ 8‴, Schwanz 1″ 9‴, Lauf 7‴. —

In den Gebüschen der Waldregion, besonders häufig bei Bahia, woher auch das hier beschriebene Exemplar stammt. —

6. Nemosia Guira *Linn.*

Motacilla Guira *Linn.* S. Nat. I. 335. 36. — *Buff.* pl. enl. 720. 1.
Sylvia Guira *Lath.* Ind. orn. II. 547. 147.
Tanagra nigricollis *Gmel. Linn.* S. Nat. I. 2. 894. — *Edwards* Av. t. 351. f. 2.
Nemosia nigricollis *Vieill.* Enc. méth. Orn. 788.
Hylophilus Guira *Pr. Max* Beitr. III. b. 729. 3.
Pico de punzon amarillo barba negra, *Azara* Apunt. I. 400. n. 102.
Guira-guaçu-beraba *Marcgr.* h. nat. Bras. 212.

Rückengefieder olivengrün, Unterrücken und Brust orange; Kehle und Backen beim Männchen schwarz, beim Weibchen braun, Bauchseite blaß gelblichgrün.

Gestalt, Größe und Ansehn der vorigen Art; Oberschnabel braun, Unterkiefer blaßgelb. Iris orange. Rückengefieder von der Stirn an gelblich olivengrün, die Schwingen in der Tiefe graubraun; Unterrücken und Unterhals bis zur Brust orangegelb; Stirn, Zügel und ein Streif über dem Auge bis zum Ohr und den Halsseiten dottergelb; Kinn, Kehle und

Backen bis zum Ohr hinauf beim Männchen kohlschwarz, beim Weibchen dunkelbraun. Bauch und Steiß blaß grünlichgelb, die Mitte reiner gelb, die Seiten grünlich. Beine fleischbraun.

Ganze Länge 4″ 8—10‴, Schnabelfirste 4‴, Flügel 2″ 4‴, Schwanz 2″ 6‴, Lauf 6½‴. —

Im ganzen tropischen Süd-Amerika einheimisch, lebt mehr in offenen Gebüschen, als im tiefen Walde, hält sich in kleinen Trupps zusammen, und ist nirgends selten.

Anm. Azara beschreibt ein junges Männchen, dessen Kehle zuerst schwarze zerstreute Federn bekommt, anstatt des Weibchens; die jungen Vögel haben anfangs eine homogen gefärbte blaßgelbe Kehle bis zum Vorderhalse und der Brust hinab, erst nach der ersten Mauser bekommt das Männchen ein schwarzes, das Weibchen ein braunes Kehlschild. —

2. Gatt. Leucopygia *Swains.*

Cypsnagra *Less.*

Schnabel schlank kegelförmig, die Firste sanft gekrümmt, der Mundrand einwärts gebogen, aber die Spitze ganz grade, ohne deutliche Kerbe; Nasengrube ziemlich weit vortretend, das Nasenloch länglich oval, am unteren Rande der häutigen Nasendecke. Zügelborsten sehr fein, wenig entwickelt. Gefieder etwas derbe, in der Farbe an Nemosia, im Bau mehr an Tachyphonus erinnernd; Flügel mäßig lang, spitz, bis auf die Mitte des Schwanzes reichend; die erste vorhandene Schwinge beinahe so lang wie die zweite, längste. Schwanz nach Verhältniß schmal, die äußeren Federn etwas verkürzt, die mittleren jeder Seite die längsten, daher abgerundet ausgeschnitten. Beine im Ganzen stark, der Lauf mäßig dick, die Zehen fleischiger als bei Tachyphonus, die Krallen höher, schärfer. —

Leucopygia ruficollis.

Swains., two Cent. a. Quart. 312. no. 97.
Tanagra ruficollis *Licht.* Doubl. d. zool. Mus. 30. no. 330.
Tachyphonus ruficollis *D'Orb.* Voy. Am. mér. 277. 166.
Cypsnagra hirundinacea *Less.* Traité d'Orn. 460. — *Bonap.* Consp. I. 233. 501. — *Caban.* Mus. Hein. I. 137. 714.

Rückenseite schwarz, Unterrücken und eine Binde über die Flügel weiß; Bauchseite rostgelb, die Kehle am dunkelsten.

Hat im Ansehn einige Aehnlichkeit mit unserem Buchfinken, obgleich der Schnabel viel größer und ganz glänzend schwarz gefärbt ist, auch das Gefieder davon völlig abweicht. Die Iris dunkelbraun. Rückenseite glänzend schwarz, Unterrücken und Bürzel blaß gelblich; Spitze der Flügeldeckfedernreihe vor den großen Deckfedern und die Basis der Schwingen weiß, der Rand grauweiß, die Fläche außen schieferschwarz, innen bleigrau weiß gesäumt. Schwanzfedern obenauf matt schwarz, unten grau, die drei äußeren jeder Seite mit weißlichem Endfleck an der Innenfahne. Unterfläche vom Kinn bis zum Schwanz blaß rostgelb, die Kehle allein dunkel rostgelbbraun, gegen den Hals hin allmälig heller werdend. Beine schwarz.

Ganze Länge 6″, Schnabelfirste 7‴, Flügel 3″ 2‴, Schwanz 2″ 1‴, Lauf 9‴. —

Auf dem Camposgebiet des Innern Brasiliens; bei Lagoa santa häufig. Sitzt hier und da auf einem Baum und singt, ähnlich wie unser Buchfink, doch schlechter und ohne eine so sanfte Melodie; ist wenig scheu, und kommt mitunter in kleinen Trupps von 6 — 8 Stück angeflogen, die gesellig im Laube herumhüpfen. —

Anm. Der Vogel bildet ein sehr passendes Uebergangsglied von Nemosia zu Tachyphonus. Sein Schnabel ähnelt ganz dem von T. nigerrimus, ist aber etwas kleiner; das Gefieder harmonirt am meisten mit dem von Nemosia flavicollis und der metallische Glanz des Kopfes und Rückens zeigen wieder mehr nach Tachyphonus. Zu den Pitylinen kann ich den Vogel nicht stellen, so wenig wie die erste Section von Nemosia (Thlypopsis *Cab.*); die Schnabelspitze ist zwar grader, als bei Nemosia (sect. 2.), aber nicht grader als bei Tachyphonus (genuini). —

3. Gatt. Tachyphonus *Vieill.*

Comarophagus *Boje.*

Schnabel etwas dicker und bauchiger als in der vorigen Gattung, sonst ebenso gestaltet, der Oberkieferrand eingebogen, die Firstenkante sanft gewölbt mit herabgekrümmter Spitze, neben der eine schwache Kerbe sich zeigt; die Nasengrube kurz, breit, mit ovalem, von oben her bedecktem Nasenloch; am Zügelrande einige recht steife Borsten. Gefieder voll und stark, die Federn des Oberkopfes besonders beim Männchen haubenartig verlängert, grell gefärbt; Flügel mäßig spitz, kaum bis zur Mitte des Schwanzes reichend; die erste Schwinge etwas, die zweite sehr wenig verkürzt, die dritte und vierte die längsten. Schwanz lang und stark, leicht abgerundet, die Seitenfedern etwas verkürzt, stumpf zugespitzt. Beine zierlich für die Größe der Vögel, der Lauf ziemlich kurz, die Zehen fein, mit schmalen spitzen, stark gebogenen Krallen.

Im Kolorit fehlen grelle Farben und Zeichnungen, der Hauptton ist braun oder schwarz; der Scheitel des Männchens hochroth oder gelb, der weibliche Vogel öfters hellbraun. — Es sind ziemlich große muntere Vögel, die wenig von sich reden machen, hauptsächlich saftige Beeren und Fleischfrüchte, aber auch viele Insekten fressen. —

A. Trichothraupis *Cabanis*. Schnabel etwas kürzer und zierlicher als bei den nachfolgenden Arten; das Nasenloch länger, spaltenförmiger; die Zügelborsten sehr entwickelt; im Nacken feine haarförmige Borstenfedern. Schließen sich zunächst an Nemosia.

1. Tachyphonus quadricolor *Vieill.*

Vieillot, Encycl. méth. Orn. p. 803. — *Cabanis* Mus. Hein. I. 23. 154. — *Hartlaub*, system. Ind. z. *Azara* 7. — *Bonap*. Consp. 237. 3.
Tanagra auricapilla *Spix*. Av. Bras. II. 39. 9. tb. 52. — *Pr. Max* Beitr. III. b. 538. 23.
Muscicapa galeata *Licht*. Doubl. d. zool. Mus. 56. 569.
Lindo pardo copete amarillo *Azara* Apunt. I. 398. 101. mas.
Lindo pardo y canela alas y cola negras *Azara* ibid. 396. 100. fem.

Rückengefieder olivengraubraun, Flügel und Schwanz schwärzlich; Unterseite blaßrostgelb; Stirn des Männchens schwarz, der Scheitel gelb. —

Beinahe so groß wie ein Staar. Der Schnabel dunkel bleigrau, der Mundrand und die Spitze des Unterkiefers weißlich. Iris braun. Gefieder des Rückens grünlich grau, beim jungen Vogel etwas bräunlicher. Handflügel und Schwanz schwarz; der Rand des Flügels am Daumen, die Innenseite und die Basis aller Schwingen, mit Ausnahme der drei letzten des Armes, am Grunde mit einem weißen Fleck nach innen. Unterseite vom Kinn bis zum Schwanz blaß rostgelb, die Seiten grünlich grau. Beine bleigrau. —

Das Männchen hat eine schwarze Stirn, die sich bis über die Zügel und den Augenrand erstreckt; die Scheitelmitte ist schön goldgelb. — Dem Weibchen fehlen diese Zeichnungen am Kopf, sein Scheitel ist wie der Rücken gefärbt. — Der junge Vogel hat mehr Rostbraun im Gefieder, besonders ist die Unterseite voller gefärbt. Ihm fehlen die langen Nackenhaarfedern, welche die alten Vögel besitzen, obgleich sie sich auch bei ihnen im Gefieder verstecken.

Ganze Länge 6″ 3‴, Schnabelfirste 6‴, Flügel 3″ 4‴, Schwanz 2″ 4‴, Lauf 9‴. —

Im Walde bei Rio de Janeiro und Neu-Freiburg nicht selten, besonders am letzteren Orte häufig. — Der Vogel folgt den Zügen der großen Ameise (Atta cephalates), deren ungeflügelte Arbeiter seine Lieblingsnahrung sind.

Anm. 2. Eine zweite brasilianische Art dieser Gruppe dürfte Tanagra penicillata *Spix*. Av. Bras. II. 36. 4. tb. 49. f. 1. sein. Der Vogel, dessen Fundstätte nicht angegeben ist, hat dieselbe Größe und Farbe mit dem vorigen, doch ist der Ton lebhafter; die Flügel und der Schwanz sind nicht schwarz, sondern dunkel olivengrün; die Bauchseite fällt auch mehr ins Olivengrüne; den Schwingen fehlt der weiße Fleck, ihr Innensaum ist rostgelb; Kopf und Kehle sind grau, der Nacken hat einen weißgrauen Federnschopf. —

3. Außerdem rechnet Cabanis a. a. O. noch Pyranga albicollis *D'Orb*. Voy. d. l'Am. mér. Ois. 265. pl. 26. f. 2. hierher. Die Art scheint etwas größer zu sein; ihr Colorit ist lebhafter olivengraugrün am Rücken, goldgelb am Bauch und die Kehle rein weiß; der Oberkopf bis zum Nacken dunkler als der Rücken. —

B. Tachyphonus. Schnabel stärker, höher, länger, der Mundrand mäßig eingebogen; das Nasenloch mehr kreisrund, also weiter und viel kürzer. Zügelborsten kleiner, schwächer; feine Haarfedern im Nacken. —

2. Tachyphonus cristatus *Linn.*

Tanagra cristata *Linn.* S. Nat. I. 317. 24. — *Buff.* pl. enl. 7. 2. — *Pr. Max* Beitr. III. b. 474. 7.
Tachyphonus cristatus *Vieill.* — *Caban. Schomb.* Reise III. 668. 13. — Mus. Hein. I. 22. 152.

Männchen schwarz, Oberkopf feuerroth; Kehle und Unterrücken rostgelb, Flügelrand weiß.

Weibchen einfarbig olivenbraun, die Bauchseite rostgelb.

Schnabel dick und stark, aber nicht sehr lang, beim Männchen schwarz, beim Weibchen braun. Iris dunkelbraun. — Männchen mit verlängerten feuerrothen Oberkopffedern, sonst schwarz; ein Streif an der Kehle vom Kinn bis zum Halse herab und der Unterrücken blaß rostgelb; Innenseite des Flügels und der vordere Rand vom Bug bis zum Ellenbogenwinkel weiß, desgleichen die Schwingen am Grunde, sonst bleigrau. — Weibchen röthlich olivenbraun am Rücken, rostgelbroth am Bauch von der Kehle bis zum Schwanz. Beine fleischbraun. —

Junger Vogel wie das Weibchen gefärbt, beim Männchen im Uebergangskleide schwarz gefleckt mit durchscheinendem rothen Scheitel und etwas verlängerten Kopffedern.

Ganze Länge 6½″, Schnabelfirste 5‴, Flügel 3″, Schwanz 2½″, Lauf 8‴. —

Im Waldgebiet des ganzen Brasiliens, und nirgends selten; bei Rio de Janeiro häufig, doch mehr im Uferdistrikt, als in den Gebirgsthälern einheimisch. —

Anm. 1. *Buff.* pl. enl. 301. 2. stellt zwar einen sehr ähnlichen, aber doch verschiedenen, größeren Vogel vor, den Lichtenstein im Berl. Museum Tanagra ochropygos nannte. *Cabanis, Schomb.* Reise III. 668. 14. Die Haube ist kürzer und nicht feuerroth, sondern dottergelb; der Körper schillert blau, wie bei T. coronatus, während er bei T. cristatus matt und ohne Stahlglanz ist.

2. Tachyphonus rufiventris *Spix.* Av. Bras. II. 37. 6. Taf. 50. Fig. 1. ist ebenfalls nahe mit T. cristatus verwandt; das Gefieder des Männchens schwarz, die Scheitelmitte gelb, der Unterrücken bis zum Schwanz mit der ganzen Bauchseite rostgelbroth, die Kehle blaßgelb; die Flügel am Armrande und der Innenseite weiß. Ganze Länge 6″. — Weibchen einfarbig braunroth, die Bauchseite lichter. — Bei Para.

3. Tachyphonus coronatus.

Cabanis Mus. Hein. I. 22. 151.
Aglajus coronatus *Vieill.* Enc. méth. Orn. 711.
Tanagra coryphaea *Licht.* Doubl. zool. Mus. 31. no. 342.
Tanagra brunnea *Spix.* Av. Bras. II. 37. 5. tb. 49. f. 2. (mas juv.).
Tachyphonus Vigorsii *Swains. Jard. Selby,* Ill. Orn. pl. 36. f. 1.
Tordo de bosque coronado y negro, *Azara* Apunt. I. 328. 77.

Männchen glänzend schwarz, stahlblau schillernd, Scheitelmitte in der Tiefe roth.

Weibchen rostbraun, Unterseite rostgelb, Scheitel graulich.

Ein wenig größer als die vorige Art, der Schnabel viel größer, minder gewölbt, die Spitze grader; beim Männchen schwarz, beim Weibchen braun. — Gefieder des Männchens überall stahlblau glänzend schwarz, die Innenseite der Flügel weiß; der Oberkopf in der Tiefe feuerroth, doch so daß man äußerlich fast nichts bemerkt. — Weibchen lebhaft rostbraun am Rücken, Bürzel und Schwanzfedern voller zimmtroth; Unterseite rostgelb; Oberkopf bis zum Nacken graubraun, Ohrdecke grau gestreift. — Junger Vogel wie das Weibchen gefärbt, während der Mauser, wenn männlich, mit schwarzen stahlblau glänzenden Federn und durchblickendem rothem Oberkopf. Beine fleischbraun, beim alten Männchen fast schwarz. —

Ganze Länge 7″, Schnabelfirste 6‴, Flügel 3″ 4—5‴, Schwanz 2½″, Lauf 9‴. —

Gemein in allen Waldungen des südlichen Brasiliens, besonders häufig in St. Paulo und Sta Catharina. Von Azara auch in Paraguay beobachtet. —

Anm. Tanagra brunnea *Spix.* gehört zu dieser Art, nicht zu Tach cristatus, und stellt ein junges Männchen bei beginnender Mauser vor. —

4. Tachyphonus nigerrimus.

Tanagra nigerrima *Gmel. Linn.* S. Nat. I. 2. 897. 45. — *Licht.* Doubl. 31. n. 338. — *Pr. Max.* Beitr. III. b. 534. 22. — *Desmar.* Tanagr. tb. 15. 16.

Oriolus leucopterus *Gmel.* ibid. I. 1. 392. 40. — *Buff.* pl. enl. 179. 2. und 711. — *Lath.* Ind. orn. I. 183. 31.
Tachyphonus leucopterus *Vieill.* Enc. méth. Orn. II. 803. — Gall. d. Ois. II. 113. pl. 82. — *D'Orb.* Voy. d. l'Am. mér Ois. 277. 165.
Tordo de bosque negro cobijas blancas, *Azara* Apunt I. 326. n. 76.

Männchen glänzend schwarz, stahlblau schillernd; Armrand des Flügels in der Tiefe weiß.
Weibchen einfarbig rostbraun, die Bauchseite lichter.

Schnabel genau wie bei der vorigen Art gebaut, etwas länger und daher spitzer erscheinend; glänzend schwarz, der Kinnrand grau. Iris braun. — Gefieder des Männchens einfarbig schwarz, stahlblau schillernd, ohne alle Abzeichen, als daß die Innenseite der Flügel, die Brustseiten unter dem Flügel und der vordere Rand des Armtheiles rein weiß gefärbt sind; man sieht indessen äußerlich davon sehr wenig, weil die großen Federn am Rande der Flughaut sich äußerlich über die kleineren Deckfedern legen und die weiße Stelle in der Ruhe ganz verstecken. Schnabel schwarz, die Kinngegend blaugrau, Beine schwarz. — Weibchen einfarbig rostbraun, ziemlich wie frisches Leder, die Bauchseite heller, die Rückenseite dunkler; die Flügel innen und der Saum der Schwingen röthlich isabellgelb; Schnabel braungrau, Beine fleischbraun. — Junger männlicher Vogel wie das Weibchen, in der ersten Mauser schwarz gefleckt, bis die neuen Federn vollzählig sind, dann mattschwarz, minder glänzend.

Ganze Länge 7″, Schnabelfirste 7‴, Flügel 3″ 4‴, Schwanz 2″ 5‴, Lauf 9‴.

Mehr im nördlichen als im südlichen Brasilien einheimisch, besonders über die Gegenden am Amazonenstrom, Guyana und Columbien verbreitet.

Anm. Eine verwandte mir unbekannte Art ist: 5. Tachyphonus phoeniceus *Swains.* Two Cent et a. Quart. 311. — T. saucius *Strickl.* Ann. et Mag. nat. hist. XIII. 419. (1844.). — Der Vogel hat dasselbe Ansehn, aber vor dem weißen Rande des Flügels ist noch ein blutrother Fleck am Handgelenk. Die Größe ist etwas geringer, der Schwanz etwas länger. Ganze Länge 5½″, Schnabelfirste 6‴, Flügel 2″ 9‴, Schwanz 2½″.

C. Lamprotes *Swains.* Schnabel etwas mehr gebogen, Lauf und Schwanz nach Verhältniß kürzer, der Leib dicker, größer. —

6. Tachyphonus loricatus *Licht.*

Tanagra loricata *Licht.* Doubl. d. zool. Mus. etc. 31. no. 341. 42.
Tanagra rubricollis *Spix.* Av. Bras. II. 43. 17. tb. 56. f. 1. (T. rubrigularis).
Lamprotes rubricollis *Swains.* — *Caban.* Mus. Hein. I. 23. 156.
Jacapu, *Marcgr.* hist. nat. Bras. 192.

Männchen glänzend schwarz, violett schillernd; Vorderhals im Alter roth gefleckt. —

Weibchen am Rücken rothbraun, am Bauch rothgelb.

Eine der größten Arten der Gruppe, so groß wie eine Amsel. Schnabel und Beine schwarz; Iris dunkelbraun. — Männchen schwarz, das Rumpfgefieder violett glänzend, die Ränder der Federn stahlblau. Flügel und Schwanz glanzloser und mehr schwarzbraun gefärbt. Kehle und Vorderhals im Alter mit blutrothen Spitzen der Federn. — Weibchen rostrothbraun, am Rücken mehr ins Zimmtrothe, am Bauch mehr ins Rostgelbe fallend. — Junger männlicher Vogel wie das Weibchen gefärbt.

Ganze Länge 8″, Schnabelfirste 9‴, Flügel 4″ 4‴, Schwanz 2″ 10‴, Lauf 10‴. —

In den Wäldern des Binnenlandes, besonders im nördlichen Theile von Minas geraes, im Sertong von Bahia und weiter hinauf bis zum Amazonenstrom.

D. Phoenicotraupis *Cab.* Schnabel viel dicker und bauchiger als bei der vorigen Gruppe, der Mundrand stärker eingebogen, die Nasengrube unter Federn versteckt; die Firste stumpfer. Scheitelgefieder der Männchen verlängert. Schwanz und Lauf länger. Gefieder roth.

7. Tachyphonus rubicus.

Saltator rubicus *Vieill.* N. Dict. d'hist. nat. Tm. 14. pag. 1807. und 1823. — *Id.* Enc. méth. Orn. II. 792.
Pyranga rubicus *D'Orb.* Voy. d. l'Am. mér. Ois. 265. no. 146.
Phoenicotraupis rubicus *Caban.* Mus. Hein. I. 24. 158.
Tanagra Porphyrio *Licht.* Doubl. d. zool. Mus. 31. no. 335. 336.
Tanagra flammiceps *Temm.* pl. col. 177. — *Pr. Max* Beitr. III. b. 497. 13.
Habia roxiza *Azara* Apunt. I. 351. no. 85.

Männchen roth, am Rumpf grau unterlegt; Scheitelfedern verlängert, hell blutroth gefärbt.

Weibchen olivenbraun, Flügel und Schwanz röther, Bauch gelblicher.

Wenig kleiner als die vorige Art, beinahe so groß wie ein Pirol. Schnabel braunschwarz, Iris braun, Beine fleischbraun. — Männchen am ganzen Körper trüb zinnoberroth, grau unterlegt; die Rückenseite tiefer roth, die Bauchseite lichter; Schwingen am Rande und die Schwanzfedern am röthesten, außen in der Tiefe graubraun, am Innenrande blaßroth gesäumt. Federn des Oberkopfes verlängert, zugespitzt, lebhaft blutroth, Stirn und Seiten am Augenrande schwärzlich braun. — Weibchen und junger Vogel olivenbraun, die Unterfläche gelblicher; Schwanzfedern rothbraun, die mittleren braun; Schwingen in der Tiefe braun, blaßgelb gesäumt. Oberkopf einfarbig, ohne verlängerte Haube. —

Ganze Länge 8″, Schnabelfirste 8‴, Flügel 4″ 3‴, Schwanz 3″, Lauf 1″. —

Ich erhielt ein Männchen dieser schönen Art in Neu-Freiburg, wo indessen der Vogel selten war; sein Hauptgebiet fällt südlicher, nach St. Paulo, Sta Catharina und Paraguay, wo ihn Azara beobachtete. Nach D'Orbigny lebt er nur in den dichtesten ungestörten Waldungen. —

Anm. Die Schnabelform ist zwar etwas dicker, aber doch so wenig eigenthümlich, daß ich die Aufstellung einer besonderen Gattung nicht für nöthig halte. Es giebt übrigens darin Varietäten, so namentlich bei Tachyphonus cristatus; einige Individuen haben einen viel schlankeren zierlichen Schnabel, der mehr an den von T. quadricolor erinnert; andere einen so viel dickeren, bauchigeren, daß er ganz dem Schnabel von T. rubicus im Kleinen ähnelt. Berücksichtigt man die Scheitelhaube und die Geschlechtsunterschiede, so könnte man T. rubicus als eine excessive Ausbildung der Gattungsderivation bezeichnen, welche in T. cristatus schon vorgebildet ist. — T. coronatus und T. nigerrimus stehen zu einander näher, als zu T. cristatus, der mehr an T. rubicus mahnt. Wie T. rubicus zu T. cristatus, so verhält sich T. loricatus zu T. nigerrimus und T. coronatus. Deshalb zog ich es vor, alle 5 in einem Genus bei einander zu lassen. Etwas ferner steht ihnen T. quadricolor.

4. Gatt. Orthogonys *Strickl.*

Tanagra *Spix.*

Schnabel stark seitlich zusammengedrückt, sanft an der Rückenfirste abwärts gebogen, die letztere ziemlich scharf, aber nicht kantig; die Spitze ohne Endhaken mit schwacher Kerbe; der Mundrand leicht einwärts gebogen, die Unterkieferseiten grade abfallend, die Kinnkante nach hinten abgeplattet, nach vorn zugeschärft. Nasengrube kurz, befiedert, das Nasenloch oval, ganz nach vorn gerückt; Zügelrand mit etwas steifen, mäßig langen Borsten besetzt. Der Kopf klein und schmal für die Größe des Vogels. Gefieder ziemlich derbe; Flügel kurz, doch etwas über die Basis des Schwanzes hinabreichend; die Schwingen zwar nicht schmal, aber am Ende zugespitzt, die erste wenig, die zweite kaum kürzer als die dritte und vierte, welche die längsten sind. Schwanz mäßig lang, die Federn parabolisch zugespitzt, die zwei äußeren jeder Seite etwas verkürzt. Beine ziemlich hoch, höher als bei Pyranga, auch etwas kräftiger gebaut, die Krallen stärker gekrümmt; die Außenzehe so eben etwas länger als die Innenzehe, letztere mit der mittleren am Grunde inniger verbunden.

Anm. Die einzige bekannte Art dieser Gattung ist nicht bloß ein ziemlich seltener, sondern auch ein höchst eigenthümlicher Vogel, welcher nirgends recht hinpaßt, daher eine eigene Gattung bilden muß; der stark seitlich zusammengedrückte Schnabel entfernt ihn auffallend von Pyranga, womit er habituell am meisten übereinstimmt; durch den Mangel jeder Spur einer hakig abwärts gebogenen Spitze ist er von Tachyphonus scharf abgesondert.

Orthogonys viridis *Strickl.*

Annals et Mag. of natur. hist. 1844.
Hartlaub Cat. Mus. Brem. 72. — *Cabanis* Mus. Hein. I. 24. 157.
Tanagra viridis *Spix.* Av. Bras. II. 36. 7. tb. 48. f. 2.
Saltator chloricterus *Vieill.* Enc. méth. Orn. 791.
Lamprotes viridis *Gray.*
Pitylus olivaceus *Bonap.* (olim) Consp. I. 241.
Tanagra vegeta *Illig.* Mus. ber.

Gefieder einfarbig grün, die Rückenseite dunkler, die Bauchseite gelblich.

Etwa so groß wie ein Pirol (Oriolus gulbula), der Kopf kleiner. Schnabel braunschwarz, der Kinnrand bis zur Spitze weißlich. Iris rothbraun. Gefieder am ganzen Rücken einfarbig olivengrün, etwas ins Graubraune fallend; die bedeckten Theile der Schwingen und Schwanzfedern wirklich graubraun; die Innenseite der Schwingen blaßgelb gesäumt. Unterfläche gelblicher, Kinn, Kehle und Vorderhals reiner gelb; Brust und Bauchseiten mehr grün, Bauchmitte und Steiß gelbgrün. Beine hell gelblich fleischfarben.

Ganze Länge 8″, Schnabelfirste 8‴, Flügel 3″ 6‴, Schwanz 3″, Lauf 10‴. —

In den Wäldern bei Rio de Janeiro, und den südlichen Theilen der Provinz; lebt einsam tief im Walde und wird schon wegen der grünen Farbe selten bemerkt. Weder dem Prinzen zu Wied, noch mir ist der Vogel dort begegnet; ich erhielt ihn aus Berlin zur Ansicht.

Anm. Sclater (Catal. specif. Tanagrarum. 1854.) verbindet mit Tanagra viridis (Salt. chloricterus) generisch die Pyranga cyanictera *Vieill.* Gal. II. 112. pl. 81. und nimmt für Beide Bonaparte's Genus Cyanicterus an (Consp. I. 240.). Die letztere Art ist im männlichen Geschlecht am Rücken und der Kehle hellblau, am Bauch gelb; das Weibchen grünlich am Rücken, wie T. viridis. Nach der Abbildung a. a. O. hat der Schnabel einen sehr deutlichen Winkel am Mundrande, welcher bei Orthogonys durchaus nicht vorhanden ist, wohl aber bei Pyranga; letzterer Gattung muß Cyanicterus also näher stehen, als Orthogonys.

5. Gatt. Pyranga *Vieill.*

Phoenicosoma *Swains.*

Schnabel dick konisch gewölbt, die Kiefer einzeln für sich gewölbt, daher der Mundrand stark eingebogen; die Mitte des Oberkieferrandes zahnartig vortretend, die Spitze ganz grade, mit kaum sichtbarer Spur einer Kerbe. Nasengrube sehr kurz, bloß als kreisrundes Nasenloch sichtbar; Mundborsten klein und kurz, nur am Zügelrande deutlich. Gefieder derbe und glatt, meist roth beim Männchen, gelb beim Weibchen; Flügel mäßig lang, beinahe bis zur Mitte des Schwanzes reichend, die erste vorhandene Schwinge nur wenig kürzer als die zweite, längste. Schwanz mäßig lang, die Federn einzeln stumpf zugespitzt, das äußerste Paar etwas verkürzt. Beine kurz, Lauf ziemlich dick, Zehen mit langen feinen Vorderkrallen, aber verhältnißmäßig kurzer Hinterkralle. —

Pyranga coccinea *Gray.*

Gray, Genera of the Birds. ex Bodd.
Tanagra missisippensis *Licht.* Doubl. d. Berl. Mus. 30. no. 333. et 334. — *Pr. Max. z. Wied* Beitr. III. b. 521. 19.
Tanagra Saira *Spix.* Av. Bras II. 35. 2. tb. 48. fig. 1. fem.
Saltator ruber *Vieill.* Enc. méth. II. 791. mas. — S. flavus ibid. fem.
Pyranga Azarae *Lafr. D'Orb.* Voy. Am. mér. Ois. 264. — *Buff.* pl. enl. 741.
Phoenicosoma Azarae *Caban. v. Tschudi* Fn. peruan. Orn. 30. — Mus. Hein. I. 25. 163.
Habia amarilla et H. punzó *Azara* Apunt. I. 358. no. 87. fem 88. mas.

Männchen scharlachroth, Schwingen in der Tiefe schwarzbraun.

Weibchen grünlichgelb am Rücken, röthlichgelb an Kehle, Brust und Steiß.

Ein großer Vogel, größer als ein Kernbeißer, aber der Schnabel mit dem Kopf nicht so stark. Schnabel schieferschwarz, Unterkiefer bläulich, in der Mitte weißlich. Iris braun. — Gefieder des Männchens lebhaft scharlachroth, die Rückenseite dunkler, und mehr blutroth gefärbt; die Deckfedern und Schwingen in der Tiefe schwarzbraun, die Innenseite des Flügels und der Innenrand der Schwingen rosenroth. — Weibchen am Rücken, den Flügeln, dem Schwanz und Bauch grünlich gelb; die Flügel wie beim Männchen in der Tiefe gefärbt, die Innenseite weißlich gesäumt. Stirn, Oberkopf, Kehle, Vorderhals bis zur Brust und Steiß rothgelb, die Gegend am Ohr und der Hinterkopf braungelb. Beine schieferschwarz. —

Ganze Länge 7″, Schnabelfirste 7‴, Flügel 4″, Schwanz 2″ 9‴, Lauf 10‴. —

Häufig und überall auf dem Camposgebiet des innern Brasiliens, aber nur einzeln oder paarig; ein stummer, wenig scheuer, an seiner Farbe leicht kenntlicher Vogel, der zu den täglichen Erscheinungen des Reisenden in Minas geraes gehört.

6. Gatt. Ramphocelus *Desm.*

Durch den dicken hohen, am Grunde bauchig angeschwollenen, mit einer anders gefärbten Schwiele versehenen Unterkiefer zeichnet sich diese Gattung vor allen anderen aus; der Rand des Oberkiefers ist etwas einwärts gebogen, ohne Winkel oder Zahn, und die Spitze etwas mehr herabgebogen, mit deutlicher Kerbe. Die Nasengrube tritt sehr wenig vor und bleibt fast ganz unter dem abstehenden Stirngefieder versteckt; der Zügelrand hat einige feine Borsten, die deutlicher sind beim Weibchen als beim Männchen. Das Gefieder zeigt einen sehr starken Geschlechtsunterschied und ist beim Männchen nicht bloß prachtvoller gefärbt, sondern auch viel derber gebaut. Die ziemlich kurzen Flügel reichen nicht bis auf die Mitte des Schwanzes; die erste Schwinge ist bemerkbar verkürzt und die zweite noch etwas kürzer als die dritte. Der Schwanz zeichnet sich durch beträchtliche Länge aus, hat aber stärker verkürzte Seitenfedern; die Beine sind nur klein, der Lauf ist etwas dick, die feinen Zehen haben schwache Krallen, unter denen nur die hintere sich durch ihre Größe hervorthut. —

1. Ramphocelus Jacapa *Linn.*

Tanagra Jacapa *Linn.* S. Nat. I. 313. 1. — *Buff.* pl. enl. 128. — *Lath.* Ind. orn. I. 419. 1.
Ramphocelus purpureus *Vieill.* — *Lesson* Rev. zool. 1840. 132.
Ramphopis atrococcineus *Swains.* orn. Draw. pl. 20. — Birds of Brazil. pl. 20. — *Desmar.* Tanagr. pl. 30. 31.

Männchen dunkel kirschroth; Rücken, Flügel und Schwanz schwärzlich.
Weibchen braun, Unterseite röthlicher.

Schnabel braun, Unterkiefer am Grunde sehr dick, mit gelblich fleischfarbener Schwiele. — Gefieder des Männchens kirschroth; Rücken, Flügel, Schwanz schwärzlich mit matt rothen Federnrändern. Beine fleischbraun. — Weibchen einfarbig braun, der Ton ins Röthliche spielend, besonders am Vorderhalse und auf der Brust; die Schwiele am Schnabel weniger hell gefärbt. Beine braun. — Vor dem Auge bildet sich mit zunehmendem Alter eine nackte Stelle, indem die Federn zwischen dem Auge und Mundwinkel allmälig ausfallen.

Ganze Länge 6″, Schnabelfirste 6‴, Flügel 3″, Schwanz 2¼″, Lauf 9‴.

Im nördlichen Brasilien, bei Para, und über Guyana, Columbien, Peru verbreitet. —

Anm. Ramphocelus atro-sericeus *Lafr. D'Orbigny* Voyage d. l'Am. mér. Ois. 280. no. 170. pl. 26. f. 1. steht dieser Art am nächsten, das Männchen ist aber ganz sammetschwarz, mit kirschrother Kehle, das Weibchen schwärzlich, mit röthlich brauner Brust, Kehle und Vorderhalse. — Bolivien.

2. Ramphocelus brasilia *Linn.*

Tanagra brasilia *Linn.* S. Nat. I. 314. 2. — *Buff.* pl. enl. 127. 1. — *Lath.* Ind. orn. I. 420. 2. — *Pr. Max.* Beitr. III. b 511. 17.
Ramphocelus coccineus *Vieill.* Gal. d. Ois. II. 106. pl. 79. — *Lesson*, Rev. zool. 1840. 133. — *Desmar.* Tanagr. pl. 28. 29.
Ramphopis coccineus *Swains.* orn. Draw. pl. 18. 19. — Birds of Braz. ib. —
Tijé-piranga *Marcgr.* h. nat. Bras. 192.

Männchen prachtvoll kochenillroth; Flügel, Schwanz und Unterschenkel schwarz. —

Weibchen braun, Unterrücken matt roth, Brust, Bauch und Steiß trüb fleischfarben. —

Schnabel braun, beim Männchen mit weißer, beim Weibchen mit blasser Backenschwiele. — Gefieder des Männchens sehr derbe, stark hornig und glänzend; gleichmäßig kochenillroth, nur etwas greller, Flügel, Schwanz und Unterschenkel schwarz; Beine fleischbraun. — Weibchen am Kopfe, Halse und Rücken graubraun, Flügel olivenbraun, Schwanz schwarzbraun, Unterrücken kochenillroth; Brust, Bauch und Bürzel wie frisches Fleisch, trübe röthlich grau. Beine lichter braun. Iris blutroth.

Ganze Länge 6″ 6‴, Schnabelfirste 6½‴, Flügel 3″ 2‴, Schwanz 2″ 8‴, Lauf 9‴.

In den Gebüschen der Sumpfländer an den Mündungen der Flüsse, oder im Flußthale selbst, aber stets auf nassem mit Schilf und Gebüsch besetztem Grunde; so fand ich den Vogel bei der Einfahrt in den Rio Macaçu an der Bai von Rio de Janeiro und auf dieselbe Art verbreitet er sich durch ganz Brasilien. Er hält sich in kleinen Schwärmen zusammen, aber nicht ganz dicht neben einander; man sieht immer nur einzelne Individuen hier und da im Buschwerk herumhüpfen, bald Männchen bald Weibchen. Die höheren Gebirgsthäler besucht der Vogel nicht. Sein Nest ist an ähnlichen Stellen im Gebüsch angebracht, sitzt nicht hoch, besteht aus Moos mit trocknen Halmen und enthält 2—3 blaugrüne, dunkeler besprengte, am stumpfen Ende schwarz gekritzelte Eier. —

3. Rhamphocelus nigrogularis *Spix.*

Tanagra nigrogularis *Spix.* Av. Bras. II. 35. 1. tb. 47.
Ramphopis nigrogularis *Swains.* orn. Draw. pl. 17. — Birds of Braz. ibid.
Tanagra ignescens *Less.* Cent. Zool. pl. 24.

Männchen kochenillroth; Stirn, Zügel, Rücken, Flügel, Schwanz und Schenkel schwarz.

Weibchen braun, Bauchseite röthlich; Rücken, Flügel und Schwanz schwarzbraun.

Ganz wie die vorige Art gebaut und gefärbt, das Männchen voller roth; die Stirnfedern, Zügel, der Kinnwinkel, der Oberrücken, die Flügel, der Schwanz und die Unterschenkel schwarz. — Das Weibchen blaß röthlich braun, die Bauchseite voller roth; Rücken, Flügel und Schwanz dunkler braun, besonders der Schwanz schwärzlich. —

Ganze Länge 6″, Schnabelfirste 7‴, Flügel 3″, Schwanz 2″ 9‴. —

Im nordwestlichen Brasilien, am Rio Solimoes und den Fluß abwärts im Gebiet des Amazonenstromes. —

Anm. Sclater führt in seinem Catalog. spec. Tanagr. noch einen Ramphocelus dorsalis *Bonap.* auf, welcher nach Angabe der Note dazu sich von R. brasilia nur durch eine dunklere Färbung auf der Mitte des Rückens unterscheidet; mir ist diese gleichfalls in Brasilien heimische Form nicht bekannt. (cf. Proceed. zool. Soc. 1854. March. 28.).

7. Gatt. Tanagra *aut.*

Thraupis *Boje, Caban.*

Schnabel weder so stark noch so lang wie bei Ramphocelus, gebogen kegelförmig, die Firste ziemlich scharf, weil seitlich zusammengedrückt, die Spitze fast grade, ohne oder mit sehr schwacher Kerbe; der Unterkiefer viel niedriger als bei Ramphocelus, ohne Schwiele; die Nasengrube kurz, das Nasenloch rund. Gefieder grünlich oder bläulichgrau, wenig lebhaft; die Flügel bis zur Mitte des Schwanzes reichend, mäßig spitz, die erste Schwinge nur sehr wenig kürzer als die zweite, längste. Schwanz ziemlich lang, nach dem Ende hin etwas breiter, leicht ausgeschnitten. Beine etwas stark, die Zehen nicht grade lang, die Außenzehe kaum länger als die Innenzehe; die Krallen stark gebogen, spitz, doch nicht sehr groß. — Männchen und Weibchen im Kolorit nur relativ verschieden, ersteres lebhafter und frischer gefärbt. — Nahrung gemischt, theils aus Beeren, theils aus Insekten bestehend. —

1. Tanagra ornata *Sparm.*

Sparm. Mus. Carlson. tb. 95. — *Swains.* Birds of Brazil. pl. 42.
Tanagra Archiepiscopus *Desmar.* Tanagr. tb. 17. 18. — *Pr. Max.* Beitr. III. a. 481. 9. — *Spix.* Av. Bras. II. 42. 16. tb. 55. f. 2. — *Schomb.* Reise III. 670. 22.

Kopf, Hals und Brust hellblau; Rücken, Flügel, Bauch und Schwanz graugrün; oberste kleinste Deckfedern gelb.

So groß wie Ramphocelus brasilia, nur wenig kleiner als ein Staar. Schnabel lang, spitz, wenig gebogen, schwarzgrau. Iris rothbraun. Gefieder am Kopfe, Halse und der Brust hellblau, grau unterlegt, beim Weibchen matt, beim Männchen lebhaft gefärbt. Rücken und Bauch schiefergrau, etwas bläulich angeflogen. Steiß und Bürzel grünlich grau. Flügel und Schwanz dunkler schiefergrau, die Ränder der Federn lebhaft grün gefärbt; die kleinen Deckfedern neben dem Flügelbug hellgelb, die obersten am Bug bläulich; Schwingen innen weiß gesäumt. Beine schwärzlichbraungrau.

Ganze Länge 7″, Schnabelfirste 6‴, Flügel 4″, Schwanz 2½″, Lauf 8‴.

Häufig in den Waldungen der mittleren Küstenstrecke Brasiliens, besonders bei Bahia und in den Umgegenden; lebt wie alle Tanagren nahe den Ansiedelungen, kommt in die Gärten und ist wenig scheu. Im südlichen Brasilien und im Gebiet meiner Reise kommt der Vogel nicht mehr vor, dagegen ist er noch nordwärts vom Amazonenstrom über Guyana verbreitet. —

2. Tanagra olivascens.

Lichtenst. Doubl. d. zool. Mus. 32. 351. — *Swains.* Birds of Braz. pl. 38. mas. — *Cabanis* Mus. Hein. I. 28. 189. — *Schomb.* Reise III. 670. 24. Tanagra palmarum *Pr. Max.* Beitr. III. a. 489. 11. — *Buff.* pl. enl. 178. 2. Tanagra Praelatus *Less.*

Olivengraugrün, Oberkopf und eine Binde über die Flügel frischer grün, Rücken, Schwingen und Schwanz brauner. —

Größe und Gestalt der vorigen Art, der Schnabel ebenso schlank, doch etwas kürzer und darum höher aussehend, schieferschwarz. Iris dunkelbraun. Gefieder graulich olivengrün, beim Männchen der Kopf bis zum Nacken und eine schiefe Binde über die Flügel lebhafter grün; desgleichen die Basis der Handschwingen, ihr Rand und der Rand des Schwanzes; die Schwingen und Schwanzfedern übrigens schwärzlichbraun, erstere am Grunde innen weiß gesäumt. Rücken etwas brauner, Bauch mehr grauer. Beine dunkel graubraun. Weibchen in allen Theilen ähnlich, aber matter gefärbt, die Farbe des Oberkopfes weniger vom Nacken verschieden, desgleichen die Binde am Flügel viel undeutlicher.

Ganze Länge 7″, Schnabelfirste 5½‴, Flügel 4″, Schwanz 2⅓‴, Lauf 9‴.

Mehr im Innern an offenen Stellen und häufig in den Gärten bei Lagao santa getroffen, wo sie besonders in den Kronen der hohen Macauba-Palmen (Acrocomia sclerocarpa) sich aufhielt, auch darin nistet. — Leider brütete der Vogel zur Zeit meiner Anwesenheit nicht, so daß mir die Eier entgangen sind. —

3. Tanagra Episcopus.

Linn. S. Nat. I. 316. 19. — *Lath.* Ind. orn. I. 424. 17. — *Buff.* pl. enl. 178. 1.
Thraupis Episcopus *Cabanis* Mus. Hein. I. 28. Note.
Tanagra coelestris *Spix.* Av. Bras. I. 42. 15. tb. 55. f. 1.

Männchen sehr hell bläulichgrau, Flügel und Schwanzfedern himmelblau gesäumt, oberste Deckfedern und Rand der großen Deckfedern weißlich.

Weibchen ohne weißlichen Flügelfleck, mehr grünlich grau.

Schnabel etwas kürzer, nach Verhältniß höher, schieferschwarz, der Unterkiefer am Grunde weißlich. Iris braun. — Gefieder des Männchens lebhaft und hell bleigrau, etwas grünlich überlaufen; Flügel und Schwanzfedern in der Tiefe schieferschwarz, der sichtbare Theil der Außenfahne schon himmelblau; die Schwingen innen weiß gesäumt; die Deckfedern bis zu den großen hinab weißlich, etwas ins Violette spielend; der Rand der großen Deckfedern fein weiß vorgestoßen. — Weibchen mehr grünlich und etwas düsterer gefärbt, die himmelblauen Säume der Flügel und Schwanzfedern reiner grünlich; kein heller Fleck am Flügelbug, vielmehr nur ein matterer Ton daselbst sichtbar.

Ganze Länge 6½″, Schnabelfirste 4½‴, Flügel 3¾″, Schwanz 2¼″, Lauf 8‴.

Im Innern des nördlichen Brasiliens, am Amazonenstrom und Rio Negro, so wie abwärts bis Para; besonders in Guyana zu Hause, wo die Art häufig ist, gleich der vorigen gern in den Kronen der Palmenbäume sich aufhält und viel in die Gärten der Ansiedelungen kommt. —

Anm. Der Vogel ist hier nach einem Exemplar beschrieben, das unsere Sammlung aus Berlin erhielt und angeblich von Para stammt. Cabanis hat a. a. Orte erwiesen, daß dies die wahre Tanagra Episcopus Linné's ist; er hält davon die Tanagra serioptera *Swains.* two Cent. et a. Quart. no. 99. einstweilen, wenigstens als klimatische Form, für verschieden. Letztere ist nach seiner Angabe etwas kleiner, die weißen Flügeldeckfedern spielen mehr ins Violette und der breite weiße Saum fehlt den großen Flügeldeckfedern. Mein Exemplar stimmt völlig mit Spix Abbildung a. a. O. überein und stellt wohl die ächte Tanagra Episcopus vor. —

4. Tanagra Sayaca *Pr. Wied.*

Pr. Max z. Wied. Beitr. III. a. 484. 10. — *Bonap.* Consp. I. 238. 1.
Saltator cyanopterus *Vieill.* Enc. méth. Orn. 790. — *D'Orb.* Voy. Am. mér. Ois. 274.

Tanagra Episcopus *Swains.* Birds of Bras. pl. 39. mas.
Tanagra inornata ibid. pl. 40. fem.
Lindo saihobi, *Azara* Apunt. I. 370. 92.
Sangaço der Brasilianer.

Rückengefieder grünlich grau, Bauchseite weißgrau, Schwingen und Schwanzfedern bläulich grün gerandet. — Männchen mit himmelblauem Fleck am Bug, der dem Weibchen fehlt. —

Der vorigen Art in Größe und Gestalt sehr ähnlich, im Ganzen vielleicht etwas größer; besonders aber der Schnabel beträchtlich höher und dicker, nach vorn mehr zusammengedrückt, mit starker am Ende herabgebogener Firste; einfarbig schiefergraubraun, der Kinnrand etwas lichter. Gefieder am Rücken ziemlich dunkel grünlich grau, die ganze Bauchseite hellgrau, nicht bläulich sondern trüb gelblich auf der Mitte überlaufen. Flügel und Schwanzfedern in der Tiefe graubraun, die Ränder deutlich grün gesäumt, der Innensaum der Schwingen weißlich. Beim Männchen die oberste Partie der kleinen Deckfedern am Bug schön und voll himmelblau, etwas ins Cyanblaue fallend; — beim Weibchen keine Spur eines solchen Fleckes, auch die Ränder der Schwingen und Schwanzfedern matter. — Beine bläulich schiefergrau, die Krallen gelblicher.

Ganze Länge 6″ 8‴, Schnabelfirste 5‴, Flügel 3″ 8‴, Schwanz 2″ 3‴, Lauf $8\frac{1}{2}$‴. —

Im Innern Brasiliens auf dem Camposgebiet und weiter südlich oder westlich bis nach Paraguay und an den Fuß der Cordilleren verbreitet; lebt, gleich den vorigen Arten, in den Gipfeln der Palmen, nährt sich von fleischigen Beeren und weichen Insekten, kommt viel in die Nähe der Ansiedelungen und ist dort nicht selten, besonders in Gärten, wo Palmen stehen. — Mein Sohn erlegte mehrere Exemplare in Lagoa santa.

Anm. 1. Ich habe für diese Art den Namen Tanagra Sayaca beibehalten, weil grade sie als solche am besten beschrieben und bekannt geworden ist; der Name cyanoptera könnte der ihr zunächst stehenden Tanagra coelestris *Swains.* Birds of Brazil. pl. 41. mit weit größerem Rechte gegeben werden. — Diese Art ist beträchtlich größer, hat einen ganz auffallend dicken, kurzen, hohen Schnabel, eine viel voller grünere Rückenfarbe und einen sehr deutlichen, nach dem Reflex voller blau oder etwas grünlich schillernden Saum an allen Flügel- und Schwanzfedern; dabei ist der schön cyanblaue Fleck am Flügelbug des Männchens viel größer und deutlicher. Dem Weibchen fehlt dieser Fleck ebenfalls, doch ist die Gegend des Flügels heller gefärbt, als die Umgebung, wie Swainson's Abbildung des weiblichen Vogels deutlich zeigt. — Ganze Länge 7″ 4‴, Schnabelfirste 5‴, Flügel 4″, Schwanz $2\frac{1}{2}$″, Lauf 9‴. — In Guyana und Columbien; auch noch im nördlichen Brasilien am Rio Negro und Amazonenstrom. — Diese Art ist wahrscheinlich die wahre Tanagra Sayaca *Linn.* S. Nat. I. 316. 20. — *Lath.* Ind. orn. I. 425. 18. — *Buff.* pl. enl. 301. 1. und wird dafür auch von Cabanis (Mus. Hein. I. 28. 191.) genommen. Dennoch behalte ich, aus den bereits angegebenen Gründen, Swainson's Benennung für dieselbe bei. Spix gleichnamige Art gehört zu Tanagra Episcopus *Linn.*, wie wir gesehen haben.

2. Eine andere gute Art, welche die Mitte zwischen der vorstehend charakterisirten Tanagra coelestris *Swains.* und der Tanagra Episcopus *Linn.* (T. coelestris *Spix.*) hält, ist die Tanagra cana *Swains.* Birds of Brazilia. pl. 37. — Sie steht in der Größe der Tanagra Sayaca *Nob.* gleich, ist also kleiner, als T. coelestris *Swains.* und ähnelt in der Farbe mehr der T. Episcopus. Kopf, Hals und Brust sind hell bleigrau, der Rücken ist dunkler bläulichgrau; die schwarzbraunen Schwingen und Schwanzfedern haben breite, schön grünblaue, fast spangrüne Säume, welche Farbe sich auch über die großen Flügeldeckfedern erstreckt, aber die kleinen sind lebhaft und voll himmel-cyanblau. Die Innenseite der Schwingen ist weißlich grau gerandet, der Bauch hat eine mehr grünlich überlaufene, heller graue Färbung, die vorwärts über einen Theil der Brust sich erstreckt und weiter hinab auch über den Steiß. Die Beine sind dunkel schiefergrau, der Schnabel horngrau, mit blasserer Kinnkante. Die Iris ist gelbgrau. In der Form stimmt der Schnabel am meisten mit dem von T. Episcopus überein; er ist also viel schlanker und gestreckter, niedriger, als der von T. coelestris *Swains.*, selbst noch etwas niedriger als der von T. Sayaca *Nob.*, und sein Mundrand nach vorn zu etwas stärker eingebogen. — Ganze Länge 6'' 10''', Schnabelfirste 5''', Flügel 3'' 8''', Schwanz 2'' 3''', Lauf 8'''. — In Columbien und Nord-Brasilien, am Rio Negro, einheimisch; aber nicht mehr im östlichen Brasilien, bei Para und Pernambuco. —

3. Im äußersten Süden Brasiliens kommt noch eine Art vor, welche ich auf meiner Reise nicht kennen gelernt habe, es ist die Tanagra striata *Gmel. Linn.* S. Nat. I. 2. 899. 44. — *Lath.* Ind. orn. I. 423. — *Vieill.* Enc. méth. Orn. 776. — *D'Orb.* Voy. Am. mér. Ois. 273. — *Gould.* Zool. of the Beagl. III. Birds pl. 36. — Lindo celeste ore y negro *Azara* Apunt. I. 377. 94. — Tan. Darwinii *Bonap.* — Das Männchen ist schwarz; Kopf, Hals und die Flügeldeckfedern sind himmelblau; Brust und Bürzel orange, Bauch blaßgelb, die Unterschenkel grau; — das Weibchen hat ein graulich olivenfarbenes Kleid mit hellem himmelblauem Kopfe, Halse und Flügeln; die ganze Unterseite mit dem Bürzel ist blaßgelb, die Unterschenkel grau. — Ueber Rio Grande do Sul, Montevideo, Paraguay und hinüber bis nach den Cordilleren verbreitet. —

8. Gatt. Tanagrella *Swains.*

Hypothlypis *Caban.*

Schnabel feiner, schlanker, zwar ähnlich dem von Tanagra ornata, aber etwas länger nach Verhältniß, die Firste mehr gebogen, die Spitze mit schwacher Kerbe; Nasengrube von den Borstenspitzen des Gefieders am Schnabelgrunde beschattet, die Nasenlöcher klein und versteckt. Flügel schmal und spitz, kaum bis auf die Mitte des Schwanzes reichend, die erste Schwinge sehr wenig verkürzt. Schwanz ziemlich lang, schmalfedrig, leicht ausgeschnitten. Beine mit verhältnißmäßig weit längeren Zehen, der Daumen auffallend groß. Gefieder kurzfedrig, sehr bunt.

Tanagrella cyanomelas *Pr. Wied.*

Tanagra cyanomelas *Pr. Max z. Wied.* Beitr. III. a. 453. 1.
Tanagrella multicolor *Swains.*
Sylvia surinamensis coerulea *Briss.* Orn. III. 536. 73.
Hypothlypis Velia *Cabanis* Mus. Heinean. I. 22. 149.

Rückengefieder schwarz, Stirn vorn blau, dahinter gelb. Unterseite himmelblau, Kehle und Flügeldecken cyanblau gefleckt, Bürzel orange, Bauch und Steiß rostroth. —

Ein hübsches buntes Vögelchen, vom Ansehn einer Nemosia, aber der Schnabel höher, stärker und wenig am Ende herabgebogen, glänzend schwarz. Iris braun. Hauptfarbe des Rückengefieders schwarz. Stirn und Zügel blau, dahinter vor den Augen gelb. Kehle und Backen mit lebhaften cyanblauen glänzenden Flecken auf jeder Feder; Vorderhals, Brust und Bauchseiten heller weißblau gefleckt; Bauchmitte und Steiß rostroth, Bürzel orange. Kleine Flügeldeckfedern cyanblau, große wie die Schwingen schwarz, fein blau gerandet; desgleichen die Schwanzfedern. Innenseite der Schwingen weißlich gesäumt. Beine glänzend schwarz. —

Ganze Länge 5″, Schnabelfirste 6‴, Flügel 3″, Schwanz 1″ 8‴, Lauf 7‴.

In den großen Urwäldern des Küstengebietes zwischen Capo frio und Bahia in kleinen Schwärmen, aber nicht überall. —

Anm. Motacilla Velia *Linn.* S. Nat. I. 336. 4. — *Lath.* Ind. orn. II. 546. 146. — *Buff.* pl. enl. 669. 3. steht dieser Art sehr nahe, aber die Stirn ist einfarbig blau, die Brust ebenso dunkelblau, wie die Kehle und der Bauch nicht rostroth, sondern hell orange, wie der Bürzel. Die Art ist in Guyana zu Hause und geht nur bis in die Wälder am Amazonenstrom hinab. Sie hat einen feinern Schnabel, daher Tanagra tenuirostris *Swains.* (*Desmar.* Tanagr. pl. 2.).

9. Gatt. Calliste *Boje.*

Isis 1826.

Aglaja *Swains.* Callospiza *Gray.* *Sclater*, Synops. of the genus Calliste.

Schnabel kürzer und etwas höher, dem von Tanagra Sayaca im Kleinen ähnlich, ziemlich stark seitlich zusammengedrückt, die Firste scharfkantig, die Spitze mit schwacher Kerbe. Nasengrube von Federn beschattet, das Nasenloch drunter versteckt. Augenlieder mit einem schönfarbigen Kranze kleiner, platter Federn. Gefieder sehr bunt, das der Männchen reiner und klarer als das der Weibchen, doch sonst ebenso; nur die jungen Vögel sehr viel matter gefärbt. Flügel und Schwanz von mäßiger Länge, die erste Schwinge etwas mehr verkürzt, die dritte und vierte die längsten; Schwanz schmalfedrig, etwas ausgeschnitten. Beine zierlicher, der Lauf höher, die Zehen kürzer, nur der Daumen noch ziemlich stark.

Eine zahlreiche Gruppe kleiner Vögel vom Ansehn der Buchfinken, Zeisige, Hänflinge, aber sehr bunt und prächtig gefärbt, welche sich in den Gebüschen der Waldregion aufhalten und in kleinen Trupps beisammen leben, sonst aber keine eigenthümlichen Gewohnheiten zeigen. Ihre Nahrung besteht ausschließlich in Sämereien.

A. Gefieder nur schwarz und blau, Bauch weiß oder gelb.

1. Calliste brasiliensis.

Tanagra brasiliensis *Linn.* S. Nat. I. 316. 15. — *Buff.* pl. enl. 179. 1 mas, 155. 1. fem. — *Lath.* Ind. orn. I. 424. 15. — *Pr. Max z. Wied.* Beitr. III. a. 477. 8.
Calliste brasiliensis *Sclater* l. l. no. 45.
Tanagra barbadensis *Kuhl.*

Schwarz; Stirn, Kehle, Halsseiten, Brust und Bürzel hell violettblau; Bauchmitte und Steiß weiß.

Eine der größeren Arten, ziemlich wie ein Buchfink; Schnabel mäßig groß und stark, hoch, scharfkantig mit gebogener Firste, schwarz. Iris braun. Gefieder am Rücken größtentheils schwarz; die Stirn bis über die Augen hinauf, die Backen, Kehle, Brust, Bauchseiten, der Bürzel und die kleinen Flügeldeckfedern hell bläulich violett; die großen Flügeldeckfedern und die Handschwingen fein ebenso gerandet, alle Schwingen innen weißlich gesäumt; Bauchmitte, Steiß und untere Schwanzdecken weiß. Beine glänzend schwarzbraun. — Weibchen wie das Männchen gefärbt, aber das Blauviolette matter, weißlicher und mehr auf die Spitzen der Federn beschränkt. —

Ganze Länge 5½″, Schnabelfirste 4‴, Flügel 3½″, Schwanz 1″ 9‴, Lauf 8‴. —

Im Waldgebiet Brasiliens nicht selten, von mir bei Neu-Freiburg gesammelt, nordwärts seltner und kaum über Bahia hinaus. Der Prinz zu Wied fand das Nest mit 2 weißen, röthlich violett marmorirten Eiern, worin einige irregulaire schwarze Striche und Punkte sind. —

2. Calliste flaviventris.

Sclater l. l. no. 47. — *Cabanis* Mus Hein. I. 27. 180.
Tanagra mexicana *Linn.* S. Nat. I. 315. 10. — *Lath.* Ind. orn. I. 426. 23 — *Buff.* pl. enl. 290. 2. — *Edw.* Glean. tb. 350. — *Desmar.* Tanagr. pl. 5.
Tanagra flaviventris *Vieill.* N. Dict. d'hist. nat. Tm. 32. 411.

Kornblumenblau; Hinterkopf, Nacken, Rücken, Flügel und Schwanz schwarz; kleine Deckfedern meergrün, Bauch und Steiß gelb. —

Etwas kleiner als die vorige Art, der Schnabel minder gebogen, fein und ziemlich grade, schwarz; Iris schwarzbraun. — Gefieder beim Männchen lebhaft und schön kornblumenblau; vom Hinterkopf über den Nacken, Rücken, die Flügel und den Schwanz schwarz; der bedeckte Unterrücken, der Bürzel und die Schwanzfedern blau gesäumt. Kleine Deckfedern am Bug hell bläulich grün, die übrigen fein blau gerandet; Bauch und Steiß röthlich dottergelb, die Bauchseiten schwarz gefleckt. Beine schwarzbraun. — Weibchen nur matter gefärbt als das Männchen, der meergrüne Fleck am Flügelbug kleiner, verwaschener; die Bauchseite weißlicher gelb; die blauen Federnränder ins Grünliche spielend.

Ganze Länge 5″, Schnabelfirste 3½‴, Flügel 3″, Schwanz 1″ 10‴, Lauf 8‴.

Im nördlichen Brasilien, über das Gebiet des Amazonenstromes und weiter über Guyana, Columbien und Trinidad verbreitet. —

B. Oberkopf, Nacken und Rücken gelb oder rothbraun, Flügel grün.

3. Calliste flava.

Tanagra flava *Gmel. Linn.* S. Nat. I. 2. 896. — *Lath.* Ind. orn. I. 431. 40.
Pr. Max z. Wied. Beitr. III. a. 467. 5.
Tanagra formosa *Vieill.* Enc. méth. Orn. 773.
Lindo bello *Azara* Apunt. I. 387. 96.
Guirapera *Marcgr.* h. nat. Bras. 212.

Männchen: Rumpf blaß ochergelb, Kehle, Vorderhals, Brust und Bauchmitte schwarz; Flügel und Schwanzfedern ebenso, aber breit blaugrün gerandet.

Weibchen: Grünlich grau, Oberkopf ins Rostgelbe, Kehle ins Weißliche fallend; Flügel und Schwanz wie beim Männchen, aber matter gefärbt. —

Nicht ganz so groß wie die erste Art, der Schnabel stark, hoch, mit scharfer gebogener Firste, braungrau gefärbt. Iris braun. — Rumpfgefieder des Männchens mehr oder weniger trüb ochergelb, der Stirnrand etwas dunkler, rostgelb; Kinn, Kehle, Vorderhals, Brust- und Bauchmitte schwarz. Flügel schwarz, die Deckfedern mehr grünlich blau, die Schwingen reiner blau gesäumt, am Innenrande weißlich. Schwanzfedern schwarz, himmelblau überlaufen, besonders an den Rändern. Beine bräunlich grau. Weibchen am ganzen Rumpfe aschgrau, der Rücken grünlich überlaufen, die Stirn und der Oberkopf rostgelblich, die Kehle und der Vorderhals weißlich; der Bauch und Steiß rostgelblich; Flügel und Schwanz wie beim Männchen, nur matter und die Ränder mehr graugrünlich gefärbt. Schnabel und Beine heller als beim Männchen.

Ganze Länge 5″ 6‴, Schnabelfirste 4‴, Flügel 3″, Schwanz 2″, Lauf 8‴. —

Das junge Männchen, vor der ersten Mauser, ähnelt dem Weibchen, ist aber noch matter gefärbt und bekommt erst allmälig den vollen gelben Oberkörper alter Individuen.

Bei Neu-Freiburg, aber auch nordwärts bis Bahia und südwärts bis Paraguay verbreitet. —

4. Calliste melanota.

Aglaja melanota *Swains.* Birds of Braz. pl. 31. mas, pl. 43. fem.
Tanagra Gyrola *Pr. Max* Beitr. III. 471. 6. (fem).
Tanagra peruviana *Desmar.* Tanagr. pl. 11.
Calliste peruviana *Sclater* l. l. no. 35.

Oberkopf bis zum Rücken rostroth, Rücken schwarz.

Männchen mit schwarzen Zügeln, gelben Flügeldecken, grüner Unterseite und blaugesäumten Schwingen.

Weibchen matter, Flügeldecken und Schwingenränder grün, Bauchseite blaßgelb. —

Schnabel kürzer als bei der vorigen Art, mehr gewölbt, schwarzbraun. Iris braun. Oberkopf, Backen, Hinterhals bis zum Rücken rothbraun, Mitte des Rückens schwarz. — Männchen voller gefärbt, Zügel schwarz; kleine Flügeldeckfedern ochergelb, große und die Schwingen schwarz, mit himmelblauen Rändern; Unterrücken grünlich, gleich der Unterseite vom Kinn bis zum Bauch; Aftergegend nebst den unteren Schwanzdecken bis zum Bürzel hinauf rostgelbroth, Schwanz schwarz mit himmelblauen Rändern; Beine bräunlich fleischfarben. — Weibchen matter gefärbt als das Männchen, besonders der Rücken trüber schwarzbraun. Unterrücken und Flügeldeckfedern grün, die Schwingen und die Schwanzfedern schwarzbraun mit grünen Rändern; die ganze Bauchseite blaß gelblichweiß, nur die Kehle und der Vorderhals grünlich überlaufen.

Ganze Länge 5¼", Schnabelfirste 3''', Flügel 3", Schwanz 2", Lauf 8'''.

Im Waldgebiet des mittleren Brasiliens, besonders nördlich von Bahia und im Innern am Amazonenstrom, aber nicht häufig. —

Anm. Es ist wahrscheinlich ein Irrthum, wenn Desmarest die Heimath dieser Art nach Peru legte und sie deshalb T. peruviana nannte. Swainson hat eine schöne Abbildung von beiden Geschlechtern gegeben; der Prinz zu Wied erhielt sie ebenfalls auf seiner Reise und nahm sie für das Weibchen der folgenden, beide als Tanagra Gyrola *Linné* aufführend. Ich halte mich überzeugt, daß es vorzugsweise junge Individuen dieser Art waren, welche er selbst beobachtete; weil so südlich, wie die Heimath von Azara's Lindo precioso liegt, der Prinz nicht kam. —

5. Calliste preciosa *Caban.*

Cabanis Mus. Heinean. I. 27. 183.
Tanagra Gyrola *Pr. Max z. Wied.* Beitr. III. 471. 6. mas.
Calliste castanonota *Sclater* l. l. no. 34.
Calliste cajana *D'Orb.* Voy. Am. mér. Ois. 272.
Lindo precioso *Azara* Apunt. etc. I. 381. 95.

Oberkopf, Nacken und Rücken rothbraun, Flügel und Unterseite grün.

Schnabel ziemlich kurz, zusammengedrückt, nach der Spitze zu etwas gebogen, hornschwarz; Iris braun. Zügel tief sammetschwarz; Oberkopf,

Nacken und Rücken schön rostroth, mit Feuerglanz; Bürzel und obere Flügeldeckfedern grün mit lebhaftem Goldschiller; Schwingen und Schwanzfedern schwarzbraun, himmelblau gerandet, mit grünlichem Reflex; Kehle, Hals, Brust und Bauch grün, mit himmelblauem Widerschein; Steiß hell rothbraun, die Unterschwanzdecken blau gesäumt. — Weibchen ganz wie das Männchen gefärbt, aber alle Farben viel matter und ohne den prachtvollen Reflex, der dem Männchen eigen ist. Beine graulich fleischfarben.

Ganze Länge 5" 9"', Schnabelfirste 4"', Flügel 3⅓", Schwanz 2" 2"', Lauf 9"'. —

Im südlichen Brasilien: St. Catharina, Rio Grande do Sul, Montevideo; ferner in Paraguay und hinüber bis zum Ostabhange der Cordilleren.

Anm. 1. Der Prinz zu Wied führt diesen Vogel als Männchen seiner Tanagra Gyrola auf und beschreibt ihn nicht ganz richtig, weil er ihn mit der vorigen Art verband; offenbar hat er nur letztere selbst beobachtet, die Calliste preciosa dagegen anders woher erhalten, vielleicht in Rio de Janeiro von Händlern oder Jägern bekommen. Hier findet sich aber der Vogel noch nicht.

2. Tanagra Gyrola *Linn.* S. Nat. I. 315. 7. — *Buff.* pl. enl. 133. 2. — *Lath.* Ind. orn. I. 437. 26. — *Desmar.* Tanagr. pl. 6. et 7. — Calliste Gyrola *Sclater* l. l. no. 42.; — ist ein anderer Vogel, ganz lebhaft grün, Kopf und Kinn gelbroth, ein goldgelber Fleck verbreitet sich am Flügelbug über die kleinsten Deckfedern, der Bauch ist himmelblau. Er bewohnt die Gegenden nördlich vom Amazonenstrome, Guyana und Columbien.

3. Ihm steht zunächst Tanagra peruviana *Swains.* Anim. in Menag. 356. — Tan. Gyrola *v. Tschudi* Fn. per. Orn. 30. 6. 202. — *D'Orb.* Consp. Av. Mag. d. zool. 1837. 32. 10. — Calliste gyruloides *Bonap. Sclater* l. l. no. 43. — Die Art stimmt mit der ächten T. Gyrola ganz überein, unterscheidet sich von ihr indessen durch einen stets himmelblauen Bürzel, längere Flügel und etwas beträchtlichere Größe. Sie bewohnt Neu-Granada, Peru und Bolivien.

6. Calliste cucullata.

Sclater, l. l. no. 33.
Aglaja cucullata *Swains.* Birds of Braz. pl. 7.

Oberseite, Flügel und Schwanz grün; Scheitel, Nacken bis zum Rücken und Steiß zimmtroth; Kehle, Brust und Bauch blau beim Männchen, grauweiß beim Weibchen.

Eine ausgezeichnete Art, die mir bloß aus Swainson's angezogener Abbildung bekannt ist. Gestalt und Größe wie C. flava; Schnabel ziemlich groß, etwas gebogen, mäßig gewölbt, hornbraun. Iris braun. Oberkopf beim Männchen, der Nacken und die Mitte des Rückens verwaschen rothbraun; Backen, Halsseiten, Flügel, Unterrücken und Schwanz grün, die Schwingen und Schwanzfedern in der Tiefe schwarzbraun; Kehle, Vorderhals, Brust und Bauch hell cyanblau; Steiß und untere Schwanzdecken rostgelbroth. Beine fleischbraun. — Weibchen wie das Männchen gefärbt, oben blasser, alle Farben mehr verloschen, die Unterseite matt graubläulich weiß. —

Ganze Länge 5″, Schnabelfirste 4‴, Flügel 2″ 10‴, Schwanz 1″ 7‴, Lauf 8‴. —

Von Swainson bei Pernambuco gesammelt, nach Sclater nur auf den Inseln Westindiens zu Hause (St. Thomas).

C. Gefieder schwarz getüpfelt, vorwiegend grün; die Federn, wenigstens am Rücken, auf der Mitte schwarz.

7. Calliste citrinella.

Tanagra citrinella *Temm.* pl. col. 42. 2. — *Swains.* Birds of Brazil. pl. 6 — *Pr. Max z. Wied.* Beitr. III. a. 464. 4.
Tanagra cyanoventris *Vieill.* N. Dict. d'hist. nat. Tm. 32. 426.
Tanagra elegans *Pr. Max z. Wied.* Reise I. 187.

Oberkopf, Backen und Rücken gelb, letzterer schwarz getüpfelt; Kehle schwarz, Brust und Bauch blau; Flügel und Schwanzfedern schwarz, grün gerandet. —

Von mittlerer Größe, etwa wie ein Hänfling (Fr. cannabina) gestaltet, doch der Schnabel etwas kräftiger, länger, dicker, sanft gebogen, schwarz. Oberkopf und Backen bis zum Kinnrande dottergelb, die Zügel und die Kehle unter dem Kinn schwarz. Nacken und Rücken goldgelb, jede Feder mit schwarzer Mitte; Flügel und Schwanzfedern schwarz, am Außenrande breit grün gesäumt; Unterrücken trüb ochergelb. Vorderhals, Brust und Bauchseiten hellblau, Bauchmitte grün, Steiß ochergelb. Beine graulich fleischbraun. — Weibchen wie das Männchen gefärbt, nur weniger lebhaft im Farbenton. —

Ganze Länge 5″, Schnabelfirste 3‴, Flügel 2″ 6‴, Schwanz 1″ 10‴, Lauf 8‴. —

Im Waldgebiet des mittleren Brasiliens, vom Rio Espirito Santo bis nach Bahia, Pernambuco und über die untere Partie des Amazonenstromgebietes verbreitet. — Zuerst vom Prinzen zu Wied beobachtet und ausführlich beschrieben, dann von Temminck und Swainson abgebildet; von letzterem besser gezeichnet aber weniger gelungen im Kolorit, das zu düster ist.

8. Calliste Schrankii.

Tanagra Schrankii *Spix.* Av. Bras. II. 388. tb. 51.
Calliste Schrankii *Sclater*, l. l. no. 11. — *v. Tschudi* Fn. per. Orn. 29. 4. 201.
Aglaja melanotis *Swains.* An. in Menag. 355.

Grün, die Federn des Rückens und der Flügel schwarz getüpfelt; Scheitel, Bürzel und Mitte der Bauchseiten gelb.

Etwas kleiner als die vorige Art, doch ihr im Körperbau ähnlich; Schnabel ziemlich kurz, etwas gewölbt, schwarz; Stirn und Ohrdecke schwarz; Nacken, Rücken, Flügel und Schwanz ebenfalls schwarz, aber jede Feder mit breitem grünem Randsaum; Bürzel und Oberkopf gelb, besonders die Stirn hinter der schwarzen Binde; Unterseite heller grün, die Mitte von der Brust bis zum Steiß gelb, die unteren Schwanzdecken reiner gelb. Beine schieferschwarz. Iris braun. — Weibchen mit schmäleren grünen Federrändern, besonders an den Schwingen und Schwanzfedern; der Oberkopf blaßgrün, der Bürzel sehr wenig gelb, überhaupt matter gefärbt. —

Ganze Länge 4½″, Schnabel 3‴, Flügel 2⅓″, Schwanz 1½″, Lauf 7‴. —

Im Innern Brasiliens, am obern Amazonenstrom und Rio Negro, bis hinüber nach Peru, Bolivien und Neu-Granada. —

9. Calliste punctata.

Tanagra punctata *Linn.* S. Nat. I. 316. 21. — *Lath.* Ind. orn. 425. 19. — *Buff.* pl. enl. 133. 1. — *Edw.* Aves pl. 262. — *Desmar.* Tanagr. pl. 8. et 9. Calliste punctata *Sclater* l. l. no. 13. — *Cabanis* Mus. Hein. I. 177. 6.

Rückengefieder gelbgrün, alle Federn mit großem schwarzem Fleck; Unterseite graugrün, die Brust stark schwarz getüpfelt.

Der vorigen Art ähnlich, aber etwas größer und besonders der Schnabel länger, schlanker kegelförmig, mehr seitlich zusammengedrückt; schieferschwarz, die Gegend am Kinn breit weiß. Oberkopf, Ohrgegend und Nacken gelbgrau, die Stirn fast ohne schwarze Tüpfel, das Uebrige auf der Mitte jeder Feder schwarz; Zügel schwarz. Rücken mehr grünlich, jede Feder breit schwarz auf der Mitte, nur der Unterrücken einfarbig grün. Flügel und Schwanzfedern schwarz, mit hell seladongrünen Rändern, die Innenseite der Schwingen weißlich gesäumt. Kehle und Brust weißgrau, letztere mit großen schwarzen Tropfenflecken auf jeder Feder. Bauchmitte einfarbig weißlich grau, Bauchseiten grünlich grau, Steiß gelblich, untere Schwanzdecken mit graulichen Tüpfeln auf der Mitte der Federn. Beine schwarzbraungrau. — Weibchen wie das Männchen, nur der gelbliche Ton auf dem Scheitel matter, grünlicher.

Ganze Länge 5″, Schnabelfirste 4‴, Flügel 2″ 10‴, Schwanz 1″ 10‴, Lauf 8‴. —

Bewohnt das Waldgebiet des nördlichen Brasiliens, von Pernambuco über die Mündung des Amazonenstromes, dessen untere Laufstrecke bis nach Guyana; lebt in kleinen Trupps in den dichten Waldungen der höher gelegenen Orte, ferner von der Küste und ist dort nicht selten.

Anm. Die Tanagra punctata *v. Tschudi* Fn. per. Orn. 30. 8. und 203. ist nach *Sclater* l. l. no. 12. eine andere Art, welche er Calliste chrysophrys nennt (*Jard.* Contrib. to Orn. 1851. pl. 69. f. 2.), während Cabanis sie mit der ächten Call. punctata verbindet (Mus. Hein. I. 26. 177.). Das hier beschriebene Exemplar erhielt ich aus der Gegend nördlich von Bahia.

10. Calliste thoracica.

Sclater l l no. 10. — *Caban.* Mus. Hein. I. 26. 175.
Tanagra thoracica *Temm.* pl. col. 42. 1.

Rückengefieder grün, schwarz gestreift; Stirn schwarz, dahinter und der Augenring blau, Vorderhals gelb mit schwarzem Kehlfleck; Unterfläche auf der Mitte blaßgelb, an den Seiten spangrün. —

Eine sehr bunte, aber auch sehr hübsche Art; etwas größer als die vorigen; der Schnabel feiner, spitzer, stärker zusammengedrückt, glänzend schwarz. Iris braun. Stirn, Zügel und vorderster Kinnwinkel schwarz. Oberkopf zwischen den Augen und der Augenring himmelblau, dann grün, wie der ganze Rücken, aber mit goldgelbem Reflex; alle Federn des Hinterkopfes, Nackens, Rückens und der Flügel mit schwarzem Längsstreif auf der Mitte. Oberste kleinste Deckfedern schön goldgelb gesäumt, die übrigen, wie die schwarzen Schwingen und Schwanzfedern grün gerandet. Vorderhals bis zur Brust goldgelb, darauf in der Kehlbuge ein schwarzer Fleck. Brust und Bauchseiten spangrün, gegen die Mitte hin mehr grasgrün, die Mitte selbst blaßgelb, wie der Unterschenkel und die unteren Schwanzdecken, aber die Aftergegend grün. Beine bleigraubraun. — Das Weibchen viel matter gefärbt als das Männchen, besonders die blaue Stirn nicht so lebhaft und der schwarze Kehlfleck kleiner.

Junger Vogel ganz matt graugrün, die schwarzen Streifen des Rückens sehr wenig deutlich; der Vorderhals und der Steiß gelbgrau; Stirn, Zügel und Kehle nicht schwarz, sondern wie die benachbarten Theile gefärbt, auch keine blaue Binde zwischen den Augen.

Ganze Länge 5½″, Schnabelfirste 4‴, Flügel 3″, Schwanz 1″ 8‴, Lauf 8‴. —

In den Gebirgswäldern der südlichen tropischen Gegenden Brasiliens, Rio de Janeiro, St. Paulo und Süd-Minas; von mir bei Neu-Freiburg gesammelt, wo die Art nicht selten war; lebt wie die übrigen Arten in kleinen Trupps im Walde, ist nicht eben scheu, aber still und wird darum nur selten gesehen. —

D. Gefieder bunt: blau, roth, grün, schwarz und gelb; die Federn nicht schwarz getüpfelt.

11. Calliste tricolor.

Tanagra tricolor *Gmel. Linn.* S. Nat. I. 2. 891. — *Buff.* pl. enl. 33. 1. — *Lath.* Ind. orn. I. 428. 29. — *Temm.* pl. col. 215. 1. — *Desmar.* Tanagr. pl. 3. — *Kittlitz* Vögel etc. pl. 31. f. 1.
Tanagra Tatao *Pr. Max.* Beitr. III. a. 459. 3.
Calliste tricolor *Sclater* l. l. no. 3. — *Caban.* Mus. Hein. I. 26. 172.

Kopf spangrün, Brust blau, Nacken gelbgrün, Vorderhals und Rücken schwarz, Unterrücken orange, Bauch und Steiß grün.

Ein sehr bunter Vogel; Gestalt wie bei der vorigen Art, doch etwas schmächtiger. Schnabel glänzend schwarz, länglich kegelförmig, nach vorn spitz, die Firste sanft gebogen. Iris braun. Oberkopf, Backen und Kinnrand spangrün, ziemlich stark ins Himmelblaue fallend. Nacken, Halsseiten und Oberrücken gelbgrün; Mittelrücken schwarz, z. Th. mit gelbgrünen Federrändern; Unterrücken orange. Flügeldeckfedern cyanblau, die bedeckte Partie schwarz; Schwingen und Schwanzfedern schwarz, die Handschwingen und die Schwanzfedern schmal blau gerandet, die Armschwingen breit grün gesäumt. Vorderhals schwarz; Brust himmelblau, anfangs mit einigen schwärzlichen Flecken; Bauch, Steiß und Bürzel grün, die Unterschenkel himmelblau, die Beine schwarzbraun. — Das alte Weibchen unterscheidet sich von dem vorstehend beschriebenen Männchen nur durch etwas mattere Farben, einen gleichmäßiger grün gefleckten Rücken und nicht ganz rein blaue, mehr blaugrüne kleinste Flügeldeckfedern. — Der junge Vogel ist noch matter gefärbt, hat viel Grau in allen Tönen, und weder die blauen, noch die orangeren Farben so klar wie das Weibchen. —

Ganze Länge 5″, Schnabelfirste 4‴, Flügel 3″, Schwanz 1″ 8‴, Lauf 9‴. —

Im Waldgebiet des mittleren Brasiliens zu Hause, von Rio de Janeiro aufwärts bis Bahia; ferner westwärts über die inneren Gegenden verbreitet; lebt wie die vorigen Arten in kleinen Trupps im dichten Walde, die von Zeit zu Zeit kurze Locktöne hören lassen, sonst aber sich nicht verrathen. Der Vogel ist wenig scheu und kommt selbst in die Gärten der Ansiedler. Ich erhielt ihn in Neu-Freiburg.

12. Calliste Tatao.

Tanagra Tatao *Linn.* S. Nat. I. 315. 11. — *Buff.* pl. enl. 7. 1. und 127. 2. — *Lath.* Ind. orn. I. 428. 31. — *Edwards* Av. pl. 349. — *Desmar.* Tanagr. pl. 1. — *Kittl.* Vögel etc. tb. 31. f. 3. — *Caban. Schomb.* Reise III. 669. 17.
Calliste Tatao *Sclater* l. l. no. 1. — *Caban.* Mus. Hein. I. 26. 174.
Aglaja paradisea *Swains.* Classific. Birds. II. 286.

Stirn und Backen moosgrün; Rücken, Bauch, Flügel und Schwanz schwarz; Unterrücken feuerroth; Kehle und Vorderhals cyanblau, Brust und Bauchseiten himmelblau. —

Schnabel ziemlich schlank kegelförmig, schwarz, wenig gebogen. Iris braun. — Vorderster Stirnrand schwarz; Mittelkopf, Backen und Augengegend mit kleinen, meergrünen, schuppenförmigen Federn besetzt; Hinterkopf, Nacken, Rücken, Flügel, Schwanz, Steiß und Bauchmitte kohlschwarz; oberste kleinste Deckfedern himmelblau, erste Handschwingen fein blau gerandet; Unterrücken feuerroth, gegen den Bürzel hin allmälig gelber. Kinn und Vorderhals cyanblau; Brust, Halsseiten und Bauchseite himmelblau; Unterschenkel wie die Beine schwarz. — Weibchen wie das Männchen gefärbt, aber die Farben matter, graulicher. —

Ganze Länge 5″ 4‴, Schnabelfirste 4‴, Flügel 3″, Schwanz 2″ 8‴, Lauf 8‴. —

Bewohnt das Waldgebiet Brasiliens am unteren Amazonenstrom, und geht südlich etwa bis Pernambuco, höchstens ausnahmsweise bis Bahia; nordwärts verbreitet sich die Art über Guyana, Venezuela und Neu-Granada, aber nicht mehr nach Peru. Bei Rio de Janeiro findet man sie gewiß nicht, dort trifft man den Vogel wohl bei Händlern, aber nicht im Freien. —

13. Calliste festiva.

Sclater l. l. no. 4. — *Cabanis* Mus. Hein. I. 26. 173.
Tanagra festiva *Shaw* Nat. Misc. pl. 537.
Tanagra tricolor var *β. Linn. Lath.* l. l. — *Buff.* pl. enl. 33. 2.
Tanagra cyanocephala *Vieill.* N. Dict. d'hist. nat. Tm. 32. 425. — *Id.* Enc. méth. Orn. 780. — *Desmar.* Tanagr. pl. 4.
Tanagra rubricollis *Temm.* pl. col. 215. 2. — *Pr. Max* Beitr. III. a. 456. 2. — *Kittl.* Vögel etc. tb. 31. f. 2.
Aglaja cyanocephala *Swains.* Birds of Braz pl. 5.
Tanagra trichroa *Licht.* Doubl. d zool. Mus. 30. 321.

Oberkopf und Kehle blau, Nacken und Wangen roth, Stirnrand und Rücken schwarz; übrigens grün; kleinste Flügeldeckfeder schwarz mit gelbem Streif am unteren Rande.

Fein und zierlich, wie die vorige Art gebaut, der glänzend schwarze Schnabel ebenso dünn zugespitzt, leicht gebogen; vorderste Stirn- und Kinnfedern schwarz, die nächsten der Stirn und des Augenrandes himmelblau, die übrigen bis zum Hinterkopf cyanblau. Im Nacken eine zinnoberrothe Binde, die sich nach vorn über die Ohrdecke bis zum Kinn fortsetzt; der obere Theil des Rückens zunächst an der Binde schwarz, der untere mit dem Bürzel grün; ebenso Steiß, Bauch, Brust und Vorderhals, nur die vorderste Partie unter der Kehle cyanblau. Flügel und Schwanzfedern schwarz, die kleinsten Deckfedern am Bug einfarbig, darunter eine Reihe orangegelber, die übrigen nebst den Schwingen und Schwanzfedern mit breitem grünem Rande. Unterschenkel gelbgrau, Beine schieferschwarz. — Weibchen völlig wie das Männchen gefärbt, nur wenig matter, der Anfang des grünen Rückentheiles schwarz gefleckt. —

Ganze Länge 5″, Schnabelfirste 3½‴, Flügel 3″, Schwanz 1½″, Lauf 8‴. —

Im Waldgebiet der Ostküste Brasiliens von St. Paulo bis nach dem Amazonenstrom verbreitet, und jenseits desselben selbst noch in Guyana einheimisch, aber nicht grade häufig; liebt die Gebirgswaldungen höher gelegener Gegenden und ist darum dem Prinzen zu Wied nur einmal auf seiner Reise vorgekommen. Bei Neu-Freiburg erhielt ich nach und nach mehrere Exemplare.

Anm. In den Werken der Schriftsteller finden sich noch 2 mir daselbst nicht begegnete Arten aus Brasilien, deren Diagnosen ich hersetze:

14. Calliste cyanoptera *Swains.* Birds of Braz. pl. 8. — Tanagra argentea *Lafresn.* Rev. zool. 1843. — Blaß gelbgrün, die Rückenseite mehr ins glänzend Flachsgelbe spielend, mit Metallschiller; Kopf, Flügel und Schwanz schwarz, die Ränder der großen Deckfedern, Schwingen und Schwanzfedern prächtig lasurblau, untere Schwanzdecken weiß gerandet. — Bei Pernambuco, auch in Venezuela, von wo wir den Vogel besitzen.

15. Calliste graminea *Spix.* Av. Bras. I. 40. 12. tb. 53. fig. 2. — Einfarbig grün, die Bauchseite ins Schwefelgelbe spielend; Flügel und Schwanz schwarzbraun, die Ränder der Schwingen und Schwanzfedern grün. — Länge 4¾″. — Am Amazonenstrom. —

2. Euphonidae.

Der dickere meist breitere und dabei sehr kurze Schnabel, neben dessen herabgebogener Spitze eine deutliche selbst doppelte Kerbe vorhanden ist, unterscheidet die hierher gehörigen Vögel von den vorigen, denen sie übrigens, besonders den Callisten, sehr ähnlich sehen. Sie haben dickere breitere Köpfe, kürzere Flügel, meist viel kürzeren Schwanz und einen kürzeren Lauf. —

10. Gatt. Procnopis *Caban.*

v. Tschudi Fn. per. Orn. 198.

Schnabel am Grunde höher als breit, dem von Calliste ähnlich, nur größer, stärker, scharfkantiger auf der Firste; die Nasengrube versteckt, der Kinnwinkel sehr kurz und gerundet; die ganze Form gröber. Flügel und Schwanz von beträchtlicher Länge, besonders die Armschwingen sehr lang, und alle Schwingen relativ breiter als bei Calliste; noch mehr aber die Schwanzfedern, daher die ganze Schwanzform stumpfer, grader und voller. Beine für die Größe der Vögel ziemlich klein, die Zehen kurz, die Krallen scharf und ziemlich stark gebogen. Gefieder lax und langfedrig, besonders am Rücken; die Basis der Federn stärker dunig. —

Die Gattung ist vorzugsweise im Norden und Westen von Süd-Amerika zu Hause und in Brasilien nur durch eine etwas abweichende Art vertreten, welche Sclater sogar generisch von den übrigen trennt. — Wir behalten die Gattung in dem Umfange bei, wie Cabanis sie aufstellte. —

Procnopis melanonota.

Cabanis Mus. Hein. I. 30. 202.
Tanagra melanonota *Vieill.* N. Dict. d'hist. nat. Tm. 32. pag. 407. — *Idem.* Enc. méth. Orn. 773.
Tanagra vittata *Temm.* pl. col. 48.
Pico de punzon azul y canela *Azara* Apunt. I. 413. 104.

Rückengefieder blau, Oberkopf und Unterrücken heller; Stirnrand und Ohrdecke schwarz; Unterfläche rostgelbroth. —

Etwas größer als die meisten Callistae, so groß wie unser Buchfink. Schnabel glänzend schwarz, der Unterkiefer in der Jugend weiß, im Alter nur die Kinnkante so gefärbt; die Firste scharf, die Spitze etwas hakig, mit feiner aber deutlicher Kerbe. Vorderste Stirnfedern, Zügel und Backen am Ohr schwarz; Rücken ultramarinblau, Oberkopf und Unterrücken hell, das übrige sehr dunkelblau gefärbt; Flügel und Schwanzfedern schwarz, lasurblau gesäumt; die Schwingen am Innenrande grau. Unterfläche vom Kinn bis zum Steiß rostgelbroth, die vorderste Kinngegend etwas heller. Beine fleischbraun.

Weibchen etwas matter gefärbt als das Männchen.

Junger Vogel anfangs an der ganzen Rückenseite schiefergrau, an der Bauchseite blaßgelbgrau; nur der Bürzel und die Ränder der Schwingen wie der Schwanzfedern himmelblau, die Backen schwarzbraun, die Beine graulich fleischfarben, der Unterkiefer weiß. Iris in allen Altern braun. —

Ganze Länge 5½″, Schnabelfirste 4‴, Flügel 3″ 4‴, Schwanz 1″ 8‴, Lauf 8‴. —

In den Wäldern bei Neu-Freiburg nicht selten und besonders über St. Paulo, Sta Catharina und Rio grande do Sul verbreitet, so wie westwärts bis an die Cordilleren.

11. Gatt. Procnias *Illig.*

Tersine *Vieill.*

Schnabel ungemein breit am Grunde, mit bauchig vortretenden, dick aufgeworfenen Rändern, welche eine Art Schwiele bilden; die Spitze stark seitlich zusammengedrückt, höher als breit, mit feiner Kerbe; die Firste wenig gebogen, stumpfkantig. Nasengrube von feinen Borstenfedern beschattet, das Nasenloch frei in der Spitze, kreisrund, mit aufgeworfenem kurz röhrenförmigem Rande. Gefieder derbe, beim Männchen fester, und ganz anders gefärbt als beim Weibchen. Flügel lang, spitz, die Schwingen schmal, die erste Schwinge beinahe so lang wie die zweite. Schwanz nicht lang, aber breitfedrig, bemerkbar ausgeschnitten. Beine für die Größe des Vogels klein, der Lauf kurz, die Zehen mäßig lang, aber die Krallen klein, doch spitz und ziemlich stark gebogen. —

Procnias tersa.

Bonap. Consp. I. 232 500. — *Cabanis* Mus. Hein. I. 30. 209.
Ampelis tersa *Linn.* S. Nat. I. 298. 7. — *Lath.* Ind. orn. I. 365. 4.
Procnias ventralis *Illig.* Prodr. 229. — *Temm.* pl. col. 5. — *v. Tschudi* Fn. peruan. Orn. 29. 1. — *Pr. Max z. Wied.* Beitr. III. a. 385. 1.
Tersine coerulea *Vieill.* Gal. d. Ois. II. 187. pl. 119. — *Id.* N. Dict. d'hist. nat. Tm. 24.
Procnias hirundinacea *Swains.* zool. Illustr. pl. 28.

Weibchen.

Hirundo viridis *Temm* Catal. d. Ois.

Männchen hell ultramarinblau; Stirn, Backen, Kehle, Schwingen und Schwanz schwarz; Bauchmitte und Steiß weiß.

Weibchen grün, die Unterseite heller und dunkler quer gebändert; Bauchmitte und Steiß gelb, schwarz gestreift.

Ziemlich so groß wie ein Dompfaffe (Loxia pyrrhula *Linn.*); der Kopf dicker und breiter, der Schnabel nicht höher, aber viel breiter am Grunde, schieferschwarz, mit graulichem Kinnrande. Iris rothbraun, Beine fleischbraun. — Gefieder des Männchens sehr derbe, glänzend, hell ultramarinblau; Stirnrand, Backen unter dem Auge und Kehle schwarz; desgleichen die Schwingen und Schwanzfedern, aber beide am Außenrande blau gesäumt. Bauchmitte von der Brust herab, weiß, ebenso die Steißgegend und die unteren Schwanzdecken; die blauen Bauchseiten mit schwarzen Spitzensäumen der Federn. —

Weibchen grasgrün, der Rücken etwas dunkler; die Schwingen und Schwanzfedern graubraun, am Außenrande, besonders nach unten, blaß gelbgrün gesäumt. Kehle weißlichgrau, dunkler quer gestreift; Brust und Bauch heller und dunkler grün quer gebändert, die Mitte des Bauches und die Steißgegend blaßgelb, jede Feder mit schwärzlichem Schaftstreif. —

Ganze Länge 6″, Schnabelfirste 4‴, Flügel 3″ 4‴, Schwanz 1″ 8‴, Lauf 7‴. —

Durch das ganze tropische Brasilien verbreitet; ein einsamer stiller Waldvogel, der überall wegen seines schönen Farbenkleides gut bekannt ist. Ich erhielt ihn sowohl bei Neu-Freiburg, als auch in Lagoa santa. Seine Nahrung sind fleischige Beeren mittlerer Größe. —

12. Gatt. Euphone *Desm.*

Synops. of the Genus Euphonia by *Ph. L. Sclater.* — Contr. t. Orn. May. 1851. *Bonaparte* Revue zool. 1851.

Ziemlich kleine Vögel, mit dicken Köpfen und starken Schnäbeln, die am Grunde breit und zugleich hoch gestaltet, nach vorn mehr seitlich zusammengedrückt und mit herabgebogener Spitze versehen sind, neben welcher sich deutlich eine Kerbe zeigt, und vor derselben eine Ausbiegung, wie eine zweite Kerbe. Der Mundrand ist nicht aufgeworfen, sondern etwas eingezogen, der Unterkiefer dagegen am Grunde sehr breit, flach und stark; die Nasengrube ist beschattet, und das Nasenloch kaum sichtbar, weil die Nasengrube sehr tief liegt. Das derbe Gefieder zeigt durchgreifende Geschlechtsverschiedenheit und hat am Rücken beim Männchen vorherrschend stahlblaue oder grüne, beim Weibchen stets olivengrüne Farben; die Bauchseite ist lebhafter gelb oder blaßgrün gefärbt. Die Flügel sind kurz, schmalfedrig und wenig über die Basis des Schwanzes hinab verlängert, die drei ersten Schwingen gleich lang; der Schwanz ist sehr klein, sowohl kurz als auch schmalfedrig, die einzelnen Federn sind abgerundet. Die Beine erscheinen ziemlich groß, obgleich nicht stark, haben nach Verhältniß hohe Läufe, dicke Zehen und kurze stark gebogene Krallen.

Die anatomische Eigenheit, den völligen Mangel eines selbstständigen Magens, während am Schlunde eine spindelförmige Erweiterung gleich einem Kropfe bemerkt wird, hat Dr. Lund in seiner interessanten Schrift: De genere Euphones. Hafniae 1829. 8. nachgewiesen. Die Vögelchen leben nach Art der Pipren, denen sie auch habituell ähnlich sind, einsam im dichten Walde, nähren sich von kleinen mehrsamigen Beeren, und haben eine angenehme, sehr klangvolle Stimme, mit förmlicher Octaven-Modulation, die sie vielfältig hören lassen. — Die Brasilianer kennen deshalb diese kleinen Sänger sehr wohl und nennen sie Gatturamas. Sie nisten in dichten Gebüschen und legen sehr längliche, blaßröthliche, am stumpfen Ende rothbraun getüpfelte Eier. *Thienem.* Fortpf. d. ges. Vögel Taf. 32. Fig. 17—20.

I. **Rückengefieder dunkel stahlblau oder erzgrün, Bauchseite gelb. Schnabel sehr dick. Euphonia** ***Bonap.***

A. Oberkopf himmelblau.

1. Euphone nigricollis.

Lund, l. l. 27. 6.
Tanagra nigricollis *Vieill.* N. Dict. d'hist. nat. Tm. 32. 41.
Euphonia nigricollis *D'Orb. Lafresn.* Syn. Guér. Mag. 1837. cl. 2. pag. 30. 2. — Voyag. Am. mér. Ois. 267. — *Sclater* l. l. no. 2.
Tanagra aureata *Vieill.* Enc. méth. Orn. 782.
Euphone aureata *Hartl.* syst. Ind. p. *Azara* 7. 99. — *Lund*, l. l. 28. 7.
Euphone musica *Pr. Max z. Wied.* Beitr. III. a. 443. 2.
Cyanophonia aureata *Bonap.* Rev. zool. 1851. 3.
Lindo azul y oro cabeza celeste *Azara* Apunt. I. 390. 98.

Scheitel bis zum Nacken himmelblau; Rückengefieder beim Männchen dunkel violettblau, Bauch und Brust orange; beim Weibchen olivengrün mit gelblicher Bauchseite. —

Schnabel schwarz, Iris dunkelbraun. — Beim Männchen Stirn, Zügel und Augengegend kohlschwarz; Oberkopf bis zum Nacken himmelblau; Rücken, Flügel und Schwanz glänzend violettschwarzblau; die bedeckten Stellen der Schwingen und Schwanzfedern kohlschwarz. Kinn, Kehle und Vorderhals glänzend violettschwarz; Brust, Bauch, Bürzel und Steiß orange. Beine fleischbraungrau. — Weibchen gelblich olivengrün, die Unterseite mehr ins Gelbe fallend; Oberkopf himmelblau, Stirnrand roth. —

Ganze Länge 4½″, Schnabelfirste 2½‴, Flügel 2½″, Schwanz 1¼″, Lauf 6‴. —

In den Wäldern der südlichen und östlichen Distrikte Brasiliens und von da hinunter nach Paraguay bis an den Fuß der Cordilleren. Mir nicht vorgekommen auf meiner Reise.

Anm. Pipra musica *Gmel. Linn.* S. Nat. I. 2. 1004. — *Lath.* Ind. orn. II. 562. 28. — *Buff.* pl. enl. 809. 1. — *Vieill.* Galer. Suppl. — Euphonia musica *Sclater* l. l. no. 1. unterscheidet sich von der beschriebenen Art durch eine gelbe Binde über die Stirn zwischen der schwarzen und himmelblauen Zeichnung und eine mehr rostgelbrothe Unterseite; das Weibchen ist voller grün, weniger gelb und hat wie das Männchen eine gelbe Stirnbinde. Diese Art ist nördlich vom Amazonenstrom in Columbien zu Hause und besonders über die südlichen großen Antillen verbreitet.

B. Oberkopf ganz oder z. Th. gelb.

2. Euphone chalybaea.

Mikan Delectus Faun. et Flor. Bras. pl. 3. — *Sclater* l. l. no. 7. — *Strickl.* Contrib. to Orn. 1851. 71.
Euphone aenea *Sundev.* Kongl. Vet. Ac. Handl. 1834. 309.
Euphone pardalotes *Lesson* Echo d. Mond. sav. 1844.

Rückengefieder beim Männchen dunkel erzgrün, Stirn und Bauchseite dottergelb; Kinn schwarz. — Weibchen olivengrün, Bauchseite gelbgrau, die Bauchmitte und der Steiß reiner gelb.

Schnabel sehr dick, groß, hoch, der Unterkiefer herabgewölbt, weißlich am Kinnrande, übrigens schwarz. — Männchen mit schwefelgelber Stirn und dunkel erzgrüner Rückenseite, die Innenseite der Schwingen weißgrau gesäumt; äußere Schwanzfedern auf der Unterseite hellgrau mit schwärzlicher Spitze. Kinnwinkel und vorderste Kehlpartie schwarz, die übrige Unterseite dottergelb, die Seiten etwas mehr schwefelgelb, weil grau unterlegt. Beine schiefergrau. — Weibchen einfarbig olivengrün, unten trüber, heller, grünlicher, nur die Mitte des Bauches und die Steißgegend reiner gelb. Schwingen und Schwanzfedern braungrau, breit olivengrün gesäumt, die Schwingen innen und die Schwanzfedern unten hellgrau. —

Ganze Länge 4″ 10‴, Schnabelfirste 3‴, Flügel 2″ 9‴, Schwanz 1″ 5‴, Lauf 7‴.

Die Art ist durch den sehr dicken Schnabel und den relativ etwas längeren Schwanz vor den übrigen ausgezeichnet; sie findet sich im südlichen Brasilien, St. Paulo, Süd-Minas, Sta Catharina und scheint selten zu sein. Mein hier beschriebenes Exemplar wurde von der Berliner Sammlung bezogen. —

3. Euphone chlorotica.

Lund. l. l. 26. 2.
Tanagra chlorotica *Linn.* S. Nat. I. 317. 23. — *Buff.* pl. enl. 114. 1. — *Licht.* Doubl. d. zool. Mus. 29. 315.
Tanagra violacea var. *β. Lath.* Ind. orn. I. 430. A.
Euphonia chlorotica *Sclater* l. l. no. 4. — *Caban.* Mus. Hein. I. 31. 209.
Gatturama miudinha der Brasilianer.

Kleiner, Rückengefieder und Vorderhals dunkel stahlblau; Oberkopf, Brust, Bauch und Steiß dottergelb; die äußerste Schwanzfeder mit weißem Fleck.

Schnabel dick kegelförmig, aber minder bauchig, als bei der vorigen Art; weißlich horngrau, der Oberkiefer dunkler, die Spitze schwarz. Iris braun. Männchen: Stirn und Oberkopf bis hinter die Augen voll dottergelb; Zügel, Backen, die Rückenseite und die Kehle bis über den Vorderhals hinab glänzend violett stahlblau, sehr dunkel; der Rücken und die

Flügeldeckfedern am meisten blau. Schwingen und Schwanzfedern kohlschwarz, erstere am Innenrande, besonders nach unten weiß gesäumt; die äußerste Schwanzfeder jeder Seite mit einem großen weißen Fleck an der Innenfahne vor der Spitze. Brust, Bauch und Steiß dottergelb, die Seiten mehr goldgelb; die Beine fleischbraun. — Weibchen einfarbig olivengrün, die Bauchseite blasser, gelblicher. —

Ganze Länge 4″, Schnabelfirste 2½‴, Flügel 2½″, Schwanz 1″, Lauf 7‴. —

Im nördlichen Brasilien, bei Pernambuco, Para, mitunter auch noch bei Bahia beobachtet; hauptsächlich über Guyana und Columbien verbreitet.

Anm. Sundeval hat in dem Kongl. Vetensk. Acad. Handl. 1833. tb. 10. f. 1. eine Euphonia xanthogastra beschrieben, welche Bonaparte (Rev. zool. 1851. 3.) E. brevirostris nannte. — Diese mir unbekannte Art steht der E. chlorotica sehr nahe, ist etwas größer, hat einen stärkeren Schnabel und einen bis zum Nacken reichenden gelben Oberkopf, dessen Ton, gleichwie der des Bauches, mehr ins Rothgelbe fällt. — Ihre Heimath sind die Gegenden am oberen Amazonenstrom und Rio Negro. —

4. Euphone violacea.

Tanagra violacea *Linn.* S. Nat. I. 314. 5. — *Buff.* pl. enl. 114. 2. — *Lath.* Ind. orn. I. 429. 33.

Euphone violacea *Desmar.* h. nat. d. Tanagr. pl. 21—24. — *Pr. Max* Beitr. III. a. 439. 1. — *Licht.* Doubl. d. zool. Mus. 29. 310—14. — *Lund.* l. l. 25. 1. — *Sclater* l. l. no. 10. — *Cabanis* Mus. Hein. I. 31. 208.

Gatturama verdadeira der Brasilianer.

Männchen: Stirn und die ganze Unterseite dottergelb, Oberkopf und ganzes Rückengefieder violett stahlblau; 2 äußerste Schwanzfedern an der Innenfahne weiß.

Weibchen olivengrün, Bauchfläche heller, ins Gelbe fallend.

Schnabel groß, stark, mit scharfer Firste und etwas hakiger Spitze; schwarz, der Unterkiefer am Grunde blaugrau. Iris braun. Beine graulich fleischbraun.

Männchen mit dottergelber Stirn, die bis zum Auge reicht; von da an die ganze Oberseite violett stahlblau, die Flügeldeckfedern und die Ränder der Schwingen etwas mehr ins Erzgrüne spielend, letztere am Grunde innen weiß gesäumt. Schwanzfedern oben stahlblaugrün, unten schwarz, die beiden äußeren jeder Seite mit weißer Innenfahne und weißem Schaft.

Weibchen trüb olivengrün; Schwingen und Schwanzfedern am bedeckten Theile graubraun; Unterseite heller gelbgrau.

Junges Männchen wie das Weibchen, im Uebergangskleide oben stahlblau unten gelbfleckig; die zweite äußere Schwanzfeder zuerst im Auswuchs begriffen, daher sie allein innen weiß. —

Ganze Länge 4″, Schnabelfirste 3‴, Flügel 2″ 5‴, Schwanz 1″, Lauf 7‴. —

Im ganzen Waldgebiet Brasiliens heimisch, von Rio de Janeiro bis nach Guyana hinauf; von mir vielfältig bei Neu-Freiburg gefunden, da der Vogel nirgends selten ist.

Anm. 1. Im Innern an der Grenze Boliviens vertritt die Euphone laniirostris *D'Orb. Lafr.* Synops. Mag. d. Zool. 1837. cl. 2. pl. 30. 1. die Stelle der vorigen Art; — dieselbe ist erzgrün am Rücken, nicht stahlblau und hat einen noch stärkeren Schnabel.

2. Im Norden Brasiliens, am Rio Negro, tritt die Euphone melanura *Sclater* l. l. no. 12. auf. Bei ihr ist der ganze Oberkopf bis zum Nacken dottergelb und die Rückenfarbe stahlblau; aber weder die Schwingen, noch die Schwanzfedern haben einen weißen Saum.

C. Oberkopf blauschwarz, wie der Rücken.

5. Euphone pectoralis.

Pipra pectoralis *Lath.* Ind. orn. Suppl. 37.
Euphonia pectoralis *Sclater* l. l. no. 14.
Euphone rufiventris *Licht.* Doubl. zool. Mus. 30. 317. — *Pr. Max.* Beitr. III. a. 447. 3. — *Lund*, l. l. 27. 4.
Euphone castaneiventris *Vieill.* Gal. d. Ois. Suppl.
Euphonia umbilicalis *Lesson* Traité 46.
Gatturama Sirrador der Brasilianer.

Männchen glänzend stahlblauschwarz, Bauch und Steiß rothbraun, oberste Brustseiten gelb.

Weibchen olivengrün, Nacken, Brust und Bauch grau, die Seiten und der Steiß rothbraun. —

Schnabel nicht ganz so stark, wie bei E. violacea, die Firstenkante stumpfer, niedriger, übrigens ebenso gebaut; schieferschwarz, die Basis weiß. Iris braun; Beine dunkel fleischbraun. —

Männchen dunkel blauschwarz, stahlglänzend, die Kehle und der Nacken ins Violette-spielend. Schwingen in der Tiefe am Innenrande weiß gesäumt. Brustseiten am Flügelbug dottergelb, der Bauch und der Steiß rostrothbraun, die Unterschenkel schwarzgrau.

Weibchen olivengrün, Nacken, Brust und Bauchmitte sehr ins Graue fallend, Bauchseiten und Steiß rostrothbraun. Schwingen und Schwanzfedern graubraun, grünlich gerandet. —

Ganze Länge 4½″, Schnabelfirste 3‴, Flügel 2″ 8‴, Schwanz 1″, Lauf 7‴. —

Im ganzen Waldgebiet Brasiliens zu Hause und nirgends selten; öfters bei Neu-Freiburg beobachtet. —

6. Euphone cajana.

Tanagra cayana *Linn.* S. Nat. I. 316. 14. — *Buff.* pl. enl. 114. 3.
Tanagra cajanensis *Lath.* Ind. orn. I. 430. 34.
Euphone cajennensis *Desmar.* Tanagr. pl. 26. — *Lund,* l. l. 27. 3.
Euphonia cayana *Sclater* l. l. no. 15.

Männchen ganz blauschwarz, Brustseiten gelb gerandet.
Weibchen olivengrün, Unterseite graulicher.

Ganzes Ansehn der vorigen Art und von ihr bloß dadurch verschieden, daß Unterbauch und Steiß nicht rothbraun, sondern schwarz gefärbt sind, welche Gegenden einen minder lebhaften Stahlglanz haben, als der violette Kopf und Hals, oder die mehr blauen Flügel, deren Innenseite gelb gefärbt, wie der Saum der Schwingen. Das Weibchen von dem der vorigen Art nur durch den Mangel des rothbraunen Steißes verschieden.

Größenverhältnisse genau ebenso.

Die Art ist vorzugsweise in Guyana zu Hause, sie verbreitet sich aber südwärts bis an den Amazonenstrom und berührt die nördlichsten Distrikte Brasiliens. —

II. Rückengefieder lebhaft grün gefärbt, Bauchseite lichter gelblicher. Chlorophonia *Bonap.*

Der Schnabel ist in dieser Gruppe von sehr veränderlicher Gestalt; bald dick und aufgetrieben, wie bei Pyrrhula; bald ziemlich schlank und spitz kegelförmig, mit scharfer Firstenkante, fast wie bei Procnopis; eine Art hat auch gekerbte Schnabelränder (E. serrirostris *D'Orb. Lafr.* Syn. Mag. d. Zool. 1837. cl. 2. pag. 30. 3. aus Bolivien). In Brasilien findet sich nur eine Art, deren Schnabelform spitzkegelförmig ist. —

7. Euphone viridis.

Lund, l. l. 31. 5.
Tanagra viridis *Vieill.* N. Dict. d'hist. nat. Tm. 32. pag. 426. — *Temm.* pl. col. 36. 3.
Euphonia viridis *Sclater* l. l. no. 16.
Pipra chlorocapilla *Shaw.* Gen. Zool. XIII. 255.
Procnias viridis *Cabanis, v. Tschudi* Fn. per. Orn. 197.

Männchen: Kopf und Hals hellgrün, Rücken dunkelgrün, Nacken und Bürzel himmelblau, Bauchseite gelb. —

Weibchen bräunlich olivengrün am Rücken, gelblichgrün an der Bauchseite.

Schnabel schlank kegelförmig, nach der Spitze zu stark zusammengedrückt, die Rückenfirste sanft gekrümmt, stumpfkantig, die Spitze selbst etwas herabgebogen; schieferschwarz, die Basis bleigrau. Iris braun, Beine bläulich fleischbraun. —

Männchen: Kopf, Hals und Kehle schön und rein grün; Augenwimpernring himmelblau, ebenso der Nacken bis zu den Halsseiten hinab. Rücken, Flügel und Schwanz dunkelgrün; die Schwingen und Schwanzfedern schieferschwarz, fein grün gerandet; Unterrücken und Bürzel himmelblau. Schwingen am Innenrande weißgrau, auch die beiden äußeren Schwanzfedern unten zur Hälfte heller grün schillernd. Brust, Bauch und Steiß goldgelb, die Seiten graugrün unterlegt. —

Weibchen etwas plumper gebaut, besonders auch der Schnabel dicker; Gefieder an der ganzen Rückenseite einfarbig bräunlich olivengrün, die Schwingen und Schwanzfedern schwarzgrau, mit grünlichen Rändern; vorderste Stirngegend und die ganze Unterfläche gelb, die Seiten des Halses, der Brust und des Bauches ins Olivengrüne fallend. Schwanzfedern außen, Schwingen innen auf der Unterseite heller weißgrau gesäumt.

Ganze Länge 4½″, Schnabelfirste 3½‴, Flügel 2½″, Schwanz 1″, Lauf 6‴. —

Ich erhielt ein Pärchen dieser Art in Neu-Freiburg von Hrn. Besche, der es aus der dortigen Gegend erhalten hatte, aber als einen nicht häufigen Vogel mir pries. Seine Lebensweise kannte er nicht näher.

3. Pitylinae.

Schnabel bald stark, dick, bauchig kegelförmig, bald schlank, dünn und einfach kegelförmig; — im ersten Fall mit gewölbter Firste, etwas herabgebogener Spitze und schwacher Kerbe daneben; im zweiten Fall mehr grade, ohne Kerbe und Endhaken, aber stets mit mehr oder weniger eingebogenem schwach winkligem Mundrande und hohem Unterkiefer, dessen Mundwinkel noch ziemlich horizontal bleibt; und kurzer wenig vortretender, befiederter Nasengrube, in deren vorderer Ecke das kleine, wenig bemerkbare Nasenloch sich befindet. Am Zügelrande einige feine schwache Borstenspitzen. Gefieder voll, ziemlich weich, meist ohne Metallglanz, gewöhnlich grünlich olivengrau oder einfarbig grau; mitunter rothgelb oder schwarz. Die Flügel nicht grade lang, aber auch nicht stark abgerundet, etwas über die Basis des Schwanzes hinabreichend; die erste Schwinge stets beträchtlich verkürzt, die zweite etwas, die dritte mit der vierten in der Regel die längsten. Schwanz lang, meist zugerundet oder zugespitzt; seltner abgestutzt oder ausgeschnitten. Beine stark gebaut, der Lauf von ziemlicher Höhe, die Zehen nicht grade lang, aber kräftig, mäßig fleischig, besonders groß der Daumen, und viel länger als bei den ächten Finken (Fringillinen); die beiden äußeren Vorderzehen am Grunde verwachsen; die Krallen weder sehr groß noch sehr stark gebogen, aber scharf und allmälig zugespitzt. —

Die Gruppe ist vorzugsweise in Süd-Amerika zu Hause und dort zahlreich vertreten; ihre Arten sind Singvögel mittlerer Größe, wie Drosseln und Lerchen, welche sich mehr der harten Sämereien als der fleischigen Beeren zur Nahrung bedienen und überall häufiger in Gebüschen und in Vorwäldern, als im dichten Urwalde gesehen werden. Angenehme Stimmen haben sie nicht, man hört nur kurze Locktöne von ihnen. —

A. Genuinae. **Schnabel bauchig kegelförmig, groß und stark, aber nicht kurz, mit deutlicher Kerbe und Endhaken; Gefieder meistens bunt. (Papageifinken).**

13. Gatt. Saltator *Vieill.*

Schnabel hoch, ziemlich stark, seitlich zusammengedrückt, die Spitze fast grade, der Mundrand stark eingebogen, die Firste sanft gekrümmt, seine Farbe schwarz. Gefieder olivengrün am Rücken und den Flügeln; erste Schwinge stark verkürzt. Schwanz lang, ziemlich kurz abgerundet, die Mitte grade, die äußeren Federn nur wenig verkürzt. Beine recht kräftig, doch ohne besondere Eigenheiten.

1. Saltator magnus.

Tanagra magna *Gmel. Linn.* S. Nat. I. 2. 890. — *Buff.* pl. enl. 205. — *Lath.* Ind. orn. I. 422. 8. — *Pr. Max z. Wied.* Beitr. III. 525. 20. Saltator olivaceus *Vieill.* Gal. II. 103. pl. 77.

Grau, Rückenseite olivengrün, Kehle und Augenstreif weiß, Kinnstreif schwarz, Vorderhals und Steiß rostgelb. —

So groß wie eine Singdrossel (Turdus musicus). Schnabel schieferschwarz, der Unterkiefer am Grunde weißlich. Oberkopf bis zum Nacken und die Wangen schiefergrau, ein Streif vom Zügel zum oberen Augenrande und die Kehle weiß, ein anderer Streif vom Kinnwinkel am Halse herab schwarz. Vorderhals rostgelb, allmälig gegen die Brust hin verwaschen, Brust und Bauch grau, Steiß rostgelb. Rückenseite, vom Nacken abwärts, Flügel und Schwanz olivengrün, die Schwingen innen weißgrau gerandet, die untere Flügeldecke z. Th. rostgelb. Beine schiefergrau, Iris rothbraun. —

Das Männchen ist vom Weibchen wenig verschieden, nur lebhafter gefärbt; der junge Vogel dagegen hat dunklere Schaftstriche auf den übrigens heller gefärbten Federn der Brust und des Bauches bei trüberer Rückenfarbe. —

Ganze Länge 8″, Schnabelfirste mit der Krümmung 9‴, Flügel 4″, Schwanz 3″, Lauf 11‴.

Im Waldgebiet der Küstenstrecke des ganzen tropischen Brasiliens, von Rio de Janeiro bis nach Guyana; überall gemein, gewöhnlich paarweis, in Gärten und Gebüschen nach Früchten suchend; wenig scheu, aber schnell und gewandt, von Zeit zu Zeit durch schreiende Locktöne sich verrathend. Vielfach bei Neu-Freiburg erlegt. — Das Nest ist in mäßiger Höhe aus Moos gebaut und enthält 2 blaßgrüne Eier mit dichten schwarzen Linien am stumpfen Ende. Vgl. *Thienem.* Fortpf. d. ges. Vögel etc. Taf. 32. Fig. 1.

2. Saltator superciliaris.

Tanagra superciliaris *Pr. Max z. Wied.* Beitr. III. b. 518. 18.
Saltator similis *D'Orb. Lafr.* Syn. Guér. Magaz. 1837. cl. 2. pag. 36. 5. — *D'Orb.* Voyag. Am. mér. Ois. 182. pl. 28. f. 2.

Grau, nur die Flügel und die Mitte des Rückens olivengrün; Kehle und Augenstreif weiß, Kinnstreif schwarz, Steiß rostgelb. —

Schnabel schieferschwarz, nur der Kinnrand weißgelb. — Gefieder größtentheils grau, doch schimmert auf der Höhe des Scheitels und der Mitte des Rückens die grünliche Olivenfarbe der Flügelfedern sehr deutlich durch, und nimmt mit dem Alter an Intensität zu. Augenstreif vom Zügel an bis weit hinter das Auge zum Nacken hinab weiß, desgleichen die Kehle bis zum Halse hinab; letzterer ohne rostgelben Ton, dagegen die graue Brust und die Bauchmitte rostgelb überlaufen, besonders bei alten Vögeln und der Steiß ganz rostgelb; ebenso, aber matter, die Innenseite der Flügel, die Schwingen weißlich gerandet. Schwanz einfarbig schiefergrau, ohne grüne Federnränder, auch die vordersten großen Flügeldeckfedern nicht grün, sondern braungrau. Beine graulich braun, Iris braun.

Das Weibchen ist vom Männchen nur durch einen matteren Ton, besonders am Rücken und an der Brust verschieden; der junge Vogel dagegen hat schieferschwarze verloschene Schaftstreifen auf weißlichem Grunde an der Brust und dem Bauch, und mehr Grün am Rücken. —

Ganze Länge 8″, Schnabelfirste 9‴, Flügel 4″, Schwanz 3″, Lauf 13‴. —

Im Innern Brasiliens, auf dem Camposgebiet, durch Minas geraes bis gegen Bahia und Paraguay hin verbreitet; dort häufig und ganz ebenso im Betragen, wie die vorige Art.

Anm. Der Prinz zu Wied hat diese Art zuerst gut beschrieben, daher muß sein passender Name beibehalten werden; daß er sie für die folgende, von Azara zuerst beschriebene hielt, ist Nebensache und rechtfertigt nicht die Einführung der späteren Benennung von Lafresnaye.

3. Saltator coerulescens.

Lafresn. Syn. Guér. Mag. 1837. cl. 2. 35. 1. — *Vieill.* N. Dict. d'hist. nat. Tm. 14. 105. — Enc. méth. Orn. 791. — *D'Orbign.* Voyag. Am. mér. Ois. 287. no. 177. — *v. Tschudi* Fn. per. Orn. 31.
Tanagra superciliaris *Spix.* Av. Bras. I. 44. 19. tb. 57. f. 1.
Habia ceja blanca, *Azara* Apunt. I. 344. no. 81.

Grau, Augenstreif und Kehle weiß, Kinnstreif schwarz; Rücken und Flügel olivenbraun überlaufen, Steiß rostgelb.

Ebenfalls der ersten Art höchst ähnlich und im ganzen ähnlicher, als der zweiten; Schnabel hornbraungrau, der Mundrand etwas lichter. Gefieder bläulich schiefergrau; Zügel und ein Streif am oberen Augenrande, der aber nicht viel über das Auge hinausreicht, weiß; Kehle weiß, von dem schwarzen Kinnstreifen seitlich begrenzt. Nacken, Rücken und Flügel nicht grünlich, sondern gelbbraun überlaufen, besonders auch die vordersten großen Deckfedern; Innenseite der Flügel rostgelb. Oberbrust grau, Unterbrust und Bauchmitte weißlicher; Steiß rostgelb, grau fleckig; Schwanz dunkel schiefergrau, die seitlichen Federn mehr verkürzt, die ganze Form spitziger. Iris rothbraun. Beine schieferschwarz.

Ganze Länge 8″, Schnabelfirste 8‴, Flügel 4″, Schwanz $3\frac{1}{2}$″, Lauf 1″. —

Die Art ist im Süden Brasiliens, Sta Catharina, Rio grande do Sul bis St. Paulo zu Hause, und verbreitet sich westwärts bis an die Cordilleren; sie ist in Paraguay besonders sehr gemein. Das Nest findet man in Gebüschen auf halber Höhe der Bäume, aus Reisern und trockenen Blättern gebaut und darin 2 grüne Eier von der Farbe unserer Drossel-Eier, mit feinen schwarzen Linien und Flecken am stumpfen Ende (*D'Orbigny* Voy. I. I. pl. 28. f. 4.). Gefangen läßt sich der Vogel gut zähmen und mit Brod, zerquetschten Mayskörnern, Früchten, selbst Fleischstückchen ernähren; zu große Bissen kaut er im Schnabel, bis sie ihm mundgerecht geworden sind, ganz wie ein Säugethier (Azara). — Ich habe die Art auf meiner Reise nicht getroffen, ihr Gebiet fällt südlicher.

Anm. 1. G. R. Lichtenstein's Tanagra decumana (Doubl. 31. 346.) gehört nicht hierher, sondern zu Embernagra platensis; er citirt zu seiner Art den

Coracias cajennensis *Gmel. Linn.* S. Nat. I. 1. 381. — *Buff.* pl. enl. 616. — Coracias cajana *Lath.* Ind. orn. I. 172. 16. — Saltator virescens *Vieill.* Enc. méth. Orn. 790. — S. cajana *D'Orbign.* Voy. Ois. 290. no. 183. — Die Abbildung a. a. O. paßt dem ganz grünen Colorit nach, mit dem rothen Schnabel, zu keiner der mir bekannten Saltator-Arten; während der längere, mehr stufige Schwanz an S. coerulescens erinnert. D'Orbigny macht daraus mit Vieillot eine eigene Art, die er aber nicht weiter beschreibt, weil er sie bloß gesehen hat.

2. Saltator olivaceus *Cabanis*, *Schomb.* Reise III. 676. 52. — *Id.* Mus. Hein. I. 142. 735 Note schließt sich ebenfalls habituell zunächst an S. coerulescens; aber das Grün des Körpers ist mehr olivenfarben, die Bauchseite mit Rostgelb überlaufen und der Steiß ganz rostgelb. — Ihre Heimath fällt nach Guyana. —

4. Saltator atricollis.

Vieill. N. Dict. d'hist. nat. Tm. 24. 106. — *Id.* Enc. méth. Orn. 790. — *D'Orb.* Voy. Am. mér. Ois. 288. no. 180.
Saltator validus *Vieill.* ibid. et. Enc. méth. Orn. 792.
Tanagra atricollis *Spix* Av Bras. I. 43. 18. tb. 56 f. 2.
Tanagra jugularis *Licht.* Doubl. d zool. Mus. 31. 348.
Fringilla jugularis *Pr. Wied* Beitr. III. a. 558. 3.
Habia gola negra *Azara* Apunt. I. 348. no. 82.

Olivenbraungrau, Kehle, Backen und Vorderhals schwarz, Brust, Bauch und Steiß rostgelb; Oberkiefer braun, Unterkiefer orange. —

Schnabel höher, stärker gebogen und mehr zusammengedrückt, als bei den vorigen Arten; der Mundrand etwas stärker eingezogen; Oberkiefer braun, der Mundrand rothgelb, ebenso der ganze Unterkiefer. Rückengefieder olivenbraungrau, der Oberkopf dunkelbraun; Stirnrand, Zügel, Backen und Kehle bis zum Vorderhalse schwarz. Schwingen und Schwanzfedern dunkelbraun, roströthlich gerandet, die Schwingen innen weißlich gesäumt; der Rand des Flügels unter dem Bug weißlich; die Schwanzfedern mit weißlicher Spitze. Unterseite hell rostgelb roth. Der Steiß etwas röthlicher. Beine hellbräunlich fleischfarben. Iris orangeroth. —

Weibchen und junge Vögel matter gefärbt als das Männchen, sonst ihm ähnlich, besonders matt beim Jungen die schwarze Kehle. Schnabel anfangs graugelbbraun. —

Ganze Länge 8½″, Schnabelfirste gebogen 8‴, Flügel 4″, Schwanz 3″ 4‴, Lauf 1″.

Im Innern Brasiliens, auf dem Camposgebiet, doch nicht mehr in den südlichen Distrikten; besonders im nördlichen Theile von Minas geraes. Ich erhielt den Vogel von Sette Lagoas, wo er häufig vorkommen soll.

Anm. Tanagra psittacina *Spix* Av. Bras. I. 44. 20. tab. 57. 2. ist nach meinem Dafürhalten ein junger Vogel von Pitylus coerulescens *Cab.* oder Fringilla Gnatho *Pr. Wied.*

14. Gatt. Orchesticus *Caban.*

Mus. Hein. I. 143.

Schnabel bauchig kegelförmig, seitlich nicht zusammengedrückt, die Firstenkante gerundet, die Spitze feinhakig mit deutlicher, nach hinten verstrichener Kerbe, der Mundrand scharf, nicht eingebogen; Nasengrube dicht befiedert, das kleine Nasenloch beschattend. Gefieder weich, vorwiegend rostgelbroth gefärbt; Flügel spitziger und länger, die erste Schwinge weniger verkürzt, die dritte auch hier die längste. Schwanz lang, abgerundet, die äußeren Federn nur sehr wenig verkürzt. Beine zierlicher als bei Saltator, die Zehen schlanker, der Daumen und die Krallen kleiner. —

Orchesticus occipitalis *Natt.*

Cabanis, l. l. I. 143. 739.
Tanagra occipitalis *Natter.* Msc.
Tanagra rufa *Lesson* Traité Orn. 464. 52.
Diucopis leucophaea *Bonap.* Consp. I. 491. 3.

Rostgelbroth, Scheitel und Hinterkopf braun; Rücken, Schwingen und Schwanz dunkler, die Federn der letztern lebhaft rostgelb gerandet. —

Vom Ansehn eines Saltator, aber kleiner, der Schnabel dicker, bauchiger und niedriger; horngrau gefärbt, die Basis dunkler. Iris rothbraun. Gefieder rostgelb, die Stirn und ein Streif über dem Auge röthlicher gefärbt, der übrige Oberkopf graubraun. Kehle blaßgelb. Rücken braungelb. Flügeldeckfedern, besonders am Bug goldgelb überlaufen, die Flügel überhaupt voller rostgelb, die Schwingen und Schwanzfedern graubraun, lebhaft rostgelbroth gerandet, desgleichen die Basis der Handschwingen und der Innensaum der Armschwingen. Bauchseiten trüber rostgelb, grau unterlegt; Beine bläulich schiefergrau. —

Ganze Länge 7″, Schnabelfirste 5‴, Flügel 3″ 6‴, Schwanz 3″, Lauf 8‴. —

Im Innern Brasiliens, auf dem Camposgebiet; in 2 Exemplaren während meines Aufenthalts in Lagoa santa von Sette Lagoas bezogen.

15. Gatt. Cissopis *Vieill.*

Bethylus *Cuv.*

Schnabel wie bei der vorigen Gattung, nur etwas plumper, die Firste stark gekrümmt, der Endhaken sehr groß, der Mundrand etwas eingezogen, die Nasengrube dichter befiedert, aber das offene, runde Nasenloch frei vor ihr. Gefieder derbe, glatt, am Kopfe und Halse zugespitzt, besonders bei alten männlichen Vögeln. Stirn- und Kinnfedern abstehend, nur die letzteren mit Haarspitzen; übrigens bloß schwarz und weiß gefärbt, die schwarzen Stellen stahlblau glänzend. Flügel kurz, mehr gerundet, die erste Schwinge beträchtlich, die zweite wenig verkürzt; die drei folgenden gleich lang und die längsten. Schwanz lang, alle Federnpaare stufig verkürzt, die äußeren nur halb so lang wie die mittelsten. Beine sehr kräftig gebaut, der Lauf hoch, die Zehen dick aber nicht lang, der Daumen groß mit starker Kralle. —

Anm. Die Hauptform dieser Gattung ist der Lanius Leverianus *Gmel. Linn.* S. Nat. I. 1. 302. — Mus. Lever. 2. 241. pl. 59. — Lanius picatus *Lath.* Ind. orn. I. 73. 20. — *Levaill.* Ois. d'Afr. I 33 pl. 60. — Bethylus picatus *Cuv.* R. anim. I. — Cissopis bicolor *Vieill.* Gal II. 226. pl. 140. — Corvus Collurio *Daud.* Trait. d'Orn II. 246. — welche sich von der nachstehend beschriebenen Art fast nur durch viel geringere Größe unterscheidet. Ihre Heimath fällt nach Guyana. -- Eine dritte noch kleinere Art (Ciss. minor) ist in Peru zu Hause. Vgl. Cabanis in *v. Tschudi* Fn. peruan. Orn. 211. —

Cissopis major *Caban.*

Cissopis major *Cabanis* Mus. Hein. I. 144. 745.
Bethylus picatus *Pr. Max z. Wied.* Beitr. III. a 545. 1.
Bethylus medius *Bonap.* Consp. I. 491. 2.

Kopf und Hals bis über die Brust und den Rücken dunkel stahlblau; Flügel und Schwanz schwarz; Schultern, Ränder der letzten Armschwingen, Spitzen der Schwanzfedern und der Rumpf weiß.

Beinahe so groß wie eine Elster und der im Gefieder ähnlich. Der kurze, dicke, hakige Schnabel ist glänzend schwarz; die Iris hellgelb; Kopf, Hals, Anfang des Rückens und der Brust dunkel stahlblau, eigentlich die langen und spitzen Federn nur so gerandet, in der Tiefe schwarz; der übrige Rumpf weiß. Flügel an der Achsel und den kleinen Deckfedern weiß, dann schwarz, aber die Spitzen der vordersten großen Deckfedern, die Säume der hintersten und der letzten Armschwingen weiß; unten alle Schwingen grau, die Deckfedern weiß. Schwanzfedern schwarz, alle mit allmälig kürzerer weißer Spitze. Beine glänzend schwarz. —

Ganze Länge 11″, Schnabelfirste 7‴, Flügel 4″, Schwanz 5½″, Lauf 14‴.

In den Waldungen der Küstenregion in kleinen Trupps oder paarweis auf hohen Bäumen, in denen die Vögel mit lauter Stimme, die eine kurze nicht unangenehme Melodie hat, umherhüpfen und nach Insekten suchen, welche ihre Hauptnahrung bilden. Ich traf mehrmals solche kleine Flüge bei Neu-Freiburg, aber nie ganz nahe am Orte; der Vogel liebt die ruhige Waldeinsamkeit. —

16. Gatt. Stephanophorus *Strickl.*

Tanagra *aut.* Fringilla *Licht.*

Steht im Schnabelbau und Gefieder der vorigen Gattung am nächsten, ist aber viel kleiner, anders gefärbt und durch einen kürzeren stumpfen Schwanz verschieden. Der Schnabel ist sehr kurz, bauchig kegelförmig, mit gebogener Firste, starkem Endhaken, scharfer obgleich feiner Kerbe und etwas eingebogener, scharfer Mundkante; die Nasengrube wird von abstehenden Federn mit kleinen Borstenspitzen beschattet und läßt das kleine runde Nasenloch kaum sehen. Gefieder weich und voll, eigenthümlich seidenartig glänzend; die Flügel ziemlich spitz, die erste Schwinge merklich, die zweite wenig verkürzt, die dritte mit der vierten die längsten. Schwanz kurz, grade abgestutzt, die Federn gleich lang. Beine stark gebaut, der Lauf dick, die Zehen fleischig, der Daumen sehr groß, die Krallen lang, fein zugespitzt. —

Stephanophorus coeruleus *Strickl.*

Proceed. zool. Societ. 1841. 39. — *Cabanis*, Mus. Hein I. 148. 703. — *Hartlaub*, syst. Ind. z. *Azara* 6.
Pyrrhula coerulea *Vieill.* Gal. d. Ois. II. 61. pl. 54.
Tanagra leucocephala *Vieill.* Enc. méth Orn. 774.
Tanagra diademata *Natt. Temm.* pl. col. 243.
Fringilla splendida *Licht.* Mus. ber.
Lindo azul cabeza blanca, *Azara* Apunt. I. 375. no. 93.

Lasurblau, Stirn, Kehle, Flügel und Schwanz schwarz; Oberkopf weißlich himmelblau, die Mitte des Scheitels roth gefleckt. —

Vom Ansehn unseres Dompfaffen (Loxia pyrrhula *Linn.*) doch etwas größer, der Kopf nach Verhältniß kleiner, das Gefieder voller. Schnabel besonders viel kleiner und zierlicher, glänzend schwarz. Iris schwarz. Gefieder lasurblau, aber die Farbe nicht recht voll, weil überall ein dunkles Schieferschwarz unterliegt, welches hervorschimmert; Stirn, Zügel, Kehle und Augenring kohlschwarz; Oberkopf hell weißlich himmelblau, die mittleren Federn mit schön blutrothen Flecken an der Spitze. Kleine Flügeldeckfedern lebhafter und heller ultramarinblau; große Deckfedern, Schwingen und Schwanzfedern schwarz, bloß grünlichblau fein gerandet, die letzten Armschwingen mit lasurblauen Rändern. Beine glänzend schwarz. —

Ganze Länge 7″, Schnabelfirste 4‴, Flügel 4″, Schwanz 2″ 4‴, Lauf 1″. —

Bei Neu-Freiburg in den Wäldern der Umgegend, aber nicht häufig; lebt wie Cissopis in kleinen Trupps, doch stiller und versteckter, und daher seltener gesehen. —

Anm. Zu den dickschnäbligen Finken paßt dieser Vogel weit weniger, als zu Cissopis, dem er unbedenklich am nächsten steht; auch Azara, dessen richtigen Takt man so oft zu bewundern Veranlassung hat, stellt ihn unter die Tanagrae. Die Weibchen haben nach ihm einen heller weißen Oberkopf und sind etwas kleiner; die ebenfalls kleinern jungen Vögel sind matter, graulicher gefärbt.

17. Gatt. Pitylus *Cuv.*

Schnabel sehr dick, bauchig gewölbt, doch dabei seitlich zusammengedrückt, weniger bauchig als der von Cissopis und Stephanophoros, aber viel dicker als der von Saltator; der Mundrand eingebogen, mit deutlicher winkelförmiger Bucht neben der Mitte; die Spitze stumpf hakig herabgebogen, die Kerbe nicht tief aber deutlich. Nasengrube befiedert, das Nasenloch versteckt; am Zügelrande einige steife, ziemlich starke Borsten. Der Unterkiefer besonders am Kinn dick, der Kinnwinkel gerundet. Gefieder ziemlich weich, aber nicht sehr voll; die Flügel kurz, noch nicht über die oberen Schwanzdecken hinabreichend, die Schwingen schmal, die zwei ersten stufig verkürzt, die dritte die längste. Schwanz sehr lang, die 3 äußeren Federn stark verkürzt, die 6 mittleren aber gleich lang. Beine zierlicher gebaut und in eine Art von Mißverhältniß zum Schnabel stehend; der Lauf nicht grade hoch, aber die Zehen lang, die vorderen auffallend dünn, mit schlanken, spitzen, wenig gebogenen Krallen. —

Pitylus coerulescens.

Cabanis Mus. Hein. I. 143. 741.
Coccothraustes coerulescens *Vieill.* N. Dict. d'hist. nat. Tm. 13. 546. — *Id.* Enc. méth. Orn. 1016. 75.
Fringilla Gnatho *Licht.* Doubl. d. zool. Mus. 22. 215. — *Pr. Max z. Wied* Beitr. III. a. 552. 1.
Pitylus Gnatho *Bonap.* Consp. I. 503.
Pitylus atrochalybaeus *Jard. Selb.* Ill. pl. 3.
Pitylus erythrorhynchus *Swains.* nat. hist. Birds. II. 282.
Junger Vogel.
Tanagra psittacina *Spix.* Av. Bras. I. 44. 20. tb. 57. f. 2.

Bläulich schieferschwarz, matt glänzend; Schnabel hell zinnoberroth mit bräunlicher Firste. —

Vom Ansehn eines großen dickschnäbeligen Saltator. Schnabel lebhaft und hell zinnoberroth, die Firstenkante allmälig dunkler, längs der Mitte braun; nach dem Tode heller verblassend, gelblich fleischroth, in der Jugend trüber roth gefärbt. Iris braun. Ganzes Gefieder dunkel schieferschwarz, bläulich überlaufen mit schwachem Stahlschiller; Stirn, Backen, Kehle und Vorderhals kohlschwarz. Flügel bräunlich schiefergrau, die Ränder der Schwingen etwas bläulicher, die Innenseite hell weißgrau mit weißlichem Saum der Schwingen. Beine schwarzbraun. —

Ganze Länge 9″, Schnabelfirste 10‴, Flügel 4″, Schwanz 4″, Lauf 1″. —

Ich erhielt diesen Vogel einmal bei Neu-Freiburg; er lebt nicht eigentlich im tiefen Walde, sondern mehr an den Waldrändern, auf buschigen sonnigen Triften und wird gewöhnlich paarweis gesehen. Häufig ist er nicht. Man findet ihn von St. Paulo bis nach Bahia und darüber hinaus, aber den Amazonenstrom scheint er nicht zu überschreiten.

Anm. Spix hat den jungen Vogel kenntlich genug dargestellt, daher es mich Wunder nimmt, daß man seine Tanagra psittacina noch als Art aufführt.

18. Gatt. Caryothraustes *Reichenb.*

Schnabel ähnlich wie bei Pitylus, nur nicht völlig so bauchig, dick gewölbt, nicht ganz so hoch, groß und stark; der Mundrand etwas eingebogen, mit winkelförmiger Bucht neben der Mitte; die Spitze ziemlich stark hakig herabgebogen, mit seichter Kerbe; der Unterkiefer nach Verhältniß niedriger, weniger aufgetrieben, der Kinnwinkel ein kurzer Bogen; die Nasengrube befiedert, aber das runde Nasenloch frei sichtbar; am Zügelrande einige feine, selbst ziemlich lange Borsten. Gefieder etwas derber, lebhaft und schön gefärbt; die Flügel über den Anfang des Schwanzes fast bis zur Mitte hinabreichend, die zwei ersten Schwingen stufig verkürzt, die dritte und vierte die längsten. Schwanz auffallend kurz, leicht abgerundet, die äußeren Federn nur wenig verkürzt. Beine ebenfalls klein und schwach für den großen Schnabel; besonders die nach Verhältniß viel kleinere Hinterzehe, welche darin sich mehr wie bei den wahren Finken verhält; alle Krallen fein, kurz, oben ziemlich stark gebogen.

Caryothraustes brasiliensis.

Cabanis, Mus. Heinean. I. 144. 793.
Fringilla cayanensis *Licht.* Doubl. 22. 220. (excl. syn.).
Fringilla viridis *Pr. Max.* Beitr. III. a. 555. 7. (excl. syn.).

Gelbgrün, Schnabel, Zügel und Kehle schwarz; Stirn und Unterfläche reiner gelb. —

Beinahe so groß wie ein **Kernbeißer** (Fring. coccothraustes *Linn.*) und dem in Ansehn ähnlich, doch ganz anders gefärbt. Schnabel glänzend schwarz, die Basis etwas heller, bei alten Vögeln bleigrau. Iris braun. Zügel, Augenrand, Kinn und Kehle schwarz; Stirn, Backen, Vorderhals, Brust und Mitte des Bauches ziemlich rein gelb, doch ins Grüne spielend; Nacken, Rücken, Flügel, Schwanz und Bauchseiten olivengrün; Schwingen und Schwanzfedern in der Tiefe bräunlich graugrün; die Innenseite der Flügel blaßgelb, die Schwingen weißgelb gesäumt. Beine hell fleischbraun.

Ganze Länge 7″, Schnabelfirste 7‴, Flügel 4″, Schwanz 3″, Lauf ziemlich 1″. —

Lebt nur im tiefen Walde in kleinen Schwärmen und hält sich mehr im mittleren Brasilien auf; bei Rio de Janeiro ist der Vogel selten und ebenso selten in den höher gelegenen Gebirgswaldungen bei Neu-Freiburg. Ich habe ihn dort nicht erhalten. —

Anm. Eine sehr ähnliche Art bewohnt Guyana:
2. Caryothraustes viridis *Caban.* l. l. 742. — Coccoth. viridis *Vieill.* Enc. méth. Orn. 1017. 77. — Loxia canadensis *Linn.* S. Nat. I. 304. 29. — *Lath.* Ind. orn. I. 379. 29. — Pitylus personatus *Less.* Rev. zool. 1839. 42. — Der Vogel ist in allen Dimensionen etwas kleiner, als die Art von Brasilien und wie es scheint, grünlicher gefärbt, mit mehr Grau am Flügel, dem Bauch und Steiß.

19. Gatt. Schistochlamys *Reichenb.*

Diucopis *Bonap.*

Schnabelform grader, gestreckter, weniger bauchig, die Spitze nicht hakig, die Kerbe schwach, zum Typus von Saltator mehr zurückkehrend; die Firste abgerundet, die Nasengrube befiedert, das Nasenloch klein, nach oben häutig gesäumt. Gefieder vorherrschend grau gefärbt, voll und weich, die Basis der Federn des Rumpfes stark dunig. Flügel schmal und ziemlich spitz, etwas über den Anfang des Schwanzes hinabreichend, die erste Schwinge um 3‴, die zweite um 1‴ kürzer als die dritte, längste. Schwanz lang, sanft zugerundet, die äußeren Federn ein wenig verkürzt. Beine mäßig stark, der Lauf eher hoch, die Zehen etwas fleischig, der Daumen lang mit großer Kralle, die Vorderzehen mit feinen spitzen Krallen.

1. Schistochlamys leucophaea.

Cabanis Mus. Hein. I. 141. 729.
Tanagra leucophaea *Licht.* Doubl. zool. Mus. 32. 354.
Tanagra capistrata *Spix.* Av. Bras. I. 41. 13. tb. 54. f. 1. — *Pr. Max.* Beitr. III. a. 500. 14.
Diucopis capistrata *Bonap.* Consp. I. 491.
Tanagra conspicillata Mus. paris.

Oberkopf braun, Stirn und Zügel schwarz. Rumpfgefieder bleigrau; Kehle, Vorderhals, Brust und Steiß rostgelb. —

So groß wie ein Dompfaffe (Loxia pyrrhula *Linn.*), der Kopf schwächer, der Schwanz länger. Schnabel bläulich weiß, die Spitze schwarz; Iris braun. Oberkopf hellbraun; Stirn, Zügel, vorderster Kinnrand und der Augenrand schwarz. Backen, Kehle, Vorderhals und Brust bis zum Bauch röthlich rostgelb; Nacken, Rücken, Flügel und Schwanz bleigrau, die Mitte des Bauches weißlich; die Gegend hinter dem After rostroth. Flügel und Schwanzfedern dunkler schiefergrau, die Ränder lichter, mit Rostgelb überlaufen; Innenseite der Flügel und der Saum der Schwingen weiß. Beine fleischbraun.

Ganze Länge 7″, Schnabelfirste 5‴, Flügel 3″ 8‴, Schwanz 2″ 9‴, Lauf 1″. —

Dieser hübsche Vogel fand sich häufig in den Umgebungen von Lagoa santa, am Rande der Gebüsche, neben den offenen Wegen im Walde, und wurde meist einzeln oder paarig gesehen; er ist wenig scheu und ließ uns leicht zum Schuß kommen. Der Prinz zu Wied traf ihn auf dieselbe Weise im Camposgebiet der Provinz Bahia. —

2. Schistochlamys melanopis.

Tanagra melanopis *Lath.* Ind. orn. I. 422. 10. — *Pr. Max z. Wied.* Beitr. III. a. 504. 15.
Tanagra atra *Gmel. Linn.* S. Nat. I. 3. 898. — *Buff.* pl. col. 714. 2. — *Desmar.* Tanagr. pl. 42.
Saltator melanopis *D'Orb.* Voy. Am. mér. Ois. 291. n. 184.
Saltator ater *Cabanis*, *Schomb.* Reise III. 677. 53.
Diucopis atra *Bonap.* Consp. I. 492. 4.

Stirn, Backen, Kehle und Vorderhals schwarz; Rumpfgefieder bleigrau, Flügel bräunlich überlaufen, Schwanz schieferschwarz.

Etwas kleiner, als die vorige Art, der Schnabel nach Verhältniß dicker, ebenso gefärbt, die Basis bläulich weiß, die Spitze schwarz. Stirn, Zügel, Backen bis hinter dem Auge, Kehle und Vorderhals schwarz. Rumpfgefieder bleigrau; der Rücken, die Flügel und der Schwanz etwas dunkler, mehr schiefergrau; die Schwingen bräunlich überlaufen, mit helleren Säumen am Innenrande und rostgelblichen äußeren. Bauchmitte und Steiß weißgrau. Beine schiefergrau. Iris rostbraun.

Ganze Länge 7″, Schnabelfirste 5‴, Flügel 3″ 2‴, Schwanz 2″ 9‴, Lauf fast 1″. —

In den Provinzen von Rio de Janeiro, St. Paulo, Sta Catharina zu Hause; bewohnt das Urwaldgebiet, hält sich aber viel weniger im dichten Walde, als an Waldrändern auf, oder in den mit Gebüsch besetzten sumpfigen Niederungen der Ebenen, woselbst der Vogel ziemlich häufig ist. —

B. Plumbinae. Schnabel schlank kegelförmig, spitz, mit sanft gebogener Rückenfirste, grader Spitze und meist ohne Kerbe; Gefieder vorherrschend bleigrau. (Graufinken).

20. Gatt. Paroaria *Bonap.*

Calyptrophorus *Cab.*

Schnabel noch ziemlich dick, aber grade, die Spitze nicht hakig, der Mundrand etwas eingebogen, mit leichter Winkelung neben der Mitte; Nasengrube befiedert, aber das Nasenloch frei. Gefieder am Rücken dunkel blei- oder schiefergrau, die Bauchseite weiß, der Kopf roth; Flügel ziemlich spitz, fast bis zur Mitte des Schwanzes reichend, die ersten 2—3 Schwingen stufig verkürzt, die Armschwingen lang und breit. Schwanz mäßig lang, die Federn nicht sehr breit, von gleicher Länge; nur das äußerste Paar etwas verkürzt. Beine ziemlich dick und fleischig, hell fleischbraun oder fleischroth gefärbt; die Daumenkralle nur klein.

A. Schnabel stärker und mehr gewölbt. Paroaria. *Bonap.*

1. Paroaria cucullata *Lath.*

Loxia cucullata *Lath.* Ind. orn. I. 378. 22. — *Buff.* pl. enl. 103.
Fringilla cucullata *Licht.* Doubl. 22. 222.
Paroaria cucullata *Bonap.* Consp. I. 471. 1.
Calyptrophorus cucullatus *Cab.* Mus. Hein. I. 145. 747.
Crestudo roxo *Azara* Apunt. I. 461. 128.

Kopffedern verlängert, scharlachroth, wie Kehle und Vorderhals; Rücken bleigrau, Halsseiten und Unterfläche weiß, Schwanz schieferschwarz.

Schnabel fleischfarben, der Oberkiefer bräunlich, besonders an der Firste; Iris braunroth. Gefieder des Kopfes und Vorderhalses eigenthümlich derbe, verlängert, spitzfedrig, scharlachroth gefärbt, nur die Ohrdecke grau. Halsseiten bis zum Nacken hinauf, Brust, Bauch und Steiß weiß, die Seiten etwas grau überlaufen; Nacken, Rücken und Bürzel bleigrau; Flügel und Schwanzfedern schwärzlich schiefergrau, die Schwingen heller bleigrau gerandet. Beine fleischfarben.

Ganze Länge 7″, Schnabelfirste 5½‴, Flügel 3″ 6‴, Schwanz 2″ 5‴, Lauf 11‴. —

Im Innern Brasiliens, auf den feuchten buschigen Niederungen am Rande der großen Flüsse, einzeln oder paarig zu Hause, namentlich am Rio St. Franzisco unterhalb der Vereinigung mit dem Rio das Velhas (A. d. *St. Hilaire*, Prem. Voy. II. S. 422.). Der Vogel breitet sich besonders südwärts weiter aus, bis nach Montevideo, nistet im dichten Gebüsch, baut in mäßiger Höhe ein ziemlich großes Nest aus trocknen Halmen und legt 3—4 länglich ovale, weiße, dicht graugrün besprengte, am stumpfen Ende dunklere Eier (*D'Orb.* Voy. Am. mér. Ois. pl. 45. f. 4.).

2. Paroaria dominicana *Linn.*

Loxia dominicana *Linn.* S. Nat. I. 301. 8. — *Buff.* pl. enl. 55. 2. — *Lath.* Ind. orn. I. 377. 21. — *Vieill.* Ois. chant pl. 69.
Fringilla dominicana *Pr. Max.* Beitr. III. a 594. 16.
Paroaria dominicana *Bonap.* Consp. I. 471. 2.
Calyptrophorus dominicanus *Cab.* Mus. Hein. I. 145. 748.

Oberkopf, Backen, Kehle und Vorderhals blutroth; Rücken schiefergrau, Bauchseiten weiß. —

Etwas kleiner als die vorige Art, die Kopffedern nicht verlängert, aber doch derber gebaut, ähnlich wie bei der vorigen Art; dunkler blutroth gefärbt, ebenso die Kehle und die Mitte des Vorderhalses, die Ohrdecke schwärzlich. Oberschnabel schieferschwarz, Unterschnabel weißlich. Iris braun. Gefieder des Nackens, Rückens, der Flügel und des Schwanzes dunkel schiefergrau, die Schwingen mit weißlichen Rändern; Unterfläche weiß, im Nacken zwischen dem rothen Kopf und dem grauen Rücken bis zur Mitte sich hinaufziehend, die Brustseiten hier und da mit schiefergrauem Fleck. Beine fleischbraun. —

Ganze Länge 6½″, Schnabelfirste 6‴, Flügel 3½″, Schwanz 2⅓″, Lauf 10‴. —

Im nördlichen Brasilien bei Bahia, Para, am Amazonenstrom und drüber hinaus bis in Guyana verbreitet; lebt wie die vorige Art einzeln im Gebüsch der Vorwälder und ist ebenfalls nirgends häufig. —

B. Schnabel zierlicher, dünner, gestreckter. Coccopsis. *Reichenb.*

3. Paroaria gularis *Linn.*

Tanagra gularis *Linn.* S. Nat. I. 316. 13. — *Buff.* pl. enl. 155. 2. — *Lath.* Ind. orn. I. 425. 20.

Nemosia gularis *Vieill.* Enc. méth. Orn. 788.
Tachyphonus gularis *D'Orb.* Voy. Am. mér. Ois. 279. 168.
Paroaria gularis *Bonap.* Consp. I. 472. 4.
Coccopsis gularis *Caban.* Mus. Hein. I. 145. 749. — *Schomb.* Reise III. 678. 59.

Kopf und Kehle roth, Oberschnabel und Beine braun; Rückengefieder und ein Fleck unter der Kehle schieferschwarz, Unterfläche weiß.

Vom Ansehn der vorigen Art, nur schlanker gebaut und dunkler gefärbt. Kopf blutroth, die Kehle ebenfalls, aber darunter ein schwarzer Fleck. Die übrige Unterseite weiß, welche Farbe sich am Halse zum Nacken heraufzieht; Nacken, Rücken, Flügel und Schwanz schieferschwarz, die Schwingen ohne weißen Rand. Schnabel hornschwarz, der Unterkiefer weißlich; Beine bläulich schiefergrau, fleischroth durchscheinend. Iris braun.

Ganze Länge 6½", Schnabelfirste 5‴, Flügel 3½", Schwanz 2½", Lauf 1". —

In Guyana zu Hause, lebt paarig an den Ufern der Flüsse, nahe dem Wasser auf überhängenden Zweigen herumhüpfend; geht südwärts und ostwärts bis in das Gebiet des Amazonenstromes und Rio Negro, aber nicht viel darüber hinaus.

4. Paroaria capitata.

Bonap. Consp. I. 472. 5.
Tachyphonus capitatus *D'Orb.* Voy. Am. mér. Ois. 278. 167. pl. 19. f. 2.
Capitá, *Azara* Apunt. I. 509. 137.

Kopf und Kehle roth, Schnabel und Beine fleischfarben; Rückengefieder und ein Streif unter der Kehle schieferschwarz, Unterfläche weiß. —

Noch etwas zierlicher gebaut, als die vorige Art, übrigens ihr in der Farbe und Zeichnung des Körpers ganz ähnlich, aber verschieden durch den hell rosenrothen Schnabel und die fleischfarbenen Beine, welcher ersterer beim Weibchen nur auf der Firstenkante etwas gebräunt ist. —

Ganze Länge 6½", Schnabelfirste 5‴, Flügel 3" 7‴, Schwanz 2" 6‴, Lauf 10‴. —

Die jungen Vögel sind matter, mehr braungrau am Rücken gefärbt; der rothe Kopf ist anfangs blaßbraun, hernach rostgelblich und wird erst später wirklich roth; Schnabel und Beine haben eine sehr verloschene Färbung. —

Im Süden Brasiliens, an der Grenze von Paraguay und Bolivien; lebt völlig wie die vorige Art an Flußufern, und geht weder auf die offenen Triften, noch in den dichten Urwald. Man sieht die Vögel im Sommer meist paarweis, im Winter in kleinen Gesellschaften; sie kommen dann öfters in die Nähe der Ansiedelungen, wo sie besonders gern das zum Trocknen ausgelegte Fleisch benaschen. Ihre eigentliche Nahrung besteht in Sämereien und Insekten. Sie nisten im dichten Gebüsch, mäßig hoch, und legen 3—4 weiße, graubraun punktirte Eier. —

21. Gatt. Coryphospingus *Caban.*

Mus. Hein. I. 145.

Lophospiza *Bonap.* Tiaris *Reichenb.*

Schnabel schlank kegelförmig, etwas seitlich zusammengedrückt, die Firste fast ganz grade, die Spitze ohne Haken und Kerbe, der Mundrand etwas eingebogen, der Mundwinkel liegt abwärts geneigt, der Unterkiefer hoch; überhaupt ganz ähnlich der vorigen Gattung, nur etwas zierlicher, dünner, spitzer. Nasengrube von feinen Borstenspitzen beschattet, das kleine runde Nasenloch frei in der Spitze der Grube. Gefieder mäßig weich, die Federn des Oberkopfs, besonders beim Männchen, schopfartig verlängert, aber nicht von derberer Beschaffenheit als die übrigen Federn. Flügel etwas kürzer, nur eben über die Basis des Schwanzes hinabreichend, die erste Schwinge mäßig, die zweite sehr wenig abgekürzt. Schwanz mäßig lang, ziemlich schmalfedrig, leicht ausgeschnitten, die äußerste Feder etwas kürzer als die nächstfolgenden. Beine zierlich gebaut, der Daumen zwar nicht kurz, aber die Kralle nur mäßig, sanft gebogen, fein zugespitzt; die Vorderzehen mit ähnlichen aber kleinen Krallen. —

1. Coryphospingus cristatus.

Fringilla cristata *Gmel. Linn.* S. Nat. I. 2. 926. 102. — *Buff.* pl. enl. 181. 1. — *Lath.* Ind. orn. I. 434. 4.
Fringilla araguira *Vieill.* Enc. méth. Orn. 956. — *Id.* N. Dict. d'hist. nat. Tm. 12. 197. — *Id.* Ois. chant. pl. 28. bis.
Tachyphonus rubescens *Swains. Hartl.* syst. Ind. z. *Azara* 9. 136.
Lophospiza cristata *Bonap.* Consp. I. 470. 1.
Coryphospingus cristatus *Caban.* Mus. Hein. I 145. 751.
Emberiza araguira *Lafr.* Syn. *D'Orb.* Guér. Mag. 1837. cl. 2. pag. 81. 22.
Araguirá, *Azara* Apunt. I. 499. 136.
Cardinal der Brasilianer.

Rückengefieder dunkel blutrothbraun, Bauchseite voller blutroth.
Männchen mit hellrother, schwarz geraudeter Scheitelhaube.
Weibchens Oberkopf wie der Rücken.

So groß wie ein Buchfink (Fringilla coelebs) oder etwas darüber, der Kopf größer, der Schnabel stärker, doch von ähnlicher Form; Oberkiefer schwärzlich braun, Unterkiefer röthlich weiß. Iris rothbraun. Gefieder an der ganzen Oberseite, den Flügeln und dem Schwanze dunkel blutroth-braun, der Bürzel und die Bauchseite lebhafter gefärbt, reiner blutroth; die Kehle fleischroth; die Brust am meisten roth, noch reiner als der Bürzel. Beine fleischbraun.

Oberkopf des Männchens hell und glänzend scharlachroth, die Seiten mit schwarzbraunem Rande; des Weibchens wie der Rücken gefärbt, die Federn nicht schopfartig verlängert; die Ohrdecke bei beiden Geschlechtern dunkler braun.

Ganze Länge 6″, Schnabelfirste 5‴, Flügel 3″ 4‴, Schwanz 2″ 4‴, Lauf 10‴.

Im Süden Brasiliens, St. Paulo, Sta Catharina, Rio grande do Sul, und weiter westwärts über Paraguay und Chiquitos verbreitet; hält sich den Ansiedelungen fern, lebt im Sommer paarig, im Winter in kleinen Trupps auf den wüsten Distelfeldern, nistet im dichten Gebüsch ziemlich hoch, und legt 3 — 4 weiße, vom stumpfen nach dem spitzen Ende abnehmend graubraun getüpfelte Eier.

Man hält diesen hübschen Vogel gern in Käfigen, worin er gut ausdauert und mit zerstoßenem Mays sich ernähren läßt. —

2. Coryphospingus pileatus.

Fringilla pileata *Pr. Max z. Wied.* Beitr. z. Nat. Bras. III. b. 605. — Dessen Reise II. 160. 166.
Tachyphonus pileatus *Hartl.* syst. Ind. z. Azara 8. 114.
Tanagra cristatella *Spix.* Av. Bras. I. 40. 11. tb. 53. fig. 1.
Tachyphonus fringilloides *Swains.*
Passerina ornata *Lesson*, Echo d. monde sav. 1844. 231.
Emberiza ruficapilla *Sparm.* Mus. Carls. tb. 44. 2.
Lophospiza pileata *Bonap* Consp. I. 471.
Coryphospingus pileatus *Caban.* Mus. Hein. I. 146. 752.
Montese cabeza de bermillon, *Azara* Apunt. I. 432. 114.
Ticko-ticko-rey der Brasilianer in Minas geraes.
Papa-capim im Sertong von Bahia.

Rückengefieder dunkel bleigrau, Bauchseite heller grau, Kehle weißgrau, Steiß weiß.

Männchen mit lebhaft rothem, schwarz gerandetem Oberkopf.

Weibchens Oberkopf wie der Rücken.

Etwas kleiner als die vorige Art und schlanker gebaut. Oberschnabel schwarzbraun, Unterkiefer weißlich. Iris braun. Ganzes Gefieder bleigrau, Flügelfedern mehr bräunlich, Schwanz schwärzlich; Kehle weißlich-grau, Brust und Bauchseiten hell bleigrau, Bauchmitte weißlich, Steiß rein weiß. Beine fleischbraun.

Männchen auf der Mitte des Oberkopfes lebhaft und schön roth, die Ränder an den Seiten und der Stirn schwarz.

Weibchen am Oberkopf wie am Rücken gefärbt.

Junger Vogel wie das Weibchen, Schnabel und Beine heller, Brust trüber und matt gestreift.

Ganze Länge 5″ 6‴, Schnabelfirste 5‴, Flügel 3″, Schwanz 2″, Lauf 9‴. —

Dieser gefällig aussehende Vogel war in dem von mir bereisten Strich der Provinz Minas geraes bei Congonhas und Lagoa santa nicht selten, obgleich auch nicht gemein; er lebt im gelichteten Walde oder hohem Gebüsch und hält sich im Sommer paarig zusammen, im Winter mehr einzeln oder in kleinen Trupps, nährt sich von Sämereien und läßt von Zeit zu Zeit einen kurzen Lockton hören, aber durchaus keinen Gesang. Sein Nest habe ich nicht erhalten.

Anm. Man kennt noch 2 hierher gehörige Arten:

3. Tiaris cruenta *Lesson* Rev. zool. 1844. 485. — Am Rücken, Flügel und Schwanz kohlschwarz, die Unterseite roth, die Bauchseiten mehr orange. Männchen mit ähnlichem Oberkopf wie bei der vorigen Art. — Guyaquil.

4. Emberiza griseocristata *D'Orb* Voy. Am. mér. Ois. 363. 296. pl. 67. f. 1. — Bleigrau, unten heller, Schwanz schwärzlich, die Seitenfedern mit weißer Spitze; Männchen mit verlängerten, aber nicht abweichend gefärbten Kopffedern. — Bolivien bei Cochabamba. —

22. Gatt. Paospiza *Cabanis.*

Wiegm. Arch. 1847. I. 349.

Gestalt fast ganz die der vorigen Gattung, aber der Schnabel noch feiner, spitzer, nach Verhältniß länger und die Firste etwas mehr gebogen, die Spitze grade, mit leichter Spur einer Kerbe; beide Kieferhälften gleich gefärbt. Gefieder vorwiegend grau am Rücken, weiß oder rostroth am Bauch, der Oberkopf ohne verlängerte Federn beim Männchen. Flügel zwar nicht kürzer, aber die drei ersten Schwingen stärker stufig verkürzt; Schwanzfedern nach Verhältniß länger. Lauf höher, Zehen feiner, länger, der Daumen entschieden größer und seine Kralle nicht bloß, auch die der Vorderzehen, länger, schärfer.

1. Paospiza lateralis.

Cabanis l. l. 350. 3. — *Id.* Mus. Hein. I. 137. 711. — *Bonap.* Consp. I. 473. 4.
Emberiza lateralis *Natt.* Mus. Vind. Msc
Fringilla lateralis *Nordm.* *Erman* Reise Atlas. 10. no. 72.
Ammodromus lateralis *Licht.* Verz. d. Hall. Samml. 35.
Pipilio superciliosa *Swains.* Anim. of Menag. or two Cent. etc. 311. 95. fig. 59.
Montese obscuro y roxo, *Azara* Apunt. I. 434. 116.

Oberkopf und Nacken grau, Rücken röthlich überlaufen, Bauchseiten rostroth; über dem Auge ein weißer Streif; seitliche Schwanzfedern mit weißer Spitze. —

Schnabel schwarzbraun, der Unterkiefer etwas heller, aber nicht ganz weiß. Iris braun. Kopf und Hals bis zum Rücken schiefergrau, der Rücken grau, rostbraun überlaufen; der Bürzel, Steiß und die Seiten des Bauches lebhaft rostrothbraun. Ein Streif über dem Auge, der am Schnabel entspringt und bis zum Ohr reicht, nebst der Kehle weiß; Vorderhals und Brust röthlich gelb, die Brustseiten graulich, die Bauchmitte weiß. Flügel graubraun, die Ränder der hinteren großen Deckfedern und Armschwingen rostgelbroth, die der vorderen großen Deckfedern und mittleren Handschwingen weiß; Innenseite des Flügels weiß. Schwanz dunkel schiefergrau, die zwei äußersten Federn mit weißem Ende, die nächstfolgenden nur mit kleinem weißen Fleck an der Spitze. Beine fleischbraun.

Ganze Länge 5″ 4‴, Schnabelfirste 4‴, Flügel 3″, Schwanz 2″, Lauf 8‴. —

Im südwestlichen Theile der Provinz von Rio de Janeiro, St. Paulo, Sta Catharina und den benachbarten Gegenden des Innern verbreitet, aber nicht häufig.

Anm. Sehr ähnlich ist der hier beschriebenen Art die Emberiza hypochondria *D'Orb.* Voy. Am. mér. Ois. 361. 292. pl. 45. fig. 1., sie unterscheidet sich nur durch eine mehr gelbliche, von der Brust bis zum Steiß reichende Unterfläche, deren Seiten ein wenig rostroth gestreift sind, weiße Flecken am Innenbart der drei äußeren Schwanzfedern und eine ganz weiße Spitze an der äußersten Feder jeder Seite. — Bolivien.

Noch 2 verwandte, mir unbekannte Arten charakterisirt Cabanis im Mus. Hein. I. 137. Note als Paospiza assimilis und Paospiza Cabanisi *Bonap.* Consp. I. 473. 5. — Die erstere soll nur zwei weiße Schwanzspitzen besitzen, die letztere keinen rostroth überlaufenen Rücken haben. — Mein aus Berlin als P. lateralis bezogenes, hier beschriebenes Stück hat nur weiße Spitzen an den zwei äußeren Federn und möchte die P. assimilis sein, während die von Cabanis a. a. O. charakterisirte P. lateralis mehr zu Emberiza hypochondria *D'Orb.* paßt. —

2. Paospiza nigrorufa.

Cabanis Wiegm. Arch. l. l. 350. 1.
Emberiza nigrorufa *Lafr. D'Orb.* Syn. Guér. Magaz. 1837. cl. 2. 81. no. 21. — *Lesson,* Traité d'Orn. 440.
Pipilio personata *Swains.* two Cent. 311. 94. fig. 58. — *Darwin* Zool. of the Beagl. III. pl. 35.
Chipiu negro y canela, *Azara* Apunt. I. 527. 142.

Rückengefieder schwarzbraun, Bauchseite rothbraun; ein Streif über dem Auge und am Rande der Kehle weiß; Steiß gelb, Bauchmitte und Spitzen der äußeren Schwanzfedern weiß.

Feiner und zierlicher gebaut, der folgenden Art im Habitus ähnlicher, doch etwas größer. Schnabel schwarz, Unterkiefer am Grunde weißlich. Iris braun. Oberkopf, Backen, Rücken, Flügel und Schwanz rußschwarzbraun; das kleine Deckgefieder mehr schiefergrau. Zügelrand und ein Streif über dem Auge bis zum Ohr weiß, am Ende rostroth. Kehle rostroth, weiß eingefaßt. Vorderhals und ganze Unterseite bis zum Steiß rothbraun; Bauchmitte weiß, Steiß rostgelb. Die drei äußeren Schwanzfedern mit weißer, nach innen stufig kürzerer Spitze; die Schwingen innen weiß gesäumt. Beine hell graulich fleischbraun.

Ganze Länge 6″, Schnabelfirste 5‴, Flügel 2″ 8‴, Schwanz 2″ 3‴, Lauf 8‴. —

Nach Azara ist der junge Vogel am Rücken heller graulicher gefärbt, und auf der Brust mit dunklen, schwärzlichen Schaftstrichen versehen.

Im Süden Brasiliens, Sta Catharina, Rio grande do Sul und Montevideo, außerdem im Innern von Paraguay und hinüber bis nach dem Fuße der Cordilleren. Lebt auf buschigem Grunde meist paarig, ist sehr lebhaft, fliegt nur kurz, setzt sich in Binsengruppen nahe am Boden, selbst gern auf die Erde und ähnelt im Betragen den Sylvicolinen.

3. Paospiza thoracica.

Cabanis Wiegm. Arch. I. I. 350. 2. — *Id.* Mus. Hein. I. 137. 712.
Fringilla thoracica *v. Nordm.* Atl. z. *Ermans* Reise, 10. 73.
Pipilio rufitorques *Swains.* two Centur 312. no. 96. fig. 60.
Carduelis rufo-gularis *Lesson*, Rev. zool. 1839. 42.

Rückengefieder grau, olivengrünlich überlaufen. Kehle und Bauchmitte weiß; Brust, Bauchseiten und Bürzel rostroth.

Gestalt und Größe der vorigen Art; Schnabel hornbraungrau, der Unterkiefer blasser. Iris braun. Rückengefieder von der Stirn bis zum Schwanz hell schiefergrau, die Federn des Oberkopfes dunkler gesäumt mit lichterem Schaftstreif, der Rücken besonders grünlich überlaufen; die Schwingen mehr braungrau, die Handschwingen mit rein weißem Vorderrande, der nach unten breiter und schärfer wird. Kehle und ein Streif unter dem Auge weiß, Ohrdecke und Backen heller grau. Unterhals, Oberbrust und die Seiten bis zum Steiß lebhaft rostroth, Brustmitte bis zum Bauch hinab weißlich gelb, Steiß röthlich gelb; alle Schwingen am Innenrande weiß gesäumt; Schwanzfedern schiefergrau, weißgrau gerandet, übrigens alle einfarbig. Beine fleischbraungrau.

Ganze Länge 5″ 4‴, Schnabelfirste $4\frac{1}{4}$‴, Flügel 2″ 10‴, Schwanz 2″ 2‴. —

Ich erhielt ein Exemplar dieses zierlichen Vogels in Neu-Freiburg, das dort erlegt war; die Art gehört ebenfalls den südlichen Gegenden Brasiliens an, scheint aber das Waldgebiet der Küstenstrecken nicht zu verlassen.

Anm. Es ist möglich, daß Azara in seinem Chipiu pardo y canela (Apunt. I. 530. 143.) diesen Vogel im jugendlichen Alter vor sich hatte, besonders wenn man den weißen Streif am Auge auf das untere Augenlied beziehen dürfte. — Die Schwanzfedern sind in der That bei P. thoracica sehr schmal, wirklich zugespitzt und etwas abgenutzt.

4. Paospiza schistacea.

Cabanis Mus. Heinean. I. 137. 713.
Tanagra schistacea *Licht.* Mus. ber.

Rückengefieder bleigrau, Backen schwarz; Unterseite weiß, äußere Schwanzfedern mit weißer Spitze.

Etwas kräftiger gebaut, als die vorige Art, doch sonst von deren Habitus. Schnabel schiefergraubraun, der Unterkiefer an der Kinnkante weißlich. Rückengefieder bleigrau, der Oberkopf etwas grünlich grau überlaufen bis zum Nacken; Zügel, Augenrand und Ohrdecke schwarz. Schwingen und vorderste große Deckfedern schwarz, die Ränder hell bleigrau vorgestoßen, der Innensaum wie die übrige Fahne gefärbt. Schwanzfedern an der Innenseite schieferschwarz, an der Außenfahne bleigrau, die äußerste Feder jeder Seite mit langer weißer Spitze, die nächstfolgende nur an der Innenfahne weiß, die dritte mit weißem Fleck an der Spitze. Unterfläche weiß, die Kehle und der Vorderhals gelblich überlaufen, die Seiten der Brust und des Bauches heller bleigrau. Beine graulich fleischbraun. —

Ganze Länge 5″ 4‴, Schnabelfirste 5‴, Flügel 2″ 8‴, Schwanz 2″, Lauf 8‴. —

Im Innern Brasiliens, in den Gebüschen des Camposgebietes, von meinem Sohn in Lagoa santa erlegt; aber auch, wenn ich recht gesehen habe, bei Neu-Freiburg beobachtet, obgleich nicht erlegt. — Hüpft im Laube mittelhoher Bäume umher und läßt von Zeit zu Zeit einen kurzen Lockton hören. —

Anm. Eine Anzahl zu dieser Gattung gehöriger, mir unbekannter Arten, welche besonders über die inneren südlichen und westlichen Gegenden Brasiliens sich zu verbreiten scheinen, will ich hier kurz definiren, da ich keine Gelegenheit gefunden habe, sie selbst näher kennen zu lernen.

5 Paospiza melanoleuca, *Lafresn. D'Orb.* Synops. ibid. 82. no. 25. *Vieill.* Dict. d. Deterv. XII. 4. — Chipiu negro y blanca *Azara* Apunt. I. 532. 144. — Rückengefieder bräunlich grau, Oberkopf und Backen schwarz; Flügel und Schwanzfedern schwarz, die Schwingen grau gerandet, die äußerste Schwanzfeder mit ganz weißer, die drei folgenden mit halb weißer Spitze; Unterfläche weiß, die Bauchseiten grau angelaufen. —

6. Paospiza cinerea *Bonap.* Consp. I. 473. 7. — Rückengefieder röthlich olivengrün, Flügel und Schwanz dunkler, die Schwingen heller geran-

det, die äußeren Schwanzfedern mit breiter weißer Spitze; Unterfläche gelblich weiß; Schnabel stärker, Schwanz länger als bei der vorigen Art. —

7. Paospiza olivacea *Bonap.* Consp. I. 473. 10. — Grünlich olivenfarben, Oberkopf und Flügel graulicher, die Schwingen lichter gerandet; Unterfläche weißlich grün, die Kehle am hellsten; hinter dem Auge ein weißer Streif. Schnabel dick, mehr gewölbt; Schwanzfedern zugespitzt. —

Ich habe die Definitionen aller dieser Arten hergesetzt, weil wahrscheinlich eine oder die andere ihrem Hauptgebiet zunächst gelegene Gegenden des Innern Brasiliens besucht oder bewohnt.

23. Gatt. Diuca *Reichenb.*

Hedyglossa *Caban.* Mus. Hein. I. 135.

Vom Ansehn der beiden vorigen Gattungen, aber kräftiger und solider gebaut. Der Schnabel ziemlich stark kegelförmig, die Firste mehr gebogen, der Unterkiefer höher, die Spitze stumpfer, der Mundrand am Grunde etwas stärker eingezogen. Nasengrube kurz, und dicht befiedert, das Nasenloch eine kleine Oeffnung in der Spitze; die Firstenkante etwas gegen die Stirn vortretend, der Zügelrand mit einigen feinen Borsten besetzt. Gefieder ziemlich voll; die Flügel zwar kurz, doch etwas länger als bei Paospiza, eine Strecke über die Basis des Schwanzes hinabreichend; die beiden ersten Schwingen stufig abgekürzt, die dritte mit der vierten und fünften die längsten. Schwanz von mäßiger Länge, leicht ausgeschnitten; die seitlichen Federn zwar nicht spitz, aber auch nicht abgerundet, sondern mehr parabolisch gestaltet, das äußerste Paar etwas kürzer. Beine ziemlich solide gebaut, der Lauf mittelhoch, der Daumen stark, die Vorderzehen nicht lang, aber fleischig, die Außenzehe länger als die Innenzehe; die Krallen klein, selbst die des Daumens nicht lang, mehr hoch und scharf zugespitzt. —

1. Diuca fasciata.

Tanagra fasciata *Licht.* Doubl. d. zool. Mus. 32. 353. — *Pr. Max z. Wied.* Beitr. III. a. 492. 12. — *Bonap.* Consp. I. 238. 4.
Tanagra axillaris *Spix.* Av. Bras. I. 41. 14. tb. 54. f. 2.
Diucopis fasciata *Bonap.* Consp. I. 491.

Oberschnabel braun, Unterschnabel weißlich; Flügel schwarz oder schwarzbraun, mit weißer Binde über das Deckgefieder.

Männchen bleigrau, Backen schwarz, Kehle weiß, Steiß weißlich.

Weibchen bräunlich aschgrau, Backen braun, Kehle weiß, Steiß rostgelb.

Beträchtlich größer als ein Buchfink (Fringilla coelebs), mehr vom Ansehn des kleinen Würgers (Lanius Collurio), aber der Kopf gestreckter. Oberschnabel schwarzgrau, Unterschnabel weißlich. Iris braun.

Männchen schön bleigrau; Stirnrand, Zügel und Backen unter dem Auge schwarz. Flügel schwarz, die letzte Reihe der kleinen Deckfedern weiß, die großen Deckfedern mit weißlichem Rande; die Schwingen bräunlicher, außen grau, innen weiß gesäumt; die hintersten Armschwingen an der ganzen Außenfahne grau. Mittelschwanzfedern schiefergrau, die seitlichen schwarz, mit grauem Außensaum und gleichfarbiger Spitze. Kehle rein weiß, Unterhals, Brust und Bauchseiten bleigrau; Bauchmitte und Steiß weißlich. Beine graulich fleischbraun. —

Weibchen wie das Männchen gezeichnet, aber statt des bleigrauen Tones bräunlich grau gefärbt, die schwarzen Stellen nur schwarzbraun; die Bauchmitte und der Steiß rostgelb überlaufen.

Junger Vogel wie das Weibchen, aber alle Töne matter.

Ganze Länge 6″ 8‴, Schnabelfirste 5½‴, Flügel 3″, Schwanz 2″ 6‴, Lauf 9‴.

In den Gebüschen der Camposregion bei Lagoa santa, nicht selten; munter und wenig scheu, hat eine kurze Melodie, ist aber eigentlich kein Sänger. —

Anm. Der Vogel ist durchaus nicht mit Tanagra capistrata und Tanagra leucophaea *aut.* verwandt, er kann auf keine Weise mit denselben in eine Gattung gestellt werden, wie Bonaparte gethan hat; sein nächster Verwandter ist vielmehr:

2. Fringilla Diuca, *Molina* Comp. del. hist nat. del Reyne de Chili 221. — *Lath.* Ind. orn. I. 456. 77. — *Kittlitz*, Mém. prés. à l'Acad. Imp. d. Sc. d. St. Petersb. 1831. 192. pl. 11. — Voyage d. l. Favor. Guér. Mag. de Zool. 1836. cl. 2. pl. 69. — Hedyglossa Diuca *Caban.* Mus. Hein. I. 135. 706. — Der Vogel hat genau das Ansehn und die Färbung der vorstehenden Art, aber der Unterschnabel ist ebenfalls schwarz, die Backe hinter dem Auge bleifarben, wie der Oberkopf, das Deckgefieder der Flügel einfarbig bleigrau; der Steiß mehr rostgelb überlaufen und der Schwanz von außen nach innen kürzer weiß gefärbt an der Spitze der Federn. — Chili; daselbst ein beliebter Sänger. —

3. Eine dritte Art der Gattung Diuca ist Emberiza speculifera *D'Orbigny* Voy. Am. mér. Ois. 362. no. 294. pl. 46. f. 1.; — sie weicht durch breit am Außenrande weißgefärbte mittlere Handschwingen und einen rein weißen Bauch nebst Steiß, ganz weiße äußere Schwanzfedern und einen weißen Fleck unter dem Auge von der vorigen ab. — Bolivien.

4. Noch eine viel kleinere Art von röthlich graubrauner Farbe führt Bonaparte Consp I. 476. als Diuca minor aus Patagonien auf; ihre kleinen Deckfedern haben weißliche Spitzen. —

C. Geospizinae. Schnabel der Vorigen, also schlank kegelförmig, mit grader Spitze und wenig gebogener Firste; im Ganzen etwas kegelförmiger und dadurch zierlicher aussehend, ohne es zu sein; der Mundrand eingebogen, der Mundwinkel nicht mehr so grade. Gefieder bunt, z. Th. ammernartig, mit großen sehr langen hinteren Armschwingen. Lauf hoch, Zehen lang, besonders der Daumen; letzterer zumal mit langer, wenig gebogener, fast spornartiger Kralle, weil alle viel und gern sich am Boden bewegen. (Ammernfinken).

24. Gatt. Arremon *Vieill.*

Schnabel ziemlich groß, namentlich lang, fein zugespitzt, stark seitlich zusammengedrückt, also hoch, mit abgerundeter leicht gebogener Spitze ohne Kerbe, aber deutlich eingebogenem Mundrande; am Zügelrande ziemlich lange steife Borsten. Gefieder vorherrschend grünlich am Rücken, weiß am Bauch; Kopf schwarz, heller gestreift, am Unterhalse ein schwarzer Ring. Flügel kurz, die ersten drei Schwingen stufig verkürzt, die vierte und fünfte die längsten, die Armschwingen nur wenig kürzer als die Handschwingen. Schwanz lang, bemerkbar zugerundet, die Seitenfedern ziemlich abgekürzt. Beine mit hohem Lauf und langen Zehen, unter denen sich der Daumen besonders durch seine Länge und die lange sanft gebogene Kralle auszeichnet.

Die Arten sind Waldvögel, welche die offenen Triften meiden, aber im Dickigt gern auf den Boden hinabgehen, ihre Nahrung zu suchen. —

1. Arremon silens.

Tanagra silens *Lath.* Ind. orn. I. 432. 42. — *Buff.* pl. enl. 742. — *Pr. Max z. Wied.* Beitr. III. a. 507. 16. — *Desmar.* Tanagr. pl. 38—40.
Arremon torquatus *Vieill.* Gal. II. 105. pl. 78.
Arremon silens *Bonap.* Consp. I. 487. — *Caban.* Mus. Hein. I. 140 724.

Kopf schwarz, längs dem Scheitel ein grauer, über jedem Auge ein weißer Streif; Nacken und Brustseiten grau, Rücken grünlichgrau, der Flügelbug lebhaft gelb. Schnabel schwarz.

Schnabel schieferschwarz, der Kinnrand etwas abgeblaßter; Iris schwarzbraun. Kopf schwarz bis zur Kehle; von der Stirn über den Scheitel ein hellgrauer Streif, der sich im Nacken als Ring nach beiden Seiten ausbreitet und mehr bleigrau färbt; über jedem Auge ein weißer Streif, welcher ebenfalls bis zum grauen Nacken reicht. Rücken und Flügel olivengrün, die Schwingen und Schwanzfedern braun, olivengrün gerandet; die kleinen Deckfedern am Bug und Vorderrande goldgelb, die Innenseite grün, die Schwingen lichter gesäumt. Kehle bis zum Halse herab weiß; mitten am Halse ein schwarzer Ring, der bis an den bleigrauen Nacken sich herumzieht; darunter die Mitte weiß, die Seiten bleigrau; der Steiß etwas gelblich überlaufen. Beine fleischfarben, grau übertüncht. —

Der junge Vogel ist matter gefärbt und hat anfangs gar keinen schwarzen Halsring. —

Ganze Länge 6″ 5‴, Schnabelfirste 5‴, Flügel 3″, Schwanz 2½″, Lauf 11‴. —

Im mittleren Brasilien, besonders bei Bahia und Para; lebt im Walde und den dichteren Gebüschen, geht hier bis auf den Boden hinab und nährt sich hauptsächlich von Insekten, welche er da auflieſt. —

2. Arremon flavirostris *Sw.*

Swains. two Centur and a Quart. 347. — ***Bonapart.*** Consp. I. 488. 2.

Kopf schwarz, ein schmaler grauer Streif beginnt auf dem Scheitel und ein weißer hinter dem Auge; Nacken und Bauchseiten grau, Rücken grün; Schnabel blaß gelblich, die Firste braun. —

Ganz wie die vorige Art gezeichnet, aber mit einigen geringen Abweichungen. Der Hauptunterschied liegt im Schnabel, der blaßgelblich gefärbt und bloß längs der Firstenkante gebräunt ist, übrigens auch etwas größer erscheint. Der schwarze Oberkopf hat zwar den mittleren grauen Streif, welcher sich im Nacken zu einer Binde ausdehnt, aber derselbe erreicht nicht die Stirn, sondern endet mitten auf dem Kopf zwischen den Augen; ebenso fehlt dem weißen Streif über dem Auge, der bis zum Nacken reicht, die Fortsetzung am Zügel bis zum Schnabel. Der Rücken und die Flügel sind ganz ebenso gefärbt, der Rand am Bug ist ebenfalls goldgelb, die Innenseite grau, grünlich überlaufen. Die Unterfläche hat mehr weiß, die graue Brust und Bauchseiten sind schmäler, heller; die schwarze Halsbinde sitzt etwas höher und der Steiß ist einfarbig weiß. Die Beine sind hell fleischfarben, mit grauem Anflug.

Die jungen Vögel dürften dieselben Unterschiede wie bei der vorigen Art darbieten. —

Ganze Länge 6″ 2‴, Schnabelfirste 5‴, Flügel 3″, Schwanz 2″ 3‴, Lauf 10‴. —

Von Cameta im nördlichen Brasilien, nach einem Exemplar der Berliner. Sammlung beschrieben; mir auf der Reise nicht begegnet, ebensowenig dem Prinzen zu Wied. —

Anm. Arremon semitorquatus *Swains.* I l. 357. — *Bonap.* Consp. I. 488. 5. ist wahrscheinlich der junge Vogel dieser Art mit halbfertigem Halsbande und matter gefärbtem Kleide überhaupt. —

3. Arremon affinis.

Lafresn. D'Orb. Voy. Am. mér. Ois 282. no. 172. pl. 27. f. 1.
Embernagra torquata *Lafres. D'Orb.* Syn. Guér. Mag. 1837. cl. 2. 34. 3.
Buarremon torquatus *Bonap.* Consp. I. 483. 1007. 1.
Junger Vogel.
Arremon conirostris Mus Par. Bon. ibid. 488. 7.

Kopf schwarz, die Scheitelmitte grünlich, hinter dem Auge ein weißer Streif; Rücken und Flügel grün, Bugrand schmäler gelb; Schnabel ganz schwarz.

Schnabel höher nach hinten und etwas stärker als bei den vorigen beiden Arten, ganz schwarz. Iris braun. Kopf schwarz, die Mitte des Scheitels grünlich überlaufen; am Auge ein weißer Streif, der nach hinten bis zu dem hier matten, graugrünen Nackenringe reicht. Rückengefieder und Flügeldecken dunkler olivengrün, die Schwingen und Schwanzfedern braun, grünlich gerandet, die Randfedern unter dem Bug nur so weit sie der Innenseite angehören goldgelb. Kehle weiß; auf dem Halse ein schwarzer Ring. Brust und Bauchseiten grünlich grau, die Mitte beider weißlich, der Steiß hell aschgrau. Beine stärker, hell graulich fleischbraun.

Junger Vogel matter gefärbt, der schwarze Halsring nur als Schatten angedeutet.

Ganze Länge 6″ 3‴, Schnabelfirste 6‴, Flügel 2″ 10‴, Schwanz 2″ 2‴, Lauf 1″. —

Ich erhielt auf meiner Reise ein Exemplar in Lagoa santa aus dem benachbarten Sette Lagoas; der Vogel gehört also dem inneren Camposgebiet an, und lebt dort in den Wäldern und Gebüschen der Flußthäler wie die vorigen Arten.

Anm. Die Bildung einer eigenen Gattung Buarremon, welche sich lediglich auf den etwas kräftigeren Schnabel und Fußbildung dieser Art stützt, scheint mir nicht gerechtfertigt. — Den jungen Vogel der hier beschriebenen Art, dessen Schnabel und Beine noch schwächer gebaut sind, hat Bonaparte darum auch als Arremon conirostris Consp. I. 488. 7. zur Gattung Arremon gestellt.

25. Gatt. Embernagra *Less.*

Limnospiza *Caban.*

Schnabel kürzer, dicker, kräftiger; die Firste fast ganz grade, die Spitze ohne Kerbe, der Mundrand nur bis nahe am Mundwinkel eingebogen, dann schnell abfallend, mit unteren zahnartig vortretender

Ecke; Zügelborsten sehr kurz. Gefieder weicher, laxer; die Flügel noch mehr verkürzt, kürzer als die oberen Schwanzdecken, die beiden ersten Schwingen ziemlich stark abgestuft, die dritte, vierte und fünfte die längsten, alle stumpf zugespitzt. Schwanz mäßig lang, stark abgerundet, die Federn länglich zugerundet, die drei äußeren verkürzt. Beine sehr kräftig gebaut, der Lauf dick, ziemlich hoch; die Zehen lang, aber auch fleischig, besonders der Daumen; alle Krallen schlank, wenig gebogen, fein zugespitzt. —

Leben in wasserreichen Gegenden an Flußufern, hüpfen im niedrigen Gesträuch, gehen viel auf den Boden und suchen hier Insekten oder harte Sämereien. —

Embernagra platensis.

Bonap. Consp. I. 483. 1006. 1. — *D'Orb.* Voy. Am. mér. Ois. 284. no. 174.
Emberiza platensis *Gmel. Linn.* S. Nat. I. 2. 886. 68. — *Lath.* Ind. orn. I. 417. 66. — *Vieill.* Enc. méth. Orn. 922.
Embernagra dumetorum *Lesson*, Traité d'Orn. 465.
Tanagra decumana *Licht.* Doubl. d. zool. Mus. 31. 346 (excl. synon.).
Emberizoides poliocephalus *Darw.* Zool. of the Beagl. III. 98.
Limnospiza platensis *Caban.* Mus. Hein. I. 136. 708.
Habia de banado *Azara* Apunt. I. 363. 90.

Grau, Rücken, Flügel und Schwanz grünlich; Oberschnabel schwarz; Mundrand, Unterkiefer und Beine blaß röthlichgelb.

So groß wie ein Krammetsvogel (Turdus pilaris), aber der Kopf kleiner, schmäler. Schnabel ammernförmig, nur etwas länger; Oberkiefer schwarz, Mundrand und Unterkiefer weißgelb. Iris braunschwarz. Gefieder des Kopfes sehr kleinfedrig, schiefergrau, im Nacken grünlich überlaufen; Rücken, Flügel und Schwanz ganz grün, die Schwingen und Schwanzfedern im bedeckten Theile graubraun; der Flügelrand unter dem Bug nach innen gelb, die Innenseite grau mit weißlichem Saum der Schwingen. Die Federn des Rückens mit dunkleren, matt schwärzlichen Schaftstreifen und blaßgelblicher Spitze; die Ränder der großen Deckfedern und vordersten Handschwingen heller gelbgrün. Unterfläche vom Kinn bis zum Steiß hellgrau, der Vorderhals mehr ins Blaugraue spielend, die Brust ins Aschgraue, die Seiten und der Steiß etwas ins Rostgelbe fallend. Beine hell fleischrothgelb.

Ganze Länge 8″, Schnabelfirste 6‴, Flügel 4″, Schwanz 3″, Lauf 13‴. —

In den südlichsten Gegenden Brasiliens, Rio grande do Sul, Montevideo, Paraguay und im ganzen La Plata-Gebiet einheimisch, dort häufig; lebt auf die angegebene Art in der Nähe von Gewässern und nistet auch da im dichten Gebüsch. Das ziemlich große, aus trocknen Halmen der Gräser gebaute Nest enthält 5—6 weißliche Eier, welche sehr denen unserer Grau-Ammer (Ember. miliaria) im Ansehn ähneln, und auf weißlichem Grunde größere und kleinere grau violette Flecken ziemlich gleichmäßig und dichter, als bei der Ammer, vertheilt zeigen. D'Orbigny's Figur (Voy. Ois. pl. 22. f. 3.) ist etwas zu klein gerathen. —

26. Gatt. Emberizoides *Temm.*

Chlorion *Temm.* (antea). Tardivola *Swains.* Leptonyx *Swains.* (antea). Coryphospiza *Gray.*

Schnabel etwas gebogener, als bei Embernagra, mehr seitlich zusammengedrückt, die Spitze etwas herabgekrümmt, mit leicht angedeuteter Kerbe; Mundrand ganz eingebogen bis zur Basis, ohne zahnartig vortretenden Winkel; Nasengrube nach oben von Haut ausgekleidet, das Nasenloch am unteren Rande; Gefieder des Schnabelgrundes mit Borstenspitzen. Rumpfgefieder ziemlich derbe, ammernartig gefärbt, mit dunkleren Schaftstreifen auf graubraunem Grunde. Flügel kurz, wenig über den Schwanz hinabreichend; die beiden ersten Schwingen etwas stufig verkürzt, die dritte, vierte und fünfte die längsten; die hintersten Armschwingen sehr groß, fast so lang wie die längsten Handschwingen. Schwanz mehr oder weniger keilförmig, alle Federn stufig abgesetzt, einzeln lang oder scharf zugespitzt. Beine ziemlich kräftig gebaut, der Lauf hoch, die Zehen dünn aber fleischig, der Daumen recht lang mit sehr wenig gebogener Kralle. —

Die Arten leben auf offenen Feldern und gehen, wie die Lerchen und Ammern, sehr viel am Boden. —

1. Emberizoides macrurus.

Fringilla macrura *Lath.* Ind. orn I. 460. 90. — *Gmel. Linn.* S. Nat I. 2 918. 72.
Emberizoides marginalis *Temm.* pl. col. 141. 2.
Sylvia herbicola *Vieill.* Enc. méth. Orn. 454.
Sphenura fringillaris *Licht.* Doubl. d. zool. Mus. 42. 466.
Passerina sphenura *Vieill.* N. Dict. d'hist. nat. Tm. 25. 25.
Embernagra macrura *D'Orb.* Voy. Am mér. Ois. 287. 176.
Tardivola sphenura *Swains.* nat. hist. of Birds II. 281.
Tardivola marginalis *Caban.* Mus. Hein. I. 135. 707.
Cola aguda encuentro amarillo, *Azara* Apunt. II. 257. 230.

Graubraun, Oberseite mit schwarzen Schaftstreifen; Flügel grünlich gerandet; Bürzel und Steiß rostgelb; Schwanz von Rumpfeslänge. —

Oberschnabel braun, Mundrand und Unterkiefer blaßgelb. Iris graubraun. Rückengefieder röthlichgrau, alle Federn des Oberkopfes, Nackens, Rückens und der Flügel mit breiten schwarzen Schaftstreifen; Flügelrand unter dem Bug goldgelb, die Deckfedern und Handschwingen grünlichgelb gerandet; die letzten breiten Armschwingen und breiten Schwanzdecken mit mehr rostgelbgrauem Saum. Schwanzfedern sehr lang zugespitzt, die mittelsten so lang wie der Rumpf, graugelbbraun, am Schaft schwärzlich. Ohrdecke, Zügelrand und Stirn reiner grau, erstere auf jeder Feder mit weißlicher Schaftlinie. Unterseite an der Kehle und dem Vorderhalse weißlich, an der Brust besonders nach den Seiten graulich, die Bauchseiten und der Steiß rostgelblich, die ganze Mitte bis zum After weißlich. Beine gelblich fleischfarben. —

Junge Vögel matter gefärbt, als die älteren, Männchen und Weibchen ohne wesentlichen Unterschied, am ersteren alle Töne voller, besonders die mehr rostgelbe Unterseite. —

Ganze Länge 8″, Schnabelfirste 5‴, Flügel 3″, Schwanz 4″, Lauf 1″,

Auf dem Camposgebiet des Innern Brasiliens nicht selten, aber nur einzeln hier und da, besonders an offenen Stellen; läuft viel am Boden, namentlich in den Wegen, wo das Erdreich ganz frei ist und stöbert nach Nahrung, die aus Sämereien und Insekten besteht. Aufgescheucht, sucht sich der Vogel im hohen Grase und Gebüsch zu verstecken, indem er nur eine kurze Strecke fliegt und dann wieder zum Erdboden unter Gebüsch und in hohes Gras zurückkehrt. Sein Nest fand ich leider nicht. —

Anm. Der Vogel war in den Umgebungen von Lagoa santa häufig; andere Exemplare erhielt ich aus dem Sertong der Provinz Bahia. Bonaparte unterscheidet im Consp. I. 482. einen Emberizoides megarhynchus, welcher größer sein und keinen gelben Flügelrand unter dem Bug besitzen soll; auch weniger zugespitzte Schwanzfedern. Mir ist eine solche Form nicht weiter bekannt.

2. Emberizoides melanotis.

Temm. pl. col. 114. 1. — *Bonap.* Consp. I. 483. 3.
Leptonyx melanotis *Swains.* two. Centur. etc. 314. 100. fig. 62.
Oreja negra *Azara* Apunt. I. 522. 140.

Oberkopf, Backen und Brustseiten schwarz, über dem Auge ein heller Streif; Rücken und Flügel braungrau, Flügelrand am Bug goldgelb. Schwanz von halber Rumpfeslänge. —

Viel kleiner als die vorige Art, nicht größer als ein Hänfling (Fring. cannabina). Schnabel kürzer, höher, dick kegelförmig, der Oberkiefer schwarz, der Unterkiefer blaßgelb. Iris braun. Kopf schwarz, am Nasenloch beginnt ein weißlicher Streif, welcher über das Auge und Ohr zum Nacken reicht; Hinterkopf grau gestrichelt, indem die Federn hellere Ränder bekommen, welche nach hinten rostbraun werden. Rücken rostbraungrau, jede Feder mit dunklerer Mitte. Kleine Flügeldeckfedern und Rand am Bug goldgelb, große Flügeldeckfedern und Schwingen grünlichgelb, fein weißgrau gerandet; hinterste Armschwingen wie der Rücken gefärbt, alle Schwingen innen weißlich gesäumt. Schwanz schwarz, nur die beiden mittelsten Federn braun, die seitlichen Federn mit weißer Spitze, vor welcher an dem äußersten Paar, das einen ganz weißen Rand besitzt, noch ein schwarzgrauer Endfleck steht; alle Federn zugespitzt, stufig von außen nach innen etwas verlängert. Ganze Unterseite rein weiß, oder blaß rostgelblichweiß; die Brustseiten am Flügelbug schieferschwarz, welche Farbe sich bis zum Nacken hinaufzieht. Beine gelblich fleischfarben. —

Ganze Länge 5″, Schnabelfirste 4‴, Flügel 2″ 3‴, Schwanz 2″, Lauf 8‴. —

Im südlichen Minas geraes, St. Paulo und den inneren Campos-Gegenden von Goyaz und Mato grosso; seltner als die vorige Art und mir nicht vorgekommen, hier nach einem Exemplar der Berliner Sammlung beschrieben. — Die Lebensweise und das Betragen, nach Azara's Schilderung, ganz wie bei der vorigen Art.

27. Gatt. Coturniculus *Bonap.*

Consp. I. 481.

Schnabel kürzer, sonst wie bei Emberizoides, die Firste sanft gebogen, die Spitze grade, der Mundrand eingezogen bis fast zur Basis, die Kerbe am Ende leicht angedeutet, übrigens der ganze Schnabel mehr seitlich zusammengedrückt und daher von oben betrachtet schmäler; Zügelrand mit einigen steifen Borsten besetzt. Gefieder ammernartig, ähnlich wie bei Emberizoides; die Flügel ebenso kurz, die zwei ersten Schwingen etwas stufig abgekürzt, die hinteren Armschwingen sehr lang. Schwanz kleiner, schwächer, kürzer, die Federn stumpf zugerundet, das äußere Paar etwas verkürzt. Beine feiner zierlicher gebaut, die Zehen übrigens ganz ähnlich, ziemlich lang mit relativ zwar kürzeren aber doch nur wenig gekrümmten Krallen; besonders der Lauf und die Daumenkralle mehr verkürzt.

Leben auf Feldern und Wiesen, im Gebüsch und am Rande der Wälder, nicht im Walde selbst, gehen wie unsere Sperlinge gern zu Boden, und nähren sich hauptsächlich von Sämereien. —

Coturniculus Manimbe.

Fringilla Manimbe *Licht.* Doubl d zool. Mus. 25. 253. — *Pr. Max z. Wied.* Beitr. III. a. 600. 18.
Emberiza Manimbe *Lafr. D'Orb.* Syn. Guér. Mag. d. Zool. 1837. cl. 2. 77. 10. — Enc. méth. Orn. 993. — *Darwin* Zool. of the Beagl. III. pl. 30.
Coturniculus Manimbe *Bonap.* Consp I. 481. 1003. 6. — *Cabanis* Mus. Hein. I. 133. 697.
Ammodromus Manimbe *Hartl.* syst. Ind. *Azar.* 10.
Manimbé *Azara* Apunt. I. 526. 141.

Grau, Rückengefieder mit schwarzbraunen Schaftstreifen, Armschwingen rothbraun gesäumt; Zügel und Flügelrand am Bug goldgelb, Mitte der Unterseite weiß. —

Größe und Ansehn eines weiblichen Haussperlings (Fring. domestica) nur klarer und mehr bleigrau gefärbt. Schnabel blaßgelb, die Basis der Rückenfirste braun. Iris hellbraun. Zügel citronengelb. Oberkopf, Rücken, Flügel und Schwanz grau, jede Feder mit schwarzbraunem Schaftstreif, die Ränder der Deckfedern sehr hell weißgrau, die Säume der Armschwingen rostbraun, der Flügelrand unter dem Bug citronengelb; Bürzel- und Schwanzfedern braun, weißgrau gerandet. Kehle, Vorderhals, Mitte der Brust, des Bauches und der Steiß weiß; Seiten der Brust und des Bauches bräunlich bleigrau. Beine gelblich fleischfarben. Ohrdecke weißlich gestrichelt. —

Ganze Länge 4″ 10‴, Schnabelfirste 4‴, Flügel 2″ 2‴, Schwanz 1″ 6‴, Lauf 8‴. —

In den Umgebungen Neu-Freiburgs beobachtet, auf Wiesen in der Nähe der Flüsse, wo einzelnes Buschwerk steht, in denen der Vogel auch nistet. Ich erhielt das Nest mit 2 Eiern, welche ich in *Cabanis* Journ. f. Orn. I. 163. beschrieben habe. Das Nest besteht aus trocknen Halmen mit Asclepiadeen-Pappus ausgekleidet, und sitzt an einem Zweige, dessen Blätter z. Th. mit in den äußeren Umfang aufgenommen sind. Die Eier haben die Größe der von Fringilla coelebs, sind blaß röthlichweiß, mit großen rothbraunen Flecken am stumpferen Ende, die einen unregelmäßigen Kranz bilden; ihr Ton ist theils heller, theils dunkler und ein Paar kleinere Punkte stehen auch hier und da auf der übrigen Oberfläche. Der Vogel verbreitet sich nordwärts etwa bis zum 20° Br., südwärts dagegen über die Mündung des Rio de la Plata hinaus; geht viel auf die Erde, wie die Sperlinge, und fliegt nur in kurzen Strecken. Er hat einen leisen, etwas melodischen Gesang. —

28. Gatt. Zonotrichia *Swains.*

Schnabel schlank kegelförmig, ziemlich wie bei Arremon, nur feiner zugespitzt, die Firste ganz grade, die Spitze schlank, fast ohne Kerbe, der Mundrand eingebogen bis zum Grunde, der Mundwinkel etwas herabgezogen, der Unterkiefer fast ebenso hoch wie der Oberkiefer. Nasenloch von vorgebogenen Federn bedeckt, nur einige feine und schwache Mundborsten am Zügelrande. Gefieder ziemlich weich, voll, ammernartig; die Flügel etwas länger, bis ans Ende der oberen Schwanzdecken reichend; die beiden ersten Schwingen stufig abgekürzt, die Armschwingen zwar lang, aber nicht völlig so lang erscheinend, wie bei Coturniculus und Emberizoides, weil die Handschwingen etwas länger sind. Schwanz schmalfedrig, aber nicht kurz, die äußeren Federn kaum etwas kürzer als die mittleren. Beine hochläufiger, als bei Coturniculus, die Zehen etwas länger, die Krallen größer, doch ebenfalls nur wenig gebogen, sanft zugespitzt.

Vertreten die Stelle der Haussperlinge in der neuen Welt, nähern sich den Ansiedelungen, schließen sich mehr an bewohnte Ortschaften, und fressen Sämereien, die sie am Boden suchen.

Zonotrichia matutina.

Fringilla capensis *Lath.* Ind. orn. I. 408. *δ.* — *Buff.* pl. enl. 386. 2.
Fringilla matutina *Licht.* Doubl. d. zool. Mus. 25. 246. — *Pr. Max z. Wied.* Beitr. III. a. 623. 23.
Tanagra ruficollis *Spix.* Av. Bras I 39. 10. tb. 53. f. 3.
Fringilla chilensis *Meyen* Reise. III. 212. — *Kittl.* Kupfertaf. tb. 23. f. 3.
Fringilla nuchalis *Temm.*
Zonotrichia matutina *Gray. Darw.* Zool. of. the Beagl. III. 91. — *v. Tschudi* Fn. per. Orn. 32. — *Bonap.* Consp. I. 479. 11. — *Cabanis* Mus. Hein. I. 132. 693.
Zonotrichia subtorquata *Swains.* nat. hist. of Birds, II. 288.
Pyrgita peruviana *Lesson,* Rev. zool. 1839. 45.
Pyrgita peruviensis *Lesson,* Instit 1834. no. 72. 316. 3.
Euspiza peruviana *Blyth.*
Passer pileatus *Boddart.*
Chingólo, *Azara* Apunt. I. 492. 135.
Ticko-ticko der Brasilianer in Minas.

Kopf grau, schwarz gestreift; Nacken rostroth, Rücken braun mit breiten schwarzen Schaftstreifen und helleren Spitzen an vielen Federn. Kehle weiß, die Seiten schwarz eingefaßt. —

Aehnelt mehr der Rohrammer (Emberiza Schoeniclus) als dem Sperlinge (Fr. domestica) im Ansehn. Schnabel schlank kegelförmig,

Oberkiefer braun, Unterkiefer graugelb, Iris graubraun. Oberkopf grau, ein schwarzer Streif über jedem Auge, der am Schnabel beginnt und bis zum Nacken reicht; Ohrdecke oben weiß gerandet, dann schieferschwarz, meist gestrichelt. Kehle weiß, mit schwarzem Seitenstreif, der unter dem Auge anfängt und bis zur Halsmitte reicht; Nacken rostroth, beiderseits bis zum schwarzen Halsstreifen ausgedehnt. Rückengefieder und Flügel röthlichbraun, auf jeder Feder ein breiter schwarzer Schaftstreif. Die großen Deckfedern und Achselfedern außerdem mit blaßgelblichem Endfleck und die Reihe der kleinen vor den großen an der Spitze weiß. Schwingen schwarzbraun, fein graulich rothbraun gerandet, die letzten Armschwingen mit breiterem mehr rostrothem Saum. Schwanz obenauf schwarz, rostroth gerandet, unten grau, wie die Innenseite der Schwingen. Brustmitte und Bauch bis zu den Beinen weiß, die Seiten und die des Bauches bräunlichgrau, die Bauchmitte hell rostroth, der Steiß graulichweiß; die Beine gelblich fleischfarben. —

Beide Geschlechter stimmen in der Farbe überein, doch hat das Weibchen einen viel blasseren Farbenton. —

Der junge Vogel hat einen graubraunen Oberkopf, keine so deutlichen schwarzen Streifen, kein Rostroth im Nacken und keinen so röthlich gefärbten, mehr graubraunen Rücken, dessen Federn und die der Flügel mit breiten weißen Spitzen versehen sind; auch fehlt ihm der schwarze Halsstreif, oder ist nur als graue Unterlage angedeutet, dagegen sind Kopf- und Nackenfedern auf der Mitte dunkel gestreift, die seitlichen Kopffedern am ganzen Außenrande schwärzer; der weiße Zügel- und Augenrandstreif ist matter graulichweiß gefärbt und die Unterfläche lichtgrau. —

Ganze Länge 5″ 6‴, Schnabelfirste 5‴, Flügel 2″ 6‴, Schwanz 2″ 3‴, Lauf 8‴.

Ich erhielt von dieser über ganz Brasilien verbreiteten Art in Lagoa santa einen Albino, dessen sämmtliche schwarzen Federstellen rein silberweiß sind, während die rostrothen Töne sich ungeändert erhalten haben; nur der schwarze Seitenstreif des Kopfes ist als brauner, aber nicht rostrother, Streif sichtbar. — Man trifft den Vogel in jedem Dorf in Menge, sieht ihn auf den Straßen im Pferdemist suchen, wie bei uns Sperlinge und Ammern, und hört früh Morgens gleich nach Sonnenaufgang seine sanfte, melodische Stimme, welche er von der Firste des Daches erschallen läßt. Er nistet aber nicht an den Gebäuden, wie die Sperlinge, sondern nur in den Gebüschen der Gärten; baut ein großes Nest aus trocknen Halmen, Haaren, Federn und legt 4—5 blaß grünlichweiße, dicht und gleichmäßig hell rostroth getüpfelte Eier. — Im Walde begegnet man dem Vogel sehr selten, nur an einsamen nicht sehr bevölkerten Gegenden pflegt man ihn am Rande der Wälder zu gewahren. Seine Nahrung sind Sämereien, welche er am Boden sucht. — Das Nest und die Eier habe ich ausführlich in Cabanis Journ. d. Ornith. I. 162. 1. beschrieben. Thienemann (Fortpf. Gesch. der gesammt. Vögel Taf 34. Fig. 10.) und D'Orbigny (Voy. Am. mér. Ois. pl. 47. f. 3.) gaben Abbildungen von Eiern, die nicht sehr gelungen sind, obgleich in der Hauptsache richtig aufgefaßt. Der Vogel brütet zweimal, zuerst im September, das zweite Mal im Januar; vielleicht mitunter noch zum dritten Mal im April. —

29. Gatt. Phrygilus *Cabanis.*

v. Tschudi Fn. per. Orn. 217.

Schnabel ebenso schlank kegelförmig, wie bei Zonotrichia und davon kaum verschieden; nach vorn ziemlich stark zusammengedrückt, die Firste grade, die Spitze etwas mehr verlängert, der Mundrand deutlich eingebogen, der Mundwinkel stärker herabgezogen, der Gaumen ebenfalls ohne Höcker. Gefieder ziemlich weich, das der Männchen vorherrschend schieferschwarz oder dunkel blaugrau, das der Weibchen und jungen Vögel z. Th. grünlich oder bräunlich grau, mit dunkleren Schaftstreifen, doch nicht eigentlich ammernartig; mitunter der Rücken wie bei Ammern gefärbt. Flügel spitziger, nur die erste Schwinge verkürzt, so weit wie die oberen Schwanzdecken über die Basis des Schwanzes hinabreichend; die hinteren Armschwingen nicht verlängert und viel kürzer als bei den vorigen Gattungen. Schwanz nicht grade lang, etwas ausgeschnitten, die Federn ziemlich schmal, am Ende mehr oder minder zugespitzt, die seitlichen Federn nicht verkürzt. Beine schlank und fein, der Lauf mäßig hoch, die Zehen dünn, ganz wie bei Zonotrichia, mit wenig gebogenen, scharf zugespitzten Krallen. —

Die Gattung hält die Mitte zwischen Zonotrichia und Spiza oder Volatinia, von jener die Schnabelform, von dieser mehr den Charakter des Gefieders sich aneignend; ihre Arten bewohnen die außertropischen Gegenden Süd-Amerikas und kommen im Tropengebiet nur an höher gelegenen Orten des Gebirges vor; mir ist keine von ihnen auf meiner Reise begegnet.

1. Phrygilus unicolor.

v. Tschudi Fn. per. Orn. 219. 3.
Emberiza unicolor *Lafresn. D'Orb.* Syn. Guér. Mag. 1837. cl. 2. 79. 16.
Tanagra unicolor *Licht.* Mus. ber.
Spiza unicolor *Licht.* Nom. Av. Mus. berol. 45.
Haplospiza unicolor *Caban.* Mus. Hein I. 147. 759.

Männchen dunkel bleigrau, schieferschwarz unterlegt, Schwingen und Schwanz bräunlich, die Handschwingen fein weißlich gerandet.

Weibchen olivengrüngrau, Unterseite lichter, die Federn mit dunkleren Schaftstreifen.

Junger Vogel rußbraun, Unterseite weißlich, mit rußbraunen Schaftstreifen. —

Gestalt völlig wie Zonotrichia matutina, doch etwas kleiner; Schnabel bräunlich horngrau, der Oberkiefer dunkler; Iris schwarzbraun, Beine gelblich fleischfarben. Schwanzfedern mit scharfer Spitze. —

Männchen dunkel blaugrau, überall schiefergrau unterlegt und nur die vorragenden Stellen der Federn gleichmäßig blaugrau überlaufen, ohne dunklere Schaftpartien; Schwingen und Schwanz mehr braun, weil die blaugrauen Ränder beschränkter sind, nur die Handschwingen am Außenrande feiner weiß. Unterfläche etwas lichter und mehr bleigrau, ohne alle Verschiedenheit im Ton; Schwanzfedern unten hellgrau.

Weibchen am ganzen Rücken graulich olivengrün, die Federn gleichfarbig, ohne dunklere Schaftstreifen; die Schwingen und Schwanzfedern mehr braun, die vordersten Handschwingen fein grau gerandet. Unterfläche hell weißgrün, jede Feder mit dunklerem, aber nicht scharf abgesetztem Schaftstreif, daher matt weißlich und grünlich gestreift.

Jüngere Vögel beiderlei Geschlechts wie die Weibchen gezeichnet, aber statt des grünlichen Tones trüb rußbraun, die Bauchseite weißer, schärfer rußbraun gestreift, die Bauchmitte und der Steiß mit rostgelblicher Grundfarbe. Schwanzfedern mit abgerundeter Spitze.

Ganze Länge 5″, Schnabelfirste 5‴, Flügel 2″ 5‴, Schwanz 1″ 10‴.

In St. Paulo, Sta Catharina, den südlichen Gegenden von Minas geraes, Goyaz bis hinüber an die Cordilleren, wo D'Orbigny den Vogel bei Tacora in Peru beobachtete; — hier nach Exemplaren beschrieben, die aus Berlin bezogen wurden, und von St. Paulo stammen. —

Anm. Cabanis erhebt den hier beschriebenen Vogel zu einer eigenen Gattung; ich glaube, daß er sich füglich mit Phrygilus verbinden läßt. Andere Arten habe ich freilich nicht selbst beobachten können; es sind aber deren mehrere bekannt geworden, welche z. Th. auch dem südlichen Brasilien angehören mögen, daher ich ihre Diagnosen hersetze:

a. Einige sind im männlichen Geschlecht einfarbig schiefergrau oder schieferschwarz, im weiblichen graugrün, ähnlich der vorstehend beschriebenen Art und bilden die Gattung Haplospiza *Caban.*

2. Phrygilus rusticus *v. Tschudi* Fn. per. Orn. 219. 5. — Bleigrau, Scheitel und Rücken dunkler, letzterer bräunlich überlaufen; Schwingen und Schwanzfedern schwarzbraun, lichter gerandet; Unterfläche heller bleigrau, Bauchmitte und Steiß weiß. — Weibchen grünlichgrau, Unterseite lichter und dunkler gestreift. — Ganze Länge 4″ 9‴. — Peru. — Von dem vorhergehenden Phr. unicolor sogleich durch einen schlankeren spitzeren Schnabel und etwas längere Flügel zu unterscheiden.

3. Phrygilus carbonarius. Emberiza carbonaria *D'Orb.* Voy. Am. mér. 361. n. 293 pl. 45. f. 2. — Dunkel schieferschwarz, bläulich überlaufen, alle Federn des Nackens und Rückens auf der Mitte dunkler, die Schwingen und Flügeldeckfedern lichter gerandet; Stirnrand und Schwanz reiner schwarz. Schnabel und Beine blaßgelb. — Ganze Länge 5′. — Patagonien.

Als junger Vogel von einer den drei vorigen zunächst verwandten Art dürfte zu deuten sein:

Phrygilus plebejus *v. Tschudi* Fn. per. Orn. 210. 4. tb. 19. f. 1. — Oben bräunlichgrau, jede Feder mit dunklerer Mitte; Unterfläche weiß, Brust und Bauch mit braunen Schaftstreifen; Schwingen und Schwanzfedern schwarzbraun, weißlich gerandet. Ganze Länge 5″ 9‴. — Peru.

b. Andere Arten sind nur z. Th. schiefergrau, am Rücken braun, und scheinen in beiden Geschlechtern übereinstimmender gefärbt zu sein; ihre Flügel sind noch etwas länger, ihr Schwanz ist kürzer. Phrygilus *Caban.*

4. Phrygilus Gayi *v. Tschudi* l. l. 218. 1. — Emberiza Gayi *Lafr. D'Orb.* Guér. Mag. 1834. cl. 2. pl. 23. — Schiefergrau, Rücken olivenbraun; Brustmitte, Bauch, Bürzel und Steiß gelblich; Schnabel graubraun mit hellerer Basis, Beine fleischfarben. — Weibchen graulicher im Ton, Flügel und Schwanz brauner. — Länge 5″ 8‴. — Chili, Patagonien. —

5. Phrygilus alaudinus. Fringilla alaudina *Kittl.* Vögel etc. pl. 23. f. 2. — Emberiza guttata *Meyen* Reise Suppl. N. A. ph. m. Soc. L C. N. C. pl. 12. f. 1. — Passerina guttata *Lafr.* Guér. Mag. 1836. cl. 2. pl. 70. — Fringilla erythrorhyncha *Less.* — Fring. campestris *Bonap. Griff.* anim. Kingd. Birds II. c. fig. — Bläulich schiefergrau, der Rücken und die hintersten Armschwingen braun, Bauch und Steiß weiß, Schwanz schwarz, die Federn mit weißem Fleck an der Innenfahne. Schnabel und Beine röthlichgelb. — Chili. —

6. Phrygilus fruticeti, Fring. fruticeti *Kittl.* Vögel etc. tb. 23. f. 1. — Ember. luctuosa *Eyd. Gerv.* Guér. Mag. 1836. cl. 2. pl. 71. — Schiefergrau, Oberkopf und Rücken schwarz gestreift, Kehle ganz schwarz, Bauch und Steiß weiß; Flügeldeckfedern mit zwei weißen Binden, die Handschwingen weiß gerandet; Schnabel und Beine gelblich fleischfarben. — Ganze Länge 6″ 9‴. — Chili. —

Noch einige ferner stehende Arten werden bei v. Tschudi und D'Orbigny charakterisirt. —

30. Gatt. Volatina *Reichenb.*

Tanagra *Linn.* Fringilla *Vieill.* Emberiza *Lafr.*

Schnabel etwas kürzer kegelförmig, am Grunde stärker, schneller zugespitzt, nach vorn stark zusammengedrückt, die Firste grade, die Spitze scharf, der Mundrand etwas eingezogen, der Unterkiefer niedriger als der Oberkiefer; Nasengrube befiedert, das Nasenloch davor sichtbar; am Zügelrande 3—4 steife Borsten. Gefieder ziemlich derbe, im Alter stahlblau oder metallisch glänzend, in der Jugend graugelbbraun, lerchenartig. Flügel kurz, nur bis auf den Anfang des Schwanzes reichend, die erste Schwinge beträchtlich, die zweite kaum verkürzt; hinterste Armschwingen ziemlich lang, doch nicht an sich, nur weil die Handschwingen so kurz sind. Schwanz von beträchtlicher Länge, die Federn schmal, einzeln zugerundet, die äußeren etwas verkürzt. Beine sehr zierlich, die Zehen lang, aber die Krallen kurz, selbst die des Daumens etwas kürzer, obgleich wenig gebogen und fein zugespitzt. —

Volatina Jacarina.

Tanagra *Linn.* S. Nat I. 314. 4. — *Lath.* Ind. orn. I. 429. 32. — *Buff.* pl. enl. 224. 3.
Fringilla nitens var. *β. Gmel. Linn.* S. Nat. I. 2. 909. — *Lath.* Ind. orn. I. 442. 25. *β.*
Fringilla splendens *Vieill.* N. Dict. d'hist. nat. Tm. 12. pag. 143. — Enc. méth. Orn. 933. — *Pr. Max z. Wied.* Beitr. III. a. 597. 17.
Euphone Jacarini *Licht.* Doubl. d. zool. Mus 30. no. 319.
Spiza Jacarina *Cab. v. Tschudi* Fn. per. Orn. 220.
Emberiza Jacarini *Lafr. D'Orb.* Consp. Guér. Mag. 1837. cl. 2. 81. no. 23.
Volatina Jacarina *Caban.* Mus. Hein. I. 147. 758. — *Bonap.* Consp. I. 473. (s. V. splendens ibid. 474.).
Volatin, *Azara* Apunt. I. 513. no. 138.

Männchen im Alter glänzend schwarz, stahlblau schillernd; Weibchen und junger Vogel graubraun, unten weißlich, mit dunklen Schaftstreifen.

Kleiner als ein Zeisig, von dessen Ansehn, doch der Schnabel größer. Schnabel und Beine schieferschwarz, die Basis des Unterkiefers grau. Iris schwarzbraun. —

Ganz altes Männchen glänzend schwarz, stahlblau oder z. Th. auch etwas erzfarben schillernd, die Federn des Rumpfes im Winterkleide mit graubraunen Rändern; jüngere Vögel haben braunschwarze Flügel und Schwanzfedern, ohne Metallschiller und einen weißlichen Flügelrand am Bug nebst ebensolchen inneren Deckfedern und Säumen der Schwingen selbst.

Das Weibchen ähnelt im Ansehn einer Lerche, ist aber viel kleiner; Schnabel und Beine sind graulich fleischbraun, die Iris schwarzbraun. Rückengefieder dunkel graubraun, die Federn der Flügel in der Tiefe schwarzbraun; die Schwingen und Schwanzfedern glänzend schwarz, nach der Spitze zu bräunlich, mit heller gelbgrauem Rande; die Innenseite des Flügels weiß, die Schwingen hier weiß gesäumt; Kehle und Bauchmitte weiß; Hals, Brust, Bauchseiten und Steiß hell graugelblich, jede Feder mit braunem, spitzem Schaftfleck, welcher an den großen unteren Schwanzdecken fast schwarz wird. Das ist die Spiza grisola Mus. ber. *Licht.* Nom. Av. 45.

Der junge Vogel ähnelt anfangs dem Weibchen völlig, aber schon nach der ersten Mauser wird sein Kopf- und Rumpfgefieder glänzend schwarz mit braunen Federrändern, während die Flügel und Schwanzfedern die frühere Färbung beibehalten. Allmälig nimmt der schwarze Ton mit dem Stahlglanze immer mehr Ueberhand und nur der weißliche Flügelrand bleibt mit einem Theile der inneren Flügeldeckfedern. Bei recht alten Männchen gehen auch diese weißen Federn in schwarze über.

Ganze Länge 4″ 5‴, Schnabelfirste 3½‴, Flügel 2″, Schwanz 1½″, Lauf 7‴. —

Ueber ganz Süd-Amerika verbreitet. Der Vogel kam mir nur bei Rio de Janeiro vor, ich besitze aber auch Exemplare aus Columbien. Dort lebte im Garten des Herrn Lallemant am Fuße des Corcovado (Laranjeras) ein Pärchen, das grade brütete. Sein Nest saß in einem Kaffeestrauch, etwa 8′ hoch über dem Boden und bestand vorzugsweise aus feinen trocknen Luftwurzeln einer und derselben Pflanze, die nur locker zusammengefügt waren; es enthielt um Weihnachten 2 bebrütete Eier von sehr weißlich grünlicher Grundfarbe, worauf hellere und dunklere graubräunliche Spitzflecken von ziemlicher Größe ungleich vertheilt sind, während am stumpferen Ende sich einige schwarze Punkte zeigen; sie sind nicht völlig so groß wie die Eier des Hänflings (Fr. cannabina) und etwas schlanker. Vgl. *Cabanis* Journ. f. Orn. I. 164. 3. — Gesang habe ich so wenig, wie der Prinz zu Wied, vom Vogel vernommen; man hält sie aber doch gern in Käfigen und füttert sie mit Canariensamen, wobei sie oft lange aushalten. Der Vogel sucht seine Nahrung, gleich den Ammern, am Boden, und ist ziemlich Jedermann in Brasilien unter dem Namen Jacarini bekannt. —

Anm. Prinz Bonaparte und einige andere Autoren lösen den Vogel in 2 Arten auf, je nachdem er weiße oder schwarze untere Flügeldeckfedern besitzt; jener soll nur in Brasilien, dieser in Guyana und Columbien zu Hause sein. Ich halte diese Unterschiede nicht für beständig und deute sie als Alterskleider. —

4. Fringillinae.

Der Schnabel zeigt in dieser Gruppe, was das allgemeine Ansehn betrifft, dieselbe Mannigfaltigkeit, wie bei den Pitylinen; bald ist er dick und bauchig kegelförmig, bald schlank kegelförmig und sanft zugespitzt; — aber er hat stets einen viel stärker abwärts gezogenen Mundwinkel und darum eine viel beträchtlichere Biegung am Mundrande. In Folge davon tritt der Unterkiefer mit einer deutlichen Ecke in den Mundrand des Oberschnabels hinein. Bis dahin sind die Ränder beider Kiefern eingebogen, hernach grade, scharf und wie schneidend beschaffen. Die Nasengrube ist kurz, dicht befiedert und das kleine Nasenloch mehr oder weniger unter Borstenspitzen versteckt. Das Gefieder im Ganzen hat keine besondere Eigenschaften; die Flügel neigen zu spitzeren Formen und ist namentlich die erste Schwinge in der Regel fast ebenso lang, wie die zweite, welche mit der dritten längsten auch schon übereinstimmt. Der Schwanz hat im Allgemeinen nicht die volle Länge des Schwanzes der typischen Pitylinen, ist mehr abgestutzt als abgerundet, und nur selten von eigenthümlicher Form. Die Beine sind in allen Theilen kleiner als bei den Pitylinen; der Lauf ist viel kürzer, die Zehen sind schwächer und besonders steht der Daumen weit hinter dem langen starken Daumen der Pitylinen zurück. Die feinen zierlichen Krallen haben mehr Krümmung, sind meist kürzer gebogen und erscheinen dadurch kürzer, als die der Pitylinen, ohne es in Wahrheit zu sein.

Die Fringillinen oder eigentlichen Finken sind mehr über die alte, als über die neue Welt verbreitet und haben in ihr nur einige Repräsentanten, welche sich in ähnliche Gruppen, nach der Schnabelform bringen lassen, wie die altweltlichen Loxiaden und Fringilliden.

A. Sporophilidae. Schnabel dick kegelförmig, bauchig gewölbt, sehr groß und stark für die Größe des Vogels; erste Schwinge etwas merklicher verkürzt; Daumen nach Verhältniß etwas größer, als in der folgenden Gruppe. (Kernbeißerfinken).

31. Gatt. Coccoborus *Swains.*

Guiraca *Swains.* Cyanoloxia *Bonap.*

Schnabel ungemein dick, groß, stark; beide Kiefer für sich gewölbt, der Unterkiefer am Grunde, da wo sich der Mundwinkel herabzieht, ebenso hoch wie der Oberkiefer; der Mundrand sehr stark eingebogen, die Spitze grade, ohne Endhaken und ohne Kerbe. Nasengrube kurz, aber breit, bis zum kleinen runden Nasenloch befiedert. Am Zügelrande einige ziemlich lange, abwärts gewendete Borsten. Flügel kurz, nur wenig über die Basis des Schwanzes hinabreichend; die erste Schwinge merklich verkürzt, die zweite nur sehr wenig kürzer als die dritte, längste. Schwanz sehr lang, die Federn einzeln stumpf zugespitzt, die äußeren 2 jeder Seite verkürzt. Beine zierlich gebaut, gegen den dicken Schnabel stark abstechend; der Lauf dünn, mäßig hoch; die Zehen von mittlerer Länge, fein; die Krallen kurz aber spitz und mehr gekrümmt als bei den vorhergehenden Formen.

Coccoborus cyaneus.

Cabanis Mus. Heinean. I. 152. 778.
Loxia cyanea *Linn.* S. Nat. I. 303. 22. — *Lath.* Ind. orn. I. 374. 12.
Loxia coerulea *Gmel. Linn.* S. Nat. I. 2. 863. 41. var. *β.* — *Lath.* ibid. 11.
Edwards Aves tb. 125.
Coccothraustes cyaneus *Vieill.* Enc. méth. 998. 6. — *Id.* Ois. chant. pl. 64.
Fringilla Brissonii *Licht.* Doubl. d. zool. Mus. 22. 218. 219. — *Pr. Max z. Wied.* Beitr. III. a. 561. 4.
Pitylus Brissonii *Hartl.* Ind. syst. *Azarae* 8.
Pico grueso azulejo, *Azara* Apunt. I. 438. 118.

Männchen azurblau, über dem Auge ein hellerer Streif; Schwingen und Schwanz schwarz.

Weibchen röthlich gelbbraun, Schwingen und Schwanz graubraun. —

Schnabel hornschwarz, die Spitze etwas bräunlich. Iris braun, Beine dunkel violettbraungrau. — Männchen dunkel indigoblau, Oberkopf und kleine Flügeldeckfedern heller, über dem Auge ein hellerer Streif; hintere Partie der Ohrdecke, Schwingen und Schwanz kohlschwarz. — Weibchen röthlich gelbbraun, Schwingen und Schwanzfedern graubraun, die großen

Deckfedern dunkler braun, röthlicher gerandet. Schnabel und Beine heller gefärbt. —

Ganze Länge 6″ 6‴, Schnabelfirste 7‴, Flügel 3″, Schwanz 2″ 8‴, Lauf 9‴. —

Im Camposgebiet des ganzen inneren Brasiliens, nicht im Urwalde, sondern nur an den Waldrändern, auf offenen mit Gebüsch bestandenen Flächen, wo der Vogel einzeln oder im Winter auch wohl in kleinen Gesellschaften gesehen wird. Ich erhielt ihn in Lagoa santa. — Er ist ein guter Sänger, dem man gern eine Zeitlang zuhört, wenn man Gelegenheit hat, seinen Lieblingsstandquartieren nahe zu kommen. Häufig ist er mir indessen nicht vorgekommen. —

Anm. Eine etwas kleinere, dem Süden Brasiliens (Montevideo, La Plata-Gebiet) angehörige Art ist der Pico grueso azul, *Azara* Apunt. I. 440. 119. — Pyrrhula glauco-coerulea *D'Orb.* Voy. Am. mér. Ois. pl. 50. f. 2. — Die Farbe ist heller blau und die Schwingen wie Schwanzfedern haben himmelblaue Ränder, welche der vorigen Art fehlen. Länge 5″.

32. Gatt. Oryzoborus *Cabanis.*

Mus. Hein. I. 151.

Schnabel ebenso dick und stark, wie in der vorigen Gattung, aber weniger gewölbt. Die Firste grade, die Spitze schärfer, der Unterkiefer noch höher, der Mundwinkel stärker abfallend, viel breiter am Grunde, mit stark vorspringenden Backen. Gefieder der Männchen vorherrschend schwarz, der Weibchen gelbbraungrün; erste Schwinge etwas weniger, die zweite mehr verkürzt, die Flügel im Ganzen etwas länger. Schwanz relativ kürzer, die Federn ebenfalls stumpf zugespitzt, die äußeren 2 jeder Seite etwas verkürzt. Beine mit relativ längeren Zehen und besonders etwas längeren Krallen; sonst wie in der vorigen Gattung gebaut, nur die Außenzehe entschieden länger, viel länger als die Innenzehe; während bei Coccoborus beide fast gleich lang sind. —

1. Oryzoborus Maximiliani.

Cabanis Mus. Hein. I. 151. Note 2.
Fringilla crassirostris *Pr. Max z. Wied.* Beitr. III. a. 564. 5.

Männchen ganz schwarz, mit weißem Fleck auf den großen Flügeldeckfedern.
Weibchen olivenbraun, die Unterseite gelblicher.

Vom Ansehn eines Kernbeißers (Fr. Coccothraustes *Linn.*), aber beträchtlich kleiner, kaum so groß wie ein Hänfling. Schnabel am Grunde hoch, höher als der Scheitel, übrigens mit grader Firste; graubraun, Unterkiefer blasser, mit einem dunkleren Seitenstreif. Iris braun, Beine bläulich fleischbraun. —

Männchen ganz schwarz, etwas ins Grünliche schillernd; auf der Mitte der großen Flügeldeckfedern ein weißer Fleck, welcher von der weißen Basis dieser Federn herrührt; die inneren Flügeldecken ebenfalls weiß.

Weibchen olivenbraun, die Unterseite etwas rothgelber; Brust und Bauchseiten graulich unterlegt, Mitte des Bauches fast rostgelb; Schwingen und Schwanzfedern schwarzbraun, olivengraugrün gerandet. Innere Flügeldecken weiß. —

Ganze Länge 5″ 6‴, Schnabelfirste 6‴, Flügel 2″ 8‴, Schwanz 2″, Lauf 6‴. —

Im Waldgebiet des mittleren Brasiliens, vom Prinzen zu Wied am Rio Espirito Santo entdeckt.

Anm. Die sehr ähnliche Loxia crassirostris *Gmel. Linn.* S. Nat. I. 2. 862. — *Lath.* Ind. orn. I. 390. 65. — unterscheidet sich durch einen am Grunde weißen Schwanz von dem hier beschriebenen Vogel und lebt in Guyana, vielleicht auch noch am Amazonenstrom. Sie ist zugleich Sporophila Othello *Bonap.* Consp. I. 498.

2. Oryzoborus torridus.

Cabanis Mus. Hein. I. 151. 776.
Loxia torrida *Gmel. Linn.* S. Nat. I. 2. 884. 67. — *Lath.* Ind. orn. I. 389. 61.
Loxia angolensis *Linn.* S. Nat. I. 303. 24. — *Lath.* ibid. 60. — *Edw.* Av. tb. 352. f. 2.
Fringilla torrida *Licht.* Doubl. 26. 260. 261. — *Pr. Max z. Wied.* Beitr. III. a. 567. 6.
Loxia nasuta *Spix.* Av. Bras I. 45. 1. tb. 58. f. 1. 2.
Coccoborus magnirostris *Swains.* nat. Class. hist. Birds II. 111. fig. 159.
Coccoborus torridus *v. Tschudi* Fn. per. Orn. 33 und 223.
Sporophila torrida *Bonap.* Consp. I. 499. 5.
Picu grueso negro y canela *Azara* Apunt. I. 444. 121. — *Ej.* Voy. Am. mér. Atl. pl. 22.

Männchen schwarz, Brust, Bauch und Steiß rostroth, Basis der Schwingen weiß. —

Weibchen olivenbraun, Unterseite rostgelblich; Schwingen am Grunde weiß.

Nicht völlig so groß, wie die vorige Art, der Schnabel am Grunde auch nicht ganz so hoch; horngraubraun, der Mundrand und die Basis des Unterkiefers blasser. Beine fleischbraungrau. —

Männchen schwarz, die Basis der Schwingen und die Innenseite der Flügel weiß; Brust, Bauch und Steiß lebhaft und voll rostroth, auch die Bürzelfedern an der Spitze z. Th. ebenso gefärbt. —

Weibchen olivenbraun, die ganze Bauchseite lebhafter und mehr rostgelb gefärbt, der Schnabel und die Beine heller als beim Männchen, die Basis der Schwingen und inneren Flügeldeckfedern weiß. —

Ganze Länge 5″, Schnabelfirste 5½‴, Flügel 2″ 6‴, Schwanz 1″ 10‴, Lauf 7‴. —

Im mittleren und nördlichen Brasilien bis nach Guyana einheimisch, ausnahmsweise auch wohl südlich bis an die Grenzen der Tropen verbreitet, aber nicht häufig; ist mehr im Innern auf den offenen Triften, als im Waldgebiet zu Hause. —

3. Oryzoborus unicolor.

Fringilla unicolor *Licht.* Mus. ber.
Sporophila unicolor *Id.* Nom. Av. 45.

Schnabel relativ viel kleiner, blaßfarbig, mit dunklerer Firstenfläche.
Männchen ganz schwarz.
Weibchen olivengraubraun.

Der Schnabel dieser Art hat genau den Bau wie bei der vorigen, ist aber sehr viel kleiner und am Grunde niedriger als die Stirn; im Leben mag er eine blaßrothe Farbe gehabt haben, mit brauner Firste; im Tode ist er blaßgelblich, mit dunkler Firste und hellerem Kinnrande. Die Beine sind bläulichgrau. —

Das Männchen hat ein einfarbig schwarzbraunes Gefieder, ohne irgend eine weiße Zeichnung.

Das Weibchen möchte ebenso einfarbig olivengelbgrau gefärbt sein, ist mir aber nicht bekannt. —

Ganze Länge 4″ 5‴, Schnabelfirste 4‴, Flügel 2″ 3‴, Schwanz 1″ 4‴, Lauf 6‴. —

Ich erhielt von diesem Vogel kein Exemplar auf meiner Reise, sondern nur einen männlichen Vogel aus Berlin zur Ansicht; zu Sporophila scheint er mir, trotz des kleinern Schnabels weit weniger zu passen, als zu Oryzoborus, wohin ihn auch das einfarbige Gefieder weist.

Anm. Bonaparte hat im Consp. Av. I. 498. 4. noch eine Sporophila corallina mit rothem Schnabel und ganz weißen inneren Flügeldecken definirt, welche hierher zu gehören scheint, aber eine andere Art sein muß; die Flügel der hier beschriebenen sind an der Innenseite zwar hellgrau gefärbt, aber nicht weiß.

33. Gatt. Sporophila.

Cabanis Wiegm. Arch. 1844. I. Spermophila *Swains.*

Schnabel in der Hauptsache wie bei den vorigen Gattungen gebaut, aber im Ganzen kleiner und durch eine mehr gewölbte Firste besonders vom Schnabel der Gattung Oryzoborus verschieden; die

Spitze etwas hakig herabgebogen, der Unterkiefer am Grunde breit, bauchig nach den Seiten vortretend, wodurch sich die Gattung wieder von Coccoborus weiter entfernt. Gefieder der Männchen schwarz und weiß, oder bleigrau und weiß; der Weibchen olivengraugelb; mitunter beide Geschlechter nur wenig im Farbenton verschieden, doch das Männchen stets voller und klarer gefärbt. Flügel länger, spitzer, die erste Schwinge sehr wenig oder gar nicht verkürzt, die zweite stets so lang wie die dritte, längste. Schwanz kurz, klein, schmalfedrig, die seitlichen Federn nur sehr wenig abgekürzt. Beine fein und zierlich gebaut, der Lauf kürzer, die Zehen nicht länger als bei den vorigen Gattungen, aber der Daumen lang für die Größe der Vorderzehen; Außenzehe kaum oder nur sehr wenig länger als die Innenzehe. —

Leben gern in kleinen Gesellschaften auf offnen Triften, fallen schaarenweis in die Reis- und Hirsefelder, nähren sich nur von trocknen Samen und haben feine, melodische, z. Th. recht liebliche Stimmen.

A. Gefieder des Männchens bleigrau oder schiefergrau; Schnabel sehr dick, im Alter roth, in der Jugend grau.

1. Sporophila hypoleuca *Ill.*

Fringilla hypoleuca *Illig.* Doubl. d. zool. Mus. 26. no. 262.
Sporophila hypoleuca *Caban.* Mus. Hein. I. 148. 764. — *Bonap.* Consp. I. 497. 15.
Pyrrhula cinereola *Temm.* pl. col. 11. f. 1. — *Bonap.* Consp. I. 499. 9. — *Swains.* nat. hist. Birds. II. 294.
Fringilla rufirostris *Pr. Max* Beitr. III. a. 581. 12.
Pico triguenno *Azara* Apunt. I. 447. 123.

Männchen: Rückengefieder bleigrau, Basis der Handschwingen und Mitte der ganzen Unterseite weiß.

Weibchen olivenbraun, die Mitte der Unterseite graugelb, Aftergegend weißlich. —

Schnabel sehr dick und stark, stärker als bei allen folgenden Arten, dem von Coccoborus cyaneus ähnlich, aber der Unterkiefer am Grunde breiter; in der Jugend blaß horngelbgrau, später fleischroth, zuletzt beinahe corallroth gefärbt; Beine schieferschwarz, Iris graubraun. —

Männchen am ganzen Rücken dunkel bleigrau, die Schwingen und Schwanzfedern schieferschwarz, matt bleigrau gerandet; die Basis der Handschwingen und die inneren Deckfedern weiß. Kehle und Vorderhals ganz weiß; Brustseiten bis zum Bauch hinab heller bleigrau, Bauchmitte und Steiß weiß.

Weibchen olivenbräunlich, Schwingen und Schwanzfedern dunkler braun, olivengrau gerandet; Unterfläche heller und gelblicher gefärbt, die Mitte des Bauches und der Steiß weiß. Der Schnabel nie ganz roth, nur röthlich gelbgrau; die Beine heller fleischroth, grau überlaufen.

Ganze Länge 5″, Schnabelfirste 4‴, Flügel 2″ 6‴, Schwanz 1″ 8‴, Lauf 7‴. —

Auf dem Camposgebiet des Innern Brasiliens häufig, in kleinen Gesellschaften; wird wegen seiner angenehmen Stimme in Käfigen viel gehalten. Die Mineiros nannten den Vogel Bico vermelho. —

Anm. Pyrrhula bicolor *D'Orb.* Voy. Am. mér. Ois. pl. 50. f. 1. unterscheidet sich von der hier beschriebenen Art durch einen dunkleren, mehr schieferschwarzen Rücken und ganz weiße Rumpfseiten.

2. Sporophila plumbea.

Cabanis Mus. Hein. I. 149. 766.
Fringilla plumbea *Pr. Max* Beitr. III. a. 579. 11.
Pyrrhula cinerea *Lafr. D'Orb.* Synops. Guér. Mag. 1837. cl. 2. 87. — *Bonap.* Consp. I. 499. 10.
Sporophila ardesiaca et cinereola *Licht.* Nom. Av. Mus. ber. 45. mas.

Männchen rein bleigrau, Oberseite dunkler, Schwingen und Schwanz schwarz, bleigrau gerandet; Handschwingen am Grunde weiß.

Alter Vogel mit weißem Fleck an der Basis des Unterkiefers und fleischrothem Schnabel.

Jüngerer Vogel nur weißlich am Unterkieferrande mit schiefergrauem Schnabel.

Weibchen olivengelbgrau, Unterseite lichter; Schnabel graulichgelb. —

Feiner und zierlicher gebaut als die vorige Art, besonders der Schnabel, dessen Unterkiefer am Grunde nicht so breit und bauchig ist. — Ganz alte Männchen haben einen blaß fleischröthlich weißen Schnabel, dessen Basis mehr oder weniger gebräunt ist; junge Vögel besitzen einen schiefergrauen Schnabel mit weißlicher Spitze; noch jüngere einen ganz schiefergrauen. Das Gefieder ist ein schönes reines Bleigrau, welches auf der Unterseite heller bleibt und gegen den Steiß allmälig weiß wird. Neben dem Unterkiefer zeigt sich beim alten Vogel mit röthlichem Schnabel ein weißer Fleck, während der jüngere mit grauem Schnabel daselbst nur eine weißliche Stelle erkennen läßt. Die Schwingen und Schwanzfedern sind schieferschwarzgrau, hell bleigrau gerandet; die Basis der Handschwingen ist weiß, welche Farbe sich, wie bei der vorigen Art, mit zunehmendem Alter mehr ausdehnt; die Innenseite der Flügel hat dieselbe Farbe. Die Iris ist grau, die Beine schiefergrau. —

Das Weibchen habe ich nicht gesehen, der Analogie nach wird es eine grauliche Olivenfarbe besitzen und am Bauch mehr ins Gelbliche fallen.

Ganze Länge 4″ 6‴, Schnabelfirste 3‴, Flügel 2″ 4‴, Schwanz 1″ 6‴, Lauf 6‴.

Im Innern Brasiliens, über das Camposgebiet weit verbreitet, von St. Paulo bis nach Bahia hinauf und westlich bis an den Fuß der Cordilleren; lebt in kleinen Gesellschaften auf offenen Stellen, hat eine angenehme melodische Stimme, und gilt für den besten Sänger des Binnenlandes bei den Mineiros, die ihn Batetivo nennen. Ich sah den Vogel lebend in Congonhas bei meinem Wirth, der ihn als einen Schatz sehr hoch hielt; da es aber die Zeit der Mauser und hernach Winter war, so sang der Vogel gar nicht, so lange ich ihn beobachten konnte.

Anm. Sehr nahe steht dieser Art die Sporophila intermedia *Cabanis* Mus. Hein. I. 149. 765. — Der Vogel hat einen größeren, stärkeren mehr dem von Sp. hypoleuca ähnlichen Schnabel und die weiße Farbe des Steißes reicht bis zur Brust hinauf. — Venezuela.

3. Sporophila albogularis.

Cabanis Mus. Hein. I. 149. 767. — *Bonap.* Consp. I. 497. 14.
Loxia albogularis *Spix.* Av. Bras. I. 46. 3. tb. 60. f. 1. 2.

Männchen braungrauschwarz am Rücken, weiß an der Unterseite, über die Brust eine schwarze Binde.

Weibchen gelbgraubraun, Unterseite weißlich; beide Geschlechter mit am Grunde weißen Handschwingen.

Nicht ganz von der Größe der vorigen Art, also beträchtlich kleiner als Sp. hypoleuca. — Männchen mit hellrothem Schnabel und schieferschwarzem Rückengefieder, das mehr oder weniger ins Braune spielt; Stirn, Backen und Oberkopf reiner und fast kohlschwarz; Bürzel heller grau. Unterseite und Innenseite der Flügel weiß, ebenso die Basis der Handschwingen, was im Flügel eine schmale weiße Binde erzeugt; über die Brust eine schwarze Binde. Beine graulich fleischfarben. —

Weibchen mit braungraugelber Oberseite, die Unterseite weißlich, besonders längs der Mitte; ebenso die Innenseite der Flügel und die Basis der Handschwingen. Schnabel gelblich grau, Beine fleischbraun. —

Ganze Länge 4″, Schnabelfirste 3‴, Flügel 2″, Schwanz 1″ 5‴, Lauf 5‴. —

Im Innern Brasiliens, am Amazonenstrom. —

B. Gefieder des Männchens dunkelgelbgrau, öfters theilweis schwarz; Schnabel weißlich.

4. Sporophila ornata.

Cabanis Mus. Hein. I. 149. 768. — *Bonap.* Consp. I. 497. 16.
Fringilla ornata *Licht.* Doubl. d. zool. Mus. 26. 265.

Fringilla leucopogon *Pr. Max z. Wied* Beitr. III. a. 572. 8.
Pico grueso gargantillo, *Azara* Apunt. I. 452. no. 125.
Papa Capim in Minas geraes.

Männchen dunkel schiefergrau, Stirn, Zügel, Kinn und eine Binde über die Brust schwarz, das Uebrige der Unterseite weiß.

Weibchen gelblichgrau, Unterseite weiß; Kinn und eine Binde über die Brust schieferschwarz.

So groß wie die vorige Art. Schnabel mäßig dick, doch kleiner als bei Sp. plumbea, blaßgelb, nach dem Tode weißlich. Iris graubraun. Gefieder des Männchens dunkel schiefergrau am Rücken, Schwingen und Schwanzfedern schwarzbraun, etwas lichter gerandet; die Basis der Schwingen nur sehr wenig weiß, daher äußerlich nicht sichtbar, dagegen die unteren Flügeldeckfedern ganz weiß. Stirn, Zügel, Backen, Kehle unmittelbar am Kinn und eine Binde über die Brust schwarz; ein Fleck an der Basis der Unterkieferfirste, die Mitte des Vorderhalses, die Unterbrust, der Bauch und Steiß weiß. Beine schiefergrau. —

Weibchen und junger Vogel gelblich schiefergrau, die großen Deckfedern und die hinteren Armschwingen viel heller gerandet, mit weißlicher Spitze; die Unterseite weiß, nur die Kehle am Kinn und eine Binde über die Brust schiefergrau. Beine graulich fleischfarben.

Ganze Länge 4″ 4‴, Schnabelfirste 3‴, Flügel 2″ 5‴, Schwanz 1″ 6‴, Lauf 6‴. —

Sehr gemein in den Umgebungen von Rio de Janeiro, besonders an der Ostseite der Bai am Rio Macacu und in der Ebene jenseits Niterohy; lebt besonders auf sumpfigen Niederungen, sitzt schaarenweis im trocknen Schilf, fällt in die Reisfelder und stellt allen kleineren Sämereien nach, besonders der Hirse viel Schaden zufügend. Auch in Minas geraes an entsprechenden Oertlichkeiten häufig beobachtet. Eine Stimme hört man selten von den Vögeln, sie sind ganz still bei ihren Diebereien und kreischen durchaus nicht, wie unsere Sperlinge. —

5. Sporophila gutturalis.

Cabanis Mus. Hein. I. 149. 769.
Fringilla gutturalis *Licht.* Doubl. d. zool. Mus. 26. 263.
Fringilla melanocephala *Pr. Max* Beitr. III. a. 577. 10.
Loxia plebeja *Spix.* Av. Bras. I. 46. 5. tb. 59. f. 3. fem.
Loxia ignobilis, ibid. 4. tb. 60. f. 3. mas.
Pyrrhula gutturalis *Lesson.*
Phonipara gutturalis *Bonap.* Consp. I. 494. 4.

Männchen: Rückengefieder grünlich schiefergrau, Kopf, Kehle und Brust kohlschwarz, Bauch und Steiß olivengelbgrün.

Weibchen: Rückengefieder gelbbraungrau, Unterseite lichter, die Brust am meisten gelblich.

Etwas kleiner als die vorige Art. Gefieder des Männchens am ganzen Rücken, den Flügeln und Schwanz grünlichgrau, trüb olivenfarben; Stirn, Oberkopf, Backen, Kehle und Vorderhals bis zur Brust kohlschwarz, aber die Farbe allmälig verwaschen nach hinten, nicht scharf abgesetzt. Flügel- und Schwanzfedern in der Tiefe graubraun, graugrünlich gerandet. Brust, Bauch und Steiß grünlichgelb, die Bauchseiten grau. Beine schieferbraun, Schnabel weiß. — Weibchen bräunlich olivenfarben am Rücken, gelblich an der ganzen Bauchseite, die Brust etwas röthlicher überlaufen; die Flügel- und Schwanzfedern etwas dunkler, mit lichteren Rändern. Schnabel gelbgrau, Beine lichter fleischbraun. — Flügel inwendig bei beiden Geschlechtern weißgrau, die Schwingen ebenso gesäumt, aber die Farbe beim Männchen reiner weißlich als beim Weibchen. —

Ganze Länge 4″ 4‴, Schnabelfirste 3‴, Flügel 2″ 3‴, Schwanz 1″ 7‴, Lauf 7‴. —

Bei Rio de Janeiro gesammelt; lebt wie die vorigen Arten gern auf offenen Triften, um an den Samen der Gramineen zu naschen.

C. Gefieder des Männchens mehr oder weniger rabenschwarz, weißgefleckt; Schnabel horngrau, in der Jugend dunkler.

6. Sporophila lineata *Gmel.*

Loxia lineata *Gmel. Linn.* S. Nat. I. 2. 858. 79. — *Lath.* Ind. orn. I. 395. 85.
Sporophila leucopterygia *Bonap.* Consp. I. 496. 12.
Loxia leucopterygia *Spix.* Av. Bras. I. 45. 2. tb. 58. f. 3.
Pyrrhula leucoptera *Vieill.* Enc. méth. Orn. 998.
Picó grueso negro y blanco, *Azara* Apunt. I. 458. 127.

Männchen blauschwarz, Hinterrücken und Unterseite weiß; Flügeldeckfedern mit weißen Spitzen.

Weibchen wahrscheinlich gelblich olivenbraun am Rücken, blaßgelb am Bauch. —

Wieder etwas größer, selbst größer als Spor. ornata. — Männchen mit am Grunde bleigrauem, an der Spitze weißlichem Schnabel und schwarzblauem Gefieder von der Stirn bis zur Mitte des Rückens, wo die Federn, zumal am Saume heller werden; Unterrücken weiß, ebenso die ganze Unterseite, doch zeigen sich quer über die Brust, besonders an deren Seiten, schwärzliche Flecken, die eine Art Binde bilden, auch die oberen und unteren Schwanzdecken sind schwarz mit weißen Rändern. Flügeldeckgefieder blauschwarz, jede Feder mit weißer Spitze und weißlichem Rande; Schwingen und Schwanzfedern einfarbig schwarzbraun, die Schwingen innen weiß gesäumt, die Schwanzfedern etwas zugespitzt. Beine schieferschwarz, fleischfarben unterlegt. —

Weibchen unbekannt, wahrscheinlich gelblichgraubraun am Rücken, blaßgelblichgrau am Bauch gefärbt. —

Ganze Länge 4″ 4‴, Schnabelfirste fast 4‴, Flügel 2″ 4‴, Schwanz 2″, Lauf 8‴. —

Bei Para, mir unbekannt.

7. Sporophila collaria *Linn.*

Loxia collaria *Linn.* S. Nat. I. 305. 31. — *Lath.* Ind. orn. I. 582. 37. — *Buff.* pl. enl. 393. jung, 659. 2. alt.

Fringilla atricapilla *Pr. Max.* Beitr. III. a. 569. 7.

Coccothraustes melanocephalus *Vieill.* Enc. méth. 1013. — *Id.* N. Dict. d'hist. nat. Tm. 13. 542.

Pyrrhula melanocephala *Lafr. D'Orb.* Syn. Guér. Mag. 1837. cl. 2. pag. 85. 2.

Pico grueso variabile *Azara* Apunt. I. 454. 126. junge Vögel beiderlei Geschlechtes.

Pico grueso ceja blanca ibid. 448. 124. altes Männchen.

Männchen: Oberkopf, Backen, Rücken und eine feine Binde über die Brust schwarz; Bürzel, Unterseite und ein Ring im Nacken rostgelb; Kehle weiß; Flügelfedern gelblich gerandet.

Weibchen gelblich braungrau, die Flügelfedern gelb gerandet; Unterseite und ein Ring im Nacken weißlichgelb, Bauch gelblicher. —

Schnabel ziemlich hoch und dick, wie die Beine graulich hornfarben, die Basis des Schnabels beim Männchen grauschwarz, die Spitze gelblich; letzteres am Kopf, den Backen und dem Rücken glänzend schwarzgrünlich, metallisch glänzend, die Rückenfedern z. Th. graugelb gerandet; ein Fleck vor und unter dem Auge, Kehle, Vorderhals weiß, dagegen ein Ring im Nacken und der Bürzel rostgelb; über die Brust eine schmale schwarze Binde, die bei jungen Vögeln nur aus Flecken besteht und in der Mitte noch unterbrochen sein kann; Bauchmitte weißlich, die Seiten und der Steiß rostgelb, nach hinten voller rostrothgelb. Flügeldeckfedern, Schwingen und Schwanzfedern schwarzbraun, alle Deckfedern und die Armschwingen gelblich gerandet und um so breiter, je jünger der Vogel ist; die Schwanzfedern am mattsten, im höheren Alter einfarbig. Basis der Handschwingen, der Innensaum aller Schwingen und die unteren Deckfedern weiß; obere Schwanzdecken grau mit rostrothen Spitzen.

Weibchen nicht schwarz, sondern braungrau gefärbt, wo das Männchen schwarz ist, die Kehle und der Ring um den Nacken ziemlich hell weißgelb; die Brust und der Bauch voller röthlich gelbgrau mit blasser Mitte; die Flügel und Schwanzfedern brauner, gelbgrau gerandet, der Schwanz dunkler als die Flügel. —

Die jungen männlichen Vögel tragen das Kleid der Weibchen, färben aber bald die Federn des Kopfes, Oberrückens und der Brustseiten auf der Mitte dunkler, so daß an diesen Stellen schwärzliche Flecken erscheinen, die sich mehr und mehr ausdehnen, bis sie in einander übergehen. —

Ganze Länge 4'', Schnabelfirste 4''', Flügel 2'' 3''', Schwanz 1'' 10''', Lauf 6'''. —

Im Innern Brasiliens, doch nicht auf den ganz offenen Campos, mehr in bewaldeten Gegenden, wo er sich in kleinen Gesellschaften am Rande der Wälder auf sumpfigem Grunde zu zeigen pflegt, auch gern die Kulturflächen nahe gelegener Ansiedelungen besucht, um dort Sämereien zu naschen. In viel bebauten, ganz offenen Orten zeigt er sich dagegen nicht und vielleicht darum ist mir diese Art entgangen. Der Prinz zu Wied traf sie am Rio Espirito Santo, Azara in Paraguay, D'Orbigny in Bolivien. —

8. Sporophila pectoralis *Lath.*

Loxia pectoralis *Lath.* Ind. orn. I. 390. 67.
Fringilla pectoralis *Licht.* Doubl. d. zool. Mus. 26. 264.
Fringilla americana *Gmel. Linn.* S. Nat. I. 2. 863. 90.
Sporophila americana *Caban. Schomb.* Reise III. 678. 61. — *Id.* Mus. Hein. I. 150. 771.
Pyrrhula Mysia *Vieill.* Enc. méth. Orn. 1011. — *Bonap.* Consp. I. 496. 11.

Männchen glänzend schwarz, Bürzel grau, Unterseite und ein nicht ganz vollständiger Nackenring weiß; Brust mit schwarzer Binde, Flügel mit 2 weißen Flecken.

Weibchen braungelbgrau, Unterseite heller.

Kleiner als die vorige Art, doch übrigens ihr ähnlich. Schnabel sehr groß und stark, ziemlich hoch gewölbt, die Spitze scharf hakig herabgebogen; der Mundwinkel am Oberschnabel bedeutend geknickt; der Unterschnabel sehr hoch. — Gefieder des Männchens glänzend schwarz am Rücken, bei recht alten Vögeln mit deutlichem grünlichem Metallschiller; Unterrücken und Bürzel grau, aber die oberen Schwanzdecken schwarz, weißlich gerandet. Kehle, Vorderhals, und ein zum Nacken heraufsteigender, nicht ganz geschlossener Ring weiß, auch die Wimpernfedern des unteren Augenliedes; mitten auf der Brust eine nach beiden Seiten breitere schwarze Binde, die übrige Unterfläche weiß, die Bauchseiten bleigrau. Flügel und Schwanz schwarz, die Ränder der Deckfedernreihe vor den großen und einige der großen weiß gerandet, aber deutlich nur auf der Mitte beider Reihen; die Handschwingen am Grunde weiß, welche Farbe als Fleck neben den großen Deckfedern durchschaut, innere Deckfedern auch weiß. Schwanzfedern ziemlich breit, stumpf zugespitzt, mit graulicher Endecke.

Weibchen bräunlich olivengrau, Flügel und Schwanzfedern dunkler braun, heller gelbgrau gerandet; Unterseite lebhafter gelbgrau, die Seiten der Brust trüber, die Backen und die Kehle am vollsten rostgelblich. —

Ganze Länge 4″ 3‴, Schnabelfirste 4‴, Flügel 2″ 1‴, Schwanz 1″ 8‴, Lauf 6‴. —

Im nördlichen Brasilien und Guyana, lebt wie die vorige Art in den Vorwäldern, mehr bei Ansiedelungen und vertritt dort deren Stelle; die mir vorliegenden Exemplare sind von Para.

9. Sporophila lineola *Linn.*

Loxia lineola *Linn.* S. Nat. I. 304. 25. — *Buff.* pl. enl. 319. 1. — *Lath.* Ind. orn. I. 390. 68.

Pyrrhula crispa *Vieill.* Ois. chant. pl. 47.

Sporophila lineola *Caban.* Mus. Hein. I. 150. 772. — *Bonap.* Consp. 497. 19.

Männchen glänzend schwarz, ein Streif auf dem Kopf, Backen und Unterseite ohne das Kinn weiß; Flügel mit weißem Fleck.

Weibchen rostgelbgrau, Bauchseite heller; Flügel und Schwanz dunkler braungrau, die Federn gelbgrau gerandet.

Ganz vom Ansehn der vorigen Art, aber etwas kleiner, besonders der Schnabel nach Verhältniß schwächer, niedriger und der Schwanz länger, mit viel schärfer zugespitzten Federn. — Gefieder des Männchens am ganzen Rücken glänzend schwarz, nur die hintersten Bürzelfedern sind grau und die ganz schwarzen oberen Schwanzdecken ohne weißlichen Rand. Vom Schnabelgrunde erstreckt sich ein weißer Streif über die Stirn bis zum Hinterkopf, ein zweiter beginnt am Rande des Unterkiefers und zieht sich breiter werdend unter dem Auge zum Ohr hin; Kinn und Anfang der Kehle sind schwarz, die Halsmitte mit Brust, Bauch und Steiß weiß, doch bleibt auf den Seiten der Brust am Flügelbug ein schwarzer vortretender Winkel. Die ganz schwarzen Flügel haben einen weißen Fleck, welcher von der Basis der Schwingen herrührt; die inneren Deckfedern sind nur z. Th. weiß und die Schwingen breit weiß gesäumt. Der Schwanz ist stark zugerundet, die einzelnen Federn aber sind zugespitzt. Schnabel hornschwarz, Iris graubraun; Beine bleigrau. —

Für das Weibchen dieser Art halte ich einen mehr röthlich braungrau gefärbten Vogel, dessen Unterseite heller und mehr rostgelblich, auf der Mitte der Brust aber weißlicher gefärbt ist. Die Flügel und Schwanzfedern haben eine braunere Farbe, und hellere gelblich graue Ränder, die an den Schwanzfedern sich mehr auf die Spitze beschränken. Schnabel und Beine horngelbgrau, übrigens genau wie beim Männchen gebaut; Innenseite der Flügel weißlich.

Ganze Länge 4″, Schnabelfirste 3‴, Flügel 2″ 2‴, Schwanz 1″ 6‴, Lauf 6‴. —

In denselben Gegenden mit der vorigen Art zu Hause und ganz ebenso sich benehmend; hier nach Exemplaren von Para beschrieben. —

D. Gefieder der Männchen nur relativ vom Weibchen verschieden, hauptsächlich rothgelbbraun, oder grünlichbraun; Schnabel schiefergraubraun.

10. Sporophila flabellifera.

Loxia flabellifera *Gmel. Linn.* S. Nat. I. 2. 850. — *Buff.* pl. enl. 380. — *Lath.* Ind orn. I. 380. 30.
Sporophila flabellifera *Bonap.* Consp. I. 499. 6.

Männchen kastanienbraun, Flügel und Schwanzfedern braun, die Deckfedern rothbraun gerandet.

Weibchen blasser gefärbt, Bauch und Steiß gelbgrauweiß. —

Etwas größer als die zuvor beschriebenen Vögel, so groß wie Spor. hypoleuca. Schnabel bleigrau, an der Basis dunkler. Iris braun. Kopf, Hals, Rücken und Bauch bis zum Steiß rostroth, die Nackenpartie mit dem Oberkopf etwas dunkler braun; Flügel und Schwanzfedern braun, alle Deckfedern hell rostroth gerandet. Brust und Bauch bis zum Steiß bei anderen, matter gefärbten und wahrscheinlich weiblichen Exemplaren graugelblich. —

Ganze Länge 5″, Flügel 3″, Schwanz 2″, Lauf 8‴.

Angeblich in Brasilien zu Hause, wenigstens behauptet das Bonaparte; mir nicht bekannt. —

11. Sporophila hypoxantha *Licht.*

Nom. Av. Mus. berol. S. 45.
Cabanis Mus. Hein. I. 774. Note.
Loxia cinnamomea *Lafr.* Rev. zool. 1839. 99. — *Bonap.* Consp. I. 495. 3.
Pyrrhula minuta *D'Orb. Lafr.* Syn. Guér. Mag. 1837. cl. 2. pag. 87. no. 7. juv.
Pyrrhula nigro-rufa ibid. no. 8. mas senex.
Sporophila ruficollis *Licht. Cabanis* l. l. mas juv.
Pico grueso pardo et canela *Azara* Apunt. I. 445. no. 122.

Männchen im Alter oben schwarz, Bürzel und Unterseite rostroth; in der Jugend oben grau, unten blaßgelb mit rostrother Kehle.

Weibchen oben braun, unten rostgelbroth, Brust rostroth.

Ein kleines hübsches Vögelchen, das besonders dem äußersten Süden Brasiliens angehört und mit dem Alter vielfachem Wechsel des Federnkleides zu unterliegen scheint. —

Am häufigsten sieht man junge Vögel in dem Kleide, wie sie Azara beschrieben hat. Schnabel und Beine sind graulich hornbraun, die Iris braun. Das Gefieder des Rückens ist braungrau, die Ränder der Flügeldeckfedern und äußersten Schwanzfedern sind blaßgelbgrau, die Handschwingen an der Basis weiß, welche Färbung als Fleck nach außen durchscheint. Die Kehle und der Vorderhals haben eine matt rostrothe, die

Brust und der Bauch eine blaßgelbe Farbe; die grauen Bürzel- und gelben Steißfedern spielen mit mehr oder weniger rostrothen Säumen. —

Etwas ältere Individuen bekommen statt des braunen einen grauen Rücken, einen bleigrauen Oberkopf, voller rostrothe Kehle und Halsfarbe, nebst mehr Rostroth am Bürzel und Steiß. Das scheinen die Jungen im Uebergangskleide zu sein (Spor. ruficollis *Licht.*).

Das ganz alte Männchen hat einen bleigrauen, am Grunde dunkleren Schnabel, schwarzen Oberkopf, Nacken, Oberrücken, Flügel und Schwanz; aber eine ganz rostrothe Unterseite nebst rostrothem Bürzel; der weiße Fleck im Flügel bleibt ihm nicht bloß, sondern wird noch etwas größer. (Pyrrh. nigrorufa *Lafr.*).

Das alte Weibchen ist am Rücken graubraun mit helleren Federrändern, an der ganzen Unterseite und dem Bürzel heller rostroth; Oberkopf, Nacken und Rücken sind reiner grau, überhaupt ist das ganze Kolorit lebhafter als beim jungen Vogel. (Spor. hypoxantha *Licht.*).

Die Schwanzfedern sind in allen Lebensaltern am Ende scharf zugespitzt, die der alten Männchen werden allmälig spitzer, die äußeren schmäler, kürzer, die mittleren länger, daher die Zurundung des Schwanzes auffallender ist. Alle haben eine weißgraue Spitze und die äußeren auch einen solchen Außenrand. —

Ganze Länge 4″, Schnabelfirste $3\frac{1}{2}$‴, Flügel 2″, Schwanz 2″ 4‴, Lauf 6‴. —

Von Azara als die gemeinste Art der Sporophilae in Paraguay bezeichnet, wahrscheinlich aber z. Th. mit der folgenden verwechselt; hier nach Exemplaren von Montevideo in der Berliner Sammlung beschrieben.

Anm. Die Darstellung der allmäligen Veränderung des Gefieders stützt sich auf die Analogie der folgenden Art. Ob Loxia minuta *Linn.* S. Nat. I. 307. 47. — *Buff.* pl. enl. 319. 2. — *Lath.* Ind. orn. I. 396. 90. wirklich eine davon verschiedene Art der nördlichen Gegenden Süd-Amerikas bildet, muß ich unentschieden lassen. —

12. Sporophila aurantia.

Cabanis Mus. Hein. I. 151. 775.
Loxia aurantia *Gmel. Linn.* S. Nat. I. 2. 853. 66. — *Buff.* pl. enl. 204. 2. — *Lath.* Ind. orn. I. 390. 66.
Loxia brevirostris *Spix.* Av. Bras. I. 47. 6. tb. 49. f. 1. 2.
Pyrrhula pyrrhomelas *Vieill.* Enc. méth. Orn. 1027.
Fringilla pyrrhomelas *Pr. Max. z. Wied* Beitr. III. a. 586. 14.
Pyrrhula capistrata *Vig.* zool. Journ. III. 273.
Spermophila pyrrhomelas *Bonap.* Consp. I. 495. 4.

Männchen rostgelbroth; Scheitel, Flügel und Schwanz schwarz, Basis der Handschwingen weiß.

Weibchen rothgelbbraun, Bauchseite heller, rostgelber. —

Nicht völlig die Größe der vorigen Art erreichend, besonders der Schnabel kleiner, niedriger, grader, spitzer; schwarzbraun, der Kinnrand röthlicher. — Gefieder des Männchens rostgelbroth, bei ganz alten Vögeln schön und klar gefärbt, auch ganz gleichmäßig, nur die Kehlgegend etwas lichter. Oberkopf von der Stirn bis zum Nacken, mit Einschluß der Zügel, Flügel und Schwanz schwarz, glanzlos; die Ränder der großen Deckfedern und der hintersten Armschwingen weißlich, die Basis der Handschwingen rein weiß, einen Fleck äußerlich im Flügel bildend; Innenseite der Flügel grau, nur der Rand am Bug und der Saum der Schwingen weiß. Schwanzfedern stumpf zugespitzt, mit weißgrauem Endrande. —

Junges Männchen trüber rostgelbbraun; der Oberkopf, die Flügel und der Schwanz dunkler, schwarzbraun; die Flügelfedern breiter, grauweiß gerandet, der weiße Fleck im Flügel kleiner; Schnabel und Beine blasser braun.

Weibchen gleichförmiger roströthlichbraun gefärbt, die Flügel und Schwanzfedern nur wenig dunkler als der Rücken, die Ränder breiter gesäumt; der Oberkopf von gleicher Farbe mit dem Nacken, die Bauchfläche lichter rostgelbroth; der weiße Fleck im Flügel klein, bei jungen Vögeln gar nicht sichtbar.

Ganze Länge 3″ 10‴, Schnabelfirste 3‴, Flügel 2″, Schwanz 1″ 3‴, Lauf 5‴.

Gemein in ganz Brasilien in kleinen und größeren Schwärmen, besonders auf den Hirsefeldern häufig zu beobachten; sie verhalten sich dabei ganz ruhig und fliegen auch aufgescheucht ohne Geschrei davon; einen Gesang habe ich nie vernommen, so oft ich sie auch in den Umgebungen von Neu-Freiburg beobachtete. Auch bei Lagoa santa kamen mir die Vögel vor.

Anm. Fringilla minuta *Pr. Wied.* Beitr. III. 591. 15. gehört, wenn sie mit Loxia plebeja *Spix* einerlei ist, zu Sporophila gutturalis *Licht.* und stellt den jungen oder weiblichen Vogel vor. Wahrscheinlich aber sind darunter verschiedene junge Vögel dieser kleinen, einander so ähnlichen Arten begriffen. Da aber grade bei Rio de Janeiro Spor. gutturalis häufig ist, so wird die Fr. minuta wohl auch dahin zu bringen sein. —

13. Sporophila alaudina.

Bonap. Consp. I. 496. 8.
Pyrrhula alaudina *Lafr. D'Orb.* Syn. Guér. Mag. 1837. cl. 2. pag. 83.
Sporophila mitrata *Licht.* Nom. Av. Mus. ber. 46.

Männchen: Oberkopf, Flügel und Schwanz schwarz; Rücken lerchengrau, alle Federn, gleich denen des Flügels, breit weiß gerandet; Bauchseite weiß.

Weibchen wahrscheinlich ganz weißgrau, unten heller.

Gestalt und Größe völlig wie bei der vorigen Art, und ihr so ähnlich, daß man diese für eine verblaßte Varietät der vorigen halten möchte; was ich dahin gestellt sein lasse. —

Schnabel schieferschwarzbraun, der Kinnrand heller; Iris braun, Beine graulich fleischbraun. Stirn, Zügel und Oberkopf schwarz; Nacken, Rücken und Bürzel lerchengrau, die Federn breit weißlich gerandet, z. Th. ganz weiß. Flügel graubraun, alle Deckfedern und die hinteren Armschwingen weißlich gerandet; die Handschwingen am Grunde und Innenrande weiß, wodurch ein Fleck außen im Flügel gebildet wird. Schwanz schwarzbraun, der Rand der äußersten Federn und die Spitzen aller weißlichgrau. Unterfläche vom Kinn bis zum Steiß rein weiß.

Ganze Länge 3″ 8‴, Flügel 2″, Schwanz 1″ 3‴, Lauf 5‴. —

Nach einem Exemplar der Berliner Sammlung von Montevideo beschrieben; von D'Orbigny in Peru beobachtet.

Anm. Lafresnaye definirt a. a. O. einen jungen Vogel, der mehr Grau im Gefieder zeigt, hat aber gewiß dieselbe Spezies vor sich gehabt.

14. Sporophila falcirostris.

Bonap. Consp. I. 499. 7.
Pyrrhula falcirostris *Temm.* pl. col. 11. f. 1.
Fringilla falcirostris *Pr. Wied.* Beitr. III. a. 584. 13.
Sporophila olivascens *Licht.* Nom. Av. Mus. ber. 45. — *Lesson*, Traité d'Orn. 450. 5.

Grünlich olivenbraungrau, Schnabel und Beine blaß horngelbgrau. —

Etwas größer als die vorhergehenden Arten, so groß wie Spor. hypoleuca. Schnabel sehr hoch, dick, mit gebogener Firste und hakiger Spitze; aber der Oberschnabel kleiner, schmäler, niedriger als der Unterschnabel und wahrhaft in ihn eingelassen, blaß gelbgrau gefärbt. Gefieder gleichfarbig olivenbraungrau, etwas grünlicher am Rücken und beträchtlich dunkler, mehr gelblich am Unterkörper und viel heller; besonders der Steiß rostgelb. Innere Flügeldecken und Basis der Schwingen weiß, aber ohne äußerlich einen weißen Fleck im Flügel zu bilden; Schwingen und Schwanzfedern graulicher, fein heller gerandet; Beine graulich fleischfarben.

Ganze Länge 4″ 6‴, Schnabelfirste 4‴, Flügel 2″ 4‴, Schwanz 1″ 6‴, Lauf 5‴.

Im Waldgebiet der Küstenregion, besonders bei Bahia, woher auch das hier beschriebene Exemplar stammt. —

Anm. Die Art ist wahrscheinlich nur im weiblichen Geschlecht bekannt; wenn Temminck's Figur wirklich ein Männchen vorstellt, so ist dasselbe viel grünlicher gefärbt als das Weibchen, aber sonst ihm ganz ähnlich. Durch die eigenthümliche Schnabelform sehr ausgezeichnet.

B. Fringillidae. **Schnabel schlanker kegelförmig, mit grader Firstenkante und pfriemenförmiger Spitze ohne Kerbe; übrigens ganz finkenartig, mit versteckter befiederter Nasengrube, mangelnden Mundborsten am Zügelrande und sehr kurzem rundem Kinnwinkel. Erste Schwinge fast so lang wie die zweite, welche letztere schon die längste ist und hinter der dritten nicht zurücksteht. Schwanz von mittlerer Länge, grade abgestutzt.**

34. Gatt. Sycalis *Boje.*

Crithagra *Swains. Bonap.*

Schnabel noch ziemlich dick, kurz kegelförmig, am Grunde breit, nach vorn stark verschmälert, und dadurch sehr spitz werdend, ganz grade, ohne Spur von Krümmung; der Unterkiefer etwas niedriger als der Oberkiefer. Gefieder der Hänflinge, auch deren Gestalt; Flügel bis zur Mitte des Schwanzes reichend, die erste Schwinge sehr wenig kürzer als die zweite, die hinteren Armschwingen stark verlängert; Schwanz ziemlich lang, am Ende etwas breiter, leicht ausgeschnitten. Beine zierlich, durch lange Zehen und besonders lange, scharfe, spitze Krallen vor den folgenden Arten sich auszeichnend; aber die Daumenkralle, obgleich nicht stark, doch ebenso gebogen wie die Krallen der Vorderzehen; Innenzehe völlig so lang wie die Außenzehe. —

Anm. Die Gattung wird verschieden gestellt; Cabanis bringt sie zu den Geospizinae (*Schomb.* Reise), wohin zwar die langen hinteren Armschwingen sie weisen, aber die erste lange Schwinge ebenso wenig, wie die mehr gebogene Daumenkralle paßt; Bonaparte's Einordnung neben den Hänflingen und Zeisigen erscheint mir richtiger. —

1. Sycalis brasiliensis.

Emberiza brasiliensis *Gmel. Linn.* S. Nat. I. 2. 872. — *Buff.* pl. enl. 321. 1. — *Lath.* Index orn. I. 412. 43.
Fringilla brasiliensis *Spix.* Av. Bras. I. 47. 1. tb 61. — *Pr. Max z. Wied* Beitr. III. a. 614. 21.
Passerina flava *Vieill.* Enc. méth. Orn. 933.
Sycalis brasiliensis *Cab. v. Tschudi* Fn. peruan. Orn. 215. — *Schomb.* Reise III. 679. 63. — Mus. Hein. I. 146. 755.
Linaria aurifrons *Lesson.*
Crithagra brasiliensis *Bonap.* Consp. I. 521.
Chuy, *Azara* Apunt. I. 479. 133.
Guiranheem gatú *Marcgr.* h. nat. Bras. 211.
Canario der Brasilianer.

Junger Vogel grünlich lerchengrau, Kehle und Oberbauch weißlich, Unterseite gelblich; alle Federn mit dunklerem Schaftstreif, Schwingen innen gelb gesäumt.

Alter Vogel grünlichgelb am Rücken, dottergelb am ganzen Unterkörper, Stirn orange. Schwingen und Schwanzfedern unten gelblich, erstere gelb gesäumt.

Etwas größer als unser Hänfling (Fr. cannabina), ähnlich gestaltet, der Schnabel stärker; Oberkiefer bräunlich horngrau, Unterkiefer gelblich horngrau; Iris braun. — Gefieder des alten männlichen Vogels an der Stirn bis über den Oberkopf lebhaft orangegelb, von da an grünlichgelb am Rücken; Schwingen und Schwanzfedern schwarzbraun, scharf grüngelb gerandet, alle unten gelblich, erstere innen breit gelb gesäumt, Kehle, Brustmitte, Bauch und Steiß dottergelb, Brustseiten grünlich überlaufen; Beine hell fleischbraun. —

Weibchen und junger Vogel am Rücken lerchenfarben, jede Feder mit dunklerem Schaftfleck; die Flügel und Schwanzfedern blaß gelblichgrün gerandet. Kehle und Vorderhals weiß; Oberbrust, Bauchseiten und Steiß gelb, mit graubraunen feinen Schaftstreifen; Unterbrust und Bauchmitte weißlich. Schnabel und Beine heller gefärbt. — Die Färbung des jungen Vogels trüber und matter, die des Weibchens reiner und klarer.

Ganze Länge 5″ 2‴, Schnabelfirste 3½‴, Flügel 3″, Schwanz 1″ 9‴, Lauf 8‴. —

Häufig und vielfach in der Nähe menschlicher Ansiedelungen zu treffen, zeigt sich gern in den Gärten auf Palmkronen und sucht, gleich den Sperlingen und Hänflingen, seine Nahrung zwar am Boden, aber auch an den Gewächsen selbst, besonders an Gramineen, in Gesellschaft der Sporophilae. Sein Gesang ist ziemlich einfach und weder so laut, als der eines Canarienvogels, noch so melodisch als der des Zeisigs.

Anm. Emberiza flaveola *Linn.* S. Nat. I. 311. 14. — *Gmel.* S. Nat. I. 2. 888. 24. — *Lath.* Ind. orn. I. 410. 36. bezeichnet, wie es mir scheint, den jungen männlichen Vogel, oder das alte Weibchen eben dieser Art. Bonaparte führt ihn (a. a. O. 2.) als eigne Art auf.

2. Sycalis Hilarii.

Cabanis Mus. Heineanum I. 147. 757.
Crithagra Hilarii *Bonap.* Consp. I. 521. 4.
Sycalis minor *Cabanis Schomb.* Reise III. 679. 64.

Rückengefieder lerchenfarben; Unterseite und Zügel citronengelb; Flügel und Schwanzfedern unten ganz grau.

Beträchtlich kleiner als die vorige Art, mehr vom Ansehn des Hänflings, weil auch der Schnabel feiner, kürzer, zierlicher ist. — Gefieder am ganzen Rücken lerchengrau, jede Feder mit dunklerer Mitte; Schwingen und

Schwanzfedern breiter braungrau, unten nicht gelblichgrau, sondern weißlichgrau, außen fein gelblichgrau gerandet, nur die Schwingen grünlicher am Rande. Innensaum der Schwingen weißlich. Unterfläche, ein Fleck am Zügel vor dem Auge und der obere Rand der Ohrdecke citronengelb; die Seiten der Brust und des Bauches grau unterlegt, Steiß blasser gelb. Beine dünner, die Zehen sehr schlank, mit auffallend langen, viel weniger gebogenen Krallen, unter denen die Daumenkralle bei weitem die längste ist.

Ganze Länge 4″ 8‴, Schnabelfirste 3‴, Flügel 2″ 10‴, Schwanz 1″ 8‴, Lauf 6‴. —

Im Innern Brasiliens, auf dem Camposgebiet und hier, wie es scheint, weit verbreitet; wenigstens von Minas geraes, wo A. de St. Hilaire den Vogel fand, bis Guyana, von wo ihn Cabanis beschreibt. —

Anm. Ein mir vorliegendes Exemplar aus Brasilien stimmt so gut mit Cabanis Beschreibung a. a. O., daß ich dessen Syc. minor hierherziehen muß. Von Sycalis luteiventris *Meyen* Reise III. tb. 12. f. 3. unterscheidet sich der Vogel, wie es scheint kaum anders als durch geringere Größe, namentlich des Schnabels. —

35. Gatt. Chrysomitris *Boje.*

Schnabel sehr schlank kegelförmig, fein zugespitzt, am Grunde breit, an den Seiten nach innen gebogen zusammengedrückt, der Mundrand sanft gekrümmt, der Mundwinkel stark abwärts gezogen; Nasenloch völlig versteckt, keine Spur von Borsten am Zügelrande, nur einige feine Spitzen am Mundgefieder. Rumpfgefieder weich, Flügel und Schwanzfedern aber derbe; Flügel lang, spitz, über die Mitte des Schwanzes hinabreichend; die erste Schwinge sehr wenig kürzer als die zweite, längste; die hinteren Armschwingen klein und kurz. Schwanz kurz, leicht ausgeschnitten. Beine kurz, aber die Zehen ziemlich fleischig, die Krallen stark gebogen, scharf zugespitzt, die Daumenkralle nicht größer als die vordere Mittelkralle, die Innenzehe völlig so lang wie die Außenzehe. —

Chrysomitris magellanica.

Fringilla magellanica *Vieill.* N. Dict. d'hist. nat. Tm. 12. pag. 168. — *Id.* Encycl. méth. Orn. 983. — *Id.* Ois. chant. pl. 30. — *Pr. Max z. Wied* Beitr. III. a. 620. 22.
Fringilla campestris *Spix.* Av. Bras. I. 48. 2. tb. 61. f. 3. fem.
Fringilla icterica *Licht.* Doubl. d. zool. Mus. 26. no. 259.
Chrysomitris magellanica *Cab. v. Tschudi* Fn. per. Orn. 33. et 220. — *Id.* Mus. Hein. I. 160. 808. — *Bonap.* Consp. I. 516.

Carduelis magellanica *Lafr. D'Orb.* Syn. Guér. Mag. 1837. cl. 2. pag. 83. — *Darwin*, Zool. of the Beagl. III. 97.
Gafarron, *Azara* Apunt. I. 483. 134.

Gefieder zeisiggrün, Kopf, Kehle, Flügel und Schwanz beim Männchen schwarz. —

Schnabel hornbleigrau, Iris braun. — Oberkopf bis zum Nacken, Kehle, Backen und ein Theil des Vorderhalses beim Männchen glänzend schwarz, beim Weibchen und jungen Vogel gelbgrün, wie der Rücken; letzterer dunkler und schwärzlich unterlegt; Brust, Bauch und Bürzel gelb, die Seiten grünlich angeflogen. Flügel schwarz, die Deckfedern mit breiten grünlichen Rändern, die Schwingen an der Basis und am Innenrande gelb, wodurch eine breite Winkelbinde im Flügel entsteht; die letzten Armschwingen auch am Rande grün. Schwanz schwarz, die Basis der Federn gelb, ihr Rand grünlich. Beine schwarzbraun, die Krallen bräunlicher.

Ganze Länge 4″ 5‴, Schnabelfirste 4‴, Flügel 2″ 8‴, Schwanz 1″ 6‴, Lauf 5‴.

Im mittleren Brasilien, besonders auf dem Camposgebiet; bei Lagao santa und Congonhas nicht selten. Kommt nahe an die Ansiedelungen und bis in die Gärten der Dörfer, läßt sich leicht fangen, wird in Käfigen gehalten, singt aber wenig und ohne große Mannigfaltigkeit der Töne. Mit dem Zeisig, dessen Stelle diese Art vertritt, wie die vorige den Hänfling, kann sich der Vogel nicht messen. Seine Nahrung sind trockne Sämereien, in der Gefangenschaft vorzüglich Canariensamen. —

36. Gatt. Tiaris *Swains.*

Schnabel der vorigen Gattung, doch grader, nach vorn weniger verschmälert, obgleich scharf zugespitzt, nach hinten nicht so breit; die Nasengrube völlig befiedert, der Zügelrand ohne besondere Borsten, obgleich das ganze Gefieder am Schnabelgrunde wieder etwas länger zugespitzt ist. Gefieder des Rumpfes weich, auf dem Oberkopf schopfartig verlängert. Flügel nicht völlig so lang wie bei voriger Gattung, die erste Schwinge wenig verkürzt, die zweite, dritte und vierte die längsten, die hinteren Armschwingen etwas länger. Schwanz ebenfalls länger, gleichförmiger abgestutzt. Beine sehr fein gebaut, der Lauf nach Verhältniß höher, die Zehen kürzer als bei Chrysomitris; die Krallen klein, spitz, stark gekrümmt, die Daumenkralle nur so groß wie die Mittelkralle, die Außenzehe kaum länger als die Innenzehe. —

Tiaris ornata *Pr. Wied.*

Fringilla ornata ***Pr. Max z. Wied*** Beitr. III. a. 610. 20. — ***Temm.*** pl. col. 208.
Tiaris ornata ***Swains.*** zool. Ill. — ***Bonap.*** Consp. I. 471. 987.
Tiaris comptus ***Licht.*** Nom. Av. Mus. ber. 45.

Rückengefieder bleigrau; Oberkopf, Kehle bis zur Brust, Flügel und Schwanz schwarz. —

Schnabel hellhorngrau, der Kieferrand heller, weißlicher. Iris braun. Stirn, Zügel, Oberkopf bis zum Nacken, Kehle und Vorderhals bis zur Brust hinab schwarz; die Kopffedern zugespitzt, die hinteren allmälig schopfartig verlängert. Nacken, Rücken und äußere Flügeldeckfedern bleigrau, die Schwingen schwarz, die hintersten gleich den großen Deckfedern hell weißlichgrau gesäumt; Innenseite der Flügel weißgrau, die Schwingen weiß gesäumt, die mittleren Handschwingen mit weißer Basis, die nach Außen durchblickt. Schwanzfedern schwarz, am Grunde weiß. Backen, Halsseiten und obere Partie des Bürzels weiß; Brustseiten, Bauch und Steiß rostgelb. Beine blutroth fleischfarben. —

Weibchen und junge Vögel sind weniger bleigrau am Rücken, sondern aschgrau; der Oberkopf ist olivenbräunlich und die Farbe der ganzen Unterseite blaßgelbröth. Flügel und Schwanzfedern haben eine graubraune Farbe und weniger weiß an der Basis. Die Haube des Oberkopfes ist kleiner. —

Ganze Länge 4″ 6‴, Schnabelfirste 4‴, Flügel 2″ 3‴, Schwanz 1″ 6‴, Lauf 6‴. —

Im Innern Brasiliens, auf dem Camposgebiet, bei Lagao santa und Congonhas erlegt, und dort nicht selten. Der Vogel ist munter, aber wenig scheu, wird meistens nur einzeln angetroffen und kommt bis in die Gärten der Ansiedelungen. Sein Nest erhielt ich nicht; eben so wenig ist mir ein besonderer Zug seiner Lebensweise bekannt geworden.

Anm. Mit den Graufinken stimmt dieser kleine Vogel nur in der Farbe überein, sowohl sein Schnabel, als auch besonders die Flügel und die Beine sind völlig wie bei den ächten Finken gebaut und rechtfertigen die Verbindung mit den Letzteren, welche ich hier befolge.

Anm. Anhangsweise erwähne ich, als einen mir nicht aus eigener Ansicht bekannten Vogel, Gubernatrix cristatella ***Lesson***, ***Bonap.*** Consp. I. 470. 984. — Emberiza cristatella ***Vieill.*** Gal. d. Ois. pl. 67. — Emberiza gubernatrix ***Temm.*** pl. col. 63. 64. — Gubernatrix cristata ***Swains.*** zool. Ill. pl. 148. — Crestudo amarillo ***Azara*** Apunt. I. 464. 129. — Derselbe hat die Schnabelform der Ammer, selbst den dicken Höcker am Gaumen des Oberkiefers, aber keinen Sporn am Daumen, sondern eine kurze gebogene Kralle, wie an den Vorderzehen. Das Gefieder ist derbe, von ammernartiger Zeichnung am Rücken, mit einem Schopf auf dem Scheitel und langen hinteren Armschwingen, die bis ans

Ende der Handschwingen reichen. Am Rücken ist die Grundfarbe beider Geschlechter grünlich, der Rand am Bug und die äußeren Schwanzfedern sind gelb gesäumt, der Oberkopf und die Kehle ist schwarz. Das Männchen hat eine gelbe Unterseite und einen breiten gelben Streif über dem Auge; das Weibchen ist am Auge und den Backen weiß, an der Brust grau, am Bauch und Steiß blaßgrün; die Ohrdecke beider Geschlechter ist graugrün und das Rückengefieder durch dunklere Schaftstreifen gezeichnet; der Schnabel horngrau, die Beine schwarz. Ganze Länge 8", Schnabelfirste 6"', Flügel 4", Schwanz 3" 6"', Lauf 1". — Im Süden Brasiliens zu Hause, angeblich noch bei Rio de Janeiro, bewohnt das Waldgebiet und ist überall selten. — Systematisch scheint mir der Vogel eine eigene Gruppe vor den Geospizinen bilden zu müssen.

Zweiundzwanzigste Familie.

Großschnäbler. Magnirostres.

Schnabel von mindestens halber, gewöhnlich ganzer Kopfeslänge, oder noch etwas länger; ziemlich grade, stark, kegelförmig, mit grader oder sanft gebogener Firste und einfacher Spitze, meist ohne Kerbe, die ebenfalls grade vorsteht oder nur etwas herabgebogen ist, aber nie einen förmlichen Haken bildet. Nasengrube stets kurz, nie bis zur Mitte des Schnabels hinabreichend, mit allermeist offenem Nasenloch in der Spitze, übrigens befiedert, daher der Schnabelrücken stets auf die Stirn sich fortzusetzen scheint. Am Zügelrande keine steifen Borstenfedern, überhaupt fast gar keine Borstenspitzen am Schnabelgrunde; höchstens einige kurze, steife Spitzen am Kehlgefieder im Kinnwinkel. — Gefieder derbe und voll, aber ziemlich kleinfedrig, daher an Federn zahlreich; vorherrschend schwarz und gelb gefärbt, bisweilen stellenweis auch roth oder blau; die schwarzen Kleider gewöhnlich stahlblau glänzend. Flügel mäßig lang, und meistens spitz; die erste kleine Handschwinge fehlt entweder (bei den Icterinen), oder ist vorhanden und dann ziemlich groß, von halber Länge der zweiten und drüber (Corvinen). Der Schwanz ist im allgemeinen lang, abgerundet oder abgestutzt, und stets aus zwölf Federn gebildet. Die Beine haben einen hohen Lauf und einen sehr starken, kräftigen, langen Daumen.

1. Icterinae.

Psarocolius *Wagl.* Syst. Av. I.

Schnabel mehr grade, als gebogen, meist schlank kegelförmig, scharf zugespitzt, ohne Herabbiegung gegen die Spitze; der Mundrand etwas eingebogen, die hintere Partie winkelförmig abgesetzt und stark abwärts geneigt, daher der Unterkiefer am Grunde hoch und mit einer stumpfen Ecke versehen ist; Kinnwinkel des Schnabels kurz, die Kinnkante länger als der halbe Schnabel; Nasengrube ebenfalls kurz, wie die Stirn befiedert, mit kleinem offenen runden, bisweilen von einer Schuppe bedeckten oder häutig gesäumten Nasenloch in der Spitze. Flügel spitz, die erste kleine Handschwinge fehlt, also nur neun Federn an der Hand. Schwanz lang, mehr oder weniger abgerundet. Beine kräftig, der Daumen lang, z. Th. mit grader, spornförmiger Kralle. Sie fressen Insekten oder fleischige Früchte.

Anm. Diese Vögel vertreten die Stelle der Sturniden und Orioliden in Süd-Amerika; beide haben stets zehn Handschwingen, was diese Gruppen, trotz des sehr ähnlichen Schnabels, scharf von unserer unterscheidet.

I. **Agelaeidae. Schnabel vollständig grade, ohne Krümmung der Firste; Mundwinkel sehr stark abwärts gebogen. Gefieder der jungen Vögel häufig ammernartig, ganz verschieden vom alten, zumal männlichen Kleide. Daumen sehr lang, mit spornartiger Kralle.**

A. Nasenloch unter einer Schuppe, die mehr oder weniger wagerecht absteht; Jugendgefieder ammernartig. Sturnellidae.

1. Gatt. Trupialis *Bonap.*

Pedotribes et Pezites *Cabanis.*

Schnabel sehr fein zugespitzt, mit schmaler aber weit in die Stirn vortretender Schneppe und kurzer breiter dicht befiederter Nasengrube, in deren Spitze sich eine deutliche große nackte Schuppe befindet, unter welcher das Nasenloch. Gefieder des jungen Vogels ammernförmig, der alte an Brust und Vorderhals roth, am Rücken schwarz; Flügel spitz, die erste vorhandene Schwinge kaum etwas kürzer als die zweite, längste, und der dritten gleich; Armschwingen lang, nur wenig kürzer als die längsten Handschwingen. Schwanz mäßig lang, abgestutzt, die Federn etwas spitzig. Lauf sehr hoch, Zehen lang, besonders der Daumen, dessen lange Kralle nur wenig gekrümmt erscheint.

A. Schnabel nur wenig länger als der halbe Kopf; hinterste Armschwingen dreiseitig zugespitzt, Schwanz relativ kürzer, der Körperbau kleiner. Pedotribes *Cab.*

1. Trupialis guianensis.

Oriolus guianensis *Linn.* S. Nat. I. 162. 9. — *Buff.* pl. enl. 536. juv. — *Lath.* Ind. orn. I. 179. 16.
Tanagra militaris *Linn.* S. Nat. I. 316. 17. — *Buff.* pl. enl. 236. adult. — *Lath.* Ind. orn. I. 431. 38.
Agelaius militaris *Vieill.* Gal. II. 128. pl. 88. — *v. Tschudi* Fn. per. Orn. 35. 3. und 225.
Psarocolius militaris *Wagl.* l. l. no. 11.
Leistes americanus *Vigors,* zool. Journ. — *Hartl.* syst. Ind. z. Azara 5. — *Cabanis Schomb.* Reise III. 681. 75.
Pedotribes guianensis *Cabanis* Mus. Hein. I. 191. 920.
Tordo degollado tercero *Azara* Apunt. I. 309. 70.

Junger Vogel lerchenfarben, Kehle und drei Streifen am Kopf blaßgelb. Alter Vogel am Rücken schwarz, die Federnränder z. Th. noch weißlich; Kehle, Vorderhals, Brust und Flügel am Bug blutroth. —

Kaum so groß wie ein Staar (Sturnus vulgaris), der Schnabel kürzer, am Grunde dicker, am Ende feiner zugespitzt. —

Junger Vogel überall lerchenfarben, der Rücken braun, die Bauchseite blaßgelb, jener mit helleren gelben Federsäumen, diese mit schmalen braunen Schaftstreifen; ein Streif längs der Kopfmitte, ein anderer hinter jedem Auge über dem Ohr, die Kehle, Backen, der Vorderhals bis zur Brust hinab blaß rostgelb. Schwingen und Schwanzfedern dicht schwarz in die Quere gebändert auf gelbbraungrauem Grunde, der Rand der Schwingen fein rostgelb. Bürzel, Steiß und Schwanzdeckfedern lebhafter graubraun, fein schwarz quergestreift. Schnabel und Beine blaß gelbbraun, Iris braun. Daumensporn sehr fein und länger als am alten Vogel, der Schnabel dagegen kürzer. —

Alter Vogel um so schwärzer am Rücken, je älter er ist, zuletzt einfarbig schwarzbraun, mit leichtem Seidenschiller; in jüngeren Stadien jede Feder mit weißlichem Rande, zuletzt nur noch die Flügeldeckfedern so gerandet. Kinn, Kehle, Vorderhals, Brust bis auf die Mitte des Bauches und der Flügelbug außen wie innen roth, die inneren Flügeldeckfedern aber schwarz; bei jüngeren Individuen das Roth blasser und mehr rosafarben, bei alten blutroth. Schnabel hornschwarz, der Kinnrand gebräunt; Iris dunkelbraun, Beine fleischbraun. —

Ganze Länge 7″, Schnabelfirste jung 7‴, alt 9‴, Flügel 4″, Schwanz 2″ 5—6‴, Lauf 14‴. —

Im ganzen Küstengebiet Brasiliens von Guyana bis nach Montevideo verbreitet und nicht sowohl im Walde, als auf offenen, mäßig feuchten Niederungen oder Viehweiden, wo der Vogel sich in Schwärmen, wie die Staare, versammelt und seine Nahrung, die in Insekten besteht, am Boden sucht; er hat eine zwar nicht laute, aber auch nicht unmelodische Stimme. Da er, gleich dem Staar, ein Strichvogel ist, so trifft man ihn nicht überall, am wenigsten auf dem dichtbewaldeten Küstensaume, welchen der Prinz zu Wied bereiste. Meine Exemplare stammen von Sta Catharina und viel südlicher scheint der Vogel nicht zu gehen. —

Anm. Cabanis bezweifelt im Mus. Hein. l. l. die Identität von Azara's Art mit der seinigen; der Vogel ist mir direkt aus Sta Catharina zugekommen, also südlich genug, um auch in Paraguay sich zu finden. —

B. **Schnabel so lang wie der Kopf, schlanker zugespitzt mit nicht ganz so scharfer Spitze. Körperbau robuster, Schwanz länger, hinterste Armschwingen runder.** Pezites *Cab.*

2. Trupialis militaris.

Sturnus militaris *Linn.* Mant. 1771. 527. — *Ej.* Syst. Nat. I. 291. 6. — *Buff.* pl. enl. 113. — *Lath.* Ind. orn. I. 323. 4.
Sturnella militaris *Hartl.* syst. Ind. z. *Azara* S. 5. — *De Filippi.*
Sturnella defilippii *Bonap.* Consp. I. 429. 3.
Pezites militaris *Cab.* Mus. Hein. I. 191. Note 3.
Tordo degollado primero et segundo, *Azara* Apunt. I. 304. 68. und 306. 69.

Junger Vogel lerchenfarben, am Auge ein weißer Streif; der Rücken dunkler braun, mit blassen Federrändern.

Alter Vogel schwarzbraun, die Federn gelbgrau gerandet, über dem Auge ein weißer Streif; Zügel, Kehle, Vorderhals und Brust roth. —

Aehnelt sehr der vorigen Art, ist aber beträchtlich größer und besonders an dem viel längeren Schnabel und weißen Augenstreif kenntlich.

Der Schnabel ist schwärzlich horngrau, mit lichterem Kieferrande und etwas hellerem Unterkiefer; die Iris braun. Das Gefieder hat am Rücken einen rußbraunen Ton, welcher durch hellere, bei jüngeren Individuen weißlich graue Federnränder etwas gelichtet wird; die hellen Ränder zeigen sich besonders am Flügelgefieder, wo sie mitunter einen zackigen Randsaum bilden, was die jugendlichen Exemplare bezeichnet. Der Oberkopf hat längs der Mitte einen graulichen Fleckenstrich und über jedem Auge bis zum Ohr einen deutlichen weißen Streif; die Gegend vor dem Auge ist blutroth, die unter dem Auge wieder weiß. Kehle, Vorderhals und Brust bis etwas auf den Bauch hinab sind blutroth und dieselbe Farbe haben auch die kleinen

Deckfedern am Flügelbug und dessen Rande; aber die Innenseite der Flügel ist schwarz, gleich wie der Unterbauch, der Steiß und der Schwanz. Jüngere Individuen haben hellere weißliche Ränder an den unteren Schwanzdecken. Beine fleischbraun.

Von dem vorstehend beschriebenen alten Vogel unterscheidet sich der junge durch einen viel heller braunen Ton, der an der Unterseite rostgelbbraun wird, und wenn der Vogel nicht mehr ganz jung ist, auf dem Vorderhalse und der Brust schon einen blutrothen Schein bekommt, indem die Säume der Federn die Farbe annehmen. Auf den Flügeldeckfedern zeigen sich statt der lichten Ränder hellere und dunklere Querflecken an der Außenfahne und die Schwanzfedern haben eine ähnliche nur mehr verloschene Zeichnung, während die des Bürzels schon deutlich quer gebändert erscheinen. Die Schwingen sind inwendig weißgrau mit lichterem Rande, außen braun, gelblich fein aber scharf gerandet und mit dunkleren Querflecken auf der Außenfahne versehen. —

Ganze Länge 8½″, Schnabelfirste 1″, Flügel 4¼″, Schwanz 3″, Lauf 14‴.

Bewohnt die südlichsten Gegenden Brasiliens, Rio grande do Sul, Montevideo und Paraguay, hat ganz das Betragen der vorigen Art und ist nicht überall zu Hause, sondern als Strichvogel über das bezeichnete Gebiet hier und da verbreitet. Seine Nahrung, Insekten, sucht der Vogel am Boden. —

Anm. Cabanis hat a. a. O. No. 922. von der hier beschriebenen Art eine Trupialis (Pezites) brevirostris unterschieden, wohin er auch Sturnella bellicosa *Bonap.* Consp. I. 429. 2. zu ziehen geneigt ist. Die Art ist kleiner als die vorhin beschriebene, und stimmt mit der ganz ähnlichen, aber größeren, aus Chili darin überein, daß beide weiße innere Flügeldeckfedern besitzen, während die beiden hier erörterten schwarze haben. Außerdem ist der Schnabel nicht bloß kürzer als bei Trupialis Loyca (Sturnus Loyca *Gmel. Linn.* S. Nat. I. 1. 304. — *Lath.* Ind. orn. I. 325. 12.), der Art Chili's, sondern auch kürzer als bei Tr. militaris, weniger gestreckt und an der Basis höher, an der Spitze aber abgeplattet und weniger zugespitzt. Ganze Länge 8½″, Schnabelfirste 9‴, Flügel 4½″, Schwanz 3″, Lauf 15‴. — Nach diesen Angaben bin ich geneigt, darin auch die Sturnella militaris *v. Tschudi* Fn. per. Orn. 228. zu sehen, weil derselbe ähnliche kleinere Maaße für den von ihm in Peru beobachteten Vogel angiebt. Die weißen inneren Flügeldecken bleiben das Hauptmerkmal dieser beiden dem Westen Süd-Amerikas angehörigen Spezies. — Die eigentliche Trupialis Loyca ist 9½″ lang und ihre Schnabelfirste 14‴. —

2. Gatt. Amblyrhamphus *Leach.*

Schnabel relativ dicker nach vorn, nicht zugespitzt, sondern abgeplattet zugerundet, mit kürzerer Nasengrube und kleinerer Schuppe in der Spitze über dem Nasenloch. Flügel und Schwanzschnitt wie

bei der vorigen Gattung, die Armschwingen lang, breiter und mehr zugerundet; die Handschwingen stumpf zugespitzt, die erste vorhandene Schwinge etwas stärker abgekürzt. Schwanz relativ länger und mehr abgerundet. Beine dick und fleischig, der Lauf kürzer, die Zehen plumper, etwas länger, mit mehr gebogenen kürzeren Krallen.

Amblyrhamphus ruber.

Bonap. Consp. I. 429. 923.
Oriolus ruber *Gmel. Linn.* S. Nat. I. 1. 388. 34. — *Lath.* Ind. I. 179. 17.
Oriolus holosericeus *Scopol.* Son. Voy. 113. tb. 68.
Sturnus pyrrhocephalus *Licht.* Doubl. d. zool. Mus. 18. 166. — *Wagl.* Syst. Av. no. 7.
Sturnella rubra *Vieill.* Enc. méth. Orn. 635. — *Lafr. D'Orb.* Syn. Guér. Mag. 1838. cl. 2. pag. 8. — *Darwin* Zool. of the Beagl. III. 109.
Amblyrhamphus bicolor *Leach.* zool. Misc. I. 82. pl. 36.
Amblyrhamphus holosericeus *Hartl.* syst. Ind. z. Azara 5. — *Cabanis* Mus. Hein. I. 190. 919.
Leistes erythrocephala *Swains.* nat. hist. Birds. II. 275.
Japus rubricapillus *Merrem*, *Ersch* et *Grub.* Enc. XV. 281.
Turdo negro cabeza roxa, *Azara* Apunt. I. 316. 73.

Kopf, Hals, Brust und Unterschenkel feuerroth, das übrige Gefieder sammetschwarz. —

Beträchtlich größer als ein Staar. — Schnabel hornschwarz, Iris braun. Kopf, Hals, Nacken und Brust feuerroth, hell scharlachfarben, von glänzend strahlendem Colorit; alle übrigen Körpertheile sammetschwarz, mit Ausnahme der Unterschenkel, welche feuerroth sind. Beine dunkel fleischbraun. —

Die jungen Vögel sind anfangs einfarbig braunschwarz, mit etwas helleren Federrändern, bekommen aber bald rothe Säume am Kopf, Hals und Brustgefieder.

Ganze Länge 10″, Schnabelfirste 13‴, Flügel 4″ 8‴, Schwanz 4″, Lauf 13‴. —

Im Süden Brasiliens (Rio grande do Sul, Montevideo). Der Vogel durchzieht feuchte Wiesengründe und die schilfreichen Flußufer der Flüsse; frißt Maden, Schnecken und allerhand Gewürm vom Boden.

B. Nasenloch am oberen Rande nur von einer senkrechten Hautfalte umgeben. Gefieder der jungen Vögel nicht mehr ammernartig. Agelaeidae.

3. Gatt. Leistes *Vig.*

Schnabel ziemlich hoch am Grunde, mit dicker, aber schmaler Stirnschneppe, anfangs grader, am Ende etwas abwärts gebogener, scharfer Spitze und leicht geschwungenem Mundrande. Nasenloch ziemlich weit, länglich oval, oberhalb häutig. Gefieder derbe und glatt anliegend, hart anzufühlen; Flügel nicht völlig bis zur Mitte des Schwanzes reichend, ziemlich spitz, die Armschwingen noch groß, die erste vorhandene Handschwinge nur sehr wenig kürzer als die zweite. Der Schwanz ziemlich lang, sanft zugerundet. Beine groß und stark, in allen Theilen kräftig gebaut, der Daumen sehr groß, mit langer mehr gebogener Kralle, die Innenzehe wohl etwas länger als die Außenzehe, die vorderen Krallen sehr wenig gekrümmt.

1. Leistes viridis.

Bonap. Consp. I. 436. 934. 1. — ***Cabanis*** Mus. Heinean. I. 189. 918. — ***Hartl.*** syst. Ind. 5.
Oriolus viridis ***Gmel. Linn.*** S. Nat. I. 1. 395. 51. — ***Buff.*** pl. enl. 236. 1. juv. — ***Lath.*** Ind. orn. I. 184. 35.
Agelajus Guirahuro ***Vieill.*** Enc. méth. Orn. 717. — ***Id.*** N. Dict. d'hist. nat. Tm. 34. 545.
Icterus dominicensis ***Licht.*** Doubl. d. zool. Mus. 19. n. 181.
Icterus atro-olivaceus ***Pr. Max*** Beitr. III. b. 1216. 5. jung.
Trupialis palustris ***Merrem, Ersch*** et ***Grub.*** Encycl. XV. 281.
Psarocolius Guirahuro ***Wagl.*** S. Av. no. 8.
Xanthormes Gasqueti ***Quoy. Gaim.*** Voy. Uran. Zool. pl. 24.
Leistes Suchii ***Vig.*** zool. Journ. II. 6. pl. 10.
Leistes orioloides ***Swains.*** two Cent. 303. no. 71. tb. 55. a.
Leistes brevirostris ibid. 72. tb. 55. c. juv.
Guirahuro ***Azara*** Apunt. I. 291. 64.

Olivenbraun; Bürzel, Brust, Bauch und Flügelrand vom Ellenbogen bis zum Bug goldgelb. —

So groß wie ein Pirol (Oriolus galbula). Schnabel glänzend schwarz. Kopf, Hals, Nacken und Kehle olivenbraun, bei älteren besonders männlichen Vögeln sehr dunkel gefärbt, die Backen schwärzlich, glänzend. Rücken, Flügel und Schwanz heller olivenbraun, die Schwingen mit blasseren Rändern; der Unterrücken, die kleinen Deckfedern vom Bug bis zum Ellenbogen, die Brust, der Bauch und der Steiß lebhaft goldgelb; die oberen und unteren Schwanzdecken bräunlich, wie der Schwanz. Innenseite der Flügel blaßgelb, Schwingen daselbst grau, heller gesäumt. —

Junger Vogel am ganzen Rücken schwärzlich olivenbraun, die Federn des Kopfes, Nackens und Oberrückens fast schwarz, lichter gesäumt. Flügel- und Schwanzfedern brauner, mit breiten gelblichgrünen Rändern, die Federn am Flügelrande fast ganz gelb. Unterseite auf der Mitte olivengrün, die Bauchseiten und der Steiß graubraun, heller gerandet. —

Das alte Weibchen wie das Männchen gefärbt, nur lichter und matter. —

Ganze Länge 9″, Schnabelfirste 14‴, Flügel 4″, Schwanz 3″, Lauf 14‴; der junge Vogel beträchtlich kleiner.

Im Innern Brasiliens, an Teichen und Seen im Schilf in kleinen Trupps, hier und da und ziemlich überall zu treffen; die Vögel sind munter, aber vorsichtig, gewöhnlich still, bis einer das Zeichen giebt, worauf alle kreischend durch einander schreien und davon fliegen. — Ich bekam die Art in Lagoa santa von dem benachbarten Sette Lagoas. Das sehr kugelige bläulichweiße, rothpunktirte Ei ist von D'Orbigny abgebildet. (Voy. Am. mér. Ois. pl. 48. f. 4. (nicht 3.).

2. Leistes anticus.

Bonap. Consp. I. 436. 934. 3.
Icterus anticus *Licht.* Doubl. d. zool. Mus. 19. 182.
Psarocolius anticus *Wagl.* Syst. Av. no. 9.
Agelaius virescens *Vieill.* Enc. méth. Orn. 716.
Trupialis Draco *Merrem.* l. l.
Leistes virescens *Hartl.* syst. Ind. z. Azara 5. — *Cab.* Mus. Hein. l. l.
Dragon *Azara* Apunt. I. 296. 65.

Olivenbraun; vorderer Flügelrand, Brust und Bauchmitte goldgelb. —

Der vorigen Art ähnlich, aber etwas kleiner zierlicher gebaut, und besonders durch einen relativ längeren, dünneren, feineren Schnabel von ihr sich unterscheidend. — Gefieder wie bei jener Spezies olivenbraun gefärbt, der Kopf schwärzlicher, namentlich bei alten Vögeln. Der Unterrücken ebenfalls; nicht gelb, wie bei jener. Brust goldgelb, ebenso die Mitte des Bauches und bisweilen auch ein Theil des Unterhalses; Bauchseiten und Steiß olivenbraun. Flügel innen blasser gelb, die Schwingen lichter grau.

Junge und Weibchen matter gefärbt, oder heller, sonst wie das alte Männchen.

Ganze Länge 8½″, Schnabel 14‴, Flügel 4″ 10‴, Schwanz 3⅓″, Lauf 15‴. —

Im äußersten Süden Brasiliens (Rio grande do Sul, Montevideo) und in Paraguay; leben in kleiner Gesellschaft auf trocknen Weiden und Triften, sind weniger scheu, kommen bis in die Dörfer und gehen südlicher bis auf die Pampas, wo sich die vorige Art nicht mehr findet. —

4. Gatt. Gymnomystax *Reichenb.*

Icterus *Spix.*

Schnabel ziemlich wie bei der vorigen Gattung, nach Verhältniß etwas zierlicher, spitzer, mit schmaler Stirnschneppe; Nasengrube, Zügel und Augengegend unbefiedert, nackt, mithin alle diese Stellen ohne Spur von Borstenfedern. Gefieder ziemlich derbe, die Flügel kürzer, mehr abgerundet, nur wenig über die Basis des Schwanzes hinabreichend. Schwanz lang, abgerundet. Beine feiner gebaut als bei der vorigen Gattung, besonders die Zehen dünner und die Krallen viel schwächer, zierlicher und sanft gebogen, fein und lang zugespitzt. —

Gymnomystax melanicterus.

Cabanis Mus. Hein. I. 189. 917.
Agelaius melanicterus *Vieill.* N. Dict. d'hist. nat. Tm. 34. 544.
Oriolus mexicanus *Linn.* S. Nat. I. 162. 8. — *Buff.* pl. enl. 533. — *Lath.* Ind. orn. I. 179. 18.
Gymnomystax mexicanus *Bonap.* Consp. I. 431. 928.
Icterus citrinus *Spix* Av. Bras. I. 69. 6. tb. 66.
Psarocolius gymnops *Wagl.* Syst. Av. no. 14.

Gelb; Schnabel, Zügel, Flügel und Schwanz schwarz; der Flügelrand über dem Bug gelb. —

Etwas größer als ein Pirol; Gefieder goldgelb, Schnabel und die nackten Theile des Gesichtes schwarz; Iris braun. Rücken, Flügel und Schwanz schwarz, die kleinen Federn am Rande des Flügels zwischen Ellenbogen und Bug gelb. Innere Flügeldeckfedern z. Th. schwarz, die Schwingen grau, lichter gesäumt. Beine schwarz.

Junger Vogel matter gelb, Oberkopf schwarzbraun; Rücken, Flügel und Schwanz schwarzbraun, die Federn lichter gerandet, besonders die des Rückens und der Schulter z. Th. mit gelblichen Säumen. Schnabel hellbraun, der Kinnrand weißlich; das nackte Gesicht fleischfarben, die Beine fleischbraun.

Ganze Länge 10″, Schnabelfirste 14‴, Flügel 4″, Schwanz $4\frac{1}{4}$″, Lauf $13\frac{1}{3}$‴. —

5. Gatt. Chrysomus *Swains.*

Xanthosomus *Caban.*

Die Gattung hat den feinen, spitzen Schnabelbau der vorigen, unterscheidet sich aber von ihr durch die befiederte Nasengrube, Zügel und Augenränder nebst einem viel kürzeren Schwanz bei gleichfalls ziemlich kurzem Flügelschnitt; die Beine sind kräftiger, Lauf und Zehen kürzer, dicker und die relativ stärkeren Krallen mehr gebogen.

Anm. Der Gattungstypus ist Oriolus icterocephalus *Linn.* S. Nat. I. 163. 16. — *Buff.* pl. enl. 343. — *Lath.* Ind. orn. I. 183. 32. — Psarocalius icterocephalus *Wagl.* Syst. Av. no. 20. — Von der Größe des Staars, ganz schwarz, mit goldgelbem Kopfe und Halse. — In Guyana zu Hause, nicht mehr in Brasilien, sondern bloß nördlich vom Amazonenstrom. —

1. Chrysomus frontalis.

Hartl. syst. Ind. z. Azara 5. 72. — *Bonap.* Consp. I. 431. 929. 2.
Agelaius frontalis *Vieill.* N. Dict. d'hist. nat. Tm. 34. pag. 536. — Enc. méth. Orn. 717.
Psarocolius frontalis *Wagl.* Syst. Av. no. 13.
Trupialis ruficeps *Merr.* Enc. l. l.
Agelaius ruficapillus *Vieill.* l. l. 545. und Enc. 712.
Agelaius ruficollis *Swains.* two Cent. 302. 68.
Tordo corona de canela, *Azara* Apunt. I. 315. 72.

Schwarz; Oberkopf, Kehle und Vorderhals rostroth.

Ein wenig kleiner als ein Staar (Sturnus vulgaris), ganz schwarz, matt seidenartig schillernd; Stirn, Zügel, Oberkopf, Kehle und ein Theil des Vorderhalses zimmtroth; Iris braun, Beine schwarzbraun. —

Ganze Länge 7", Schnabelfirste 9‴, Flügel 3½", Schwanz 2½", Lauf 1". —

Im südlichen Brasilien, Rio grande do Sul, Montevideo und Paraguay, hält sich im Gebüsch an Flußufern auf und frißt nicht bloß Insekten, sondern auch Sämereien. —

2. Chrysomus flavus.

Bonap. Consp. I. 431. 929. 3.
Oriolus flavus *Gmel. Linn.* S. Nat. I. 1. 389.
Xanthornus flavus *Hartl.* syst. Ind. 5. 66. — *Vieill.* Enc. méth. Orn. 717.
Psarocolius flaviceps *Wagl.* Syst. Av. Suppl. n. 9.
Chrysomus xanthopygius *Swains.* — Voyage of the Beagle III. pl. 45.
Tordo cabeza amarilla *Azara* Apunt. I. 299. 66.

Gelb; Nacken, Rücken, Flügel und Schwanz schwarz.

Größe der vorigen Art. — Ganzes Gefieder goldgelb; Stirn, Kehle und Vorderhals mehr orange; Zügel, Nacken, Rücken, Flügel und Schwanz schwarz; desgleichen der Unterschenkel, die Beine und der Schnabel. Iris rothbraun. Innenseite der Flügel schwarz, Schwingen schiefergrau. —

Ganze Länge 7", Schnabelfirste 9‴, Flügel 3", Schwanz 2½", Lauf 1". —

Sehr gemein in Paraguay und dem La Plata-Gebiet, leben in Trupps von ziemlicher Anzahl und machen sich durch ihre laute aber nicht unangenehme Stimme bemerklich; fressen Maden und Insekten, sind wenig scheu, kommen gern in die Nähe der Ansiedelungen.

II. **Cassicinae.** **Schnabel sehr fein zugespitzt, durchaus grade auf der Firste, mehr drehrund nach vorn und gestreckter; Nasengrube kurz, das Nasenloch am ganzen unteren Rande der Nasengrube; Krallen höher und mehr gebogen. Gefieder nie ammernartig im Jugendkleide.**

6. Gatt. Icterus *Briss.*

Oriolus *Linn. Illig.*

Schnabel schlank und fein zugespitzt, am Grunde hoch, mit abgerundeter Firste, scharfer Stirnschneppe und hohem Mundwinkel am Unterkiefer; stets schwarz gefärbt, bei jüngeren Vögeln bräunlich. Gefieder etwas weicher, vorherrschend gelb. Flügel mäßig kurz, nur bis auf den Anfang des Schwanzes reichend, die erste Schwinge merklich verkürzt. Schwanz lang, abgerundet, die Seitenfedern stufig abgesetzt. Beine ziemlich kräftig, die Zehen fleischig, die Außenzehe etwas länger als die Innenzehe, alle mit starken, hohen, stark gekrümmten Krallen. —

1. Icterus Jamacaii.

Daudin Traité D'Orn. II. 335. — *Pr. Max z. Wied.* Beitr. III. b. 1199. 1. — *Bonap.* Consp. I. 435. 3. — *Cabanis* Mus. Hein. I. 185. 898. — *Schomb.* Reise III. 679. 66.

Oriolus Jamacaii *Gmel. Linn.* S. Nat. I. 1. 391. 39. — *Lath.* Ind. orn. I. 182. 28.

Pendulinus Jamacaii *Vieill.* N. Dict. d'hist. nat. Tm. 5. pag. 319. — *Id.* Enc. méth. Orn. 706.

Psarocolius Jamacaii *Wagl.* Syst. Av. no. 25.

Icterus aurantius *Lesson* Tr. d'Orn. 428.

Soffré der Brasilianer.

Kopf, Kehle, Rücken, Flügel und Schwanz schwarz; der Flügel mit weißem Fleck, das übrige Gefieder orangegelb. —

Schnabel glänzend schwarz, die Basis des Unterkiefers bleigrau; Iris blaßgelb. — Gefieder am Kopfe, Vorderhalse mit Kinn, Kehle und Oberbrust schwarz; um das Auge ein nackter grün gefärbter Ring; Nacken, Unterrücken, Brust, Bauch und Steiß lebhaft und schön orangegelb, z. Th. ins Feuerfarbene spielend bei recht alten Vögeln; Rücken, Flügel und Schwanz schwarz, ein Theil der hinteren Armschwingen nach unten weiß gesäumt, die kleinen Deckfedern am Bug und der Rand orangegelb, Innenseite der Flügel dottergelb, Schwingen grau, lichter gesäumt. Beine bläulich fleischfarben. —

Weibchen heller gefärbt als das Männchen; junge Vögel überall matter, mit breiten graulichen Säumen an den Flügelfedern; Schnabel braun, Beine blaßgelbgrau.

Ganze Länge 9½", Schnabelfirste 1", Flügel 4" 4''', Schwanz 4" 6''', Lauf 13'''. —

Im Innern Brasiliens, in den Waldungen des Camposgebietes; lebt einzeln oder paarig, im Winter in kleinen Gesellschaften, verräth sich bald durch seine mit mannigfachen Tönen abwechselnde Stimme und wird deshalb gern in Käfigen gehalten. Ich traf den Vogel in den Umgebungen von Lagoa santa, hatte aber nicht Gelegenheit, ihn zu erlegen; am Tage meines Beinbruchs (den 3. Juni 1851) beobachtete ich längere Zeit ein Individuum im Käfig bei den Leuten, wo ich mich befand. Dem südlichen und östlichen Waldgebiet fehlt der Vogel. — Die Nahrung desselben besteht in Insekten, besonders den weichen Maden und Larven, die er am Boden sucht; doch stellt er, gleich den Cassicus-Arten, auch den reifen Früchten nach, besonders den Orangen und kommt nach ihnen bis in die Gärten der Ansiedler. —

2. Icterus xanthornus *Daud.*

Cabanis Mus. Hein. I. 185. 901. — *Schomb.* Reise III. 680. 67.
Oriolus xanthornus *Linn.* S. Nat. I. 163. 3. — *Buff.* pl. enl. 5. 1. — *Lath.* Ind. orn. I. 181. 26.
Agelaius xanthornus *Vieill.* l. l.
Psarocolius xanthornus *Wagl.* Syst. Av. n. 15.
Xanthornus Linnaei *Bonap.* Consp. I. 344. 932. 1.

Goldgelb; Zügel, Kehle, Vorderhals, Flügel und Schwanz schwarz; große Deckfedern mit weißen Spitzen, hinterste Armschwingen weiß gerandet. —

Beträchtlich kleiner als die vorige Art und nicht größer als ein Staar. — Schnabel glänzend schwarz, bei jüngeren Vögeln braun. Iris weißgelb. Zügel, der nackte Augenring, Kinn, Kehle und Vorderhals schwarz, das übrige Rumpfgefieder nebst dem Oberkopf goldgelb; Stirn, Backen, Halsseiten und Brust ins Orangegelbe fallend. Flügel schwarz, die kleinen Deckfedern am Bug gelb, die großen Deckfedern mit weißen Spitzen, außerdem die hintersten Armschwingen weiß gerandet; alle Schwingen an der Innenseite weiß gesäumt, die mittleren Handschwingen z. Th. auch mit weißem Rande nach außen am Grunde. Schwanzfedern schwarz, mit feiner weißlicher Spitze. Beine bleigrau.

Junger Vogel am Nacken und Rücken grünlichgelb, die kleinen Deckfedern mit gelblicher Spitze, die großen und alle Schwingen weißlichgrau gerandet, die Schwanzfedern olivenbraun, übrigens goldgelb mit schwärzlicher Kehle.

Das alte Weibchen wie das Männchen gefärbt, aber der Farbenton heller.

Ganze Länge 8″, Schnabelfirste 8‴, Flügel 3″ 3‴, Schwanz 3″, Lauf 10‴. —

Der Vogel ist nur im nördlichen Brasilien zu Hause und besonders nördlich vom Amazonenstrom eine sehr gewöhnliche Art; er lebt, gleich dem vorigen, auf buschigem Terrain, aber nicht grade im tiefen Urwalde, zeigt sich einzeln oder paarig zur Brutzeit und baut ein langes, klar gewebtes beutelförmiges Nest aus Grashalmen, das frei im Gebüsch an den Aesten hängt. Die Eier sind hell bläulichweiß, ziemlich dicht rothbraun getüpfelt, mit etwas stärkeren Flecken am stumpferen Ende. —

7. Gatt. Xanthornus *Cuv.*

Pendulinus *Vieill. Bon.*

Schnabel der vorigen Gattung, schlank und fein zugespitzt, schwarz; am Grunde nicht so hoch und stark, der Mundwinkelrand niedriger, die Nasengrube schmäler. Gefieder vorherrschend schwarz gefärbt, ziemlich weich; die Flügel etwas länger als bei Icterus, aber doch nicht über die oberen Schwanzdecken hinabreichend; die erste vorhandene Schwinge merklich verkürzt, auch die zweite noch etwas kürzer als die dritte, längste. Schwanz lang, sehr schmalfedrig, stark zugerundet, die Seitenfedern bedeutend verkürzt. Beine etwas zierlicher, die Außenzehe nicht länger als die Innenzehe, der Daumen lang, die Kralle weniger gekrümmt; auch die vorderen Krallen schlanker. —

1. Xanthornus chrysocephalus.

Cabanis Mus. Hein. I. 184. 896.
Oriolus chrysocephalus *Linn.* S. Nat. I. 164. 20. — *Lath.* Ind. orn. I. 183. 30.
Gracula chrysoptera *Merrem.* Ic. Av. I. 10. tb. 3.
Pendulinus chrysocephalus *Vieill.* Gal. II. 122. pl. 86. — *Bonap.* Consp. I. 432.
Icterus chrysocephalus *Spix.* Av. I. 68. 5. tb. 67. fig. 1.
Psarocolius chrysocephalus *Wagl.* Syst. Av. I. no. 22.

Schwarz; Oberkopf bis zum Nacken, Bürzel, Flügelbugrand und Unterschenkel goldgelb. —

Von der Größe des Staars. — Schnabel glänzend schwarz, Iris rothbraun. Gefieder rein sammetschwarz, Oberkopf bis zum Nacken hinab, kleine Flügeldeckfedern am Bug, Bürzel, Steiß und Unterschenkel goldgelb. Beine schwarz.

Junge Vögel matter gefärbt, das Schwarz ins Braune spielend, das Gelbe mehr schwefelgelb; die Federn des Flügels, der Bauchseiten und des Steißes graulichbraun gerandet. —

Weibchen heller gelben Tones, der Oberkopf nicht völlig bis zum Nacken gelb, der Bürzel weniger gelb und bloß am Ende so gefärbt, indem die Federn gelbe Ränder bekommen.

Ganze Länge 8″, Schnabelfirste 10‴, Flügel 3″ 8‴, Schwanz 3″, Lauf 10‴. —

Im nördlichen Brasilien, oberhalb des Amazonenstroms, von Spix am Rio Negro einzeln im Walde beobachtet und dort nicht selten; häufig in Guyana und Columbien. —

2. Xanthornus chrysopterus.

Agelaius chrysopterus *Vieill.* N. Dict. d'hist. nat. Tm. 34. pag. 535. — *Id.* Enc. méth. Orn. 713. — *Hartl.* syst. Ind. z. *Azara* 5. 67.
Psarocolius chrysopterus *Wagl.* Syst. Av. I. n. 21.
Oriolus cajanensis *Linn.* S. Nat. I. 168. 15. — *Buff.* pl. enl. 535. 2. — *Lath.* Ind. orn. I. 182. 29.
Icterus cayanensis *Daudin* Traité D'Orn. II. 336. — *Pr. Max z. Wied* Beitr. III. b. 1204. 2. — *Swains.* zool. Ill. 2. Ser. pl. 22. — *Darw.* Zool. of the Beagl. III. 106.
Icterus tibialis *Swains.* two Cent. 302. no. 67.
Pendulinus cayanensis *Bonap.* Consp. I. 433. 7.
Xanthornus cayanensis *Cab.* Mus. Hein. I. 184. 897.
Tordo negro cobijas amarillas, *Azara* Apunt. I. 301. 67.

Schwarz; Flügelrand am Bug goldgelb, gewöhnlich auch die Unterschenkel etwas gelb. —

Kleiner als ein Staar. Glänzend kohlschwarz, Iris rothbraun. Flügelrand vom Ellenbogen bis zum Bug gelb, bei jüngeren Vögeln schmäler und heller, bei alten mehr orange; innere Flügeldeckfedern gelb, Schwingen unten grau, weißlich gesäumt. Unterschenkel mit gelben Federnspitzen, welche sich besonders auf der Außenseite zeigen. —

Der junge Vogel hat schlankere Krallen, einen etwas kürzeren Schnabel, viel heller und blaßgelb gefärbte Deckfedern am Bug, und graubräunliche Federnränder auf den Flügeln, den Brustseiten und am Steiß hinter dem After.

Ganze Länge 7½″, Schnabelfirste 9‴, Flügel 3″ 6‴, Schwanz 3″, Lauf 9‴. —

Im ganzen Küstenwaldgebiet Brasiliens, von Rio de Janeiro bis über den Amazonenstrom hinauf und noch in Guyana, auch weiter südlich in St. Paulo, Sta Catharina und Paraguay; lebt meist paarweis in buschigen Gegenden, besucht gern die Ufer der Flüsse, frißt Insekten und saftreiche Fleischfrüchte, und hat einen nicht unangenehmen Gesang, der die Stimmen anderer Vögel nachzuahmen sucht, ganz wie unser Staar. Nistet in beutelförmigen, locker aus trocknen Halmen gewebten, hängenden Nestern und legt weißblaue, rothbraun getüpfelte Eier. — Ich erhielt den Vogel nur bei Neu-Freiburg, nicht mehr im Binnenlande. —

Anm. Die Benennung von Linné und den älteren Autoren habe ich deshalb nicht beibehalten, weil sie durchaus nicht passend ist, denn der Vogel gehört weit mehr dem Süden, als dem Norden der Tropenzone Süd-Amerikas an. Sehr passend ist dagegen der Name Vieillot's. Azara beschreibt nur junge Vögel.

8. Gatt. Cassicus *Cuv.*

Cassicus et Cassiculus *Bonap.*

Schnabel spitz kegelförmig, höher als breit am Grunde, mit abgerundeter Firste und breiter in die Stirn eindringender Platte; Nasengrube flach, dicht fein befiedert, mit ovalem, offenem Nasenloch ohne Hautsaum in der Spitze; die Farbe des Schnabels im Alter gewöhnlich weiß oder bunt. Gefieder derbe, glatt, glänzend; die Flügel ziemlich lang, zugespitzt, aber die beiden ersten Federn mehr verkürzt, als gewöhnlich bei den Icterinen. Schwanz lang, etwas breitfedriger, stufig abgerundet. Beine sehr stark, die Zehen völlig krähenartig, mit starken Sohlenballen und großen, scharfen, mehr gebogenen Krallen; der Daumen ganz besonders groß, größer nach Verhältniß als bei Krähen. Gefieder vorwiegend schwarz, mit gelben oder rothen Decorationen, mitunter grünlich. —

A. Schnabel fein, kürzer als der Kopf. Cassiculus *Bonap.* Archiplanus *Cabanis* Mus. Hein. I. 186.

1. Cassicus albirostris.

Vieill. Enc. méth. Orn. 723. — *Id.* N. Dict. d'hist. nat. V. 364. — *Hartl.* syst. Ind. z. *Azara* 4. 59. — *Schomb.* Reise III. 687. 73.
Psarocolius albirostris *Wagler.* Syst. Av. Suppl. no. 5.
Japus dubius *Merr.*, *Ersch* et *Grub* Enc. Tm. 15. pag. 277.
Xanthornus chrysopterus *Vigors.* zool. Journ. II. 128. und III. 190. pl. 9. suppl.
Japu negro y amarillo *Azara* Apunt. I. 269. 59.

Schwarz; Bürzel und Flügelrand vor dem Bug gelb. —

Kleiner als ein Staar, ganz vom Ansehn des vorigen Vogels. — Schnabel sehr zierlich gestaltet, kürzer als der Kopf, fein zugespitzt, weiß, mit bläulicher Basis des Unterkiefers. Iris braun. Gefieder kohlschwarz, der Unterrücken mit Ausschluß der oberen Schwanzdecken und der Flügelrand vom Bug bis zum Ellenbogen goldgelb, die Innenseite der Schwingen weißgrau. Schwanz lang, aber die äußeren Federn nur wenig verkürzt.

Ganze Länge 7½″, Schnabelfirste 9‴, Flügel 3″ 6‴, Schwanz 3″, Lauf 9‴.

Im Süden Brasiliens, Sta Catharina, Rio grande do Sul und Paraguay, besonders an Flußufern. Azara traf den Vogel daselbst nur zweimal, er scheint also dort nicht häufig zu sein; minder selten findet er sich in Guyana und Columbien, von wo die Exemplare unserer Sammlung stammen. —

Anm. Zu dieser ersten Section gehört auch: Cassicus nigerrimus *Spix*. Av. Bras. I. 66. 3. tb. 63. fig. 1. — *Swains*. Birds of Braz. pl. 4. — Psarocolius nigerrimus *Wagl*. S. Av. no. 7. — Amblyrhamphus Prevostii *Lesson* Centur. zool. pl. 54. — Der Vogel ist etwas größer, als der vorstehend beschriebene, ganz schwarz, matt glänzend, mit perlfarbener Iris und hornweißem Schnabel. Länge 8—9″, Schnabel 1″ 2‴, Flügel 4″ 3‴, Schwanz 4″, Lauf 9‴. — Am oberen Amazonenstrom von Spix gesammelt, mir nicht näher bekannt. — Cabanis erhebt den Vogel zu einer eigenen Gattung Amblycerus (Mus. Hein. I. 190. Note 2.), weil er viel kürzere, abgerundete Flügel und einen nach Verhältniß kürzeren Schwanz besitze; was indeßen die Abbildung und Maaßangaben bei Spix mir nicht in dem Grade auszudrücken scheinen. —

B. Schnabel stärker, von der Länge des Kopfes. Cassicus *Bonap*.

a. Cassicus *Caban*. Mus. Hein l. l. Schwanz nach Verhältniß kürzer, Flügel länger als in der vorigen und folgenden Gruppe.

2. Cassicus icteronotus.

Vieill. N. Dict. d'hist. nat. V. 315. — *v. Tschudi* Fn. per. Orn. 35. und 228. — *Caban*. Mus. Hein. 186. 907. — *Bonap*. Consp. I. 428. 10. — *Swains*. Birds of Braz. pl. 3.
Oriolus persicus *Linn*. S. Nat. I. 161. 7. — *Buff*. pl. enl. 184. — *Lath*. Ind. I. 173. 1.
Cassicus persicus *Daudin* Trait. d'Orn. II. 329. — *Pr. Max z. Wied* Beitr. III. b. 1234. 3. — *Schomb*. Reise III. 687. 72.
Psarocolius icteronotus *Wagl*. Syst Av. I. no. 5. — *Marcgr*. hist. nat. Bras. 193. Japu-y der Brasilianer.

Schwarz; Unterrücken, Bürzel, Steiß, Basis der Schwanzfedern und ein Fleck im Flügel goldgelb.

Beträchtlich größer als ein Staar, noch etwas größer als der Pirol. Schnabel sanft gebogen, obgleich sehr spitz und ohne Endhaken; Nasenloch klein, eng. Gefieder kohlschwarz, seiden glänzend, die größere hintere Strecke der großen Armdeckfedern goldgelb; von derselben Farbe der Unterrücken, der Steiß hinter dem After, die oberen und unteren Schwanzdeckfedern und die Basis der Schwanzfedern; letztere um so breiter, je mehr nach außen. Iris himmelblau, Beine schwarz. —

Ganze Länge des Männchens 10″, Schnabelfirste 15‴, Flügel 6″, Schwanz 3″ 8‴, Lauf 1″. — Das Weibchen ist beträchtlich kleiner, gewöhnlich nur 8″ 10‴—9″ lang.

Der junge Vogel hat einen schwarzbraunen Ton, der auch am Bauch ziemlich stark ins Olivenbraune spielt, einen kürzeren Schnabel und eine matter gelbe Farbe an den lichten Stellen. —

Der Vogel ist nicht mehr im südlichen Brasilien bei Rio de Janeiro zu treffen, er geht etwa bis zum 19° S. Br. und ist von da nur nach Norden überall in den großen Waldungen ansässig. Er hält sich in kleinen Trupps zusammen, besonders auf den höchsten etwas isolirter stehenden Bäumen und macht sich durch das häufige Ab- und Zufliegen der Individuen, wobei dieselben kreischend einander zuschreien, bald bemerklich. Zur Brutzeit sieht man dagegen fast nur Paare. Ihr beutelförmiges aus Halmen und Pflanzenfäden gebautes Nest hängt an hohen Bäumen frei unter der Krone, und ist etwas kleiner, sonst ähnlich geformt, wie bei der folgenden Art. Die Eier sind bläulichweiß, braun getüpfelt und ziemlich kugelig gestaltet. Der guaranische Name Japu-y (gesproch. Schapu-y) bedeutet: kleiner Japu, und ist der Art im Gegensatz zu Cassicus cristatus beigelegt worden.

3. Cassicus haemorrhous.

Daudin Traité d'Orn. II. 328. — *Pr. Max z. Wied* Beitr. III. b. 1230. 2. — *Schomb.* Reise III. 681. 71. — *Cabanis* Mus. Hein. I. 186. 906.
Oriolus haemorrhous *Linn.* S. Nat. I. 161. 6. — *Buff.* pl. enl. 482. — *Lath.* Ind. orn. I. 174. 2.
Psarocolius haemorrhous *Wagl.* S. Av. no. 6.
Icterus haemorrhous *Swains.* Birds of Bras. pl. 1. fem.
Cassicus affinis ibid. pl. 2. mas.
Japira, *Marcgr.* hist. nat. Bras. 193.
Guache (Gu-asch) der Brasilianer.

Schwarz, Unterrücken blutroth.

So groß wie eine Dohle, aber der Kopf viel schmäler und darum kleiner erscheinend. Schnabel ganz grade, grünlichweiß; Iris hellblau. Gefieder kohlschwarz, an der Unterseite braunschwarz, die Flügel stark seidenartig glänzend, der Unterrücken mit dem Bürzel lebhaft blutroth, die Beine schwarz.

Der junge Vogel unterscheidet sich vom alten durch weniger rothen Bürzel und eine mehr braune Grundfarbe.

Ganze Länge 11—11½″ beim Männchen, 9¾—10″ beim Weibchen, Schnabelfirste 1″ 4‴, Flügel 5¾—6½″, Schwanz 3½—4″, Lauf 10—12‴. —

Im ganzen tropischen Brasilien einer der häufigsten Vögel, überall sichtbar, besonders im Winter (Mai—Juli), wo er gern in die Gärten kommt und den reifenden Orangen nachstellt; nistet auf einzelnen hohen Bäumen, oft ganz frei am Wege oder vor einzeln stehenden Häusern, woselbst die über 2′ langen, einem Schrotbeutel im Umriß ähnlichen Nester, welche lose aus allerhand trocknen Halmen und Grasfäden gewebt sind, viel gesehen werden. Der Eingang ist etwas unter der Mitte als eine ovale Mündung ohne Rohr, wodurch der Vogel hineinschlüpft; man sieht den brütenden Vogel durch das Nest und erkennt besonders gut seinen rothen Bürzel. Die Eier sind so groß wie die des Pirol, bläulichweiß, sparsam violett punktirt und selten in größerer Zahl, als zwei, vorhanden. Die Stimme des Vogels ist laut, kreischend, etwas heller als die der Dohlen und wo ihrer mehrere zusammen sind, da hört man sie stets vielfältig durch einander schreien; einzeln ist der Vogel still und nascht in den Baumkronen, ohne sich zu verrathen.

Anm. Swainson hat die beiden in der Größe sehr ungleichen Geschlechter als 2 verschiedene Arten abgebildet; die zweite größere Figur ist besser gerathen, in der ersten erscheint der Vogel zu dünn und sein Schwanz zu lang.

b. Ostinops *Cab.* l. l. Schnabel höher am Grunde, besonders der Unterkiefer viel stärker; Hinterkopffedern schopfartig verlängert, schmal zugespitzt; Schwanzfedern stärker abgestuft, daher die Gesammtform spitzer.

4. Cassicus cristatus.

Daudin Traité d'Ornith. II. 326. — *Vieill.* N. Dict. d'hist. nat. V. 357. — *Pr. Max z. Wied.* Beitr. III. b. 1220. 1. — *Swains.* Birds of Bras. pl. 32. — *v. Tschudi* Fn. peruan. Orn. 35. und 232 — *Bonap.* Consp. I. 427. 921. 1. — *Cabanis* Mus. Hein. I. 187. 908.
Oriolus cristatus *Gmel. Linn.* S. Nat. I. 1. 387. 33. — *Buff.* pl. enl. 344. — *Lath.* Ind. orn. I. 174. 3.
Psarocolius cristatus *Wagl.* S. Av. no. 3.
Japu der Brasilianer — *Azara* Apunt. I. 268. 57.

Glänzend schwarz; Unterrücken, Bürzel und Steiß rostbraun; Schwanz gelb, die beiden mittelsten Federn schwarz.

Von der Größe einer kleinen Saatkrähe (Corvus frugilegus), die Weibchen gewöhnlich viel kleiner und kaum größer als eine Dohle (Corvus Monedula). — Schnabel weißlich blaßgelb, die Stirnschwiele schmal zugerundet, etwas für sich gegen die Mitte gewölbt. Ganzes Gefieder glänzend schwarz, an den Seiten des Halses vor dem Flügelbug häufig einzelne weiße Federn eingesetzt; der Rücken und die Flügel lebhaft erzgrünlich glänzend; am Hinterkopf einige lange, schmale, spitze Federn, deren Stellung eigentlich die Scheitelmitte ist. Iris hellblau. Unterrücken, Bürzel und Steiß rostbraun; der Schwanz hellgelb, die beiden mittelsten Federn schwarz. Beine glänzend schwarz.

Junge Vögel matter braunschwarz, glanzlos, die Rückenfedern z. Th. braun gerandet, die spitzen Scheitelfedern nur sehr kurz; — Weibchen wie das Männchen gefärbt, aber die Scheitelfedern ebenfalls viel kürzer und nach Verhältniß breiter.

Ganze Länge des Männchens 16—18″, des Weibchens 13″, Schnabelfirste $1\frac{2}{3}$—2″, Flügel 8—9″, Schwanz 5—$6\frac{1}{2}$″, Lauf $1\frac{1}{4}$—$1\frac{1}{2}$″.

Ebenfalls durch ganz Brasilien verbreitet, selbst südlicher, als die vorige Art; hält sich aber nur in der Nähe von großen Waldungen auf und bleibt den menschlichen Wohnungen ferner, als der vorige Vogel. Sein Benehmen ist klüger, vorsichtiger, doch in der Hauptsache wie bei jenem. Nistet ebenfalls in großen beutelförmigen, frei hängenden Nestern und legt 2 weißliche, violett gefleckte, dazwischen mit dunklen schwärzlichen Strichen gezierte Eier. Ich traf den Vogel schon am Orgelgebirge, wo er mehrmals in kleinen Trupps hoch in der Luft über dem Walde sich zeigte und sogleich an seinem gelben Schwanz erkannt wurde. Später hatte ich Gelegenheit, während meines Besuchs bei den Puris (Siehe m. Reise S. 261.) einen großen einzeln stehenden Baum zu sehen, der mit den Nestern des Vogels behangen war. Sowohl hier, als auch bei Lagoa santa, wurden Exemplare erlegt. Er ist besonders bei der indianischen Bevölkerung eine beliebte Speise, seine Nahrung besteht in Insekten aller Art und reifen Baumfrüchten, am liebsten Goyaven und Orangen. —

5. Cassicus bifasciatus.

Spix. Av. Bras. I. 65. 1. tb. 61. — *Bonap.* Consp. I. 427. 7.
Psarocolius bifasciatus *Wagl.* Syst. Av. no. 2.
Cassicus Montezuma *Lesson* Cent. zool. pl. 7.?

Rothbraun; Kopf, Hals, Brust, Schwingen und 2 mittelste Schwanzfedern schwarz, die übrigen gelb. —

Noch größer als die vorige Art, so groß wie eine Krähe; der Schnabel höher, stärker, länger, mit sanft gebogener Firste und breiter Stirnplatte, schwarz gefärbt, an der Basis und an der Spitze roth. Iris braun. Gefieder des Kopfes, Halses und der Brust schwarz; die Federn des Oberkopfes in lange feine Spitzen ausgezogen, völlig wie bei der vorigen Art. Rücken, Flügel, Bauch, Bürzel und Steiß rostrothbraun; die Handschwingen schwarz, mit feinen rostrothen Säumen nach unten, die Armschwingen nur in der

Tiefe schwarz. Schwanz goldgelb, wie bei C. cristatus, aber die beiden mittelsten Federn schwarz. —

Bei jungen Vögeln ist die Farbe blasser, matter und die rothe Schnabelspitze weißlich gefärbt; die langen Federn des Oberkopfes sind um die Hälfte kürzer.

Ganze Länge des Männchens 18″ 9‴, des Weibchens 14″ 8‴; Schnabel jenes 2″ 7‴, dieses 2″; Flügel dort 9″ 10‴, hier 7″ 8‴; Schwanz ebenso 7″ 6‴ oder 6″ 7‴; Lauf 2″ und 1″ 7‴. —

In den großen Waldungen am oberen Amazonenstrom, von Spix am Rio Negro gesammelt, nach Lesson auch in Mexico (vielleicht Panama und Guatimala); mir unbekannt. —

Anm. Es giebt noch einige grüne Arten dieser Gruppe, welche eigentlich nur nordwärts und westwärts vom Amazonenstrom vorkommen, aber daselbst auch Brasilien berühren, weshalb ich Definitionen hersetze.

6. Cassicus viridis, Oriolus cristatus *aut.* var. *Lath.* l. l. 175. γ. — *Buff.* pl. enl. 328. — *Bonap.* Consp. I. 427. 2. — Psarocolius viridis *Wagl.* Syst. Av. no. 1. — Schnabel weißgrün, die Spitze röthlich. Gefieder olivengrün, Schwingen und 2 mittelste Schwanzfedern schwarzbraun, grünlich gesäumt; Unterrücken, Bürzel und Steiß rothbraun; seitliche Schwanzfedern gelb, mit grünlicher Spitze. — Ganze Länge 17″. — Der junge Vogel hat dieselbe Schnabelfarbe, wie der alte, aber schwarze Beine und eine am Grunde nur mäßig gewölbte Stirnplatte; der alte Vogel hat rothbraune, am Lauf ganz rothe Beine und eine sehr hohe breite Stirnplatte. — Der Schwanz ist beträchtlich kleiner als bei Cassicus cristatus. — Heimath Guyana und Columbien.

7. Cassicus Yuracores *D'Orbigny*, Voy. Am. mér. Ois. pl. 51. fig. 1. — *v. Tschudi* Fn. per. Orn. 230. 3. — Schnabel schwarz, an der Spitze roth, die Basis des Unterkiefers gelb; Gefieder gelblich olivengrün, Unterrücken, Bürzel, Steiß, Bauchseiten und Flügel rostbraun, die Schwingen in der Tiefe schwarz; Schwanz gelb, die beiden mittelsten Federn olivengrün. Beine schwarzbraun. Ganze Länge 14—18″. — Heimath Peru und oberer Amazonenstrom. — Zu dieser Art scheint mir Cassicus angustifrons *Spix.* Av. Bras. I. 66. 2. tb. 62. als junger Vogel zu gehören; wahrscheinlich auch C. Devillii *Bonap.* Consp. I. 427. 6. — Die Spitze des Schnabels junger Vögel ist anfangs schwärzlich, später weißlich, zuletzt roth gefärbt.

8. Cassicus atrovirens *D'Orb.* Voy. Am. mér. Ois. pl. 51. f. 2. — *v. Tschudi* Fn. per. Orn. 230. 4. — Schnabel weißlich hornfarben, die Mitte gelbgrün; Gefieder olivengrün, Stirn und Zügel goldgelb, Augengegend schwärzlichbraun. Unterrücken, Bürzel und Steiß rostbraun; Schwingen in der Tiefe schwarzbraun; Schwanz gelb, die beiden mittleren Federn und die Spitzen der seitlichen bräunlich olivengrün. — Ganze Länge 12—14″. — D'Orbigny's Figur stellt den jungen Vogel ohne gelbe Stirn und schwärzliche Backen, mit weißlicher Kehle und trüberer Rückenfarbe vor. — Süd-Peru, Bolivien. —

III. Scaphidaridae. Schnabel kürzer kegelförmig, die Firste mehr oder weniger gebogen, seltener ganz grade; Nasengrube kürzer, eigenthümlich dicht befiedert, das runde Nasenloch mit oder ohne Hautfalte. Flügel länger, spitzer, bis zur Mitte des Schwanzes reichend; nur die erste Schwinge verkürzt. Gefieder stets ganz schwarz, mehr oder weniger stahlglänzend; Schnabel und Beine schwarz.

A. Psarocolidae. Schnabelfirste mehr grade, die Spitze scharf, nicht herabgebogen; die Mundecke hoch, die Nasengrube sehr kurz.

9. Gatt. Scaphidurus *Swains.*

Cassicus *aut.*

Schnabel sanft herabgebogen, mit breiter flacher Stirnplatte, abgerundeter Firste, hoher Mundecke und stark abfallendem Mundwinkel; die Nasengrube von einer Leiste begrenzt, in deren Spitze das feine Nasenloch. Gefieder derbe, stark glänzend, beim Männchen am Halse sehr großfedrig, kragenförmig abstehend; Flügel lang und spitz, schon die erste Schwinge die längste. Schwanz breitfedrig und lang, abgerundet, die Seitenfedern nur wenig verkürzt. Beine völlig krähenartig, mit hohem Lauf, langen Zehen, von denen die äußere die innere kaum an Länge übertrifft; die Krallen stark gekrümmt, scharf und spitz. —

Scaphidurus ater.

Hartl. syst. Ind. Azar. 4. 60. — ***Bonap.*** Consp. I. 426. 918. 1.
Cassicus ater ***Vieill.*** Enc. méth. Orn. 723. — ***Id.*** N. Dict. d'hist. nat. V. 363.
Cassicus niger ***Daudin*** Traité d'Orn. II. 329. — ***Licht.*** Doubl. etc. 19. 177. — ***Pr. Max z. Wied*** III. b. 1241. 4.
Oriolus oryzivorus ***Gmel. Linn.*** S. Nat. I. 386. 10. — ***Buff.*** pl. enl. 534. — ***Lath.*** Ind. orn. I. 176. 5.
Psarocolius palliatus ***Wagl.*** S. Av. no. 4.
Cassicus palliatus ***v. Tschudi.*** Fn. per. Orn. 35. und 229. 2.
Japus Azarae ***Merrem, Ersch*** et ***Grub.*** Enc. XV. 276.
Cassidix mexicanus ***Lesson*** Traité d'Orn. 433.
Cassidix oryzivora ***Cabanis*** Mus. Hein. I. 194. 930.
Scaphidura barita et crassirostra ***Swains.*** two Centur et a Quart. etc. 301. no. 62. 63.
Scaphidura atra ***Cabanis Schomb.*** Reise III. 683. 79.
Tordo grande, ***Azara*** Apunt. I. 273. 60.

Glänzend violettschwarz, Schnabel und Beine kohlschwarz.
Männchen lebhafter glänzend, mit weitem kragenartigen Halsgefieder.
Weibchen wenig glänzend, mit anliegendem Halsgefieder.

Schnabel schwarz, Iris perlweis. — Gefieder glänzend violettschwarz, die Backen mehr stahlblau, die Brust etwas erzfarben schillernd, die Flügel und Schwanzfedern schwärzer als der Rumpf gefärbt. Beine glänzend schwarz. —

Weibchen viel kleiner als das Männchen, letzteres durch größere, breitere einen Kragen bildende Halsfedern sich auszeichnend; ersteres weniger glänzend, mit Stahlschiller. —

Ganze Länge des Männchens 13—13½", des Weibchens 11—11½", Schnabel jenes 1" 5''', dieses 1" 2''', Flügel dort 7" 4''', hier 6" 2''', Schwanz 5" oder 4", Lauf 1" 5''' oder 1" 3'''. —

Im mittleren Brasilien, besonders bei Bahia einheimisch, nicht mehr bei Rio de Janeiro und Novo-Friburgo. Der Vogel hat im Benehmen viel krähenartiges, ist dreist, lebt gesellig nicht sowohl im Walde, als auf den offenen Triften, wo er auf Viehweiden gesehen wird; geht viel am Boden mit schreitender Bewegung, wie eine Krähe, und frißt besonders allerhand Gewürm, was er vom Boden auflieſt. Die Brasilianer fangen den Vogel ein und halten ihn, wie eine Dohle, im Hause, wo er mit dem Abfall jeder menschlichen Nahrung vorlieb nimmt. —

10. Gatt. Molobrus *Cabanis*.

Molothrus *aut.* *)

Schnabel kurz kegelförmig, sehr spitz, die Firste fast grade, die Stirnplatte schmal, die Nasengrube kurz, ohne Kante, der Mundrand eingebogen, besonders stark der des Unterkiefers, ähnlich wie bei der vorigen Gattung. Mundecke hoch, Mundwinkel stark abfallend. Gefieder weich, im Alter lebhaft metallisch stahlblau, in der Jugend braun oder bräunlich; Flügel ziemlich lang und spitz, die drei ersten Federn gleich lang. Schwanz nicht sehr lang, grade abgestutzt, die einzelnen Federn gegen die Spitze hin etwas breiter, besonders die äußerste jeder Seite. Beine feiner, zierlicher als bei Scaphidurus, die Zehen dünner, die Krallen grader, die Außenzehe ebenso lang wie die Innenzehe. —

1. Molobrus sericeus.

Bonap. Consp. I. 437. 4.
Icterus sericeus *Licht.* Doubl. d. zool. Mus. 19. 179. — *v. Tschudi* Fn. Per. Orn. 34. 2. und 225. 2.

*) Der durch einen Irrthum des ersten Gründers entstandene, unverständlich Name Molothrus ist von Cabanis (Mus. Hein. I. 192.) in die richtige Form Molobrus umgeändert worden.

Icterus violaceus *Pr. Max z. Wied* Beitr. III. b. 1212. 4.
Icterus minor *Spix.* Av. Bras. I. 67. 1. tb. 63. 1. fig. 2.
Psarocolius sericeus *Wagl.* Syst. no. 31.
Scolecophagus sericeus *Swains.* two Centur. 301. n. 64.
Tanagra bonariensis *Gmel. Linn.* S. Nat. I. 2. 898. 38. — *Buff.* pl. enl. 710. — *Lath.* Ind. orn. I. 430. 36.
Tordo commun *Azara* Apunt. I. 275. 61.

Schnabel glänzend schwarz. Iris braun. — Gefieder des alten männlichen Vogels gleichmäßig stahlblau glänzend, die Brust mehr violettblau, die Flügel und der Schwanz grünlichblau, auf der Unterseite matt schwarzgrau. — Weibchen beträchtlich kleiner, matter und mehr schwarzbraun, mit leichtem Veilchen- oder Stahlschiller am Oberkörper; die Flügel und der Schwanz schwarzbraun; die Unterfläche heller braungrau, mit dunkleren Schaftstreifen. — Der junge Vogel wie das Weibchen gefärbt, doch das Gefieder noch matter, glanzloser; die Federn lichter gesäumt, über dem Auge ein etwas hellerer Streif, die Kehle weißlich. —

Ganze Länge des Männchens 8″, des Weibchens 7″, Schnabelfirste 7½—7‴, Flügel 4″ 2‴—4″, Schwanz 2″ 8‴—2″ 5‴, Lauf 13—12‴.

Sehr häufig in ganz Brasilien, lebt in kleinen Trupps, wie die Staare, streift umher, auf offenem buschigen Terrain, nicht im Walde, kommt nahe an die Ansiedelungen, und verräth sich dann bald durch ein lautes Gekreisch und Gesingsel, was grade nicht unangenehm ist. Die Nahrung des Vogels besteht hauptsächlich in Insekten, die er am Boden sucht; auf den Gebüschen ruht er nur in Gesellschaften, und singt dann zum Zeitvertreib. Oefters kamen solche Schwärme in Neu-Freiburg ganz nahe an meine Wohnung. Auch in Minas geraes traf ich den Vogel überall; die Mineiros nannten ihn Vira-boste (Mistwälzer), weil er den auf der Straße liegenden Pferdekoth gern untersucht. —

Anm. In dem von mir bereisten Strich Brasiliens habe ich nur diese eine Art getroffen; indessen unterscheiden die Ornithologen mehrere ähnliche Spezies, über deren Berechtigung ich mich allen Urtheils enthalte, weil ich sie nicht gesehen habe; setze aber ihre Diagnosen her.

2. Molobrus unicolor *Bonap.* Consp. I. 437. 5. — Leistes unicolor *Swains.* two Cent. 304. no. 75. — Der kürzere mehr abgerundete Schwanz und die stumpferen Flügel sollen diese Art von der vorigen unterscheiden; das Männchen ist schwarz, matt glänzend, das Weibchen braun, mit schwarzen Schaftstreifen und rostrother Bauchseite.

3. Molobrus brevirostris *Swains.* two Cent. etc. 305. no. 76. fig. 50. — *Bonap.* Consp. I. 436. 935. 2. — *Caban.* Mus. Hein. I. 193. 927. — Angeblich an dem kurzen, kaum ½ Zoll langen Schnabel und der matteren Färbung kenntlich; das Männchen ist schwarz, fast ohne allen Stahlglanz, Flügel und Schwanz schwarzbraun; das Weibchen braun, unten blasser mit weißlicher Kehle. — Schnabel 6‴, Flügel 4″.

4. Molobrus badius *Caban.* l. l. 4. — Agelaius badius *Vieill.* Enc. méth. Orn. 711. 4. — *Lesson* Traité d'Orn. 432. — Icterus fringillaris *Spix*

Av. Bras. I. 68. 4. tb. 65. f. 1. et 2. — Tordo pardo roxizo *Azara* Apunt. I. 290. 63. — Männchen braun, Oberkopf dunkler, Zügel und Backen schwärzlich; Flügel und Schwanzfedern schwarzbraun, lebhaft rostbraun gerandet; Unterfläche rostgelb. — Weibchen matter gefärbt, die Unterfläche mehr graulich. Schnabel und Beine schwarz. — Länge 6'', Schnabel 7''', Flügel 3'' 3''', Schwanz 2'' 4'''. — In Minas geraes.

11. Gatt. Psarocolius *Bonap.*

Aphobus *Caban.*

Schnabel der vorigen Gattung, aber etwas schlanker und darum spitzer; beide Kiefer mit schiefen Furchen, die des Unterkiefers deutlicher. Kopfgefieder schmalfedrig, spitz, wie an unserem Staar (Sturnus); das übrige Gefieder rund und ziemlich weich; Flügel etwas stumpfer als bei Molobrus, die erste Schwinge kürzer als die zweite, welche mit der dritten die längste ist; Schwanz länger und abgerundet, die Seitenfedern etwas verkürzt; Beine kräftiger, solider gebaut, besonders die Zehen und Krallen stärker.

Psarocolius unicolor.

Icterus unicolor *Licht.* Doubl. d. zool. Mus. 19. 178. — *Pr. Max z. Wied* Beitr. III. b. 1208. 3.
Agelaius Chopi *Vieill.* N. Dict. d'hist. nat. Tm. 34. pag. 537. — *Id.* Enc. méth. Orn. 713. — *Bonap.* Consp. I. 425. 917. 3.
Icterus sulcirostris *Spix* Av. Bras. I. 67. 2. tb. 64. 2.
Psarocolius sulcirostris *Wagl.* S. Av. 29.
Agelaius sulcirostris *Swains.* two Cent. 303. no. 69. fig. 50. a.
Aphobus Chopi *Caban.* Mus. Hein. I. 194. 928.
Chopi, *Azara* Apunt. I. 282. 62.

Schwarz, matt seidenartig glänzend, das alte Männchen etwas grünlich metallisch schillernd.

Beträchtlich größer als unser Staar (Sturnus vulgaris), aber dessen wahrer Stellvertreter in Süd-Amerika. — Ganzes Gefieder kohlschwarz, seidenartig glänzend, bei alten Vögeln, besonders die Brust, etwas grünlich metallisch schillernd. Schnabel hornschwarz, der Mundrand des Oberkiefers etwas abwärts gebogen, vom Nasenloch aus zwei schwache Furchen, und zwei recht starke vom Kinnrande her schief über die Seiten des Unterkiefers. Kopffedern bis zum Nacken lang, schmal, zugespitzt. Flügel nicht völlig bis auf die Mitte des Schwanzes reichend, doch etwas länger als die oberen Schwanzdecken. Schwanz nach dem Ende zu breiter, sanft zugerundet, die 3 äußeren Federn jeder Seite etwas verkürzt. Lauf hoch. Hinterzehe sehr lang, mit starkgebogener sanft zugespitzter Kralle.

Ganze Länge 9″, Schnabelfirste 9‴, Flügel 4″ 6‴, Schwanz 3″ 4‴, Lauf 14‴. —

Auf dem Camposgebiet des inneren Brasiliens, und nur da ansäßig, nicht in den dicht bewaldeten Küstenstrecken; lebt in kleinen Gesellschaften auf offenen Triften, wie die Staare, geht viel am Boden, sucht Insekten im Mist der Hausthiere auf der Landstraße oder den Viehweiden, und läßt sich oft ganz nahe bei den Ansiedelungen in Schwärmen auf einzelnen Büschen nieder, ruhet hier einige Zeit, und singt im mannigfachen Tönen durcheinander, bis ein herannahender feindlicher Gegenstand sie aufscheucht und sie lärmend davon eilen. Das ganze Benehmen des Vogels erinnert lebhaft an das des Staars. Die Brasilianer nennen ihn ebenfalls Vira-boste. Das Nisten des Vogels beschreibt Azara nach Angabe seines Freundes Noseda; ich traf einmal am Abhange eines tiefen Hohlweges mehrere Löcher, aus denen mein Sohn den Vogel hervorkommen sah; es gelang uns aber nicht, die Bruthöhle zu erreichen, da der Eingang zu enge war; nach Azara legt der Vogel vier bis fünf ganz weiße Eier. Er frißt übrigens auch Früchte und Sämereien und gewöhnt sich, in der Gefangenschaft, an jede menschliche Nahrung. —

Anm. 1. Bonaparte verbindet mit dieser Art generisch auch den Japú negro *Azara* Apunt. I. 268. 58. — Cassicus solitarius *Vieill.* Enc. méth. Orn. 723. (der übrigens nicht identisch mit Cassicus nigerrimus *Spix* l. l. ist; wie Cabanis nachweist, Mus. Hein. I. 190. Note 2.). Derselbe ist ganz schwarz, mit bleigrauen Beinen und rother Iris; 10½″ lang, der Schwanz 4″, der Schnabel 15‴, der Lauf 17‴; also beträchtlich größer als die vorige Art. — Der Vogel lebt einzeln und wird nicht häufig gesehen; mir ist er unbekannt. —

2. Ein nah verwandter, mir ebenfalls unbekannter Vogel scheint Icterus tanagrinus *Spix* Av. Bras. I. 67. 3. tb. 64. f. 1. zu sein, welchen Cabanis zu seiner Gattung Lamprospar (*Schomb.* Reise III. 682. — Mus. Heinean. I. 194.) rechnet. Nach seiner Angabe unterscheidet sich dieselbe hauptsächlich durch den längeren, spitzeren Schnabel, die stumpferen Flügel, deren vierte Schwinge die längste ist, und den längeren stufigen Schwanz von Molobrus. Die erwähnte Art ist einfarbig schwarz, glanzlos, 7½″ lang und bei Para zu Hause. Azara's Tordo negro y vario (Apunt. I. 313. 71.) — Agelaius cyanopus *Vieill.* Enc. méth. Orn. 719. steht derselben am nächsten.

B. Quiscalidae. Schnabelfirste mehr gekrümmt, die Spitze entschieden herabgebogen; der Schnabel am Grunde schwächer, besonders der Unterkiefer niedriger und die Mundecke weniger scharf abgesetzt.

Anm. Die Mitglieder dieser Gruppe sind mehr in der nördlichen Tropenzone Amerikas einheimisch, und bewohnen die südlichen Gegenden nicht; ich habe keine Art auf meiner Reise getroffen. Die Gattungen Scolecophagus, Quiscalus oder Chalcophanes gehören hierher, sie bilden den Uebergang zu den Corvinen.

12. Gatt. Quiscalus *Vieill.*

Chalcophanes *Caban.*

Schnabel dem von Oriolus ähnlicher als dem von Sturnus, die Stirnschneppe schmal und kurz, die Nasengrube zwar lang, aber nur eine kurze Strecke befiedert, daher die nackte Haut über dem Nasenloch deutlich sichtbar bleibt; Schnabelfirste sanft gebogen, die Spitze deutlich herabgekrümmt, der Mundwinkel nicht so herabgezogen wie bei den vorhergehenden Gattungen. Gefieder schwarz, stark metallisch glänzend. Flügel bis auf die Mitte des Schwanzes reichend, ziemlich spitz, die erste und zweite Schwinge ein wenig verkürzt, die dritte mit der vierten die längsten. Schwanz mäßig lang, stark zugerundet, die Seitenfedern verkürzt. Beine zierlicher, mehr drossel- als staarartig; der Lauf hoch, die Zehen lang und dünn, die Außen- und Innenzehe gleich lang, die Krallen spitz, aber nicht sehr stark gekrümmt. —

Quiscalus lugubris.

Swains. two Century and a Quart. etc. pag. 229. no. 57. fig. 54. c. — *Bonap.* Consp. I. 424. 3.
Chalcophanes lugubris *Caban.* Mus. Hein. I. 197. 938.

Violettschwarz, Flügel grünlich schillernd.

Schnabel nicht völlig so lang wie der Kopf, glänzend schwarz. Iris braun. Gefieder violettschwarz, mäßig und nicht sehr lebhaft metallisch glänzend; die Flügel und der Schwanz etwas ins Erzgrünliche fallend; die Beine wie der Schnabel glänzend schwarz. —

Ganze Länge 10″, Schnabelfirste 14‴, Flügel 4″ 7‴, Schwanz 4″, Lauf 1″ 2‴. —

Im nördlichen Brasilien, bei Pernambuco, Para und am Amazonenstrom; lebt auf offenen Plätzen, an Wegen, sucht im Pferdedung nach Nahrung und vertritt hier die Stelle der südlichen Psarocolien. —

Anm. Ich habe den Vogel nicht gesehen und gebe darum keine weitere Beschreibung. Wie er sich von Quiscalus jamaicensis *aut.*, Sturnus dominicensis *Daud.* und Quisc. minor *Caban. Schomb.* Reise III. 683. 81. — Mus. Hein. I. 197. 939. unterscheide, ist mir nicht recht klar, und möchten diese einander sehr ähnlichen Vögel wohl alle zu einer Art zu rechnen sein. Von letzterer liegt mir ein Individuum aus Surinam vor.

2. Corvinae.

Schnabel zumal nach vorn höher, dicker, stärker, die Firste mehr herabgebogen, die Spitze etwas hakig herabgekrümmt. Nasengrube breit, von anliegenden Federn bedeckt, deren Spitzen über das runde Nasenloch herüberreichen. Gefieder meist derbe und stark gebaut, vorwiegend schwarz gefärbt, bei den Süd-Amerikanern ganz oder z. Th. himmelblau; am Flügel ist die erste kleinere Handschwinge vorhanden, obgleich sie beträchtlich, mitunter bis zur Hälfte der zweiten, verkürzt zu sein pflegt; es sitzen also zehn Federn am Handtheil des Flügels. Schwanz groß, stark, aber nicht grade lang, mehrentheils abgerundet, stets aus zwölf Federn gebildet. Beine stark, die Zehen weniger lang, fleischig, nur der Daumen sehr groß, mit kräftigen gekrümmten Krallen. —

Eigentliche Raben und Krähen sind in Süd-Amerika nicht ansäßig, sie werden dort von ganz anderen Vögeln vertreten; wirkliche Corvinen treten daselbst nur in Hähergestalt auf und gehören zu den schönsten Arten dieser durch ziemlich kurzen Schnabel und längere Schwanzform ausgezeichneten Unterabtheilung.

13. Gatt. Cyanocorax *Boje.*

Uroleuca *Bonap.*

Ihre kurzen, nur bis auf die Basis des Schwanzes reichenden Flügel, deren fünfte und sechste Schwinge die längsten sind, zeichnen die hierher gehörigen Arten aus, alle anderen Merkmale verbinden sie mit der folgenden; die größere Länge des Schwanzes ist nur scheinbar, auch die Haubenbildung der Federn des Oberkopfes nicht ihnen ausschließlich eigen.

1. Cyanocorax pileatus.

Corvus pileatus *Temm.* pl. col. 58.
Pica pileata *Wagl.* Syst. Av. no. 28.
Pica chrysops *Vieill.* N. Dict. d'hist. nat. Tm. 26. p. 121. — *Id.* Enc. méth. Orn. 884. — *Id.* Gal. d. Ois. II. 157. pl. 101.
Uroleuca pileata *Bonap.* Consp. I. 380. 4.
Cyanocorax pileatus *Caban.* Mus. Hein. I. 224. 1036.
Cyanurus pileatus *Swains.* Fn. Am. bor. II. 495. 7.
Acahé, *Azara* Apunt. I. 253. 53.

Rückengefieder blau, Bauchseiten und Schwanzspitze weiß; Stirn, Kehle, Oberkopf und Vorderhals schwarz.

So groß wie eine Elster (Corvus Pica *Linn.*), doch der Schwanz beträchtlich kürzer. — Schnabel und Beine glänzend schwarz. Iris weißgelb. Stirn, Zügel, Oberkopf, dessen Federn haubenartig nach hinten verlängert sind, Halsseiten, Kehle und Vorderhals bis zur Brust kohlschwarz; über und unter dem Auge ein breiter, mondförmiger, himmelblauer Fleck, ersterer und der Hinterkopf weißlich gerandet. Nacken, Rücken, Flügel und Schwanz ultramarinblau, die Schwanzfedern an der bedeckten Strecke schwarz, die Spitzen der Schwanzfedern breit weiß; ebenso die ganze Unterseite von der Brust bis zum Steiß und die Innenseite der Flügel; die Schwingen auf der Innenseite grau. —

Ganze Länge 14″, Schnabelfirste 10‴, Flügel 6″, Schwanz 6½″, Lauf 19‴. —

Ueber das ganze wärmere Amerika verbreitet, aber mehr im Binnenlande, als im Waldgebiet heimisch; lebt wie die Elster meist paarig, nistet ziemlich kunstlos auf hohen Bäumen, legt 2 bläulichweiße, braun gefleckte Eier, und frißt Körner oder Insekten je nach der Jahreszeit. Die Stimme des Vogels ist laut aber unangenehm. —

2. Cyanocorax cyanopogon.

Corvus cyanopogon *Pr. Max z. Wied* Beitr. III. b. 1247. 1. — *Temm.* pl. col. 169.
Pica cyanopogon *Wagl.* S. Av. no. 27.
Uroleuca cyanopogon *Bonap.* Consp. I. 379. 814. 3.
Cyanocorax cyanopogon *Caban.* Mus. Hein. I. 224. 1037.
Cyanurus cyanopogon *Swains.* Fn. Am. bor. II. 495.

Oberkopf, Kehle und Vorderhals schwarz; Nacken, Unterseite und Schwanzspitze weiß; Rücken, Flügel und Schwanzgrund braun, Backen blau.

Etwas kleiner als die vorige Art, sonst ebenso gestaltet. Schnabel und Beine glänzend schwarz. Iris goldgelb. Stirn und das haubenartig verlängerte Gefieder des Oberkopfes nebst der Kehle, den Halsseiten und dem Vorderhalse kohlschwarz; über dem Auge ein weißer Bogenstreif, die Backen unter dem Auge bis zum oberen Rande herum ultramarinblau. Nacken, Brust, Bauch, Steiß und Schwanzspitze weiß; Rücken, Flügel und Basis des Schwanzes schwarzbraun; Innenseite der Flügel weiß, der Rand schwarz gefleckt, die Schwingen grau. —

Ganze Länge 12″ 9‴, Schnabelfirste 10‴, Flügel 5¼″, Schwanz 6″, Lauf 1½″. —

Das Männchen ist lebhafter gefärbt, als das Weibchen und besonders im Nacken nicht rein weiß, sondern hell himmelblau, welche Farbe sich an den Halsseiten bis zur Brust hinabzieht; der junge Vogel gleicht dem Weibchen und unterscheidet sich von ihm durch die kleine Kopfhaube.

In den Wäldern der Küstenstrecke, besonders bei Bahia und weiter nach Norden zu nicht selten; hat die Lebensweise und Manieren unseres Hähers (Corvus glandarius *Linn.*) und frißt, wie dieser, sowohl Insekten als auch trockne Samen, besonders der größeren Waldbäume.

14. Gatt. Uroleuca *Bonap. Cab.*

Schnabel nach Verhältniß höher und stärker als bei der vorigen Gruppe; das Gefieder fast ebenso, nur die Flügel viel länger und bis auf die Mitte des Schwanzes reichend; erste Schwinge halb so lang wie die vierte, längste, die zweite stark, die dritte wenig verkürzt; Schwanz etwas stumpfer gerundet, d. h. die mittleren Federn kürzer und daher auch im Ganzen kürzer erscheinend.

Uroleuca cristatella.

Corvus cristatellus *Pr. Wied* Beitr. III. b. 1251. 2. — *Temm.* pl. col. 193.
Pica cristatella *Wagl.* Syst. Av. I. no. 26.
Corvus splendidus *Licht.* Doubl. d. zool. Mus. 21. 200.
Corvus tricolor *Natt. Mikan Del.* Fn. et Flor. Bras. 2.
Uroleuca cyanoleuca *Bonap.* Consp. I. 379. 814. 2. — *Cabanis* Mus. Hein. I. 225. 1039.

Kopf, Hals und Oberrücken schwarzbraun; Flügel und Schwanzgrund himmelblau; Brust, Bauch, Steiß und Schwanzspitze weiß. —

Etwas gedrungener gebaut als die vorigen beiden Arten, besonders der Schnabel viel dicker und länger; er nebst den Beinen glänzend schwarz, Iris perlgrau. Gefieder der Stirn schopfartig verlängert, zumal die vordersten Federn, übrigens wie der ganze Kopf, Hals, Nacken und Oberrücken schwarzbraun; der übrige Rücken blau überlaufen, die Flügel und Basis des Schwanzes reiner ultramarinblau, die bedeckten Stellen der Schwingen, schwarz; die Endhälfte des Schwanzes breit weiß, ebenso die Brust, der Bauch, der Steiß und die Innenseite der Flügel, mit Ausschluß der grauen Schwingen und des schwarzen Randes. —

Ganze Länge 15″, Schnabelfirste 1″, Flügel 7½″, Schwanz 5″, Lauf 2″. —

Auf dem Camposgebiet des inneren Brasiliens und dort nicht selten; man sieht den Vogel aber nur einzeln in den lichten Gebüschen der Campos serrados, wo er bis nahe an die Ansiedelungen kommt, aber in die Gärten nicht leicht sich begiebt. Mein Sohn schoß den Vogel einige Male in der Nähe von Lagoa santa. —

Anm. In dem von mir bereisten Gebiete Brasiliens kommen nur die 3 vorstehend beschriebenen Corvinen vor; weiter nach Norden und Süden finden sich noch einige ganz blaue Arten mit langen spitzen Flügeln, auf welche Bonaparte die Gattung Cyanocorax beschränkt und die Cabanis zu einer eigenen Gattung Coronideus erhebt (Mus. Hein. I. 225.). Da ich diese Spezies nicht selbst untersucht habe, so setze ich bloß ihre Definitionen her:

1. Coronideus coeruleus: Pica coerulea *Vieill.* N. Dict. d'hist. nat. Tm. 26. 126. — *Id.* Enc. méth. Orn. 886. 6. — Corvus azureus *Temm.* pl. col. 168. — Pica azurea *Wagl.* S. Av. no. 25. — Urraca celeste *Azara* Apunt. I. 259. 55. — Kopf bis zum Nacken, Vorderhals, Schnabel und Beine schwarz; das ganze übrige Gefieder ultramarinblau; Flügel und Schwanz auf der Unterseite schieferschwarz. Ganze Länge 14", Schnabelfirste 1¼", Flügel 7", Schwanz 6". — Im ganzen Innern Brasiliens, vom Amazonenstrom bis Rio de la Plata verbreitet; aber nicht häufig. —

2. Coronideus hyacinthinus *Caban. Schomb.* Reise III. 683. 83. — Cyan. violaceus *Dubus.* Rev. zool. 1848. 243. — Cyn. Harrisii *Cassin.* Proc. Acad. Phil. 1848. — hat ganz dieselbe Größe und Färbung, aber der Oberkopf mit dem Nacken ist blau, nicht schwarz, und die Farbe der Flügel viel voller blau als die des Rumpfes. Lebt in Guyana und Columbien. —

3. Coronideus cyanomelas: Pica cyanomelas *Vieill.* Enc. méth. Orn. 884. — *Wagl.* S. Av. I. n. 24. — Corvus Oenas *Licht.* Ms. ber. — Urraca morada, *Azara* Apunt. I. 256. 54. — ist etwas kleiner, hat einen viel kürzeren dickeren Schnabel, eine mehr blaugraue nicht reine blaue Grundfarbe und einen rußbraunen Kopf, Hals und Oberbrust mit sammetschwarzer Stirn, Zügel und Augengegend. Bewohnt Rio grande do Sul, Montevideo und Paraguay. — Ganze Länge 13", Schnabelfirste 11‴, Flügel 6¾", Schwanz 6⅓". —

Vierte Ordnung.
Girrvögel. Gyratores.

Dreiundzwanzigste Familie.
Tauben. Columbinae.

So leicht es in den meisten Fällen ist, eine Taube schon beim ersten Anblick zu erkennen, so schwer hält es oft, die feineren Unterschiede der Arten und ihre Verbindung zu natürlichen Gruppen herauszufinden. Ganz kürzlich hat sich der Prinz Ch. Bonaparte dieser Aufgabe unterzogen und sie mit bekanntem Geschick gelöst. (Comptes rendus des Scéanc. hebdom. etc. Vol. XXXIX et XL. 1854. 2. und 1855. 1.). Wir benutzen hier seine Arbeit und beschränken unseren Antheil bei Bearbeitung der Brasilianischen Tauben-Arten auf die Beschreibung der in Brasilien selbst beobachteten Spezies. Zuvor eine allgemeine Charakteristik der Tauben-Gestalt.

Der Schnabel der Tauben ist ziemlich fein gebaut, nie länger als der Kopf, in der Mitte etwas dünn, von Haut bekleidet und vorn an beiden Hälften mit einer gewölbten, kuppenartigen Hornplatte versehen, welche am Oberschnabel zwar stumpf bleibt, aber etwas hakig abwärts gebogen ist. Im Oberschnabel zieht sich eine lange Nasengrube herab, deren hintere Partie eine bauchige Knorpelschuppe einschließt, über welche sich die zarte Wachshaut ausbreitet; dieser Theil des Schnabels pflegt mit einem weißen Puderstaube bedeckt zu sein, die hornige Kuppe ist bald hell weißlichgrau, bald dunkler schwarzgrau gefärbt. Das Nasenloch bildet eine Längsspalte am unteren Rande der Schuppe und steht nach vorn weiter auf. Die Firste des Schnabels ist nie scharf, stets etwas abgeplattet; der Unterkiefer an den Seiten nicht bloß vertieft, sondern in der Vertiefung befiedert. Zähne oder Kerben hat der Schnabel am Rande nicht; besonders wenn, wie Bonaparte will, die scharf gezahnte Gattung Didunculus unter die Hühner in die Nähe von Odontophorus gehört. — Die Zunge der Tauben ist stets weich, klein, etwas fleischig und ungefasert. —

Das Gefieder zeichnet sich durch seine derbe, feste Beschaffenheit kenntlich aus; die einzelnen Federn sind groß, breit abgerundet, unten dunig, aber nicht mit einem Afterschaft versehen; Dunen zwischen den Conturfedern fehlen, ebenso die kleinen Federn am Rande der stets ganz nackten, bisweilen warzig papillösen Augenlieder. Die Flügel sind von mäßiger Länge, die Schwingen zugespitzt, und die ersten bald mehr bald weniger verkürzt. Es sitzen am Handtheil zehn Federn, am Arme eilf bis zwölf, seltener funfzehn, nie mehr; letztere sind ziemlich breit, stumpf abgerundet und von gleicher Länge. Der Schwanz ist bald lang und zugespitzt, bald breit und abgerundet, aber nicht gabelförmig gestaltet; er enthält bei den Arten Amerikas nur zwölf Federn, bei denen der östlichen Hemisphäre mitunter mehr (bis sechszehn), aber nie weniger. Die Bürzeldrüse ist am Zipfel unbefiedert. —

Auch den jungen im Neste liegenden Vögeln fehlt anfangs jedes Dunenkleid, eine Eigenschaft, worin die Tauben weit mehr mit den Singvögeln, als mit den Hühnern übereinstimmen. Zuerst erscheinen steife, gewöhnlich gelbe, Borsten auf den Spitzen der durchbrechenden Conturfedern, hernach die derben Conturfedern selbst. Alle Tauben legen zwei weiße Eier und füttern ihre Jungen mit den im Kropfe der Aeltern erweichten Nahrungsmitteln, welche in großen trockenen Pflanzensamen bestehen.

In der Fußbildung der Tauben herrscht die Anordnung der Hockvögel, aber nicht deren Bildung. Die Befiederung reicht allgemein bis zum Hacken, oder dehnt sich bisweilen darüber hin aus. Der Lauf ist im Ganzen kurz und selten länger als die Mittelzehe; er pflegt vorn mit kurzen Querschildern bedeckt, hinten netzförmig getäfelt oder nackt zu sein. Von den vier Zehen steht der Daumen immer nach hinten, die drei anderen nach vorn. Ersterer ist klein, viel kleiner als gewöhnlich bei den Singvögeln und mit einem mäßigen, doch seitlich zusammengedrückten Nagel besetzt; die drei vorderen Zehen haben denselben Bau, sind aber schlanker, länger, und wie der Daumen auf der Oberseite von kurzen, gleich großen Halbgürteln bekleidet, unten warzig; die mittlere Zehe ist stets länger als die beiden andern unter sich gleich langen. Eine Spannhaut fehlt entweder, oder sie ist zwischen der Außenzehe und der Mittelzehe vorhanden. Bei einigen Tauben der östlichen Hemisphäre sind diese Zehen gar verwachsen, bei andern ihre Oberfläche nicht mit Gürtelschildern, sondern mit eckigen kleinen Täfelchen in mehreren Reihen bekleidet. —

Anatomisch zeichnen sich die Tauben durch einen großen Kropf, einen kräftigen Muskelmagen und kurze Blinddärme aus. Ihr Knochensystem ist nicht sehr derbe und größtentheils pneumatisch. —

In ihrer Lebensweise sind sie durch die strenge Monogamie und das übereinstimmende Kolorit beider Geschlechter den Hühnern höchst unähnlich; sie nähren sich, gleich letzteren, nur von vegetabilischer Kost, z. Th. von fleischigen Früchten, die meisten von harten, trocknen Samen und verbreiten sich, mit merkwürdigem Festhalten der allgemeinen Form, über die ganze Erdoberfläche, kommen aber in den wärmeren Gegenden viel häufiger vor, als in den kalten. Europa besitzt nur 7 Arten von den 225 bekannten, Amerika 120, also über die Hälfte aller Tauben; aber die größere Menge derselben ist außerhalb Brasilien, über Nord-Amerika, Mexico, Westindien und das Cordillerengebiet verbreitet. In Brasilien giebt es fast nur Waldtauben, welche auf Bäumen nisten, keine Felsentauben; selbst die so häufig am Boden sichtbaren kleinen Erdtauben bauen ihre Nester in Gebüschen, wenn auch nicht grade im dichten Urwalde. Sie haben die bekannte girrende oder turtelnde Stimme, welche man häufig in den Wäldern hört, und heißen bei den Einwohnern Brasiliens ohne Unterschied Pomba, mit Zusätzen für die verschiedenen Arten. —

Der Prinz Bonaparte theilt in seiner oben citirten Bearbeitung die Tauben nach der Fuß-, Flügel- und Schwanzbildung in zwei Hauptgruppen, 5 Familien und 12 Unterfamilien. Davon bewohnen nur 2 Unterfamilien, die der ächten Columbiden, und die Zenaiden Süd-Amerika; wir haben also auch nur diese beiden hier zu schildern.

1. Columbidae.

Tauben mit kurzem Lauf, welcher die Länge der vorderen Mittelzehe nicht ganz erreicht, und derbem breitem, abgerundeten Schwanze, dessen äußere Federn nicht viel verkürzt und ebenso breit sind, wie die mittleren. —

1. Gatt. Chloroenas *Reich.*

Lauf am Hacken herum, besonders auf der Vorderseite befiedert, oder von überhängenden Federn bedeckt, die untere Partie vorn mit schwach abgesetzten, mitunter getheilten Halbgürteln bekleidet, hinten fein warzig; Mittelzehe sehr lang, viel länger als die seitlichen Zehen und der Lauf; die Innenzehe etwas kürzer als die Außenzehe. Schnabel ziemlich kurz, am Grunde von dem herabsteigenden Stirngefieder bekleidet; die Nasenschuppe lang, schmal, z. Th. neben dem Stirngefieder sich erstreckend. Flügel lang, bis zur Mitte des Schwanzes reichend, die Handschwingen schlank zugespitzt, etwas gebogen; die dritte Schwinge die längste. Schwanz sehr breit und nach Verhältniß lang, die äußeren Federn recht merklich verkürzt.

Hierher die größten Waldtauben Brasiliens mit matt metallisch schillerndem Rücken, aber ohne lebhaft metallisches Hals- oder Nackengefieder; von trüb rothgrauer Farbe. —

1. Chloroenas rufina.

Temm. Pig. 59. pl. 24. — *Id.* hist. nat. d. Pig. et Gall. I. 245. — *Pr. Max z. Wied* Beitr. IV. 453. 2. — *Wagl.* Syst. Av. sp. 64. — *Schomb.* Reise III. 743. 334.
Pomba Caçaroba oder Saroba der Brasilianer.

Blaugrau; Stirn, Vorderhals, Brust und Rücken weinroth; Schwingen und Schwanz graubraun. —

Nicht ganz so groß wie unsere Waldtaube (Col. Oenas *Linn.*) und auch von deren Ansehn. Schnabel schwärzlich, Iris hellroth. Gefieder in der Hauptsache ein schönes helles Bleigrau; Stirn bis zu den Augen, Hals, Brust und der Rücken vor den Flügeln weinroth, etwas ins Violette spielend, besonders die Brust, im Nacken ein leichter Kupferschiller bei alten Vögeln. Flügel, besonders die Schwingen und der Schwanz schiefergraubraun, die vorderen und äußeren etwas dunkler und schwärzer als die hinteren; der Außenrand ins Gelbliche spielend; Kehle und Aftergegend weißlichgrau; die Innenseite der Flügel hell gelblichgrau. Beine lebhaft taubenroth, wie bei unseren Arten. —

Das Weibchen ist etwas kleiner als das Männchen, hat mattere Farben und keinen Metallschiller im Nacken; der Oberrücken ist graubraun, wie die Flügel. —

Ganze Länge 12″ 6—8‴, Schnabel 8‴, Flügel 7—7¼″, Schwanz 4″ 6—8‴, Lauf 10‴, Mittelzehe 12—13‴ ohne Kralle. —

Ich erhielt diese große Tauben-Art mehrmals in Lagoa santa, wo sie in den benachbarten Waldungen ziemlich häufig vorkam. Der Prinz zu Wied traf sie im Walde schon bei Rio de Janeiro, dagegen ist sie mir in den Gebirgsthälern bei Neu-Freiburg nicht vorgekommen. —

2. Chloroenas infuscata.

Lichtenstein Doubl. d. zool. Mus. 66. 682. — *Wagl.* Syst. Av. sp. 65.
Columba locutrix *Temm.* pl col. 166. — *Wagl.* Isis 1829. 744. — *Id.* Syst. Av. sp. 62. — *Pr. Max z. Wied* Beitr. IV. 655. 3.
Columba plumbea *Vieill.* N. Dict. d'hist. nat. Tm. 26. pag. 238.
Pomba margosa der Brasilianer.

Weinröthlichbraun, Kehle blaßgelb, im Nacken weinrothe Tupfel; Rücken, Flügel und Schwanz braun, matt metallisch schillernd. —

Nur wenig kleiner als die vorige Art, der Schnabel schwarz, die Iris weinroth. Gefieder weinröthlichgrau, gegen den Rücken hin dunkler; die Flügel und der Schwanz graubraun, mit leichtem metallischem Erzschiller. Im Nacken vor dem Rücken auf jeder Feder ein heller weinrothgelber, schwärzlich nach außen gerandeter Fleck. Außenrand der ersten Handschwingen weißgrau, Endrand der unteren Schwanzdecken rostgelb, wie die Kehle. Beine taubenroth. —

Männchen und Weibchen gleich gefärbt, aber letzteres matter, besonders an der Brust.

Ganze Länge 12″, Schnabelfirste 7‴, Flügel 7″, Schwanz 4″ 8‴, Lauf 10‴, Mittelzehe ohne Kralle 14‴. —

Diese Art erhielt ich in Neu-Freiburg, wo sie sehr häufig war; der Prinz zu Wied traf sie erst am Rio Belmonte und vermuthet, daß sie bei Rio de Janeiro nicht mehr vorkomme. Sie ist eine strenge Waldtaube, welche die Wälder und dichten Gebüsche nicht viel verläßt. —

Anm. Eine dritte hierher gehörige Art, welche mehr den nördlichen Gegenden Brasiliens angehört, ist:

3. Chloroenas vinacea, Columba vinacea *Temm.* Pig 87. pl. 41. — *Id.* hist. nat. d. Pig. et Gall. 303. — *Wagl.* Syst. Av. sp. 78. — Kopf, Hals und die ganze Bauchseite des Körpers hell weinroth, mit Anflug von violett; Rücken, Flügel und Schwanz rußbraun. — Ganze Länge 10″. —

2. Gatt. Patagioenas *Reich.*

Tauben vom Körperbau der Vorigen, nur mit relativ kürzeren Schwänzen, deren Halsgefieder mit schönen metallischen Federrändern gezeichnet ist, die sich wie glänzende Schuppenringe auf mattem Grunde auszeichnen. Ihr Körperbau ist noch gedrungener, als bei

Chloroenas, wozu der kürzere Schwanz und der stärkere, kräftigere Schnabel viel beitragen; die Beine sind wie in der vorigen Gruppe gebildet, aber der Lauf hat vorn gewöhnlich zwei Schilderreihen alternirend neben einander. —

a. Lepidooenas. Die Schuppenzeichnung des Halses dehnt sich über den Rücken und die größere Partie des Körpers aus.

1. Patagioenas speciosa.

Columba speciosa *Gmel. Linn.* S. Nat. I. 2. 783. — *Buff.* pl. enl. 213. — *Lath.* Ind. orn. II. 605. 45. — *Temm.* Pig. pl. 14. — *Id.* hist. nat. d. Pig. et Gall. 208. — *Wagl.* Syst. Av. sp. 63. — *Pr. Max z. Wied* Beitr. IV. 447. 1. — *Schomb.* Reise III. 743. 333.
Pomba Troca der Brasilianer.

Oberkopf und Rücken rothbraun, Schwanz schwarz; Hals und Rumpf weißlich, jede Feder mit grün metallischem violettschillerndem Rande. —

Schnabel roth, nicht schwarz wie bei den Vorigen, Nasenschuppe weiß bepudert; Iris braun, innen orange. — Gefieder des Oberkopfes, Rückens und der Flügel zimmtrothbraun, mit Purpurreflex; Schwingen graubraun, der Schwanz wirklich schwarz. Kehle und Hals im Grunde weiß, aber jede Feder hat einen breiten erzgrünen Saum, vor dem besonders auf dem Halse noch ein violetter Rand sich bildet; am Nacken und auf der Brust wird die Grundfarbe rostgelbroth, am Bauch werden die Ringe schmäler und die Grundfarbe geht hier in Graugelb über. — Das Weibchen ähnelt dem Männchen, ist aber matter gefärbt; der junge Vogel hat anfangs gar keine metallischen Ränder, bekommt aber bald einige am Halse. —

Ganze Länge 12½″, Schnabel 9‴, Flügel 6″ 9‴, Schwanz 4″ 3‴, Lauf 10‴, Mittelzehe ohne Kralle 12‴. —

In den großen Waldungen des nördlichen Brasiliens, von Bahia bis hinauf zum Amazonenstrom und über Guyana verbreitet; besonders in den Küstengegenden einheimisch. —

b. Patagioenas. Die Schuppenzeichnung ist auf den Hals, Nacken und die Oberbrust beschränkt. —

Die z. Th. größeren Arten dieser Gruppe sind in Westindien, Columbien und Venezuela verbreitet und kommen nicht bis nach Brasilien; Bonaparte zieht 3 Spezies her.

2. Patagioenas leucocephala; Col. leucoc. *Linn.* S. Nat. I. 281. 14. — *Lath.* Ind. orn. II. 594. 5. — *Wagl.* Syst. Av. sp. 52. — aus Nord-Amerika. — Größe 12—13″. —

3. Patagioenas imbricata; Columba corentis *Gmel. Lath.* Ind. orn. II. 605. 46. — Col. imbricata *Wagl.* Syst. Av. sp. 48. — von St. Domingo, Portorico und Venezuela. Größe 14—15″. —

4. Patagioenas lamprauchena; Columb. lamprauch. *Wagl.* Syst. Av. sp. 46. — Col. caribaea *Temm.* Pig. 22. pl. 10. — von Portorico. — Größe 17—18″.

c. Crossophthalmus *Bonap.* Rings um jedes Auge ist ein breiter, nackter, fleischfarbener, weiß bepuderter Ring; das Schuppengefieder des Halses ist viel beschränkter.

5. Patagioenas loricata.

Columba loricata *Licht.* Doubl. d. zool. Mus. 67. 700. (excl. Synon.).
Columba gymnophthalma *Temm.* Pig. 48. pl. 18. — *Id.* h. nat. d. Pig. et Gall. 228.
Columba poeciloptera *Pr. Wied* Beitr. IV. 459. 4. juv.
Columba Picazuro *Temm.* Pig. et Gall. I. 111. juv.
Pomba verdadeira der Brasilianer.

Aschgrau; Halsgefieder mit feinen schwarzen Rändern, Bürzel und Schwanz braungrau.

Junger Vogel mit weißer Flügelbinde. —

Gestalt und Ansehn unserer Waldtaube (Columba Oenas), also größer als Pat. speciosus; Schnabel nicht roth, sondern blaugrau, die Schuppe weiß bepudert; beim jungen Vogel trüber, schwärzlicher gefärbt. Iris orange, nach außen dunkler. Gefieder bleigrau, am Halse weinröthlich überlaufen, hier jede Feder mit einer metallischen Bogenlinie, vor welcher sich am Oberhalse ein lichter weißlicher Rand absetzt; Unterrücken lebhafter blaugrau. Flügel graubraun, der Schwanz ebenso, aber mit dunklerem schwarzbraunem Endsaume. Beine taubenroth.

Der junge vom Prinzen zu Wied beschriebene Vogel ist matter rauchgrau gefärbt und hat am Halsgefieder keinen metallischen, sondern bloß einen schwärzlichen feinen Ring; die Deckfedern der Flügel, besonders die großen vor den Schwingen, haben eine breite weiße Spitze, die sich am Außenrande herabzieht, wodurch eine weiße Binde über die Flügel entsteht.

Ganze Länge 14—15″, Schnabelfirste 9‴, Flügel 7″, Schwanz 4½″, Lauf 11‴, Mittelzehe ohne die Kralle 14‴.

In allen großen Waldungen des Waldgebietes Brasiliens, von Rio de Janeiro bis über Bahia hinaus verbreitet; lebt wie unsere Waldtaube, ist aber mehr in den unteren sehr heißen Gegenden zu Hause und kam mir deshalb in den kühlen Gebirgsthälern bei Neu-Freiburg nicht vor. —

Anm. Eine sehr ähnliche, aber etwas kleinere Art ist:

6. Patagioenas maculosa; Columba maculosa *Temm.* Pig. — C. poeciloptera *Vieill.* Enc. méth. Orn. 375. — C. loricata *Wagl.* Syst. Av. sp. 53. —

Crossophthalmus Reichenbachii *Bonap.* Compt. rend. Vol. 30. pag. 1110. — Picazuro *Azar.* Apunt. etc. III. 4. 317. alt, und Paloma cabijas machadas *Azara* ibid. 10. 318. — Sie unterscheidet sich von der vorigen durch geringere Größe (12–13" Länge), einen viel schmäleren nackten Augenring und einen weißen hufeisenförmigen Fleck am Hals- und Nackengefieder; und im jugendlichen Alter durch weiße Flecken am Rücken, aber einen viel schmäleren weißen Rand an den Flügeldeckfedern. — In Süd-Brasilien, Montevideo, Paraguay und den La-Plata Staaten. —

2. Zenaididae.

Kleinere, zierlicher gebaute Tauben mit dünneren, schlankeren Schnäbeln, deren kuppenförmige Spitze länger und mehr ausgezogen ist. Hauptsächlich unterscheiden sie sich durch den relativ viel höheren Lauf und die kürzeren, schwächeren Zehen von den Vorigen. Das Gefieder endet schon am Hacken und läßt den Lauf frei; die Krallen sind feiner, schmäler, spitzer. Zeichnung und Farbe sind variabel. Diese Tauben gehen viel auf den Boden und kommen mehr in die offenen buschigen Gegenden, den dichten Wald vermeidend.

Bonaparte bringt die zahlreichen, ausschließlich in Amerika einheimischen Arten, deren er 53 aufzählt, unter drei Sectionen und 14 Gattungen; wir folgen ihm darin, soweit es für unsere Zwecke erlaubt ist.

a. **Zenaididae genuinae. Schnabel sehr dünn, Fußbildung zierlich; der Lauf nur wenig länger als die Mittelzehe, vorn mit sehr wenig abgesetzten, dünnen Tafeln, in einfacher Reihe bekleidet.**

3. Gatt. Chamaepelia *Swains.*

Sehr kleine Tauben, nicht größer als die Haubenlerche, mit feinem gestrecktem Schnabel, dessen Endkuppe ungemein schmal und langgezogen ist. Sie haben einen schmalen, nackten Ring am Auge, ein weiches Gefieder; kurze stumpfe Flügel, die wenig über die Basis des Schwanzes hinabreichen, mit breiten, stumpf zugespitzten Schwingen, wovon bloß die erste etwas abgekürzt ist, und einen mäßig langen, breiten, nicht stark abgestuften, kurz zugerundeten Schwanz. Die Beine sind sehr fein und zierlich gebaut, die sie bedeckenden Hornschilder aber kräftiger als bei den nachfolgenden, stets größeren Tauben. Von allen brasilianischen Arten sind sie diejenigen, welche den Boden am meisten und vorzugsweise betreten; man sieht sie auf den

Wegen im Pferdedung nach Nahrung suchen, wie bei uns die Ammern und Sperlinge. —

a. Gefieder mit Schuppenzeichnung am Halse. Chamaepelia *Bonap.*

1. Chamaepelia griseola *Bonap.*

Bonaparte Compt. rend. XL. 21. 5.
Columba minuta *Temm.* Pig. 28. pl. 16. — *Wagl.* Syst. Av. I. sp. 89.
Columba griseola *Spix.* Av. Bras. II. 58. 4. tb. 75. a. 2.
Paloma enana, *Azara* Apunt. III. 25. no. 325.

Bräunlichgrau, Halsseiten und Nacken mit dunkleren Bogenlinien; Schwingen rostroth, braun gerandet; Schwanz schwarz, die äußerste Feder mit weißem Endrande.

Schnabel blaugrau, die Nasenschuppe weiß bestäubt; Iris perlgrau. Gefieder rostbräunlichgrau; die Federnränder am Kopfe, Halse bis zur Brust hinab heller, weißlicher; die Mitte jeder Feder dunkler, nach der Brust zu metallisch violett schillernd; der ganze Grundton auf der Brust mehr ins Weinrothe spielend. Bauch und untere Schwanzdecken weiß, die Flügel außen graubraun, innen rostroth, die Deckfedern z. Th. mit großen violettmetallischen Flecken; die Schwingen rostroth, am Außenrande schwarzbraun. Der Schwanz ist schieferschwarz, die äußerste Feder jeder Seite am Ende weiß gesäumt. Beine fleischroth. —

Ganze Länge 5″, Schnabelfirste 5‴, Flügel 3″, Schwanz 2″, Lauf 6‴.

Bewohnt das Camposgebiet im Innern Brasiliens und erstreckt sich südwärts bis nach Paraguay, nordwärts bis zum Amazonenstrom.

Anm. Nach Bonaparte ist die ächte Columba minuta *Linn.*, nicht diese Art, sondern die Jugendform seiner C. passerina, welche in Guyana zu Hause ist. Ein etwas größerer Körperbau und leichte Verschiedenheiten der Färbung trennen sie von der hier beschriebenen südlichen Art. Bonaparte unterscheidet davon, a. a. Orte noch 5 ähnliche Spezies:

2. Chamaepelia passerina *aut.* ist am dunkelsten gefärbt und in Nord-Amerika zu Hause. Von Buffon pl. enl. 243. abgebildet.

3. Chamaepelia granatina stammt von Bogota und hat eine ganz graue Grundfarbe, ohne weinrothen Anflug; die Flecken auf den Flügeln sind granatroth.

4. Chamaepelia albivitta von Carthagena, hat beim Weibchen eine grauliche, beim Männchen eine rothe Grundfarbe und amethystfarbige Flügelflecken.

5. Chamaepelia trochilia von Martinique ist ohne allen rothen Anflug, ganz aschgrau, mit sehr großen, herzförmigen Metallflecken auf den Flügeln.

6. Chamaepelia amazilia hat einen ungefleckten weißlichgrauen Vorderhals, eine weinrothe Unterseite und sehr kleine Metallflecken auf den Flügeln; sie ist die kleinste Art und kommt aus Peru. —

b. Gefieder ohne Schuppenzeichnung am Halse. Talpacotia *Bonap.*

7. Chamaepelia Talpacoti.

Columba Talpacoti *Temm.* Pig. 22. pl. 12. — *Wagl.* Syst. Av. sp. 86. — *Pr. Max z. Wied* Beitr. IV. 465. 6. — *v. Tschudi* Fn. per. Orn. 45. 7. — *Schomb.* Reise britt. Gyan. 744. 336.
Talpacotia cinnamomea *Bonap.* l. l. 22. 1.
Chamaepelia cinnamomea *Swains.*
Columba Cabocolo *Spix.* Av. Bras. II. 58. 3. tb. 75. a. 1.
Paloma roxica *Azara* Apunt. III. 21. 223.
Pomba rolla der Brasilianer.

Oberkopf und Nacken blaugrau; ganzes Gefieder weinrothbraun, Schwingen und Schwanz schwarz.

Schnabel kürzer und kräftiger als bei der vorigen Art, hornbraun, hinten weiß bepudert, vorn dunkler. Iris rothgelb. Oberkopf und Nacken hell bleigrau; Stirn, Zügel und Kehle röthlichweiß; von da an das ganze übrige Gefieder schön weinrothbraun; die Flügel mehr ins Zimmtrothe fallend, auf den größeren Deckfedern und den hinteren Armschwingen je ein schiefer schwarzvioletter Randstreif in der Außenfahne vor der Spitze; Schwingen mit Ausnahme der drei letzten, die rothbraun sind, graubraun, nach innen heller, weißgrau; innere Flügeldeckfedern am Bug schwarz. Schwanz schwarz, die beiden Mittelfedern rostroth, die anderen mit röthlichem Endrande. Beine fleischroth.

Das Weibchen ist heller matter gefärbt und hat nur wenige schiefe Flecken auf den Flügeln, welche den hintersten Armschwingen zukommen; den jungen Vögeln fehlen sie ganz; dafür haben letztere deutliche röthliche Randsäume am Schwanz.

Ganze Länge 7—$7\frac{1}{2}$″, Schnabelfirste 5‴, Flügel $3\frac{1}{2}$″, Schwanz $2\frac{1}{2}$″, Lauf 6‴, Mittelzehe ohne Kralle $5\frac{3}{4}$‴. —

Ueberall gemein in ganz Brasilien, selbst in den Dörfern und Städten; läuft auf dem Boden und kommt bis in die Fahrwege der Vorstädte Rio de Janeiros.

Anm. Auch diese Art löst Bonaparte a. a. O. in 3 verschiedene Spezies auf, die andern beiden sind:
8. Talpacotia rufipennis aus Columbien; mehr rostrothbraun, mit ganz rostrothen, nur am Rande schwarzbraunen Schwingen.
9. Talpacotia Gadinae, aus Ecuador oder Mittel-Amerika; größer, olivenbräunlich mit weinrothen Nacken- und Flügeldeckfedern, dunkelbraunen Schwingen und größeren schiefen Flecken im Flügel.

4. Gatt. Columbula *Bonap.*

Columbina *Spix.*

Der feine, zierliche Schnabel und die zarten Füße verbinden die hierher gehörigen Arten innig mit den vorigen; selbst das Gefieder ist eben so weich, wie bei jenen und der Flügelschnitt eben so kurz, nur wenig über die Basis des Schwanzes hinabreichend, mit mäßig verkürzter erster Schwinge; — aber der lange, schmalfedrige Schwanz, dessen Seitenfedern stark stufig abgekürzt sind, unterscheidet die hierher gehörigen Arten sogleich von den vorigen.

Nach dem Colorit und der Zeichnung des Gefieders zerfällt auch diese Gattung in Gruppen, welchen ich jedoch keinen generischen Rang zuerkennen kann.

1. Scardafella nennt Bonaparte (a. a. O. S. 24.), nach einer Bezeichnung im Dante (!), die Gruppe, deren Gefieder schwarze Ränder hat, was dem Kolorit ein schuppenförmiges Ansehn giebt.

1. Columbula squamosa.

Temm. Pig. 127. pl. 59. — *Id.* hist. nat. d. Pig. et Gallin. 336. — *Wagl.* Syst. Av. I. sp. 104. — *Pr. Max z. Wied* Beitr. IV. 469. 7.
Scardafella inca *Bonap.* l. l. 24.
Picui-pinima *Marcgr.* h. nat. Bras. 204.

Oberseite grau, Unterseite weiß, beide mit feinen schwarzen Federrändern; Schwingen schwarz, innen rostroth; Schwanzfedern schwarz, mit weißer Spitze der äußeren.

Eine ungemein hübsche, schlanke Taube, kaum so groß wie eine Singdrossel (Turd. musicus), mit schwärzlich braunem Schnabel und rother Iris, deren Gefieder am Oberkopf, Nacken, Rücken und auf den Flügeln einen etwas röthlich angeflogenen, aschgrauen Grundton hat, während die Stirn und die ganze Unterseite darin weiß sind, mit weinröthlichem Anfluge auf dem Vorderhalse. Alle Federn des Rumpfes, oben wie unten, haben einen feinen, schwärzlichen, bogenförmigen Endrand. Ein Theil der Flügeldeckfedern, besonders die großen, und die hintersten Armschwingen sind an der Außenfahne weiß; die Schwingen selbst schwarzbraun, innen breit rostroth gesäumt; die beiden mittleren Schwanzfedern sind dunkel aschgrau, die übrigen schwarz, die drei äußeren jeder Seite am Ende weiß, stufig verkürzt, die vierte mit einem weißen Fleck an der Spitze. Beine fleischroth. Untere Schwanzdecken weiß, obere wie der Rücken, mit schwarzem Spitzensaum. —

Ganze Länge 8″, Schnabelfirste 6‴, Flügel 4″, Schwanz $3^1/_3$″, Lauf $7^1/_2$‴, Mittelzehe ohne die Kralle $7^1/_4$‴. —

Männchen und Weibchen sehen sich ganz ähnlich, ersteres ist etwas größer, voller gefärbt und dichter bogig gerandet; die Jungen sind anfangs graulicher und feiner schwarz gerandet.

Ich fand diese niedliche Taube nur einmal in einem kleinen Schwarme bei der Fazende von Caraucas in Minas geraes; die Individuen waren stets paarig bei einander, aber so scheu, daß wir nur mit großer Vorsicht zum Schuß gelangen konnten. —

2. Uropelia *Bonap.* Gefieder ohne Schuppenzeichnung, mit Metallflecken auf den Flügeln; Schwanz sehr lang, spitz und die Federn stärker an den Seiten abgestuft.

2. Columbula campestris.

Columbina campestris *Spix.* Av. Bras. II. 57. 2. tb. 75. fig. 2. — *Wagl.* Syst. Av. I. sp. 110.
Uropelia campestris *Bonap.* Compt. rend. XL. 24.
Columba venusta *Temm.* pl. col. 341. 1.

Rückengefieder bräunlichgrau, Stirn bleigrau, Vorderhals und Brust weinroth. Hinterste Deckfedern mit weißen Spitzen und Metallflecken. —

Kleiner als die vorige Art, nur wegen des längeren Schwanzes größer erscheinend, als Chamaepelia grisolo. — Schnabel sehr zierlich, schwarzbraun; Iris orange; Augenlieder nackt, fleischroth. Stirn hell bleigrau bis hinter die Augen; Hinterkopf, Nacken, Rücken, Flügel und mittlere Schwanzfedern lederbraungrau; die hinteren großen Deckfedern und die Reihe vor ihnen mit breiten weißen Spitzen, vor denen ein schwärzlich violetter Metallfleck liegt; ähnliche Flecken auch auf den kleinen Deckfedern davor und den hintersten Armschwingen; die übrigen Schwingen schwarz, wie auch das untere Flügeldeckgefieder. Seitliche Schwanzfedern schwarz, mit breiter, schiefer, weißer Spitze; die drei äußeren jeder Seite stark stufig verkürzt. Kehle, Vorderhals und Brust gelblich weinroth; Bauch und Steiß weiß, Beine fleischroth. —

Ganze Länge 6½″, Schnabelfirste 4‴, Flügel 2½″, Schwanz 3¼″, Lauf 6¼‴. —

Im Innern Brasiliens, auf dem Camposgebiet; von Spix im Sertong von Bahia gesammelt; in Minas geraes von mir noch nicht beobachtet.

3. Columbula *Bonap.* Körperbau etwas kräftiger, Schwanz kürzer, die Seitenfedern sehr wenig abgestuft; Colorit einfarbig, mit Metallflecken am Flügel.

3. Columbula strepitans *Spix.*

Columbina strepitans *Spix.* Av. Bras. II. 57. 1. tb. 75. fig. 1. — *Wagl.* Syst. Av. I. sp. 109. — *Bonap.* l. l. XL. 23.

Gelbgrau, Unterseite weiß; am Bug kleine schwärzliche Metallflecken im Deckgefieder; äußerste Schwanzfedern ganz weiß. —

Etwas größer als die vorige Art, aber nicht völlig so groß, wie C. squamosa; kräftiger gebaut, der Schnabel etwas länger, schwarzbraun. Iris orangegelb. Vorderste Stirngegend weißlich; Oberkopf, Nacken, Rücken und mittlere Schwanzfedern gelbbraungrau; kleine Flügeldeckfedern am Bug mit schwarzvioletten Streifen, die großen Deckfedern weiß gesäumt und davor schwärzlich gestreift; Schwingen und innere Flügeldeckfedern ganz schwarz. Aeußere Schwanzfedern ganz weiß, nur die 2 äußersten abgestuft. Unterfläche von der Kehle bis zum Bauch und Steiß weiß, die Brust leicht rosa angeflogen. Beine fleischroth.

Ganze Länge 7″, Schnabelfirste 6‴, Flügel 3″, Schwanz $2\frac{2}{3}$″, Lauf $6\frac{1}{2}$‴.

Im Norden Brasiliens, am unteren Amazonenstrom, bei Para und im Innern stromaufwärts verbreitet; läßt im Fluge einen eigenthümlich schwirrenden Ton hören.

4. Columbula Picui.

Columba Picui *Temm.* hist. nat. d. Pig. et Gallin. I. 435. — *Wagl.* Syst. Av. sp. 87. — *Vieill.* Enc. méth. Orn. 385. — *Knip.* et *Prev.* Pig. pl. 30. Paloma Picui, *Azara* Apunt. III. 23. 324.

Rückengefieder braun, Stirn und Unterseite weißlich; über die Flügel eine Binde saphirblauer Flecken.

Größe der Vorigen; Schnabel und Augenlieder bleigrau, Iris orange. Stirn und Unterseite des Körpers weißlich, die Brust weinroth überlaufen, die Seiten des Halses und der Brust bräunlich. Oberkopf, Nacken, Rücken und Flügel braun; auf den großen Deckfedern eine Reihe saphirblauer, weißlich gerandeter Flecken, deren Farbe bei jüngeren Vögeln matter und schwärzlicher ist; Schwingen und untere Flügeldeckfedern schwarz. Schwanz schwärzlichbraun, die äußerste Feder jeder Seite ganz weiß, die drei folgenden mit weißer Spitze; Beine dunkel fleischroth violett. —

Ganze Länge $7\frac{1}{3}$″, Schnabelfirste $5\frac{1}{2}$‴, der Flügel 2″ 10‴, des Schwanzes 2″ 2‴, des Laufs 8‴.

Bewohnt Süd-Brasilien, Montevideo, Paraguay. —

5. Gatt. Metriopelia *Bonap.*

Der feine, zierliche, ziemlich lange Schnabel und das einfarbige gelbgraubraune Gefieder verbindet die hierher gehörigen Arten mehr mit den vorigen; aber die langen, obgleich nicht spitzen, sondern breit abgerundeten Flügel und der kurze, grade, breite, abgerundete Schwanz unterscheiden sie scharf von jenen. Es sind kleine Tauben von etwas gedrungenem Körperbau, welche besonders im Norden und Westen Süd-Amerikas zu Hause sind, und im östlichen Brasilien nicht mehr vorkommen; daher mir auch keine Art begegnet ist.

Bonaparte, welcher die Gattung aufgestellt hat, zieht dahin:

1. Columba melanoptera *Gmel.* aus Chili.
2. Columba Aymara *D'Orb.* aus Bolivien.
3. Chamaepelia Anais *Less.* — Col. gymnops *Gray.*
4. Columba erythrothorax *Meyen* N. act. ph. med. Soc. Caes. Leop. Car. nat. Cur. Vol. XVI. Suppl. 222. tb. 26. — C. monticola *v. Tschudi* Fn. peruan.
5. Zenaida plumbea *Gosse.* von Jamaica.

6. Metriopelia inornata *Gray.*

Bonaparte, Compt. rend. XL. 24.

Rückengefieder graubraun, Unterseite aschgrau, mit einem röthlichen Anflug; Rücken und Flügeldeckfedern schwarz gestreift. —

Schnabel schwarzbraun. Iris rothgelb. Gefieder sehr wenig ausgezeichnet, die ganze Oberseite des Körpers graubraun; der Rücken und die Flügeldeckfedern mit einem schwarzen Längsstreif auf der Mitte; der Flügelrand am Bug aschgrau. Unterseite des Körpers aschgrau, weinroth angeflogen, besonders auf der Brust; Steiß und untere Schwanzdecken weiß. Schwingen und Schwanzfedern schwärzlich graubraun. Beine fleischroth.

Ganze Länge 9″ 10‴, Schnabelfirste 7‴, Flügel 5″, Schwanz 2″.

Im Innern Brasiliens. —

6. Gatt. Zenaida *Reichenb.*

Schnabel wie bei den vorigen Gattungen, sehr schlank und gestreckt gebaut, mit wenig gewölbter, lang gezogener Kuppe am Ende; Augen von einem schmalen, nackten Ring umgeben. Körperbau und Gefieder derber als bisher; die Flügel lang, bis über die Mitte des Schwanzes hinabreichend; die Handschwingen schmal, lang zugespitzt, schon die erste die längste, die Armschwingen kurz, breit abgerundet. Schwanz eher kurz, als lang, ziemlich schmalfedrig, die einzelnen Federn länglich abgerundet, die Gesammtform kreisförmig gerundet, also die äußeren Federn etwas verkürzt. Beine mit langen, feinen Zehen, kleinen Krallen, aber nicht sehr dünnem Lauf von der Länge der Mittelzehe, welcher vorn geschildet und bis oben hinauf nackt ist. Gefieder vorwiegend rothbraun. —

1. Zenaida maculata.

Bonaparte, Compt. rend. XL. 97.
Columba maculata *Vieill.* Enc. méth. Orn. 376. — *Darwin*, Zool. of the Beagl. III. 115.
Columba aurita *Licht.* Doubl. d. zool. Mus. 66. 686. (nec *Temminck*). — *v. Tschudi* Fn. peruan. Orn. 45. 10. — *Hartl.* Ind. syst. z. Azara 20. — *Wagl.* Syst. Av. I. 70.
Zenaida chrysauchenia *Reichenb.*
Paloma parda machada *Azara* Apunt. III. 17. 322.

Braun; Rücken gelbgraubraun, Vorderhals und Brust rothbraun; an den Seiten des Halses oben schwarze Streifen, darunter Metallflecken. Schwanz weiß gesäumt.

Kleiner als eine Lachtaube (Columba risoria *Linn.*), zierlicher und gestreckter gebaut, besonders auch der Schnabel; schwarzbraun, die Schuppe blaß gelbgrau, weiß bepudert. Gefieder braun, Stirn, Vorderhals und Brust röthlich; Oberkopf, Nacken und Rücken reiner braun; Unterrücken, untere Partie der Flügeldeckfedern und Schwanz graulich; Bauch und Steiß rostgelblich. Am Halse hinter und unter dem Auge zwei schwarze Streifen über einander und darunter die Halsseiten gegen den Nacken zu metallisch messinggelb mit Rosaschiller; die hintersten großen Deckfedern und Armschwingen mit je einem blauschwarzen Fleck auf jeder Feder. Schwingen und vordere große Deckfedern schieferschwarz; erstere fein weiß gerandet, letztere mit blaßgelber Spitze. Unterseite der Flügel grau, der Rand am Bug dunkler. Die zwei mittelsten Schwanzfedern wie der Unterrücken, die anderen oben blaugrau mit weißer Spitze und schwarzer Binde vor der Spitze; unten schwarz mit weißer Spitze, die äußerste Feder jeder Seite auch weiß am Außenrande. Beine fleischroth. —

Ganze Länge 9″, Schnabelfirste 8‴, Flügel 5″, Schwanz 2″ 9‴, Lauf 10‴. —

Im Innern Brasiliens, besonders in Minas geraes, St. Paulo, Sta Catharina und Paraguay, doch mehr auf dem Camposgebiet ansäßig. Mein Sohn schoß ein Exemplar bei Lagoa santa. —

Anm. Bonaparte weist a. a. O. nach, daß: 2. Columba aurita *Temm.* Pig. 60. pl. 25. — C. castanea *Wagl.* Syst. Av. I. sp. 77. nicht diese, sondern eine ganz andere größere Art ist, aus den nördlichen Gegenden Süd-Amerikas und Westindien. Zu ihr gehört Col. martinica *Briss.* — C. bimaculata *Gray.* —

3. Columba amabilis *Bonap.*, welche v. Tschudi mit Z. maculata (seiner C. aurita) verbindet, ist auch davon verschieden und in Nord-Amerika zu Hause.

Noch 2 Species sind: 4. Zen. hypoleuca *Gray.* aus Central-Amerika und 5. Z. ruficauda *Gray.* (Z. mexicana *Bonap.*) aus Columbien. — Vier weitere neue Species werden von Bonaparte a. a. O. definirt und für die verwandte Form der Columba leucoptera *Linn.* S. Nat. I. 617. 15. —

Lath. Ind. orn. II. 595. 6. — *Wagl.* Syst. Av. I. sp. 71. die eigene Gattung Melopelia gegründet, welche durch breite, kurz abgerundete Schwanzfedern von Zenaida sich unterscheidet. — Als eine zweite Art dieser Gattung ist Columb. meloda *v. Tschudi* Fn. peruan. Orn. 44. 2. Taf. 29. aufgeführt.

b. Peristeridae. Schnabel nach Verhältniß stärker, kürzer, höher; imgleichen der ganze Körperbau etwas kräftiger, besonders die Beine; Schwanzfedern breit und breit abgerundet.

7. Gatt. Peristera *Swains. Bonap.*

Der viel kräftigere Schnabel, mit mehr gewölbter Endkuppe und höherer Kieferbildung unterscheidet diese Gattung scharf von Zenaida, mit welcher sie sonst in Farbe und Zeichnung am meisten übereinstimmt; doch ist der Schwanz bei Peristera beträchtlich länger, breiter und stumpfer, auch der Flügelschnitt, wegen der stark verkürzten, am Ende abgesetzt zugespitzten ersten Handschwingen und der längeren Armschwingen, ein etwas anderer. Dagegen findet sich im Fußbau kein hinreichender Unterschied zur Trennung.

Bonaparte und Swainson haben die Gattung wieder in zwei getrennt, welche wir als Untergattungen festhalten.

a. Peristera hat kürzere Armschwingen, die Zuspitzung der ersten Handschwingen ist auch kurz, die zweite schon ebenso lang wie die dritte; der Schwanz länger, schmalfedriger. Männchen und Weibchen im Colorit verschieden.

1. Peristera cinerea.

Bonaparte, Compt. rend. XL. 99.
Columba cinerea *Temm.* Pig. 126. pl. 58. — *Id.* pl. col. 260. fem. — *Wagl.* Syst. Av. I. sp. 85.
Columba ustulata *Licht.* Mus. ber. fem.

Männchen bleigrau, Schwingen und Schwanz schwarz; Flügeldeckfedern violettschwarz gefleckt.

Weibchen gelbgraubraun, Schwingen und Schwanz schwarzbraun; Flügeldeckfedern kleiner violettschwarz gefleckt.

Ein kleines zierliches Täubchen, wenig größer als Columbula Talpacoti. Schnabel bleigrau, die Spitze blasser; Iris orange, innen braun. — Gefieder des Männchens schön blaugrau, am Bauch heller als am Rücken, die Kehle weißlich. Alle Flügeldeckfedern und die hintersten Armschwingen mit einem schwarzvioletten, matt metallischen Fleck auf der Außenfahne. Schwingen und vorderste große Deckfedern schieferschwarz, unten bleigrau;

Schwanz kohlschwarz, die mittelsten Federn grau. Beine fleischroth. — Weibchen wie das Männchen gezeichnet, aber nicht blaugrau sondern gelbgraubraun gefärbt; Kehle, Vorderhals und Brust röthlicher; Bauch, Bürzel und Steiß lichter grau. Alle Flügeldeckfedern mit ähnlichen aber kleineren Flecken wie beim Männchen. Schwingen und Schwanzfedern schwarzbraun, die letzteren rostrothbraun gesäumt. — Junge Vögel beiderlei Geschlechts anfangs wie das Weibchen gefärbt, aber matter, mit viel kleineren Flecken im Flügeldeckgefieder. —

Ganze Länge 8″, Schnabelfirste 7‴, Flügel 4″ 3‴, Schwanz 2″ 8‴, Lauf 8‴. —

Im Waldgebiet des südlichen Brasiliens, besonders in St. Paulo und Sta. Catharina; von mir in 2 männlichen Exemplaren bei Neu-Freiburg gesammelt, aber dort nicht häufig.

2. Peristera Geoffroyi.

Columba Geoffroyi *Temm.* Pig. 125 pl. 57. — *Id.* hist. nat. d. Pig. et Gallin. 297. — *Wagl.* Syst. Av. sp. 81.
Columba trifasciata *Reichenb.* fem.
Pomba do Spelho der Brasilianer.

Männchen grau; Kehle, Bauch und Schwanz größtentheils weiß. Flügeldeckfedern mit breiter violetter Binde.

Weibchen gelbbraun, Schwanz am Grunde schwarz; Flügel mit schmälerer Binde. —

Etwas größer als die vorige Art, doch ähnlich gebaut. Schnabel schwarz, die Spitze weißlich; Iris außen orange, innen braun. — Gefieder des Männchens mehr hell schiefergrau, als bleigrau; Stirn, Kehle, Bauch, Steiß und die größere Partie der Schwanzfedern weiß; alle in der Tiefe schwarz, die mittleren ganz grau. Schwingen braunschwarz; am Bug ein stahlblauer Fleck im kleinsten Deckgefieder; große Flügeldeckfedern mit breiter grünlich violetter Binde an der Außenfahne, welche nach der Spitze zu schwarz gerandet ist, die Spitze selbst weißgrau. Beine fleischfarben. — Weibchen wie das Männchen gezeichnet, aber die Farbe gelbbraun, nur die Kehle und die Aftergegend weißlich, der Rücken aber dunkler als die Bauchseite. Schwingen braun, rostgelb fein außen gerandet. Schwanzfedern schwarz, die äußerste jeder Seite am Rande und die Enden aller rostgelb, die mittelsten 2 ganz braun. Die Zeichnungen am Flügel schmäler und von gleicher Farbe, purpurviolett.

Ganze Länge 9″, Schnabelfirste 7½‴, Flügel 5″, Schwanz 2″ 10‴, Lauf 9‴. —

Ebenfalls bei Neu-Freiburg gesammelt und dort häufiger, als die vorige Art. Der Prinz zu Wied traf den Vogel am Rio Mucuri und Belmonte; er geht nördlicher, als jener. Seine Nahrung besteht nicht bloß in Sämereien, sondern auch in fleischigen Früchten, selbst die reifen Mammongfrüchte geht er an. —

b. Leptoptila *Swains.* Größere Tauben mit einfarbigen Flügeln und gleichem Colorit bei beiden Geschlechtern, deren erste Schwinge sehr lang zugespitzt, deren zweite und dritte auch noch verkürzt, aber deren Armschwingen viel länger sind.

3. Peristera frontalis.

Columba frontalis *Temm.* Pig. 18. pl. 10. — *Id.* hist. nat. d. Pig. et Gallin. 411.
Columba rufaxilla *Richard*, Act. d. l. Soc. d'hist. nat. de Paris I. 74. 1792. — *Wagl.* Syst. Av. I. sp. 69. — *Pr. Max z. Wied* Beitr. IV. 474. 8.
Paloma parda tapadas roxas, *Azara* Apunt. etc. III. 12. 320.
Pomba Juruté der Brasilianer.

Weinrothbraun, im Nacken violettgrau, Rücken und Flügel olivenbraun; Schwanz schwarz, die Seitenfedern mit weißer Spitze; Schwingen innen und untere Flügeldeckfedern rostroth.

So groß wie unsere Haustaube, aber nicht so breitschultrig. — Der Schnabel ist schwarz; die Iris braun, innen rostroth. Gefieder des Rumpfes hauptsächlich bräunlich weinroth, Stirn und Kehle weißlich; Oberkopf bleigrau, Nacken bis zum Rücken violettweinroth; Rücken, Flügel und mittlere Schwanzfedern olivengelbbraun, nach vorn röthlicher. Schwingen außen graubraun, innen rostroth, ebenso die Unterseite der Flügel. Schwanz schwarz, die drei äußeren Federn jeder Seite weißlich am Ende gesäumt, die 4 mittleren bräunlich obenauf; die unteren Schwanzdecken weiß, die Steißgegend gelblichweiß, die Beine taubenroth. —

Das Weibchen und der junge Vogel sind kleiner als das alte Männchen, nicht so lebhaft gefärbt und im Nacken dunkler und mehr schiefergrau violett gefärbt mit grünlichem Metallschiller beim Weibchen. Beide haben viel breitere weiße Spitzen an den Schwanzfedern.

Ganze Länge 10—11″, Schnabelfirste 7—8‴, Flügel 5″ 3‴—5″ 9‴, Schwanz 3″ 4‴—3″ 10‴, Lauf 1″—14‴.

Von allen Tauben, welche ich auf meiner Reise gesehen habe, ist diese die gemeinste in der Waldregion; sie geht zwar ebenfalls viel auf den Boden, aber man sieht sie nicht in offenen Gegenden, wo C. Talpacoti überall im Wege läuft, sondern nur auf den dichten Waldpfaden, wo sie ziemlich gut den Schützen ankommen läßt. Sie nistet im Walde, mäßig hoch, und legt 2 weiße, ziemlich kurze Eier, von denen ich nur 1 mitgebracht habe, das zweite zerbrach auf der Reise.

Anm. Columba jamaicensis *Linn.* Syst. Nat. I. 283. 25. — *Lath.* Ind. orn. II. 595. 8., welche gewöhnlich für gleich mit der hier beschriebenen Art gehalten wird, ist nach Bonaparte davon verschieden, zwar ähnlich gefärbt, aber beträchtlich kleiner. Sie findet sich in Westindien. Wohin die Art Guyana's gehört, weiß ich nicht; Cabanis führt in *Schomb.* Reise III. 744. 337. C. jamaicensis *Linn.* und C. frontalis *Temm.* als Synonymen an.

Noch 4 Arten aus anderen Gegenden Süd-Amerikas rechnet Bonaparte a. a. O. XL. 99. Darunter als beschriebene:

3. Columba erythrothorax *Temm.* Pig 15. pl. 7. — *Wagl.* Syst. Av. I. 68.

4. Columba melancholica *v. Tschudi* Fn. peruan. Orn. 45. 11. tb.

c. Starnoenidae. Plump, besonders kurz und breit gebaute Tauben, mit kurzen Flügeln, deren erste Handschwingen mitunter sehr stark verkürzt, aber nie abgesetzt zugespitzt sind; und hohen dicken Läufen neben kürzeren Zehen.

8. Gatt. Oreopelia *Gosse.*

Schnabel ungemein fein gebaut, schmal, dünn, mit langgezogener Endkuppe und weit über die Nasenschuppe herabreichendem Stirngefieder. Augen von einem breiten, nackten Ringe umgeben. Gefieder sehr derbe und kurzfedrig, daher der Leib so kurz und breit aussieht; die Flügel zwar bis zur Mitte des Schwanzes reichend, aber nur, weil der Schwanz selbst so sehr kurz ist, übrigens ziemlich spitz, doch breitfedrig, nur die beiden ersten Schwingen etwas verkürzt; Armschwingen sehr lang. Schwanz nicht abgerundet, die Seitenfedern eben so lang wie die mittleren; alle breit, am Ende schnell stumpfzugespitzt. Beine mit kurzem dicken, aber ganz glatten, unten schwach getäfelten Lauf und schmalen dünnen, noch ziemlich langen Zehen, deren Krallen kurz, fein und sehr wenig entwickelt sind. —

1. Oreopelia montana.

Columba montana *Linn.* S. Nat. I. 281. 13. — *Lath.* Ind. orn. II. 594. 3. — *Temm.* Pig. 10. pl. 4. — *Buff.* pl. enl. 141. — *Levaill.* Ois. d'Afr. VI. 82. pl. 282. — *Wagl.* Syst. Av. I. sp. 75. — *Pr. Max z. Wied* Beitr. IV. 479. 9. — *Schomb.* Reise III. 744. 338.
Pomba Parirí der Brasilianer.
Paloma roxa y amarilla *Azar.* Apunt. III. 15. 321.

Männchen bräunlich weinroth, dunkler am Rücken; rostgelb am Bauch bis zum Steiß.

Weibchen grünlich olivenbraun am Rücken, rostgelbbraun am Bauch, bis zum Steiß hin fast weißlich.

Eine kurze gedrungene Taube, von der Größe der Lachtaube, aber kürzer wegen des kürzeren Schwanzes. — Schnabel blutroth, die Endkuppe fleischfarben. Iris fein orange gesäumt. Gefieder des Männchens voll und schön weinrothbraun am Oberkopf, Nacken und Rücken; Flügel und Schwanz mehr rostbraun, Kehle und Halsseite blaß rosa, Vorderhals und Brust hell violett weinrothbraun; Bauch, Steiß und untere Schwanzdecken isabellgelb. Vor dem Flügelbug einige weiß gesäumte Federn. Beine taubenroth. — Weibchen nicht weinroth, sondern olivenbraungrün am Oberkopfe, Nacken und den Flügeln gefärbt; Schwingen und Schwanzfedern einfach rauchbraun, fein rostgelb gerandet. Kehle und Vorderhals blaß weißlichgelb, Brust voll braungelb, Bauch blaß isabellgelb, gegen den Schwanz hin beinahe weiß. — Junger männlicher Vogel etwas mehr röthlich als das Weibchen, aber durchaus nicht so voll weinroth, wie der alte; junger weiblicher mehr graugelbbraun, viel matter gefärbt als der alte.

Ganze Länge 9—9½″, Schnabelfirste kaum 5‴ unbefiedert, die Mundspalte 10‴ lang, Flügel 5″ 4‴, Schwanz 2″ 10‴, Lauf 1″. —

Die Art ist über ganz Brasilien und Guyana verbreitet; ihr feiner zierlicher Schnabel, der schmale kleine Kopf, die kurzen derben Flügel, der sehr kurze Schwanz und der dicke Lauf machen sie sehr kenntlich. Ich erhielt sie bei Neu-Freiburg, der Prinz zuerst bei Capo frio und dann nordwärts immer häufiger. Schomburgk beschreibt sie aus Guyana, Azara aus Paraguay. —

Anm. Prinz Bonaparte sucht nachzuweisen, daß auch unter dieser Art mehrere sehr ähnliche Spezies bisher verkannt worden seien, er unterscheidet davon:

2. Columba cayanensis *Briss.*, wohin wahrscheinlich C. violacea *Temm.* Pig. 67. pl. 29. — *Wagl.* Syst. Av. I. sp. 72. gehöre.

3. Columba chrysia *Bonap.*, wohl die wahre C. martinica *Linn.*, von Florida.

4. Columba mystacea *Temm.* Pig. 124. pl. 56. — *Wagl.* Syst. Av. I. sp. 66. — Bogota.

5. Columba frenata *v. Tschudi* Fn. per. Orn. 45. 21. tb. 28. — Peru.

Außerdem ein Paar sehr schöne Arten, welche von ihm a. a. O. XL. S. 101. definirt werden.

9. Gatt. Starnoenas *Bonap.*

Schnabel zwar viel höher und breiter, aber nicht länger als bei Oreopelia, die Kuppe sehr lang, dick gewölbt, kräftig; die Nasenschuppe ziemlich schmal; die Befiederung der Stirn bis über das Nasenloch hinab auf die Schnabelfirste verlängert. Augengegend breit nackt, mit kleinen ovalen Warzen z. Th. zwischen dem Backengefieder bekleidet. Gefieder sehr derbe, aber ziemlich kleinfedrig; Flügel kurz, fast wie beim Rephuhn gebaut, die Handschwingen schmal, säbelförmig gebogen, zugespitzt, die vordersten stark verkürzt, die dritte und vierte die längsten; Handschwingen stumpf, zwar breiter, aber doch nicht sehr breit. Schwanz etwas länger als bei Oreopelia, stumpf zugerundet, die äußeren Federn etwas verkürzt, Beine höchst eigenthümlich, wahrhaft huhnartig, mit langen dicken Läufen, die überall in mehreren Reihen von kleinen, sechseckigen scharf gesonderten Mosaiktafeln bekleidet sind; die vorderen Tafelreihen größer als die hinteren. Zehen entschieden kürzer als der Lauf, dick fleischig, obenauf von gleich großen, kurzen Halbgürteln bekleidet, mit ziemlich großen, stark gebogenen Krallen. —

Starnoenas cyanocephala.

Columba cyanocephala *Linn.* S. Nat. I. 282. 20. — *Buff.* pl. enl. 174. — *Lath.* Ind. orn. II. 608. 54. — *Temm.* Pig. 8. pl. 3. — *Levaill.* Ois. d'Afr. 17. pl. 281. — *Wagl.* Syst. Av. I. sp. 112.
Turtur jamaicensis *Briss.* Av. I. 135. pl. 13. — *Jacq.* Beitr. tb. 17.

Oberkopf blaugrau, Gefieder umbrabraun; Kehle, Vorderhals und Backen schwarz, blau und weiß gefleckt.

Völlig so groß wie eine Haustaube, aber wegen der viel höheren Beine größer erscheinend. Schnabel corallroth, die Kuppe schiefergrau mit weißlicher Spitze; Iris orange. Oberkopf und Zügel hell blaugrau, die Ränder der Stirn und Haube schwärzlich; Backen bis zum Ohr, Kehle und Vorderhals schwarz und weiß getüpfelt, doch so daß die mittlere Partie nur schwarz bleibt; an den Halsseiten auch kleine blaugraue Flecken darin. Gefieder umbrabraun, der Rücken mit den Flügeln reiner braun, die Brust bis zum Bauch hin mehr rothbraun; mitten auf der Brust eine trüb purpurrothe Stelle. Flügel inwendig hellgrau, die Schwingen schieferschwarz, außen und der Schaft umbrabraun. Schwanz obenauf braunschwarz mit schwärzerer Spitze, unten grauschwarz. Beine lebhaft taubenroth.

Ganze Länge 12″, Schnabelfirste 6‴ nackt, Mundrand 1″ lang; Flügel 5″, Schwanz 4″, Lauf 1″ 5‴, Mittelzehe 1″ 1‴ ohne die Kralle. —

Diese sonderbare Taubenform ist vorzugsweise auf den antillischen Inseln zu Hause; sie verbreitet sich nordwärts bis nach Florida, südwärts nach Venezuela und scheint auch die oberen Gegenden Brasiliens am Amazonenstrom zu berühren, weiter südlich aber nicht zu gehen. Sie lebt fast nur auf dem Boden, fliegt schlecht, ist scheu, einsam, still, geht wie ein Rephuhn mit eingezogenem Halse und buckligem Rücken und sitzt gewöhnlich zusammengekauert auf einem niedrigen Zweige, um dort zu ruhen. Ihr Nest ist gleichfalls am Boden.

Fünfte Ordnung.

Scharrvögel. Rasores.

Keine Vogelgruppe gleichen Ranges hat, bei einer so allgemeinen Verbreitung über die Erdoberfläche, eine solche Verschiedenheit des Körperbaues, wie die hier zu behandelnde der Scharrvögel, deren übliche Familienbezeichnung auch die der Hühner im weitesten Sinne (Gallinaceae) zu sein pflegt. Hühner giebt es überall, nicht bloß als Hausgeflügel, von den Menschen über die Erdoberfläche verbreitet; auch ursprünglich ist eine Hühnergestalt an allen bewohnbaren Gegenden der Erde vorhanden; aber freilich der charakteristische Ausdruck des Huhns in der äußeren Erscheinung oft so versteckt, daß es Mühe kostet, die Hühnerverwandtschaft im Vogel nachzuweisen. Als allgemein geltende Gruppenmerkmale lassen sich folgende Eigenschaften aufführen.

Der Schnabel ist in der Regel kurz, noch nicht so lang wie der halbe Kopf, also kürzer als der Taubenschnabel; dabei breiter, höher, plumper, doch ebenfalls deutlich von einem kuppenförmigen abgesetzten hornigen Nagel am Ende bekleidet, gegen den die hintere weichere häutige Partie nur deshalb weniger scharf sich absetzt, weil diese Strecke des Schnabels kürzer ist, als bei den Tauben und sehr gewöhnlich ganz mit Federn bekleidet. Darin sitzt dann die schmale wenig gewölbte Schuppe, welche auch bei den Hühnern die Nasengrube und das Nasenloch zu bedecken pflegt. Von dieser Schilderung weicht indessen der Schnabel der Crypturiden und Megapodiiden durch die schlanke gestreckte Form, welche der Kopfeslänge wenig nachgiebt, die schwache Kuppenbildung der sehr kurzen hornigen Endschuppe, und die lange Nasengrube mit weit offenem Nasenloch gar sehr ab; sie bezeichnet eine durchaus eigenthümliche Abänderung der Hühnergestalt auf der südlichen Hälfte der Erde.

Außer dem Schnabel sind die nackten, schwieligen Stellen am Kopfe vieler Hühner bemerkenswerth; sie umgeben das Auge, wovon sich schon Andeutungen bei Tauben (Starnoenas) bemerkbar machten, und dehnen sich zuletzt über den ganzen Kopf bis zum Oberhalse aus, kommen aber bei den Hühnern Süd-Amerikas nur selten und in geringer Entfaltung vor.

Das Gefieder der Hühner ist im Allgemeinen derbe und großfedrig; die Conturfedern werden nach unten dunig, haben hier einen stärker verdickten Schaft, und tragen an der Spuhle einen zweiten, sehr großen, bloß dunigen Afterschaft. Ihre Flügel sind kurz, einwärts gekrümmt, schildartig gewölbt und die ersten Handschwingen stets mehr oder weniger verkürzt. Sie bestehen aus 22—29 Schwingen, wovon immer 10 am Handtheil des Flügels sitzen. Im Schnitt machen freilich die afrikanischen Steppenhühner durch ihre langen spitzen Taubenflügel eine sehr merkwürdige Ausnahme. Der Schwanz der Hühner ist ebenfalls nur kurz, obgleich es auch Gattungen mit langen Schwänzen besonders unter den Phasianiden und Penelopiden giebt. Die Süd-Amerikantschen Gallinaceen scheinen nie mehr als zwölf Steuerfedern zu besitzen, bei einer Form Nord-Amerikas (Meleagris) steigert sie sich auf achtzehn, beim Pfau (Pavo) sogar auf zwanzig, doch nur beim Männchen. Dagegen ist der völlige Mangel aller Steuerfedern eine die Crypturiden Süd-Amerikas z. Th. bezeichnende Eigenschaft. — Die dem Gefieder bestimmte Bürzeldrüse ist ziemlich groß, mehr oval, oder breit herzförmig, mit kurzem Zipfel, der nur wenige Dunen an der Mündung besitzt. Den Crypturiden fehlt der Zipfel an der Drüse, daher ihre Mündung dorsal liegt. —

Die Beine der Scharrvögel sind stark gebaut, schon weil sie das Hauptbewegungsorgan der meisten bilden. Die Befiederung endet bei den Arten Süd-Amerikas stets über den Hacken, geht aber bei den Nordischen Wald- und Schneehühnern bis an die Zehen oder gar bis an die Krallen. Der hohe starke Lauf hat vorn kurze Halbgürtel, hinten sechseckige Schildchen; die Zehen sind obenauf von kleinen scharf abgesetzten Halbgürteln, unten von einer warzigen Sohle bekleidet. Die Hinterzehe der meisten Hühner ist klein, höher angesetzt und beim Gehen von untergeordneter Bedeutung; sie fehlt mitunter ganz, doch pflegt der Nagel noch zu bleiben. Groß und lang ist die Hinterzehe der auf Bäumen lebenden Penelopiden und Megapodien, bei denen auch die im Allgemeinen nicht sehr langen Vorderzehen eine bedeutendere Länge bekommen. Die Krallen endlich sind nie sehr groß, theils kurz, breit und stumpf, theils lang, schmal und wenig gebogen. —

Die Scharrvögel leben vorzugsweise von Vegetabilien und vorzüglich von harten, trocknen Samen, welche sie gewöhnlich am Boden aufsuchen und zu dem Ende im Boden scharren, um die herabgefallenen und vom Erdreich überdeckten Samen hervorzukratzen. Dieser Eigenthümlichkeit verdanken sie ihren Namen. Sie besitzen, gleich den Tauben, einen Kropf und einen starken Muskelmagen, aber zwei sehr lange keulenförmige Blinddärme, statt der kürzeren am Taubendarm. Ihr Nest ist entweder eine einfache Grube im Boden, oder ein kunstloser Bau aus Reisig auf Bäumen; sie legen zahlreiche ziemlich große Eier, deren Farbe und Zeichnung die größten Verschiedenheiten darbietet. Ihre Jungen tragen ein vollständiges, faseriges Nestdunenkleid und verlassen unter Anführung der Mutter bald das Nest, um sich selbst ihre Nahrung zu suchen. Die im Neste bleibenden werden von den Aeltern mit Nahrung versehen und fressen dann mehr Insekten und fleischige Früchte, als trocne Samen. Selbst die Aeltern lieben diese Nahrung und ziehen sie theilweis den harten Samen vor. Das gilt zumal von den Penelopiden Süd-Amerikas.

Die Trennung der Rasores in Unterabtheilungen ist, bei der großen Verschiedenheit ihres Aeußeren, nicht schwierig; die meisten Gruppen scheiden sich scharf ab und geben sich von selbst zu erkennen. Süd-Amerika besitzt vier ihm eigenthümliche Formen; keine andere östliche Hühner-Familie, als die der überall ansäßigen Tetraoniden ist dort vertreten; — es sind hauptsächlich die schwanzlosen Crypturiden mit verkümmerter Hinterzehe und die langschwänzigen Penelopiden mit großer Hinterzehe, welche das Hühnervolk hier repräsentiren; jene entsprechen den Wachteln, diese den Phasanen der alten Welt. Die dritte Gruppe der Craciden, nur in dem stärkeren Schnabel und höheren Lauf von den Penelopiden relativ abweichend, kann damit füglich verbunden werden; Opisthocomus bildet das sehr natürliche Uebergangsglied zwischen beiden, anscheinend heterogenen Gestalten. — Zu ihnen gelangt man von den Crypturiden durch die Tetraoniden, während die

Crypturiden am natürlichsten an die Tauben sich anschließen. In dieser Folge werden wir die Hühner Süd-Amerikas behandeln also in drei Familien zerlegen. —

Vierundzwanzigste Familie.

Injambus. Crypturidae.

Hühnervögel mit dünnen, schlanken, mäßig gebogenen Schnäbeln von mehr als halber Kopfeslänge, deren Hinterzehe verkümmert ist, nicht bis zum Boden hinabreicht, und deren Schwanz entweder ganz fehlt, oder so kurz ist, daß er nicht über die Schwanzdecken hervorragt. — Der lange, dünne, gebogene Schnabel hat keinen kuppig abgesetzten Hornnagel an der Spitze, sondern eine sanft und allmälig in die hintere häutige Bedeckung übergehende vordere Hornbekleidung; die lange, weite Nasengrube reicht tief in den Oberschnabel hinab und enthält über dem Nasenloch keine förmliche Schuppe, sondern bloß einen Hautsaum, der die Nasengrube ausfüllt und das Nasenloch mehr nach vorn, selbst über die Mitte des Schnabels hinausschiebt, obgleich es nicht bei allen Mitgliedern dort liegt. Das Gefieder ist am Kopfe und Halse kleinfedrig, daher diese Theile klein und schwach erscheinen; der Rumpf ist voll, stark und großfedrig. Die kurzen, runden Flügel reichen nur bis auf den Unterrücken und haben sehr schmale, spitze, stark abgestufte Handschwingen, unter denen die vierte oder fünfte die längste zu sein pflegt. Der Schwanz ist entweder verkümmert und dann fehlen ihm die Steuerfedern völlig, oder sehr kurz und aus zehn bis zwölf zwar nicht weichen, aber nicht hervorragenden Federn gebildet. Die Beine haben einen langen Lauf, dessen Sohle mit sechsseitigen Tafeln bekleidet und bisweilen, wenn diese Tafeln abstehende Ränder haben, wahrhaft rauh und einem Tannenzapfen nicht unähnlich beschaffen ist. Die Hinterzehe ist stets ganz klein, steht hoch über dem Boden und scheint mitunter ganz zu verschwinden, so daß nur die Kralle von ihr übrig bleibt; die drei Vorderzehen sind ziemlich lang, dünn, ungleich, die innere etwas kürzer als die äußere, und alle bis zum Grunde frei, ohne erhebliche Spannhaut. — Beide Geschlechter haben gleiches Gefieder und auch sonst keine Abzeichen von einander; die Vögel sind strenge Erdbewohner, fliegen selten, laufen im Gebüsch oder hohem Grase, wie die Wachteln, fort, nisten auf dem Boden, und legen einfarbige, aber schön hellrothe, blaue, grüne oder violette, prachtvoll glänzende Eier. Vgl. *Thienemann*, Fortpfl. Gesch. d. ges. Vögel Taf. 5.

1. Gatt. Crypturus *Illig.*

Prod. S. Mamm. et Av.

Schnabel etwas kürzer als der Kopf, dünn, nach vorn verflacht, sanft gebogen, ohne abgesetzte Endkuppe, mit hinten stark abgeplatteter Firste; die Nasengrube bis zur Mitte der Schnabellänge hinabreichend, das Nasenloch vorn in der Grube, länglich oval, ohne Hautdecke, der Schnabelmitte genähert, aber nicht vor ihr, wie bei Trachypelmus. Kopf etwas breiter, der Hals kürzer und ganz taubenartig, wodurch diese Gattung von den beiden folgenden sich schon äußerlich unterscheidet. Gefieder sehr dunkel, entweder ganz einfarbig braun, ohne alle schwarzen Querwellen, oder fein quer gewellt, mitunter dunkler gebändert. Flügel kurz, die erste Schwinge sehr klein, mitunter nicht halb so lang wie die zweite; die vierte gewöhnlich die längste. Schwanz fehlt, die eigentlichen Steuerfedern nicht vorhanden, nur von den weichen Schwanzdecken vertreten. Beine weicher. Die Hornbedeckung sehr dünn, fast membranös, vorn am Lauf Halbgürtel, hinten sechseckige Tafeln, die aber auf der Mitte der Sohle sehr groß sind; nur die Seiten kleiner gitterartig getäfelt. Zehen lang aber dünn, wenig fleischig, der Daumen sehr klein oder ein bloßer Nagel, die Krallen der Vorderzehen schmal und kurz. —

Nach der Form des Schnabels und der Zeichnung des Gefieders lassen sich mehrere Unterabtheilungen feststellen.

A. Gefieder, zumal am Rücken, einfarbig; ohne scharfe dunklere Querwellenbinden.

1. Crypturus Tataupa.

Lichtenst. Doubl. d. zool. Mus. 68. 707. — *Temm.* pl. col. 415. — *Id.* hist. nat. d. Pig. et Gallin. III. 590. — *Vieill.* Enc. méth. Orn. 371. — *Wagl.* Syst. Av. sp. 12.

Tinamus Tataupa *Pr. Max z. Wied* Beitr. IV. 515. 4. — *Swains.* zool. Illustr. I. pl. 19.

Pezus Niambú *Spix* Av. Bras. 64. 4. tb. 78. a.

Tinamus plumbeus *Lesson* Traité d'Orn. 513.
Tataupá, *Azara* Apunt. III. 48. 329.
Injambú der Brasilianer (gesprochen Ihn-jam-bu).

Schnabel korallroth, Beine fleischroth; Kopf, Hals und Brust grau, Kehle weißlich, Rücken rothbraun; Steißfedern schwarz oder braun, weiß oder gelb gesäumt.

Die kleinste, bekannteste und häufigste Art unter den Injambus und diejenige, welche diesen Namen vorzugsweise führt; das Männchen so groß wie ein weibliches Rephuhn, das Weibchen etwas kleiner. Schnabel lebhaft korallroth, etwas eigenthümlich gebaut, das Nasenloch eine schmale Längsöffnung etwas vor der Mitte; die hintere Partie der Nasengrube bauchig gewölbt, fast wie bei den Tauben, aber ohne Spalt am Rande. Gefieder weich und voll; Kopf, Hals, Brust, Nacken und Oberbauch bleigrau, der Scheitel am dunkelsten; Kehle weißlich; Bauch heller aschgrau, die Seiten gebräunt. Rücken und Flügeldeckfedern schön voll dunkel rothbraun, etwas ins Purpurrothe spielend. Schwingen schwarzbraun, die Spitzen röthlich angeflogen. Schenkelfedern, Steiß und untere Schwanzdecken beim Männchen schwarz, breit weiß gerandet, beim Weibchen braun, feiner weiß gesäumt; die Schwanzdecken gelb gesäumt, mit schwarzem Keilfleck am Schaft, von dem sich ein Rand ringsum ablöst. Beine im Tode schwarzbraungrünlich, im Leben fleischbraun. —

Ganze Länge des Männchens 9″, des Weibchens 8″, Schnabelfirste 11‴, Flügel 4½″, Lauf 16‴, Mittelzehe 13‴ ohne die Kralle.

Gemein in allen Gebüschen Brasiliens, obgleich man den Vogel sehr selten sieht, desto häufiger aber hört, besonders gegen Abend, wo man seinen Ruf vielfach vernimmt; es ist ein eigenthümlicher Laut, der mit 2 etwas gedehnten Tönen beginnt, worauf 6—8 kurze schnell wiederholte ähnliche Töne folgen. — Der Vogel nistet auf dem Boden und legt mehrere, wie Milchchokolade gefärbte, glänzende Eier von der Größe starker Taubeneier. (Vgl. *Cabanis* Journ. f. Ornith. I. S. 176.). Thienemann hat ein solches Ei a. a. O. Fig. 12., als das von Nothura minor abgebildet. — Der Injambu ꝛc. ist ein sehr gewöhnlicher Braten, er hat eine sehr dünne durchsichtige Haut und ein ganz klares gallertartig durchscheinendes Fleisch, das gekocht völlig weiß wie geronnener Faserstoff aussieht, und fast ohne alles Fett ist. — Ich erhielt ihn in Menge, sowohl in Neu-Freiburg, als auch in Lagoa santa. —

Anm. Crypturus parvirostris *Wagl.* Syst. Av. I. sp. 13. ist auf jüngere weibliche Individuen dieser Art mit matterem Gefieder gegründet. So groß, wie in Temmincks Figur, sieht man den Vogel selten, es muß ein sehr altes männliches Stück gewesen sein, das dem Bilde zum Grunde lag.

Spix Abbildung giebt die Größe richtiger, doch fast etwas zu klein an, besonders den Kopf und die Beine, welche an allen seinen Tinamus zu klein gerathen sind.

2. Crypturus obsoletus.

Tinamus obsoletus *Temm.* pl. col. 196. — *Lichtenst.* Doubl. d. zool. Mus. 68. 703.
Crypturus obsoletus *Wagl.* Syst. Av. I. sp. 11.
Cryptura coerulescens *Vieill.* N. Dict. d'hist. nat. Tm. 34. 101.
Inambu azulado, *Azara* Apunt. III. 52. 330.

Kopf bis zum Nacken braungrau, Kehle weißgrau, Rumpfgefieder rothbraun, die Bauchseite heller rostroth; die Steißfedern schwarzbraun, rostgelb gesäumt.

Gestalt und ganzes Ansehn der vorigen Art, aber beträchtlich größer; Oberschnabel braun, Unterschnabel besonders am Kinnrande voll fleischroth. Iris braun. Gefieder des Kopfes bräunlichgrau, die Stirn und Backen lichter, die Kehle weißgrau. Rumpfgefieder rostrothbraun, der Rücken dunkler, sehr fein und matt schwärzlich gewässert; Brust, Vorderhals und Oberbauch lebhaft rostroth, mehr ins fleischrothe als ins gelbrothe spielend; die großen Federn am Schenkel, After und Steiß schwarzbraun, breit rostgelb gesäumt. Die Schwingen schwarzbraun, auf der Innenseite grau. Beine grünlichfleischbraun, wie der Oberschnabel. —

Ganze Länge 10″, Schnabelfirste 1″, Flügel 5″, Lauf 20‴, Mittelzehe 14‴. —

Diese der vorigen nahe stehende Art erhielt ich nur einmal bei Neu-Freiburg, wo der Vogel viel seltener war, als der vorige; Hr. Beske überließ mir auch die Eier desselben, welche ebenfalls wie Milchchokolade gefärbt, aber viel größer sind, als die von Cr. Tataupa. Ich habe sie in *Cabanis* Journ. d. Ornith. I. S. 176. 15. fraglich als die des Cr. variegatus beschrieben. (*Thienem.* a. a. O. Fig. 7.). Der Vogel lebt einsam im dichten Walde und kommt darum selten zum Vorschein; weder der Prinz zu Wied noch Spix haben ihn gefunden, weil er mehr den südlichen Distrikten Brasiliens angehört.

Anm. Temmincks Figur a. a. O. ist nicht wohl getroffen, der Körper des Vogels zu klein, die Farbe zu hell und besonders das Gefieder am Schenkel viel greller dargestellt als in der Wirklichkeit.

3. Crypturus Sovi.

Tetrao Sovi *Gmel. Linn.* S. Nat. I. 2. 768. — *Buff.* pl. enl. 829.
Crypturus Sovi *Licht.* Doubl. d. zool. Mus. 68. 705. — *Wagl.* Syst. Av. I. sp. 10. — *Schomb.* Reise III 748. 352.
Tinamus Sovi *Temm.* hist. nat. d. Pig. et d. Gallin. III. 597. — *Pr. Wied* Beitr. IV. 522. 6.
Tururi, der Brasilianer.

Rückengefieder olivenbraungrau, Oberkopf dunkel aschgrau, Kehle weiß, Brust und Bauch bis zum Steiß rostgelbbraun. —

Größe und Ansehn wie die vorige Art, aber viel heller und lebhafter gefärbt. — Schnabel am Oberkiefer braun, am Unterkiefer hell fleischroth. Iris gelbbraun. Gefieder des Oberkopfes bis zum Nacken und die Zügel schiefergraubraun, vom Halse herab bis zum Bürzel in Olivenbraun übergehend, besonders auf den Flügeln deutlich mit grünlichem Anflug. Handschwingen schwarzbraun, am Rande olivenbräunlich. Kehle weiß; Halsseiten, Vorderhals und Brust lebhaft gelbbraun, der Bauch blasser, der Steiß mehr rostroth überlaufen, die Seitenfedern hinter den Schenkeln matt dunkler braun gebändert, besonders deutlich die hintersten Schwanzdecken, Diese Zeichnungen bei jüngeren Vögeln deutlicher; überhaupt das Flügeldeckgefieder derselben mit rostgelben Punkten, die dunkler gesäumt sind; am Rande der Armschwingen und großen Deckfedern, selbst auf der Brust einzelne schwärzliche Querwellenlinien.

Ganze Länge 9—10″, Schnabelfirste 1″, Flügel 5″, Schwanz 2″, Lauf $1\frac{1}{2}$″, der Mittelzehe 10‴. —

Die Art gehört dem Waldgebiet der nördlichen und mittleren Distrikte Brasiliens an und kommt bei Rio de Janeiro nicht mehr vor; der Prinz zu Wied traf sie am Rio Belmonte, Schomburgk in Guyana. Ihre Lebensart ist wie bei C. Tataupa, ihre Stimme ein tremulirender Pfiff. Die Farbe der mehr kugelförmigen Eier ist gleichfalls wie blasse Milchchokolade, mit vorwiegendem Grau im Ton. (*Thienem.* a. a. O. Fig. 9.).

4. Crypturus cinereus.

Tetrao cinereus *Gmel. Linn.* S. Nat. I. 2. 768.
Tinamus cinereus *Lath.* Ind. orn. II. 633. 2. — *Temm.* hist. nat. d. Pig. et Gallin. III. 574.
Crypturus cinereus *Wagl.* S. Av. I. sp. 5. — *v. Tschudi* Fn. per. Orn. 46. 4.

Einfarbig graubraun, die Backen etwas röthlicher, Steiß und untere Schwanzdecken heller gelbgrau gebändert. —

Größer als die vorhergehenden 2 Arten, namentlich hochbeiniger, der Schnabel auch breiter und stärker. Oberkiefer bräun, Unterkiefer und Basis des oberen gelbroth. Gefieder einfarbig tabacksbraun, der Oberkopf mehr ins Graue fallend, die Backen am Ohr rostroth. Mit dem Alter erhält die Farbe, besonders beim Männchen, einen grauen Anflug, aber wahrhaft bleigrau, wie bei Cr. Tataupa wird sie nicht. Die Federn des Hinterkopfes und Nackens sind etwas schopfartig verlängert; die der Kehle und des Vorderhalses stehen sperriger und haben breite weiße Schäfte; der Oberrücken ist etwas voller braun, der untere mehr rothbraun. Die hinteren großen

Deckfedern und die Armschwingen haben feine, gelbliche Tüpfel am Rande, welche dunkler begrenzt sind und sich nach innen als leichte Querwellen ausdehnen; die Handschwingen sind einfarbig umbrabraun, nicht schwarzbraun. Die ganze Unterfläche hat dieselbe braune Farbe, wie der Rücken und wird im Alter sichtbarer graulich; an den Steißfedern sind hellere gelbgraue Binden sichtbar und die unteren Schwanzdecken haben einen breiten, gelbgrauen Endsaum, mit mehreren schmalen gelblichen Querbinden davor in dem viel dunklerem Grunde. Die Farbe der Beine ist blaß fleischbraun, in der Jugend förmlich hell fleischroth, wie auch der Schnabel. —

Ganze Länge 12—13″, Schnabelfirste 11‴, Mundrand 15‴, Flügel 7″, Schwanz $2\frac{1}{2}$″, Lauf 2″. —

Im nördlichen Waldgebiet Brasiliens, bei Para und am unteren Amazonenstrom, gleich wie über Holländisch-Guyana und hinüber in Peru verbreitet; Lebensart die der vorigen Arten, aber die Farbe der gleichfalls sehr kugeligen Eier schön blaugrau, und darin den gestreiften Arten verwandter. (*Thienem.* a. a. O. Fig. 3.). Die hier gegebene Beschreibung nach einem noch sehr jungen männlichen Vogel unserer Sammlung, der früher von Berlin bezogen worden. —

B. Gefieder mit feinen, wenig scharfen, aber doch deutlich sichtbaren, schwarzen Querwellen, besonders am Rücken.

5. Crypturus vermiculatus.

Tinamus vermiculatus *Temm.* pl. col. 369.
Crypturus vermiculatus *Wagl.* Syst. Av. I. sp. 4.
Crypturus adspersus *Licht.* Doubl. d. zool. Mus. 68. 704. — *v. Tschudi* Fn. per. Orn. 46. 3.

Rückengefieder olivengraubraun, fein schwarz gewellt, Kehle und Bauch weiß, Brust und Vorderhals wie der Rücken, Steiß rostgelb.

Der vorigen Art verwandt, ebenso groß und ziemlich ähnlich gebaut. Schnabel hornbraungrau, Iris braungelb; Nackenfedern am ganzen Halse etwas schopfartig verlängert. Gefieder des Kopfes, Halses, der Brust und des Rückens graulich olivenbraun, auf jeder Feder feine schwarze Querwellen mit Punkten untermischt; der Farbenton im Nacken und Rücken etwas mehr rostbraun, an der Stirn und den Backen entschiedener Grau, auf dem Vorderhalse röthlicher, an der Brust heller und mehr aschgrau; hier nur sehr wenige dunklere Querwellen. Kehle weiß, Bauch bis zu den Schenkeln ebenfalls; Unterschenkel, Steiß und untere Schwanzdecken rostgelb, in der Tiefe die Federn schwarz gebändert. Flügeldeckfedern und Armschwingen voller olivenbraungrau, dicht schwarz gewellt; Handschwingen einfarbig schwarzgraubraun. Beine fleischbraun. —

Ganze Länge 13″, Schnabelfirste 1″, Flügel $7\frac{1}{4}$″, Schwanz 2″ 5‴, Lauf 1″ 10‴, Mittelzehe 13‴. —

Im Innern Brasiliens, Goyaz und Mato grosso, von Aug. v. St. Hilaire zuerst gesammelt, mir im südlichen Minas geraes nicht begegnet, doch wahrscheinlich schon dort ansäßig, weil Lichtenstein St. Paulo als Heimath der Art angiebt. Nach v. Tschudi auch in Peru. — Die Eier sind nicht grün, sondern blaß röthlich grauweiß gefärbt und scheinen gelbroth durch; sie ähneln am meisten denen der zuerst beschriebenen Arten. (*Thienem.* a. a. O. Fig. 6.).

6. Crypturus adspersus.

Tinamus adspersus *Temm.* hist. nat. d. Pig. et Gallin. III. 585.
Pezus Yapura *Spix.* Av. Bras. II. 62. 4. tb. 78.
Crypturus adspersus *Wagl.* Syst. Av. I. sp. 3.

Umbrabraun, dicht und fein schwarz quergewellt, Ohrgegend rostroth, Kehle weiß, Steiß rostgelb und schwarz gebändert. —

Steht der vorigen Art höchst nahe, ist etwas kleiner, und unterscheidet sich von ihr hauptsächlich durch die dunklere, mehr homogene Färbung. — Schnabel schwarzbraun, der Kinnrand lichter; Iris gelbbraun. Oberkopf, Nacken, Rumpf und Flügel tabacksbraun, die Flügel etwas mehr ins Olivenfarbene spielend, der Oberrücken reiner braun, der Oberkopf und der Nacken dunkler gefärbt; die Brust und der Bauch heller, graulicher im Ton, mit rostgelben Seiten; der Vorderhals wie der Rücken, nur die Kehle rein weiß, die Backen daneben bis zum Ohr rostrothgelb. Alle Federn des Kopfes, Halses, Rumpfes und der Flügel fein in die Quere wellenförmig gestreift, hie und da die Wellen unterbrochen, mit Punkten gemischt und abwechselnd; die am Bauch und der Unterbrust schwächer und auf der Mitte fast ganz verloschen. Unterschenkel, Steiß und untere Schwanzdecken voller rostgelbgrau, deutlicher heller und dunkler quer gebändert; die Schwanzdecken am vollsten rostgelb und schwarz bandirt. Handschwingen einfarbig schwarzbraun. Beine hell fleischbraun. —

Ganze Länge 12″, Schnabelfirste 11‴, Flügel $6\frac{1}{2}$″, Schwanz 2″, Lauf 1″ 9‴, Mittelzehe 13‴. —

Im Innern des nördlichen Brasiliens, am mittleren Amazonenstrom von Spix gesammelt, auch in Columbien und Venezuela ansäßig; scheint die am dichtesten bewaldeten heißesten Gegenden zu lieben. —

C. **Rückengefieder breit heller und dunkler quergebändert; gewöhnlich braun, mit breiten schwarzen bandförmigen Querwellen.**

7. Crypturus noctivagus.

Wagler Syst. Av. I. sp. 6.
Tinamus noctivagus *Pr. Max. z. Wied* Beitr. z. Naturg. Bras. IV. 504. 2.
Pezus Zabélé *Spix* Av. Bras. I. 62. 2. tb. 77.
Ivo oder Zabélé der Brasilianer.

Oberseite dunkelbraun, Rücken und Flügel breit quer schwarz gestreift; Unterseite hellbraun, die Brust dunkler, der Bauch schwarz quer gebändert.

Eine der größeren Arten, vom Körperbau des Cr. cinereus und Cr. vermiculatus. — Schnabel dunkel hornbraun, die Firste der Länge nach schwärzlich, der Kinnrand blaßgelblich. Iris gelbbraun. Gefieder des Oberkopfes schwarzbraun, gegen den Nacken hin lichter, röthlicher, und so fort über den ganzen Rücken bis zum Schwanz leicht grau überlaufen, vom Mittelrücken an schwarzbraun. Quere Wellenbinden von der Breite eines Strohhalms, welche sich auch über die heller gefärbten, mehr gelbbraunen Flügeldeckfedern und Armschwingen ausdehnen; die Handschwingen einfarbig schwarzbraun, mit etwas röthlicher Spitze. Kehle, Backen am Auge und Ohr bis zum Oberhals hell rostgelb; Vorderhals und Oberbrust aschgrau, fein schwarz quer gewellt; Bauch bis zum Steiß voller rostgelb, mit breiten schwarzbraunen, aber nicht so gemähnten schwarzbraunen Querbinden; die Mitte des Bauches bis zum After weißlich, die unteren Schwanzdecken mit breiten, schwarzen, keilförmig zugespitzten Querflecken auf der Mitte. Untere Flügeldecken aschgrau. Beine gelbbräunlich. —

Ganze Länge $12\frac{1}{2}$—$13\frac{1}{2}''$, Schnabelfirste $1''$—$13'''$, Flügel $6\frac{2}{3}$—$7''$, Schwanz $2\frac{3}{4}''$, Lauf $2''\ 2'''$, Mittelzehe $11'''$. —

Die alten Vögel beiderlei Geschlechtes sind nur in der Größe, wenig im Colorit, das beim Weibchen matter ist, verschieden; die jungen Vögel haben am Rücken viel schwächere Querbinden im Gefieder und helle, blaßgelbe Randpunkte an den Federn des Rückens, der Flügel und den letzten Armschwingen, die dunkler gerandet und nach innen bindenartig erweitert sind; die Bauchseite ist dichter und voller quergebändert.

Der Vogel bewohnt die großen Waldungen der ganzen Küstenstrecke Brasiliens und kommt schon bei Rio de Janeiro vor, wird aber nordwärts häufiger; er zieht die flachen heißesten Gegenden den höher gelegenen Gebirgspartien vor und findet sich z. B. nicht mehr bei Neu-Freiburg. Tief im Walddunkel am Boden versteckt, läßt er bei Tage, wie bei Nacht im Mondschein, seine kenntliche Stimme, die aus drei bis vier nicht sehr hohen pfeifenden Tönen besteht, erschallen; er läuft beständig umher, nach

Nahrung suchend, und kommt bisweilen auf die offenen engen Waldpfade, sich schnell zurückziehend, wo er sich bemerkt glaubt. Sein Nest ist im Dickigt am Boden verborgen und enthält 8—10 schön grünlichblaue, trüb ultramarinfarbene Eier. (*Thienem.* a. a. O. Fig. 4.).

8. Crypturus variegatus.

Tetrao variegatus *Gmel. Linn.* S. Nat. I. 2. 768. — ***Buff.*** pl. enl. 828.
Tinamus variegatus *Lath.* Ind. orn. II. 634. 3. — ***Temm.*** hist. nat. d. Pig. et Gall. III. 576. — ***Pr. Max z. Wied*** Beitr. IV. 510. 3.
Crypturus variegatus *Wagl.* Syst. Av. I. sp. 7. — ***Schomb.*** Reise III. 748. 350.
Chororão der Brasilianer.

Rückengefieder gelbbraun und schwarz quer gebändert, Kehle, Bauch und Steiß weiß, Brust rothbraun, Oberkopf bis zum Nacken schieferschwarz.

Beträchtlich kleiner als die vorige Art, in der Zeichnung ihr ähnlich, aber lebhafter gefärbt. — Schnabel dunkel schwärzlich hornfarben, Iris braun. Oberkopf bis zum Nacken hinab schieferschwarz, matt überlaufen, wie bereift; Hals und Oberbrust lebhaft rostroth; Rücken und Flügel bis zum Schwanz schwarzbraun, jede Feder mit schönem hell rostrothgelbem Randsaume, bisweilen davor am Flügel noch eine zweite ähnliche Binde; Schwingen schwarzbraun, die hinteren Armschwingen rostroth querfleckig marmorirt, besonders an der Außenfahne, soweit wie unbedeckt. Kehle weiß, Unterbrust rostgelb, Bauch weiß, die Seiten und der Steiß schwarz quer gefleckt, die unteren Schwanzdecken mit rostgelbem Endsaume. Beine gelblichbraun. —

Ganze Länge 11—12″, Schnabelfirste 1″, Flügel 6″, Schwanz 2″, Lauf 1″ 7‴, Mittelzehe 10‴. —

Beim jungen Vogel ist der dunkle Oberkopf rostgelb punktirt, besonders an den Seiten und hinter dem Auge ein rostrother Randstreif sichtbar; das Gefieder des Rückens ist viel matter gefärbt, der rostgelbe Ton herrscht vor, jede Feder hat einen schwarzen Randsaum nebst zwei gelben Bogenbinden. Die rothbraune Brust zeigt weißliche Federränder und davor einen schwärzlichen Bogen; die Schulter- und Flügelfedern sind, gleich den Steißfedern am Rande blaß gelblichweiß punktirt. Der Bauch ist auch heller und dunkler gewellt. —

Im nördlichen Waldgebiet Brasiliens und dort häufig, auch über Guyana und Columbien verbreitet und hier ein unter dem Namen Schororong allbekannter Vogel, der sogar gezähmt auf den Hühnerhöfen mitunter gehalten wird. Lebt in der Wildniß ganz wie die vorige Art, ist aber weniger vorsichtig, läßt den Jäger nahe ankommen und hält auf dem Nest sogar bis zum Ergreifen Stand. Nistet am Boden, legt 5—8 graulich rosafarbene Eier (*Thienem.* a. a. O. Fig. 8.), und verräth sich in ähnlicher Weise durch die leisere, sanftere, tremulirende Stimme, welche der Vogel aber nur bei Tage, doch fast beständig, hören läßt. —

9. Crypturus undulatus.

Tinamus undulatus *Temm.* hist. nat. d. Pig. et Gallin. III. 582. — *Lesson* Traité d'Orn. 512.
Cryptura sylvicola *Vieill.* Gal. d. Ois. III. pl. 216. — *Id.* Enc. méth. orn. 373. — *Id.* N. Dict. d'hist. nat. Tm. 34. pag. 107.
Crypturus undulatus *Wagl.* Syst. Av. I. sp. 8.
Inambú listado, *Azara* Apunt. III. 53. no. 331.

Oberkopf schiefergrau, Kehle weiß, Brust rostroth, Bauch weiß; Rücken schwarz und rostgelb quergestreift, die Achselfedern mit einer Reihe weißlicher Punkte. —

In Farbe und Zeichnung der vorigen Art zum Verwechseln ähnlich, aber eher etwas größer als kleiner, kräftiger gebaut, besonders der Schnabel und die Zeichnung des Rückens breiter, gröber. — Oberschnabel schwarzbraun, Unterschnabel gelblich. Iris rothbraun. Stirn, Zügel, Oberkopf und Nacken schieferschwarz, graulich überlaufen, wie bereift. Unterrücken, Halsseiten, Vorderhals und Brust lebhaft rostroth. Rücken und Flügel schwarzbraun und rostgelb gebändert; jede Feder mit rostgelbem Saume und breiter schwarzer Binde davor, auf welcher sich ein zweiter rostgelber Bogen nach unten abzusetzen pflegt; die Achselfedern nicht breit, sondern schmal schwarz, größtentheils rostbraun, mit weißlichem Schaftstreif, der in dem schwarzen Bogen vor dem Ende scharf abgesetzt endet. Schwingen schwarzbraun, die hinteren des Armes und die hinteren großen Deckfedern am Rande schwarz und gelb quergebändert; die Handschwingen und vordersten großen Deckfedern einfarbig. Bauch und Steiß weiß, die Seitenfedern am Ende rostgelb mit schwarzer Bogenbinde; die unteren Schwanzdecken breiter rostgelb gesäumt, mit schwarzem Bogen in der Mitte. Beine fleischbraun.

Ganze Länge 12—12½″, Schnabel 1″, Flügel 6″, Schwanz 2½″, Lauf 2″ 3‴. —

Lebt in den dichten Waldungen des südlichen Brasiliens, wo der Vogel zwar häufig ist, aber sich schwer beikommen läßt; er nistet auf dem Boden und legt 4—6 schön violette, glänzende Eier.

10. Crypturus strigulosus.

Wagler, Syst. Av. I. sp. 9.
Tinamus strigulosus *Temm.* hist. nat. d. Pig. et Gallin. III. 594. und 752.

Stirn und Scheitel schwarz, Nacken und Hals rostroth, Brust grau, Kehle und Bauch weiß; Rücken rostbraun, schwarz gebändert.

Kleiner als die 2 vorhergehenden Arten und eigenthümlicher gebildet. — Schnabel braun, Kinngegend gelblich. Iris gelbbraun. Stirn und Scheitel schwarz; Hinterkopf, Nacken, Wangen und Hals rostroth; Brust bleigrau, die Seiten etwas rostgelb überlaufen. Rücken, Flügel und Schwanzgegend trüb rothbraun, jede Feder mit einer schwarzen Bogenbinde, die aber in der vorderen Rückengegend fast ganz versteckt bleibt; hintere große Deckfedern und Armschwingen deutlich schwarzbraun und rostgelb gebändert; vordere und die Handschwingen schwarzbraun. Kehle weiß; Bauch weißlich, die Mitte reiner weiß, die Seiten graulich, rostgelb gebändert; die Steißfedern entschiedener rostroth, mit schwarzen zackigen Querbinden und weißlichem Endrande. Beine gelbgraubraun. —

Ganze Länge 10″, Schnabelfirste 9‴, Flügel 5″, Schwanz 2″, Lauf 1″ 9‴, Mittelzehe 10‴. —

Im Innern Brasiliens, auf dem Camposgebiet der nördlichen Gegenden, zwischen Bahia und Pernambuco; lebt wie die vorigen Arten in schattigen Wäldern, und legt ziemlich kugelige, hell röthlichgraue Eier.

Anm. Nach der Farbe der Eier sondern sich die Arten ebenfalls in drei Gruppen, deren Mitglieder sich aber anders zu einander gruppiren, als nach der Körperzeichnung:

1. Matt gefärbte graulich weiße Eier mit röthlichem Anflug, welche den Eiern von Nothura im Ton sich anschließen, haben Cr. strigulosus, Cr. vermiculatus (Cr. adspersus *Licht.*) und Cr. Sovi.

2. Klar und deutlich hell rothe, bald mehr in Rosa, bald in Milchchokoladen-Farbe übergehend, sind die Eier von Cr. Tataupa, Cr. obsoletus und Cr. variegatus.

3. Blaugrün oder grünlichblau, mit Neigung zum reinen Ultramarinblau findet man die Eier bei Cr. cinereus, Cr. noctivagus und Cr. undulatus. Durch diese Farbe spielen sie in die Eier von Trachypelmus hinüber.

2. Gatt. Trachypelmus *Caban.*

Rich. Schomb. Reise III. 749.

Schnabel länger, fast von Kopfeslänge, mit stumpfer herabgebogener Spitze und weitem ovalem Nasenloch neben der Mitte des Schnabels in der vordersten Ecke der langen Nasengrube; letztere ohne Hornschuppe. Schnabelfirste von der Stirn bis zu den Nasenlöchern flach abgeplattet, die Seiten daneben am Anfange der Nasengrube befiedert. Augenlieder am Rande mit kleinen schuppenförmigen Federn besetzt. Gefieder voll am Rumpfe, mit feinen dunklen Wellenzeichnungen am Rücken, die Federn sehr breit; am Kopfe und Halse sehr klein. Hals lang und dünn. Schwanzfedern vorhanden, stark und steif anzufühlen, etwas länger als die Schwanzdecken. Lauf sehr hoch, höher nach Verhältniß als bei der vorigen Gattung, vorn mit flachen, breiten, wenig abgesetzten Halbgürteln; hinten mit kleinen dreieckigen Tafeln bekleidet, deren oberer Rand scharf abgebogen ist, wodurch die Sohle feilenartig rauh wird. Zehen nach Verhältniß kürzer als bei den übrigen Gattungen; die Hinterzehe sehr hoch angesetzt, zwar klein, aber deutlicher und größer als bei Crypturus.

1. Trachypelmus Tao.

Crypturus Tao, *Licht.* Doubl. d. zool. Mus. 67. 701. — *Wagl.* Syst. Av. I. sp. 1. — *Id.* Isis 1829. 745.
Tinamus Tao *Temm.* hist. nat. d. Pig. et Gallin. III. 569.
Tinamus solitarius *Vieill.* Enc. méth. Orn. 373. — *Id.* N. Dict. d'hist. nat. Tm. 34. 105.
Macoicagoa *Azara* Apunt. III. 57. 332.

Rückengefieder rostbraun, schwarz quergewellt; Brust und Bauch gelbgrau, die Steißgegend und die Schenkel dunkler gewellt, am Halse nach hinten jederseits ein rostgelber Streif. —

Im Rumpf größer als eine starke Henne, und wegen des längeren Halses und der längeren Beine noch viel größer erscheinend. Oberschnabel braun, die Spitze und der ganze Unterschnabel blaßgelb. Oberkopf bis zum Nacken dunkel rostbraun, matt heller getüpfelt; die Seiten neben dem Nacken mit einem deutlichen rostgelben Streif; die Backen und Halsseiten rostgelb getüpfelt auf dunklerem Grunde, die Kehle bis zum Kinn und Ohr blaß gelblichweiß. Unterhals, Brust, Bauch und Steiß gelbgrau, die ersten beiden einfarbig, der Bauch, die Schenkel und der Steiß brauner und fein heller gewellt, die unteren Schwanzdecken mit rostgelbem Längsstreif. Rücken, Flügeldeckfedern und Armschwingen schön voll rostbraun, jede Feder mit mehreren buchtigen klammerförmigen schwarzen Querlinien über einander, die der Armschwingen und großen Deckfedern getüpfelt. Die Handschwingen schwarz, die Schwanzfedern braun, fein und unregelmäßig schwarz gewellt, aber dunkler als der Rücken. Beine grünlichbraun, fast wie bei den Wasserhühnern; die rauhe Sohle des Laufes etwas lichter. —

Ganze Länge 18—19″, Schnabelfirste 15‴, Flügel 9″, Schwanz bis zum After 3″, Lauf 2″ 8‴, Mittelzehe ohne Kralle 14‴. —

Im Süden Brasiliens, St. Paulo, Süd-Minas, Sta Catharina, Montevideo, Paraguay; besonders in den dichten Waldungen der Flußufer und Niederungen; ein einsamer, scheuer, vorsichtiger Vogel, der bei Tage rastet und besonders Morgens und Abends thätig ist. Dann hört man wohl seinen aus 2 Sylben bestehenden, mäßig lauten Ruf aus dem Gebüsch erschallen. Er nistet im Dickigt auf dem Boden und legt zwei schön blaugrün gefärbte Eier, die denen des Pfau in Gestalt und Größe völlig gleichkommen. (*Thienem.* a. a. O. Fig. 1.).

2. Trachypelmus brasiliensis.

Perdix brasiliensis *Briss.* Av. I. 227. 4.
Tinamus brasiliensis *Lath.* Ind. orn. II. 633. 1. — *Pr. Max z. Wied* Beitr. IV. 496. 1. — *Buff.* pl. enl. 476. — *Temm.* hist. nat. d. Pig. et Gallin. III. 562.
Tetrao major *Gmel. Linn.* S. Nat. I. 2. 767.
Crypturus serratus *Wagl.* Syst. Av. sp. 2.
Pezus serratus *Spix* Av. Bras. II. 61. 1. tb. 76.
Macucagua *Marcgr.* hist nat. Bras. 213.
Macuca s. Macucava der Brasilianer.

Rückengefieder rostbraun, breiter schwarz gewellt; Bauch und Brust heller gefärbt, mit feineren schwärzlichen Querwellen. Kehle weißlich, Halsseiten schwarz und weiß getüpfelt. —

Etwas kleiner, als die vorige Art, ziemlich ähnlich gefärbt, der Oberschnabel braun, der Unterschnabel gelblichgrau, die Iris braun. Oberkopf, Oberhals, Nacken, Rücken und Flügel rostrothbraun, mit mattem olivengrünen Anflug, besonders auf den Flügeln; jede Feder mit etwas breiteren schwarzen Querwellen, die am Schaft mit der Spitze nach vorn gerichtet sind, wie eine Druckklammer; hie und da ein heller gelber Punkt am Ende des unteren Rückens und hinteren Flügeldeckfedern zur Seite der Schaftspitze, welche Punkte auch der vorigen Art zukommen, aber dort kleiner und schwächer sind. An den Seiten des Oberhalses, vom Auge her, ein schwärzlicher Streif statt des rostrothen der vorigen Art. Zügel, Backen, Kehle und Vorderhals blaßgelb, jede Feder dieser Theile mit schwarzem bogigem Endsaum, vor welchem sich ein hellerer mehr weißer Fleck bildet. Brust, Bauch, Schenkel und Steiß gelbgraubraun, die Federn ebenso, aber dichter und nicht so dunkel quergewellt, wie am Rücken, diese Wellen nach hinten immer deutlicher und breiter; untere Schwanzdecken mit breitem rostgelbem Längsstreif. Schwanzfedern wie der Rücken, aber etwas mehr ins Graue fallend. Schwingen der Hand schwarzbraun, unten heller grau. Beine grünlichgrau. —

Das Weibchen ist etwas kleiner als das Männchen, matter gefärbt, aber sonst ihm sehr ähnlich.

Ganze Länge 17—18″, Schnabelfirste 1″, Flügel 9″, Schwanz 3″, Lauf 2″ 8‴, Mittelzehe 13‴. —

In den dichten Wäldern des mittleren und nördlichen Brasiliens, lebt einsam und still im Gebüsch, läuft viel auf dem Boden und nistet daselbst, übernachtet aber auf niederen Zweigen hockend. Die Nahrung besteht in

Früchten, besonders den fleischigen Beeren mit großen Samen aus der Laurinen-Familie; auch findet man stets Kieselsteine, zur Unterstützung der Zermalmung und Spuren von Insekten im Magen. Das Nest enthält, nach der Beobachtung des Prinzen zu Wied, 9—10 oder noch mehr ziemlich große, blaugrüne Eier, welche etwas kleiner und kugelförmiger gestaltet sind als bei der vorigen Art (*Thienem.* a. a. O. Fig. 2.). — Der Vogel ist eines der beliebtesten Jagdthiere der Brasilianer, sie beschleichen ihn vorsichtig, wie die Nordländer den Auerhahn, und manche Leute hängen mit unbeschreiblicher Leidenschaft an dieser Beschäftigung. Ein eintöniger lauter Pfiff, welchen der Jäger nachahmt, verräth den Vogel und wird sein Unglück, indem er sich dadurch täuschen läßt. —

Anm. Ich kenne aus eigener Ansicht nur die beiden hier beschriebenen Arten; Cabanis führt a. a. O. noch 2 andere auf:

3. Trachypelmus canus. Crypturus canus *Wagl.* Isis 1829. 746. — Größer als alle übrigen Arten, 21'' lang, grau von Farbe, fein schieferschwarz gewellt, Bauchseite heller, Steiß rostroth, schwarz gebändert. — Von Para. —

4. Trachypelmus subcristatus, *Caban. Schomb.* Reise III. 749. 353. — Wie Tr. Tao gefärbt und gezeichnet, ebenso groß, die Hinterkopf- und Nackenfedern schopfartig verlängert. — Guyana, Columbien. —

3. Gatt. Rhynchotus *Spix.*

Av. Bras. II.

Habituell am meisten mit Trachypelmus verwandt bildet diese eigenthümliche Gattung durch die Lage des Nasenlochs den Uebergang zu Nothura; Formen, welche durchaus nicht mit Crypturus verbunden bleiben können, sondern mit vollem Rechte schon von Spix und Wagler als besondere Gattungen aufgestellt wurden. Auch ihre Lebensweise ist eine andere, sie meiden den dichten Wald und halten sich nur auf Feldern und Triften im hohen Grase oder lichtem Gebüsch versteckt. —

Schnabel so lang wie der Kopf, sanft gebogen, flach, am Ende stumpf gerundet, ohne Spur einer Kuppe; die Nasengrube kurz, weit, reicht nicht bis zur Mitte des Schnabels; das Nasenloch frei und offen in der vorderen Ecke der Grube weit vor der Mitte, hinten häutig gesäumt; Schnabelfirste abgeplattet, die hintere Partie vor den Nasenlöchern breiter, von einer schwieligen scharf abgesetzten Wachshaut bekleidet, die zum Nasenloch hinabreicht; Nasengrube bis zum Nasenloch dicht befiedert. Zügel und Wangen von eigenthümlichen kleinen Federn spärlich bekleidet und auf dieselbe Weise auch die Augenlieder, aber der Rand mit langen steifen borstenförmigen Wimpern besetzt. Hals- und Rumpfgefieder voll, weich, doch ohne Eigenheiten; der Rücken mit breiten Querbändern gezeichnet. Die Flügel angekrümmt, mit spitzen Handschwingen, die erste sehr verkürzt, die zweite mäßig, die dritte wenig, die vierte die längste. Wirkliche Steuerfedern fehlen; der Schwanz weich, von den oberen und unteren Deckfedern gebildet. Beine hoch und stark, der Lauf vorn und die Zehen oben von kurzen starken Halbgürteln bekleidet, die Seiten des Laufs fein genetzt, die Laufsohle mit etwas größeren aber doch nur kleinen Tafelschildern bekleidet. Hinterzehe nach Verhältniß groß, mit starkem Nagel; Nägel der Vorderzehen lang, stark gebogen, spitz, am Grunde breit, der mittelste nach innen etwas erweitert.

Rhynchotus rufescens.

Wagler, Syst. Av. I. gen. et spec.
Tinamus rufescens *Temm.* hist. nat. d. Pig. et Gallin. III. 552. et 748. — *Id.* pl. col. 412.
Crypturus rufescens *Licht.* Doubl. d. zool. Mus. 67. 702. — *Darw.* Zool. of the Beagl. III. 120.
Rhynchotus fasciatus *Spix* Av. Bras. II. 60. 1. tb. 76. c.
Tinamus Guazu *Vieill.* Enc. méth. orn. 370. — *Id.* N. Dict. d'hist. nat. Tm. 34. 103.
Inambú guazu *Azara* Apunt. III. 34. no. 326.
Perdiza der Brasilianer.

Rostgelbroth, Kehle weißlich, Oberkopf schwarz gestreift, Rücken und Flügeldeckfedern breit schwarz gebändert.

Von der Größe einer Haushenne, der Hals etwas länger und dünner, der Kopf niedriger. Schnabel braun, Unterkiefer besonders nach der Basis zu blaßgelbbraun. Iris rostgelbbraun. Federn des Oberkopfes schwarz gestreift, besonders die Mitte der oberen Federnhälfte schwarz; Zügel und Backen rostgelb, Kehle weißgelb, Ohrdecke auf der Mitte schwärzlich. Nacken, Hals und Oberbrust rostrothgelb, nach unten zu gegen den Rücken und den Bauch gelbgraulich. Rücken und Flügel breit schwarz quer gebändert, indem jede Feder vor dem schmalen gelben Endsaum zwei breite schwarze Binden über einander trägt, von denen die obere zunächst der Spitze jederseits noch einen feinen rostgelben Seitenstreif enthält. Auf den Flügeln werden die schwarzen Querbinden schmäler und wechseln nicht bloß mit blaßgelben, sondern auch mit breiteren graugelben Querbinden. Die Handschwingen sind einfarbig voll und schön rostgelbroth, die Armschwingen ebenfalls, aber mit schwarzen und grauen Querwellen auf der Außenfahne geziert; die unteren Rückenfedern, oberen und unteren Schwanzdecken und die Steißfedern bis über die Unterschenkel hinauf haben die dreifarbige Querstreifung der Flügeldeckfedern, aber einen mehr grauen Ton; die Brust und der Oberbauch sind graugelb, matt heller und dunkler quer gebändert; die Beine fleischbraun.

Das Weibchen ist nur wenig kleiner als das Männchen, hat zwar dieselbe Zeichnung, aber einen mehr grauen, matten Farbenton, besonders an der Brust, im Nacken und auf den Flügeln. —

Ganze Länge 16—17″, Schnabelfirste 1½″, Mundrand 2″ 2‴, Flügel 8″, Schwanz 2″, Lauf 2″ 8‴, Mittelzehe 1″ 4‴ ohne die Kralle.

Auf dem Camposgebiet des mittleren Brasiliens, besonders in St. Paulo, Süd-Minas und Goyaz zu Hause; hier unter dem Namen Perdiz allbekannt und der Lieblingsgegenstand des Jägers, welcher dem Vogel ebenso nachschleicht, wie der Macuca im Walde; scheu und vorsichtig, läuft im hohen Grase, fliegt selten, streift nur in der Dämmerung nach Nahrung umher, nistet am Boden in einem dichten Busch und legt 7—9 dunkel grauliche, gleichförmig ovale, mehr längliche Eier, mit violettem Anflug, so groß wie Hühnereier von auffallend glänzend polirter Oberfläche. (*Thienem.* a. a. O. S. 24. Taf. 4. Fig. 5.). —

Ich erhielt durch die Bemühungen eines mir öfters gefälligen Einwohners von Congonhas diesen zwar nicht seltenen, aber wegen der schwierigen Jagd werthvollen Vogel in einem schönen männlichen Individuum, dessen Fleisch ich mir wohl schmecken ließ, da es zu den besten Wildbraten gehört, welchen man dort haben kann.

4. Gatt. Nothura *Wagl.*

Syst. Av. I.

Schnabel nach Verhältniß kürzer, hinten breiter, die Spitze mehr herabgebogen, etwas übergewölbt; die Nasengrube bis über die Mitte des Schnabels hinabreichend, aber das Nasenloch ganz hinten, dicht vor dem Gefieder der hinteren Partie, länglich oval, unter einer Hautfalte; die hinterste Partie des Schnabelüberzuges selbstständig abgesetzt, die Nasenhäute mit in sich aufnehmend. Zügel und Augengegend mit schmalen in Borstenspitzen ausgehenden Federn sparsam bekleidet, der Augenrand mit mäßig langen, feinen Borstenwimpern. Gefieder weich und voll, die Federn einzeln länglicher, schmäler; die des Rückens mit doppelter Zeichnung; Streifen am Rande, Querwellen auf der Mitte; die Schwingen am Außenrande hell und dunkel bandirt, die erste kleinste Schwinge völlig rudimentär, die zweite lang, fast so lang wie die dritte, welche der vierten kaum nachsteht. Schwanzfedern nicht vorhanden, die Schwanzdecken sehr weich. Die Beine mäßig stark, völlig wie bei Rhynchotus bekleidet, aber die Halbgürtel des Laufs und der Zehen, weicher, dünner, weniger scharf abgesetzt; die hinteren Laufschilder größer und zu einer nach unten abnehmenden Schilderreihe ausgedehnt. Hinterzehe ziemlich kräftig, die Vorderzehen nicht sehr stark, mit kleiner, aber ziemlich dicker, zugespitzter Kralle.

Die Arten dieser Gattung sind kleinere Vögel, vom Ansehn der Wachteln und nur wenig größer; sie leben auf offenen Triften im Grase und heißen bei den Brasilianern Codornix (Wachtel). Man unterscheidet vier Arten aus verschiedenen Gegenden Süd-Amerikas.

1. Nothura Boraquira.

Wagler, Syst. Av. I. sp. 1.
Tinamus Boraquira *Spix* Av. Bras. I. 63. 1. tb. 79.

Blaßgelb, Rückenseite braun und schwarz gewellt; Unterseite weißlich, der Hals braun gestreift, die Brustseiten fein gewellt.

Oberschnabel braun, Unterschnabel blaßgelb. Oberkopf, Nacken, Rücken bis zum Schwanz und die Flügel gelbbraun; jede Feder des Kopfes und Rumpfes mit blaßgelbem Seitensaum und brauner schwarz quergewellter Mitte, worunter sich am Rückengefieder eine etwas breitere Binde vor der Spitze auszeichnet. Die kleinen Deckfedern der Flügel lebhafter rostgelb, mit braunen, schwarz gerandeten Querbinden; die großen Deckfedern und Schwingen schwarzbraun, am Vorderrande rostgelb in gleich breiten Abständen gebändert. Ganze Unterseite weiß, die des Halses grau überlaufen; jede Feder am Halse und an der Oberbrust mit bräunlichem, auf der Mitte nach unten erweitertem Längsstreif; die Federn des Oberbauches und der Bauchseiten mit feinen, schwarzen Querwellen gezeichnet, welche sich auch am Steiß und auf den unteren Schwanzdecken erkennen lassen. Die oberen Schwanzdecken wie der Rücken, mit breiterer rostgelber Endbinde. Beine blaß gelbbraun. —

Ganze Länge 10½—11″, Schnabelfirste 8‴, Flügel 5″ 2‴, Lauf 1″ 6‴, Mittelzehe ohne Kralle 1″. —

Im Innern Brasiliens auf dem Camposgebiet der mittleren östlichen

Districte, zwischen Bahia und Pernambuco bis in das nördliche Minas geraes; im Diamantendistrict von Spix gesammelt; lebt wie die folgende Art auf offenen Triften und ist deren nördlicher Stellvertreter. Die Eier haben, nach Thienemann a. a. O. S. 26. Taf. 5. Fig. 10. eine sehr dunkle bräunlichgraue Farbe, sind ziemlich kurz gebaut und stehen den Eiern des gemeinen Fasans an Größe gleich. —

2. Nothura maculosa.

Tinamus maculosus *Temm.* hist. nat. d. Pig. et Gallin. III. 557. 748. — *Id.* pl. col. livr. 70. texte, no. 2. — *Pr. Max z. Wied* Beitr. IV. 519. 5.
Crypturus maculosus *Licht.* Doubl. d. zool. Mus. 68. 706.
Cryptura fasciata *Vieill.* Enc. méth. Orn. 370. — *Id.* N. Dict. d'hist. nat. Tm. 34. 109.
Nothura major *Wagl.* l. l. sp. 2. mas und ibid. sp. 3. N. medius fem s. juv.
Tinamus major et medius *Spix* Av. Bras. II. 64. 2. et 3. taf. 80. et 81. mas. et fem.
Inambui, *Azara* Apunt. III. 40. n. 327.
Codornix der Brasilianer in Minas geraes.

Rostgelb, Rückengefieder und Oberkopf braun gewellt; Vorderhals und Brust mit schwarzbraunen rostroth gesäumten Schaftstreifen. —

So groß wie ein weibliches Rephuhn, der Kopf kleiner, die Beine nach Verhältniß höher. Oberschnabel braun, Unterschnabel gelb; Iris orange. Oberkopf schwarzbraun, jede Feder mit rostgelbem Saume, die Seitenfedern nach außen breiter rostgelb. Zügel, Backen, Hals, Brust und die ganze Bauchseite rostgelb, nur die Kehle weiß. Am Halse, im Nacken und auf der Oberbrust hat jede Feder einen schmalen schwarzbraunen Streif, der gegen die Spitze hin breiter wird und an den Seiten rostroth gesäumt ist; diese Streifen sind bei älteren, besonders männlichen Vögeln voller gefärbt, und schärfer abgesetzt; bei jungen und den kleineren Weibchen matter, schmäler und undeutlicher. Die Mitte des Bauches ist ungefleckt; die Bauchseiten und der Steiß haben schwarzbraune Querbinden, die sich am Schaft etwas ausdehnen, nach den Seiten verschmälern und anfangs, gegen die Brust hin, als Vförmige Flecken auftreten. Am Rücken hat jede Feder einen breiten rostgelben Seitenrand und eine schwarze Mitte, worin feine, rostrothe, gewöhnlich zickzackförmige Querlinien an der Spitze und an der Basis der schwarzen Partie enthalten sind; die Mitte bleibt eine breite, sammetschwarze, ununterbrochene Stelle. Die letzten Bürzelfedern sind sehr weich und ihre Fahnen fein faserig zerschlissen. Am Flügel haben die Deckfedern mehr einen röthlich rostgelben Ton und darin schwarze, bogenartige Querbinden, welche sich am Schaft breiter ausdehnen; gewöhnlich ist die letzte Binde vor der Spitze bloß ein rautenförmiger Fleck. Die vordersten Deckfedern und die Schwingen sind schwarzbraun, am Außenrande rostrothgelb gebändert oder gefleckt; letzteres bei älteren, ersteres bei jüngeren Individuen. Beine gelbbraun. —

Ganze Länge 9—10″, Schnabelfirste 7‴, Flügel 5″, Schwanz 1″, Lauf 18‴, Mittelzehe 1″ ohne Kralle.

Die jungen Vögel haben mattere Grundtöne und stets breitere hellere Querbinden im Gefieder; die alten Vögel sind röthlicher rostgelb, feiner quergewellt am Rücken und schärfer gezeichnet auf dem Halse. Ihre Kehle ist reinweiß, beim jungen Vogel nur weißlich. —

Auf dem südlichen Camposgebiet, in Minas geraes, St. Paulo, Montevideo und Paraguay zu Hause und hier unter dem Namen Codornix (Wachtel) bekannt; lebt nur in offenem buschigem Terrain, läuft beständig am Boden, nistet im Grase und legt sehr glänzende, ganz wie bei der vorigen Art dunkel röthlichgrau gefärbte, aber etwas länglicher ovale Eier, die zwar gleiche Länge, aber eine geringere Dicke besitzen. Ich erhielt den Vogel mehrmals von demselben Jäger, der mir den Rhynchotus rufescens brachte, in Congonhas bei Sabara. — Sein Fleisch ist wohlschmeckend und ein beliebter Braten. —

Anm. Spix hat aus dem alten männlichen und jüngeren weiblichen Vogel eine besondere Art gemacht, dabei aber im Text nicht verschwiegen, daß beide zu einer Art gehören; Wagler, bekanntlich sehr artensüchtig, folgt ihm in der Trennung, unterscheidet aber von beiden Formen Männchen und Weibchen, d. h. er zieht die alten Individuen beider Geschlechter zu Nothura major, die jüngeren zu Nothura medius. Es ist aber zwischen beiden durchaus kein haltbarer Unterschied aufzufinden und wenn man mehrere Exemplare vergleicht, so überzeugt man sich bald, daß die in den Spixschen Abbildungen hervortretenden Unterschiede nicht stichhaltig sind. Außerdem ist Kopf und Schnabel bei Tinamus major viel zu klein, das Bein zu dünn dargestellt, und eben diese Theile wieder zu groß bei Tinamus medius. —

Anhangsweise erwähne ich die beiden kleineren Arten, welche ich nicht selbst gesehen habe:

3. Nothura minor, *Wagl.* Syst. Av. I. sp. 4. — Tinam. minor *Spix.* Av. Bras. I. 65. 4. tb. 82. — Oberseite rostgelb, Unterseite blaßgelb; Kopf und Rücken schwarz gebändert, die schwarzen Binden des Rückens überall feiner als der Grund, die Seiten der Federn breit blaßgelb gesäumt, mit schwarzem Längsstreif davor nach innen; Hals und Oberbrust braun gestreift, Bauchseiten schwarz quer gewellt. — Ganze Länge 7″. — Im Diamantendistrict, bei Tijucca. — Nach Temminck pl. col. livr. 70. texte, no. 5. das Jugendkleid der folgenden Art.

4. Nothura nana *Wagl.* Syst. Av. I. sp. 4. — Tinamus nanus *Temm.* hist. nat. d. Pig. et Gall. III. 600. und 753. — *Id.* pl. col. 316. — Inambú-carapé, *Azara* Apunt. III. 45. 327. — Graulichgelb am Rücken, weißlichgelb an der Brust; Kehle und Bauchmitte bis zum After rein weiß; Rückengefieder dicht in der Quere schwarz gebändert, die dunkleren Binden breiter als die lichten; jede Feder weißgrau an den Seiten gesäumt. Oberkopf und Nacken fleckig gestreift; Unterhals, Brust und Bauchseiten fein quer gewellt. Obere Schwanzdecken des Männchens pfauenartig verlängert, des Weibchens ohne Auszeichnung; bei beiden Geschlechtern die Säume der Federn zart und fein zerfasert. — Ganze Länge 6″. — St. Paulo, Paraguay. —

Fünfundzwanzigste Familie.

Waldhühner. Tetraonidae.

Schnabel viel kürzer, dicker, höher, am Ende kuppig gewölbt, mit herabgebogener, breithakiger Spitze und scharfen, vorragenden, schneidenden Mundrändern, die mitunter sogar gezähnt sind. Nasengrube kurz, breit, tief, mit schwieliger Haut ausgefüllt, worin vorn das Nasenloch unter einer besonderen kleinen Schuppe sich befindet. Zügel und Augengegend mehr oder weniger nackt, warzig granulirt, dazwischen z. Th. mit kleinen Federn besetzt. Gefieder beider Geschlechter in der Regel nicht sehr verschieden, namentlich im Bau übereinstimmend, höchstens mit scharfer Farbendifferenz; die Weibchen matter gefärbt und stets von kleinerer Statur als die Männchen. Flügel kurz, abgerundet, gewölbt, die 3—4 ersten Schwingen stark abgestuft verkürzt, säbelförmig gekrümmt; die Armschwingen lang, beinahe so lang wie die längsten Handschwingen. Schwanz vorhanden, aber in der Regel kurz und klein, nie keilförmig verlängert, stets abgerundet, aus 12 weichen schwachen Federn bei der Mehrzahl gebildet. Beine nicht sehr groß und stark, der Lauf mittelhoch, mit sechseckigen Schildern bekleidet, von denen die der Vorderseite viel größer sind und sich theilweis zu Halbgürteln ausdehnen. Zehen nach Verhältniß lang, nur die Hinterzehe klein, obgleich viel größer als bei den Crypturiden, doch den Boden berührend und mit auftretend; die vorderen 3 Zehen durch eine kurze Spannhaut am Grunde verbunden, obenauf mit Gürtelschildern bekleidet; die Krallen theils lang, dünn, spitz, theils kurz, breit kuppenförmig; im letzten Falle der Lauf der Männchen mitunter gespornt.

Die Familie ist zwar über die ganze Erdoberfläche verbreitet, erreicht aber in der kalten und gemäßigten Zone ihre größte und zahlreichste Entfaltung; Süd-Amerika südlich vom Aequator ist sehr arm an Tetraoniden und Brasilien besitzt nur einen Repräsentanten derselben. Sie leben in den Wäldern oder auf den Triften, ganz wie die Crypturiden, nisten gewöhnlich auf dem Boden, legen weißliche oder hellgraugelbe, z. Th. dunkler gefleckte Eier, und nähren sich nur von Früchten und Sämereien.

Gatt. Odontophorus *Vieill.*

Schnabel ungemein hoch, mehr seitlich zusammengedrückt, als kuppig gewölbt, mit starkem Endhaken und gezähntem Rande des Unterkiefers, der obere bloß abwärts gekrümmt. Augengegend nackt, sperrig mit kleinen Federn besetzt. Gefieder beider Geschlechter ganz gleich, der Farbenton beim Männchen schwärzlicher, beim Weibchen bräunlicher; die vierte Schwinge die längste. Beine ziemlich dünn, der Lauf vorn alternirend groß getäfelt, hinten geschildert; die Zehen lang, mit schmalen, spitzen, scharfen, wenig gebogenen Krallen. Das Männchen nicht gespornt. —

Leben nur im dichten Gebüsch auf dem Boden zwischen dem Unterholz; legen weiße Eier.

Odontophorus dentatus.

Perdix dentata *Licht.* Doubl. d. zool. Mus. 63. 666. 667. — *Pr. Max z. Wied* Beitr. IV. 1. 486.
Orthyx capistratus *Jard. Selb.* Ill. Orn.
Perdix Capueira *Spix.* Av. Bras. II. 59. 1. tb. 76.
Uru, *Azara* Apunt. etc. III. 62. 334.
Capueira der Brasilianer.

Oberkopf rothbraun, gelb getüpfelt; Rücken gelbbraun, schwarz gefleckt, die Seiten der Federn blaßgelb; Unterseite und Backen schiefergrau. —

So groß wie unser Rephuhn (Perdix cinerea), der Schnabel höher und stärker, hornschwarzgrau. Iris braun. Augengegend und Zügel nackt, dunkel fleischroth. Gefieder des Oberkopfes braun, Zügel und Augenrand bis zum Nacken heller rostrothgelb, jeder Feder mit feinen rostgelben Punkten in einer Reihe hinter einander am Schaft; die Hinterkopffedern besonders beim Männchen schopfartig verlängert. Oberhals, Nacken, Rücken, Flügel und Schwanz gelbbraun; die Federn des Halses und Oberrückens mit gelbem Schaftstreif und abwechselnd schwarz und braun gefleckten Seiten; auf den Schultern nur die Innenseite der Fahne mit großem schwarzem dreieckigen Fleck; die Deckfedern mit herzförmigem blaßgelbem Fleck an der Spitze, die unteren Schulterfedern und letzten Armschwingen am Innenrande rostgelb gesäumt, mit breitem schwarzem Saum daneben; die Mitte aller Federn rostgelb und graubraun oder rothbraun wellig marmorirt. Schwingen braun, die der Hand am Außenrande weiß gefleckt, die des Armes mit rostgelben Querbinden auf der Außenfahne. Unterrücken, Bürzel und Schwanz rostgelbbraun, tüpfelig marmorirt, jede Feder mit blaßgelbem

Spitzensaum und schwarzem Fleck vor der Spitze. Kehle, Backen, Hals, Brust und Bauch schiefergrau, die Ränder der Federn bräunlich; die unteren Schwanzdecken fast wie die oberen. Beine graulich, fleischroth durchscheinend. —

Das Weibchen ähnelt dem Männchen in der Zeichnung, doch ist der Farbenton matter und die Zeichnung verloschener, graulicher. — Der junge Vogel spielt im Ganzen mehr ins Rostbraune, namentlich am Bauch, und hat noch mehr verloschene Zeichnungen. —

Ganze Länge 10″, Schnabel in jeder Linie 6‴, Flügel 5″, Schwanz 2″, Lauf 18‴, Mittelzehe 15‴ ohne die Kralle. —

Gemein in allen Gebüschen Brasiliens, aber selten sichtbar, dagegen stets hörbar an dem eigenthümlichen Lockton, welchen der Jäger nachahmt und dadurch den Vogel beschleicht; baumt gegen Abend, aber nicht hoch, und übernachtet in kleinen Gesellschaften auf niedrigen Zweigen; nistet auf dem Boden und legt 10—15 rein weiße Eier. — Der Vogel war bei Neu-Freiburg ebenso gemein, wie bei Lagoa santa und an beiden Orten meine häufige Kost. Ich fand denselben aber nicht so wohlschmeckend wie unser Rephuhn. —

Anm. 1. Die in Guyana und Columbien einheimische Art ist etwas kleiner, völlig rostrothgelb, hat dickere Beine, einen noch höheren Schnabel und keine Zähne am Unterkiefer, wenigstens nicht immer und namentlich nicht in der Jugend. Dahin gehört Tetrao guianensis ***Gmel. Linn.*** Syst. Nat. I. 2. 767. — Perdix guianensis ***Lath.*** Ind. orn. II. 650. 21. — Perdix dentata ***Temm.*** hist. nat. d. Pig. et Gallin. III. — Odontophorus rufus ***Vieill.*** Gal. d. Ois. III. 38. pl. 211. — Perdix rufina ***Spix*** Av. Bras. II. 60. 2. tb. 76. 6.

2. Azara beschreibt als Chororó Apunt. III. 59. 333. einen Vogel, der kein Injambu sein kann, weil er einen starken Schwanz und größere Hinterzehen besitzt, dabei nur 8″ lang wird, obgleich die angegebene scharfe Kante an der Laufsohle auf Trachypelmus hinweist. Temminck hat darin ein Wasserhuhn vermuthet, wogegen Dr. Hartlaub (syst. Ind. z. Azara S. 21.) mit Recht erinnert, daß die Beschreibung des Gefieders nicht damit vereinbar sei. Ich glaube eher, daß es ein verflogenes Exemplar von Ortyx cristatus ***aut.*** Tetrao cristatus ***Linn.*** S. Nat. I. 277. 18. — ***Buff.*** pl enl. 126. 1. gewesen ist, das Noseda darunter beschrieben hat. Die beiden in v. Tschudi's Fn. peruana Ornith. S. 285. (O. speciosus) und 282. (O. pachyrhynchus) aufgestellten neuen Arten können nicht auf den Chororó bezogen werden; letztere möchte überhaupt kaum von O. guianensis verschieden sein. —

Sechsundzwanzigste Familie.

Jacuhühner. Penelopidae.

Schnabel länger als bei den Tetraoniden, die Spitze kuppig gewölbt, für sich allein von einem hornigen Ueberzuge bedeckt, der sich am Mundrande hinzieht und breit hakig am Ende herabgebogen ist; die hintere Partie von einem häutigen Ueberzuge bekleidet, welcher die ganze Nasengrube, die Zügel und die Augengegend überzieht und das weite ovale Nasenloch im vorderen Ende der Grube frei läßt, ohne eine eigenthümliche Schuppe über demselben einzuschließen. Zügelgegend mit einem Wirtel borstenförmiger Federn besetzt; Augenrand mit theils feinen, theils starken Wimpern. Gefieder sehr derbe und großfedrig, aber darum nicht zahlreich und dicht; die Flügel stark abgerundet, bis auf den Anfang des Schwanzes, oder etwas darüber hinabreichend; die 4—5 vordersten Handschwingen stufig verkürzt, zugespitzt, mitunter abgesetzt schlankspitzig; die Armschwingen lang, stets den ganzen Handtheil des Flügels in der Ruhe bedeckend. Schwanz zwölffedrig, sehr lang, stark, kräftig, etwas abgerundet oder gleich breit. Beine von mittlerer Stärke, der Lauf nicht grade hoch, vorn mit zwei Reihen Schilder bekleidet, hinten mit kleinen ovalen Schildern in mehreren Reihen; bisweilen (bei Opisthocomus) gleichmäßig genetzt. Zehen lang und dünn; die Hinterzehe sogar sehr lang, tief unten am Hacken angesetzt, nicht erhöht, wie bei den ächten Gallinaceen; die Vorderzehen bald frei, bald durch eine Spannhaut verbunden, auf der Oberseite mit ungleichen, über den Gelenken kürzeren Halbgürteln bekleidet; die Krallen lang, ziemlich schmal, scharf zugespitzt und sanft gebogen. —

Die Vögel leben auf Bäumen, nisten auch dort, legen weiße, matte Eier und vertreten die Stelle der Fasane oder Truthühner in Süd-Amerika. —

1. Gatt. Penelope *Gmel.*

Wagler, Isis 1830. S. 1109.

Schnabel nach Verhältniß schlank und niedrig; der von der Wachshaut am Grunde bekleidete Theil bedeutend länger, als die hornige Endkuppe, das Nasenloch in Folge dessen über die Mitte des Schnabels hinabgerückt. Augengegend und Kehle bis zum Vorderhalse hinab nackt, sparsam mit kurzen Pinsel- oder langen Haarfedern besetzt; Gefieder des Oberkopfes und Halses schmal, spitzig, am Hinterkopf mehr oder weniger verlängert, doch ohne einen Kamm oder eine Krone zu bilden. Flügel kurz, nur den Anfang des Schwanzes überdeckend. Schwanz lang, stark abgerundet, die drei äußeren Federn jeder Seite mehr oder weniger abgestuft. Lauf ziemlich dünn und hoch, so lang wie die Mittelzehe ohne Kralle, vorn mit zwei Reihen größerer Schilder bekleidet, die Reihe nach innen etwas kleiner als die nach außen; die Zehen lang, dünn, am Grunde durch eine ziemlich breite Spannhaut aneinander geheftet, besonders die äußere mit der mittleren. — Gefieder düster metallisch am Rücken, die Federn z. Th. oder vorzugsweise mit helleren Säumen, besonders auf der Brust. —

Fasanartige Vögel, doch nur in der Lebensweise, welche deren Stelle in Süd-Amerika vertreten und von den Brasilianern mit dem Namen Jacú (gesprochen: Schakuh) belegt werden. —

I. Vorderste Handschwingen abgesetzt zugespitzt, in eine schmale enge Spitze auslaufend.

A. Lauf vorn kürzer als die Mittelzehe; die drei ersten Handschwingen lang und sehr schmal abgesetzt zugespitzt.

1. Penelope Pipile *Gmel.*

Gmel. Linn. S. Nat. I. 2. 734. — *Lath.* Ind. orn. II. 620. 2. — *Temm.* hist. nat. d. Pig. et Gallin. III. 76. — *Wagl.* l. l. 1109. 1.
Crax Pipile *Jacq.* Beitr. etc. Voy. 26. tb. 21.
Penelope Jacutinga *Spix* Av. Bras. II. 53. 3. tb. 70.
Penelopé leucoptera *Pr. Wied.* Beitr. IV. 544. 2.
Penelope nigrifrons *Less.* Traité d'Orn. 482.
Jacú-apéti, *Azara* Apunt. III. 80. 337.
Jacu-tinga der Brasilianer.

Grünlich violettschwarz, Oberkopf weiß; Ränder der kleinen Flügeldeckfedern und Brustfedern weiß; große Flügeldeckfedern mit breiter weißer Binde. —

So groß wie ein Silberfasan (Phasianus nychthemerus *Linn.*) oder noch drüber. — Schnabel hornschwarz; Zügel, Augengegend und Kinnrand blau, untere Partie des nackten Halses roth. Oberkopf von der Stirn bis zum Nacken weiß, bei jüngeren Vögeln jede Feder mit schwarzem Längsstreif. Backen unter dem Auge, Nacken, Hals und ganzes Rumpfgefieder grünlich violettschwarz, metallisch glänzend, wie beim Raben; die kleinen Deckfedern und die Brustfedern mit schmalen weißen Rändern, die sich allmälig mehr und mehr abnutzen; die großen Deckfedern mit breiter, weißer nach innen verschmälerter Binde vor der Spitze. Erste, zweite und dritte Schwinge mit schmaler, scharf abgesetzter langer Spitze, die vierte ebenfalls noch sehr an der Spitze verschmälert. Schwanz lang und breit, die äußeren Federn nur sehr wenig verkürzt; obenauf wie der Rücken gefärbt, unten matt schwarzgraubraun. Steißfedern weicher, graulicher metallisch. Beine taubenroth, die Krallen braun, sehr lang, hoch und stärker gekrümmt als bei den übrigen Arten. Die nackte Kehlhaut zu einer starken, dünnen, hängenden Wamme ausgedehnt. Laufsohle warzig genetzt. —

Weibchen kleiner als das Männchen, matter metallisch, die weißen Federnsäume breiter, die Oberkopffedern kürzer.

Junger Vogel grauschwarzbraun, die Federn breiter, aber matter hell gesäumt, die Oberkopffedern sehr kurz, schwärzlicher, nur an den Seiten über dem Auge weiß; Bauch und Steiß beinahe rostbraun. —

Ganze Länge 28″ (2′ 4″), Schnabelfirste 1″ 4‴, Flügel 12″, Schwanz 10″, Laufsohle 2″ 6‴, Mittelzehe 2″.

In allen Waldungen des wärmeren Süd-Amerikas, von Columbien bis Paraguay; sitzt einzeln oder paarig am Tage hoch auf den Bäumen, hält lange auf derselben Stelle aus, ist aber scheu und muß vorsichtig beschlichen werden. Sein Nest findet sich eben dort in den Kronen großer Waldbäume und enthält 2—3 ganz weiße Eier. (*Thienem.* Fortpf. Gesch. I. 9. Taf. 4. Fig. 5.).

B. Lauf auch vorn entschieden länger als die Mittelzehe; Gefieder weicher, großfedriger; die Federn des Oberkopfes kürzer und nicht so spitz. Salpiza *Wagl.*

2. Penelope superciliaris *Ill.*

Temm. hist. nat. d. Pig. et Gallin. III. 72. — *Wagl.* Isis 1830. 1110. 7. — *Pr. Wied* Beitr. IV. 539. 1.
Penelope Jacu-pemba *Spix* Av. Bras. I. 55. 5. tb. 72. alt.
Penelope Jacu-peba *Spix* ibid. 4. tb. 71. jung.
Jacu-pema *Marcgr.* hist. nat. Bras.
Jacu-pema und Jacu-pemba der Brasilianer.

Rückengefieder matt erzgrün, die Federn rostrothgelb gesäumt; Brust schwarzgrau, die Federn weißgrau gesäumt, Bauch rostroth und braun matt quergewellt; über dem Auge ein weißlicher Streif.

Von der Größe des gemeinen Fasan (Phasianus colchicus). Schnabel, Zügel und Augengegend schwarz; Iris braun; die nackte Kehle dunkel fleischroth. Oberkopf, Nacken, Hals und Brust schieferschwarz, grau überlaufen, jede Feder mit weißgrauem Rande; über dem Auge die weißlichen Federsäume breiter, so daß ein Streif entsteht. Rücken, Flügel und Schwanz obenauf erzgrün, die vordersten Rückenfedern noch weißgrau gesäumt, die übrigen und die Flügeldeckfedern rostrothgelb; die Schwingen fein graugelb gerandet; die Schwanzfedern einfarbig, wie die vordersten Handschwingen, von denen nur die erste abgesetzt zugespitzt und lange nicht so schmal ist, wie bei der vorigen Art. Bauch und Steiß rostgelbroth und braun matt quergewellt, bei älteren Vögeln die Federn nur breit rostgelbroth gesäumt. Beine graulich fleischrothbraun. —

Das Männchen hat einen helleren Augenstreif und hellere Federnsäume, ist aber sonst kaum größer, als das Weibchen. — Der junge Vogel weicht mehr ab, er ist sehr matt graubräunlich gefärbt, hat weniger scharf abgesetzte grauliche Federnränder an der Brust, rostgelbe am Rücken, keinen weißlichen Augenstreif, sondern einen rostrothgelben, der besonders hinter dem Auge über dem Ohr sehr deutlich wird, und feiner, dichter quergewelltes Brust-, Steiß- und Schenkelgefieder. Die Beine sind blasser fleischbraun, und der Schnabel lichter horngelbbraun. —

Ganze Länge 24″, Schnabelfirste 1″ 2‴, Flügel 10″, Schwanz 10½″, Lauf hinten 3″, Mittelzehe 2″ ohne Kralle. —

Ueberall in dem von mir bereisten Strich Brasiliens einheimisch und dort viel häufiger als die vorige Art; lebt übrigens nur im Walde, wie jene, und steht ihr im Betragen durchaus nahe. Ich erhielt mehrmals Exemplare sowohl in Novo-Friburgo, als auch in Lagoa santa. — Das Fleisch des Vogels ist ein geschätzter Braten, bleibt aber hinter dem der vorigen Art an Wohlgeschmack zurück, da es weniger kernig ist. Die Vögel fressen übrigens mehr Beeren, als harten Samen, und haben im Kropf auch stets einige Insektenreste. —

Anm. 3. Spix beschreibt als Penelope Jacucaca (Av. Bras. II. 53. 2. tb. 69.) eine ähnliche Art, die Wagler a. a. O. 1110. no. 6. festhält und Schomburgk in seiner Reise III. 745. 342. ebenfalls annimmt. — Sie ist mir unbekannt, nach den Angaben etwas größer als die vorige, 30″ lang, hat eine etwas dunklere Farbe, einen schwärzlichen Rücken und bloß weiße Seitenränder an den Federn des Kopfes, Halses, der Brust und der oberen Flügeldeckentheile; alle anderen Körperpartieen sind einfarbig schwarzgrün. Besonders die Ohrdecken sind weiß getüpfelt und die nackten Augensäume blau gefärbt. Alles übrige wie bei P. superciliaris. Der Vogel lebt in den Catinga-Wäldern des Sertongs von Bahia und verbreitet sich nordwärts bis Guyana; ist scheu, und geht öfters auf den Boden, als andere Arten. Dem Gebiet meiner Reise gehört er nicht mehr an.

4. Als eine sehr eigenthümliche, mir gleichfalls unbekannte Art ist hier zu erwähnen: Penelope pileata *Licht. Wagl.* Isis 1830. 1109. 3. — Sie hat die Größe der folgenden; einen weißlichen Oberkopf mit gelblichem Nacken und

schwarzem Augenrande; das Rückengefieder ist schwärzlich erzfarben, weiß gerandet; der Hals und die ganze Unterfläche kastanienbraun, die Halsfedern weiß gesäumt; die Flügel und Schwanzfedern dunkel erzfarben schwärzlich; die Beine fleischroth. Ganze Länge 29″, Schwanz 13¼″. — Von Para. —

5. Penelope cristata.

Gmel. Linn. S. Nat. I. 2. 733. — *Lath.* Ind. orn. II. 619. 1. — *Edw.* Av. tb. 13. — *Temm.* hist. nat. d. Pig. et Gallin. III. 46. — *Wagl.* Isis 1830. 1110. 5. — *Schomb.* Reise III. 745. 340.
Meleagris cristata *Linn.* S. Nat. I. 269. 2.
Penelope Jacuaçu *Spix* Av. Bras. II. 53. 1. tb. 68.
Jacu-guaçu der Brasilianer.

Rußbraun, kupferig erzfarben schillernd am Rücken; Hals-, Brust-, Rücken- und kleine Flügeldeckfedern weißlich gesäumt; Bauch, Steiß und Bürzel rostbraun.

Die größte Art der Gattung, größer und kräftiger gebaut als die erste, der Schnabel dicker, höher, der Lauf viel länger. Schnabel hornbraungrau, Zügel und die nackte Augengegend bis zum Ohr blau; Kehle und Vorderhals bis zur Brust hinab nackt, voll fleischroth. Gefieder des Rückens rußbraun, kupferig metallisch schillernd; die Federn des Oberkopfes, Halses, der Brust und des Oberrückens nebst den kleinen Flügeldeckfedern weißlichgrau gerandet; die großen Deckfedern, Schwingen und Schwanzfedern einfarbig kupferig metallisch schillernd. Die Unterbrust, der Bauch, die Unterschenkel und der Steiß trüb rostrothbraun. Beine fleischrothbraun.

Das Weibchen weicht vom Männchen nur durch mattere Farben ab; der junge Vogel hat keinen Metallschiller am Rücken, breiter weißgraue matte Ränder am Vorderleibe und trübe braune Querwellen am Bauch. —

Ganze Länge 30″, Schnabelfirste 18‴, Flügel 14″, Schwanz 13″, Lauf 3½″, Mittelzehe 2½″. —

Im nördlichen Brasilien, am Amazonenstrom und über Guyana, Columbien und Peru verbreitet; lebt, wie die vorigen Arten im Walde, hält sich gern paarweis, sitzt auf hohen Bäumen im dichten Laube, das Männchen einsam, wenn das Weibchen brütet; ist dann vorsichtig, läßt sich aber, jung aufgezogen, leicht zähmen und wird viel, selbst von den Indianern, zwischen den Haushühnern gehalten. Das Nest sitzt gewöhnlich in einem Busch, nicht grade sehr hoch über dem Boden, nach Schomburgk sogar auf dem Boden selbst, und enthält 2—3 ganz weiße Eier, welche die Eier des Truthahns an Umfang übertreffen. —

Anm. Wie sich Penelope Jacucaca zu P. superciliaris verhält, so die eben beschriebene Art zu 6. Penelope Morail *Gmel. Lath.* Ind. orn. II. 620. 4. — *Buff.* pl. enl. 338. — *Wagl.* l. l. 1110. 8. — Der Vogel ist etwas kleiner, hat ein einfarbiges erzgrün metallisches Rückengefieder, eine eben solche

Brust mit weißen Rändern der Federn hier, am Halse und im Nacken, und ein rostrothes Bauch-, Steiß- und Unterschenkelgefieder. Gesicht, Zügel, Kehle und Vorderhals sind dunkel fleischroth, die Beine fleischrothbraun. Ganze Länge 24″. Guyana, besonders in den Küstenwaldungen. —

7. Im Süden Süd-Amerikas vertritt deren Stelle: Penelope obscura *Illig.* — *Temm.* hist. nat. d. Pig. et Gallin. III. 68. — *Wagl.* Isis 1830. 1111. 9. — Jacuhú, *Azara* Apunt. III. 72. no. 335. — Diese Art erreicht die Größe von P. superciliaris, ist am Oberkopf, Halse und Nacken schwarz, am Oberrücken und auf den Flügeln mehr dunkel schiefergrau, an der Brust röthlichbraun und an allen diesen Stellen mit weißlichen Federrändern geziert; der Bauch, Steiß und der Unterrücken sind rostroth, die Flügel, mit Ausnahme der kleineren Deckfedern, und der Schwanz schwarzbraun. — Ganze Länge 28″. Paraguay. —

II. **Vorderste Handschwingen nicht abgesetzt zugespitzt, allmälig zugerundet, wie die übrigen; Gefieder sehr weich, abgerundet; der Lauf vorn nicht länger als die Mittelzehe.** Ortalida *Merrem.*

8. Penelope Aracuan *Spix.*

Aves Brasiliae II. 56. 7. tb. 74. — *Wagler,* Isis 1830. 1112. 18. — *Pr. Max z. Wied* Beitr. IV. 549. 3.
Aracuão der Brasilianer.

Oberkopf, Bürzel, Steiß und Spitze der Schwanzfedern rostroth; Hals, Rücken, Brust und Flügel olivenbraun, die Federn weiß gerandet; Oberbauch weiß. —

Viel kleiner als die vorhergehenden Arten, zierlicher gebaut, besonders die Füße dünner und schlanker. Schnabel hornbleigrau, die Spitze weißlich; Zügel und Augengegend bläulich schieferschwarz; die nackte Kehle fleischroth, auf der Mitte ein schwarzblauer befiederter Streif. Iris braun. Gefieder des Oberkopfes bis zum Nacken rothbraun, die Federn schmal, zugespitzt, am Ende weißlich, auf der Mitte bräunlich. Hals, Oberbrust, Rücken, Flügel und mittlere Schwanzfedern bräunlich olivenfarben; die Flügel und Schwanzfedern matt metallisch glänzend; die des Vorderhalses, der Brust und die kleinsten Deckfedern des Flügels weißlich gesäumt, besonders breit und deutlich am Unterhalse gegen die Brust hin. Unterbrust und Oberbauch ganz weiß; Unterbauch, Unterschenkel, Steiß, Bürzel, innere kleinste Flügeldeckfedern und die Endhälfte der drei äußeren Schwanzfedern rostrothbraun; die Aftergegend und der Steiß weniger lebhaft, mehr rostgelbgrau, gleich den inneren Flügeldecken von sehr weicher duniger Beschaffenheit. Beine hell fleischrothbraun.

Männchen äußerlich vom Weibchen wenig verschieden, die Farbe matter, die weißen Ränder blasser; aber innerlich durch die lange über die Brustmuskeln unter der Haut bis zum Bauch hinabreichende Luftröhre, welche daselbst umkehrt, neben dem Kamm zur Gurgel zurückläuft, und hier zwischen die Schenkel des Gabelbeines in die Rumpfhöhle hineintritt, sehr merkwürdig. Außerdem ist die Anwesenheit einer fleischigen Sförmig gewundenen Ruthe in der Kloake ein, das Männchen bezeichnender, allen Penelope-Arten in verschiedenem Grade eigner Charakter. (*v. Tschudi*, Fn. per. Orn. 290.). Die jungen Vögel sind viel matter gefärbt, mehr gleichförmig olivengraubraun im Ton, mit deutlichem rostrothen Strich am Oberkopf, Bürzel, Steiß und Schwanz, und breiteren lichten Säumen am Halse und der Brust. Das ist Pen. ruficeps *Wagl.* l. l. 12.

Ganze Länge 16—17″, Schnabelfirste 10—11‴, Flügel 7″, Schwanz 8″, Lauf hinten 2″, Mittelzehe 18‴. —

Im mittleren Brasilien, bei Bahia, in der oberen Hälfte von Minas geraes, bis nach Pernambuco und in den benachbarten Gegenden nicht selten; lebt in den lichten Catinga-Wäldern und hat im Betragen und der Lebensweise ganz die mehrmals erwähnten Züge der vorigen Arten. —

Anm. Süd-Amerika beherbergt noch eine Anzahl ähnlicher Arten, die mir nicht aus eigener Ansicht bekannt sind, daher ich sie nicht beschreiben kann; Wagler giebt davon a. a. O. kurze Diagnosen, welche ich hersetze.

9. Penelope Parrakua *Temm.* hist. nat. d. Pig. et Gallin. III. 85. — Phasianus Matmot *Linn.* S. Nat. I. 271. 2. — *Buff.* pl. enl. 146. — *Lath.* Ind. orn. II. 632. 9. — Penel. Motmot *Wagl.* a. a. O. 1111. 10. — Oberkopf und Oberhals rostroth, Rücken grünlich olivenbraun, Hals und Brust graulich olivenfarben, mit weißlichen Federrändern; Steiß rostgelbgrau; vier mittlere Schwanzfedern matt erzgrün, die seitlichen ganz rostroth, ebenso der Bürzel bis zum After und die unteren Flügeldeckfedern. — Ganze Länge 18″, Schwanz 9″. Guyana und Columbien. — Penelope albiventris *Wagl.* l. l. 11. halte ich, mit Temminck, für den jungen Vogel der P. Parrakua; er unterscheidet sich, wie gewöhnlich, durch mehr weiß am Bauch und breitere lichte Federnränder von dem Alten. —

10. Penelope guttata *Spix.* Av. Bras. II. 55. 6. tab. 73. — *Wagl.* l. l. 1112. 17. — Kopf, Hals, Brust und ganzes Rückengefieder olivenbraun, Hals und Brustfedern weiß gesäumt; Bauch und Steiß nicht rostroth, sondern rußgraubraun, ebenso die äußeren Schwanzfedern, die mittleren metallisch erzfarben. Ganze Länge 20″. — Am Amazonenstrom. — Nach Spix Abbildung, die Wagler selbst genau nennt, sind Bauch, Steiß und äußere Schwanzfedern rothbraun, und überhaupt die Art nur durch ihre Größe von P. Aracuan verschieden. —

11. Penelope canicollis *Wagl.* l. l. 16. — Jacú-caraguatá *Azara* Apunt. III. 77. 336. — Schwärzlichbraun, erzgrün schillernd am Rücken; Oberkopf und Oberhals bis zur Brust bleigrau; Unterbrust und Bauch braun, mit weißlichen Federnrändern. Flügel und mittlere Schwanzfedern schwärzlich erzgrün, die seitlichen und der Bürzel rostroth. — Ganze Länge 22″, Schwanz 9½″. — Paraguay. — Nach Temminck und Vieillot einerlei mit Penelope Parrakua. —

2. Gatt. Opisthocomus *Illig.*

Prodr. Syst. Mamm. et Av.

Schnabel kürzer, höher, besonders nach hinten; durchaus dem von Crax in der Anlage ähnlicher, aber die Spitze nicht so stark

kuppig gewölbt, sanft und allmälig herabgebogen, daher der hohe Unterkiefer mit dem vorragenden Kinnwinkel sehr sonderbar sich ausnimmt; hintere Partie des Schnabels von Haut bekleidet, welche die flache Nasengrube ausfüllt, darin vorn das ovale, ganz wie bei Penelope gestaltete Nasenloch. Mundrand unter der Nasengrube fein gekerbt. Zügel, Augengegend und Backen bis zum Ohr nackt; Augenränder mit langen Wimperborsten, am Zügel ein Wirbel von Borstenfedern. Gefieder des Kopfes und Halses lang, schmal, spitzig; die Federn des Oberkopfes sehr lang und schmal, zu einer aufrichtbaren Haube oder Kamm verlängert; Rumpfgefieder sehr großfedrig, am Rücken derbe, am Bauch weich und gegen den Steiß hin dunig, wie bei Ortalida. Flügel ziemlich lang, über die Mitte des Schwanzes hinabreichend; die Handschwingen etwas länger als die Armschwingen, die vordersten zugespitzt, aber ohne Absetzung, die fünfte und sechste Schwinge die längsten, die erste sehr klein. Schwanz lang, mäßig breit, zehnfedrig; die Seitenfedern etwas verkürzt, alle am Ende abgenutzt. Beine mit kurzen Läufen und langen, am Grunde nicht durch eine Spannhaut verbundenen Zehen, die Mittelzehe beträchtlich länger als der Lauf vorn; der Lauf dick, vorn mit größeren, hinten mit kleineren sechseckigen Schildern bekleidet, aber nicht getäfelt; die Zehen auf der Oberseite mit Halbgürteln, welche über den Gelenken etwas kürzer sind, als dazwischen; die Krallen lang, stark, ziemlich gebogen, scharf zugespitzt; der Daumen nach Verhältniß noch größer als bei Penelope. —

Anm. Diese eigenthümliche Gattung bildet ein ganz natürliches Zwischenglied zwischen Penelope und Crax und hat auch im Knochengerüst alle wesentlichen Merkmale der Hühner, namentlich der Penelopiden. Eine Verbindung derselben mit den Musophagiden, welche Nitzsch in seiner Pterylographie vertritt (S. 155), läßt sich nicht rechtfertigen; es ist lediglich äußere Analogie, welche den Vogel dahin bringt, obgleich er auch darin näher theils an Penelope, theils an Crax erinnert. Am inneren Bau hat L'Herminier die verwandtschaftlichen Beziehungen zu den Hühnern bereits nachgewiesen. (Ann. d. Sc. nat. zool. 2. Ser. VII. 97. — *Wiegm.* Arch. 1838. I. 365.).

Opisthocomus cristatus *Illig.*

Phasianus cristatus *Gmel. Linn.* S. Nat. I. 2. 741. — *Buff.* pl. enl. 337. — *Lath.* Ind. orn. II. 631. 7.
Opisthocomus cristatus *Illig.* — *Cuv.* R. Anim. II. 472. — *Schomb.* Reise III. 712. 212.
Sasa cristata *Vieill.* Gal. d. Ois. II. 326. pl. 193.

Rückengefieder braun, Oberkopf und Nacken weißgelb gestreift, Flügeldeckfedern und Schwanz ebenso gesäumt; Vorderhals und Brust weiß; Bauch, Steiß und die meisten Schwingen rostroth. —

Schnabel hornbraungrau, die Spitze blasser; Zügel, Backen und Augenring voll fleischroth; Iris hellbraun. Stirn- und Oberkopffedern schmal, linienförmig, gegen den Hinterkopf bis auf 4″ verlängert, weißgelb, die hintersten schwarz gesäumt. Nacken, Rücken, Flügel, die hintere Hälfte der Armschwingen und der Schwanz braun; die großen hinteren Armschwingen erzgrün schillernd, die Schwanzfedern mehr schwarzbraun. Die Federn des Halses und Oberrückens mit weißgelbem Schaftstreif; die des Flügels weißgelb gesäumt, die vorderen am Bugrande mit weißlicher Außenfahne, die hinteren nur am Ende weiß, ebenso die Schwanzfedern. Kehle, Vorderhals und Brust ganz weißlich; Bauch, Unterschenkel, Steiß, die Handschwingen, selbst noch die vordere Hälfte der Armschwingen hell rostroth; ebenso die inneren Flügeldeckfedern. Beine fleischbraun. —

Ganze Länge 24″, Schnabelfirste 1″, Flügel 13″, Schwanz 11″, Lauf hinten 2″, Mittelzehe ohne die Kralle 2″ 2‴. —

Nur im nördlichen Brasilien, oberhalb des Amazonenstromes ansäßig, besonders aber in Guyana zu Hause, wo S c h o m b u r g k den Vogel freilich nur einmal antraf. Derselbe wurde in ziemlicher Anzahl, am bewaldeten Ufer des Rio Takutu von ihm gesehen; einige saßen auf den Bäumen, ab- und zufliegend, andere gingen auf dem Boden umher, wohin sie viel kommen, wie schon die stets abgenutzten Schwanzfedern beweisen. Ihre Nahrung besteht in Früchten, besonders den fleischigen Beeren einer A r o i d e e, von denen das Fleisch einen eigenthümlichen Geruch, wie Castoreum, annimmt, der es ungenießbar macht.

A n m. Um die richtige systematische Stellung des Vogels angeben zu können, hielt ich es für passend, ihn zu schildern, obgleich er im eigentlichen Brasilien nicht mehr vorkommt.

3. Gatt. C r a x *Linn.*

Schnabel hoch am Grunde, nach vorn allmälig herabgebogen, die hintere Strecke grade, aber abwärts geneigt, die vordere eine zusammengedrückte Hornkuppe, welche am Unterkiefer grade und horizontal steht, ohne sich am Kinn so scharf abzusetzen, wie bei Opisthocomus, obgleich der Schnabel viel stärker und kräftiger gebaut ist; der hintere Mundrand ziemlich weich, ungezähnt; die Nasengrube sehr groß, ganz von weicher Haut überdeckt, unter welcher das länglich ovale, horizontale, ziemlich lange Nasenloch liegt. Zügel mit kleinen Pinselfedern sperrig besetzt, die Augengegend nackt, der Augenrand nicht mit Borstenwimpern, sondern mit kleinen Pinselfedern. Gefieder des Oberkopfes zu einer hohen kammförmigen Haube verlängert, deren Federn gewöhnlich am Ende erweitert und vorwärts übergebogen sind. Backen, Oberhals und Steißgegend weich dunig befiedert; Unterhals und Rumpf mit runden harten, aber nicht sehr großen Federn bekleidet, dagegen die Federn der Flügel und des Schwanzes auffallend groß und derbe gebaut, besonders die Schäfte. Handschwingen etwas länger als die Armschwingen, die vordersten 3—4 stufig verkürzt, zugespitzt, aber ohne Absetzung; völlig wie bei Opisthocomus gestaltet, auch die Flügel über die Basis des Schwanzes mehr oder weniger hinabreichend. Schwanz lang, steif, etwas abgerundet, zwölffedrig, die 1—2 äußeren Federn verkürzt, alle zugerundet. Lauf hoch und stark, stets länger als die Mittelzehe ohne die Kralle, vorn und hinten von doppelter Schilderreihe bekleidet, die hinteren Reihen kleiner, dazwischen an den Seiten ein schmaler Streif kleiner länglicher Schildchen eingeschoben. Zehen obenauf mit Halbgürteln bekleidet, mit starken, ziemlich gebogenen, scharfen Krallen; der Daumen recht lang, die 3 Vorderzehen am Grunde durch breite Spannhaut verbunden.

Große Vögel, welche dem Truthahn nur wenig an Umfang nachstehen, in den Wäldern leben, auf Bäumen doch mehr in mittlerer Höhe rasten und im dichten Gebüsch ein großes Nest aus Reisig bauen, worin 2—4 völlig weiße Eier mit körniger rauher Oberfläche sich befinden, die denselben ein durchaus eigenthümliches Ansehn giebt. (*Thienem.* Fortpfl. Gesch. etc. I. S. 8. Taf. 4.). Sie sollen in Polygamie leben (*Spix* und *Martius* Reise III. S. 1083.) und die Hähne um den Besitz der Weibchen mit einander kämpfen. Ihr Kleid ist größtentheis schwarz, mit weißem oder rostgelbem Bauch, Steiß und Unterschenkel. Die Männchen haben eine starke fleischige Ruthe in der Kloake. (*Joh. Müller* Abh. d. Königl. Acad. d. Wissensch. z. Berlin a. d. Jahr 1836. S. 137. — Dess. Arch. f. Phys. etc. 1844. S. 442.).

1. Crax Alector *Linn.*

Linn. S. Nat. I. 269. 1. — *Lath.* Ind. orn. II. 622. 1.
Crax globicera *Linn.* S. Nat. I. 695. 3. — *Buff.* pl. enl. 86.
Mitú *Azara* Apunt. III. 83. 338.

Männchen schwarz, Bauch und Spitze der Schwanzfedern weiß; im Alter ein Fleischhöcker auf dem Schnabelgrunde.

Weibchen am Vorderleibe schwarz, am Hinterleibe rostroth und schwarz gebändert, am Bauch rostroth, der Kamm weiß gefleckt. —

Beinahe so groß wie ein Truthahn; der Schnabel höher, stärker, am Grunde gelb oder gelbroth; der Augenring violettroth, in der Jugend schwarz. Das alte Männchen mit fleischigem Höcker auf der Schnabelfirste und kurzen Hautlappen am Schnabelrande hinter dem Nasenloch; die Iris braun. —

Gefieder des Männchens im Alter einfarbig und glänzend blauschwarz; nur der Bauch, der Steiß und der Endsaum der Schwanzfedern weiß. Die Beine bräunlichroth, fleischroth durchscheinend. —

Weibchen nur am Kopf, Halse, der Brust und dem Rücken schwarz; die Flügel und Unterschenkel rostrothgelb gewellt, der Bauch ganz rostroth, die Spitze der Schwanzfedern rostgelblichweiß. Die Beine blaß rothgelb, fleischroth durchscheinend. —

Junger Vogel matter gefärbt, der männliche weiß und schwarz am Bauche gebändert, der weibliche viel weiter hinauf, breiter und blasser rostgelb quergestreift. —

Ganze Länge 3″ (36‴), Schnabelfirste $1\frac{1}{2}$″, Flügel 16″, Schwanz 12″, Lauf 4″, Mittelzehe 3″ ohne Kralle. —

Im Innern Brasiliens, nördlich bis Guyana, südlich bis Paraguay verbreitet, und dort in allen großen Wäldern zu finden; aber ein scheuer, vorsichtiger Vogel, dessen Jagd, wie die des Auerhahns, viel Umsicht und Geduld erfordert. —

Anm. Die Anwesenheit eines fleischigen Höckers auf dem Schnabelgrunde ist Alterscharakter und bildet keinen Art-Unterschied; die Abbildung bei Büffon stellt einen noch ziemlich jungen Vogel vor. — Dagegen ist die Anzahl der Schilder vorn am Lauf zur Artcharakteristik brauchbar. Bei Crax Alector sind diese Schilder kürzer, also zahlreicher, als bei der folgenden Art; ich zähle 16—17 in der äußeren Reihe, welche an der Außenzehe endet, und 14—15 in der inneren Reihe, die an der Mittelzehe endet. —

2. Crax Blumenbachii *Spix.*

Aves Bras. II. 50. 4. tb. 64. (altes Weibchen).
Crax fasciolata *Spix* ibid. 48. 1. tb. 62. a. (junger weiblicher Vogel).
Crax rubirostris *Spix* ibid. 51. 6. tb. 67. (altes Männchen). — *Pr. Max z. Wied* Beitr. IV. 528. 1.
Crax Alector (Mitu) *Vieill.* Gal. d. Ois. II. 6. pl. 199.
Mutung der Brasilianer.

Männchen ganz schwarz, Bauch und Steiß weiß.

Weibchen am Vorderleibe schwarz, Kamm und Hals weißgefleckt; Flügel, Oberbauch und Schenkel rostgelb gebändert. Bauch und Steiß rostroth.

Etwas kleiner als die vorige Art, besonders die Beine dünner und schwächer gebaut, der Schnabel dagegen etwas höher und stärker; seine Hornkuppe beim Männchen schwarz, die Wachshaut blaßroth, im Alter dunkel blutroth, mit fleischiger Rückenschwiele. Iris braun. Das Gefieder glänzend blauschwarz, die Flügel matter und etwas bräunlicher; der Bauch bis zum Steiß rein weiß; der Schwanz ohne Spur eines weißen Saumes. Die Beine hell orangeroth; der Lauf vorn mit großen Schildern, von denen die Innenreihe aus 12—13 Platten besteht, und mit gleicher Größe der Platten bis zur Hackengelenkfuge reicht, die äußere Reihe, noch größere Schilder, aber nur 10—11 Platten enthält. Hieran ist das Männchen sicher von dem der vorigen Art zu unterscheiden; auch haben die Beine eine viel hellere Farbe, als bei jener. —

Das Weibchen hat eine dunklere rothbraune Wachshaut, die in der Jugend blaß gelbroth gefärbt ist, und eine hellere Hornspitze. Die Federn des Kammes haben weiße Flecke, deren Größe mit dem Alter abnimmt, und die benachbarten Kopf- und Kehlfedern weiße Tüpfel, die allmälig ganz verschwinden. Hals, Oberbrust und Rücken sind im Alter glänzend blaugrünschwarz; die Flügel, die Unterbrust und die Unterschenkel rostroth fein quergebändert, der Bauch mit dem Steiß ganz rostroth; die Beine heller fleischroth mit blaßgelbem Anflug. Bei jüngeren Vögeln dehnen sich die breiteren, aber einander ferner stehenden rostgelben Querbinden vorwärts bis zum Nacken und über die ganze Brust aus, hinterwärts sogar über den Schwanz, der auch später noch einen rostrothen Vorstoß zu haben pflegt.

Ganze Länge 34″, Schnabelfirste 1⅓″, Flügel 15″, Schwanz 10″, Lauf 4″, Mittelzehe 2″ 9‴. —

Bewohnt das Urwaldgebiet Brasiliens an der Ostküste, von Rio de Janeiro bis Bahia und ist dort unter dem Namen Mutung bekannt; ich erhielt den Vogel nur einmal am Rio da Pomba, in den dichter bevölkerten Gegenden ist er schon ziemlich selten und schwer zu bekommen. Sehr hoch auf die Bäume gehen sie in der Regel nicht; man trifft sie besonders in dem dunklen Gebüsch des Unterholzes, und entweder da, oder ganz auf dem Boden nisten sie auch. Ihre Nahrung suchen sie ebenfalls am Boden und nähren sich größtentheils von den herabgefallenen Baumnüssen und größeren trocknen Samen. —

Anm. Wahrscheinlich giebt es in den innern nordwestlichen Gegenden Brasiliens noch zwei Arten von Mutungs, die ich indessen nicht beschreiben kann, weil ich sie nicht gesehen habe; daher setze ich nur Diagnosen derselben her.

3. Crax globosa *Spix* Av. Bras. II. 50. 5. tb. 65. mas, tab. 66. fem. — Crax carunculata *Temm.* hist. nat. d. Pig. et Gallin. III. 44.? — Gefieder beider Geschlechter einfarbig schwarz, das Männchen mit weißem, das Weibchen mit

rostgelbem Bauch und rostgelb gewelltem Unterschenkel. Schnabelkuppe schwarz, Wachshaut orange, beim Männchen mit hohem Rückenhöcker und hängendem Lappen am Munde. Beine gelblich fleischroth. Schwanz ohne weiße Endbinde. Ganze Länge 30—32", Flügel 12", Schwanz 10", Lauf 4". — Am oberen Amazonenstrom und Solimoes. —

4. Crax Temminckii *v. Tschudi* Fn. peruan. Orn. 47. und 287. — Cr. peruvianus *Briss.* Av. I. 305. 10. — Crax rubra *Temm.* hist. nat. d. Pig. et Gallin. III. 21. und 687. — *Buff.* pl. enl. 125. — Männchen ganz schwarz, Bauch und Steiß weiß; Schnabelkuppe schwarz, Wachshaut orange mit fleischigem Höcker. Beine röthlich fleischbraun — Weibchen mit weißen Kammfedern, deren Spitze bloß schwarz ist; Gesicht, Hals und Kehle weiß gefleckt auf der Mitte jeder Feder; Brust und Rücken schwarz; Flügel rothbraun, fein schwarz quergewellt, Schwingen am Rande weiß gefleckt; Bauch und Steiß rostgelb, schwarz gewellt, Steiß rostroth. Schnabel gelblichgrau, Beine hell röthlichgrau. — Ganze Länge des Männchens 38—40", des Weibchens 34", Lauf $4^3/_4$—$5^1/_4$. — In Peru und am Ostabhange der Cordilleren. —

4. Gatt. Urax *Cuv.*

Schnabel kürzer, höher, die Hornkuppe selbstständig gewölbt; die Wachshaut sehr kurz, daher das Nasenloch als senkrecht ovale Oeffnung ganz hinten dicht vor den Zügeln sich befindet; Zügel und Backen gewöhnlich dichter befiedert, die Federn weich dunig, wie bei Crax am Halse; die Federn des Oberkopfes mehr oder weniger haubenartig verlängert, aber nicht eigenthümlich gestaltet, schmal und zugespitzt. Gefieder des Rumpfes derbe, besonders fest und stark die Flügel und Schwanzfedern, welche übrigens völlig den Schnitt haben, wie bei Crax; der Schwanz nach Verhältniß nicht ganz so lang, kurz abgerundet. Beine wie bei Crax, doch der Lauf etwas kürzer, die Vorderzehen am Grunde geheftet. —

A. Zügelgefieder nur aus feinen Borstenfedern gebildet; Oberkopf mit langen spitzen Federn, die einen schopfartigen Kamm bilden; Augenring breit nackt. Nothocrax. *Nob.*

1. Urax Urumutum.

Crax Urumutum *Spix* Aves Brasiliae II. 49. 2. tab. 62. — *Schomb.* Reise britt. Guy. III. 746. 345.

Die Art hat die Größe einer starken Henne und ähnelt sowohl in der Farbe, als auch in der Beschaffenheit des Federnkammes am meisten dem Opisthocomus. —

Der Schnabel ist kurz, hoch, die Kuppe nur mäßig gewölbt, über die größere Hälfte des Schnabels ausgedehnt, von blaß röthlichgelber Farbe, mit kurzem hinteren Hautüberzuge, welcher mit der bläulichgrün gefärbten

Zügel- und Augenhaut innig zusammenhängt. Die Federn des Kammes sind lang, schmal, zugespitzt und schwarzbraun; die vordersten rostgelbroth, wie die Stirn, der übrige Kopf, Hals, Nacken, die Brust und der Bauch; an den Unterschenkeln fällt der Ton mehr ins Rostrothe. Der Rücken, die Flügel und die zwei mittelsten Schwanzfedern haben zwar dieselbe rostgelbe Grundfarbe, aber sie sind dicht mit feinen schwarzbraunen Querwellen bedeckt und fallen dadurch dunkler aus; die Schwingen, mit Ausschluß der hintersten des Armes, sind schwarzbraun, die seitlichen Schwanzfedern schwarz, blauschillernd, und gleich den mittleren am Ende breit weiß gesäumt. Die Beine haben eine grünlichgraue Farbe. —

Ganze Länge 25″, des Schnabels $1\frac{1}{2}$″, der Flügel $5\frac{1}{4}$″, des Schwanzes $8\frac{1}{4}$″, des Laufes $3\frac{1}{2}$″. —

Lebt in den großen Wäldern am Rio Negro nördlich vom Amazonenstrom und verbreitet sich weiter über Columbien und Guyana. Der Vogel ist selten und wurde nur von Spix beobachtet; ich habe ihn nicht gesehen.

B. Zügelgefieder aus weichen Pinselfedern gebildet, wie auch das Halsgefieder; der nackte Augenring schmäler.

a. Federn des Oberkopfes haubenartig verlängert, kammartig aufgerichtet.

2. Urax tuberosa.

Crax tuberosa *Spix* Av. Bras. II. 51. 7. tb. 67. a.

Glänzend blauschwarz, Schnabel und Beine roth, Bauch rostroth; Scheitel und Hinterkopf mit langen, schmalen, spitzen Federn.

Schnabel korallroth, die Hornkuppe hoch gewölbt, mit abgerundeter, buckelförmiger, nicht scharfkantiger Firste; vor der Stirn abgeplattet vertieft, die Seiten bauchig gewölbt. Gefieder glänzend blauschwarz, die Federn des Oberkopfes lang, spitz, schmal, schopfartig nach hinten verlängert und übergebogen; um das Auge ein schmaler nackter Ring. Rücken, Flügel, Schwanz und Schnabel gleichfarbig, die Spitze des Schwanzes breit weiß gesäumt; Bauch und Steiß rostroth, die Seitenfedern des Steißes mit schwarzen Binden. —

Ganze Länge 31″, Flügel 12″, Schwanz 13″, Lauf 4″, Schnabel am Mundrande $1\frac{1}{2}$″ lang, in der Mitte 7‴ hoch.

Von Spix in den Wäldern am Rio Solimoes gesammelt.

Anm. Die Art steht der folgenden sehr nahe, ist aber ein wenig größer und besonders durch die abgerundete Schnabelfirste und die längeren Oberkopffedern von ihr verschieden. —

3. Urax Mitu.

Crax Mitu *Linn.* S. Nat. I. 270. 3. — *Lath.* Ind. orn. II. 623. *β.* — *Temm.* pl. col. 153.
Crax brasiliensis *Briss.* Av. I. 296. 11.
Mitu *Marcgr.* hist. nat. Bras.

Glänzend blauschwarz, Schnabel und Beine korallroth, ersterer mit scharfkantiger hoher Firste; Gefieder des Oberkopfes aufgerichtet, wenig verlängert.

Schnabel kurz, sehr hoch, die Firste kammartig erhaben, hinten höckerartig abgesetzt; mittlere Kopffedern allmälig von der Stirn her verlängert, zu einer Holle aufgerichtet, aber nicht schmäler und nicht schopfartig herabhängend. Gefieder der Backen, des Hinterkopfes und Halses weich, sammetartig, matt schwarz; das übrige Gefieder derbe, blauschwarz, die Federn mit einem matten schwarzen Saume; Schwanzfedern mit schmalem weißem Rande am Ende. Bauch und Steiß rostrothbraun. Beine korallroth, wie der Schnabel; Iris braun. —

Das Weibchen stimmt mit dem Männchen überein, die jungen Vögel sind matter gefärbt, und die Schnabelfirste ist niedriger und stumpfer.

Ganze Länge 29″, Schnabelfirste ohne die Krümmung 9″, Flügel 12″, Schwanz 10″, Lauf $3^2/_3$″. —

Bewohnt das Waldgebiet des mittleren Brasiliens und findet sich besonders nördlich von Bahia, bei Pernambuco, Para, und in den Wäldern am untern Amazonenstrom. —

b. Federn des Oberkopfes kurz und ebenso sammetartig weich, wie die des Halses.

4. Urax tomentosa.

Crax tomentosa *Spix* Av. Bras. I. 49. 3. tb. 63. — *Schomb.* Reise III. 746. 346.

Blauschwarz, mit Stahlschiller; Schnabel mäßig gewölbt, Oberkopf mit kurzen, weichen Federn bekleidet, Bauch und Schwanzende rostrothbraun.

Von der Größe der vorigen Art, ebenso gefärbt, aber anders gebaut; der Schnabel blaß korallroth, hoch gewölbt, stark seitlich zusammengedrückt, aber die Firste nicht höckerartig abgesetzt. Gefieder des ganzen Kopfes gleichförmig kurz, weich, sammetartig, gleich wie das des Halses; die unteren Halsfedern derber, wie die Rumpffedern, blauschwarz, stahlschillernd, der Saum sammetschwarz. Schwanz ziemlich lang, mit rostrothem Endsaum. Bauch und Steiß rostroth; Beine dunkel fleischroth.

Ganze Länge 30", Schnabel am Mundrande 1" 2"', die Firste 10"', Flügel 12", Schwanz 13", Lauf 4½". —

Von Spix am Rio Negro bei dem Dorf Barcellona gesammelt, auch weiter abwärts am Amazonenstrom und über Guyana verbreitet. —

Anm. Urax Pauxi *aut.* Crax Pauxi ***Linn.*** S. Nat. I. 270. 5. — ***Lath.*** Ind. orn. II. 624. — ***Buff.*** pl. enl. 78. — ***Vieill.*** Gal. d. Ois. III. 50. pl. 200. unterscheidet sich von der vorstehenden, ihr am nächsten kommenden Art durch den weißen Bauch, den weißen Saum am Schwanze und den hohen, violetten, ovalen Fleischkörper auf der Basis des Schnabels, welcher mit zunehmendem Alter immer größer wird und sich rückwärts über die Stirn legt. Der Vogel ist größer, 34" lang, lebhafter violett schillernd, und über Guyana, Columbien bis nach Mittel-Amerika verbreitet. —

Sechste Ordnung.

Laufvögel. Currentes.

Große Vögel mit langem Halse, hohen kräftigen Beinen, eigenthümlichem Gefieder, ohne Schwungfedern an den Flügeln und ohne Steuerfedern am Schwanz. Die Hinterzehe fehlt gewöhnlich, die Bürzeldrüse immer, gleich wie dem Brustbein der Kamm.

Siebenundzwanzigste Familie.

Strauße. Struthionidae.

Die Strauße unterscheiden sich von den übrigen Laufvögeln durch die Lage der Nasenlöcher in oder vor der Mitte des Schnabels; die breiten, panaschenartigen Rumpffedern, welchen der zweite hintere Schaft fehlt; durch den nach Verhältniß längeren Hals, flacheren Kopf, die längeren schlankeren Läufe und die relativ kürzeren Zehen. Den rudimentären, sehr kleinen Umfang der Vordergliedmaßen, welcher besonders am Skelet auffällt, haben sie mit den Kasuaren gemein; aber das unten zwischen den Schaambeinen verbundene, nicht wie bei den Kasuaren offene Becken kommt nur dem afrikanischen Strauß zu; das Becken von Rhea ist hier geöffnet. Derselbe Strauß besitzt eine fleischige Ruthe, welche der Rhea und den Kasuaren fehlt. (*Joh. Müller* Abh. d. Berl. Acad. a. d. Jahr 1836.).

Gatt. Rhea *Briss.*

Schnabel etwa so lang wie der Kopf, ziemlich flach, am Grunde breit, die Spitze gerundet, mit einer leicht gewölbten Hornkuppe bekleidet; die Nasengrube breit, tief in den Schnabel hinabreichend, mit weiter ovaler Nasenöffnung in der Spitze, parallel dem Schnabelrande und ziemlich in der Mitte des Schnabels; die Firste abgeplattet, hinten von abgesetzter grauer Wachshaut bekleidet, welche sich an den Seiten bis zum Nasenloch erstreckt, und die Nasengrube ausfüllt. Zunge nicht groß, weich, einer stumpfen Pfeilspitze ähnlich, vorn abgerundet, ohne Hornspitzen. Zügel und Augengegend nackt, mit runzeliger Haut bekleidet, am Rande abstehend borstig befiedert; Augenlieder mit großen steifen Borstenwimpern. Um die mit Borstenfedern besetzte Ohröffnung gleichfalls ein nackter Ring. Oberkopf, Kehle, Hals, Rumpf und Schenkel bis zum Hacken befiedert; die Federn des Kopfes und Halses klein, schmal, spitz; die des Rumpfes und besonders der Flügel größer, breiter, länglich, oval zugerundet, panaschenartig weich, ohne eine zusammenhängende straffe Fahne zu bilden. Schwingen und Steuerfedern nicht vorhanden; dagegen ein langer, dornartiger Nagel an der Spitze des Flügels. Beine vom Hackengelenk an nackt, die Hackengegend schwielig warzig, der Lauf vorn, wie die Zehen obenauf, mit kurzen aber breiten Halbgürtelschildern bekleidet, die Seiten klein warzig chagrinirt, die hintere Laufseite mit einer Reihe kleinerer quer ovaler Tafelschilder bekleidet. Füße dreizehig, die Zehen kurz, sperrig divergirend, mit kurzer Spannhaut am Grunde; die Nägel grade, stark seitlich zusammengedrückt, mit scharfkantigem Rücken, nach vorn stumpf zugeschärft. —

Rhea americana.

Brisson Orn. V. 8. — *Lath.* Ind. orn. II. 665. 1. — *Pr. Max z. Wied* Beitr. IV. 559. 1. — *Vieill.* Gal. d. Ois. III. pl. 224. — *Darw.* Zool. of the Beagl. III. 120.
Struthio Rhea *Linn.* S. Nat. I. 266. 3.
Churí oder Nandó, *Azara* Apunt. III. 89. 339.
Nhandu-guaçu, *Marcgr.* hist. nat. Bras. 190.
Emu der Brasilianer.

Hauptfarbe grau, Oberkopf, Nacken und ein Theil der großen Flügelfedern schwarz, Halsmitte gelblich; Bauchseite und größte Flügelfedern weißlich. —

Beträchtlich kleiner als der afrikanische Strauß, doch von dessen Statur; der Hals lang, die Beine hoch, doch beide im Verhältniß etwas kürzer als bei dem Afrikaner. Schnabel horngraubraun; Augen und Ohrgegend fleischfarben, Iris perlgrau. Oberkopf, Oberhals, Nacken und die Spitze der Zügelborsten im Gesicht schwarz; gewöhnlich auch die Oberbrust, da wo der Hals in die Brust übergeht; Mitte des Halses gelblich, Kehle, Backen und obere Halsseiten heller bleigrau. Rücken, Brustseiten nebst den Flügeln bräunlich aschgrau, die meisten Federn am Vorderleibe gegen die Spitze hin etwas heller, die am Hinterrücken dunkler, bräunlicher; die größeren Panaschen an der unteren Partie des Flügels schwarzbraun, die darunter sitzenden noch größeren weiß. Unterbrust, Bauch, Steiß und Schenkel bis zum Hacken trüb weiß; Beine grau, die größeren Hornschilder der Vorderseite und die Nägel schwärzlich. —

Höhe des stehenden Vogels gewöhnlich 4 Fuß oder etwas drüber, Schnabelfirste bis zur Stirn 3″, der Mundrand 5″, Länge des Halses 1½ Fuß, des Rumpfes vom Ende des Halses bis zur Spitze des Schwanzes

3 Fuß, Unterschenkel vom Kinn bis zum Hacken 9″, des Laufs vom Hacken bis zu den Zehen 14″, der Mittelzehe mit dem Nagel 4″ 3‴, der Außen- und Innenzehe jede beinahe 3″. —

Der Amerikanische Strauß oder Emu bewohnt das Camposgebiet des inneren Brasiliens und breitet sich südwärts bis über den Rio de la Plata aus; der Vogel lebt, wo er ungestört ist, in kleinen Trupps von 10—30 Individuen und nährt sich von Früchten, Insekten und kleinen Amphibien, die er am Boden und am Grase sucht. Aufgescheucht flieht er im schnellen Laufe davon, bisweilen in höchster Anstrengung mit den Flügeln schlagend, gewöhnlich aber sie angeschlossen tragend. Er ist in der Nähe der Ansiedelungen scheu, vorsichtig und schwer zu bekommen; an ungestörten Orten dagegen ziemlich dreist; läßt sich, jung eingefangen, leicht zähmen, ist dann neugierig, zutraulich, kennt seinen Herrn oder Pfleger sehr wohl, geht ohne Scheu selbst in die Häuser, und dient sehr zur Unterhaltung der Bewohner. Ein Nest baut er nicht; die Eier liegen in Gruben an sonnigen Plätzen ziemlich zahlreich zusammen, und werden von mehreren Weibchen abwechselnd bebrütet. Einzelne Weibchen brüten indeß auch für sich, bloß ihre eigenen Eier aus. Letztere (*Thienem.* Fortpf. Ges. I. 4. Taf. 2.) sind länglicher und viel kleiner, als die des afrikanischen Straußes, ganz glatt, mit flacheren etwas langgezogenen, streifigen Poren und weiß von Farbe. Die Jungen haben, wenn sie aus dem Ei kommen, eine Höhe von 8 Zoll, ein dichtes Borstenfedernkleid von blaß gelbbrauner Farbe mit dunkelbrauner Scheitel- und Rückenfläche, aber letztere mit zwei blaßgelben Längsstreifen geziert, welche sich zwischen den Flügeln sattelförmig nach außen krümmen. —

Ich habe den Emu nicht lebend gesehen, obgleich er in den Gegenden, wo ich war, bei Sabara, Sta Luzia, Lagoa santa nicht gar ferne sich findet, indessen, wegen der ziemlich dichten Bevölkerung, in die unbewohnten ödesten Striche sich zurückgezogen hat. Das hier beschriebene Individuum wurde mir bald nach meiner Abreise von Lagoa santa nachgesendet und stimmt mit dem andern unserer Sammlung vollständig überein. Eier und Nestjunge erhielt ich von Montevideo, wo der Vogel ziemlich häufig ist, aber auch in bewohnten Gegenden schon selten wird, weil er den Menschen, dessen Nachstellungen er kennen gelernt hat, bald meidet. —

Ausführliche Schilderungen seines Betragens im Freien geben Azara und der Prinz zu Wied a. a. O. —

Anm. Bekanntlich findet sich in Patagonien eine zweite Art, welche Darwin und D'Orbigny ziemlich gleichzeitig entdeckten. Sie ist viel kleiner und von Gould ausführlich in der Zool. of the Beagle. Vol. III. als Rhea Darwinii, von D'Orbigny als Rh. pennata beschrieben.

Siebente Ordnung.

Sumpfvögel. Grallae.

Ein allermeist langer dünner Hals und lange, zum Halse mit dem Schnabel in entsprechendem Verhältniß stehende Beine schließen die hierhergehörigen Vögel schon habituell an die vorhergehende Lauf- oder Riesenvögel; allein ihr Gefieder ist von der normalen Beschaffenheit und namentlich der Flügel, wie der Schwanz, mit kräftigen Ruder- und Steuerfedern am Rande besetzt. Ihre Beine haben nicht bloß nackte Läufe, sondern auch über dem Hackengelenk bleibt ein Theil des Unterschenkels unbefiedert, von demselben hornigen Schilder- oder Warzenkleide überzogen, das auch den Lauf und die Zehen bedeckt. Letztere sind bald kurz, bald lang, am Grunde mehr oder weniger durch eine Spannhaut, mitunter gar durch eine förmliche Schwimmhaut verbunden und in den meisten Fällen vierzehig, indem die hintere Zehe vorhanden, wenn auch nur klein ist. Die Vögel fliegen geschickt und zum großen Theile sehr anhaltend und strecken dabei ihre langen Beine nach hinten aus, wo sie neben dem Schwanze hervorragen. Sie nisten größtentheils auf dem Boden, einige an erhabenen Orten z. B. auf hohen Bäumen und diese tragen ihren stets mit einem dichten borstenartigen Nestkleide befiederten Jungen die Nahrung zu, alle andern überlassen es den alsbald aus dem Neste laufenden Jungen, sich ihre Nahrung, die in Sämereien, Gewürmen, Fischen oder Amphibien zu bestehen pflegt, selbst zu suchen. Sie lieben die Nähe des Wassers, halten sich aber lieber und zahlreicher im Schilf der Binnengewässer, an Weilern, Flüssen oder auf Wiesen, als am offenen Meeresgestade auf und waten viel ins Wasser, dort ihre Nahrung sich suchend.

Man unterscheidet am zweckmäßigsten vier Hauptgruppen der Sumpfvögel, wie folgt:

A. Zügel ebenso dicht befiedert und von denselben Federn, wie der ganze Körper bekleidet.

1. Limicolae. Hinterzehe klein oder fehlend.
2. Paludicolae. Hinterzehe sehr lang, ganz auftretend.

B. Zügel nackt oder mit abweichenden, eigenthümlichen Federn bekleidet.

3. Arvicolae. Hinterzehe klein, nicht auftretend.

4. Aquosae. Hinterzehe groß, ganz auftretend. —

Achtundzwanzigste Familie.

Schnepfenvögel. Limicolae *Nitzsch.*

Syst. d. Pterylogr. S. 194.

Größtentheils kleinere, zierlich gebaute Sumpfvögel, mit dünnen, theils kurzen, theils langen Schnäbeln, deren vordere Hälfte oder Spitze einen mehr oder minder abgesetzten hornigen Ueberzug hat, während die hintere nur von einer weichen Haut bekleidet wird. Darin liegen die schmalen, offenen, stets sichtbaren, länglich spaltenförmigen Nasenlöcher. Das Gefieder des Kopfes ist klein, dicht und bekleidet die Zügel ohne Unterschied bis an den Schnabelrand; es stimmt stets mit dem des Halses und Rumpfes in der Beschaffenheit überein, ist ziemlich weich, dicht und voll, im Grunde stark dunig und weichlich; die Flügel sind lang, spitz und bis ans Ende des Schwanzes oder gar darüber hinaus gerückt mit ihrer Spitze; sie haben stets sehr lange hintere Armschwingen, welche hinter den vordersten Handschwingen wenig an Länge zurückbleiben, und zehn Handschwingen, wovon die zweite oder dritte die längste ist und die erste beiden nur wenig nachsteht. Nicht sehr entwickelt ist in der Regel der Schwanz; ein langer Schwalbenschwanz, wie bei Glareola, gehört zu den Ausnahmen; meistens ist er kurz, breit, abgerundet oder abgestutzt und aus ziemlich weichen Federn gebildet; in einigen Fällen übersteigt die Zahl der Federn zwölf, welches die gewöhnliche Anzahl ist. Die Bürzeldrüse fehlt noch bei Otis, welche Gattung dadurch und durch einige andere Analogien, den Straußen sich anschließt; gewöhnlich hat sie einen starken Federnkranz am Zipfel und zwei recht weite Mündungen. Die Beine sind fein und zierlich, im entsprechenden Verhältniß zum Schnabel; wo der dicker und kräftiger wird, da kommen auch stärkere, besonders mehr fleischige Beine hinzu. Ihre Oberfläche ist von der unteren Hälfte des

Unterschenkels an nackt, doch verkürzt sich die Strecke über dem Hacken bisweilen sehr; je länger der Lauf, desto länger auch die nackte Strecke des Unterschenkels. Die Bedeckung des Laufs ist nicht stark hornig, meistens nur pergamentartig, vorn in kleine kurze Halbgürtel getheilt, hinten mehr sechsseitig getäfelt; die Zehen haben obenauf deutliche kurze Halbgürtel und am Ende eine feine, spitze, sanft gebogene Kralle. Die Hinterzehe ist sehr klein, berührt kaum den Boden, oder fehlt ganz; mitunter tritt noch der Nagel derselben auf. Zwischen der Außen- und Mittelzehe ist stets eine ziemlich breite Spannhaut vorhanden, bisweilen auch zwischen Mittel- und Innenzehe; in einigen Fällen dehnt sich diese Spannhaut zu einer förmlichen Schwimmhaut aus. —

1. Charadriinae.

Schnabel so lang wie der Kopf oder kürzer, die Hornschneide an der Spitze kuppig gewölbt, mehr oder minder deutlich aufgetrieben und abgesetzt von dem häutigen Ueberzuge. Flügel länger als der Schwanz, die erste Schwinge kaum oder sehr wenig kürzer als die zweite. Beine in der Regel ziemlich hoch, die Hinterzehe fehlend oder sehr klein, die beiden äußeren Vorderzehen am Grunde mehr oder weniger breit geheftet. Leben auf Wiesen, an Binnengewässern und nähren sich von Gewürm. —

Anm. Die Gattungen Otis und Oedicnemus, welche die Reihe der Charadriien eröffnen, sind in Brasilien nicht vertreten, erstere gehört der östlichen Halbkugel an, letztere den nordwestlichen Gebieten von Süd-Amerika (Vgl. L'Herminier, Guérin Mag. d. Zool. VII. cl. 2. pl. 84. — v. *Tschudi* Fn. per. Orn. 293.). — Auch die Unterabtheilung der Glareoliden, wohin außer Glareola noch Ocypetes ***Wagl.*** (Isis 1829. 762. — Thinocorus ***Esch.*** zool. Atlas Taf. 2. — ***Lesson*** Cent. zool. pl. 50.) aus Chili und Patagonien zu stellen, ist nicht in Brasilien einheimisch. —

1. Gatt. Charadrius *Linn.*

Schnabel ohne besondere Eigenheiten, die Hornkuppe sehr länglich, fast bis zur Mitte des Schnabels reichend, gewöhnlich der ganze Schnabel ein wenig kürzer als der befiederte Kopf. Der Hauptcharakter liegt im Bein, das dünn, hoch und bloß dreizehig ist, indem die Hinterzehe ganz fehlt. —

a. **Charadrius** s. pr. **Gefieder gelbgrau, fein weiß getüpfelt; Lauf und Unterschenkel gleichförmig genetzt; Mittelzehe und Außenzehe durch eine ziemliche Spannhaut verbunden. Farbe der Beine blaugrau-grünlich.**

1. Charadrius virginianus *Linn.*

Linn. S. Nat. I. (ed. 1748.). — *v. Tschudi* Fn. per. Orn. 49.
Pluvialis dominicensis *Briss.* Orn. V. 48. 3. tb. 6. f. 1.
Charadrius pluvialis var. *β. Gmel. Linn.* S. Nat. I. 2. 688 7. — *Lath.* Ind. orn. I. 740. 1. *β.*
Charadrius pectoralis *Vieill.* N. Dict. d'hist. nat. Tm. 27. p. 145. — *Id.* Enc. méth. Orn. 337.
Charadrius virginicus *Borkh.* — *Pr. Max z. Wied* Beitr. IV. 761. 1. — *Schomb.* Reise III. 750. 357.
Charadrius marmoratus *Wagler* Syst. Av I. sp. 12.
Mbatuitui *Azara* Apunt. III. 283. no. 389. jung, 390. alt.

Rückengefieder bräunlichgrau, weiß getüpfelt, Schwingen schwarzbraun; Unterseite weiß, im Alter schwarz gefleckt, Brust grau gebändert in der Jugend.

Schnabel braun, die Hornschuppe schwarz, die Wachshaut fleischroth durchscheinend. Iris braun. Gefieder ähnlich wie bei unserm Regenpfeiffer (Ch. pluvialis), die Rückenseite rauchbraungrau, der Scheitel bis zum Hinterkopf und der Rücken zwischen den Flügeln schwarzbraun, jede Feder mit weißgrauer Spitze und die größeren der Flügel mit kleinen Tüpfeln am Rande; die Tüpfelchen an den Achselfedern z. Th. goldgelb. Vordere große Deckfedern und Armschwingen dunkler rauchgrau, metallisch erzgrün schillernd, die Ränder der Deckfedern weißlich. Schwanzfedern obenauf rauchbraungrau, am Rande matt weißlich getüpfelt, unten weiß. Stirn, Hals, Brust und Bauchseiten heller rauchbraungrau und weiß gemischt; an der Stirn und den Backen blassere Schaftflecke auf jeder Feder; am Halse und der Brust die Endhälfte der Federn grau, weiß gerandet. Kehle, Bauchmitte und Steiß ganz weiß. Innenseite der Flügel ziemlich voll rauchgrau, die Federn am Ende lichter gerandet.

Der alte Vogel weicht von dem vorstehend beschriebenen häufigeren Kleide des jungen nur durch eine vollere Rückenfarbe und breite schwarze Flecke mitten auf dem Bauche und der Brust ab. Die weißen Gegenden des Körpers sind reiner und die Randflecken der Schwanzfedern breiter, mehr zu Binden nach innen ausgedehnt. — Die Farbe der Beine ist bleigrau, beim jungen Vogel braungrau. —

Ganze Länge 9¼", Schnabelfirste 1", Flügel 7", Schwanz 2", Lauf 1" 9''', Mittelzehe 1". —

Ziemlich über ganz Süd-Amerika, auch über Westindien, und die südlichen Gegenden Nord-Amerikas verbreitet; lebt ganz wie unser Regenpfeiffer auf feuchten Niederungen, nahe bei Teichen und Flüssen, und frißt vorzugsweise Sämereien. Azara ernährte einen gefangenen Vogel bloß mit zerstoßenem Mays. Ich erhielt Exemplare aus Sta-Catharina, auf meiner Reise begegnete mir der Vogel nicht. —

b. Hoplopterus *Bon.* Am Handgelenk des Flügels ein Sporn; Gefieder weiß und grau, ohne Tüpfel, aber mit schwarzen Binden am Kopf und dem Vorderleibe. Beine sehr lang, die Läufe vorn mit größeren Schildern bekleidet, die Spannhaut zwischen der Mittel- und Außenzehe fehlt. Farbe der Beine fleischrothgelb.

2. Charadrius cayanus *Lath.*

Ind. orn. II. 749. 25. — *Buff.* pl. enl. 833.
Hoplopterus cayanus *Bonap.* — *Schomb.* Reise III. 750. 356.
Charadrius spinosus *Pr. Wied.* Beitr. IV. 764. 2.
Charadrius stolatus *Wagl.* spec. 12.
Mbatuitui armado, *Azara* Apunt. III. 289. 391.

Steiß, Hinterkopf und Rücken grau; Stirn, Backen, Nacken und eine Binde über die Brust schwarz, Achseln mit schwarzem Längsstreif. —

Vom Ansehn des Charadrius hiaticola, aber hochbeiniger und der Rumpf gestreckter. Schnabel ziemlich dick und stark gebaut, schwarz, der Unterkiefer nach der Basis zu fleischröthlich. Stirn, Zügel, Augengegend, Binde im Nacken und eine andere quer über die Brust, welche beide oben am Rücken zusammentreffen, schwarz; von derselben Farbe der größere Theil der Achselfedern, die Handschwingen und ein Fleck an der Spitze der Schwanzfedern, welcher bei dem äußersten Paar noch sehr klein ist. Der Sporn am Flügelbug kurz, dick, etwas aufgebogen, weißlichgrau. Bauch, Brust und Kehle weiß; an der Stirn einige weißliche Federn, hinter der schwarzen Stirnbinde eine schmälere weiße, die sich ringartig um den ganzen Oberkopf herumlegt, die Mitte des Ober- und Hinterkopfes bräunlich-aschgrau; von derselben Farbe der Rücken, die Flügeldeckfedern und die hinteren Armschwingen, doch die Spitzen der Federn matt rostgelb; die großen Deckfedern weiß, ebenso der Rand der schwarzen Achselfedern, die unteren Schwanzdecken und die Basis des Schwanzes. Beine gelblich fleischfarben, die Nägel schwarz. —

Ganze Länge 8⅓″, Schnabelfirste 1″, Flügel 5½″, 1″ länger als der Schwanz, letzterer 2″, Lauf 1″ 9‴, Mittelzehe 9‴ ohne die Kralle. —

Ich erhielt diese ausgezeichnete Art in Lagoa santa von Sette Lagoas, wo sie an den Ufern der dortigen Seen mitunter, aber nicht häufig vorkommt. Der Prinz zu Wied traf den Vogel am Rio Belmonte und fand dort auch sein Nest.

c. **Aeglalites** *Boje.* **Ganz wie die vorige Gruppe gezeichnet, die Beine kürzer, die Außen- und Mittelzehe mit Spannhaut; oben am Handgelenk des Flügels kein Sporn.**

3. Charadrius brevirostris.

Pr. Max z. Wied Beitr. IV. 769. 3. — *Schomb.* Reise britt. Guy. III. 750. 359. — *v. Tschudi* Fn. per. Orn. 49.

Weiß, hinter der Stirn zum Auge und Nacken eine schwarze Binde und eine zweite über die Brust; Obertheile graubraun. —

Gestalt der vorigen Art, schlank hochbeinig gebaut, aber etwas kleiner. Schnabel schwarz, Iris graubraun. Stirn, Kinn, Kehle und die ganze Unterseite weiß; hinter der Stirn eine schwarze Querbinde zum Auge, die von da zum Nacken hinabreicht, eine zweite schwarze Binde quer über die Brust trifft mit ihr im Nacken zusammen. Oberkopf, Rücken, Flügel und Schwanz graubraun; die großen Deckfedern mit weißen Spitzen, Handschwingen an der Vorderfahne schwarzbraun, an der Hinterfahne graubraun. Mittlere Schwanzfedern graubraun, am Ende schwärzlich, die übrigen gelbgraulich, mit weißen Spitzen, deren innerer Vorstoß dunkler und schwärzlicher gefärbt ist, die äußerste Feder ganz weiß. Beine blaß weißlich fleischroth. —

Den jüngeren Vögeln fehlt die schwarze Binde hinter der Stirn und die auf der Brust ist nur angedeutet; die Rückenfarbe fällt mehr ins gelbbraune. —

Ganze Länge 7″, Schnabelfirste 6‴, Flügel 4½″, Schwanz kaum 2″, Lauf 1″, Mittelzehe 7‴. —

Im mittleren Brasilien, besonders im Küstengebiet, vom Prinzen zu Wied gesammelt, namentlich an der Mündung der Flüsse; sehr gemein an denselben Stellen in Guyana, wie in Peru am Strande des Stillen Oceans.

4. Charadrius crassirostris.

Spix Av. Bras. II. 77. 1. tb. 94. — *Schomb.* Reise britt. Guyana, III. 750. 358. Charadrius Wilsonii var. *Wagl.* Syst. Av. I. sp. 26.

Stirn, Kehle, Brust und Unterseite weiß, Rückenseite grau. Mittelkopf, Augenrand, Backen und eine Binde quer über die Brust nebst den Schwingen schwarz. —

Steht den vorigen beiden Arten nahe, ist etwas größer als diese und kleiner als jene. Stirn, Kehle, Vorderhals, Brust, Bauch und Steiß weiß. Hinter der weißen Stirn beginnt eine schwarze Binde, die sich zum Auge herabzieht und über die Backe ausbreitet, davor ein Strich am Zügel zum Mundwinkel ebenfalls schwarz; mitten über die Brust eine schwarze Binde, auch die Handschwingen schwarz. Oberkopf, Rücken, Flügel und Schwanz graulichgelbbraun, die großen Flügeldeckfedern weiß gerandet; die Schwanzfedern schwarzgrau, die beiden äußeren weiß. Beine fleischrothgelb.

Der junge Vogel (Spix Figur) ist am ganzen Rücken rauchgrau, mit lichteren Federnrändern; die Stirn, Zügel und Kehle haben keine schwarzen Binden und statt der schwarzen Binde über die Brust findet sich nur eine graue. —

Ganze Länge 7½″, Schnabelfirste 7‴, Mundrand 10‴, Flügel 4½″, Schwanz 1″ 10‴. —

Im Innern Brasiliens, an den Ufern der Flüsse, heißt dort, wie die vorige Art, Masarinho oder Masarico. Auch Markgraf führt eine Art dieser Gattung als Matuitui auf (Hist. nat. Bras. pag. 199.) und der Prinz zu Wied eine andere ähnliche weit größere als Ch. flavirostris Beitr. IV. 772. —

5. Charadrius trifasciatus *Licht.*

Doubl. d. zool. Mus. etc. 71. no. 734. — *Wagl.* Syst. Av. sp. 31. — *Id.* Isis 1829. 651.

Oberseite grau, Unterseite weiß; zwischen den Augen eine schwarze Binde, eine zweite quer über die Brust, eine dritte am Bauch.

Auch von der Größe und den Körperverhältnissen der vorigen Arten; Schnabel schwarz. Stirn, Kehle, Brust und Bauch weiß; zwischen den Augen eine schwarze Binde quer über den Kopf, welche am Auge endet; eine zweite am Unterhalse über die Brust, eine dritte vor den Schenkeln zwischen Brust und Bauch. Mittelkopf hinter der schwarzen Binde roſtroth, das übrige Rückengefieder grau, die Ränder roſtgelb matt gesäumt; die Schwingen schwarzgrau, mit weißen Schäften; der Schwanz schwarzgrau, die Basis blasser, die drei äußeren Federn jeder Seite weiß. Beine gelbroth.

Der junge Vogel hat keine schwarze Stirnbinde und statt der beiden schwarzen Binden an der Brust ebenda zwei graue Binden, von der Farbe des Rückens.

Ganze Länge 7½—8″, Schnabelfirste 7—8‴, Flügel 5—5½″, Lauf 15‴. —

Im südlichen Brasilien, bei Montevideo.

6. Charadrius Azarae.

Lichtenst. Doubl. d. zool. Mus. 71. 733. — *Wagl.* Syst. Av. sp. 34. — *Schomb.* Reise III. 751. 360. — *Temm.* pl. col. 184. — *Pr. Max z. Wied* Beitr. IV. 772. 5.

Charadrius collaris *Vieill.* Enc. méth. Orn. 355. — *Id.* N. Dict. d'hist. nat. Tm. 27. p. 136. — *Darwin*, Zool. of the Beagl. Orn. III. 127.
Mbatuitui collar negro, *Azara* Apunt. III. 291. 392.

Oberseite grau, die Federn rostroth gesäumt; Unterseite weiß, Stirn quer über die Mitte, Zügel und eine Binde über die Brust schwarz, dahinter rostroth.

Kleiner als die vorigen Arten, kaum so groß wie Ch. minor. Schnabel schwarz, in der Jugend die Basis bräunlich; Stirn bis zum Auge und die ganze Unterseite weiß, die Oberseite rauchgrau, jede Feder mit rostgelbem Vorstoß. Oberkopf zwischen den Augen schwarz, der hintere Rand dieses Flecks rostgelbroth eingefaßt; Zügel schwarz, Backen am Ohr braun, nach hinten rostgelbroth. Ueber die Brust oben am Ende des Halses eine breite schwarze Binde, welche da, wo sie an den grauen Nacken stößt, einen rostrothen Saum hat. Schwingen und große Flügeldeckfedern schwarzgrau, fein weiß gerandet, auch die Schäfte weiß. Mittlere Schwanzfedern schwarzgrau, die seitlichen rein weiß. Beine fleischroth. —

Der junge Vogel ist am Rücken viel matter grau gefärbt und jede Feder breiter rostgelb gesäumt; die Stirn hat einen dunkleren Schatten statt der schwarzen Binde, und ein ähnlicher grauer Bogen erstreckt sich über die Brust; die großen Flügeldeckfedern und Armschwingen haben viel breitere weiße Spitzen, die mittleren grauen Schwanzfedern einen rostgelben Saum. Die Beine sind viel blasser fleischroth gefärbt. —

Ganze Länge 5¾", Schnabelfirste 6‴, Flügel 3¾", Schwanz 1½", Lauf 1", Mittelzehe 7‴ ohne Kralle. —

Gleich der ersten Art durch ganz Brasilien verbreitet, an Seen und Flüssen überall häufig; ich erhielt den Vogel in Lagoa santa und von Sette Lagoas; er geht südlich bis Paraguay, nördlich bis nach Columbien und Guyana. —

d. Oreophilus *Gould.* **Schnabel sehr lang und dünn, dem von Tringa nicht unähnlich, die Hornschuppe schlank, schmal und zugespitzt. Bildet den Uebergang zu Strepsilas.**

7. Charadrius ruficollis *Licht.*

Wagler, Isis 1829. 653. — *Licht.* Nom. Av. Mus. berol. 94. — *Gould*, Zoolog. of the Beagle III. 132.

Aschgrau, Stirn und ein Fleck vor dem Auge rostgelb, ein Streif über die Zügel zum Ohr schwarz; Vorderhals und Brust rostgelbroth, Bauch weiß.

So groß wie unser Regenpfeiffer (Char. morinellus), aber schlanker gebaut; der Schnabel durch seine lange, dünne Form besonders auffällig; die Beine hoch und dünn, wie bei Hoplopterus. Schnabel schwarz, Iris braun. Stirn und ein Fleck vor jedem Auge blaßgelb, Zügel, Augenrand und Ohrdecke schwarz. Oberkopf, Nacken, Rücken und Flügel rauchgrau, die Federn rostgelblich gesäumt; Kehle und Vorderhals rostrothgelb, Brust und Oberbauch aschgrau, Unterbauch und Steiß weiß; mitten am Bauch zwischen den Unterschenkeln ein dunkler schwarzer Fleck; Schwanz obenauf gelblich aschgrau von der Basis nach der Spitze zu, die untere Seite weiß, die Federn mit einer schwarzen Binde vor der Spitze; Handschwingen schwarzbraun, an der Basis nach innen weißlich; die Armschwingen grau, innen weiß gesäumt; die unteren Deckfedern weiß. Beine gelblich fleischroth, der Lauf hoch, die Zehen kurz, ziemlich fleischig. —

Ganze Länge 10″, Schnabelfirste 14‴, Flügel 6″, Schwanz gegen 3″, Lauf 2″, Mittelzehe 9‴. —

Im südlichen Brasilien, von Maldanado in der Berliner Sammlung; scheint nur dem Küstengebiet anzugehören. —

2. Gatt. Vanellus *Cuv.*

Von der vorigen Gattung hauptsächlich durch die Anwesenheit einer kleinen, bisweilen noch ganz unvollständigen Hinterzehe mit Kralle verschieden, übrigens im Körperbau, der Schnabelform und dem Gefieder mit Charadrius übereinstimmend; die Beine bald kürzer, bald länger, die Außenzehen durch eine ziemliche Spannhaut am Grunde verbunden. —

a. Squatarola *Cuv.* **Gefieder hell getüpfelt, Beine kürzer, die Unterschenkel und der Lauf genetzt, nicht getäfelt; die Hinterzehe sehr klein, nur als Sporn angedeutet.**

1. Vanellus modestus.

Charadrius modestus *Licht.* Doubl. d. zool. Mus. 71. 730. — *Wagl.* Syst. Av. I. sp. 44. — *Idem.* Isis 1829. 654.
Tringa d'Urvillei *Garnot.* Ann. d Sc. nat. Zool. 1826. I. 46. — *Id.* Voyage de l'Uranie Zool. pl. 43. — *Lesson* Man. II. 309.
Charadrius rubecula *King.* zool. Journ. 1828. 96.

Grau, der Rücken bräunlich, die Federn am Raude weißlich; Stirn und Bauch weiß, Brust rostgelb mit schwarzer Binde.

Gestalt wie unser Halsband-Regenpfeiffer (Char. morinellus), nur etwas kleiner. Schnabel schwarz. Gefieder des Rückens rauchgrau, die Federn besonders auf den Flügeln lichter gerandet; die Stirn zwischem den Augen weiß, der Oberkopf dunkelgrau, der vordere Stirnrand und die

Kehle hellgrau; Brust rostrothgelb, am unteren Rande mit breiter schwarzer Binde; Bauch, Steiß und die 2 seitlichen Schwanzfedern schwarz, die nächstfolgenden weißgrau, die mittleren rußbraun; die Schwingen schwarz, die vordersten am Grunde weiß, ebenso die unteren Deckfedern der Flügel. Beine grünlichgrau. —

Der junge Vogel hat eine ganz weißliche Stirn und Kehle und eine graue Unterseite mit leichtem Schatten einer Querbinde; Schwingen und mittlere Schwanzfedern schwarz. Das ist Char. nebulosus *Less.* Man. d'Orn. II. 315.

Ganze Länge 9″, Schnabelfirste 8‴, Flügel 5½″, Schwanz 3½″, Lauf 16‴, Mittelzehe 12‴. —

Im südlichen Brasilien und von Montevideo, selbst bis nach Patagonien und an die Magelhaens-Straße verbreitet. —

b. Vanellus s. p. **Gefieder nicht getüpfelt, ähnlich gefärbt wie bei Aegialites; Nackenfedern schopfartig verlängert; Flügel am Handgelenk öfters mit einem Sporn versehen. Beine lang, der Lauf vorn getäfelt, die Hinterzehe vollständiger entwickelt.**

2. Vanellus cayanensis.

Parra cayanensis *Gmel. Linn.* S. Nat. I. 2. 706. — *Buff.* pl. enl. 836.
Tringa cayanensis *Lath.* Ind. orn. II. 727. 5.
Charadrius cayennensis *Licht.* Doubl. d. zool. Mus. 70. 718.
Charadrius lampronotus *Wagl.* Syst. Av. I. sp. 48.
Vanellus cayennensis *Pr. Max z. Wied* Beitr. IV. 754. 1.
Terutéro o Tetéu *Azara* Apunt. III. 264. 386.
Quer-Quer der Brasilianer.

Kopf, Hals, Rücken und Flügel aschgrau; Stirn, Kehle, Nackenschopf, Brust, Schwingen und Schwanzspitze schwarz; Bauch weiß, Flügelbug gespornt.

Höher und größer als ein Kiebitz (Vanellus cristatus), doch ihm ähnlich; Schnabel am Grunde hell blutroth, die Spitze schwarzbraun. Iris roth. Stirn, Mundrand, Kehle und ein Streif am Vorderhalse schwarz; desgleichen die ganze Brust, die Schwingen, die Endhälfte des Schwanzes und die schmalen, spitzen, langen Federn am Hinterkopf. Der Kopf, Hals, Rücken und die Flügel aschgrau, die vorderste Kopf- und Halsgegend unmittelbar hinter der schwarzen Zeichnung lichter; der Rücken und die Achselfedern prächtig metallisch glänzend, der Rücken mehr kupferroth, die Achselfedern erzgrün. Kleine Flügeldeckfedern quer über die Mitte des Flügels, das ganze untere Deckgefieder, der Bauch, Steiß und die Basis der Schwanzfedern weiß, auch der äußerste Endrand der letztern; Beine corallen- oder taubenroth, die Zehen und untere Partie des Laufes braun, der Sporn am Handgelenk des Flügels hellroth. —

Ganze Länge 12″, Schnabelfirste 14‴, Flügel 8½″, Schwanz 3½″, Lauf 3″, Mittelzehe 14‴ ohne die Kralle. —

Auf feuchten Niederungen an Flüssen und Seen ein bekannter überall in Brasilien ansäßiger Vogel, der gleich unserm Kiebitz gern paarig sich zusammenhält, über den Nestern aufgescheucht mit lautem Geschrei Kerr, Kerr, Kerr hinfliegt, und so lange fortfährt, als der Gegner ihm nahe bleibt. Im Herbst und Winter (Mai—October) sieht man die Vögel in großen Schaaren an passenden Orten und hört dann, wenn man sie aufschreckt, ihren Ruf unaufhörlich durch einander. Ihr Nest ist im Sumpf zwischen hohen Binsengruppen angebracht und enthält 2 olivenbräunliche, schwarz gefleckte Eier, die denen unseres Kiebitz ähneln. —

2. Totanidae.

Schnabel so lang oder länger als der Kopf, die Basis bis gegen die Mitte hin von Haut bekleidet, die zweite Hälfte, oder etwas mehr, von einer graden, kegelförmig pfriemenförmigen oder dolchartigen Hornscheide, die anfangs von dem Hautüberzuge sich zwar absetzt, dann aber ganz sanft und allmälig sich zuspitzt, ohne im Geringsten als Kuppe selbstständig gewölbt zu sein; Nasengrube bis zum Hornüberzuge hinabreichend, mit spaltenförmigem langem Nasenloch am unteren Rande nahe der Basis. Beine verschieden gebaut, bald hoch und dünn, bald kurz und fleischig oder kräftig; Hinterzehe gewöhnlich vorhanden, mitunter fehlend. —

3. Gatt. Strepsilas *Illig.*

Schnabel nicht länger als der Kopf, aber eben so lang, mäßig stark, die Hornscheide deutlich kegelförmig zugespitzt, sanft und wenig sichtbar aufwärts gebogen. Hals kurz, Flügel lang, aber ruhend doch etwas kürzer als der Schwanz. Beine kurz, der Unterschenkel nur wenig von Federn entblößt, der Lauf vorn mit kurzen Halbgürtelschildern, hinten genetzt; die Zehen bis zum Grunde frei, ohne Spannhaut; die Hinterzehe vorhanden, ziemlich entwickelt.

Strepsilas collaris.

Temminck Manuel d'Orn. II. 555. — *Pr. Max z. Wied* Beitr. IV. 730. 1. — *v. Tschudi* Fn. per. Orn. 49. 1.

Tringa interpres *Linn.* S. Nat. I. 248. 4. — *Buff.* pl. enl. 340. und 856. — *Lath.* Ind. orn. II. 738. 45. — *Wils.* Am. Orn. III. 32. tb. 57. f. 2. — *Schomb.* Reise III. 751. 361.

Tringa morinella *Linn.* et *Lath.* ibid. var. β.
Morinellus collaris *Meyer* orn. Taschenb.
Strepsilas melanocephala *Vig.* zool. Journ. IV. 356.
Arenaria interpres *Vieill.* Gal. III. 102. pl. 237.

Jung grau am Rücken, weiß am Bauch, Brust braungrau getüpfelt.

Alter Vogel schwarz an der Brust, dem Nacken und Rücken, hier und an der Achsel rostgelbroth gefleckt. —

Ein bekannter, weit verbreiteter Vogel, auch in Europa und Nord-Amerika zu Hause, ziemlich gedrungen gebaut, obgleich nicht groß. Der Schnabel schwarz, die Iris braun, die Beine gelblich fleischroth.

Junger Vogel am ganzen Rücken braungrau, d. h. rauchfarben, die Federn an den Seiten blasser, zum Theil weiß, der Schaftstreif schwarzbraun, aber verwaschen; die Schwingen schwarzbraun, die Schwanzfedern mit breiter schwarzbrauner Binde, die Spitzen, die Basis und die oberen Schwanzdecken weiß. Unterseite ganz weiß, nur die Brust stark rauchgrau getüpfelt, besonders die Seitenpartien.

Alter Vogel mit schwarzbrauner Stirn, Backen unter dem Auge, Halse, Nacken, Brust und Oberrücken; Kehle und ein runder Fleck vor jedem Auge weiß; Oberkopf an den Seiten weiß, auf der Mitte rauchgrau, am Unternacken vor dem Rücken ein weißer Ring, der bis zur Brust reicht; Bauch, Steiß, Basis des Schwanzes und Unterrücken weiß; die oberen Schwanzdecken schieferschwarz, wie die breite Schwanzbinde. Schwingen außen schwarzbraun, innen, wie die Flügeldeckfedern weiß. Mitte des Oberrückens mit rostgelbem Fleck und ein solcher Streif quer über die schwarzen Achselfedern; kleine Flügeldeckfedern hell rauchgrau, weißlich gerandet; große Armdeckfedern ebenso gefärbt. —

Ganze Länge $8^3/_4''$, Schnabelfirste $1''$, Flügel $5''$, Schwanz $2''$, Lauf $1''$, Mittelzehe $10'''$ ohne die Kralle. —

An der ganzen Ostküste Brasiliens von Guyana bis nach Sta Catharina, von wo ich den Vogel erhielt; Lebensweise bekannt, sucht Gewürm unter Steinen und frißt kleine Seethiere, welche er am Ufer aufliest. Nistet auch dort in offenen Gruben und legt sehr bestimmt birnförmige, gelblich graugrüne, matt braun gefleckte, $1^1/_2''$ lange Eier. —

4. Gatt. Haematopus *Linn.*

Schnabel viel länger als der Kopf, die vordere von Horn bekleidete Partie etwas erhöht, aber grade, scharfkantig, dolchförmig, mit stumpfer Endkante; die hintere anfangs verengt abgesetzt, flacher, breiter, mit ebener Rückenfläche und schmalen spaltenförmigen Nasenlöchern am Mundrande. Gefieder vorwiegend schwarz; die Flügel ruhend so lang wie der Schwanz, zugespitzt, schon die erste Schwinge die längste. Schwanz kurz, grade abgestutzt, ziemlich breitfedrig. Beine stark, dick, fleischig; die Befiederung des Unterschenkels endet dicht vor dem Hacken, der Lauf ist bloß fein genetzt, die Zehen obenauf mit kurzen Halbgürteln, die beiden äußeren vorderen Zehen durch eine starke Spannhaut verbunden, alle mit dicker fleischiger, als Falte vortretender schwieliger Sohle; die Hinterzehe **nicht** vorhanden.

Haematopus palliatus.

Temminck Manuel d'Ornith. II. 532. — *Pr. Max z. Wied* Beitr. IV. 746. Haematopus brasiliensis *Licht.* Doubl. d. zool. Mus. 73. 744.

Kopf und Hals schieferschwarz; Rücken, Flügel und Schwanz schwarzbraun; Unterbrust, Bauch, große Flügeldeckfedern und obere Schwanzdecken weiß.

Gestalt und Größe des **europäischen Austernfischers** (Haematopus ostralegus); der Schnabel über doppelt so lang, wie der Kopf, höher und stärker als bei unserer Art, hochroth, wie die Iris und die Augenlieder gefärbt. Kopf, Hals und Brust schieferschwarz, mehr oder weniger ins Graue spielend; vom Nacken über den Rücken, die Flügel und den Schwanz brauner gefärbt. Unterbrust, Bauch, Steiß und Innenseite der Flügel weiß, desgleichen die oberen Schwanzdecken. Schwanzfedern an der Basis weiß, am Ende breit schwarzbraun, zuletzt ganz schwarz. Beine dunkel fleischroth, die Krallen schwarz. —

Ganze Länge 16″, Schnabelfirste 2″ 10‴, Flügel $10\frac{1}{2}$″, Schwanz 3″, Lauf 2″, Mittelzehe ohne die Kralle 1″ 3‴. —

Lebt an der Meeresküste von ganz Brasilien und den ihr zunächst gelegenen großen Wassern des Binnenlandes, und ist überall zwischen der Mündung des Amazonenstromes und Rio de La Plata ziemlich häufig anzutreffen; selbst an der Westküste von Chili bis Mexico findet sich der Vogel.

Anm. 1. In Patagonien und südlich vom Rio de La Plata vertritt der etwas kräftiger gebaute **Haematopus niger** *Less.* et *Gem.* Voy. d. l'Uran. Zool. pl. 34. die vorige Art; derselbe ist ganz schieferschwarzgrau mit braunem Rücken. Schnabel, Augen und Beine sind roth. Ganze Länge 17″. —

2. Dem Gattungstypus von Haematopus steht, nach meinem Dafürhalten, der sonderbare **Scheidenvogel** von den Maluinen- oder Falklands-Inseln zunächst: **Chionis alba** *Forst.* — Vaginalis alba *Lath.* Ind. orn. II. 777. — Voy. d. l'Uran. pl. 35. — Chionis necrophaga *Vieill.* Gal. d. Ois. III. 146. pl. 258. — Vgl. darüber **Nitzsch** Pterylogr. S. 199. und **Blainville** Ann. d. sc. nat. 2. Ser. VI. 99.

5. Gatt. Himantopus *Briss.*

Hypsibates *Nitzsch.*

Schnabel der vorigen Gattung, aber nur in der Anlage; in der Ausführung sehr viel feiner, zierlicher und spitzer; der Hornüberzug niedriger, verflacht, und in den hinteren Schnabelrücken allmälig übergeführt, die Spitze des Oberschnabels etwas herabgebogen, die Mundränder einwärts gebogen; die schmale lange Nasengrube weiter nach vorn fortgesetzt. Kopf klein, Hals ziemlich lang und dünn; Flügel viel länger als der Schwanz, sehr spitz, die erste Schwinge die längste; Schwanz klein, weich, unter dem Deckgefieder versteckt. Beine ganz auffallend lang, dünn, der Unterschenkel größtentheils nackt; die Zehen nach Verhältniß kurz, fein, mit breiter Spannhaut am Grunde, aber die zwischen Mittel- und Innenzehe kürzer. Hinterzehe nicht vorhanden. —

Himantopus mexicanus.

Wilson, Am. Orn. VII. 52. tb. 58. f. 2. — *Pr. Max z. Wied* Beitr. IV. 741. 1. — *v. Tschudi* Fn. per. Orn. 53.
Himantopus nigricollis *Vieill.* Gal. d. Ois. III. 85. pl. 229.
Hypsibates nigricollis *Schomb.* Reise III. 758. 397.
Zancudo, *Azara* Apunt. etc. III. 297. n. 393.

Weiß; Oberkopf, Nacken, Rücken und Flügel schwarz.

Gestalt ganz wie bei unserer Art (H. rufipes); der Schnabel schwarz, die Iris und die Beine lebhaft lackroth. — Oberkopf von der Augengegend an, ganzer Oberhals, Rücken und Flügel außen wie innen schwarz auf dem Rücken und den Flügeln lebhaft metallisch kupferig erzgrün schillernd; ganzer übriger Körper weiß, nur die mittleren Schwanzfedern silbergrau, mit weißen Enden. —

Ganze Länge 13″, Schnabelfirste 2″ 4‴, Flügel 8½″, Schwanz 2″, Lauf 4″, Mittelzehe 1¼″, der nackte Unterschenkel viel kürzer als bei unserer Art, nur 1⅓—1½″ unbefiedert. —

Im ganzen wärmeren Amerika an Binnengewässern, in der Lebensweise völlig mit unserer Art übereinstimmend; frißt Gewürm aller Art, aber auch Landinsekten, welche sie auf den Wiesen im Grase suchen.

Anm. Die beiden zunächst stehenden Gattungen: Leptorhynchus (*Guérin*, Mag. d. Zool. VI. cl. 2. pl. 45) mit gradem, und Recurvirostra *aut.*, mit aufwärts gebogenem Schnabel haben halbe Schwimmhäute zwischen den Zehen und letztere schon eine Spornzehe statt des Daumens; sie bilden mit der dickschnäbligen Gattung Dromas *Payk* (Kongl. Vetensk. Acad. Handl. 1805.

188. — *Temm.* pl. col. 362.), welche eine größere vollständige Hinterzehe besitzt, eine Reihe von Uebergängen zwischen Haematopus durch Chionis zu Totanus, worin sich der Haupttypus der Gruppe darstellt. Die 3 genannten Genera fehlen in Brasilien. Auch Anarhynchus albifrons Voy. de l'Astrolabe Zool. pl. 31. gehört hierher und steht zwischen Recurvirostra einerseits, wie Haematopus andrerseits; endlich noch Phalaropus.

6. Gatt. Totanus *Bechst.*

Schnabel lang, dünn, pfriemenförmig, grade, dem von Himantopus ähnlich, aber nach Verhältniß etwas dicker, kräftiger, besonders höher; die Firste weniger abgeplattet, mehr halbrund, die Spitze etwas gewölbt; die Nasenfurche über die Mitte des Schnabels hinabreichend, das Nasenloch der Basis näher gerückt, schmal spaltenförmig. Gefieder weich und voll, die Rückenfläche dunkler und fein gesprenkelt oder gewellt gezeichnet; Flügel spitz, genau so lang wie der Schwanz, die erste Schwinge die längste. Beine fein und zierlich gebaut, die nackte Strecke des Unterschenkels bald mehr, bald weniger ausgedehnt, vorn, wie der Lauf, mit kurzen Gürtelschildern bekleidet. Zehen fein und dünn, nur die äußeren am Grunde etwas verbunden; die Hinterzehe deutlich entwickelt und größer als bisher.

1. Totanus melanoleucus.

Scolopax melanoleuca *Gmel. Linn.* S. Nat. I. 659. — *Lath.* Ind. orn. II. 723. 28.
Totanus melanoleucus *Licht.* Doubl. d. zool. Mus. 73. 750. — *v. Tschudi* Fn. per. Orn. 52. 3. — *Schomb.* Reise britt. Guyana III. 757. 391. — *Darwin,* Zool. of the Beagl. Birds III. 130.
Totanus solitarius *Vieill.* Enc. méth. orn. 1105.
Totanus maculatus *Pr. Wied.* Beitr. IV. 727. 2.
Chorlito rabadilla blanca *Azara* Apunt. III. 305. no. 394.

Rückengefieder graubraun, die Federn weiß geraubet, Brust grau gestreift, Kehle und Bauch weiß; Schwanz weiß, schmal graubraun quergestreift; Beine braungelb. —

Gestalt und Größe wie Totanus Glottis, der Schnabel grader, die Beine noch länger, die Schwanzdecken kürzer. — Schnabel ziemlich stark, die vordere von Horn bekleidete Partie etwas aufgebogen, in der Art wie bei Strepsilas, aber die Spitze des Oberkiefers länger und hakig übergebogen; übrigens schwarzbraun gefärbt, mit gelblicher Basis besonders am Unterkiefer. Rückengefieder bräunlichgrau, die Federn alle breit weiß gesäumt, die Spitze selbst aber nicht; die großen Deckfedern, hintersten Achselfedern und letzten Armschwingen außerdem weiß getüpfelt am Rande, mit davon ausgehenden dunkleren Querbinden nach innen; innere Flügeldeckfedern weißlich, mit Vförmiger, braungrauer Zeichnung, die nach dem Rumpf hin feiner quergewellt; Schwingen graubraun, mit feinem blassem Endrande, unten und an der Innenfahne ins Weißliche übergehend. Schwanzfedern weiß, schmal graubraun quergebändert. Kehle ganz weiß, Brust und Hals braungrau fein gestreift; Bauch, Steiß, Unterschenkel und untere Schwanzdecken rein weiß. Beine hell gelblichbraun, in der Jugend blasser braungelb. —

Ganze Länge 14″, Schnabelfirste 2″ 2‴, Flügel 7½″, Schwanz 2″ 8‴, nackte Unterschenkelstrecke 1″ 6‴, Lauf 2″ 7‴, Mittelzehe 1″ 5‴.

Gleich der folgenden Art über ganz Süd-Amerika verbreitet, an offenen Uferstellen auf dem Kies herumlaufend, aber gewöhnlich nur einzeln sichtbar. —

Anm. Totanus maculatus *Pr. Wied*, den v. Tschudi mit Tringa macularia *Wils.* Am. orn. II. 350. pl. 59. f. 1. verbinden will (Fn. per. Orn. 51. 11. 1.), ist beinahe doppelt so groß, also gewiß ein anderer Vogel. Die Tr. macularia gehört zu Actitis *Boje* und kommt, wie G. R. Lichtenstein angiebt, (Doubl. 74. 757.) bis nach Brasilien, südwärts aber nicht mehr bis in die von mir bereisten Gegenden. Sie ist von der Größe der dritten Art (8″), oben bräunlich schiefergrau, schwarz quer gebändert, unten weiß, mit großen schwarzen Flecken. Der Schnabel vorn braun, hinten rothgelb, wie die Beine.

2. Totanus flavipes.

Scolopax flavipes *Gmel. Linn.* S. Nat. I. 2. 659. — *Lath.* Ind. orn. II. 723. 29.
Totanus flavipes *Pr. Wied.* Beitr. IV. 723. 1. — *Lichtenst.* Doubl. d. zool. Mus. 75. 754. obs. — *Vigors* zool. Journ. III. 448. — *Schomb.* Reise britt. Guyan. III. 757. 390. — *v. Tschudi* Fn. per. Orn. 51. 12. 2. — *Darwin*, Zool. of the Beagle III. 1129.
Tringa flavipes *Wilson* Am. Orn. II. 346. pl. 58. f. 4.
Chorlito pardo picado de blanco et Ch. p. mayor *Azara* Apunt. III. 308. no. 396. (alt) und 314. no. 399. (jung).

Rückengefieder schiefergrau, schwarzgrau und weiß gefleckt; untere Flügeldecken und Schwanzfedern weiß und schwarz gebändert; Brust grau, Bauch und Kehle weiß; Beine gelb. —

Gleicht im Ansehn unserem Totanus stagnatilis. Schnabel schwarz, Iris schwarzbraun, Gefieder am ganzen Rücken, der Brust, dem Oberkopfe und dem Nacken bräunlich schiefergrau; Kopf, Hals und Brust fein dunkler querstreifig marmorirt; Backen und Halsseiten feiner längsstreifig gefleckt, der Grund weiß, wie die Kehle, der Vorderhals, die Unterbrust, der Bauch und der Steiß. Vom Schnabelgrunde nach dem oberen Augenrande hin ein weißer Streif. Rücken- und Flügeldeckgefieder mit feinen weißlichen Randpunkten an den Federn, die nach innen dunkler schwarzgrau gesäumt und in Querwellen ausgezogen sind; besonders deutlich die hintersten großen Achselfedern und letzten Armschwingen so gezeichnet. Schwingen schwarzgrau, die mittleren fein weiß gerandet. Untere Flügeldeckfedern bräunlich schiefergrau; die unteren Rumpffedern weißlich und grau gebändert, ebenso die Schwanzfedern, aber die mittelsten mehr wie die Schwanzdecken gefärbt, graulich mit dunkleren Binden. Beine blaßgelb, Nägel schwarz.

Das Weibchen hat einen mehr bräunlichen, das Männchen einen schwärzlicheren Grundton und letzteres schärfere Zeichnungen; am jungen Vogel fehlt die weiße Flecken-Zeichnung mehr, daher er dunkler und weniger getüpfelt aussieht; auch sind die weißen Binden unter den Flügeln und am Schwanz breiter.

Ganze Länge 10—11″, Schnabelfirste $1^1/_4$—$1^1/_3$″, Flügel $4^1/_2$″, Schwanz $2^1/_2$″, Lauf 1″ 8‴, Mittelzehe 1″.

Ueberall durch ganz Süd-Amerika verbreitet, an Teichen, Flüssen, Seen und am Meeresufer, an offenen, von Schilf und Gebüsch entblößten sandigen Stellen; so namentlich bei Neu-Freiburg, öfters ganz nahe dem Hause, worin ich wohnte, beobachtet. —

3. Totanus caligatus.

Lichtenstein Doubl. d. zool. Mus. 74. 756.
Totanus punctatus *Vieill.* Enc. méth. Orn. 1104.
Tringa macroptera *Spix* Av. Bras. II. 76. 1. tb. 93.
Chorlito pardo menor, *Azara* Apunt. III. 315. 400.

Rückengefieder braungrau, die Federn am Rande weiß getüpfelt; Zügelstreif, Kehle, Bauch und Steiß weiß; Schwanz grau und weiß gebändert. Laufsohle getäfelt. —

Rückengefieder rauchgrau, die Zügel weiß getüpfelt, darüber ein weißer Streif vom Schnabelgrunde bis zum oberen Augenrande; Nacken, Rücken und Flügeldeckfedern mit weißlichen Seitenrändern, welche den größeren Federn ein getüpfeltes, nach innen dunkler gebändertes Ansehn geben. Schwingen graubraun, unten weißlich, nach der Innenfahne zu lichter rauchgrau; untere Flügeldeckfedern und Rumpfseite regelmäßig schwarzgrau und weiß quer gebändert, die am Rande schmäler und zuletzt ganz grau. Zwei mittelste Schwanzfedern graubraun, wie der Unterrücken, die seitlichen weiß und schwarz gebändert. Kehle, Bauch und Steiß weiß, die Brust dicht braungrau gestreift. Schnabel schwarz, Iris braun, Beine gelb. Der Lauf mit Tafelschildern bekleidet, deren Gränze sich verwischt und z. Th. ganz verschwindet. —

Ganze Länge $7^3/_4$—8″, Schnabel 1″ 3‴, Flügel 5″, Schwanz $1^3/_4$″, Lauf 1″ 5‴. —

Im südlichen Brasilien, an ähnlichen Orten wie die vorigen Arten.

Anm. Die Art steht dem Totanus solitarius *Wils.* Am. Orn. II. 344. pl. 58. f. 3. nahe, ist aber ein wenig größer, die Beine sind heller gefärbt, der Rücken etwas stärker weiß getüpfelt, der Lauf schmäler geschient. —

3. Scolopacinae.

Schnabel am Ende nicht scharf zugespitzt, sondern etwas kuppig abgesetzt, bis zur Spitze von dem häutigen Ueberzuge bedeckt, und bloß am Rande der flachen Kuppe hornig; der Knochen fein porös, zum Durchtritt der Nervåste unter die Haut; daher die Schnabelspitze im Tode getüpfelt aussieht und im Leben einen empfindlichen Tastapparat bildet zum Aufsuchen der Nahrung im Boden und Sumpf. Flügelschnitt der vorigen; die Beine etwas fleischiger, die nackte Strecke des Unterschenkels sehr verkürzt, die Hinterzehe gewöhnlich vorhanden und dann ziemlich entwickelt. — Leben theils am Meeresgestade, theils im Binnenlande an Weilern, Seen, in Sümpfen und Gebüschen. —

7. Gatt. Calidris *Illig.*

Schnabel ziemlich dick, grade, nur etwas länger als der Kopf, die Kuppe am Ende deutlich abgesetzt, länglich oval gestaltet. Flügel ruhend viel länger als der Schwanz, die erste Schwinge die längste; Schwanz etwas ausgeschnitten, die mittleren Federn kleiner und kürzer. Beine ziemlich kurz, besonders die nackte Strecke des Unterschenkels, der Lauf vorn mit kurzen Halbgürteln bekleidet; die Zehen fleischig aber nicht plump gebaut, ohne Spannhaut am Grunde; die Hinterzehe nicht vorhanden. —

Calidris arenaria *Illig.*

Temm. Man. d'Orn. II. 524. — *Wils.* Am. Orn. II. 359. tb. 59. f. 4. — *Pr. Max z. Wied* Beitr. IV. 750. 1. — *Lichtenst.* Doubl. 72. 740. — *Schomb.* Reise III. 758. 396.
Tringa arenaria *Linn.* S. Nat. I. 251. 16.
Charadrius calidris *Linn.* ibid. 255. 9. — *Lath.* Ind. orn. II. 741. 4.
Arenaria grisea *Bechst.*
Tringa tridactyla *Pall.*
Charadrius rubidus *Gmel.*

Rückengefieder grau, die Federn weiß gerandet; Kehle, Brust, Bauch und Steiß weiß; Schwingen schwarzbraun, die Basis weiß.

Sommerkleid kräftiger schwärzer gefärbt; die großen Achselfedern rostgelb gesäumt und gefleckt, mit weißlicher Spitze; Brust und Bauchseiten rostgelb angelaufen.

Ein kleiner etwas gedrungener Vogel, dessen Körperbau an den von Strepsilas erinnert, aber der Schnabel durchaus wie bei Tringa, nur etwas kräftiger. Gefieder im Winterkleide am Rücken hellgrau, die Schäfte dunkler braungrau, die Säume der Federn weiß; welche Farbe an der Stirn, der Kehle, dem Vorderhalse und der ganzen Unterseite bis zum Steiß völlig rein auftritt. Die großen Flügeldeckfedern braungrau, mit breiter weißer Spitze und feinem weißen Rande; die Schwingen schieferschwarz, innen und an der Basis weiß; die Schwanzfedern obenauf grau, gegen die Spitze hin dunkler, am Ende weiß gerandet; die Basis und die untere Seite weiß; die oberen Schwanzdecken aschgrau. — Beine bräunlichgelb, im höheren Alter wie der Schnabel schwarz; die Iris braun. —

Der junge Vogel hat am ganzen Rücken einen viel dunkleren Farbenton, die Kopf- und Halsfedern sind graubraun getüpfelt, die der Seiten des Halses und der Brust grau quer gewellt, die Rückenfedern schwarzbraun, weißlich gesäumt, und in der Tiefe zu beiden Seiten rostgelb gefleckt, welche Flecken besonders an den langen Achselfedern und mittleren Rückenfedern sich bemerklich machen. Bürzel und Schwanz obenauf viel brauner als am alten Vogel; Beine heller blaßgelbbraun, Schnabel etwas dicker und mehr gleich breit nach vorn gebaut, weil die Kuppe sich noch nicht so entwickelt hat.

Im Sommerkleide hat besonders das Männchen viel rostgelb im Gefieder, die Oberkopf- und Nackenfedern sind braun gefleckt, die schwarzen Rücken- und Achselfedern gelb gesäumt mit weißer Spitze und rostgelben Seiten in der Querbinden-Tiefe; die Brust und die Bauchseiten sind rostgelbroth überlaufen, schwarz gefleckt. —

Ganze Länge 8″, Schnabelfirste 1″, Flügel 5″, Schwanz 1$^3/_4$″, Lauf 1″ 1‴. —

Im mittleren Brasilien am Seegestade, wo er gern auf den so eben bei der Ebbe entblößten Strecken herumläuft und Nahrung sucht; daselbst häufig und, wie alle kleinern Schnepfenvögel, Masarico von den Brasilianern genannt. —

Anm. G. R. Lichtenstein meint (Doubl. l. l.), daß der von Azara als Chorlito pies roxas beschriebene Vogel (Apunt. III. 318. no. 702.) diesen unsern Sonderling vorstelle; aber der alte genaue Beobachter hätte schwerlich die fehlende Hinterzehe vergessen, wenn sein Vogel daran Mangel gelitten; — ich bezweifle darum die Richtigkeit der Deutung. Vieillot hat auf Azaras Vogel seinen Totanus nigellus gegründet (Enc. méth. Orn. 1103.).

8. Gatt. Tringa *Linn.*

Schnabel etwas schlanker und schmäler, auch nach Verhältniß länger, übrigens wie bei der vorigen Gattung; der Tastapparat bei beiden schwach und wenig entwickelt. Gefieder grau, seltner rostgelb, dunkler gefleckt und heller gesäumt. Flügel so lang wie der Schwanz oder etwas länger. Schwanz stumpf, die 2 mittelsten Federn verlängert, zugespitzt. Beine ziemlich hoch, der Lauf vorn mit kurzen zarten Halbgürteln; die drei Vorderzehen nur ganz am Grunde leicht geheftet, die Hinterzehe zwar vorhanden, aber klein und so hoch angesetzt, daß sie den Boden kaum berührt. —

Anm. Von dieser Gattung kommen in Brasilien vier Arten vor, allein nur eine derselben ist mir aufgestoßen, weil sie alle am Meeresgestade leben, wohin ich nicht kam. Da mir auch keine sicheren brasilianischen Exemplare zu Gebote stehen, so muß ich mich hierbei ganz auf die Angaben meiner Vorgänger stützen. —

1. Tringa Canutus *Linn.*

Linn. S. Nat. I. 251. 15. — *Lath.* Ind. orn. II. 738. 44. — *Naumann*, Naturg. d. Vög. Dtschl. Taf. 182.
Tringa islandica *Gmel. Linn.* S. Nat. I. 2. 682. — *Lath.* Ind. orn. II. 737. 39.
Tringa cinerea *Brünn* no. 179. — *Lath.* Ind. orn. 733. 25. — *Temm.* Man. d'Orn. II. 627. — *Pr. Max z. Wied* Beitr. IV. 735. 1. — *Wils.* Am. Orn. 7. pl. 52. f. 2.
Tringa rufa *Wilson* ibid. mas.

Rückengefieder grau, die Federn lichter gerandet, der Schaft schwärzlich; vom Schnabel zum Auge ein weißlicher Streif; Kehle und Hals weiß, grau gestreift, Brust weiß, mit grauen Bogenstrichen; Bauch und Steiß weiß; Bauchseiten und Unterrücken weiß, mit grauen zackigen Querlinien. Große Flügeldeckfedern und Schwingen schieferschwarz, die ersteren mit weißer Spitze, die letzteren am Rande nach unten weiß. Schwanzfedern hellgrau, unten weiß. Schnabel und Beine schwarz. —

Männchen im Hochzeitskleide am Rücken viel dunkler und brauner, als das Weibchen; die Achsel- und Rückenfedern fast schwarz, mit blaßgelben Randflecken und feinen weißen Rändern; die ganze Unterseite von der Kehle bis zum Steiß rostroth.

Junger Vogel mit einer deutlichen schwarzen feinen Randlinie auf jeder Rücken- und Flügeldeckfeder vor dem weißen, schärfer abgesetzten Rande; die Bauchseiten beim männlichen Vogel rostgelb überlaufen. —

Ganze Länge 10″, Schnabelfirste 15‴, Flügel 5″, Schwanz 2″, Lauf 14‴. —

Am Meeresstrande des ganzen Brasilianischen Küstenrandes. —

2. Tringa dorsalis *Licht.*

Meyen Reise III. Nov. act. phys. med. Soc. Caes. Leop. Carol. Nat. Cur. XVI. Suppl.
Tringa melanotos *Vieill.* Enc. méth. Orn. 1089.
Chorlito lomo negro *Azara* Apunt. III. 317. no. 401.

Rückengefieder schwarzbraungrau, Oberkopf mit rostgelbem Fleck am Ende der Federn; die Nacken-, Rücken- und Flügeldeckfedern sehr dunkel gefärbt, matt weiß gerandet, die großen Achsel- und hintersten Armfedern an den Seiten gelb gefleckt. Unterrücken und Bürzel schieferschwarz, die Ränder der Federn rostgelb. Schwingen und große Flügeldeckfedern dunkel schwarzbraun, die letzteren matt weiß gesäumt an der Spitze; Schwanzfedern heller braungrau, weiß gesäumt, unten und die seitlichen Federn ganz weiß. Vom Schnabel geht über dem Auge ein weißlicher Streif bis zum Hinterkopf; Kehle, Brust, Bauch und Steiß weiß, die Federn auf der Brust mit schwarzgrauem Schaftstreif. Schnabel schwarz, Beine gelblich graugrün.

Ganze Länge 8″, Schnabel 13‴, Flügel 5″, Schwanz 2″, Lauf 1″ 3‴. —

Süd-Brasilien, Montevideo, Chili.

3. Tringa campestris.

Lichtenst. Doubl. d. zool. Mus. 74. 764.
Tringa fuscicollis *Vieill.* Enc. méth. Orn. 1088. — *v. Tschudi* Fn. per. Orn. 51. 10. 1.
Tringa minutilla *Pr. Wied* Beitr. IV. 736. 2.
Tringa pectoralis *Say. Bonap.*
Chorlito pestorejo pardo, *Azara* Apunt. III. 322. 404.

Rückengefieder rauchgrau, Kopf und Hals lichter, hellgrau, jede Feder mit dunklerem Schaftstreif. Rückenfedern im Jugend- und Winterkleide einfarbig dunkel aschgrau, die Schaftgegend etwas dunkler; im Sommerkleide schwarzbraun, die Rückenfedern mit rostgelbem, die kleinen Flügeldeckfedern mit weißlichem scharf abgesetztem Saume. Schwingen schwarzgrau, die Schäfte und die Innenseite weiß; große Flügeldeckfedern feiner weiß gerandet. Mittlere Schwanzfedern oben braungrau, unten weiß, die seitlichen ganz weiß. Ein Streif vom Schnabel zum oberen Augenrande und die Kehle weiß; die Brust weißlich mit braungrauen Schaftstreifen; der Bauch und der Steiß weiß. Schnabel schwarz, Iris braun, Beine in der Jugend gelblichbraun, im Alter ebenfalls schwarzbraun. —

Ganze Länge 7″, Schnabelfirste 1″, Flügel 4″, Schwanz 1$^1/_2$″, Lauf 13‴. —

Ich erhielt ein Individuum von dieser Art in der Mauser durch Herrn Beske, weiß aber nicht anzugeben, wo es erlegt wurde; der Prinz zu Wied fand den Vogel in Menge am Seegestade. —

4. Tringa nana *Licht.*

Nomencl. Av. Mus. berol. 92.
Tringa minutilla *Vieill.* N. Dict. d'hist. nat. Tm. 34. 466.

Noch kleiner als die vorige Art, $5^1/_2$—6″ lang, in Zeichnung und Färbung mit ihr übereinstimmend, und mir nicht näher bekannt. —

Anm. 1. In der Fn. per. Orn. 51. 10. 1. vereinigt v. Tschudi diese Art mit der vorigen; ich habe darüber kein Urtheil, weil ich sie nicht kenne.

2. Als mir gleichfalls unbekannte, angeblich in Brasilien gefundene Vögel, welche sich systematisch zwischen Tringa und Scolopax stellen, kann ich hier noch namhaft machen:

Ereunetes semipalmatus *Ill. Licht.* Nom. Av. 92. — Tringa semipalmata *Wils.* Am. Orn. III. 32. pl. 63. f. 4. — Heteropoda semipalmata *Natt.* — *Schomb.* Reise III. 758. 395. — Tringa brevirostris *Spix* Aves Bras. II. 76. 2. tb. 93. — Vom Ansehn unserer Tringa minuta, aber der Schnabel kürzer, hinten höher, vorn niedriger, flacher und etwas mit der Kuppe herabgebogen. Rückengefieder bräunlich schiefergrau, die Federn im Jugendkleide heller gesäumt, im Sommerkleide mit mehr rostgelblichen Rändern; am Zügel bis zum Auge blasser gefärbt. Kehle, Backen, Vorderhals und ganze Unterseite weiß; Schnabel schwarz, kaum so lang wie der Kopf; Beine schwarzbraun, die Vorderzehen durch halbe Schwimmhaut verbunden. — Länge 5″, Schnabel 10‴, Flügel 4″, Schwanz $1^1/_3$″, Lauf 14‴. —

Limicola brevirostris *Licht.* Nom. Av. Mus. berol. 92. — Numenius brevirostris *Temm.* pl. col. 381. — Tringa campestris *Vieill.* Enc. méth. Orn. 1087. — Chorlito campesino *Azara* Apunt. III. 310. no. 397. — Schnabel etwas länger als der Kopf, von der Mitte an sanft gebogen, am Ende beträchtlich erweitert, und flach gedrückt; Unterkiefer am Grunde gelblich. Gefieder röthlich gelbgrau; der Oberkopf, der Rücken nebst den Flügeln braun, die Federn blasser gesäumt; am Auge ein weißlicher Streif, Kehle weiß; Hals und Oberbrust braun gestreift, Mittelbrust und Bauchseiten mit braunen Vförmigen Querlinien; Schwanzfedern schwarz gebändert, Beine schwarz. Länge 11″. — Lebt auf Wiesen und Triften und nicht in der Nähe der Flüsse, im Binnenlande.

Numenius brasiliensis *Pr. Max z. Wied* Beitr. IV. 708. 1. — Numenius melanopus *Vieill.* Enc. méth. Orn. 1156. — *Id.* N. Dict. d'hist. nat. Tm. 8. 306. — Größe und Färbung wie N. phaeopus. Schnabel viel länger, schwarz, am Unterkiefer blasser. Rückengefieder gelblich graubraun, die Federn heller gesäumt; Oberkopf mit zwei dunkleren Längsstreifen, die durch einen mittleren röthlichgelben Längsstreif getrennt sind. Vom Zügel durch das Auge zur Ohrdecke ein brauner Streif, darüber ein hellerer, der vom Schnabelgrunde herkommt; Hals und Oberbrust graubraun, breit weißlich gestreift, Kinn und Kehle weiß, Unterbrust weißlich mit röthlichgrauen Schaftstreifen, die nach unten und nach den Seiten des Bauches in hufeisenförmige Winkellinien übergehen. Bauch und Steiß weißer; Schwingen graubraun, die vorderen an der Innenfahne, die übrigen an beiden Fahnen weiß quergebändert; Schwanz gelbgrau, heller und dunkler quergebändert; Beine dunkel schwarzgrau. — Länge 16″, Schnabel 4″, Flügel $8^1/_3$″, Schwanz $3^1/_4$″, Lauf 2″. — Am Ufer eines Binnensees. —

9. Gatt. Scolopax *Linn.*

Schnabel sehr lang, völlig grade, am Ende mehr oder weniger erweitert, mit stumpfer Spitze, deutlichem Tastapparate, langer fast bis zur Spitze reichender Nasengrube und kleinem spaltenförmigem Nasenloch unmittelbar am Grunde neben der ziemlich hohen, allmälig nach hinten emporsteigenden, abgeplattet gewölbten Firste. — Augen groß, weit nach hinten und oben am Schädel zurückgesetzt. Gefieder weich, vorherrschend braun oder braungelb gefärbt; Flügel etwas stumpfer, kürzer als der Schwanz, doch die erste Schwinge auch hier die längste. Beine kurz, besonders die nackte Strecke des Unterschenkels über dem Hacken. Lauf so lang oder selbst kürzer als die Mittelzehe; die Hinterzehe klein, aber vorhanden, die drei Vorderzehen lang, dünn, bis zum Grunde völlig getrennt. —

1. Scolopax gigantea *Temm.*

Pl. color. 403.
Scolopax lacunosa *Illig. Licht.* Nom. Av. Mus. ber. 93.

Rostgelb bis zum Bauch, dann weißbraun gestreift; braun am Rücken, rostgelb gesäumt und rostroth gewellt; Schwingen weiß gebändert. —

Größer als alle anderen Arten, wohl doppelt so groß wie unsere Waldschnepfe, mit relativ längerem Schnabel, höheren Beinen und mehr wie eine Bruchschnepfe (Sc. major) gebaut. Oberkopf schwarzbraun, mit 3 rostgelbrothen Streifen der Länge nach und einem dunkleren Zügelstreif vom Schnabel zum Auge. Hals und Nacken braun gestreift auf rostgelbem Grunde, die Streifen ziemlich schmal, wenig erweitert; Brust und Bauchseiten weißlicher im Ton, mit deutlichen schwarzbraunen Kreuzflecken; Bauchmitte und Steiß rein weiß. Rücken, Schulter und obere Flügeldeckfedern schwarzbraun, breit rostgelb gesäumt, mit rostrother Spitze und rostrothen Zickzackquerlinien in bedeutenden Abständen von einander. Schwingen graubraun, fein weiß gerandet, weißlich gewellt. Schwanzfedern verschieden, die seitlichen schmal, fein zugespitzt, weiß und grau quer gebändert; die mittleren rostroth, schwarz gewellt, die beiden mittelsten größtentheils schwarz. Schnabel und Beine dunkelbraun, die Iris schwarzbraun. —

Ganze Länge 15—16″, Schnabel beinahe 5″, Flügel 6—7″, Schwanz 2¼″, Lauf 2½″. —

Im Innern Brasiliens, von mir einmal bei Congonhas angetroffen.

Anm. Die in Guyana einheimische, der beschriebenen höchst ähnliche Scolopax paludosa *Gmel. Linn.* S. Nat. I. 2. 661. — *Lath.* Ind. orn. II. 714. — *Buff.* pl. enl. 895., ist gegen ein Viertel kleiner und hat etwas kürzere Beine.

2. Scolopax frenata *Ill.*

Pr. Max z. Wied Beitr. IV. 712. 1. — *Lichtenst.* Doubl. d. zool. Mus. 75. 770. Note. — *v. Tschudi* Fn. Per. Orn. 52. 1. — *Schomb.* Reise III. 758. 399.

Becasino segunda *Azara* Apunt. III. 275. 388.

Rostgelb bis zum Bauch, dann weiß, braun gestreift; Rücken braun, gelb gesäumt; Schwingen einfarbig graubraun.

Viel kleiner als die vorige Art und kleiner als unsere Sc. major. Oberkopf braun, rostroth getüpfelt; über jedem Auge ein rostgelber Streif bis zum Nacken und der Anfang eines dritten Stirnstreifs vom Schnabelgrunde bis zu den Augen; Zügel breit braun, Hals und Oberbrust rostgelb, jede Feder mit braunem schmalem Längsstreif. Rücken braun, die Federn blaßgelb gesäumt, die Achselfedern sammetschwarz, mit rostrothen sparsamen Querbinden. Flügeldeckfedern mehr graubraun, und rostgelbroth gebändert. Schwingen einfarbig graubraun, fein weiß gerandet. Rumpf unten weiß, die Bauchseiten schieferbraungrau quer gebändert. Alle Schwanzfedern obenauf lebhaft rostroth, blasser gesäumt, mit schwarzen Zickzacklinien, die seitlichen kleiner, kürzer, gleich den mittleren zugerundet. Schnabel und Beine gelbbraun, die Spitze des Schnabels und die Iris schwarz. —

Ganze Länge 9—10″, Schnabelfirste 2″ 9‴, Flügel 4″ 3‴, Schwanz 1″ 9‴, Lauf 1″ 3‴, Mittelzehe 1″ 2‴ ohne Kralle. —

Gemein in ganz Brasilien in Sümpfen, an Weilern und Seen im Schilf, wie unsere Sumpfschnepfe; von meinem Sohn bei Lagoa santa erlegt. —

Anm. Azara unterscheidet a. a. O. 271. sub n. 287. eine etwas größere Form, worauf die Scolopax brasiliensis *Swains.* gegründet ist; ich kenne dieselbe nicht näher, um ihre Artrechte unterstützen zu können. Vgl. Zoology of the Beagle. Orn. III. 131.

10. Gatt. Rhynchaea.

Schnabel in der Anlage wie der von Scolopax, aber die vordere Hälfte langsam herabgebogen, mit stumpf hakiger Spitze; der Tastapparat nicht so deutlich, die Firste nach hinten nicht so erhöht; das Nasenloch kleiner, kürzer, gegen die Stirn zu von einem aufgeworfenen Rande umgeben; Gefieder gleichfarbiger, am Kopf und

Hals weder gewellt noch deutlich gestreift, vorwiegend braun, Bauch weiß, Flügel und Beine ziemlich ebenso wie bei Scolopax, erstere kürzer als der Schwanz, letztere ebenfalls kurz, aber mit sehr langen dünnen Vorderzehen; die Hinterzehe dagegen sehr klein, kleiner als bei Scolopax.

Rhynchaea Hilaerea *Valenc.*

Valenc. Mus. Paris. Msc. — *Lesson*, Traité d'Orn. 557. — *Id.* Ill. zool. pl. 18. — *v. Tschudi* Fn. Peruana. Orn. 52. 14. 1. — *Darwin* Zool. of the Beagle III 131.
Rhynchaea semicollaris *Vieill.* Enc. méth. Orn. 1100.
Chorlito golas obscura y blanca, *Azara* Apunt. III. 323. no. 405.

Kopf und Hals braun, Stirn und zwei Streifen auf dem Rücken rostgelb; Achsel- und Flügelfedern quergestreift. Bauchseite weiß.

Wenig größer als eine Becassine und von deren Gestalt; der Schnabel sanft gebogen, gelbbraun, die Spitze röthlicher, die Basis grünlich. Iris schwarz. Kopf, Hals und Rücken braun; Oberkopf schwarz, Augenrand und ein Streif von der Stirn her rostgelb; Kehle weißlich getüpfelt; Seiten des Halses vor den Flügeln mit einem weißen, schwarz gesäumten Halbringe. Rücken und Flügeldeckfedern fein grau und schwarz gewellt, die langen seitlichen Rückenfedern breit rostgelb gesäumt, mit schwarzer Schaftgegend. Mitten auf dem Flügel einige größere und kleinere weiße Flecken, die hintersten Armschwingen und Achselfedern mit trübem rostgelbem Spitzenfleck; alle anderen Schwingen schwarzgraubraun, an der Außenfahne weiß gefleckt. Unterrücken und Schwanz rostgelbgrau, fein dunkler gewellt; Bauch weiß, die Seiten und der Steiß rostgelb überlaufen. Das ganze Flügelgefieder beim alten Vogel metallisch erzgrün schillernd; die Beine graugrün. —

Ganze Länge 8″, Schnabelfirste 1½″, Flügel 4″, Schwanz 1″ 10‴, Lauf 1″ 3‴, Mittelzehe 1″ 2‴. —

In Paraguay, Chili und den La Plata-Gegenden in Sümpfen, im Binnenlande, wie unsere Becassine. —

Neunundzwanzigste Familie.

Schilfhühner. Paludicolae.

Eigenthümlich gestaltete Sumpfvögel mit hohem stark seitlich zusammengedrücktem Körper, etwas längerem Halse als die meisten Schnepfen, und mäßig langem, stärkerem, kräftigem Schnabel, der gleichfalls zusammengedrückt, höher als breit und an der vorderen Partie von einer festen Hornscheide bedeckt ist. Die hintere Partie häutig, mit langer Nasengrube und schmalen spaltenförmigen, mehr oder weniger offenen durchgehenden Nasenlöchern. Die Zügel sind gleichmäßig dicht befiedert, wie bei den Schnepfen, das übrige Gefieder aber abweichend in der Zeichnung, die gewöhnlich nicht die bekannten Tüpfel der Schnepfen besitzt. Die Flügel sind ziemlich kurz, mehr abgerundet, als zugespitzt und reichen nicht über den kurzen, weichen und schwachen Schwanz hinab, ja erreichen in der Regel nicht einmal seinen Anfang; die 2—3 ersten Handschwingen stark stufig verkürzt. Der Hauptcharakter der Gruppe liegt im Fuß, dessen Zehen ungemein lang, dünn und z. Th. mit sehr langen Krallen besetzt sind; das gilt auch von der Hinterzehe, die nicht bloß viel größer ist, als bei den Schnepfen, sondern auch in ihrer ganzen Länge den Boden berührt. —

Die Vögel leben in Sümpfen zwischen Schilf und Rohr, laufen gern auf den schwimmenden Schilfmassen, nisten daselbst und nähren sich vorzüglich von Gewürm aller Art, das sie am Schilf und im Grase suchen, aber nicht aus dem Boden holen. —

1. Rallinae.

Schnabel meistens länger als der Kopf, stark, hoch, grade; die Hornscheide nicht kuppig abgesetzt, das Nasenloch eine Längsspalte in der Mitte des häutigen Ueberzuges. Keine nackten Schwielen im Gesicht. Beine hoch, aber die Zehen nicht sehr lang, die Mittelzehe kürzer als der Lauf, die Hinterzehe viel kleiner als die Vorderzehen; alle Zehen frei bis zum Grunde und ohne Hautfalten an den Seiten.

1. Gatt. Aramus *Vieill.*

Schnabel über doppelt so lang wie der Kopf, dick, stark, aber doch höher als breit, die Firste gerundet, die Spitze beider Kiefern mit einwärts gebogenem Mundrande, die hintere Hälfte des Mundrandes stumpfkantig abstehend. Nasengrube bis zur Mitte des Schnabels reichend, darin die Nasenspalte genau in der Mitte. Hals lang und dünn; Rumpf weniger zusammengedrückt als bei den meisten Familiengenossen. Flügel über die Basis des Schwanzes hinabreichend, die zwei ersten Schwingen verkürzt, die dritte, vierte und fünfte die längsten; die erste am Innenrande ausgeschweift, am Ende der Innenfahne wieder breiter. Schwanz breiter und steiffedriger als bei den übrigen Ralliden, aber doch nicht lang, etwas länger als die ruhenden Flügel. Beine hoch, aber auch stark; Unterschnabel und Lauf vorn wie hinten mit kurzen, schiefen Halbgürteln bekleidet. Zehen mäßig lang, mit scharfen, spitzen, wenig gebogenen Krallen.

Aramus scolopaceus.

Vieill. Galer. d. Ois. III. 134. pl. 252. — *Nitzsch.* Pterylogr. 180.
Ardea scolopacea *Gmel. Linn.* S. Nat. I. 2. 647. 87. — *Buff.* pl. enl. 848. — *Lath.* Ind. orn. II. 701. 89.
Rallus gigas *Licht.* Doubl. d. zool. Mus. 79. 815.
Rallus ardeoides *Spix* Av. Bras. II. 72. 1. tb. 91.
Natherodius Guarauna *Wagl.* Syst. Av. I. — *Pr. Max z. Wied* Reise IV. 777. 1.
Natherodius scolopaceus *Cab. Schomb.* Reise brit. Guy. III. 759. 401.
Coráu *Azara* Apunt. III. 202. 366.
Guarauna *Marcgr.* hist. nat. Bras. 204.
Carão in Brasilien.

Schwarzbraun, Gesicht und Kehle weißlich, Nacken und Halsrücken weiß gefleckt. —

Ein großer Vogel, beinahe so groß wie eine Rohrdommel (Ardea Nycticorax *Linn.*). Schnabel braun, die Basis des Unterkiefers blaßgelb, was allmälig durch grau, grün in braun nach vorn übergeht. Iris braun. Zügel, Stirn, Backen und Kehle weißgrau, bei jungen Vögeln matter gefärbt, bei älteren reiner weiß. Oberkopf schwarzbraun, in der Jugend mit lichteren Schaftpartien, im Alter fast schwarz. Der ganze übrige Körper einfarbig düster umbrabraun; die Halsfedern, besonders die oberen mit weißem Längsstreif; die Flügeldeckfedern trüb graulich gesäumt; Schwingen und Schwanzfedern am dunkelsten schwarzbraun. Beine grünlich grauschwarz. —

Ganze Länge 24″, Schnabelfirste 4″ 3‴, Flügel 12″, Schwanz 4″, Lauf 4″, Mittelzehe 3″ 2‴ ohne Kralle. —

An den Ufern der Seen und großen Flüsse, steht wie ein Reiher im Wasser auf Beute lauernd, schreitet am Ufer oder auf sandigen Untiefen langsam umher und hat ganz das Betragen eines großen Sumpfvogels. Scheint übrigens durch das ganze tropische und wärmere Süd-Amerika verbreitet zu sein. —

2. Gatt. Rallus *Linn.*

Schnabel fast ganz wie bei Aramus, nur etwas kürzer; übrigens mit abgerundeter Firste, eingebogenen Mundrändern, langer bis über die Mitte hinabreichender Nasengrube, deren unterer Rand leistenartig neben dem Mundrande vortritt, und ziemlich deutlich abgesetztem, aber stumpfem Kinnwinkel. Gefieder mit dunkleren Schaftstreifen am Rücken und Querwellen an den Bauchseiten; weich, weniger großfedrig als bei der nachfolgenden Gattung; die Flügel kurz, die Schwingen breit, einwärts gebogen, die dritte die längste. Der Schwanz sehr kurz und weich, die Beine ebenfalls kurz, besonders die Strecke des Unterschenkels über dem Hacken; der Lauf ziemlich stark, wenig zusammengedrückt; die Zehen lang, die mittlere dem Lauf an Länge gleich, die hintere nicht grade sehr lang. —

Anm. Die Bestimmung der Gattungen Rallus, Crex und Gallinula hat seine Schwierigkeiten, wenn man bloß nach der Form des Schnabels geht; ich ziehe hier nur die Arten zu Rallus, welche den langen Schnabel und das schaftstreifige Gefieder unseres Rallus aquaticus besitzen und beschränke die Gattung Gallinula bloß auf die Arten mit Hautfalten an den Zehen; dann bleiben die kurzschnäbligen Crex-Arten mit Schaftstreifen und die einfarbigen langschnäbligen Serracuren übrig und bilden jede für sich eine Gattung, welche letztere den Namen Aramides erhalten kann.

1. Rallus longirostris.

Gmel. Linn. S. Nat. I. 2. 718. — *Buff.* pl. enl. 849. — *Lath.* Ind. orn. 759. 17.

Rückengefieder olivenbraun mit dunkleren Schaftstreifen; Vorderhals und Brust rostgelbroth; Bauch und Steiß weiß und grau quer gebändert. —

Wohl dreimal so groß wie unsere Wasserralle (Rallus aquaticus), doch ihm in Zeichnung ähnlich. Schnabel dick, stark, etwa anderthalbmal so lang wie der Kopf; braungelb, die Firste dunkler, die Spitze weißlich horngrau. Oberkopf, Nacken, Rücken, Flügel und Schwanz olivenbraun, vom Nacken an jede Feder mit deutlichem schwarzbraunem Schaftstreif; Schwingen und

Schwanzfedern einfarbig braun. Kehle weißlich, Vorderhals und Brust rostgelbroth mit grau gemengt; Bauchseiten, Steiß, Aftergegend und Unterschenkel grau und weiß quer gebändert, an den Seiten am deutlichsten; die unteren Schwanzdecken außen ganz weiß. Beine fleischrothgelb. —

Ganze Länge 12—13″, Schnabelfirste 2″, Flügel 5½″, Schwanz 2″, Lauf 1″ 10‴, Mittelzehe 1″ 9‴ ohne die Kralle. —

Aus der Gegend von Bahia, durch einen dortigen Sammler mir direkt übersendet; außerdem über Guyana verbreitet; — lebt im dichten Schilf versteckt und entzieht sich leicht den Nachstellungen der Jäger. —

Anm. Rallus crepitans *aut. Lath.* Ind. orn. II. 756. 2. ist dieser Art ähnlich, aber etwas größer, angeblich 16″ lang und mir unbekannt. —

2. Rallus variegatus.

Gmel. Linn. S. Nat. I. 718. 26. — *Buff.* pl. enl. 775. — *Lath.* Ind. orn. II. 760. 20.
Rallus maculatus *Boddart.*
Rallus nivosus *Swains.* Anim. in Menag.
Jaspeado todo *Azara* Apunt. III. 217. 370.

Rückengefieder braun, die Federn weißlich gerandet; Unterseite grau, weiß quer gebändert. —

Etwas kleiner als die vorige Art, der Schnabel feiner, schlanker, heller grünlich gefärbt, mit dunklerer Firste. Gefieder am Rücken vorherrschend schwarzbraun; die Kopf- und Halsfedern grauer, mit weißem Spitzenfleck; die des Rückens und der Flügel am Schaft sammetschwarz, daneben braun, weißlich gesäumt. Kehle ganz weiß. Vorderhals und Brust schiefergrau, jede Feder weiß gesäumt und weiß gefleckt auf der Mitte; Brust, Bauch, Steiß und Unterschenkel regelmäßiger grau und weiß gebändert. Schwingen braun. Schwanzfedern schwärzlich. Beine fleischroth.

Ganze Länge 10—11″, Schnabelfirste 1⅔″, Flügel 5″, Schwanz 1½″, Lauf beinahe 2″, Mittelzehe 1″ 8‴. —

Im Innern Süd-Amerikas, lebt, gleich der vorigen Art, im Schilf versteckt und läßt sich selten sehen; wahrscheinlich durch das ganze tropische Gebiet von Paraguay bis nach Guyana verbreitet. —

3. Gatt. Aramides *Pucher.*

Ortygarchus *Caban.*

Schnabelbildung etwas verschieden, bald etwas länger, bald kürzer als bei der vorigen Gattung, mehr seitlich zusammengedrückt, daher der Mundrand weniger eingezogen und die Spitze niedriger, sanfter abfallend. Nasenloch eine Längsspalte mitten in der Nasengrube. Gefieder einfarbig, ohne Schaftstreifen und Querwellen; die hintere Bauch-, Steiß- und Aftergegend stets mehr oder minder rein schwarz gefärbt. Flügel etwas länger, bis auf die Mitte des Schwanzes reichend, die dritte und vierte Schwinge auch hier die längsten. Beine etwas höher, der Lauf dünner, mehr zusammengedrückt; die Zehen aber nicht länger, daher die Mittelzehe stets kürzer als der Lauf; alle Zehen ohne seitliche Hautfalten, welche überhaupt den Ralliden fehlen; die Krallen ziemlich lang, scharf, mäßig gebogen. Schnabel stets grün gefärbt, die Beine meistens fleischroth. —

Anm. Bisher stellte man diese Vögel theils zu Rallus, theils zu Gallinula; von ersteren haben sie die Körperform mit dem Fußbau, von letzteren das Gefieder. Sie nisten im Schilf und legen blaß rostgelbe, zerstreut braun gefleckte Eier. Die Brasilianer nennen diese Vögel Serracura.

1. Aramides gigas.

Gallinula Gigas *Spix* Av. Bras. II. 75. 5. tab. 99.

Rückengefieder olivengrün, Oberhals rothbraun; Oberkopf, Hals, Brust und Unterschenkel grau, Bauch rostroth, Steiß und Schwanz schieferschwarz; Schwingen rostroth. —

Größer als alle übrigen Arten, etwa so groß wie eine kleine Henne, aber Hals und Beine länger. Schnabel gelbgrün, die Hornspitze graulicher. Gefieder am Kopfe, Vorderhalse, der Brust und den Schenkeln schiefergrau, Hinterkopf und Oberhals rothbraun, allmälig in olivengrün übergehend, welche Farbe den Rücken und die Flügeldeckfedern beherrscht; Schwingen lebhaft rostroth, ebenso doch etwas trüber die Unterbrust und die Bauchseiten; Unterbauch, Steiß, Aftergegend und Schwanz schwarz. Beine fleischroth. —

Ganze Länge 18″, Schnabelfirste 2″ 9‴, Flügel 10″, Schwanz 3″, Lauf 3″. —

In den Sümpfen des Innern von Brasilien, besonders in Minas geraes, an Bächen mit viel Schilf und stehenden Gewässern im oder am Walde; läßt einen eigenthümlichen Ruf hören, wie alle Serracuren, welcher den Vogel schon von ferne verräth und den man besonders Morgens und Abends vernimmt. Uebrigens scheu, vorsichtig und schwer zu schießen. Ich sah den Vogel lebend in der Gefangenschaft in Rio de Janeiro. —

2. Aramides plumbeus.

Vieill. N. Dict. d'hist. nat. XIX. 404. — Enc. méth. Orn. I. 344. 12.
Gallinula plumbea *Pr. Wied* Beitr. IV. 795. 1. — *v. Tschudi* Fn. per. Orn. 52.
Gallinula Serracura *Spix* Av. Bras. II. 75. n. tb. 98.
Chiricote aplomado *Azara* Apunt. III. 216. no. 369.

Rücken olivengrün, Oberhals und Nacken rothbraun, Scheitel dunkelgrau, Kehle weiß, Hals und Brust bis zu den Unterschenkeln grau, Steiß und Schwanz schwarz. —

Der vorigen Art sehr ähnlich, aber kleiner. Schnabel hellgrün, die Spitze blasser. Iris blutroth. Stirn, Zügel und Oberkopf schiefergrau; Nacken und Oberhals bis zum Rücken rostroth; Rücken und äußere Flügeldeckfedern olivenbraungrau; innere Flügeldeckfedern rostroth und schieferschwarz quer gebändert. Schwingen braun, an der Innenfahne besonders nach unten rostroth. Kehle weißlich; Vorderhals, Brust, Oberbauch und Unterschnabel bleigrau; Unterbauch, After, Steiß und Schwanz schwarz. Beine fleischroth. —

Ganze Länge an 13—14″, Schnabelfirste 2″, Flügel 7″, Schwanz 2″, Lauf 3″, Mittelzehe 2″.

An ähnlichen Orten, wie die vorige Art, aber mehr im Waldgebiet der Küstenregion; hält sich im Schilf versteckt, läuft aber auch gern im Gebüsch und auf den Waldungen umher, woselbst ich den Vogel öfters bei Neu-Freiburg getroffen habe. Ich erhielt daselbst auch 2 Eier desselben, die ich in *Cab.* Journ. f. Ornith. I. S. 176. aus Versehen als die von Rallus nigricans beschrieben habe; es gehört hierher, zu Aramides plumbeus. Seine Form ist kugeliger, als die unserer Wasserhühner, doch die Farbe und Zeichnung sehr ähnlich; röthlich gelbweiß, mit rostbraunen Punkten und zerstreuten Flecken.

3. Aramides cayennensis.

Fulica cayennensis ***Gmel. Linn.*** S. Nat. I. 2. 700. 12. — ***Buff.*** pl. enl. 352.
Gallinula cayanensis ***Lath.*** Ind. orn. II. 767. 3. — ***Pr. Max*** Beitr. IV. 798. 2.
Gallinula ruficollis Var. ***Swains.*** Zool. Ill. III. pl. 173.
Gallinula ruficeps ***Spix*** Av. Bras. II. 74. 2. tb. 96.
Ortygarchus cayennensis ***Caban. Schomb.*** Reise III. 759. 402.

Hinterkopf braun, Kopf und Hals bleigrau, Rücken olivenbraun, Brust und Schwingen rostroth, Bauch, Steiß und Schwanz schwarz.

Wieder etwas kleiner als die vorige Art, aber nicht viel. — Schnabel völlig ebenso gestaltet, ziemlich hoch, gelbgrün, die Hornspitze weißlich. Iris blutroth. Stirn, Oberkopf und der Hals hell schiefergrau, bläulich bleigrauer; Kehle weiß, Hinterkopf braun. Rücken und Flügeldeckfedern bräunlich olivengrün, die inneren Flügeldeckfedern schwarz und rostroth quer gebändert, die Schwingen ganz rostroth, wie die Brust und die Bauchseiten; Bauchmitte, Aftergegend, Steiß und Schwanz schwarz; Unterschnabel aschgrau; Beine fleischroth. —

Ganze Länge 12—13″, Schnabelfirste 1″ 10‴, Flügel 7″, Schwanz 2″, Lauf 2″ 8‴, Mittelzehe 1″ 10‴ ohne Kralle. —

In den Wäldern und bewaldeten Sümpfen des mittleren Brasiliens, wie es scheint, besonders durch die inneren Gegenden verbreitet; ich erhielt den Vogel zweimal lebend in Lagoa santa, aber weder bei Neu-Freiburg, noch bei Rio de Janeiro, wo Spix ihn gefunden haben will. Der Prinz zu Wied erlegte seine Exemplare am Rio Espirito Santo. —

Anm. Sehr ähnlich ist der eben beschriebenen Art die weiter nordwärts bis nach Guyana, besonders am Meeresgestade in den Manglegebüschen einheimische Art:

4. Aramides Mangle, Gallinula Mangle *Spix* Av. Bras. II. 74. 3. tb. 97. — Ortygarchus Mangle *Caban. Schomb.* Reise III. 760. 403. — Aramides Chiricote *Vieill.* Enc. méth. orn. 1061. — Chiricote *Azara* Apunt. III. 214. n. 368. — Kopf, Hals, Brust, Bauch und Handschwingen lebhaft rostroth; Kinn und Kehle weiß; Nacken bis zum Oberrücken blaugrau; Rücken, Flügeldeckfedern und Armschwingen grünlich olivenbraun; untere Flügeldeckfedern schwarz und weiß quer gebändert; Bauch, Steiß und Schwanz schwarz, Unterschenkel aschgrau. Ganze Länge 13". —

5. Aramides nigricans.

Vieillot, Encycl. méth. Orn. 1067. — N. Dict. d'hist. nat. Tm. 28. 560.
Rallus immaculatus *Licht.* Doubl. etc. 79. 816.
Rallus nigricans *Pr. Wied* Beitr. IV. 782. 1. — *v. Tschudi* Fn. per. Orn. 52. 15. 1.
Gallinula caesia *Spix* Av. Bras. II. 73. 1. tb. 95.
Ipecaha obscuro, *Azara* Apunt. III. 219. 371.

Schiefergrau, Kehle weißlich, Rücken und Flügel olivenbraun, Schwanz und Steiß schwarz.

Durch den längeren, schlankeren Schnabel weicht diese Art von der vorigen etwas mehr ab, aber der Bau des Schnabels ist ganz derselbe und keinesweges der von Rallus crex; seine Farbe ebenfalls gelblichgrün mit blasserer Spitze; die Iris blutroth. Gefieder weich, voll; nur die Federn vorn auf der Stirn, besonders die seitlichen, vom Schnabel bis zur oberen Augendecke, haben steife, stehende aber angelegte Schäfte. Farbe schiefergrau; Kehle, Kinn und untere Backen heller weißlicher; die Mitte des Oberhalses, der Rücken und die Flügeldeckfedern außen bräunlich olivengrün; die Schwingen braun, die unteren Flügeldeckfedern schwärzlich. Vom Bauch an wird der graue Ton schwärzlicher und geht am Steiß in schwarz über; Schwanz ganz schwarz; Beine fleischroth.

Ganze Länge 11—12", Schnabelfirste 2", Flügel 5" 6‴, Schwanz 1" 8‴, Lauf 2", Mittelzehe 1" 9‴. —

Die gemeinste Art der Serracuren, überall in den Wäldern an Bächen und im Schilf häufig; läuft viel auf offenen Waldpfaden und kam mir im Urwalde fast täglich zu Gesicht. —

Anm. Mit Unrecht wird diese Art von den meisten Ornithologen zu Rallus gestellt, während man die 3 vorigen Arten zu Gallinula rechnet; die Vögel können nicht getrennt werden.

4. Gatt. Ortygometra *Leach.*

Rallus *aut.*

Schnabel kürzer als der Kopf, nach Verhältniß hoch, stark seitlich zusammengedrückt, grade, mit sanft abwärts gebogener Firste, grader Spitze, etwas vorspringendem Kinn und kürzerem mehr nach hinten gerücktem Nasenloch; übrigens in der Anlage ganz wie bei der vorigen Gattung. Zügelgefieder z. Th. etwas kleiner, pinselförmig, daher die nackte Haut durchscheint. Körpergefieder weich, ziemlich großfedrig, nicht weichlich, einfarbig, oder mit dunkleren Schaftstreifen; Flügel kurz abgerundet, die dritte Schwinge die längste. Schwanz sehr kurz, weich und fast ganz unter den ruhenden Flügeln versteckt. Beine ziemlich hoch, die nackte Strecke des Unterschenkels kurz, der Lauf etwas länger als die Mittelzehe; die Zehen fein, dünn, bis zum Grunde getrennt, mit sehr kleinen, kurzen, schwachen Nägeln.

a. Gefieder einfarbig, ohne Schaftstreifen; Zügel sperrig befiedert.

1. Ortygometra cayennensis.

Rallus cayennensis *Gmel. Linn.* S. Nat. I. 2. 718. — *Buff.* pl. enl. 368. et 753. — *Lath.* Ind. orn. II. 760. 21.
Gallinula pileata *Pr. Wied* Beitr. IV. 802. 3.

Scheitel und Unterseite rostroth, Rückengefieder olivenbraun; Unterschenkel grau. —

Noch etwas kleiner als Ortygometra porzana, besonders die Füße zierlicher. Schnabel horngrau, die Basis des Unterkiefers heller blaugrau. Iris roth. Augengegend und Zügel röthlichgrau, sparsam mit rostrothen Federn bedeckt. Oberkopf, Kinn, Kehle und die ganze Unterseite bis zum Schwanz rostroth; Hinterkopf, Oberhals, Rücken, Flügel und Schwanz olivenbraun, mehr oder weniger grünlich angeflogen; Flügel und Schwanzfedern reiner braun, außen röthlich, innen graulich überlaufen. Beine hell fleischroth. —

Ganze Länge 6″, Schnabelfirste 7‴, Flügel 3″ 4‴, Schwanz 1″, Lauf 16‴, Mittelzehe 13‴ ohne Kralle. —

Im mittleren Brasilien und über Guyana verbreitet, lebt im Walde an Bächen im Schilf und entzieht sich schon wegen seiner Kleinheit leicht den Nachstellungen.

b. Gefieder bunt, mit Schaftstreifen und Querwellen. Crex *aut.*

2. Ortygometra albicollis.

Vieill. Enc. méth. Orn. 1069.
Crex mustelina *Licht.* Doubl. d. zool. Mus. 79. 821. — *Schomb.* Reise III. 760. 405.
Ipecaha aplomado y pardo *Azara* Apunt. III. 226. 374.

Rückengefieder braun, die Schaftgegend schwärzlich, die Ränder der Federn rostgelb; Unterseite bleigrau, Steiß braun und weiß gebändert. —

Schnabel grünlich, Iris karminroth. Rückengefieder, Flügel und Schwanz schwarzbraun, alle Federn bloß röthlich olivenfarben gerandet; der Flügelrand beinahe weiß, die Schwingen schwarzbraun, Kehle weiß; Vorderhals, Brust, Bauch bleigrau; Steiß und untere Schwanzdecken braun und weiß quer gebändert; die unteren Flügeldecken schieferschwarz, weiß gerandet. Beine dunkel fleischroth. —

Ganze Länge 8″, Schnabelfirste 10‴, Flügel 4 $^{1}/_{2}$″, Schwanz 1 $^{1}/_{2}$″, Lauf 1″ 7‴. —

Im südlichen Brasilien, von St. Paulo bis Montevideo. —

3. Ortygometra lateralis.

Crex lateralis *Lichtenst.* Doubl. d. zool. Mus. 79. 822.
Gallinula lateralis *Pr. Max z. Wied* Beitr. IV. 805. 4.
Corethura melanophaea *Gray. Hartl.* syst. Ind. z. Azara S. 24.
Ipecaha pardo obscuro *Azara* Apunt. III. 230. 376.

Rückengefieder olivenbraun; Halsseiten bis zu Brust und Steiß rostroth; Kehle und Bauchmitte weiß. Unterbauch schwarz und weiß gebändert.

Kleiner als die vorige Art. Schnabel grün, die Rückenfirste schwärzlich; Iris zimmtroth. Oberkopf, Nacken, Rücken, Flügel olivenbraun; Unterrücken, Schwanz und Schwingen schwarzbraun; Zügelstreif bis zum Auge, Kinn, Kehle, Brust und Bauchmitte weiß; Halsseiten bis zur Brust hinab und der Bürzel rostroth; Aftergegend und Bauchseiten schwarz und weiß quer gestreift; Steiß und untere Schwanzdecken rostroth. Beine olivenfarben. —

Ganze Länge 6″, Schnabelfirste 8‴, Flügel 3″, Schwanz 1 $^{1}/_{2}$″, Lauf 1 $^{1}/_{3}$″. —

Im mittleren Brasilien, bis nach Paraguay verbreitet.

4. Ortygometra minuta.

Rallus minutus *Gmel. Linn.* S. Nat. I. 2. 719. — *Buff.* pl. enl. 847. — *Lath.* Ind. orn. II. 761. 23.
Rallus superciliaris *Vieill.* Enc. méth. Orn. 1070.
Ortygometra flaviventris *Bodd. Hartl.* syst. Ind. z. Azara 24.
Ipecaha ceja blanca *Azara* Apunt. III. 231. 377.

Rücken braun, die Federn blaßgelb gestreift; Bauchseite weißgelb; Oberkopf und Hals grau, Zügelstreif weiß. —

Schnabel hornbraun, Iris braun. Oberkopf, Nacken und Hals graubraun, vor dem Auge ein weißer Streif; Zügel schwärzlich bis unter das Auge. Rücken braun, jede Feder mit weißem Streif, der an der Spitze sich ausbreitet und rostgelbroth färbt. Schwingen braun, die vordere Fahne weiß gefleckt; die Deckfedern mit rostgelben Säumen, die obersten fast ganz rostroth. Kehle und Vorderhals weißlich, die Seiten besonders die unteren und der Brust am Flügelbug rothgelb; Brust und Bauch isabellgelb, Steiß weiß, untere Schwanzdecken weiß und schwarz gebändert bis hinauf zum Bauchrande. Beine gelblich. —

Ganze Länge 6″, Schnabelfirste 6‴, Flügel 3″, Schwanz 1¼″, der Lauf 1½″.

Im Innern Süd-Amerikas, von Guyana bis Paraguay verbreitet; lebt gleich den vorigen beiden Arten tief im Schilf der feuchten Niederungen und ist schwer zu bekommen. —

2. Fulicariae.

Schnabel theils wie bei Ortygometra, theils höher, dicker und stärker, aber nicht länger als der Kopf, mit abgesetzter, nackter Stirnschwiele, welche sich in die Befiederung mehr oder weniger tief versteckt; Nasengrube kurz, das Nasenloch im vordersten Winkel derselben angebracht. Gefieder größtentheils ganz einfarbig; die Flügel sehr kurz, der Schwanz beinahe verkümmert. Beine etwas kräftiger gebaut, der Lauf nach Verhältniß kürzer, stärker; die Zehen relativ länger, gewöhnlich mit seitlicher, lappig ausgebuchteter Hautfalte versehen. —

5. Gatt. Gallinula *aut.*

Schnabel zierlich und fein gebaut, die Firste gerundet, nach hinten abgeplattet, mit kurzer, schmaler Stirnschwiele; Nasenloch eine schiefe, offene, durchgehende Spalte dicht hinter der Hornscheide des

Schnabels. Gefieder sehr voll und weich; die Flügel kurz, die zweite oder dritte Schwinge die längsten. Beine mit langen, dünnen Zehen und schlanken, spitzen Krallen; die Hautfalte am Rande der Zehen sehr schmal oder überhaupt gar nicht deutlich entwickelt.

Gallinula galeata.

Pr. Max z. Wied Beitr. IV. 807. 1. — *Hartl.* syst. Ind. z. Azara S. 24. — *v. Tschudi* Fn. per. Orn. 52. — *Schomb.* Reise III. 760. 407.
Crex galeata *Licht.* Doubl. d. zool. Mus. 80. 826.
Jahanú, *Azara* Apunt. III. 238. 379.

Dunkelaschgrau, Seitenfedern des Unterbauches weiß gestreift; Rücken olivenbräunlich. —

Gleicht völlig unserer Gallinula chloropus, ist aber beträchtlich größer. Schnabel größtentheils roth, die Hornschwiele gelbgrün; Iris braun, innen heller gesäumt. Gefieder dunkel schiefergrau; Kopf, Hals und Brust ziemlich ins Schwarze fallend; Oberrücken mehr bleifarben, Unterrücken und Flügel olivenbräunlich. Schwingen braun, die vorderste weißlich gerandet, Schwanzfedern schwarzbraun. Mitte des Bauches weißlich, weil die Federn hier breit weiß gesäumt sind; die Seitenfedern des Bauches mit weißer Außenfahne; untere Schwanzdecken ganz weiß. Beine blaß grünlich, über dem Hackengelenk eine rothe Binde am Unterschenkel. —

Ganze Länge 13—14″, Schnabelfirste mit Einschluß der Stirnschwiele 1½″, Flügel 7″, Schwanz 2″, Lauf 2″, Mittelzehe 2″ 8‴ ohne Kralle. —

Ueberall gemein in ganz Süd-Amerika an stehenden Gewässern im Schilf; schwimmt auf dem Wasser oder rudert im Schilf, wobei ihm seine langen Zehen sehr zu Statten kommen. Seine Nahrung besteht in Gewürm aller Art, das er im Schilf oder Wasser aufsucht; sein Nest ist wie das unseres Vogels, meist auf dem Wasser schwimmend im Schilf angelegt. Die Brasilianer nennen den Vogel Frango d'agoa, d. h. Wasserhühnchen.

6. Gatt. Fulica *aut.*

Schnabel wie bei Gallinula, nur höher, stärker, die Stirnschwiele dicker und mehr aufgeschwollen; das Nasenloch weiter vorgerückt, durchgehend und etwas weiter als bei Gallinula. Gefieder dichter und voller; Flügel kürzer, die Schwingen schmäler, die zweite und dritte die längsten; Schwanzfedern sehr weich und fast verkümmert. Beine kurz, der Unterschenkel beinahe bis zum Hacken befiedert, der Lauf bedeutend kürzer als die Mittelzehe, vorn mit kurzen, dünnen

Gürtelschildern bekleidet; die Zehen mit breiten, bogig abgerundeten, seitlichen Hautlappen, deren Zahl der Gliedzahl ohne das Krallenglied entspricht; die Krallen lang, scharf, fast grade und sehr spitz.

Fulica armillata *Vieill.*

Vieill. Encycl. méth. Orn. 343. — *Lesson* Revue zool. etc. 1842. 209. — *Hartl.* syst. Ind. z. Azara S. 28. — Ders. in *Cabanis* Journ. d. Ornith. I. 1853. Extrah. S. 82. no. 8.
Focha de lignas roxas *Azara* Apunt. III. 474. 448.

Schnabel gelb, Mitte des Oberkiefers blutroth; Gefieder schiefergrau, Kopf und Hals schwärzer. —

Etwas größer als unser Wasserhuhn (Fulica atra), aber ähnlich gestaltet. Schnabel hell gelbgrün, die Mitte des Oberkiefers über der Nasengrube blutroth; die Stirnschwiele klein, erreicht nicht die Höhe der Augen. Iris roth. Gefieder schiefergrau, etwas matt; Kopf und Hals sammetschwarz; Schwingen braungrau, die erste Handschwinge mit feinem aber scharfem weißen Rande. Untere Schwanzdecken weiß. Beine dunkel schwarzgrau, die Spitze des Unterschenkels über dem Hacken gelb. —

Ganze Länge 16″, Schnabelfirste mit der Stirnschwiele 1″ 9‴, Flügel 7″, Schwanz 2″, Lauf 2″ 4‴, Mittelzehe 3″ ohne Kralle. —

In Süd-Brasilien, außerhalb der Tropenzone; hier nach einem Exemplar von Sta Catharina beschrieben, das ich von dort direkt bezog. Lebensart völlig wie bei unserm Wasserhuhn. —

Anm. 1. Azara beschreibt eine zweite kleinere Art mit an der Spitze weißen Armschwingen, worauf Vieillot die Fulica leucoptera gründet (Enc. meth. Orn. 343.); sie kommt in Brasilien nicht mehr vor, scheint aber westwärts bis zum Fuß der Cordilleren verbreitet zu sein. Vgl. Dr. Hartlaub in *Cabanis* Journ. a. a. O. S. 87. unter: F. Stricklandi.

2. Eine dritte Art: Fulica leucopyga *Licht. Hartl.* l. l. 84. 9. hat keinen weißen Rand an der ersten Handschwinge, ist ebenfalls kleiner (12—13″ lang) und kommt von Montevideo.

7. Gatt. Podoa *Illig.*

Schnabel dünner, niedriger, aber nicht kürzer, vollständig so lang wie der Kopf; die hintere Partie der Firste abgerundet, aber nicht in das Stirngefieder hinein ausgedehnt; das Nasenloch schmäler und mehr wagrecht am unteren Rande der Nasengrube angebracht, Kopf klein, Hals dünn, der Rumpf aber breiter und flacher gebaut als bei den meisten Fulicarien. Die Flügel nach Verhältniß lang, über die Basis des Schwanzes hinabreichend, zugespitzt, die zweite

Schwinge die längste. — Der Schwanz breit, abgerundet und beträchtlich länger als die ruhenden Flügel. Die Beine sehr kurz; der Unterschenkel bis zum Hacken befiedert, der Lauf sehr kurz, viel kürzer als die Mittelzehe; alle Zehen mit breiten gelappten Hautfalten an den Seiten, welche zwischen den Grundgliedern der Vorderzehen zu einer ganzen Schwimmhaut sich verbinden. —

Anm. Die Gattung wird gemeiniglich zu den Schwimmvögeln gerechnet, bald unter die Colymbiden, bald zu den Steganopoden; ihre Anatomie aber, und namentlich die Anlage des Knochengerüstes, das ich vergleichen kann, beweist die innigste Verwandtschaft mit Fulica, wohin sie auch Nitzsch in seiner Pterylographie (S. 183.) gestellt hat.

Podoa surinamensis *Illig.*

Pr. Max z. Wied Beitr. IV. 823. 1. — *Schomb.* Reise III. 765. 423.
Plotus surinamensis *Gmel. Linn.* S. Nat. I. 2. 581. — *Buff.* pl. enl. 893. — *Lath.* Ind. orn. II. 896. 3.
Heliornis fulicarius *Vieill.* Tabl. encycl. et. méth. 65.
Dedales, *Azara* Apunt. III. 468. 446.
Picapara oder Patiahu d'agoa der Brasilianer.

Oberkopf und Oberhals schwarz; Kehle, Vorderhals und Augenstreif weiß; Rücken, Steiß und Schwanz braun; Brust und Bauch gelblichweiß. —

Schnabel blaß horngelb, im Alter roth, die Firste am Grunde bis zum Nasenloch gebräunt, später schwarz gefleckt. Iris braun. Stirn, Oberkopf und Hals schwarz; Kinn, Kehle, Vorderhals und ein Streif an den Halsseiten weiß; ein anderer am oberen Augenrande bis zum Nacken hin ebenfalls; die Backen unter dem Auge und die obere Halsseite voll isabellgelb. Rücken, Flügel, Bürzel und Steiß olivenbraun; Schwingen und Schwanzfedern dunkler braun, die letzteren mit weißem Endrande. Oberbrust und Seiten bis zum Bauch gelblichbraun, Brustmitte und Bauch weiß, Unterschenkel braun. Beine gelbröthlich, der Lauf innen und hinten schwarz, die Zehen mit einer schwarzen Binde mitten auf jedem Gelenk. —

Ganze Länge 11—12″, Schnabelfirste 13—14‴, Flügel 5″, Schwanz 3″, Lauf 8‴, Mittelzehe 13‴ ohne die Kralle. —

Durch das Waldgebiet vom ganzen wärmeren Süd-Amerika verbreitet; lebt auf den kleinen Waldflüssen im Schatten überhängender Bäume oder Büsche, an einsamen ungestörten Stellen und ist ein stiller vorsichtiger Vogel, ganz wie ein Wasserhuhn geschickt tauchend und schwimmend. Die jungen Vögel sind anfangs nackt und werden von den Aeltern unterm Flügel getragen, bis sie befiedert geworden und selbst schwimmen gelernt haben; alsdann begleiten sie einzeln oder paarig ihre Aeltern. Der alte Vogel fliegt, so lange er die Jungen führt, nicht auf, sondern taucht oder versteckt sich im Schilf; außerhalb der Brütperiode fliegt dagegen der Vogel sehr gewandt und rastet selbst auf freien Zweigen über dem Wasser. Zur Brützeit sieht man sie viel paarig, sonst nur einzeln. Vgl. *Schomb.* Reise II. S. 505. —

3. Parridae.

Schnabel etwas verschieden gestaltet, bald dünner bald dicker, häufig oder gewöhnlich mit nackter Stirnschwiele; das Nasenloch kleiner, namentlich kürzer als bei den Fulicarien und Rallinen; Gefieder spärlicher und etwas derber als bei den Fulicarien, die Flügel ziemlich lang, schmal und spitz; der Schwanz kurz, schmalfedrig klein, meist unter den Flügeln versteckt. Beine zwar nicht länger, als bei den Rallinen, aber die Zehen sehr viel länger, besonders die hintere, welche sich durch ihre ganz auffallende Größe grade in dieser Gruppe am meisten auszeichnet; der Lauf etwa so lang wie die Mittelzehe ohne die Kralle. —

8. Gatt. Porphyrio *Briss.*

Schnabel dick, am Grunde hoch, mit breiter, abgerundeter, anliegender Stirnschwiele und kleinem, kreisrundem Nasenloch in der Spitze der wenig vertieften Nasengrube. Gefieder bläulichgrün; die Flügel recht lang, aber die Achsel- und Armfedern kurz, die Handschwingen nicht verdeckend; erste Schwinge wie gewöhnlich stark verkürzt, die zweite die längste, alle noch ziemlich breit, stumpf zugespitzt. Schwanz zwar klein, aber doch viel länger als die oberen Deckfedern, die einzelnen Steuerfedern schmal und scharf zugespitzt. Beine stark und kräftig gebaut, die Zehen ganz frei, mit großen, aber gekrümmten Nägeln, die nicht völlig so lang sind, wie das Zehenglied vor dem Nagelgliede. —

Porphyrio martinica.

Fulica martinica *Linn.* S. Nat. I. 259. 7. — *Buff.* pl. enl. 897. (jung, aber fehlerhaft mit weißer Bauchseite vorgestellt).
Gallinula martinica *Lath.* Ind. orn. II. 812. 6. — *Wilson* Am. Orn. III. 188. pl. 73. fig. 2.
Gallinula martinicensis *Pr. Wied* Beitr. IV. 812. 6.
Crex martinica *Licht.* Doubl. d. zool. Mus. 79. 820.
Parra viridis *Gmel. Linn.* S. Nat. I. 2. 708. — *Lath.* Ind. orn. II. 763. 4.

Porphyrio martinica *Temm.* pl. col. 405. texte. — *Hartl.* syst. Ind. z. Azara S. 24. — *Schomb.* Reise III. 761. 408.
Porphyrio tavona *Vieill.* Gal. d. Ois. III. 170. pl. 267. et 268. (jung; Gallinula ardesiaca S. 173.).
Porphyrio cyanicollis *Vieill.* Enc. méth. Orn. 1051.
Jahana celeste y verde *Azara* Apunt. III. 243. 380. (alt) und Jahana garganta celeste ibid. 253. 383. (jung).

Kopf, Hals und Brust cyanblau, Rücken grün, Bauch und Steiß schwärzlich, untere Schwanzdecken weiß.

So groß wie Gallinula chloropus, aber kräftiger gebaut. Schnabel an der Spitze grünlichgelb, dann roth bis zur Stirn, die Stirnschwiele blauviolett. Iris roth. Gefieder des Kopfes, Halses, der Brust und des Oberbauches cyanblau; Unterbauch und Steiß dunkler, schwärzlich indigoblau. Rücken und Flügeldeckfedern grün, der Rücken mehr ins Olivengrüne, die Flügeldeckfedern ins Smaragdgrüne fallend. Schwingen außen grün, innen graubraun; Schwanzfedern obenauf olivengrün, unten grau, die unteren Deckfedern weiß. Die Beine gelb.

Der junge Vogel hat einen bräunlichen Schnabel mit gelber Spitze, einen braunen Kopf und Hals mit bläulichem Anflug, eine matter graublaue Unterseite und einen mehr olivenbraunen Rücken, nebst braunen Schwingen. —

Ganze Länge 11 — 12″, Schnabelfirste mit der Stirnschwiele 1″ 8—10‴, Flügel 6″ 6—8‴, Schwanz 2—2″ 3‴, Lauf 2″ 2‴, Mittelzehe 2″ 4‴ ohne die Kralle. —

Lebt im Walde an offenen Stellen, wo Flüsse und Bäche stehende Wasseransammlungen bilden, oder wo Teiche sich finden, im Rohr und Schilf, ganz wie die Parren, welche aber offene Gegenden vorziehen; fliegt übrigens sehr geschickt und ruht gern über dem Wasser auf offenen Zweigen, wie Gallinula, was Parra nicht vermag. Die Art ist durch das ganze wärmere Amerika bis nach Carolina verbreitet und in Paraguay ebenso bekannt, wie in Brasilien. —

9. Gatt. Parra *Linn.*

Schnabel feiner, zierlicher und nach Verhältniß länger, ziemlich gleich stark in der ganzen Strecke, nach hinten also nicht erhöht, mit etwas abgesetzter Hornscheide und ovalem Nasenloch vor der Mitte; gewöhnlich eine nackte, abstehende Stirnschwiele und nackte Mundwinkellappen. Gefieder weniger voll als bei den meisten Sumpfhühnern; die Flügel schmal, spitzfedrig, mit unverkürzter erster Schwinge; der Schwanz sehr klein (wenigstens bei den Amerikanern), und unter den Deckfedern versteckt. Beine höher und dünner gebaut, als bei Porphyrio, aber mit ähnlichen Verhältnissen; die Zehen auch nicht länger, aber die Krallen viel länger, grade, fein zugespitzt und länger als das Zehenglied vor der Kralle. —

Parra Jacana *aut.*

Linn. S. Nat. I. 259. 3. — *Buff.* pl. enl. 322. — *Lath.* Ind. orn. II. 762. 1. — *Pr. Max z. Wied* Beitr. IV. — *Schomb.* Reise III. 759. 400.
Parra viridis *Gmel. Linn.* S. Nat. I. 2. 708. — *Buff.* pl. enl. 846. — *Lath.* Ind. orn. II. 763. 4. (junger Vogel).
Aguapeazó, *Azara* Apunt. III. 257. 384. und Ag. blanco debaxo ibid. 262. 385. (jung).
Jaçana, *Marcgr.* hist. nat. Bras. 190.
Jassuna der Brasilianer.

Alter Vogel an Kopf, Hals, Brust und Bauch schwarz, dem Rücken, den Flügeln und Bauchseiten rothbraun, die Schwingen gelbgrün mit schwarzer Spitze. —

Junger Vogel vom Kinn bis zum Steiß gelbweiß, Oberkopf und Nacken schwarz, Rücken olivenbraun. —

Schnabel roth, die Spitze ins Gelbe fallend, die nackte Stirnschwiele und der Mundwinkellappen blutroth; Iris weißgelb. Gefieder des Kopfes, Halses, des Oberrückens, der Brust und der Bauchmitte schwarz, gegen den Steiß hin allmälig brauner werdend. Rücken und Flügeldeckfedern hell rostrothbraun, die Schwingen gelblichgrün, die erste Handschwinge mit schwarzem Rande und gleich den folgenden mit schwarzer Spitze; innere Flügeldeckfedern rothbraun; Bauchseiten und Unterschenkel dunkel rothbraun, die Beine bleigrau, nach oben grünlicher. Am Handgelenk des Flügels ein vorstehender, aufgebogener, gelber Dorn.

Der junge Vogel ist ganz anders gefärbt; der Schnabel braun; der Oberkopf, Nacken und Oberhals bis zum Rücken schwarz; das Kinn, die Kehle, der Vorderhals, die Brust und der ganze Bauch bis zum Steiß rostgelblichweiß; hinter dem Auge zieht sich am schwarzen Kopfgefieder ein weißlicher Streif zum Nacken hinab, der beim Weibchen rostroth gefärbt und bis zur Stirn verlängert ist; Rückengefieder bräunlich olivenfarben, bald mehr ins Graue, bald mehr ins Braune fallend, mit rostrothen Rändern an allen Federn; Schwingen wie beim alten Vogel, nur matter gefärbt; Beine braungrau.

Ganze Länge 9—10″, Schnabelfirste 1″ ohne den Stirnlappen, Flügel 4″ 9‴, Schwanz 1″, Lauf 2″ 2‴, Mittelzehe 2″ ohne die Kralle, Hinterzehe 2″ mit der Kralle.

An stehenden Gewässern auf offenen Stellen, steht gern mitten im Wasser auf den schwimmenden Wasserpflanzen oder im niedrigen Schilf und ist ein überall bekannter, häufiger Vogel, der wegen seines schönen Farbenschmucks geliebt und ungestört in der Nähe der Ansiedelungen geduldet wird. Er nistet auf dem Boden, ohne Unterlage, wie ein Kiebitz, und legt 4—5 graulichgrüne oder bläuliche, leberbraun punktirte Eier. —

4. Palamedeidae.

Große Sumpfvögel, wie Parra gestaltet, aber mit viel kürzerem, dickerem Schnabel, dessen Hornscheide kuppig gewölbt und fast wie bei den Hühnern gebaut ist. Das Gefieder sehr stark, voll, am Halse kleinfedrig; der Flügel am Handgelenk mit 1—2 Sporen; der Schwanz ziemlich lang, großfedrig. Die Beine kürzer, stärker, kräftiger als bisher, mit langen, fleischigen Zehen, unter denen besonders die hintere nach Verhältniß noch sehr lang ist, die Oberfläche klein warzig chagrinirt, die beiden äußeren Vorderzehen am Grunde durch eine kurze Spannhaut an einander geheftet; die Krallen kürzer, dicker, sanft gewölbt, scharf zugespitzt. —

10. Gatt. Palamedea *Linn.*

Schnabel ziemlich so lang wie der Kopf, der von der Wachshaut bekleidete Theil länger als die Hornscheide, nach hinten höher aufsteigend mit langem, weitem, ovalem Nasenloch in schiefer Stellung, ganz ähnlich wie bei Fulica. Augenring und z. Th. auch die Zügel nackt, der übrige Kopf dicht befiedert, aber die Federn eigenthümlich pinselartig gestaltet, weich anzufühlen, wie die des Halses. Gefieder des Rumpfes derber gebaut, großfedriger, die Flügelfedern sehr groß, die hinteren Arm- und Achselfedern sehr lang, den Handflügel in der Ruhe völlig bedeckend; die drei ersten Handschwingen etwas stufig abgekürzt, gleich den folgenden schmal und spitzig gestaltet, dem Typus von Parra verwandt; am Handgelenk ein großer Sporn, und ein kleinerer darunter, beide auf den Anfang und das Ende des ersten großen Fingerknochens sich stützend. Schwanz viel länger als die ruhenden Flügel. Beine stark, fleischig, kleintäfelig chagrinirt, übrigens eigenthümlicher gebaut, wie bereits angegeben.

A. Palamedea. Zügel dicht befiedert, auf dem Scheitel ein Horn. Kopf- und Halsgefieder kurz, die Federn sehr klein, sammetartig weich.

1. Palamedea cornuta *Linn.*

Linn. S. Nat. I. 232. 1. — *Buff.* pl. enl. 451. — *Lath.* Ind. orn. II. 669. 1. — *Vieill.* Galer. III. 154. pl. 261. — *Pr. Max z. Wied* Beitr. IV. 585. 1. — *Wagl.* Syst. Av. I. sp. 1. — *Schomb.* Reise III. 751. 363.
Anhima *Marcgr.* hist. nat. Bras. 215.
Anhuma (gesprochen A-ni-u-ma) der Brasilianer.

Hals, Brust und Rücken schwarzbraun, Oberkopf und Mittelbrust grau, Bauch und Steiß weiß; mitten auf dem Kopf ein Horngriffel.

So groß wie ein Truthahn, und fast auch so gestaltet, aber der Kopf nicht nackt, sondern mit dem Halse von einem dichten, weichen, sammetartigen Federnkleide, wie bei Psophia, bedeckt. Schnabel schwarzbraun, die Spitze zumal des Unterkiefers weißlich; das Horn auf dem Oberkopf weißlichgrau, die Iris orange. Oberkopf weißgrau, die Federn mit schwärzlicher Spitze; Backen, Kehle, Hals, Rücken, Brust, Flügel und Schwanz schwarzbraun; die Achsel- und großen Flügeldeckfedern grünlich metallisch schillernd; die kleinen Deckfedern an der Basis lehmgelb, die unteren nur gelb gesäumt, besonders am Außenrande. Unterhals und Oberbrust bis zum Nacken hinauf hell silbergrau, jede Feder mit breitem schwarzem Endrande. Bauch und Steiß rein weiß; untere Flügeldeckfedern weiß, schwarz gefleckt. Beine schiefergrau, die beiden Sporen am Flügelrande weißlich.

Ganze Länge 30″, Schnabelfirste 1″ 10‴, Stirnhorn 3″, Flügel 20″, Schwanz 8″, Lauf 5″, Mittelzehe $4^2/_3$″ ohne Kralle.

Lebt im Waldgebiet des mittleren Brasiliens und verbreitet sich von da nordwärts über Guyana und Columbien; hält sich stets nahe den Flußufern auf, watet im Schilf oder geht noch lieber an offenen Stellen des Ufers auf dem Kies einher und nährt sich vorzüglich von den Blättern und Früchten verschiedener saftreicher Sumpfgewächse, welche der Vogel an den bezeichneten Stellen auflieſt. Er ist scheu, vorsichtig, verräth sich von Zeit zu Zeit durch seinen eigenthümlichen Ruf, der wie víhu, víhu klingt, fliegt erschreckt auf wie ein Storch, ruht dann auf einzelnen hohen Bäumen, nistet aber auf dem Boden im Schilf, wie ein Wasserhuhn. Seine Eier sollen weiß sein. —

Anm. Obgleich der Vogel in der Bildung des Kopfes und der Befiederung des Halses an Psophia erinnert, so zeigt doch die Schnabel- und Fußbildung deutlich genug, daß er den Fulicarien zunächst steht, wie das bereits Nitzsch vermuthete (Pterylogr. S. 175.). Die lange Hinterzehe entfernt den Vogel sogleich von den Kranichen und von Psophia; sie beweist bestimmt, daß er zu den Paludicolis gehört, wie auch seine Lebensweise es wahrscheinlich macht. —

B. **Chauna** *Illig.* Opistolophus *Vieill.* **Zügel nackt, mit dem nackten Augenringe verbunden; Schnabel etwas kürzer. Gefieder des Kopfes und Halses sehr weich, mit fadenförmigen Astspitzen; im Nacken ein Schopf verlängerter Federn.**

2. Palamedea Chavaria.

Parra Chavaria *Linn.* S. Nat. I. 260. 9. — *Lath.* Ind. orn. II. 764. 9.
Palamedea Chavaria *Temm.* pl. col. 219. — *Wagl.* Syst. Av. I. sp. 2.
Opistolophus fidelis *Vieill.* Gal. III. 156. pl. 262.
Chajá, *Azara* Apunt. III. 106. 341.

Schiefergrau, der Rücken schwärzlich; Kehle, Hals und Backen weißlich; mitten am Halse ein nackter Ring. —

So groß wie die vorige Art; der Schnabel etwas kürzer, daher nach hinten breiter, die Hornscheide mehr kuppig hakig, das Nasenloch kleiner, schwarz gefärbt, Zügel und nackter Augenring fleischroth. Gefieder in der Jugend ganz grau, mit dunklerem Rücken und schwarzbraunen Schwingen wie Schwanzfedern; — im Alter nur der Oberkopf und die langen Nackenfedern nebst dem Rumpfe unterhalb des nackten Halsringes bleigrau; die Backen, Kehle und der Hals bis zum nackten Ringe weiß, dieser fleischfarben; die Befiederung zunächst unter dem Ringe noch ebenso weich, wie die darüber, aber dunkler und mehr braun gefärbt, wie der Rücken, die Flügel und der Schwanz. Flügelrand und innere Deckfedern weißlich; die beiden Sporen scharfkantiger und etwas aufwärts gebogen. Bauch und Steißgegend weißlich, Beine fleischroth. —

Ganze Länge 32″, Schnabelfirste 1″ 7‴, Flügel 19″, Schwanz 8″, Lauf 5″, Mittelzehe $4\frac{1}{2}$″ ohne Kralle.

Im Süden Brasiliens, besonders an den großen Nebenflüssen des Rio de la Plata; lebt wie die vorige Art am Ufer und watet ins Wasser, wie ein Reiher, frißt aber ebenfalls nur Wassergewächse und deren Früchte; nistet am Ufer im Schilf und legt 2 Eier. Die Jungen, wie bei Fulica, mit einem borstigen Nestdunenkleide, begleiten die Mutter gleich nach dem Auskriechen. —

Anm. Die Art verhält sich zur vorigen fast wie Dicholophus zu Psophia; eine Trennung in 2 Gattungen ist indessen weniger gerechtfertigt, weil Flügel und Füße bei beiden ganz im Bau übereinstimmen.

Dreißigste Familie.

Feldstörche. Arvicolae.

Große Sumpfvögel mit kurzem oder mäßig langem, nicht sehr kräftigem Schnabel, dessen Spitze von einer Hornkuppe bedeckt ist, während die Basis nur einen häutigen Ueberzug hat, der die lange Nasengrube auskleidet und die langen, offenen, durchgehenden Nasenlöcher darin umgiebt; in diesem Punkte stimmen die Vögel mit den Sumpfhühnern überein, allein die in der Regel nackten, oder nur mit Borstenfedern besetzten Zügel bringen sie in eine verwandtschaftliche Beziehung zu den Störchen, denen sie auch im allgemeinen Ansehn durch den langen Hals und die langen Beine weit mehr ähneln, als den Sumpfhühnern. Dazu kommt, daß alle viel kleinere, kürzere Zehen besitzen, und namentlich der Daumen grade sehr klein und mehr rudimentär, wie bei den Schnepfen, gestaltet ist. Dadurch weichen sie auch von den Störchen ab, die alle eine ziemlich große, lang auftretende Hinterzehe besitzen, während die der Feldstörche nur mit der Spitze, bisweilen gar nicht, den Boden berührt. Die Vögel leben nicht in Sümpfen, sondern auf trocknen Feldern und nähren sich theils von Sämereien, theils von Insekten; sie nisten am Boden oder in mäßiger Höhe, und legen farbige gefleckte Eier, welche ziemlich ähnlich sind in ihrem Colorit denen der Trappen oder Wasserhühner, dagegen mit denen der Störche und Reiher gar keine Aehnlichkeit haben. —

Anm. Als altweltliche Mitglieder gehören in diese Familie die Kraniche (Gruinae, mit Anthropoides und Grus), wovon nur eine Art in Nord-Amerika auftritt; Süd-Amerika besitzt keinen ächten Kranich, sondern 2 correspondirende Vögel, von welchen der eine: Psophia crepitans nur nördlich vom Amazonenstrome ansässig ist und habituell an Palamedea erinnert, während der andere: Dicholophus cristatus, seinem inneren Baue nach unverkennbare Beziehungen zu den Störchen zeigt. Diesen hätten wir allein, als brasilianischen Vogel, zu besprechen; wollen aber Psophia mit behandeln, weil Spix den Vogel auch in Brasilien am Rio Negro beobachtete.

1. Gatt. Psophia *Linn.*

Schnabelform wie bei Fulica und Palamedea, dicker als jener, schmäler als dieser; das durchgehende Nasenloch weiter, übrigens schief gestellt, die Hornscheide sanft herabgebogen, völlig Fulicaartig; der ganze Schnabel etwas kürzer als der Kopf. Kopf und Hals von weichen, sammetartigen, abstehenden, kurzen Federn bekleidet, auch die Zügel dicht befiedert; das übrige Federnkleid sehr grossfedrig, und ebenfalls weich, an der Bauchseite fast dunig. Schwungfedern derbe, die Handschwingen in der Ruhe fast ganz von den hintersten Arm- und Achselfedern bedeckt, die drei ersten Handschwingen stufig verkürzt. Schwanzfedern klein und schwach, aber vorhanden; von den ruhenden Flügeln völlig versteckt. Beine hoch, die unbefiederte Strecke des Unterschnabels kurz, der Lauf lang, vorn und hinten von schiefen Halbgürteln bekleidet; die Zehen kurz, aber der Daumen den Boden noch berührend, wenigstens mit der Kralle, alle Krallen stark, beträchtlich gebogen, scharf zugespitzt; die Außen- und Innenzehe durch eine kurze Spannhaut zusammengeheftet. —

Anm. Die Osteologie des Vogels, welche ich vergleichen kann, erinnert durch die Form des Brustbeines und die Anlage der Schädelkapsel sehr an den Typus der Kraniche und nähert sich am meisten der Bildung von Anthropoides.

Psophia crepitans *Linn.*

Linn. S. Nat. I. 263. 1. — *Buff.* pl. 169. — *Lath.* Ind. orn. II. 657. 1. — *Schomb.* Reise III. 751. 362. — *Vieill.* Gal. III. 162.

Psophia viridis (jung) und Psophia leucoptera (alt) *Spix* Av. Bras. II. 66. 1. et 2. tab. 83. et 84.

Schwarz, Brust stahlblau oder erzgrün schillernd; Rücken und Achselfedern aus olivenbraun in grauweiß übergehend. —

Schnabel in der Jugend schwarz, im Alter grünlichweiß; Iris rothbraun, der nackte Augenring fleischfarben. Kopf, Hals, Oberrücken, Flügel, Unterbrust, Bauch und Steiß schwarz; das Gefieder des Kopfes und Halses sammetartig, das des Bauches lang dunig. Rücken anfangs olivenbraun, mit zunehmendem Alter allmälig in bleigrau, zuletzt in silbergrau übergehend, welche Farbe besonders die langen, wie beim Kranich zerschlissenen Achselfedern und letzten Armschwingen annehmen; alle diese Theile heller und klarer gefärbt beim Männchen als beim Weibchen und jungen Vogel. Unterhals und Oberbrust prächtig stahlblau, oder kupferig schillernd, mit Regenbogenrand am Anfange des breiten Saumes, der allein die metallische Färbung besitzt. Flügeldeckfedern am Bug purpurschwarz, mitunter violett schillernd. Beine gelblich fleischfarben. —

Ganze Länge 19—20″, Schnabelfirste 1″, Flügel 11″, Schwanz kaum 1″, Lauf 5½″, Mittelzehe 2″ ohne die Kralle. —

Von Spix am Amazonenstrom und Rio Negro gesammelt, vorzugsweise in Columbien und Guyana zu Hause, wo der Vogel im dichten Walde in großen Gesellschaften lebt und gern dem Laufe der Flüsse folgt; er fliegt schlecht, wenig ausdauernd, schläft aber nicht am Boden, sondern auf kleinen Bäumen im Unterholz, soll aber am Boden nisten. Er läßt sich leicht zähmen und übt auf den Hühnerhöfen dann eine entschiedene Oberherrschaft aus, etwa wie bei uns die Truthähne. Ich sah einen solchen gezähmten Vogel in Rio de Janeiro. Sein Name Trompetenvogel soll die eigenthümliche schmetternde Stimme andeuten, welche er von Zeit zu Zeit hören läßt; Büffon nennt ihn Agami.

2. Gatt. Dicholophus *Illig.*

Microdactylus *Geoffr.*

Schnabel stärker, höher, länger, mit der Spitze mehr herabgebogen, hakig, einem schlanken Raubvogelschnabel nicht unähnlich; Nasenloch kurz oval, sehr schief gestellt, nicht durchgehend; Zügel auf der Mitte nackt, mit dem nackten Augenringe verbunden, die vordere Partie der Nasengrube und der Mundrand abstehend borstig befiedert. Federn des Kopfes und Halses lang, schmal, zugespitzt, weichlich; die der Stirn, besonders am Schnabelgrunde, zu einem aufrechtstehenden Schopf verlängert. Rückengefieder nicht eigenthümlich verändert, das des Bauches und Steißes weicher, dunenartig. Flügel hart und kräftig gebaut, die ersten 4 Handschwingen stufig verkürzt, ziemlich schmal und zugespitzt; die hinteren Armschwingen verlängert, den ruhenden Flügel von oben bedeckend. Schwanz stark, groß, breitfedrig, etwas abgerundet, viel länger als die ruhenden Flügel, die äußeren Federn verkürzt. Beine sehr hoch, die nackte Strecke des Unterschenkels lang, der Lauf sehr lang, vorn wie hinten von schiefen Gürtelschildern bekleidet; die Zehen sehr kurz, besonders der hoch angesetzte Daumen, welcher den Boden nicht erreicht; die Außenzehe durch eine breite, die Innenzehe durch eine schmale Spannhaut mit der Mittelzehe verbunden; alle mit kurzen, dicken, stark gekrümmten, zugespitzten Krallen, worunter die der Innenzehe durch Größe, Schärfe und raubvogelartige Krümmung sich auszeichnet. —

Anm. Die anatomische Untersuchung, welche ich in den Abh. d. naturf. Gesellsch. z. Halle I. Bd. 1. Quart. S. I. (1853.) bekannt gemacht habe, zeigt unverkennbare Beziehungen des Vogels zu den Störchen, dem er sich in ähnlicher Art nähert, wie Psophia den Kranichen. Mit den Raubvögeln und namentlich mit Gypogeranus, findet gar keine verwandtschaftliche Berührung statt; es ist bloße Analogie der Form, welche die äußere Aehnlichkeit beider Vögel hervorruft.

Dicholophus cristatus *Illig.*

Palamedea cristata *Linn.* S. Nat. I. 252. 2. — *Lath.* Ind. orn. II. 669. 2.
Microdactylus cristatus *Geoff.* Ann. d. Mus. Vol. 13.
Dicholophus cristatus *Illig.* Prod. — *Temm.* pl. col. 237. — *Pr. Max z. Wied* Beitr. IV. 570. 1. — Derselbe, in N. Act. ph. med. Soc. Caes. Leop. Carol. nat. cur. Tm. XII. p. 2. tb. 45.
Cariama saurophaga *Vieill.* Gal. d. Ois. III. 148. pl. 259.
Çariama *Marcgr.* hist. nat. Bras. 203.
Sariá, *Azara* Apunt. III. 101. 340.
Seriema der Brasilianer.

Gelbgrau, fein gewellt, Brustfedern mit blassen Schaftstreifen; Flügel und Schwanzfedern schwarzbraun, weiß gebändert. —

Schnabel roth, im Alter voller gefärbt, in der Jugend blasser, gelbrother; Zügel graulich fleischfarben, der nackte Augenring bläulich, die Iris hell schwefelgelb, im Alter blasser. Gefieder des Männchens reiner grau, des Weibchens gelbgrau, jede Feder mit feinen helleren und dunkleren Querzickzackwellenlinien, die am Kopfe, Halse und der Brust die Schaftgegend unberührt lassen, vielmehr eine Strecke vom Schaft zu einer dunkleren Längslinie verfließen; die feinen Schaftstreifen werden gegen den Bauch hin immer breiter; der Unterbauch und der Steiß ohne Zeichnungen, beim Männchen hell aschgrau, beim Weibchen röthlich isabellgelb. Alle Federn des Kopfes und Nackens lang zugespitzt, die vordersten auf der Stirn sehr verlängert, schmal linienförmig gestaltet, am Ende etwas breiter und hier schwarz, gleich wie der Schaft; die Nackenfedern sehr groß, haubenartig abstehend, fein zugespitzt. Ueber dem Auge eine Reihe steifer, schwarzer Borsten, die aber nicht am Augenliede sitzen, sondern auf dem Orbitalrande. Schwanzfedern braun, die Innenfahne abwechselnd weißlich quer gebändert, mit feinen Tüpfeln in den weißen Binden; die Handschwingen außerdem mit weißlicher Spitze. Mittelste zwei Schwanzfedern einfarbig graubraun, die übrigen auf der Mitte schwarzbraun, am Ende weiß, an der Basis weiß, dicht braun besprengt. Beine storchroth, die Krallen schwarzbraun. —

Das Männchen hat einen mehr aschgrauen Ton, das Weibchen einen gelbgrauen; das Nackengefieder des ersteren ist voller, länger; der Schwanz größer, sowohl breiter als länger und kürzer zugerundet, auch mit einer zweiten schmalen Querbinde in der weißlichen Basis gezeichnet. (*Temm.* pl. col. 237.). Vieillot's Figur (pl. 259.) stellt das alte mehr gelblich gefärbte Weibchen mit kürzerem Schwanze vor. —

Der junge Vogel weicht in mehreren Punkten vom alten ab, obgleich er in der Hauptsache ihm ähnlich sieht; die langen, schmalen Stirnfedern sind nach Verhältniß breiter und ihre Spitze ist nicht so dicht gebaut, oder so schwarz gefärbt; am Halse zeichnen sich die blassen Schaftstreifen nicht so deutlich aus, dagegen bilden sich auf den langen Nackenfedern viel deutlichere schwarze Querwellen; die Handschwingen sind viel schmäler, spitzer und auf der Außenfahne blasser graubraun gefärbt. Besonders aber weicht der Schwanz ab, indem dessen sämmtliche Federn, gleich denen der Flügel, weißlich und braun gebändert erscheinen. An den zwei mittelsten Federn zeigen sich nur mattere dunklere Querbinden, an den übrigen dagegen scharf abgesetzte weiße und schwarzbraune Binden, die an beiden Fahnenseiten alterniren, so daß die weißen Binden der Innenfahne z. Th. den braunen der Außenfahne entsprechen. Diese Alternation wird um so größer, je mehr die Schwanzfeder eine äußere ist. Außerdem sind Schnabel und Beine viel blasser gefärbt, nur gelblich fleischroth im Ton. —

Ganze Länge 31—32″, Schnabelfirste 1″ 8‴, Flügel 14″, Schwanz 10″ beim Weibchen, 12″ beim Männchen. Nackte Strecke des Unterschenkels 4″, Lauf 8″, Mittelzehe 2″ ohne die Kralle. —

Der Seriema ist einer der bekanntesten Vögel auf dem offenen Camposgebiet im Innern Brasiliens; man hört seine eigenthümliche belfernde Stimme von Zeit zu Zeit, während man durch die Fluren reitet, beständig; dem Waldgebiet fehlt er. Der Vogel lebt im hohen Grase, läuft am Boden geduckt fort, ohne sich zu verrathen, und fliegt erst in der höchsten Noth vor dem Verfolger auf. Seine Nahrung sind hauptsächlich die großen Ameisen und Raupen; doch frißt er daneben viele fleischige rothe Beeren, die ich stets in seinem Magen traf; angeblich auch Eidechsen und Schlangen, besonders giftige. Er nistet in Mannshöhe über dem Boden in einem dichten Busch und legt 2 den Eiern von Crex pratensis ähnlich gezeichnete, aber viel größere Eier, etwa so groß wie Pfau-Eier (*Thienem.* Fortpf. Gesch.). Die Jungen haben ein vollständiges Nestdunenkleid und bleiben einige Zeit im Neste liegen, bis sie von den Aeltern herausgetrieben werden.

Einunddreißigste Familie.

Sumpfstörche. Aquosae.

Ebenfalls große Sumpfvögel mit völlig nackten unbefiederten Zügeln, aber viel längerem, stärkerem, sowohl breiterem als dickerem Schnabel, dessen Oberfläche größtentheils von einem harten, hornigen Ueberzuge bekleidet ist, der die Wachshaut am Grunde völlig verdrängt hat; daher liegt das Nasenloch hinten, dichter an der Stirn; sei es unmittelbar vor derselben, sei es eine kurze Strecke weiter in den Schnabel hinabgerückt. Im ersten Falle ist gar keine Nasengrube sichtbar, im letzten sieht man sie als eine seichte Furche, die sich mitunter (bei Ibis) bis zur Spitze des Schnabels erstrecken kann. Das Gefieder ist weichlich und im Ganzen kleinfedrig, besonders am Kopfe und Halse, daher diese Theile glatt und scharf umgränzt erscheinen; mitunter freilich fehlt ihnen die Befiederung ganz, dagegen tritt nie ein weiches sammetartiges oder wolliges Kleid daran auf. Die Flügel sind von mäßiger Länge und stets zweilappig, wie bei den Schnepfen; die erste Handschwinge verkürzt sich nur wenig, dagegen verlängern sich die hinteren Armschwingen und die Achselfedern so bedeutend, daß sie den Handtheil in der Ruhe fast vollständig bedecken. Der Schwanz hat auch manches Schnepfenartige, denn er ist stets klein, schmalfedrig und wenig oder kaum länger als die ruhenden Flügel. Sehr hoch und lang sind in der Regel die Beine, zumal auch die nackte Strecke des Unterschenkels; sie sowohl wie der Lauf haben theils eine homogen warzige Bedeckung, theils schiefe Halbgürtelschilder, wenigstens auf der vorderen Seite; durch die viel größere Länge der Zehen, die breitere Spannhaut am Grunde derselben, besonders der äußeren und der langen, ganz auftretenden Daumen sondern sie sich dagegen sehr scharf von den Schnepfen und nähern sich weit mehr den Sumpfhühnern, mit denen sie auch die wasserreichen Standorte gemein haben. Ihre Nahrung besteht in Fischen und Amphibien. Sie nisten an erhabenen Orten, tragen ihren Jungen die Nahrung zu und legen weiße oder blaulichgrüne, stets hellfarbige ungefleckte Eier. —

1. Reiher. Ardeinae.

Schnabel scharfkantig, gewöhnlich feiner und zierlicher als bei den Störchen, mit vertiefter Nasengrube und langem, von einem Hautsaum umgebenem Nasenloch; die Spitze stets scharf, mitunter hakig gebogen. Kopf- und Halsgefieder gewöhnlich schopf- oder haubenartig verlängert. Beine feiner, zierlicher, der Lauf vorn mit Halbgürteln bedeckt; die Zehen lang, dünn, mit langen, spitzen Krallen, unter denen sich die mittlere vordere durch einen vortretenden, kammartig gezackten inneren Rand auszeichnet; die Spannhaut am Grunde der Zehen klein, wenig entwickelt. —

1. Gatt. Cancroma *Linn.*

Der eigenthümlich gestaltete, flach gewölbte, umgekehrt löffelförmige Schnabel zeichnet diese Gattung sehr aus; die Firste desselben ist stumpfkantig abgesetzt, hakig am Ende herabgebogen, daneben grubig vertieft, welche Vertiefung als Nasengrube zu deuten, worin hinten das länglich ovale, offene Nasenloch liegt; die Seiten fallen gewölbt ab, und runden sich allmälig nach vorn zu, um in die hakige Spitze überzugehen; die Kinnfläche ist breit, eben, bis zur Spitze getheilt und mit nackter Haut ausgefüllt. Das Gefieder ist durchaus reiherartig, der Hals ziemlich kurz, mehr breitfedrig als spitzfedrig, daher dick, der Rumpf etwas mehr verflacht, der Schwanz länger als die ruhenden Flügel, das Bein kurz, besonders die nackte Strecke des Unterschenkels, die Zehen lang, die mittlere vordere Kralle an der Innenseite gekämmt. —

Cancroma cochlearia *Linn.*

Linn. S. Nat. I. 233. 1. — ***Buff.*** pl. enl. 38. und 869. — ***Lath.*** Ind. orn. II. 671. 1. — ***Vieill.*** Gal. d. Ois. III. 129. pl. 249. — ***Pr. Max z. Wied*** Beitr. IV. 660. 1. — ***Schomb.*** Reise britt. Guyana III. 755. 383.
Cymbops cochlearia ***Wagl.*** Syst. Av. I.
Tamutia, ***Marcgr.*** hist. nat. Bras. 208.
Culhere der Brasilianer.

Oberkopf und Nacken schwarz; Stirn, Kehle, Backen und Hals weiß. Rücken grau, Bauch rostroth. —

Schnabel braun, Rand des Unterkiefers und die Kehlhaut gelb; Iris braun, innen grau gerandet. Stirn, Kehle, Backen und Vorderhals weiß;

der Unterhals und die Brust ins Gelbliche spielend, der Rücken hellgrau, der oberste Rand im Nacken und der Bauch bis zum Steiß rostrothbraun, die Bauchseiten schwarz; Schwingen und Schwanz weißlichgrau. Beine gelblich. —

Der junge Vogel ist anfangs ganz rothbraun, die Brust blasser, der Rücken dunkler braun.

Ganze Länge 22″, Schnabelfirste 3½″, Flügel 11″, Schwanz 4″, Lauf 3⅓″, Mittelzehe 2⅓″. —

Lebt im Schilf an den Ufern aller Waldflüsse Brasiliens und wird stets einzeln, oder zur Brützeit paarig angetroffen. Seine Nahrung besteht in kleinen Wasserthieren aller Art, nicht in Fischen. Er ist nordwärts über Guyana und Columbien verbreitet. —

2. Gatt. Ardea *Linn.*

Schnabel grade, spitz, scharfkantig, etwas zusammengedrückt, mit abgerundeter, nach hinten verflachter Firste und langer Nasengrube, worin die länglich ovalen mehr spaltenförmigen als weit offenstehenden, durchgehenden Nasenlöcher. Hals sehr lang und dünn, gewöhnlich mit langen abstehenden, theils spitzen, theils breiten runden Federn bekleidet. Körper hoch, ziemlich stark seitlich zusammengedrückt, dem Typus der Schilfhühner verwandt. Beine theils hoch, theils für die Größe der Vögel kurz, aber die Zehen immer lang, besonders lang der Daumen und dieser mit der längsten, stärksten und größten Kralle versehen; Vorderzehen nach Verhältniß feiner, zierlicher gebaut, die äußeren mit der mittleren etwas, die inneren nur sehr wenig durch eine Spannhaut verbunden. —

A. Gefieder des Halses breitfedrig, abstehend, der Hals dadurch scheinbar sehr dick.

a. Schnabel ziemlich kurz, am Grunde hoch, die Firste sanft gebogen; im Nacken einige lange, schmale, linienförmige Federn. 1. Nycticorax *Steph.*

1. Ardea Gardeni *Gmel.*

Gmel. Linn. S. Nat. I. 645. — *Buff.* pl. enl. 939. — *Lath.* Ind. orn. II. 685. 32. (jung).
Ardea jamaicensis *Gmel. Linn.* S. Nat. I. 625. — *Lath.* Ind. orn. II. 679. 14. (alt).
Ardea maculata *Vieill.* Enc. méth. Orn. 1129.

Ardea Nycticorax *Pr. Wied* Beitr. IV. 646. 10.
Nycticorax americanus *Bonap.* List. of Birds 48. — *v. Tschudi* Fn. per. Orn. 50. 5. 1.
Nycticorax Jardeni *Jard. Schomb.* Reise III. 755. 380. — *Wils.* Am. orn. II. 5. pl. 61. f. 1. 2.
Garza parda chorreada *Azara* Apunt. III. 168. no. 355. et G. taga zaGuira, ibid. 173. no. 357.

Oberkopf und Rücken schwarzgrün, im Nacken ein Paar lange weiße Federn; Flügel und Schwanz grau, übrigens alles weiß.

Vom Ansehn unseres Nachtreihers (Ardea nycticorax *Linn.*) und dem ganz ähnlich, doch etwas kräftiger gebaut und besonders die Beine größer. Schnabel schwarz, die nackten Zügel grünlichgrau. Stirn, Backen, Kehle, Hals und die ganze Unterseite weiß, Bauch und Steiß etwas gelblich überlaufen. Oberkopf bis zum Nacken hinab schwarzgrün, darin ein Paar lange weiße Federn am Hinterkopf; Oberrücken schwarzgrau; Flügel und Schwanz rauchgrau, die Innenseite der Flügel weiß; die Beine fleischrothgelb. —

Der junge Vogel ist röthlichgelb, mit dunkleren Schaftstreifen auf jeder Feder; der Oberkopf, Nacken und Rücken rothbraun, mit lichten Federrändern; die Schwingen und die Schwanzfedern graubraun; Schnabel, Zügel und Beine hell graugrün. —

Ganze Länge 23—24″, Schnabelfirste 3″, Flügel 11″, Lauf 3″, Mittelzehe 2″ 8‴ ohne Kralle.

Eine der häufigsten Reiherarten Brasiliens, überall im Schilf der Wiesen und nahe den Flüssen, wo wasserreiche Niederungen sich finden; dreist und oft ganz nahe bei den Ansiedelungen, aber scheu in weiter Ferne sich haltend und darum schwer zu schießen. Mir ist der Vogel öfters im alten, wie im Jugendkleide vorgekommen. —

2. Ardea pileata *Lath.*

Lath. Ind. orn. II. 695. 66. — *Buff.* pl. enl. 907. — *Pr. Wied* Beitr. IV. 617. 5. — *Wagl.* Syst. Av. I. sp. 23.
Nycticorax pileatus *Gray*, *Schomb.* Reise III. 754. 378.

Weiß, Oberkopf schwarz.

Gestalt und Größe der vorigen Art, etwas schlanker gebaut, besonders der Schnabel feiner, niedriger, grader. Ganzes Gefieder weiß, der Oberkopf allein schwarz; im Nacken einige lange weiße Federn. Zügel, Augenring und Schnabel hellblau, die Spitze etwas graulich; Iris graugrünlich, Beine bleigrau. —

Der junge Vogel ist wahrscheinlich ganz graulich gefärbt, mit dunklerem Scheitel, Rücken, Flügel und Schwanz, deren Federn hellere Ränder besitzen; der Schnabel und die Beine sind matter grünlichgrau. Allmälig wird das Gefieder heller, aber der Scheitel dunkler und später ganz weiß, nur der Scheitel schwarz.

Ganze Länge 24″, Schnabelfirste 3″, Flügel 11″, Schwanz 4″, Lauf 3½″, Mittelzehe 2″.

Ich beobachtete diesen schönen Vogel im Thale des Rio de Pomba unweit Capivory, erhielt ihn aber nicht; später und namentlich landeinwärts ist er mir nicht wieder vorgekommen. Der Prinz zu Wied traf ihn zuerst am Rio Cabaguaoa etwas nördlich vom Parahyba, also in gleicher Breite wie ich, und weiter nördlich öfters; er ist auch über Guyana verbreitet. —

Anm. Zwischen der eben beschriebenen und nachfolgenden Art hält die Mitte:

3. Ardea sibilatrix *Temm.* pl. col. 271. — *Wagl.* Syst. Av. sp. 24. — Ard. cyanocephala *Vieill.* Enc. méth. Orn. 1115. — Garza flauta del Sol, *Azar.* Apunt. III. 169. 356. — Er hat dieselbe Größe, einen rothen Schnabel, dessen Spitze schwarz und dessen Basis nebst dem Zügel und Augenring himmelblau ist. Der ganze Oberkopf ist schwarz, nur die Spitzen der langen Nackenfedern sind weiß, wie die Kehle; die Warzen unter dem Auge bis zum Ohr sind rostgelb, der ganze Hals und die Brust blaßgelb, der Bauch mit dem Schwanz weiß, der Rücken und die Flügel licht bleigrau, die Schwingen schieferschwarz, die kleinen Deckfedern rostrothgelb, mit 2 schwarzen Längsstreifen. Die Beine schwarz. Ganze Länge 22″, Schnabel 2″ 8‴, Schwanz 4″, Lauf 3½″.
In Süd-Brasilien, bei Montevideo und in Paraguay einheimisch. —
Der junge Vogel ist oben braungrau, unten weißlichgelb, mit dunkleren Schaftstreifen am Rücken und dem Nacken gezeichnet; der Oberkopf, die Schwingen und der Schwanz schwarzbraun.

4. Ardea violacea *Linn.*

Linn. S. Nat. I. 238. 16. — *Lath.* Ind. orn. II. 690. 50. — *Wils.* Am. orn. III. 47. pl. 65. fig. 1.
Ardea cayanensis *Gmel. Linn.* S. Nat. I. 2. 626. — *Buff.* pl. enl. 899. — *Lath.* Ind. orn. II. 680. 17. — *Pr. Max z. Wied* Beitr. IV. 652. 11.
Ardea callocephala *Wagl.* Syst. Av. sp. 34.
Ardea sexsetacea *Vieill.* N. Dict. d'hist. nat.

Bleigrau, Kopf schwarz, Oberkopf weiß, Backen mit weißem Streif.

Vom Ansehn der vorigen Art, im Ganzen ein wenig kleiner. Schnabel schwarz, die Kinnkante und die Basis grünlich; Iris orangeroth; Kinnhaut und die Augengegend graugrünlich. Stirn, Scheitel und Hinterkopf weiß; die langen weißen Nackenfedern mit schwarzbraunen Schäften. Kehle, Backen, Schläfen und Nacken schwarz; unter dem Auge ein weißer Streif, der bis zum Ohr reicht. Das ganze übrige Gefieder bleigrau; die Federn des Rückens mit dunkleren Schaftflecken; die des Unterrückens stark verlängert, mit etwas zerschlissenen Fahnen. Schwingen schieferschwarz. Beine graugelb, oder bei alten Vögeln röthlichgelb.

Der junge Vogel hat eine braungraue Farbe mit hellen Federrändern, weißlicher Kehle und weißlichen Schaftstreifen am Halse. Später stellen sich schwarze Flecken am Kopfe ein, und der Scheitel fängt an, weiß zu werden. Schnabel und Beine sind matter, graulicher gefärbt. —

Ganze Länge 20—22", Schnabelfirste 3", Flügel 10", Schwanz 4", Lauf 3", Mittelzehe 2" ohne Kralle.

Die Art lebt nicht im Walde, sondern in offenen Gegenden an Sümpfen, und kam mir auf meiner Reise nicht vor; der Prinz zu Wied traf den Vogel in den wasserreichen Niederungen nahe der Küste von Cabo frio bis zum Rio Parahyba und weiter nordwärts überall. Er ist gemein in Guyana und verbreitet sich bis nach Nord-Amerika. —

b. Schnabel länger, niedriger, grader, mehr dolchförmig gestaltet; Gefieder ohne verlängerte Nackenfedern, vorwiegend rostgelb und schwarz gescheckt.

aa. Halsfedern lang und spitz, mit steifen Schäften; Zehen und Krallen sehr lang, besonders die Krallen. 2. Botaurus *Steph.*

5. Ardea pinnata *Licht.*

Lichtenst. Mus. ber. Num. Av. 89. — *Wagl.* Isis 1829. S. 662.
Ardea brasiliensis *Pr. Wied* Beitr. IV. 642. 9.

Rostgelb, die Federn mit schwarzen Zeichnungen, Armschwingen hell und dunkler gebändert.

Schnabel gelblich, die Firste bis zur Spitze braun. Gefieder dem der Rohrdommel (Ard. stellaris) ähnlich. Oberkopf schwarz, Backen und Oberhals rostgelb, braun quer gewellt, Kehle weiß; Vorderhals mit V förmigen braunen Streifen auf jeder Feder; Rücken und Flügel rostgelbroth, mit aus dreieckigen Flecken gebildeten Querbinden; Bauchmitte weiß, Bauchseiten gelb, fein braun gewellt; Handschwingen schwarz, an der Innenfahne weißlich getüpfelt; Armschwingen an der Innenfahne rostroth und schwarz quer gebändert, an der Spitze rostrothbraun scheckig gefleckt; Schwanzfedern schwarz, der Saum rostrothgelb getüpfelt. Beine braun. —

Ganze Länge 25", Schnabelfirste 3" 2''', Flügel 11½", Schwanz 4¼", Lauf 3⅓", Mittelzehe ohne die Kralle 3". —

Bei Bahia; in Lebensweise und selbst im Ansehn am nächsten mit unserer Rohrdommel verwandt.

6. Ardea lentiginosa *Shaw.*

Shaw. Gener. Zoology.
Ardea minor *Wilson* Am. Orn. III. 57. pl. 65. fig. 3.
Ardeae stellaris var. *β. Lath.* Ind. orn. II. 680. 18.
Ardea Makoho *Vieill.* N. Dict. d'hist. nat. — *Wagl.* Syst. Av. I. sp. 29.

Rostgelb, die Federn feiner dunkler gewellt, am Halse jederseits ein schwarzer Streif; Schwingen außen schwarzbraun mit rostgelber Spitze.

Schnabel gelblich, die Firste bis zur Spitze schwarz; Iris gelb. Gefieder in der Hauptfarbe rostgelb, ähnlich dem der Rohrdommel; Oberkopf bis zum Nacken rothbraun, die Stirn schwarz gestreift; Kehle weiß, auf der Mitte ein feiner rostgelbbrauner Streif; neben der weißen Kehle jederseits am Halse ein breiter schwarzer Streif; das übrige Halsgefieder rostgelb, die Federn mit dunkleren rostrothen Schaftstreifen, die sich auf der Brust durch einen scharfen schwärzlichen Rand von den gelben Säumen absetzen; die mittleren Halsfedern mehr weiß gesäumt. Rücken und oberste Achselfedern kastanienbraun, blaßgelb gesäumt, fein braun gewellt. Flügeldeckfedern, Unterbrust, Bauch und Unterschenkel rostgelb, dicht braun gewellt, die Seiten der Federn lichter. Schwingen außen schwarzbraun, innen weißgrau, alle mit rostgelber Spitze, worin feine schwarzbraune Tüpfelchen stehen; die Schwanzfedern ebenso, aber heller gefärbt, die Beine braun. — Der junge Vogel hat die Farbe des alten, aber kleinere, dunklere Schaftstreifen auf allen Rumpf- und Halsfedern, nebst blasser gefärbten Beinen. —

Ganze Länge 24″, Schnabelfirste 3″, Flügel 12″, Schwanz 4″, Lauf 4″, Mittelzehe 3″ ohne die Kralle. —

Im Norden Brasiliens, am Amazonenstrom, besonders in Guyana, Columbien, Westindien und Nord-Amerika einheimisch; im eigentlichen mittleren Brasilien nicht mehr ansäßig und dort von der vorigen Art vertreten. Lebensweise ganz die unserer Rohrdommel.

bb. Halsfedern breit und rund, mit feinen nicht steifen Schäften. Zehen kürzer, mit viel kürzeren, mehr gebogenen, aufrecht stehenden Krallen. 3. Tigrisoma *Steph.*

7. Ardea tigrina.

Gmel. Linn. S. Nat. I. 2. 638. — *Buff.* pl. enl. 790. — *Lath.* Ind. orn. II. 682. 24. — *Wagl.* Syst. Av. I. sp. 30. *α*. — *v. Tschudi*, Fn. per. Orn. 50. 6. — *Schomb.* Reise III. 753. 374.
Ardea marmorata *Vieill.* Enc. méth. Orn. 1117.
Garza japeada *Azara* Apunt. III. 160. 353.

Rückengefieder rostgelbroth, schwarz gefleckt; Bauchseite weiß, mit schwarzbraunen Querflecken. Schwung- und Schwanzfedern gebändert.

Ebenfalls vom Ansehn der Rohrdommel, aber das Gefieder weicher, voller, runder und die Zeichnung eine andere. Schnabel länger, höher, besonders der Unterkiefer stärker, braun gefärbt, der Kinnrand bis zur Spitze blaßgelb. Iris gelb; Zügel fleischbraun. Die Federn des Oberkopfes,

Halses, Rückens und der Flügel rostrothgelb; die kleineren mit einfacher, die größeren mit mehrfacher breiter schwarzbrauner Querbinde; die Schwingen schwarz, die Handschwingen an der Außenfahne mit gelben Randflecken; die Armschwingen hier rostgelb, an der Innenfahne weiß quer gebändert. Schwanzfedern schwarz mit 4 weißen am Schaft unterbrochenen Querbinden. Unterfläche weißlichgelb, die Federn mit kurz winkeligen, schwarzbraunen Querflecken; die Kehle ganz weiß, daneben an jeder Seite ein nackter fleischfarbener Streif. Beine schwarzbraun, viel zierlicher gebaut als bei den wahren Rohrdommeln, die Zehen und besonders die Krallen kurz, letztere stark gebogen. —

Der junge Vogel hat ganz die Zeichnungen und Farben des alten, nur mattere Töne, weniger schwarz, mehr rostgelb im Gefieder, besonders am Rücken, und ein viel kürzeres Halsfedernkleid; sein Schnabel und seine Beine haben eine gelbgraue Farbe.

Ganze Länge 26″, Schnabelfirste 3½″, Flügel 12″, Schwanz 4″, Lauf 4″, Mittelzehe 2⅓″. —

Ich erhielt diese Art in Lagoa santa, sie gehört dem Binnenlande an und scheint dem Küstenwaldgebiet zu fehlen. —

8. Ardea brasiliensis.

Linn. S. Nat. I. 239. 23. — *Lath.* Ind. orn. II. 681. 23. (jung). — *Schomb.* Reise III. 754. 375.
Ardea lineata *Gmel. Linn.* S. Nat. I. 2. 638. — *Buff.* pl. enl. 860. — *Lath.* Ind. orn. II. 682. 25. (alt). — *Pr. Max z. Wied* Beitr. IV. 634. 8.
Ardea Saco *Wagl.* Syst. Av. I. sp. 30.
Saco *Marcgr.* hist. nat. Bras. 210.
Garza obscura azulada *Azara* Apunt. III. 164. 354.

Gefieder aschgraubraun, fein in die Quere rostroth gewellt; Vorderhals weiß, schwarzbraun gestreift. Schwingen und Schwanzfedern einfarbig.

Gestalt und Ansehn der vorigen Art, aber größer und besonders der Hals etwas länger. Schnabel gelblich hornfarben, die Rückenfirste bis zum Mundrande braun; Zügel und Augengegend hellgelb, Iris gelb. Gefieder am ganzen Rücken, an Schultern, Flügeln, Nacken und Oberkopf braungrau, erzgrün schillernd, mit feinen rostrothen Querwellenlinien geziert, die sich z. Th. nur als Randquerstreifen bemerkbar machen; Kehle weißlich, an jeder Seite von einem nackten Streif eingefaßt, die Federn daneben schwarz gestreift. Vorderhals weiß, jede Feder mit schwarzem Streif an der Spitze und roströthlichem Saum daneben. Schwanzfedern schwarzbraun, grün überlaufen, unten weißgraulich überflogen; die Spitzen blaßgelblich gerandet, die Armschwingen mit einer hellen Binde vor der Spitze. Unterbrust,

Bauch und Steiß graulich aschfarben, braun überlaufen, Schwanz schwarzbraun, unten grau. Beine bräunlich olivenfarben, die Krallen lichter.

Der junge Vogel hat eine viel breitere rostgelbroth gebänderte Rückenzeichnung und eine ebenfalls heller quergebänderte Bauchseite. Die Armschwingen sind mit einigen gelblichen Querbinden an der Spitze geziert und der Schnabel wie die Beine blasser, gelblicher gefärbt.

Ganze Länge 30″, Schnabelfirste 4″, Flügel 13″, Schwanz 4½″, Lauf 4½″, Mittelzehe 2″ 9‴ ohne die Kralle.

Der Vogel bewohnt das Waldgebiet des ganzen tropischen Küstenrandes von Süd-Amerika und verbreitet sich nordwärts über Guyana, südwärts bis nach Paraguay; er ist zwar nirgends häufig, aber auch keine Seltenheit. In seinem Betragen stimmt er ganz mit der Rohrdommel überein; seine Lieblingsaufenthaltsorte sind die schilfreichen Ufer der Waldbäche und größeren wasserreichen Niederungen der Ebenen; die hohen Gebirgsgegenden und engen Thäler scheint er zu meiden. —

B. Gefieder des Halses nicht breitfedrig und abstehend, vielmehr schmal, lang zugespitzt und anliegend.

a. Nacken und Unterhalsfedern schopfartig verlängert, doch ohne eine eigenthümliche Form anzunehmen. Gefieder bunt, vorwiegend grau. 4. Ardea *aut.*

9. Ardea scapularis *Illig.*

Licht. Doubl. d. zool. Mus. 77. 790. — *Pr. Max z. Wied* Beitr. IV. 623. 6. — *Wagl.* Syst. Av. I. sp. 35. — *Schomb.* Reise III. 753. 373.
Ardea virescens var. *β. Lath.* Ind. orn. II. 685. — *Buff.* pl. enl. 908.
Ardea cyanura *Vieill.* Enc. méth. Orn. 1120.
Ardeola *Marcgr.* hist. nat. Bras. 210.
Garza cuello aplomado *Azara* Apunt. III. 177. 358. alt und G. cuello pardo ibid. 180. 359. jung.

Oberkopf, Nacken und Rücken schwarz, grünlich metallisch schillernd; der übrige Körper bleigrau, der Vorderhals weiß, rostroth gestreift.

Nicht viel größer als unsere kleine Rohrdommel (Ard. minuta) auch von deren Gestalt. Schnabel grade, spitz, dolchförmig, schwarzbraun, der Kinnrand grünlich; Iris gelb, Zügel und Augenrand blau. Oberkopf bis zum Nacken nebst den verlängerten Federn schwarz, im Alter dunkel erzgrün schillernd; Hals, Schultern, Rumpf und Steiß bleigrau, Oberrücken schwarz; grünlich metallisch schillernd. Flügeldeckfedern von derselben Farbe, alle fein weißlich gerandet. Schwingen schieferschwarz, außen graulich schillernd; Schwanz dunkel schwarzgrün. Kinn, Kehle und Vorderhals bis zur Brust weiß, am Mundwinkel ein schwarzer Streif, die Halsfedern rostroth gesäumt. Steiß weißlich, die unteren Schwanzdecken z. Th. mit schwarzer Spitze; Beine rothgelb. —

Der junge Vogel hat einen matten aschgrauen, bräunlich überlaufenen Farbenton, statt des schwarzen einen schwarzbraunen Oberkopf, einen blasseren Schnabel und breite roströthliche Ränder an den Flügeldeckfedern; alle seine Halsfedern sind kürzer und stumpfer.

Ganze Länge 16—17″, Schnabelfirste 2″ 4‴, Flügel 6″ 6‴, Schwanz 2″ 3‴, Lauf 2″, Mittelzehe $1\frac{1}{2}$″ ohne die Kralle. —

Ueberall in Sümpfen und feuchten Gebüschen nicht selten, wo der Vogel lange aushält und daher leicht erlegt wird; ich erhielt ihn in Areas am unteren Rio Parahyba, wo der Vogel häufig war. Er verbreitet sich südwärts bis Paraguay, von wo ihn Azara beschreibt.

10. Ardea virescens.

Linn. S. Nat. I. 238. 10. — *Buff.* pl. enl. 909. (jung) und 912. (alt). — *Lath.* Ind. orn. II. 684. 31. — *Wagl.* S. Av. I. sp. 36. — *Wils.* Am. Orn. III. 1. pl. 61. f. 1.

Ardea lineata *Gmel. Linn.* S. Nat. I. 2. 638. — *Lath.* Ind. orn. II. 682. 25.

Ardea virgata *Gmel.* ibid. 643. — *Lath.* Ind. orn. II. 693. 60.

Hals und Rücken braun, Oberkopf und Flügel schwarzerzgrün schillernd, die Deckfedern und Schwingen mit weißen Spitzen.

Der vorigen Art in Größe und Gestalt ganz ähnlich und die jungen Vögel nicht schwer zu unterscheiden. Im Alter hat diese Art einen rostrothen Hals, dessen Kehle weiß und dessen Vorderseite mit langen, blaßgelbrothen Schaftstreifen geziert ist; was beide Arten leicht unterscheidet. Der Schnabel ist feiner, gestreckter, blaßgelb von Farbe und nur der Oberschnabel bis zum Mundrande braun. Die Iris ist gelb, die nackten Zügel und Augenringe blaugrau. Die Stirn und der Oberkopf bis zum Nacken sind schwarz, matt erzgrün schillernd; der Oberrücken ist dunkelbraun, mit erzgrünem Anflug, die Flügel haben eine lebhafter erzgrün schillernde schwarze Farbe, die Deckfedern sind fein rostroth gerandet mit einem dreieckigen Fleck an der Spitze, welcher nach unten gegen den Flügelrand hin blasser weißlicher wird und an den Handschwingen wirklich weiß ist. Der Schwanz ist obenauf schwärzlich erzgrün, unten grau, welche Farbe auch die Innenseite der Flügel besitzen; der Bauch, der Steiß und die Schenkel haben einen matten rostgelbrothen Ton mit lichteren Schaftstreifen; die Beine sind hell und klar wachsgelb. —

Beim jungen Vogel sind alle Farbentöne matter; der Hals hat mehr einen braungrauen Ton, die Kehle hat kleine braune Tüpfel, die vorderen Halsfedern sind am Rande dunkler braun gesäumt; die Flügeldeckfedern haden breitere blassere Ränder, keinen abgesetzten Spitzenfleck und die Handschwingen am Ende einen weißen Saum. Die Bauchseite ist gelbgraulich, sehr trübe heller gestreift.

Ganze Länge 17—18″, Schnabelfirste 2″ 8‴, Flügel 7″, Schwanz 2″ 7‴, Lauf 2″, Mittelzehe 1″ 7‴ ohne die Kralle.

Lebt ganz wie die vorige Art und an denselben Stellen im nördlichen Brasilien, am Amazonenstrom bei Para und verbreitet sich über Columbien, Westindien und Nord-Amerika, wo diese Art häufig ist. —

11. Ardea erythromelas *Vieill.*

Vieill. Enc. méth. Orn. 1121. — *Wagler*, Isis 1829. 663. — *Pr. Max* Beitr. IV. 629. 7.
Ardea involucris *Vieill.* ibid. 1127. (jung).
Garza roxa y negra *Azara* Apunt. III. 182. 360. und G. varia ibid. 185. 361.

Kleiner, Rückengefieder rothbraun, schwarz gefleckt; Hals olivengrau, vorn weißlich mit dunklen Längsstreifen.

Viel kleiner als die vorigen beiden Arten, selbst kleiner als Ardea minuta. Schnabel gelb, der Oberkiefer bis zum Mundrande braun; Zügel und Augenring gelb, ebenso die Iris. Oberkopf längs der Mitte schwarz, die Seiten rothbraun, einige Federn schwarz gestreift; Hals, Nacken und Brust gelblich graubraun, die vordere Seite des Halses von der Kehle an weiß, mit gelbgrauer Längslinie, die sich nach unten in Flecken auflöst, Rücken rothbraun, schwarz und weiß gefleckt, d. h. jede Feder längs der Mitte schwarz, am Innensaum rothbraun, am äußeren weiß gerandet; Achselfedern sehr verlängert, übrigens ebenso gezeichnet. Kleinste Flügeldeckfedern rothbraun, die mittleren weißlich gerandet; Schwingen schwarzbraun mit rostrothen Spitzen. Bauch auf der Mitte weiß; die Seiten, die Schenkel und der Steiß graugelbroth, dunkler gestreift. Schwanzfedern in der Mitte graubraun, am Ende gelbroth, am Außenrande weiß gesäumt. Beine blaßgelb, auf der vorderen Kante olivenbraun.

Die jungen Vögel ähneln dem alten im Farbenton, welcher aber matter ist, und haben außerdem an allen Hals- und Rückenfedern breitere dunklere Schaftstreifen, wodurch ihr Gefieder ein gleichförmiges Ansehn erhält. —

Ganze Länge 12—13″, Schnabelfirste 1″ 10‴, Flügel 4″ 6‴, Schwanz 1″ 8‴, Lauf 1″ 7‴, Mittelzehe 1″ 4‴ ohne die Kralle. —

Im mittleren und südlichen Brasilien, besonders in dem flachen Küstenstrich von Capo frio bis zur Mündung des Rio Parahyba, wo sumpfige Niederungen in Menge vorkommen, an denen dieser kleine Reiher nicht selten ist. Azara beobachtete ihn auch in Paraguay und berichtet, daß man den Vogel mit der Hand greife, weil er nicht fliegen könne, was gewiß nicht auf alle Individuen Anwendung findet. —

12. Ardea Agami.

Gmel. Linn. S. Nat. I. 2. 629. 35. — *Buff.* pl. enl. 859. — *Lath.* Ind. orn. II. 699. 79. — *Wagl.* Syst. Av. I. sp. 21. — *v. Tschudi* Fn. per. Orn. 50. 5. — *Schomb.* Reise britt. Guy. III. 753. 372.

Hauptfarbe rothbraun; Oberkopf, Flügel und Schwanz schwarz; erzgrün schillernd.

Der alte Vogel mit langen silbergrauen Nacken- und Rückenfedern.

Der junge Vogel ohne beide, mit weißem Bauch. —

Ein zierlicher, schlank gebauter Reiher mittlerer Größe, mit sehr langem Schnabel aber sehr kurzen Krallen. — Unterschnabel, Zügel und Augengegend gelb, Oberschnabel schwarzbraun; Iris gelb. Oberkopf bis zum Nacken schwarz, am Hinterkopf einige lange, schmale, hellbleigraue Federn; Kehle weiß, mit braunrother Längslinie. Hals rostrothbraun, auf der Rückenseite und am Unterhalse bleigrau überlaufen, der Unterrücken schieferschwarz, erzgrün schillernd; Oberrücken rothbraun, ebenso die Brust, der Bauch, die Unterschenkel und der Steiß; Flügel schwarz, erzgrün schillernd, die Federn des Unterrückens hell bleigrau, lang und zugespitzt, über die Flügel herabhängend, der Schwanz schwarz, die Beine gelb. —

Der junge Vogel ist matter gefärbt, am Halse und Rücken mehr umbrabraun; der Oberkopf bis zum Nacken schwarz, die Schwingen und Schwanzfedern schwärzlichbraun, matt erzgrün schillernd; der Steiß, Bauch, die Unterschenkel und die Mitte der Brust weiß; der Vorderhals weißlich gefleckt, die Kehle ganz weiß, ohne rothbraune Mittellinie. —

Ganze Länge 28—30″, Schnabelfirste 5″, Flügel 10″, Schwanz 4″, Lauf 3″ 8‴, Mittelzehe 2″ 3‴ ohne Kralle. —

Im nördlichen Brasilien, zu beiden Seiten des Amazonenstromes, in Guyana und Columbien zu Hause; lebt an den Ufern der Waldbäche, an offenen Stellen des Ufers auf dem Kies stehend, oder in der Nähe des Ufers auf freien überhängenden Zweigen sitzend.

13. Ardea coerulea *Linn.*

Linn. S. Nat. I. 238. 17. — *Lath.* Ind. orn. II. 689. 49. — *Buff.* pl. enl. 349. — *Wils.* Am. Orn. III. 20. pl. 62. f. 3. — *Pr. Max* Beitr. IV. 604. 2. Ardea coerulescens *Lath.* Ind. orn. II. 690. 49. — *Wagl.* Syst. Av. I. sp. 15. — *Licht.* Doubl. d. zool. Mus. 77. 792.

Alter Vogel schiefergrau, Kopf und Oberhals rostrothbraun; Beine grünlichgelb.

Junger Vogel weiß; Beine grünlichgrau.

Kleiner als die vorige Art, aber etwas kräftiger gebaut, der Schnabel kürzer und höher, die Beine stärker. Schnabel, Zügel und Augenring bleigrau, die Spitze des Schnabels allmälig dunkler, zuletzt schwarz; Iris perlfarben. — Gefieder am Kopfe und Oberhalse röthlich violett, mehr oder minder ins Braunrothe fallend; der ganze übrige Körper schiefergrau, die Schwingen und Schwanzfedern dunkler schwärzlicher; die Beine gelblichgrün. Am Hinterkopf, der Brust und dem Unterrücken die Federn schmal linienförmig zugespitzt und um so länger, je älter der Vogel ist. —

Junger Vogel anfangs ganz matt weißlich gefärbt, später grau getüpfelt, wenn sich die Federn der zweiten Mauser einstellen.

Ganze Länge 20½″, Schnabel 3″, Flügel 9″, Schwanz 3″, Lauf 3″, Mittelzehe 2″ ohne Kralle. —

Im nördlichen und mittleren Brasilien, besonders in der Nähe der Seegestade, sowohl am Meeresufer, als auch an Teichen und Seen in der Nähe; ist über Guyana, Columbien, Westindien bis nach Nord-Amerika verbreitet.

14. Ardea Cocoi *Linn.*

Linn. S. Nat. I. 237. 14. — *Lath.* Ind. orn. II. 699. 80. — *Lichtenst.* Doubl. d. zool. Mus. 77. 786. — *Wagl.* Syst. Av. I. sp. 2. — *Pr. Max z. Wied* Beitr. IV. 598. 1. — *Schomb.* Reise III. 752. 367. — *v. Tschudi* Fn. per. Orn. 50. 4.
Ardea palliata *Illig.* Msc.
Ardea Maguari *Spix* Av. Bras. II. 171. tb. 90.
Ardea plumbea *Merr.*, *Ersch.* et *Grub.* Enc. V. 177.
Ardea coerulescens *Vieill.* Enc. méth. Orn. 1116.
Garza aplomado, *Azara* Apunt. III. 148. 347.

Rücken grau; Oberkopf, Brustseiten, Schwingen und Schwanz schwarz; Hals in der Jugend grau, vorn schwarz und weiß gestreift, im Alter weiß, vorn schwarz gestreift. —

Unserem grauen Reiher (Ardea cinerea) ähnlich, aber viel größer. Schnabel groß, stark, im Alter ganz gelb, in der Jugend der Oberkiefer, zumal nach hinten braun. Iris gelb. Zügel und Augenring bläulichgrau. Oberkopf von der Stirn bis zum Nacken schwarz, die Federn des Hinterkopfes verlängert, zugespitzt. Der Hals des alten Vogels ganz weiß, nur vorn bis zum Unterhalse schwarz gestreift; die Brustseiten am Flügelbug bis zu den Schenkeln hinab und die Aftergegend schwarz; Unterschenkel, Bauchmitte und Steiß weiß; Schwingen und Schwanzfedern dunkelgrau, Rücken und Flügeldeckfedern hell bleigrau, gegen den Flügelrand die Federn weißlich gesäumt; Innenseite der Flügel grau, am Bug ein kleiner Höcker, der Rand daneben rein weiß. Beine am Anfange der nackten Strecke gelb, hernach braun, besonders die vordere Seite, die Zehen schwarz.

Der junge Vogel weicht vom alten in mehreren Punkten ab. Zuvörderst hat die graue Farbe einen bräunlichen Anflug, welcher am Deckgefieder mehr ins Weißliche übergeht. Der Hals ist nicht weiß sondern grau, vorn weißlich, dunkel schiefergrau gestreift bis zur Brust; die Kehle ist ganz weiß, die Strecke des Vorderhalses darunter dicht schwarz fein gestrichelt. Statt der schwarzen Brust sind die Seiten des Rumpfes am Flügel bis zur Achsel schwärzlichgrau, mit weißlichen Schaftstreifen; die ganze Unterfläche ist weiß, mit schwarzgrünen Streifen an der Innenfahne der Brust und des Bauches auf der Mitte. Die Beine sind oben und auf der Hinterseite blaßgelb, vorn und an den Zehen schwarzbraun. Die beiden äußeren Zehen breiter als sonst geheftet, die Krallen ziemlich lang, scharf und hoch gekrümmt. —

Ganze Länge 44″, Schnabelfirste 5″ 8‴, Flügel 16″—16″ 4‴, nackte Strecke des Unterschenkels 4″ 3‴, Lauf 7″, Mittelzehe 4″ ohne die Kralle. —

Der große Reiher hat ganz das Benehmen unseres grauen Reihers, lebt nicht im Walde, sondern an den Ufern der großen Flüsse, wo er gern im Wasser steht und auf Beute lauert. Ich sah den Vogel öfters am Rio St. Franzisco und erhielt das hier beschriebene junge Exemplar in Lagoa santa. Den alten Vogel hat Spix gut abgebildet. — Die Brasilianer nennen den Vogel Maguari oder Baguari, bei Marcgraf kommt er als Çocoï vor (hist. nat. Bras. 209.).

b. Gefieder des Halses kurz, knapp anliegend, wie das des übrigen Körpers rein weiß. 5. Leucerodia.

15. Ardea Leuce *Illig.*

Licht. Doubl. d. zool. Mus. 77. 793. — *Schomb.* Reise 752. 368.
Ardea Egretta *Wils.* Am. Orn. III. 9. pl. 61. f. 4. — *Wagl.* Syst. Av. I. sp. 7. — *Lath.* Ind. orn. II. 694. 63. — *Buff.* pl. enl. 925. — *Pr. Max* Beitr. IV. 607. 3. — *v. Tschudi* Fn. per. Orn. 49. 1.
Ardea nivea *Jacq.* Beitr.
Guiratinga *Marcgr.* hist. nat. Bras. 210.
Garza grande branca *Azara* Apunt. III. 151. 348.
Garça branca der Brasilianer.

Gefieder weiß, Schnabel gelb, Beine schwarz; Kopf ohne Nackenschopf; Rückenfedern lang, mit zerschlissener Fahne.

Dieser schon ganz weiße Reiher hat völlig die Größe und das Ansehn unseres Silberreihers (Ardea alba *aut.*), unterscheidet sich aber von ihm durch den ganz gelben Schnabel und die ganz schwarzen Beine; die hintere Zügelpartie und der Augenring sind grünlich, die Iris ist gelb. Die Hinterkopffedern sind nicht verlängert, die des Unterrückens dagegen sehr bedeutend. —

Ganze Länge 35″, Schnabelfirste 4″, Flügel 15″, Schwanz 6″, Lauf 6″, Mittelzehe 3¾″.

Ich erhielt diesen Vogel bei Lagoa santa, wo er am Ufer des Sees nicht selten war. —

16. Ardea nivea.

Licht. Doubl. d. zool. Mus. 77. 795. — *Lath.* Ind. orn. II. 696. 67. — *Temm.* Mon. D'Orn. II. 576. — *Schomb.* Reise III. 753. 369.
Ardea candidissima *Gmel. Linn.* S. Nat. I. 3. 633. — *Jacq.* Beitr. 18. 13. — *Wagl.* S. Av. I. sp. 11. — *Pr. Max* Beitr. IV. 612. 4. — *Wils.* Am. Orn. III. 23. pl. 62. f. 4.
Garza chica hranca *Azara* Apunt. III. 153. 349.
Garça branca pequena der Brasilianer.

Kleiner, ganz weiß, Schnabel und Beine bis zu den Zehen schwarz; Hinterkopf mit verlängertem Federschaft.

Wie die vorige Art dem großen, so gleicht diese dem kleinen Silberreiher (Ardea Garzetta), sie ist aber im Ganzen etwas kleiner. Der Schnabel ist schwarz; die Zügel, der Augenring und die Iris sind wachsgelb; das weiße Gefieder besteht aus längeren, spitzeren Federn am Halse, die am Hinterkopf und der Brust einen förmlichen Schopf bilden; die verlängerten Federn des Unterrückens sind kürzer, und stark rückwärts gebogen mit der Spitze. Die übrigens schwarzen Beine haben wachsgelbe Zehen. —

Ganze Länge 20″, Schnabelfirste 3″, Flügel 10″, Schwanz 3″, Lauf 3″, Mittelzehe 2″ ohne die Kralle.

Ueberall häufig an wasserreichen Niederungen an Teichen und Seen, wie auch am Meeresgestade. —

Anm. 1. Im Innern Brasiliens lebt noch eine dritte weiße Reiherart, die Ardea candida *Briss.* Orn. V. 428. 15. — *v. Tschudi* Fn. per. Orn. 49. 2. — Garza blanca mediana *Azara* Apunt. III. 156. 351, welche vielfältig mit Ard. alba *aut.* verwechselt wird, aber kleiner ist, nur 22″ lang wird, und wie Ard. alba einen gelben, längs der Firste schwarzen Schnabel besitzt, nebst oben und auf der Hinterseite gelbem, vorn schwarzem Lauf mit schwarzen Zehen. Im Gefieder stimmt die Art mehr mit Ard. alba als mit Ard. Leuce überein.

2. Außerdem gehört zur Gruppe der Reiher noch Eurypyga Helias *Ill.* — *Wagl.* Syst. Av. I. — Ardea helias *Gmel.* — Scolopax Helias *Lath.* Ind. orn. II. 725. 38. — *Buff.* pl. enl. 782. — Helias phalaenoides *Vieill.* Gal. III. 117. pl. 244. — eine fein gebaute zierliche Reiherform mit buntem Gefieder, breitem Schwanz und zarter Schnabel- wie Fußbildung, welche in Guyana und Nord-Brasilien am Rio Negro auftritt.

2. Ciconiinae.

Plumper gebaute Sumpfvögel mit dickerem Schnabel, höheren Beinen, kürzeren Zehen und kurzen, dicken, mehr kuppigen Krallen, deren mittlere keinen gekerbten Rand hat; die drei Vorderzehen sind am Grunde etwas breiter geheftet, wenigstens die innere und mittlere.

3. Gatt. Ciconia.

Schnabel stark, hoch, grade oder sanft aufwärts gebogen, mit flacher, schmaler Nasengrube in der Nähe der Firste, worin ganz hinten am Kopfgefieder das schmale, spaltenförmige durchgehende Nasenloch sich befindet. Gesicht nackt, bisweilen der ganze Kopf und Hals unbefiedert. Gefieder sehr voll und derbe; die Kopf- und Halsfedern, wenn vorhanden, klein, nicht schopfartig verlängert. Flügel groß und stark, bis ans Ende des Schwanzes reichend; letzterer ziemlich groß, breitfedrig. Beine hoch und plump gebaut, die nackte Strecke des Unterschenkels lang, dieselbe und der Lauf warzig chagrinirt getäfelt, ohne Halbgürtel; die Zehen obenauf mit kurzen Halbgürteln bekleidet, ziemlich fleischig, mit kurzer Spannhaut am Grunde der vorderen; der Daumen nach Verhältniß kleiner, als bei den Reihern; die Krallen kurz, dick, kuppig.

1. Ciconia Mycteria *Illig.*

Lichtenst. Doubl. d. zool. Mus. 76. 782. — *Wagl.* Syst. Av. I. sp. 4.
Mycteria americana *Linn.* S. Nat. I. 252. 1. — *Buff.* pl. enl. 817. — *Lath.* Ind. orn. II. 670. 1. — *Pr. Max* Beitr. IV. 675. 1. — *Schomb.* Reise britt. Guy. III. 751. 364. — *v. Tschudi* Fn. per. Orn. 50. 6. 1.
Jabirú *Marcgr.* hist. nat. Bras. 200.
Collar roxo *Azara* Apunt. III. 117. 343.

Gefieder weiß; Kopf, Hals und Beine nackt, schwarz, am Halse eine rothe Binde. —

Einer der größten Störche der Erde, stark und kräftig gebaut; der Schnabel sehr hoch, sanft aufwärts gebogen, die Spitze des Oberschnabels etwas kuppig gewölbt, schwarz. Kopf und Hals im Alter nackt, ebenso gefärbt, die untere Partie des nackten Halses fleischroth. Das ganze Gefieder nebst den Flügeln und Beinen weiß. Die Beine schwarz.

Der junge Vogel hat ein graulicḧes Gefieder, besonders am Rande der Federn auf dem Rücken, und einen mit weichen braunen Federn besetzten

Hinterkopf; sein Schnabel ist in dieser Zeit etwas kürzer und erscheint dadurch noch höher, als am alten Vogel; die fleischrothe Stelle des Unterhalses ist viel matter.

Ganze Länge 4½', Schnabelfirste 11—13", Flügel 2", nackte Strecke des Unterschenkels 6", Lauf 13—14", Mittelzehe 5" ohne Kralle. —

Ueber ganz Süd-Amerika verbreitet, lebt besonders im Innern an den großen Flüssen oder an Seen, wo sich die Vögel schaarenweise zu sammeln pflegen, aber scheu und wachsam, wie sie sind, nur selten sich beschleichen lassen. Ich erhielt den hier beschriebenen jungen Vogel bald nach meiner Abreise von Lagoa santa; das alte Individuum unserer Sammlung stammt aus Surinam. —

2. Ciconia Maguari *Temm.*

Temm. Man. d'Orn. II. 563. — *Wagl.* Syst. Av. I. sp. 7. — *Pr. Max z. Wied* Beitr. IV. 677. 1. — *Schomb.* Reise III. 752. 365.
Ciconia Jaburu *Spix* Av. Bras. II. 71. tb. 89.
Ardea Maguari *Gmel. Linn.* S. Nat. I. 2. 623. — *Lath.* Ind. orn. II. 677. 10.
Maguari *Marcgr.* hist. nat. Bras. 204.
Baguari, *Azara* Apunt. III. 114. 342.

Weiß; Schwingen und Schwanz schwarz; Gesicht und Beine dunkel fleischroth. —

Vom Ansehn unseres weißen Storches, aber viel größer. Schnabel nicht roth, sondern grau, gegen die Spitze hin allmälig dunkler, im Alter braun, in der Jugend schwarz. Zügel, Augenring und die nackte Kehle voll fleischroth. Gefieder am Kopfe und Halse dicht gedrängt, weiß gefärbt, etwas ins Gelbliche spielend am Rumpfe; große Flügeldeckfedern, Schwingen, Seitenfedern des Unterrückens und des Schwanzes schwarz, voll erzgrün schillernd. Beine voll fleischroth.

Der junge Vogel hat mattere Farben und braungraue Ränder an allen Federn, übrigens die Zeichnung des alten; der Schnabel ist anfangs ganz schwarz.

Ganze Länge 3⅓ Fuß, Schnabel 7—7½", Flügel 20", Schwanz 8", nackter Unterschenkel 3", Lauf 9", Mittelzehe 3" 8'''. —

Im Waldgebiet der Küstengegenden durch ganz Süd-Amerika verbreitet, aber nicht im Walde, sondern auf offenen feuchten Niederungen, wo dieser Storch ganz wie der europäische sich zeigt, aber viel scheuer ist, und den Jäger nicht leicht nahe kommen läßt. —

4. Gatt. Tantalus *Linn.*

Vögel vom Ansehn der Störche, mit mehr drehrundem, am Grunde hohem, dickem, nach vorn verschmälertem, sanft abwärts gebogenem, am Ende stumpfem, leicht gewölbtem Schnabel; kleinerem, mehr ovalem Nasenloch unmittelbar am Grunde neben der Firste; nacktem Gesicht, hohen Beinen und längeren Zehen, deren Laufbekleidung ebenfalls aus feinen, eckigen Chagrintäfelchen besteht; ihre Vorderzehen sind am Grunde breiter geheftet.

Tantalus Loculator *Linn.*

Linn. S. Nat. I. 240. 1. — ***Buff.*** pl. enl. 868. — ***Lath.*** Ind. orn. II. 702. 1. — ***Wagl.*** Syst. Av. I. sp. 1. — ***Pr. Max*** Beitr. IV. 682. 1. — ***Wils.*** Am. Orn. III. 60. pl. 66. f. 1. — ***Schomb.*** Reise III. 756. 383. — ***v. Tschudi*** Fn. per. Orn. 50. 8. 1.
Tantalus plumicollis ***Spix*** Av. Bras. II. 68. tb. 85.
Ibis Naudapa ***Vieill.*** Enc. méth. Orn. 1149.
Jabirú-guaçu ***Marcgr.*** hist. nat. Bras. 200.
Coagui, ***Azara*** Apunt. III. 122. 344.

Gefieder weiß, Schwingen und Schwanzfedern schwarz; Gesicht und Kopf im Alter nackt, in der Jugend grau befiedert. —

Vom Ansehn eines kleinen Storches und nur durch die abweichende Schnabelform davon verschieden. Schnabel graulich, nach der Spitze zu dunkler, die Mundränder röthlich, die Basis nebst dem nackten Gesicht schieferblaugrau, warzig schuppig auf der Oberfläche, Iris braun. — Gefieder weiß; Schwingen, vorderste Partie der großen Deckfedern und die Schwanzfedern schwarz, erzgrün schillernd; letztere fast ganz unter den großen weißen Deckfedern versteckt. Beine dunkel bleigrau, nach dem Unterschenkel hinauf blauer, nach der Spitze zu heller, in fleischroth übergehend, die Zehen ganz fleischroth.

Der junge Vogel hat einen graulichgelben Schnabel, und einen dicht von braungrauen weichen Federn bekleideten Kopf, ohne alle Nacktheit; das Gefieder ist matter, als am alten Vogel gefärbt; die Rumpffedern haben grauliche Ränder, und die Flügeldeckfedern schwärzliche Schäfte. Die Farbe der Beine ist fleischbraun, die der Zehen wenig lichter. —

Ganze Länge 3′ 4—6″, Schnabel 8½″, Flügel 18″, Schwanz 6″, nackte Unterschenkel 4″, Lauf 7½″, Mittelzehe 4″ ohne die Kralle.

Ueberall gemein an Teichen, Seen, Flußufern, aber nicht am Meeresgestade, wo der Vogel wie unsere schwarzen Störche im Sumpfe watet, und besonders nach großem Gewürm aller Art und Fischen hascht. In einsamen Gegenden an Binnenseen trifft man ihn in Gesellschaft der Reiher, Störche und Ibis-Arten mitunter in großer Menge an; so im mittleren Gebiet des Rio St. Franzisco, wo Spix und Martius die großen Gesellschaften solcher Sumpfvögel beobachteten (vgl. deren Reise u. den Atlas).

5. Gatt. Ibis *Möhr.*

Kleinere, feiner und zierlicher gebaute Vögel mit dünnerem, stärker gebogenem Schnabel, dessen Form an die von Numenius erinnert; Oberschnabel mit tiefer Längsfurche bis zur Spitze, worin hinten dicht vor dem Kopfgefieder das kleine enge Nasenloch sich befindet. Zügel, Gesicht und Kehle mehr oder weniger von Federn entblößt; das übrige Gefieder dicht und straff, gleichmäßig entwickelt. Flügel zierlicher, spitzer als bei den Störchen, in der Regel etwas kürzer als der mäßig entwickelte Schwanz. Beine feiner gebaut, der Unterschenkel und der Lauf theils mit kurzen, wenig abgesetzten Halbgürtelschildern auf der Vorderseite bekleidet, theils ganz chagrinirt getäfelt, wie bei den Störchen; die Zehen ziemlich lang, die vorderen am Grunde breiter geheftet, die Krallen schlanker, spitzer, grader.

Eine anatomische Eigenheit ist die Kleinheit der ganz kurzen, dreieckigen Zunge, welche diese Gattung mit der folgenden gemein hat; Nitzsch vereinigt darum beide in eine Unterabtheilung: Hemiglottides (Pterylogr. S. 193.).

A. Lauf chagrinirt getäfelt; die nackte Strecke des Unterschenkels kurz, der Lauf nur wenig länger als die Mittelzehe. Geronticus *Gould.*

1. Ibis melanopis *Forst.*

Ibis melanopsis *Wagl.* S. Av. sp. 17. — *v. Tschudi* Fn. per. Orn. 51. 3.
Ibis albicollis *Pr. Max z. Wied* Beitr. IV. 698. 1. — *Schomb.* Reise britt. Guy. III. 757. 388.
Tantalus melanopsis *Forst.* Desc. Anim. p. 332. — *Gmel* l. l. 633. — *Lath.* l. l. 5.
Tantalus albicollis *Gmel. Linn.* S. Nat. I. 2. 653. — *Buff.* pl. enl. 976. — *Lath.* Ind. orn. II. 704. 6.
Geronticus melanopis *Gould. Darw.* Zool. of the Beagl. Orn. III. 128.
Curicáca *Marcgr.* hist. nat. Bras. 191.
Mandurria ó Curucáu *Azara* Apunt. III. 189. 362.

Schiefergrau, die Federn blaß gerandet, die Schwingen erzgrün; Kopf und Hals gelb, Oberkopf braun.

Gedrungen gebaut, mit kurzen fleischigen Beinen. Schnabel, nacktes Gesicht und Kehle schwarz, die Spitze des Schnabels blaßgrünlich. Gefieder des Kopfes und Halses blaß bräunlichgelb, der Oberkopf bis zum Nacken und der Unterhals an der Brust ganz braun. Rücken, Flügel und Rumpfgefieder bräunlich schiefergrau, die Federn blasser weißgraugelb gerandet, vor dem Rande ein dunklerer Saum; große Flügeldeckfedern an der Vorderfahne weißgrau, die hintersten ganz schwarz. Schwingen und Schwanzfedern schwarz, lebhaft erzgrün schillernd, oder bei recht alten Vögeln gar kupferroth. Der Schwanz keilförmig zugespitzt, etwas länger als die Flügel. Beine dunkel fleischroth, Iris hellbraun.

Der junge Vogel viel matter gefärbt, als der alte, der Ton mehr aschgrau, die breiten weißen Flügeldeckfedern heller grau, der Oberkopf und der Hals mit dunklen Schaftstreifen. —

Ganze Länge 26″, Schnabel 5″ 8‴, Flügel 13″ 9‴, Schwanz 8″, Schienbein 1¼″ nackt, Lauf fast 3″, Mittelzehe 2″ ohne Kralle. —

Ueber ganz Süd-Amerika verbreitet und überall ein bekannter Sumpfvogel, welcher in kleineren oder größeren Gesellschaften besonders im Binnenlande an den Sümpfen der Niederungen neben Teichen und Seen sich aufhält, aber mehr im Wiesengrunde als im Wasser seine Nahrung sucht. Die Brasilianer nennen den Vogel mit seinem alten guaranischen Namen Curicáca. Er geht südwärts, wenigstens im Sommer, bis zum Feuerlande, wo ihn zuerst R. Förster beobachtete. —

2. Ibis plumbea *Temm.*

Planch. color. 235. — *Wagl.* Syst. Av. I. sp. 14. — *v. Tschudi* Fn. peruan. Orn. 51. 1.
Ibis coerulescens *Vieill.* Enc. méth. Orn. 1147.
Curucáu aplomado *Azara* Apunt. III. 195. 363.

Bleigrau, Rücken und Flügel erzgrün, Stirnrand weiß, Schnabel schwarz.

Größe und Gestalt der vorigen Art und ihr nahe verwandt im ganzen Körperbau. Schnabel, Zügel und nackte Kehle schwarz; vorderster Stirnrand weiß, das ganze übrige Gefieder schön bleigrau, die Nackenfedern etwas schopfartig verlängert; Rücken und Flügeldeckfedern bräunlich olivengrün, erzfarben glänzend; Schwingen und Schwanzfedern schwarz, erzgrün schillernd. Beine rothgelb, Iris orange. —

Ganze Länge 26″, Schnabel 5″, Flügel 11″, Schwanz 6″, Lauf 3½″.

Im Süden Brasiliens und in Paraguay.

3. Ibis infuscata *Licht.*

Lichtenst. Doubl. d. zool. Mus. 75. 778. — *Pr. Max z. Wied* Beitr. IV. 699. 2.
Ibis nudifrons *Spix* Av. Bras. II. 69. tb. 86. — *Wagl.* S. Av. I. sp. 6.
Curucáu afeytado *Azara* Apunt. III. 201. 365.

Schwarzbraun, kupferig violett glänzend; nacktes Gesicht und Schnabel fleischroth. —

Ebenfalls vom Ansehn der ersten Art, nur etwas zierlicher gebaut. Schnabel und das nackte Gesicht mit der Kehle bis zu den Augen hin hell fleischroth, die Iris braun. Ganzes Gefieder schwarzbraun, überall mit lebhaftem Kupferglanz, der bei älteren Exemplaren stärker ist und mehr ins Violette spielt; Schwingen und Schwanzfedern dunkel erzgrün. Beine fleischbraunroth. —

Der junge Vogel ist anfangs einfarbig graubraun, mit schwarzen Schwingen und Schwanzfedern, ohne allen Metallglanz. —

Ganze Länge 20″, Schnabel $4\frac{1}{2}$″, Flügel 10″, Schwanz 4″, Lauf 2″ 8‴, Mittelzehe 1″ 10‴ ohne die Kralle. —

In der Provinz von Rio de Janeiro, an den Teichen und Seen zunächst dem Meeresgestade im Schilf und dort häufig; geht weiter südwärts nach St. Paulo, Sta Catharina und Paraguay.

4. Ibis cayennensis *Gmel.*

Gmel. Linn. S. Nat. I. 2. 652. — ***Buff.*** pl. col. 820. — ***Lath.*** Ind. orn. II. 704. 3. — ***Schomb.*** Reise britt. Guy. III. 757. 386.
Ibis sylvatica ***Vieill.*** — ***Pr. Max z. Wied*** Beitr. IV. 702. 3.
Ibis dentirostris ***Wagl.*** Syst. Av. I. sp. 7.

Schwarzbraun, stahlblau und erzgrün schillernd; die Nackenfedern verlängert; Schnabel und nacktes Gesicht grünlich.

Etwas größer als die vorige Art, sonst ebenso gestaltet. Schnabel, Zügel und nacktes Gesicht grünlichgrau, die hintere Partie des Gesichtes bleifarbener, bei recht alten Vögeln bläulich. Iris braun. Gefieder schwarzbraun, die Nackenfedern etwas verlängert, wie der ganze Rumpf bläulich erzfarben schillernd, die Flügel mehr kupferig erzgrün, die Schwingen und der Schwanz schwärzer, erzgrün schillernd. Beine wie der Schnabel gefärbt, aber heller. —

Junger Vogel braungrau, die Federn des Vorderkopfes und Vorderhalses weißlichgrau, mit blassen Schaftstreifen; die Schwingen und Schwanzfedern schwarz, erzgrün schillernd. Schnabel und Beine bläulicher, matter gefärbt. —

Ganze Länge 22—24″, Schnabel $4\frac{1}{2}$—5″, Flügel 11—12″, Schwanz 5—6″, Lauf 2—$2\frac{1}{3}$″, Mittelzehe 1″ 9—10‴. —

Bewohnt die Sümpfe und schilfreichen Ufer der Flüsse im dichten Urwalde der mittleren und nördlichen Gegenden Brasiliens, und verbreitet sich bis nach Guyana; sitzt gern auf Zweigen über dem Wasser und fliegt in der Dämmerung wie die Waldschnepfe.

5. Ibis oxycercus *Spix.*

Aves Bras. II. 69. 1. tb. 87. — *Wagl.* Syst. Av. I. sp. 15. — *Schomb.* Reise britt. Guy. III. 757. 387.

Dunkel schwarzbraun, stahlblau schillernd; Schwanz verlängert, zugespitzt.

Auch diese Art steht den vorigen beiden nahe, ist aber noch größer als die vorhergehende und besonders an dem längeren spitzen Schwanz kenntlich. — Der Schnabel und das nackte Gesicht sind im Leben blaß fleischroth, der Mundwinkel und die Augengegend dunkler, der Schnabel gelblicher, mit leicht gebräunter Spitze. Die Backen unter den Augen und ein mittlerer Streif an der Kehle sind mit weichen, dunigen, grauen Federn bekleidet, ebenso die Stirn bis an die Augen; vom Mittelkopf an wird das Gefieder derber, bekommt eine dunkel schwarzbraune Farbe und einen lebhaften bald mehr bläulichen, bald grünlichen Metallschiller; die Schwingen und Schwanzfedern haben einen sehr dunklen, schwarzgrünen Ton. Die Beine sind fleischrothgelb.

Jungen Vögeln fehlt der Stahl- und Erzschiller, ihr Gefieder ist rauchbraun, der Vorderkopf mit der Kehle weißlicher.

Ganze Länge 30—31″, Schnabel 5″ 9‴, Flügel 13″, Schwanz 10″, Lauf 2½″. —

Am oberen Amazonenstrom und nördlich davon am Rio Negro von Spix gesammelt, später auch von Schomburgk am Tanuku in britt. Guyana gefunden. —

B. Lauf vorn getäfelt, die nackte Strecke des Unterschenkels ebenfalls; Hals länger, dünner, die Beine höher als in der vorigen Gruppe. Ibis *aut.*

6. Ibis Guarauna *Licht.*

Lichtenst. Doubl. d. zool. Mus. 75. 777. — *Wagl.* Syst. Av. I. sp. 8.
Numenius Chihi *Vieill.* N. Dict. d'hist. nat. Tm. 8. 303.
Numenius Guaurauna *Lath.* Ind. orn. II. 712. 8.
Scolopax Guaurauna *Linn.* S. Nat. I. 422. 1.
Curucáu cuello jaspeado *Azara* Apunt. III. 197. 364.

Gefieder graubraun, Kopf und Hals fein weiß gestrichelt; Flügel und Schwanzfedern kupferig erzgrün schillernd. —

Schlanker, zierlicher, hochbeiniger als alle vorigen Arten. Schnabel bleigrau, nackte Zügel dunkel fleischrothbraun, grau überlaufen. Gefieder des Kopfes, Halses und Rumpfes graubraun, matt, ohne Glanz; die Kopf- und Halsfedern mit feinen weißen Rändern; Rücken, Flügel und Schwanz mit lebhaftem Metallschiller, der bald mehr in Kupferroth, bald in Erzgrün spielt; der Unterrücken lebhaft violett stahlblau. Die Achselfedern verlängert, mit zerschlissenen Fahnen. Beine dunkel violettrothbraun, durch lange Zehen und schlanke spitze Krallen sich auszeichnend.

Der junge Vogel hat keinen Erzschiller am Rücken und eine mattere grauere Farbe am ganzen Körper. —

Ganze Länge 22″, Schnabelfirste 5″ 3‴, Flügel 9″, Schwanz 3″, nackte Strecke des Unterschenkels 2⅓″, Lauf 4″, Mittelzehe 2″ 8‴ ohne Kralle. —

Im südlichen Brasilien, Sta Catharina, Rio grande do Sul, Montevideo und Paraguay einheimisch; in der Lebensweise mit den früheren Arten übereinstimmend.

7. Ibis rubra *aut.*

Wagl. Syst. Av. I. sp. 4. — *Wils.* Am. Orn. III. 63. pl. 66. f. 2. — *Schomb.* Reise britt. Guy. III. 756. 384.
Tantalus ruber *Linn.* S. Nat. I. 241. 5. — *Buff.* pl. enl. 80. 81. — *Lath.* Ind. orn. II. 703. 2.

Junger Vogel.

Tantalus fuscus *Linn.* S. Nat. I. 242. 7. — *Lath.* Ind. orn. II. 705. 8.
Ibis leucopygus *Spix* Av. Bras. II. 70. 3. tb. 87.

Nestvogel.

Tantalus minutus *Linn.* S. Nat. I. 241. 3. — *Lath.* Ind. orn. II. 708. 19.

Ganzes Gefieder scharlachroth, nur die Handschwingen außen und an der Spitze schwarz.

Gestalt der vorigen Art, der Schnabel länger, die Beine besonders aber die Zehen kürzer, mit viel kürzeren, stumpferen Nägeln.

Schnabel des alten Vogels schwarzbraun, die Basis fleischroth, wie die nackte Stirn, Kehle und Zügelgegend; alle diese Stellen fein runzelig. Gefieder lebhaft scharlachroth, nur die Außenseite der Schwingen und die Spitze der Innenseite sind schwarzbraun. Beine fleischroth.

Der junge Vogel ist im Nestkleide blaßbraun am Rücken, weißlich am Bauch und Steiß; das nackte Gesicht und die Beine haben einen hellen Fleischton, der Schnabel aber ist gelblich gefärbt. Nach der ersten Mauser wird die Farbe lichter, namentlich graulicher; mit der zweiten stellen sich blaß rosenrothe Federn ein, die mit jeder Mauser eine dunklere, zuletzt scharlachrothe Farbe bekommen.

Ganze Länge 24″, Schnabelfirste 6″, Flügel 10″, Schwanz 3″, nackte Strecke des Unterschenkels 1″ 10‴, Lauf 3″ 3‴, Mittelzehe 1″ 6‴ ohne die Kralle.

Der rothe Ibis gehört den nördlichen Gegenden Brasiliens an und ist häufig in der Nähe des Amazonenstromes, kommt aber bei Rio de Janeiro nicht mehr vor. Indessen sah ich den Vogel hier lebend, im Käfig gehalten, und zwar im Uebergangsgefieder, mit rosenrothen und braunen Federn und schwarzbraunen Schwingen. Etwas jünger ist das Individuum, worauf Spix seinen Ibis leucopygus gegründet hat.

8. Ibis alba *aut.*

Wagl. Syst. Av. I. sp. 5. — *Wils.* Am. Orn. III. 64. pl. 66. fig. 3. Tantalus albus *Linn.* S. Nat. I. 242. 6. — *Buff.* pl. enl. 915. — *Lath.* Ind. orn. II. 705. 9.

Gefieder weiß, Gesicht und Beine fleischfarben, vorderste Handschwingen schwarz. —

Ganzes Ansehn und Größe der vorigen Art, aber das Gefieder rein weiß im Alter, nur die vier vordersten Handschwingen schwarz, mit grünlichem Metallschiller. Gesicht, Zügel, Kehle und Grund des Schnabels fleischroth, die nackten Stellen fein gerunzelt, der Schnabel allmälig durch grün in schwarz gegen die Spitze hin übergehend. Beine fleischroth.. —

Der junge Vogel hat überall grauliche Federnränder und einen blaßgelblichen Schnabel mit bräunlicher Spitze.

Ganze Länge 24″, Schnabelfirste 6″, Flügel 11″, Schwanz 3½″, Lauf 2″ 9‴, Mittelzehe ohne Kralle 2″ 3‴. —

Der weiße Ibis ist vorzugsweise über Westindien, die wärmeren Gegenden Nord-Amerikas, über Columbien und Guyana verbreitet; nach Brasilien kommt er, wie es scheint nicht, als höchstens in das Gebiet des Amazonenstromes bis zum Rio Negro.

6. Gatt. Platalea *Linn.*

Stirn, Zügel und Kehle nackt; Schnabel am Grunde hoch, stark mit breit abgeplatteter Firste, die nach vorn sehr schnell fällt und von der Mitte an zu einer breiten, ganz flachen ovalen, spatelförmigen Platte sich ausbreitet; darauf am Rande, dem Umfange concentrisch, die Fortsetzung der Nasenfurche, welche wie bei Ibis bis zur Spitze reicht, und hinten, etwas vor der Stirn, wo die Furche sich stark vertieft, das länglich ovale Nasenloch. Kopf, Hals und Rumpf dicht befiedert, wie bei Ibis; Flügel groß und stark, doch nicht länger als der Schwanz. Beine mit beträchtlich nacktem Unterschenkel, mäßig langem Lauf und ziemlich langen Zehen, von denen die 3 vorderen durch breite Spannhäute am Grunde verbunden sind; die Oberfläche des Laufs und Unterschenkels, wie beim Storch, chagrinirt getäfelt; die Zehen mit kurzen Halbgürteln. —

Platalea Ajaja *Linn.*

Linn. S. Nat. I. 231. 2. — *Buff.* pl. enl. 165. — *Lath.* Ind. orn. II. 668. 2. — *Wils.* Am. Orn. III. 26. pl. 63. f. 1. — *Pr. Max z. Wied* Beitr. IV. 668. 1. — *v. Tschudi* Fn. per. Orn. 50. 7. 1. — *Schomb.* Reise III. 755. 382.
Ajaja, *Marcgr.* hist. nat. Bras. 204.
Espátula *Azara* Apunt. III. 128. 345.
Culhere der Brasilianer.

Kopf und Hals weiß, übriges Gefieder rosenroth, große Deckfedern und Schwingen karminroth, bei jüngeren Vögeln schwarz.

Etwas kleiner als der Europäische Löffelreiher, der Schnabel nach Verhältniß breiter. — Schnabel grünlichweiß, bei jungen Vögeln einfarbig, bei älteren nach der Basis zu schwarzfleckig; Iris hochroth, nach innen orange; Zügel, Augenring und Kehle gelbroth, fein gerunzelt. Kopf und Hals weiß; der Rücken, die Flügel und der Bauch rosenroth; die großen Deckfedern und die Schwingen karminroth, desgleichen der Unterrücken, aber der Schwanz blaßroth. Beine fleischroth, die untere Partie des Laufs und die Zehen mehr gebräunt. —

Ganz alte Vögel haben einen nackten grünlichgrauen Oberkopf, der von einer schwarzen Schläfenbinde umfaßt wird; ihr Gefieder ist länger, am Unterhalse und auf der Achsel reiherartig feinästig; ihr Schnabel schwarz quergewellt, und ihre Beine ganz fleischroth.

Im mittleren Alter haben der Oberkopf und die Schläfen ein dichtes weißes Gefieder, wie der Hals; der Farbenton des Rumpfes ist blaßrosa; die Spitzen der Deckfedern und Schwingen sind schwarz, die Beine fleischbraun mit blaßrother Basis.

Noch jüngere Vögel erscheinen ganz weiß, mit graulichen Federrändern, besonders auf den Flügeln und am Schwanze. Die Beine ganz schwarzbraun.

Ueber das ganze wärmere Amerika verbreitet, besonders am Seegestade und an den größeren Flüssen aufwärts von der Mündung, auch im Binnenlande; häufig an den Baien wo Untiefen sind, auf denen die Vögel zur Ebbezeit nach Nahrung suchen können, und eine weite Aussicht ihnen frei bleibt; denn sie sind ungemein scheu und schwer zu beschleichen. Das hier beschriebene Exemplar mittleren Alters stammt von der Insel Sta Catharina und hat folgende Maaße:

Ganze Länge 28″, Schnabelfirste 5″, Flügel 14″, Schwanz 4″, nackte Strecke des Unterschenkels 3″, Lauf 4″, Mittelzehe 3″ ohne die Kralle. —

Achte Ordnung.

Schwimmvögel. Natatores.

Die Anwesenheit einer Hautfalte nicht bloß zwischen den ersten Gelenken der Vorderzehen, sondern zwischen den ganzen Zehen bis zum Krallengliede hinab bildet das Hauptmerkmal dieser letzten Gruppe unter den Vögeln. Bei einer Familie, den Steganopoden, ist auch die vierte hintere Zehe durch die Schwimmhaut mit den vorderen verbunden und in Folge dessen mehr nach innen als nach hinten gestellt; gewöhnlich bleibt die Hinterzehe außer der Schwimmhaut, oder fehlt ganz. In der Mehrzahl der Fälle hat der Lauf einen kurzen, kräftigen, soliden Bau, nur einmal, bei Phoenicopterus, wird er sehr lang und sehr dünn, ganz wie bei einem Sumpfvogel, und eben diese Gattung ist durch eine lange, nackte Strecke des Unterschenkels den Sumpfvögeln ähnlich, auch bisher gewöhnlich zu den Sumpfvögeln gerechnet worden; bei den übrigen typischen Schwimmvögeln geht die Befiederung bis nahe an das Hackengelenk, läßt aber stets das Gelenk nackt und unbedeckt. Das sind die Eigenschaften der Fußbildung bei den typischen Schwimmvögeln; eine Gattung: Podiceps, hat keine geschlossenen Schwimmhäute, sondern breite Hautlappen an den Zehen; eine andere: Aptenodytes, keine einfachen Laufknochen, wie alle übrigen Vögel, sondern drei kurze, an den Enden verwachsene Tafelbeine, mehr nach dem Typus der Säugethiere. —

Im ganzen übrigen Körperbau der Schwimmvögel liegt kein so sicherer Gruppencharakter, wie im Fuß. Sie haben in den meisten Fällen kürzere Schnäbel und daneben längere Hälse, als die Sumpfvögel, bei denen Schnabel- und Halslänge mehr in Harmonie stehen; dann ein sehr dichtes, aus zahlreichen kleinen Federn gebildetes Gefieder mit selbstständigen Dunen zwischen den Deckfedern; eine sehr große stark entwickelte Bürzeldrüse und einen gewöhnlich nur schwachen, kleinfedrigen Schwanz. Die meisten nisten am Boden, bauen gar keine oder unvollständige Nester, füttern ihre Jungen nicht, und fliegen, gleich den Sumpfvögeln mit nach hinten ausgestreckten Beinen, während alle anderen Vögel beim Fluge die Beine an die Brust ziehen und unter dem Brustgefieder verstecken. Diese beiden Eigenschaften, die Haltung der Beine im Fluge und der höchst mangelhafte, auch für die meisten Sumpfvögel geltende Nestbau zeigen die nähere Verwandtschaft an, worin Sumpf- und Schwimmvögel zu einander stehen. —

Sie zerfallen gleichfalls in vier Gruppen, deren Unterschiede nicht so scharf sich angeben lassen, weil sie zugleich an mehreren Organen auftreten. —

Zweiunddreißigste Familie.

Siebschnäbler. Lamellirostris.

Der Schnabel ist nicht viel länger als der Kopf und bloß von Wachshaut bekleidet, mit Ausnahme der Spitze, die von einer Hornschuppe mehr oder weniger bedeckt wird. An den Rändern beider Schnabelhälften zeigen sich kleine Kerben, von denen dünne Hornblättchen nach innen gegen die Mundhöhle entspringen, senkrecht neben einanderstehen und so gestellt sind, daß die Blättchen beider Schnäbel abwechselnd zwischen einander liegen. Gewöhnlich hat auch die starke, fleischige Zunge einen eben solchen Blätterbesatz an beiden Seiten. Das Gefieder ist sehr dicht und kleinfedrig; die Flügel haben keine sehr große Länge, aber zahlreiche (24 — 32) Schwingen; der Schwanz ist ganz klein, schwachfedrig und unentwickelt, obgleich die Zahl seiner Federn in den meisten Fällen mehr als zwölf (14—24) beträgt. Die Füße besitzen vier vollständige Zehen, von denen aber nur die drei vorderen durch Schwimmhaut zum Ruderorgan verbunden sind. Diese Vögel legen ungefleckte, weiße, matt grünliche, oder matt isabellgelbe Eier. Ihre Nahrung besteht theils in Vegetabilien, theils in Gewürm oder in Fischen; jene leben mehr an Binnengewässern, diese mehr am Seegestade oder auf Binnenmeeren.

1. Phoenicoptridae s. Odontoglossae.

Schnabel stiefelartig geknickt; der Oberschnabel flach, nach vorn etwas breiter; der Unterschnabel hoch zur Aufnahme des oberen, die

Hornschuppe an der Spitze jenes flach gewölbt, sanft mit der Spitze herabgebogen, so breit wie die ganze Spitze. Nasenloch eine lange enge Spalte am hinteren Rande des Oberschnabels; Beine sehr lang, die Zehen kurz, die hinteren klein, nicht auftretend.

1. Gatt. Phoenicopterus *Linn.*

Zu den angegebenen Charakteren der Gruppe kommt noch der lange dünne Hals, der kleine Kopf, welcher kürzer ist, als der Schnabel; die nackten Zügel, und die ganz enorme Länge des Beines in den beiden Strecken des Unterschenkels und Laufs, während die Zehen kurz, aber durch eine vollständige Schwimmhaut verbunden sind. Beide Abschnitte haben vorn und hinten schief neben einander liegende schmale Halbgürtel. Am Schnabelrande ist die Kerbung fast ganz verschwunden und die Lamellenbildung in Folge dessen sehr fein, niedrig, dicht zusammengedrängt und schwach. Das Gefieder zeigt nichts Eigenes, und schließt sich sowohl in der Beschaffenheit, als auch in der Färbung an Ibis und Platalea, besonders an die fast ganz rothen Arten der neuen Welt. —

Anm. Man hat diese Gattung ziemlich allgemein zu den Sumpfvögeln gestellt und an die Störche angereiht, aber die Schnabel- und Fußbildung bringen sie ebenso entschieden, wie das Knochengerüst, zu den Schwimmvögeln, unter denen sie ein sehr natürliches Bindeglied zwischen Platalea und Cygnus vorstellt.

Phoenicopterus ignipalliatus.

Ph. ruber var. *Linn.* S. Nat. I. 230. — *Buff.* pl. enl. 63. — *Lath.* Ind. orn. II. 788. 1. — *Schomb.* Reise britt. Guyana III. 761. 412.

Phoenicopterus ignipalliatus *Geoffr.* Ann. d. Sc. natur. XVII. 454. — *Guérin*, Magaz. d. Zoolog. II. 2. pl. 2. (1832.). — *v. Tschudi* Fn. per. Orn. 53. 20. 1.

Phoenicopterus chilensis *Molina* hist. nat. Chil. 214. — *Lath.* Ind. orn. II. 789. 2.

Flamenco, *Azara* Apunt. III. 133. 346.

Rosenroth, Flügel feuerroth, vordere Hälfte des Schnabels und die Schwingen schwarz. —

Das höchst eigenthümliche Ansehn des Vogels wird besonders durch den enorm langen Hals, den kleinen Kopf und den dicken, ziemlich starken geknickten Schnabel bewirkt. Letzterer ist von der Spitze her bis genau in die Mitte der Biegung hinein schwarz, hernach blaß gelbroth, gleich den nackten Zügeln. Das ganze Gefieder hat eine lichte Rosafarbe, nur die sämmtlichen Flügeldeckfedern sind feuerroth, die Schwingen aber schwarz.

Der kleine Schwanz besteht aus vierzehn Federn. Die Beine haben eine dunkel violettgraue Farbe, nur das Hackengelenk und die Schwimmhäute haben ein entschieden fleischrothes Colorit. —

Der junge Vogel ist anfangs ganz grün, wie ein junger Schwan, bekommt aber schon nach der ersten Mauser seine hellrothe Farbe; die Beine sind ganz blaßbraun; der Schnabel ist weißbläulich an der Basis, schwarz an der Spitze. —

Ganze Länge 3′ 3″, Schnabelfirste 5″, Hals über 1½′, Flügel 15″, nackte Strecke des Unterschenkels 6″, Lauf 11″, Mittelzehe 3″ ohne Kralle.

Nicht bloß am Meeresgestade, sondern auch an den Flüssen des Binnenlandes durch ganz Süd-Amerika verbreitet, aber nur stellenweis heimisch, nicht überall gleich häufig. Besonders im Süden häufiger, namentlich im Gebiet des Rio de la Plata, wo Azara den Vogel in großen Schaaren zusammen antraf. Lebensweise und Gewohnheiten ganz wie bei der Europäischen Art, fischt kleine Wasserthiere mit umgekehrtem Schnabel an der Oberfläche, baut ein hohes Nest aus Schilf, worauf der Vogel reitend brütet, und liefert einen wohlschmeckenden Braten, der dem Gänsebraten nicht nachsteht. —

Anm. Isid. Geoffroy St. Hilaire hat am angeführten Orte in Guérins Mag. d. Zool. vier Flamingo-Arten unterschieden, nachdem Temminck im Text zu pl. 419. der Abbild. schon 3 Arten angenommen hatte. Ihre Unterschiede sollen hauptsächlich in der Größe der schwarzen Schnabelspitze liegen.

1. Ph. antiquorum *Temm.* l. l. ist blaßroth, mit dunkel rosenrothen Flügeln, schwarzen Schwingen und bloß an der Spitze schwarzem Schnabel.

2. Ph. minor *Temm.* pl. 419. ist viel kleiner, hat besonders einen viel kürzeren Hals, einen braunrothen Schnabel mit schwarzer Spitze und lichteren Rändern am Flügeldeckgefieder und lebt am Senegal.

3. Ph. ruber *Wils.* (Am. Orn. III. 66. pl. 66. f. 4.) ist ganz dunkel feuerroth mit blaßrothem Schnabel, schwarzen Schwingen und kurzer schwarzer Spitze am Schnabel. — Nord-Amerika.

4. Ph. ignipalliatus *Geoffr.* Die hier beschriebene süd-amerikanische Art mit blaßrothem Gefieder, feuerrothen Flügeln, schwarzen Schwingen und bis zur Mitte schwarzem Schnabel. — Süd-Amerika.

Da ich nur die Europäische Art selbst untersuchen kann, so darf ich die Triftigkeit dieser Unterschiede hier nicht weiter prüfen, sondern überlasse die Entscheidung weiteren eigenen Untersuchungen. —

2. Anatidae.

Unterschenkel kurz, die nackte Strecke nur dicht über dem Hackengelenk als Gürtel sichtbar. Schnabel grade, ohne Winkelung in der Mitte; beide Hälften flach, niedrig, der Oberschnabel nach hinten gewölbt, mit ovalem Nasenloch in der Nähe der Firste. —

2. Gatt. Cygnus *Linn.*

Schnabel nach vorn etwas breiter, mit flacher schmaler Hornkuppe in der Mitte des Vorderrandes. Zügel nackt. Hals gewöhnlich sehr lang und dünn; Rumpf breit, groß, mit starken kräftigen Flügeln, aber kleinem spitzem Schwanze, der aus 16—24 schmalen, schwachen Federn besteht. Bürzeldrüse sehr groß mit zwei völlig getrennten Oeffnungen. Beine besonders groß, der Lauf stark, die Zehen lang, mit ganzer Schwimmhaut; nur der Daumen klein nach Verhältniß. Beide Geschlechter von gleicher Farbe und Zeichnung.

Cygnus nigricollis.

Anas nigricollis *Gmel. Linn.* S. Nat. I. 502. — *Lath.* Ind. orn. II. 834. 3.
Anas melanocorypha *Mol.* hist. nat. Chil. 207.
Cygnus nigricollis *aut.* — *Rupp.* Mon. Mus. Senkenb. 2. 8.
Cisne de cabeza negra *Azara* Apunt. III. 404. 425.

Weiß, Kopf und Hals schwarz, Schnabel und Beine roth. —

So groß wie ein kleiner Singschwan und ziemlich so gebaut, nur Schnabel und Beine nach Verhältniß kleiner, schwächer. Schnabel, Zügel und nackter Augenring roth; Iris braun. Kopf und Hals bis über die Mitte hinab schwarz; hinter dem Auge ein weißer Streif; der ganze übrige Körper weiß. Die Beine roth. Flügel sehr kurz, erreichen kaum die Basis des Schwanzes; Schwanz zwölffedrig; Schwingen 28, die drei ersten die längsten und gleichlang.

Ganze Länge 40″ (3′ 4″), Schnabelfirste 3″, Flügel 14″, Lauf 3″, Mittelzehe 4″ ohne die Kralle. —

Ich erhielt das hier beschriebene Exemplar direkt aus Brasilien, von der Insel Sta Catharina, wo der Vogel also noch vorkommt; eine mehr nach Norden gelegene sichere Fundstätte an der Ostküste ist mir nicht bekannt.

3. Gatt. Anser *aut.*

Schnabel so lang wie der Kopf oder etwas kürzer, am Grunde hoch, dann schnell nach vorn abfallend, mit vorwärts convergirenden Rändern, und großer breiter, die ganze Spitze einnehmender Hornkuppe. Nasenloch kurz oval, weit durchgehend. Zügel dicht befiedert. Hals lang, dünn, kürzer als am Schwan, aber länger als bei den Enten. Flügelfedern kräftig entwickelt, die zweite Schwinge die längste, aber die erste nur wenig kürzer. Schwanz zwar nicht grade groß, aber doch etwas kräftiger als bei den meisten Enten, die Form kürzer, mehr abgerundet, die Zahl der Federn 12, 14 oder 16, bisweilen 18. Beine nicht völlig so stark, wie die der Schwäne, aber viel kräftiger als die der Enten, besonders der Lauf höher, stärker, die Zehen daher kleiner erscheinend, indem die Mittelzehe stets kürzer ist als der Lauf, die Hinterzehe ziemlich groß; die Krallen aller Zehen dicker, mehr gebogen, stumpfer. Gefieder bei beiden Geschlechtern übereinstimmend. —

A. Chenalopex. Schnabel sehr kurz, aber auch ziemlich dick; am Handgelenk des Flügels ein Höcker oder Sporn. Schwanz groß, vierzehnfedrig. Lauf vorn klein getäfelt.

1. Anser jubatus *Spix.*

Spix, Aves. Brasil. II. 84. tb. 108. — ***Schomb.*** Reise britt. Guy. III. 762. 413. Anser pollicaris ***Illig.*** — ***Lichtenst.*** Nom. Av. Mus. ber. 101. — Verz. d. Hall. Samml. 71. 6.

Kopf, Hals und Brust grau; Rand der Achselfedern und die Bauchseiten rostgelb; Flügel und Schwanz erzgrün, Bauch schwarz.

Eine ächte Gans in ihrer ganzen Erscheinung, langhalsig, hochbeinig, nur der Schwanz länger, breiter, stärker als bei unsern Gänsen. Schnabel rothgelb, die Firste des Oberschnabels gebräunt. Iris orange. Gefieder des Kopfes, Halses und der Brust gelblich grauweiß, lichter und dunkler quer gewellt; der Hals weißer, die Brustseiten in rostgelb übergehend. Rücken und Achselfedern braun, die ganze Außenseite der letzteren lebhaft rostgelb. Flügel und Schwanz schwarz, dunkel erzgrün schillernd, die Spitze der vorderen Armschwingen weiß, wodurch ein weißer rautenförmiger Fleck im Flügel entsteht. Am Handgelenk ein kleiner stumpfer, von Horn bekleideter Höcker, der mit dem Alter sich spornartig erhebt. Bauchseiten vor den Unterschenkeln lebhaft rostroth, die Bauchmitte weißlich mit rostrothen Flecken; der Unterbauch und der Steiß braungrau, an den Seiten vom Rücken her schwarz; Aftergegend und untere Schwanzdecken weiß. Unterschenkel gelbgrau. Beine gelblich fleischroth.

Ganze Länge 22″, Schnabelfirste 1½″, Flügel 13″, Schwanz 5″, Lauf 3″, Mittelzehe 1″ 10‴ ohne die Kralle.

Am oberen und mittleren Amazonenstrom und über Guyana verbreitet, wahrscheinlich auch stromabwärts bei Para. — Das hier beschriebene Exemplar unserer Sammlung ist alt und stammt aus Surinam. —

Anm. Im eigentlichen mittleren Brasilien giebt es keine wilde Gans (Anser), selbst die zahme Europäische Gans gedeiht dort nur schlecht, namentlich brütet sie nicht gern. —

Dagegen tritt im Innern Brasiliens noch auf:

2. Anser melanotus *Linn. Gmel.* S. Nat. I. 2. 503. — *Buff.* pl. enl. 937. — *Lath.* Ind. orn. II. 839. 18. — *Vieill.* Gal. d. Ois. III. 213. pl. 285. — Sarcidiornis regia *Eyton.* Mon. Anat. — Anas carunculata. *Illig.* — Pato crestudo *Azara* Apunt. III. 417. no. 428. — *Pr. Max z. Wied* Beitr. IV. 942. Anm. — Schnabel kurz, hoch, schwarz, beim Männchen mit großem, hohem Fleischlappen auf der Basis, welcher beim Weibchen nur angedeutet zu sein pflegt. Gefieder weiß. Kopf und Oberhals bis zum Nacken schwarz gefleckt. Rücken, Flügel und Schwanz schieferschwarz, lebhaft erzgrün glänzend beim alten Vogel; Beine schwarz, mit ziemlich kurzem Lauf und großen Zehen. Ganze Länge 32''. — Der Vogel ist auch über ganz Mittel-Afrika und bis nach Vorderindien verbreitet. —

4. Gatt. Anas *aut.*

Schnabelform der Schwäne, aber kürzer; die Hornkuppe bald etwas breiter, bald ebenso groß; die Stirn ohne Fleischhöcker beim Männchen, die Zügel dicht befiedert. Hals kurz, Leib zierlicher kleiner gebaut, besonders zierlicher die Füße, deren Lauf vorn mit feinen kurzen schiefen Quergürteln oder Schildern bekleidet ist; die Mittelzehe gewöhnlich etwas länger als der Lauf, die Hinterzehe klein, theils mit theils ohne Hautsaum auf der unteren Kante. Die Krallen schlank, spitz. Gefieder beider Geschlechter mehr oder minder verschieden, das des Männchens lebhafter, bunter, prächtiger. —

Leben meistens an Binnengewässern und nähren sich vorzugsweise von Vegetabilien; die mit breitem Hautlappen an der Hinterzehe tauchen geschickt und ziehen das Meer als Aufenthalt vor. Bei den Brasilianern heißen alle Arten Maréca. —

I. Hinterzehe klein, schwach, ohne Hautlappen.

A. Lauf hoch, gänseförmig; Hornkuppe breit, stark hakig Gefieder beider Geschlechter nur relativ und wenig verschieden. Dendrocygna *Sw.*

1. Anas viduata.

Linn. S. Nat. I. 205. 38. — *Buff.* pl. enl. 808. — *Lath.* Ind. orn. II. 858. 65. — *Lichtenst.* Doubl. 84. 879. — *Pr. Wied* IV. 921. 3. — *v. Tschudi* Fn. per. Orn. 54. 3. 3. — *Schomb.* Reise britt. Guy. III. 762. 414. Pato cara blanca *Azara* Apunt. III. 440. 435.

Gesicht weiß, Hinterkopf schwarz, Brust rothbraun, Schwingen und Schwanz schwarz; Bauch schwarz und gelb quer gebändert. —

Eine eigenthümliche hochbeinige Entengestalt, welche sich den Gänsen im Habitus nähert. Schnabel schwarz, der Endhaken breit und dick. Stirn,

Oberkopf, Zügel, Backen und Kehle weiß; Hinterkopf und Oberhals schwarz, darin am Vorderhalse noch ein weißer Fleck. Unterhals und Brust kastanienbraun, Nacken und Rücken und Achselfedern gelbbraun, die ersteren quer gelb gebändert, die letzteren blaßgelb gesäumt. Flügel und Schwanz schwarz. Die oberen Deckfedern etwas schiefergrau überlaufen. Bauchseiten bis zum Steiß hin fein schwarz und gelb in die Quere gebändert; Bauchmitte schwarzbraun. Beine schwarz.

Männchen viel lebhafter gefärbt, als das hier beschriebene Weibchen; die Flügel auf den Achseln mehr rothbraun als gelbbraun; die kleinen Deckfedern olivenbraungrau, die braunrothe Farbe der Brust bis zum Bauch ausgedehnt.

Ganze Länge 18″, Schnabelfirste 1″ 9‴, Flügel 8″, Schwanz 2½″, Lauf 2″, Mittelzehe 2″ ohne Kralle. —

Ueber ganz Brasilien verbreitet, aber nur an den Binnengewässern, wo sie häufig ist, besonders in der nördlichen Hälfte gegen den Amazonenstrom hinauf. —

2. Anas fulva *Gmel.*

Gmel. Linn. S. Nat. I. 2. 530. — *Lath.* Ind. orn. II. 863. 79. — *Pr. Max z. Wied* Beitr. IV. 918. 2. — *Wagler* Isis 1831. 532.
Anas virgata Dessen Reise n. Brasil. I. 322.

Rostgelbgrau, Nacken mit einem schwarzen Streif; Rücken rostgelb und schwarz gewellt; Bauchseiten rostroth mit blaßgelben Streifen.

Etwas kleiner als die vorige Art, aber von deren Statur. Schnabel bleigrau, die Hornkuppe schwärzlich. Iris braun. Gefieder röthlich gelbgrau, Scheitel dunkler braun, auf den Rücken des Halses als schwarzbrauner Längsstreif fortgesetzt. Rücken rothbraun und schwarz quer gewellt; Flügel schwarzbraun, die Achselpartie rothbraun überlaufen; Schwingen und Schwanzfedern schwarz, ebenso die Innenseite der Flügel. Bauchseiten vom Flügelbug an rostroth, jede Feder mit breitem hellerem Schaftstreif, der an der vorderen Seite durch eine schwarze Linie begrenzt wird; Aftergegend, Steiß und untere Schwanzdecken weißgelb. Beine bleigrau.

Ganze Länge 17″ 9‴, Schnabelfirste 1″ 8‴, Flügel 7½″, Schwanz 2½″, Lauf 2″, Mittelzehe 2″ 3‴ ohne die Kralle.

Im mittleren Brasilien, am Rio Belmonte, aber auch an der Seeküste bei Porto Sapuno vom Prinzen zu Wied beobachtet; nach Wagler auch in Mexico und schon von Hernandez beschrieben (vgl. d. angezogene Stelle der Isis).

Anm. Zwei verwandte Arten Amerikas, die vielleicht die nördlichen Gegenden Brasiliens am Amazonenstrom betreten mögen, sind:

1. Anas arborea *Linn.* Syst. Nat. I. 207. 44. — *Buff.* pl. enl. 804. — *Lath.* Ind. orn. II. 852. 53. — Gelbgrau, Stirn rostgelb, Oberkopf bis zum Nacken schwarz, Kehle weiß, Schwingen und Schwanz schwarz; Rückengefieder blaß gelbbraun, die Federn lichter gesäumt. Bauchseite mit schwarzen Querbogen und Flecken auf jeder Feder. Schnabel und Beine grauschwarz. — 21″ lang. — Westindien.

2. Anas autumnalis *Linn.* Syst. Nat. I. 205. 39. — *Buff.* pl. enl. 826. — *Lath.* Ind. orn. II. 852. 52. — *Schomb.* Reise britt. Guy. III. 762. 415. — Oberkopf und Rücken braun, Gesicht und Hals bis zur Brust gelbgrau, letzterer mehr rostgelbbraun. Bauch, Schwingen und Schwanz schwarz. Flügeldeckfedern gelbgrau, Bauch und Steiß weiß, jede Feder mit schwarzem Bogenfleck. Schnabel und Beine in der Jugend braun, im Alter roth, der Schnabel mit schwarzer Spitze. 20″ lang. — Guyana.

Alle vier Arten nisten auf Bäumen und haben die Gewohnheit, gern darauf zur Ruhe sich niederzulassen; die letzten 2 Arten gehen mehr an die Flußmündungen und in die Nähe der Küste. —

B. Lauf niedriger, kürzer, auch die Zehen kleiner; Hornkuppe des Schnabels auf die Mitte des Endrandes beschränkt.

a. Hals lang und dünn, wie in der vorigen Gruppe, aber die Füße kleiner, dagegen der Schwanz groß, lang zugespitzt. Dafila *Leach.*

3. Anas bahamensis *Linn.*

Linn. S. Nat. I. 199. 7. — *Lath.* Ind. orn. II. 855. 58. — *Pr. Max z. Wied* Beitr. IV. 925. 4. — *v. Tschudi* Fn. per. Orn. 54. 2. 1. — *Schomb.* Reise III. 763. 417.
Poecilonetha bahamensis *Eaton* Mon. Anatid. 116.
Anas rubrirostris *Vieill.* Encl. méth. 355.
Anas fimbriata *Merr.*, *Ersch.* et *Grub.* Enc. 35.
Pato pico aplomado y roxo *Azara* Apunt. III. 436. no. 433.

Eine zierliche schlank gebaute Ente, vom Ansehn der Anas acuta, aber kleiner. — Schnabel schlank und schmal, nach vorn kaum etwas breiter, bleigrau, die Basis an jeder Seite orange. Oberkopf und Halsrücken röthlich graubraun, mit dichten, feinen, dunkleren und helleren Querwellen; Vorderhals, Brust und Bauch ebenso röthlich graubraun, aber statt der Wellen mit runden, schwarzbraunen Flecken geziert, die erst hinter dem After sich verlieren. Kinn, Kehle und Backen bis zum Auge weiß. Rücken dunkler graubraun mit hellerem Saume, die Achselfedern grünlich metallisch. Flügeldeckfedern röthlich graubraun, die großen Deckfedern lebhafter erzgrün metallisch, rostgelb gesäumt am Ende; der Spiegel ebenso grün metallisch, am unteren hinteren Rande sammetschwarz, mit breitem gelbrothem Saume. Schwanzfedern graubraun, mit dunklerer, schwarzbrauner Außenseite; letzte Armschwingen und Achselfedern lang zugespitzt, rothgelbgrau gesäumt, Schwanzfedern lang, steif zugespitzt, am Ende gewöhnlich abgenutzt, weißlichgelb, die äußeren etwas weinroth. —

Beide Geschlechter zeigen keinen großen Unterschied in der Farbe, das Weibchen hat einen blasseren Ton und weniger scharf markirte Zeichnungen.

Ganze Länge 17″, Schnabel 1″ 6‴, Flügel 7″, Schwanz 3″ 6‴, Lauf 1″ 6‴, Mittelzehe 1″ 7‴ ohne die Kralle. —

Durch ganz Süd-Amerika verbreitet, besonders am Meeresgestade, wo Untiefen sich befinden und größere oder kleinere Flüsse münden; im Binnenlande seltner auf Teichen und Seen, wo der Prinz zu Wied sie nur einmal in einem kleinen Schwarme antraf. Nach v. Tschudi häufig am Rande des stillen Oceans zwischen Lurin und Chorillos, wo bei Villa viele Lagunen sich finden, an denen die Ente in Menge sich aufhält. Azara traf sie nur in der Gegend von Buenos Ayres, aber nicht oft. —

b. Hals kurz, der ganze Körperbau etwas gedrungener, das Rückengefieder stumpfer, der Schwanz klein, größtentheils unter den Deckfedern versteckt. Zeichnung und Colorit der Geschlechter mehr positiv verschieden. *Anas aut.*

4. Anas brasiliensis *Briss.*

Briss. Orn VI. 360. 13. — ***Gmel. Linn*** S. Nat. I. 2. 517. — ***Lath.*** Ind. orn. II. 856. 59. — ***Pr. Max z. Wied*** Beitr. IV. 936. — ***Schomb.*** Reise III. 762. 416.
Anas paturi *Spix* Av. Bras. II. 85. tb. 109.
Anas Ipecutiri *Vieill.* Enc. méth. Orn. 354.
Anas notata *Illig.*
Pato Ipecutiri, *Azara* Apunt. III. 445. 437.

Braungrau, Backen weiß gestrichelt, Oberkopf und Hals schwarz; Brust rothbraun angeflogen, schwarz bogig gescheckt, die Seite am Bug mit großen runden Flecken. Flügeldeckfedern oben schwarz, unten erzgrün.

Etwas kleiner als unsere wilde Ente (Anas Boschas), von deren Habitus und z. Th. auch deren Farbe. — Gesicht und Vorderkopf braun, die Backen und Halsseiten weißlich gestrichelt, Scheitel schwarz, die Federn mit braunen Rändern, die ganze Oberseite des Halses trüber schwarz. Vorderhals, Brust, Rücken und Bauch gelbgraubraun; die Brust und der Oberrücken mehr rostroth, jede Feder dieser Partien mit schwarzem Bogenfleck vor der Spitze, doch die Flecken des Halses kleiner, matter; die an der Seite der Brust sehr groß, sammetschwarz; Unterrücken ganz schwarz, ebenso die Schwingen und Schwanzfedern, aber die Schwanzdecken, wie der Bauch und das Achselgefieder bräunlichgrau, ohne hellere oder dunklere Zeichnungen. Flügeldeckfedern sammetschwarz, die unteren am Rande und alle großen Deckfedern lebhaft erzgrün, die oberen stahlblau; die hinteren Armschwingen graubraun, mit großem weißem Fleck an der Spitze der Außenfahne. Schnabel gelbroth, die Firste graubraun angeflogen, Beine rothgelb, Iris braun. —

Das Weibchen ist matter gefärbt, als das Männchen, namentlich am Kopf, wo das braune Gesicht und der schwarze Scheitel mehr einen braungrauen Ton annehmen, der nach der Kehle hin weißlich wird. Im Flügel ist weniger Metallschiller sichtbar und der Bauch bis zum Steiß weißlicher gefärbt.

Ganze Länge 16—17″, Schnabelfirste 1″ 9‴, Flügel 7″, Schwanz 3″, Lauf 1″ 2‴, Mittelzehe 1″ 6‴ ohne Kralle.

Häufig in Teichen und in Sümpfen durch ganz Brasilien verbreitet und ziemlich die gemeinste Entenart von allen dort ansäßigen.

5. Anas erythrophthalma.

Pr. Max z. Wied Beitr. IV. 929. 5.

Braun, Hals und Brust roth angeflogen; Rücken fein gelblich punktirt, Bauch gelblicher. Flügel mit weißem Spiegel.

Etwas größer als die vorige Art, aber ganz ebenso gestaltet. Schnabel grünlichgrau, gegen die Spitze zu dunkler, grauer. Iris zinnoberroth. Gesicht bis zum Auge dunkelbraun, Scheitel und oberer Längsstreif des Halses violettschwarz; die Backen und Vorderhals nebst der Brust rothbraun, die Brust weniger voll als der Hals gefärbt; Halsseiten schwarzbraun, Rücken und Achselfedern graubraun, höchst fein rostgelblich und graulich punktirt; Bauch bis zum Schwanz heller braun als die Brust, an den Seiten röthlich angelaufen. Große Deckfedern weiß, mit graubrauner Spitze. Schwingen und Schwanzfedern graubraun. Beine graulich bleifarben. —

Das Weibchen hat am Kinn einen breiten weißlichen Fleck, der sich am Schnabelgrunde hinaufzieht; das Rumpfgefieder ist heller graubraun, als beim Männchen und auf dem Rücken mit helleren Federnrändern statt der feinern gelben Punkte geziert, Brust und Bauch sind graubraun und rostbraun gescheckt. Der Scheitel und Oberhals sind zwar dunkler, als das benachbarte Gefieder, aber nicht so stark im Ton davon verschieden. Iris und Beine blasser gefärbt. —

Ganze Länge 17″ 9‴, Schnabelfirste 1″ 7‴, Flügel 7″ 8‴, Schwanz 2″ 3‴, Lauf 1″ 3‴, Mittelzehe 1″ 9‴.

Im mittleren Brasilien, auf der Lagoa do Braço am Rio Belmonte vom Prinzen zu Wied entdeckt.

Anm. 1. Dieser Ente steht am nächsten: Anas melanocephala *Vieill.* Enc. méth. Orn. 354. — Anas atricapilla *Merr.*, *Ersch.* et *Grub.* Enc. pag. 26. — Pato cabeza negra *Azara* Apunt. III. 447. 438. — Sie hat einen weit schmäleren Schnabel, mit rothem Fleck zu jeder Seite am Grunde und kürzere Beine von schwarzgrauer Farbe, ist übrigens ganz ähnlich gezeichnet, aber beträchtlich kleiner, nur 16" lang, der Flügel 6½", der Schwanz kaum 2". — Paraguay und Montevideo.

2. In Peru vertritt die Anas Puna *Lichtenst. v. Tschudi* Fn. Per. Orn. 309. 5 deren Stelle; sie ist wieder größer, 20" lang, hat einen bis zu den Augen herab schwarzen Oberkopf und ein fein hellgelbgrau und schwarz gewelltes Steißgefieder. —

II. Hinterzehe größer, stärker, mit breiten Hautlappen. Tauchenten (Platypus *Brehm*).

Die Mitglieder dieser zweiten Hauptgruppe der Enten gehören vorzugsweise den kalten, hochnordischen Regionen an, leben mehr am Seegestade und sind besonders auf den Binnengewässern der Tropenzone sehr sparsam vertreten. Aus dem tropischen Süd-Amerika ist nur die nachstehende Art bekannt, welche zur Untergattung Erismatura *Bon.* gehört, an dem dicken Kopf und den langen, steifen Schwanzfedern kenntlich.

6. Anas dominica *Linn.*

Linn. S. Nat. I. 201. 22. — *Buff.* pl. enl. 968. — *Lath.* Ind. orn. II. 574. 102. — *Pr. Max z Wied* Beitr. IV. 938. 7.

Rothbraun; Vorderkopf, Schwingen und Schwanz schwarz; im Flügeldeckgefieder ein weißer Fleck. —

Gestalt wie Anas leucocephala; der Schnabel stark, breit, am Grunde hoch, mit breiter Hornkuppe; die Spitze schwarz, die Mitte breit, himmelblau; die Basis grünlich. Iris braun. Stirn, Zügel, Wangen und Oberkopf schwarz, kurz und sammetartig befiedert. Hals, Brust und Rücken rothbraun; die Achselfedern und oberen Flügeldeckfedern mehr gelbbraun, mit großem schwarzem Mittelfleck auf jeder Feder; untere Flügeldeckfedern und Schwingen schwarz, nur die mittleren großen Deckfedern ganz und die kleineren zunächst vor ihnen halb weiß, ebenso die Basis der mittleren Armschwingen. Schwanz aus 12 steifen, schmalen, lang zugespitzten Federn gebildet, schwarzbraun, die oberen und unteren Deckfedern ganz schwarz. Bauch und Steiß röthlich gelbgrau, allmälig von der rothgelben Brust her grautlicher werdend; die Bauchseiten schwarzbraun gefleckt, welche Flecken sich gegen die Mitte hin allmälig verlieren. Beine groß, stark, bräunlich gelbgrau.

Beide Geschlechter gleich gefärbt, das Weibchen nur etwas blasser und mehr grünlich im Ton.

Ganze Länge 14″, Schnabelfirste 1″, Flügel 5″ 3‴, Schwanz 3″ 4‴, Lauf 1″ 2‴, Mittelzehe 1″ 8‴ ohne die Kralle. —

Eine häufige Art auf den Landseen und Teichen des mittleren Brasiliens; taucht und schwimmt geschickt, und läßt sich ziemlich nahe kommen. Ihre Nahrung besteht aus Wasserschnecken und allerhand Gewürm.

Anm. Es giebt noch mehrere verwandte Arten dieser Gruppe in Süd-Amerika, die aber noch nicht in Brasilien beobachtet sind; als solche nenne ich:

1. Anas ferruginea *Eyton.* Mon. An. — A. cyanorhyncha *Licht.* Chili.

2. Anas leucophrys *v. Tschudi* Fn. per. Orn. 55. u. 310. tb. 36. Peru.

3. Anas spinosa *Lath.* Ind orn. II. 874. 103. — *Buff.* pl. 969. Cayenne. —

5. Gatt. Cairina *Flemm.*

Schnabel von der Länge des Kopfes, nach vorn flach, gleich breit, parabolisch zugerundet, mit breiter, hakig herabhängender Hornkuppe; hinten hoch mit starkem Fleischhöcker vor der Stirn beim alten Männchen. Zügel nackt. Hals kurz, völlig entenartig. Rumpf breit und kräftig gebaut, mit langen, spitzen Flügeln, aber relativ noch längerem, keilförmig zugespitztem Schwanz; unter den Schwingen nicht die zweite, sondern die vierte die längste. Schwanz aus achtzehn Federn bestehend. Beine sehr stark gebaut, größer als bei den wahren Enten, mit starken Halbgürtelschildern nicht bloß auf den Zehen, sondern auch auf der vorderen Seite des Laufes. Geschlechter in der Farbe ziemlich übereinstimmend, aber das Männchen viel größer, mit hohem Stirnhöcker.

Cairina moschata.

Anas moschata *Linn.* S. Nat. I. 199. 16. — *Buff.* pl. enl. 989. — *Lath.* Ind. orn. II. 846. 37. — *Pr. Max z. Wied* Beitr. IV. 910. 1. — *v. Tschudi* Fn. per. Orn. 54. 1. 1. — *Schomb.* Reise III. 763. 418.
Anas silvestris *Marcgr.* hist. nat. Bras. 213.
Pato grande ó real *Azara* Apunt. III. 410. 427.
Pato oder Pato do mato der Brasilianer.

Schwarz, erzgrün metallisch glänzend; große Flügeldeckfedern weiß. Schnabelspitze und Beine roth. —

Die größte bekannte Ente und in der Form durch den viel plumperen Körperbau, den kurzen Hals, den langen spitzen Schwanz und die dicken

Beine sehr abweichend. Schnabel an der Spitze roth, die Hornschuppe nach hinten gebräunt; die Mitte des Schnabels violettblau, gegen die Basis hin blasser; der Fleischhöcker des Männchens, die Zügel und der nackte Augenring roth, hier und da schwärzlich gefleckt. Gefieder glänzend schwarz, violett oder erzgrün schillernd, die Schwingen meist grün oder stahlblau; die großen Deckfedern und einige Reihen vor ihnen weiß. Bauchseite matter, sammetartiger gefärbt; Steiß und Schwanz erzgrün. Beine violettroth. —

Weibchen beträchtlich kleiner als das Männchen, matter, glanzloser gefärbt, der Schwanz kürzer und nicht so stark zugespitzt, der Schnabel ohne Fleischhöcker auf der Basis.

Ganze Länge 24—30″, Schnabelfirste 2—2½″, Flügel 12—14″, Schwanz 6—8″, Lauf 2½—3″.

Ziemlich gemein in ganz Süd-Amerika, lebt in den Sümpfen an den Wäldern der Niederungen, und wird überall als Hausvogel in gezähmtem Zustande gehalten; es ist die Stammart unserer Bisamente.

6. Gatt. Mergus *Linn.*

Schnabel so lang wie der Kopf, schmal, niedrig, nach vorn allmälig schmäler, mit breiter die ganze Spitze einnehmender Hornkuppe; der Rand scharf gezähnt; Nasenlöcher schmal, spaltenförmig durchgehend. Gestalt entenartig, der Hals kurz, der Rumpf breit mit flachem Bauche; die Beine kurz, aber die Zehen lang, mit großer vollständiger Schwimmhaut und breitem Hautlappen an der Hinterzehe. Flügel von mäßiger Länge, spitz, die erste Schwinge die längste; Schwanz ziemlich groß, breitfedrig, gewöhnlich aus 16—18 Federn gebildet. Gefieder beider Geschlechter sehr verschieden, das der Männchen meist schwarz und weiß, das der Weibchen grau; beide Geschlechter mit verlängerten Federn am Hinterkopf.

Mergus brasiliensis *Vieill.*

N. Dict. d'hist. nat. 2. Ed. Tm. 14. pag. 222. — *Id.* Gal. d. Ois. III. 209. pl 283.
Mergus fuscus *Lichtenst.* Doubl. d. zool. Mus. 85. 901.

Kopf, Schnabel, Beine und Schwingen schwarz; Rücken rauchgrau, Bauchseite weiß, schwarz wellig getüpfelt.

So groß wie ein Mergus serrator, oder etwas kleiner. Schnabel grünlichschwarz. Iris braun. Kopf und Oberhals schwarz, erzgrün schillernd, am Hinterkopf ein Schopf langer, schmaler, spitzer Federn, die nach hinten an Länge abnehmen. Nacken und Rücken rauchbraungrau; Flügel, Schwingen und Schwanz schwarz; die kleinen Deckfedern auf der Mitte des Flügels weiß, ebenso die Spitzen der mittlereu großen Deckfedern und Armschwingen. Unterseite vom Halse bis zum Steiß weiß, alle Federn mit feinen schwarzen Querwellenlinien oder Querstreifen, die sich nach beiden Seiten zukeilen. Beine grünlichschwarz.

Das Weibchen ähnelt dem Männchen in der Zeichnung, aber alle Farben sind matter und der Rücken entschieden grauer. Die Kehle ganz weiß. —

Ganze Länge 18″, Schnabelfirste 2″ 2‴, Flügel 8½″, Schwanz 4″, Lauf 20‴, Mittelzehe 24‴ ohne die Kralle. —

Im südlichen Brasilien, St. Paulo, Sta Catharina.

Anm. G. R. Lichtenstein zieht a. a. O. Mergus fuscus *Lath.* Ind. orn. II. 832. 9. her, aber die Anwesenheit eines weißen Flecks hinter dem Auge unterscheidet diese hochnordische Art von der brasilianischen. —

Dreiunddreißigste Familie.

Langflügler. Longipennes.

Schwimmvögel mit langen, spitzen Flügeln, und starkem, gewöhnlich nur aus zwölf kräftigen Federn gebildetem Schwanz, der auch in manchen Fällen sehr lang und keil- oder gabelförmig zugespitzt ist. Das Gefieder dicht und voll, aber großfedriger als bei den Enten, Gänsen und Schwänen, daher an Federnzahl ärmer; die Bürzeldrüse groß, mit Federnkranz und häufig mehr als zwei Oeffnungen. Schnabel immer seitlich zusammengedrückt, selbst scharfkantig, gewöhnlich mit abgerundeter Firste, und starker, selbstständig abgesetzter, kräftiger Hornkuppe am Ende, die sich zu einem großen Haken herabzubiegen pflegt; der Unterschnabel mit ähnlicher abgesetzter, aber kleiner Hornkuppe. Nasenlöcher theils an den Seiten des Schnabels nahe der Mitte, theils oben auf der Schnabelfirste und dann in besondere Röhren eingelassen, rund; die seitlichen spaltenförmig und durchgehend. Beine groß, der Lauf ziemlich hoch, die Zehen lang, mit großer vollständiger Schwimmhaut zwischen den drei Vorderzehen; die Hinterzehe klein, mitunter nur als Sporn angedeutet, oder ganz fehlend. Gefieder ohne Geschlechtsunterschied, aber mit stark abweichendem, graubräunlichem Jugendkleide; die alten Vögel größtentheils weiß, seltner schieferschwarz oder rauchbraun. — Leben am Meeresgestade oder auf dem Ocean, stoßen und tauchen nach Fischen, kommen seltener auf Binnengewässer, woselbst nur einige der kleineren Arten sich häufig sehen lassen; legen bunte, gelblich- oder grünlichgraue, braun gefleckte Eier ohne alle Unterlagen in den Kies der Meeresgestade. —

1. Tubinares s. Procellaridae.

Nasenlöcher in Röhren auf der Kante des Schnabels oder an den Seiten in einer Furche; kreisrund oder oval, nicht durchgehend, nur nach vorn oder oben geöffnet; Schnabel weniger stark zusammengedrückt, mehr drehrund, daher der Endhaken dick und kuppenförmig gestaltet; Flügel und Schwanz von mäßiger Länge. Nur auf dem Ocean zu Hause oder an offenen Meeresküsten. —

Anm. Ich habe, wie so viele Reisende, mehrere dieser Vögel täglich auf dem Ocean gesehen, aber keinen erhalten, daher ich mich ganz auf meine Vorgänger stützen muß. Vgl. *Kuhl*, Beitr. z. Zool. I. S. 135. — *Gould*. Ann. et Mag nat. hist. Tm. 13.

1. Gatt. Pachyptila *Illig.*

Prion *Lacep.*

Schnabel kürzer als der Kopf, am Grunde sehr breit, nach vorn allmälig verschmälert, mit abgesetzter, stumpfer, gewölbter Rückenfirste, deren Basis ein kurzes, flaches Rohr mit den Nasenlöchern trägt, während die Spitze in einen stark gekrümmten Endhaken übergeht; Unterkiefer bis zur Spitze gespalten, mit flacher, nackter Hefthaut. Mundrand des Oberkiefers nach innen mit kleinen, dünnen, parallelen Lamellen besetzt, in der Art wie bei der vorigen Familie. Gefieder weich, mövenartig; die Flügel lang und stark, die erste Schwinge ebenso lang oder etwas kürzer als die zweite. Schwanz breit, stumpf, aus 12 Federn gebildet, die beiden mittleren etwas vortretend. Beine wie bei Möven, der Lauf etwas zusammengedrückt, netzartig geschildert; Zehen ziemlich lang, obenauf mit kurzen Halbgürteln bekleidet; Hinterzehe sehr klein, nur als Sporn angedeutet.

Pachyptila vittata *Forst.*

Procellaria vittata Observ. etc. 199. — *Gmel. Linn.* S. Nat. I. 2. 560. — *Kuhl.* Beitr. I. 149. 28.
Procellaria Forsteri *Lath.* Ind. orn. II. 827. 21. — *Lesson* Manuel II. 400.
Pachyptila Forsteri *Illig.* Prod. 275. — *Pr. Max z. Wied* Beitr. IV. 846. 1.
Prion vittatus *Gould* Birds of Austr. XVI. 8.

Obertheile bleigrau, Rücken- und Achselfedern dunkler; Rand des Flügels und Schwanzes schwärzlich. Rumpf weiß.

Schnabel dunkel blaugrau, Iris braun. Oberkopf, Oberhals, Rücken und Flügel blaugrau, im frischen Gefieder himmelblau überlaufen; Achselgefieder und kleinere oberste Flügeldeckfedern dunkel schiefergrau, desgleichen die Spitzen der letzten obersten Armschwingen und Achselfedern, aber der Endrand selbst wieder heller. Handschwingen schieferschwarz, die Basis der Innenfahne weißlich; Schwanz blaugrau mit schwärzlichem Endsaume. Augenrand, Zügel, Vorderhals, Brust, Bauch und Steiß rein weiß. Beine hell und lebhaft blaugrau. —

Ganze Länge 10″ 3‴, Schnabel 1″ 1‴, Flügel 6″ 4‴, Schwanz 3″ 6‴, Lauf 1″ 2‴, Mittelzehe 1″ 2‴ ohne die Kralle.

An der Küste Brasiliens, vom Aequator bis zum Wendekreise, besonders an Orten, wo Felsenriffe und kleine Inseln vor der Küste liegen, auf denen die Vögel nisten. Ihre Eier angeblich ganz weiß und sehr groß.

2. Gatt. Procellaria.

Schnabel schmäler, höher, kräftiger, ziemlich drehrund gestaltet, der Mundrand nicht abstehend erweitert, sanft abwärts gewölbt, immer ohne senkrechte Lamellen; der Endhaken groß und stark, kuppig mehr oder minder gewölbt. Nasenlöcher an der Basis des Schnabels auf der Firste angebracht, als einfaches horniges Rohr mit weiter ausgeschnittener Mündung, worin die beiden durch eine Scheidewand getrennten Nasenlöcher hinten sichtbar sind; die Ränder der Mündung etwas gegen einander gebogen. Schwingen lang, schmal, zugespitzt; Schwanz etwas keilförmig, die mittleren Federn mehr oder weniger verlängert. Beine mittelgroß, die Hinterzehe nur als Sporn angedeutet.

Anm. Die Arten dieser Gattung sieht man sehr häufig auf dem hohen Ocean, wo sie besonders des Abends in Schwärmen von Hunderten sich zeigen, munter in der Luft kreisen, aber den Schiffen stets fern bleiben; nur hier und da kommt ein einzelner verflogener hungriger Vogel in die Nähe des Schiffes, bleibt dort mitunter wohl eine Viertelstunde, schwebt hoch über dem Mast, und lauert, ob nicht etwas über Bord geworfen wird, und zieht, wenn er nichts bekommt, bald wieder ab. Denn es ist durchaus richtig, was Lesson angiebt, daß sich diese Vögel nie bemühen, Meerthiere aus dem Kielwasser aufzulesen, sondern lediglich des Schiffes wegen in dessen Nähe kommen. Im Kielwasser sind dagegen die kleinen Thalassidromen stets und besonders bei ruhiger See, zahlreich beschäftigt, kleine Meerthiere aufzulesen. Ich brachte leider, auf meiner Reise, keine ächte Procellaria in meine Gewalt, glaube aber folgende 2 Spezies sicher gesehen und in der Luft nahe dem Schiff unterschieden zu haben; weiter beschreiben freilich kann ich sie nicht. —

1. Procellaria aequinoctialis.

Linn. S. Nat. I. 213. 4. — *Lath.* Ind. ornithol. II. 821. 3. — *Kuhl.* Beitr. I. 141. 10. fig. 5. — *Pr. Max z. Wied* Beitr. IV. 480. 1.

Ganzes Gefieder rauchbraungrau, nur die Kehle weißlich; erste Schwinge die längste, die ruhenden Flügel etwas länger als der keilförmige Schwanz; Schnabel kurz aber stark, gelb, Beine schwarz, die Zehen ziemlich lang mit kräftigen gebogenen Krallen. —

Der jüngere Vogel hat eine weißgraue Unterseite, die an der Brust gelblich überlaufen ist und an allen Federn einen dunkleren rußbraunen Rand besitzt.

Ganze Länge 18″, Schnabelfirste 2″, Flügel 14″, Schwanz 5″, Lauf $2\frac{1}{3}$″, Mittelzehe 3″ mit der Kralle, letztere 5‴. —

Im atlantischen Ocean die größte Art; kommt bisweilen an die Brasilianische Küste und wurde vom Prinzen zu Wied bei Villa Viçoza erlegt.

2. Procellaria atlantica.

Gould, Ann. and Mag. of nat. Hist. XIII. 362.
Procellaria fuliginosa *Forst.* Icon. 93. B. — *Licht. Ed. Forst.* Descr. An. etc. no. 23.
Procellaria grisea *Kuhl* Beitr. 141. 15. fig. 9.

Männchen chokoladenbraun, Schnabel und Beine kohlschwarz, glänzend; Weibchen matter graubraun, die Brust gelblichgrau. — Der junge Vogel am Bauch weißlich, mit graubraunen Federnrändern. Zweite Schwinge die längste, Schwanz stumpf keilförmig. —

Ganze Länge 13″, Schnabelfirste 1″ 2‴, Flügel 9″ 4‴, Schwanz 4″ 3‴, Lauf 1″ 4‴, Mittelzehe 1″ 10‴ mit der Kralle. —

Die gemeinste Art auf dem atlantischen Ocean, man sieht große Schwärme, worin die weißbäuchigen Jungen vorherrschen; besonders die Weibchen mit gelblicher Brust kommen dem Schiff öfters recht nahe; das Männchen sah ich nur einige Mal deutlich in der Nähe. —

3. Gatt. Thalassidroma *Vigors.*

Schnabel klein, größtentheils von weicher Haut bedeckt, am Grunde etwas breiter, nach vorn stark zusammengedrückt, mit hohem, schmalem Endhaken; das Nasenrohr weich, knorpelig, von Haut bekleidet, mit feinen etwas divergirenden Nasenlöchern. Gefieder dunkel rauchbraun, Bürzel, Bauch und Steiß mehr oder weniger breit weiß; Flügel schmal und spitz, gewöhnlich die zweite Schwinge die längste. Schwanz stumpf, kürzer als die ruhenden Flügel. Beine fein und zierlich gebaut; der Spornrest von der Hinterzehe sehr klein, Mittelzehe so lang wie der Lauf. —

Anm. Diese kleinen Vögel heißen bei den Matrosen Schwalben, weil sie mit ähnlichem schnellen Flügelschlage dicht über den Wellen hinfliegen und beständig hier und da ein Thierchen auflesen. Sie lieben eine bewegte See und fliegen stets in demselben Wellenthal hin, bis eine besonders hochgehende Welle sie verscheucht und in ein anderes versetzt. Bei anhaltender Windstille kommen sie zu Dutzend an das Schiff, halten sich aber stets hinter demselben am Kielwasser auf, stehen daselbst auf dem Wasser, durch zuckenden Flügelschlag sich in dieser Stellung erhaltend, und lesen Meerthiere auf. Man fängt sie mit feinen Angeln, durch ein Stückchen Speck, das mit der Angel an einem Holzkreuz zu vieren befestigt, auf dem Wasser schwimmt. Es gelang mir leider ein solcher öfters angestellter Versuch nie, die Vögelchen beäugelten den Speck mit Gier, bissen aber nicht zu, wie die Matrosen meinten, weil die Stückchen ihnen zu groß seien. Ich habe daher auch von dieser Gattung keine Art erhalten.

1 Thalassidroma Wilsonii *Bonap.*

Bonap. Journ. of the Acad. N. S. of Phil. III. 231. pl. 9. — *Wils.* Am. orn. II. 381. pl. 60. f. 6. — *Gould* Birds of Austr. XXII. 17.
Procellaria pelagica *Wils.* l. l.
Procellaria oceanica *Kuhl* Beitr. I. 136. 2. tb. X. f. 1.

Rußbraun, Schwingen und Schwanz schwarz, Schnabel und Beine glänzend schwarz, Schwimmhäute auf der Mitte gelb. Bürzel, Steiß und Schwanzdecken weiß. —

Ganze Länge 6½″, Schnabelfirste 6‴, Flügel 5″ 4‴, Schwanz 2″ 9‴, Lauf 1⅓″, Mittelzehe 1¼″.

Im nördlichen Atlantischen Ocean bis zum Aequator. —

2. Thalassidroma leucogaster *Gould.*

Gould Ann. et Mag. nat. Hist. XIII. 367. — Birds of Austr. XXVI. 16.
Th. tropica *Gould* Ann. et Mag. l. l. 366.

Kopf und Hals tief rußbraun, Rücken etwas grau überlaufen, die Federn weißlich gerandet. Flügel und Schwanz schwarz; Bauch, Steiß und Bürzel weiß. —

Ganze Länge 7″, Schnabel 8‴, Flügel 6″, Schwanz 3″, Lauf 1½″, Mittelzehe 1⅙″.

Im atlantischen Ocean, zwischen den Tropen, besonders südlich vom Aequator häufig. —

2. Fissurinares.

Die Nasenlöcher sind offene, schmale, durchgehende Spalten in der Fläche des Schnabels auf jeder Seite bald nahe der Mitte, bald nahe an der Basis; der ganze Schnabel hat eine mehr zusammengedrückte Gestalt, ist viel höher als breit, mit stumpfkantiger Rückenfirste und scharfer, schmaler Hornkuppe, deren Spitze weniger oder gar nicht hakig herabgebogen ist; dagegen tritt die Hornkuppe des Unterschnabels am Kinnwinkel etwas deutlicher vor; Kinnhaut schmal. (*Boje*, Isis 1844. S. 178. flgd.).

A. Larinae. Schnabel hoch, mit herabgebogener Hornkuppe; Nasenloch vor oder in der Mitte des Schnabels; Kinnhaut länger als der halbe Schnabel. Kopf groß und rundlich, Flügel mäßig lang, doch länger als der gewöhnlich abgerundete (Larus) oder keilförmige (Lestris) Schwanz.

Anm. Nur die beiden alten Gattungen Lestris, welche den Uebergang zu den Procellarien vermittelt, und Larus bilden den Inhalt dieser Unterabtheilung; von Lestris kommt keine Art in Brasilianischen Meeren vor.

4. Gatt. Larus *Linn.*

Schnabel stark seitlich zusammengedrückt, viel höher als breit; das Nasenloch dem Mundrande parallel, vor der Mitte, der Basis gewöhnlich etwas näher als der Spitze; Gefieder vorwiegend weiß mit farbigem grauem Rücken in verschiedenen Abstufungen; die jungen Vögel graulich, mit getrübten Federnrändern. Schnabel in der Regel gelb, Beine hell fleischfarben. Schwanz abgerundeter, bisweilen gabelförmig. —

Anm. Die Gattung ist kürzlich von Bruch systematisch behandelt (in *Cabanis* Journ. d. Ornith. I. et III.), und in 16 Gruppen getheilt, wovon nur 2 mit Arten in Brasilien auftreten.

a. **Larus s. str. Schnabel sehr hoch und stark. Rückengefieder und Flügel (Mantel) bleigrau oder schieferschwarz, übrigens weiß; im Winterkleide kleine graue Flecken am Kopfe. Die jungen Vögel matt bräunlichgrau, dunkler gefleckt und gestrichelt. Schwingen schwarz mit weißen Spitzen. Füße vierzehig, die Hinterzehe aber klein.**

1. Larus vociferus.

Gray. Gen. of Birds. — *Gould* Zool. of Beagl. III. 142. — *Burm* l. l. III. 281. 14. Taf. 4. Fig. 4.
Larus dominicanus *Licht.* Doubl. 82. 846. — *Pr. Max z. Wied* Beitr. IV. 850. 1.
Gabiata mayor *Azara* Apunt. III. 338. 409.

Weiß, Rücken und Flügel schieferschwarz; Spitzen der Achselfedern und Armschwingen weiß.

Gestalt wie Larus fuscus, etwas größer, der Schnabel nach Verhältniß stärker, höher, besonders der Unterkiefer. Farbe des Schnabels gelb, am Kinn ein rother Fleck; Nasenloch etwas über die Mitte des Schnabels vorgerückt. Iris gelb. Gefieder blendend weiß. Rücken und Flügel schieferschwarzgrau, die vordersten Handschwingen mit kleinem weißem Fleck an der Spitze, die hinteren mit weißem Spitzenrande, die Armschwingen mit breiterer weißer Spitze, ebenso die hintersten Achselfedern und dadurch besonders von L. fuscus im Gefieder verschieden. Beine gelblich fleischgrau. —

Ganze Länge 22″, Schnabelfirste 2″ 2‴, Flügel 16″, Schwanz 6″, Lauf 2″ 8‴, Mittelzehe 2″ ohne Kralle. —

Sehr gemein auf der Bai von Rio de Janeiro; man sieht täglich und zu jeder Zeit Individuen daselbst fischen, ja selbst unmittelbar am Bollwerk zwischen den Schiffen Fische herausholen. Nisten auf den isolirten unbewohnten Inseln vor dem Eingang der Bai, sind aber scheu und lassen sich nicht leicht nahe kommen. Der Vogel ist übrigens am ganzen Küstenrande Brasiliens verbreitet.

b. **Chroecocephalus *Eyton.* Kleinere Vögel mit feinerem, niedrigerem Schnabel, dessen Endkuppe weniger stark herabgebogen ist, obgleich die Kinnecke noch scharf hervortritt. Im Sommerkleide der Kopf braun oder grau, im Winter nur ein graulicher Fleck am Ohr. Mantel silbergrau.**

2. Larus maculipennis *Licht.*

Doubl. d. zool. Mus. 83. 855.
Larus poliocephalus *Temm.* Manuel II. 780. — *Pr. Max z. Wied* Beitr. IV. 854. 2.
Larus cirrocephalus *Vieill.* Gal. III. 223. pl. 289. — *Id.* N. Dict. d'hist. nat. Tm. 21. pag. 502. — *Id.* Enc. méth. Orn. 345.
Gabiota ceniciente *Azara* Apunt. III. 350. 410.

Kopf und Kehle grau, kaum dunkler als der Mantel. Schwingen schwarz mit weißer Spitze, die mittleren auch mit weißer Mitte.

Gestalt und Größe wie L. ridibundus. Schnabel ziemlich ebenso schlank, roth. Kopf und Kehle bis zum Vorderhalse hell aschgrau, nach hinten zu etwas dunkler, die Stirngegend weißlich überlaufen. Rücken und Flügeldeckfedern lebhafter bläulichgrau, gegen den Bugrand hin dunkler. Vorderste große Deckfedern weiß. Schwingen schieferschwarz, die beiden ersten Handschwingen mit weißem Fleck vor der Spitze, die drei folgenden auf der Mitte und am Vorderrande ganz weiß, die folgenden mit weißer Spitze und grau angelaufener Außenfahne. Uebriges Gefieder rein weiß. Beine lebhaft zinnoberroth.

Länge 16″, Schnabelfirste 1″ 5‴, Flügel 12″, Schwanz 4″ 5‴, Lauf 1″ 10‴, Mittelzehe 1″ 4‴.

Am ganzen Küstenrande Brasiliens, besonders wo Flüsse münden, auch vor der Bai von Rio de Janeiro und besonders an den kleinen Inseln vor der Küste daneben.

Anm. An der Westküste Süd-Amerikas kommen ähnliche Arten vor, namentlich:

Larus serranus *v. Tschudi* Fn. per. Orn. 53. 2. und 307. — *Bruch.* l. l. III. 289. 53. — Larus personatus *Natt.* — Kopf schwarz, Mantel hell blaugrau; beide ersten Schwingen von der Basis bis zur Mitte schwarz, dann weiß mit schwarzer Spitze; die folgenden ebenso, die Spitze unmerklich schwarz gesäumt, die Strecke dazwischen an der Außenfahne hellgrau, an der Innenfahne dunkelgrau. Schnabel und Beine purpurroth. — Ganze Länge 14—16″, Schnabel 2″, Flügel 12″, Lauf 1″ 6‴. In den Hochthälern Peru's an Sümpfen, aber auch am Fuß der Cordilleren über West-Brasilien verbreitet (Natterer).

Larus glaucotes *Meyen* Nov. act. ph. med. Soc. Caes. Leop. Car. N. Car. — L. albipennis *Licht.* — Kopf schiefergrau, Mantel ebenso gefärbt. Schwingen schwarz, die vordersten von der Spitze bis über die Mitte hinab ganz weiß, die inneren davon an der Innenfahne grau gesäumt. Schnabel und Beine roth. — Länge 16″. — Chili.

B. Sterninae. Schnabel zwar nicht niedriger, mitunter sogar höher, aber grader, nach vorn allmälig zugespitzt, die Hornkuppe nicht abgesetzt sanft gebogen, der Kinnwinkel schwach. Nasenloch stets der Schnabelbasis genähert, z. Th. dicht vor derselben. Körperbau feiner, gestreckter, der Schwanz in der Regel gabelförmig.

5. Gatt. Sterna *Linn.*

Oberschnabel solang wie der Unterschnabel, sanft herabgebogen mit stumpfkantiger Firste, und abwärts geneigter übrigens scharfer

Spitze; Kinnecke bemerkbar abgesetzt, die Kinnspalte bis über die Mitte des Schnabels hinabreichend; Nasenloch von der Stirn abgerückt, der Mitte genähert, ebensoweit von der Firste wie vom Mundrande entfernt. Lauf und Zehe zwar kurz, aber die Schwimmhaut zwischen den Vorzehen vollständig; Hinterzehe klein, aber deutlich. Flügel sehr lang und zugespitzt, die erste Schwinge die längste; Schwanz gabelförmig, in der Regel viel kürzer als die ruhenden Flügel, nur mitunter die beiden äußersten sehr langen Federn etwas länger. —

1. **Phaëthusa** *Wagl.* Isis 1832. S. 1224. **Schnabel nach Verhältniß kurz und dick, die ganze Firste vom Grunde an sanft bis zur Spitze herabgebogen; der Mundrand einwärts gerollt, die Nasengrube stark vertieft mit lang ovalem Nasenloch; die Kinnecke kaum abgesetzt. Körperbau kräftiger möwenartiger; der Schwanz kurz, schwach gegabelt; die Zehen für die Größe der Vögel klein, die Schwimmhaut bogig ausgeschweift.**

1. Sterna erythrorhynchos.

Pr. Wied Beitr. IV. 857. 1. — *v. Tschudi* Fn. per. Orn. 53.

Schnabel roth, Beine schwarzbraun, die Sohle gelb; Oberkopf schwarz, Mantel silbergrau; Schwingen aschgrau mit weißlichen Rändern. —

Gestalt wie Sterna caspia, aber kleiner; der Schnabel nicht völlig so dick, der Lauf etwas kürzer und der Schwanz etwas tiefer ausgeschnitten. Schnabel im Alter korallroth, in der Jugend matter und heller gefärbt, mit einem Stich ins Gelbe. Iris braun. Oberkopf bis zum Nacken hinab und die Augengegend schwarz; Stirn, Zügel, Backen unter dem Auge, Kehle und der ganze Rumpf mit dem Unterhalse weiß. Rücken und Flügeldeckfedern hell bleigrau; Schwingen dunkler und mehr blaulich aschgrau, der Vorderrand lichter und fast weiß, der hintere Rand am dunkelsten. Schwanz weiß. Beine schwarz, die Zehen und Schwimmhäute bräunlich, die Sohle der Füße orangegelb.

Ganze Länge 18—19″, Schnabelfirste 2″ 2‴, Flügel 13—14″, Schwanz 5½—5″ 8‴ an den äußeren, 4½—4″ 7‴ an den mittelsten Federn, Lauf 1″ 3‴, Mittelzehe 10‴ ohne die Kralle.

Am Seegestade Brasiliens, hauptsächlich an der Winkelungsstelle bei Capo frio und von da nordwärts gegen die Mündung des Rio Parahyba und Rio Belmonte hin.

2. Sterna magnirostris.

Lichtenst. Doubl. d. zool. Mus. 81. 835. — ***Spix*** Av. Bras. II. 81. tb. 104. — ***Pr. Max z. Wied*** Beitr. IV. 861. 2. — *v. **Tschudi*** Fn. per. Orn. 53. 1. 1. — ***Schomb.*** Reise III. 761. 410.

Phaëthusa magnirostris *Wagl.* Isis 1832. 1224.
Sterna chloripoda *Vieill.* Enc. méth. Orn. 349.
Hati cabeza negra *Azara* Apunt. III. 372. 412. und 373. 413. alt; ibid 376. 414. jung.
Guacu-guaçu, *Marcgr.* hist. nat. Bras. 205.

Schnabel und Beine citronengelb; Oberkopf bis zum Nacken schwarz, Rücken schiefergrau, Schwingen schwärzlich. —

Vom Ansehn der vorigen Art, aber beträchtlich kleiner; der Schnabel nach Verhältniß dicker und nicht roth gefärbt, sondern citronengelb mit ins Grünliche spielender Basis. Iris braun. Oberkopf bis zum Nacken hinab schwarz; vorderster Stirnrand, Zügel, Backen unter dem Auge, Kehle, Hals und die ganze Bauchseite weiß; Rücken und Flügeldeckfedern schiefergrau, der Rand und die großen vordersten Deckfedern weiß, darin einige schwärzliche Flecken. Schwingen dunkelschieferschwarz, innen grau; Schwanzfedern obenauf schiefergrau, unten silbergrau, die Basis der äußeren Federn ins Gelbliche fallend. Beine citronengelb, die Sohle wie bei der vorigen Art mehr orange.

Ganze Länge 14½—15″, Schnabelfirste 2½″, Flügel 10½″, Schwanz 4″ 2—3′, Lauf 1″, Mittelzehe 9‴.

Der jüngere Vogel hat blaßgelbe, ins fleischröthliche fallende Beine, einen graulich gescheckten Rücken und einen weißen Oberkopf, der später schwärzliche Flecken bekommt, und einen viel kleineren, besonders kürzeren Schnabel. Daher St. brevirostris *Vieill.* Enc. méth. Orn. 347.

Gemein an allen Seeküsten des wärmeren Süd-Amerikas, auch weiter landeinwärts in der Nähe großer Flußmündungen und Seen nicht selten.

2. Sterna *aut.* **Schnabel stärker zusammengedrückt, niedriger und dünner; die Firstenkante anfangs ganz grade, die Kinnecke deutlicher vortretend. Schwanz lang und spitz gabelförmig, die äußeren Federn so lang oder etwas länger als die ruhenden Flügel. Füße mit ausgeschweifter Schwimmhaut und langer, spitzer Mittelkralle.**

3. Sterna Wilsonii *Bonap.*

Wilson, Am. Orn. II. 308. pl. 60. f. 1.
Sterna Hirundo *Pr. Max z. Wied* Beitr. IV. 865. 3. — *Lesson* Voy. d. l. Coquill. Zool. I. 224.

Schnabel und Beine roth, Oberkopf schwarz, Mantel silbergrau, Rumpf weiß. —

Der Vogel ähnelt so vollständig unserer Sterna Hirundo, daß man ihn in früherer Zeit allgemein dafür gehalten hat; er ist aber ein wenig kräftiger gebaut, hat höhere Beine, einen stärkeren Schnabel und nach Verhältniß nicht so lange spitze Flügel. Der Schnabel ist korallroth, die Iris braun; der Oberkopf bis zum Nacken schwarz; die Zügel, Backen unter dem Auge, Kehle, Hals, Brust und Bauch sind weiß; der Rücken und das Flügeldeckgefieder ist silbergrau, die Schwingen und Schwanzfedern ebenfalls, aber die Außenfahne der vordersten und die Spitze aller Handschwingen ist schwärzlich; die Innenfahne an allen weiß. Beine roth.

Ganze Länge 14″, Schnabelfirste 1½″, Flügel 10″, Schwanz 5—6″, Lauf 9‴, Mittelzehe 7‴.

Am Küstenrande des ganzen Brasiliens.

3. **Gelochelidon** *Brehm*. **Schnabel kurz, niedrig, aber dick am Grunde, die Firste anfangs grade, von der Mitte an gebogen, der Kinnwinkel etwas vortretend; Basis des Ober- und Unterkiefers weit befiedert, das Nasenloch bis nahe an die Befiederung herangerückt. Schwanz stumpf gabelig, viel kürzer als die ruhenden Flügel; Schwimmhaut tief ausgebuchtet.**

4. Sterna aranea *Wils.*

Wilson Am. Ornith. III. 179. pl. 72. fig. 6.
Sterna anglica *Pr. Wied* Beitr. IV. 867. 4.

Schnabel, Oberkopf und Beine schwarz, Nacken und Mantel silbergrau, Unterfläche weiß.

Gleicht vollständig unserer Sterna anglica und verhält sich zu ihr, wie die vorige zu St. Hirundo; d. h. sie ist etwas robuster gebaut und hat namentlich einen viel höheren Lauf. Der starke aber nicht lange Schnabel ist schwarz, ebenso der ganze Oberkopf bis zum Nacken hinab; Zügelrand, Backen, Kehle, Vorderhals, Brust und Bauch sind weiß; Nacken, Rücken, Flügel und Schwanz obenauf silbergrau; die Handschwingen an der Spitze schiefergrau, an der Innenfahne weißlich; die Beine dunkel schwarzrothbraun. —

Ganze Länge 14—15″, Schnabelfirste 1″ 6‴, Flügel 13″, Schwanz 5—5¼″, Lauf 15—16‴, Mittelzehe 9‴ ohne Kralle. —

Am Küstenrande Brasiliens, aber auch auf Binnengewässern an größeren Strömen und Seen, wo der Vogel stellenweis sehr häufig ist.

4. **Sternula** *Boje*. **Schnabel der vorigen Gruppe, nur feiner und die Spitze länger ausgezogen, daher die Kinnecke viel weiter zurückliegt. Nasenloch eng, ziemlich dicht an das Kopfgefieder gerückt; Flügel sehr lang und spitz, der Schwanz kurz, stumpf gegabelt; Zehen und Schwimmhaut sehr klein.**

5. Sterna argentea.

Pr. Max z. Wied Beitr. IV. 871. 5.
Sterna superciliaris *Vieill.* Enc. méth. Orn. 350.
Hati ceja blanca *Azara* Apunt. III. 377. 415.

Stirn, Kehle und Bauchseite weiß; Oberkopf, Nacken und Zügelstreif schwarz; Mantel silbergrau.

Gestalt und Größe wie Sterna minuta, aber lebhafter gefärbt, der Schnabel und die Beine nicht roth, sondern grünlichgelb, ersterer mit schwarzer Spitze. Oberkopf vom Auge an, Nacken und ein Streif vom Schnabel bis zum Auge schwarz; die weiße Stirn über dem Auge etwas nach hinten verlängert. Rücken, Flügel und Schwanz obenauf silbergrau, unten wie die Kehle, der Hals, die Brust und der Bauch weiß. Vorderste große Deckfedern und Handschwingen schieferschwarz, innen weiß gesäumt; Lauf etwas länger als die Mittelzehe; Schwimmhäute klein, tief ausgebuchtet. —

Ganze Länge 9″, Schnabelfirste 1″ 2‴, Flügel 6″ 5‴, Schwanz 3″, Lauf 7‴, Mittelzehe 5‴ ohne die Kralle. —

An ähnlichen Orten, wie die vorigen beiden Arten.

Anm. Boje will diese von Azara beschriebene Art von der des Prinzen trennen (Isis 1844. 183.), allein ich sehe dazu keinen Grund. Azara beschreibt auch den jungen Vogel mit fleckigem Gefieder als Hati machado ibid. 379. 416., den Vieillot Sterna maculata nennt, Enc. méth. Orn. 350.

5. Anous *Leach.* **Schnabel der typischen Seeschwalben, niedrig, schmal, mit mehr nach vorn gerücktem Nasenloch, tiefer Nasenfurche und abgesetzter vorwärts geschobener Kinnecke. Gefieder rußschwarz. Beine mit kurzem Lauf aber langen Zehen, deren Schwimmhaut sehr groß und durchaus nicht ausgebuchtet ist. Schwanz kurz gabelig, stumpfeckig, kürzer als die Flügel.**

6. Sterna stolida *aut.*

Linn. S. Nat. I. 227. 1. — *Buff.* pl. enl. 997. — *Lath.* Ind. orn. II. 805. 6. — *Pr. Max z. Wied* Beitr. IV. 874. 6. — *Boje* Isis 1844. 183. 2.

Rußschwarz, Schnabel, Schwingen und Beine kohlschwarz; Stirn weiß, zum Oberkopf allmälig in silbergrau übergehend. —

Etwas größer als Sterna Hirundo, beinahe so groß wie Sterna anglica; aber der Schnabel viel länger, feiner und mehr wie bei St. Hirundo gebaut. Schnabel, Beine und Schwingen kohlschwarz, auch die vordersten großen Deckfedern von derselben Farbe. Schwanz schwarzbraun; das ganze übrige Gefieder rauchbraun, nur der Oberkopf bis zum Nacken silbergrau, hier allmälig in der Umgebung verwaschen, nach der Stirn hin heller, die eigentliche Stirn ganz weiß, die Zügel daneben schwarz.

Ganze Länge 14″, Schnabelfirste 1″ 9‴, Flügel 10″, Schwanz 4″ 4‴, Lauf 1″, Mittelzehe 14‴ ohne die Kralle. —

Im atlantischen Ocean zwischen den Tropen, fern von allen Küsten, aber nur einzeln; ich erhielt ein Exemplar in der Nähe von der Insel Fernando Morunha Ende Januars, das sich gegen Abend auf unsern oberen Mastkorb setzte, um dort zu übernachten. Nach Aussage der Matrosen ist es der einzige oceanische Vogel, der diese Gewohnheit hat und daher so oft gegriffen wird. Er lebt von Mollusken, nicht von Fischen, stößt auch nicht, wie die Seeschwalben, schwimmt viel, und sucht seine Nahrung an der Oberfläche des Wassers. —

Anm. Der Prinz zu Wied beobachtete einen verschlagenen Schwarm dieser Vögel bei seiner Ueberfahrt; ich sah ihn stets nur einzeln. Nächst ihm ist es nur von Sula Piscator bekannt, sich auf Schiffe zu setzen; Procellarien, Phaethon und andere oceanische Vögel thun das nie. —

6. Gatt. Rhynchops *Linn.*

Schnabel höchst eigenthümlich gebaut, der Unterschnabel bedeutend länger als der Oberschnabel, ebenso hoch, beide messerklingenförmig, nach vorn verschmälert, der obere spitzer als der untere; Mundöffnung am Schnabel sehr kurz, auf die Basis beschränkt; beide Schnabelhälften mit scharfer, schneidender Mundkante. Nasenloch ganz hinten, dicht vor dem Stirngefieder, unmittelbar am Mundrande des Schnabels. Flügel lang und spitz, die erste Schwinge die längste, ruhend viel länger als der Schwanz, letzterer kurz gabelförmig. Beine auffallend klein, die Zehen kurz mit langen Krallen, aber kurzer, ausgebuchteter Schwimmhaut. —

Anm. Die Osteologie der Gattung hat Brandt in den Mém. d. l'Acad. Imp. d. St. Petersb. Sc. nat. Tm. III. 1840. behandelt.

Rhynchops nigra *Linn.*

Linn. S. Nat. I. 228. 1. — *Buff.* pl. enl. 357. — *Lath.* Ind. orn. II. 802. 1. — *Licht.* Doubl. 80. 831. — *Wils.* Am. Orn. II. 376. pl. 60. f. 4. — *Pr. Max z. Wied* Beitr. IV. 877. 1. — *v. Tschudi* Fn. per. Orn. 53. 2. 1.
Rhynchops cinerascens *Spix* Av. Bras. tb. 102. jung.
Rayador, *Azara* Apunt. III. 329. 408.

Rückengefieder und Flügel schwarzbraun, Stirn, Unterseite und eine Binde über die Flügel weiß.

Vom Ansehn einer Seeschwalbe, aber der Kopf dicker, plumper gebaut. Schnabel von der Mitte bis zur Spitze schwarz, die Basis rothgelb oder roth, je nach dem Alter; Iris braun. Oberkopf bis zu den Augen, Nacken, Rücken und Flügel schwarzbraun; Stirn, Kehle, Backen unter dem

Auge, Vorderhals, Brust und Bauch weiß. Armschwingen an der Spitze und Innenfahne weiß, Handschwingen schwarz, die Innenfahne grau. Schwanzfedern schiefergrau, jede Feder außen weiß gesäumt. Beine roth.

Der junge Vogel ist matter gefärbt und der dunkle Rücken aschgrau, auf den Flügeln mit lichteren gelblichen Federnrändern; die Stirn und die Unterseite hellgrau, die hinteren Handschwingen fein weiß gerandet, die Armschwingen und großen Deckfedern mit weißer Spitze. Schnabel und Flügel kleiner, besonders kürzer. —

Ganze Länge 19″, Firste des oberen Schnabels 3″, des unteren 3″ 10‴, Flügel 15¾″, Schwanz 5″, Lauf 1″, Mittelzehe 8‴ ohne Kralle.

Gemein am ganzen Seegestade Brasiliens, aber auch auf den größeren Küstenflüssen bis eine Tagereise weit ins Innere. Fischt auf der Oberfläche des Wassers, indem er den Unterschnabel eintaucht und den oberen aufgerichtet über dem Wasser hält; wobei er den Schnabel schließt, wenn sich der Fisch zwischen beiden Kiefern befindet und ihn so heraushebt. Sein Flug ist langsam mit gesenktem Kopfe und gehobenen Flügeln, die doch von Zeit zu Zeit ins Wasser schlagen, wenn Wellen ihnen begegnen. Gesättigt ruht er auf Sandbänken und Untiefen am Ufer, woselbst sich diese Vögel schaarenweis gegen Abend versammeln. Ebenda brüteten sie auch. —

Vierunddreißigste Familie.

Ruderfüßer. Steganopodes.

Schwimmvögel von sehr verschiedener Schnabelform, die bald grade messerförmig, bald dick drehrund und hakenförmig an der Spitze, bald breit, flach und fast löffelförmig ist; die Oberfläche des Schnabels von Horn bekleidet, die Nasengrube verwischt, das Nasenloch auf die Basis des Schnabels zurückgeschoben, eine kleine enge Spalte, die mitunter nach außen völlig geschlossen ist. Gefieder zahlreich, am Rumpfe aus kleinen theils sehr spitzen, theils abgerundeten Federn gebildet. Flügel zwar lang und spitz, aber doch nicht allgemein so lang, wie bei der vorigen Gruppe. Schwanz höchst verschieden, bald kurz und schwach aus zahlreichen kleinen Federn gebildet, bald lang und stark, zwölffedrig und in diesem Fall theils gabelförmig, theils breit abgerundet. Der Hauptcharakter der Gruppe liegt im Fußbau, dessen Zehen alle vier durch Schwimmhaut zu einem breiten Ruderorgan verbunden sind; daher die hintere Zehe hier mehr nach innen als nach hinten steht. Die meisten Mitglieder sind Meerbewohner, welche aber nicht sowohl auf dem großen Ocean, als an den Küsten von Busen und Binnenmeeren sich aufhalten und von Fischen sich nähren; einige kommen auch auf Binnengewässer, aber nur eine Gattung (Plotus) lebt da ausschließlich.

1. Gatt. Phaëthon *Linn.*

Schnabel stark seitlich zusammengedrückt mit sanft gebogener Firste und grader Spitze, dem von Phaëthusa ziemlich ähnlich; der Mundrand einwärts gebogen, fein sägeartig gekerbt; die Nasengrube angedeutet, mit schmalem, spaltenförmigem, ziemlich langem Nasenloch nach hinten, dicht vor dem Kopfgefieder. Körperbau gedrungen, der Kopf dick, der Rücken breit, Gefieder rundfedrig; die Flügel schmal und spitz, mäßig lang; der Schwanz klein, schwach, sechszehnfedrig, keilförmig, die beiden mittelsten Federn sehr verlängert, mit ganz schmaler Fahne, aber sehr starkem Schaft. Beine klein, der Lauf sehr kurz, die Zehen mäßig lang, mit kleinen scharfen Krallen und vollständiger großer Schwimmhaut.

Die Arten sind oceanische Vögel, welche sich weit von den Küsten entfernen und auf verlassenen Felseninseln brüten; am eigentlichen Gestade Brasiliens sieht man sie nicht, aber auf der Heimreise pflegt man ihnen in der nördlichen Tropenzone zu begegnen.

Anm. Eine Monographie der Gattung lieferte Brandt, Mém. d. l'Acad. Imp. d. St. Petersb. Sc. nat. Tm. III. S. 239. 1840.

Phaëthon phoenicurus *Gmel.*

Linn. Gmel. S. Nat. I. 2. 583. 3. — *Buff.* pl. enl. 979. — *Lath.* Ind. orn. II. 894. 3. — *Brandt* l. l. 252. 1. tb. 1. — *Lesson* Traité d'Orn. 625. 2.

Phaëthon melanorhynchus *Lath.* l. l. 894. 2. junger Vogel.

Weiß, am Auge ein schwarzer Bogen; Schnabel und mittelste Schwanzfedern roth.

Junger Vogel mit schwarzem Schnabel und bogig quer gestreiftem Rücken.

Alter Vogel mit schwarzen Schäften der Schwungfedern.

Ganz alter Vogel rosenroth, nur der Bogenstreif am Auge schwarz.

Von der Größe einer weiblichen Hausente (Anas boschas), der Schnabel roth, in der Nasengrube ein schwarzer Streif. Gefieder des alten Vogels ganz weiß, je nach dem höheren Alter rosa überlaufen; nur vor dem Auge ein schwarzer Bogen und die Schäfte der Handschwingen und Steuerfedern schwarz, die äußerste Spitze weiß. Die beiden mittelsten sehr langen Federn roth mit schwarzem Schaft; die hintersten Armschwingen, Achselfedern und Federn der Bauchseite über dem Schenkel mit dunkel schiefergrauem Streif an der Innenfahne. Lauf und Anfang der Zehen gelb, die größere Partie der Zehen schwarz.

Der junge Vogel hat einen kürzeren ganz schwarzen Schnabel, breiter an der Basis, gelbe Zehen und wellenförmige ziemlich breite Bogen von schieferschwarzer Farbe auf dem Oberkopf, Nacken, Rücken und Flügeldeckgefieder, die auf den Achselfedern und Seitenfedern des Bauches zu breiten, gezackten Flecken sich ausdehnen; auch die Handschwingen haben einen schwarzen Fleck vor der Spitze. Die beiden langen rothen Schwanzfedern fehlen. —

Ganze Länge 20″, die langen Schwanzfedern dazu noch 14″, Schnabelfirste 2 $\frac{1}{2}$″, Flügel 11″, Lauf 13‴, Mittelzehe 2″.

Im atlantischen Ocean, auf der Höhe von Trinidad beobachtet.

2. Gatt. Sula *Briss.*

Dysporus *Ill. Temm.*

Schnabel dicker, stärker, mehr drehrund, obgleich entschieden höher als breit; die Firste stumpfer, nach hinten breit und fast abgeplattet; die Spitze deutlicher herabgebogen, aber nicht hakig, die Mundränder von da bis über die Mitte hinab scharf sägeartig gezähnt. Das Nasenloch fehlt, die Nasengänge sind nach außen nicht geöffnet; die Kehle und die Zügel breit nackt. Gefieder rundfedrig, weich und kurz, das der Flügel derbe und fest; die Handschwingen groß, lang, spitz, die erste Schwinge etwas kürzer als die zweite, aber länger als die dritte. Schwanz keilförmig, zwölffedrig, die mittelsten Federn zwar die längsten, aber nicht auffallend verlängert. Beine sehr groß, der Lauf zwar kurz, aber die Zehen lang, eine breite Ruderflosse bildend, der Mittelnagel groß, am Rande kammartig gekerbt. —

Sula brasiliensis.

Spix, Aves Bras. II. 83. 1. tb. 107.
Dysporus Sula *Pr. Max* Beitr. IV. 890. 1.

Kaffeebraun, der Bauch weiß, die Schwingen schwarzbraun. Schnabel und Beine weißlich fleischroth. —

Völlig so groß wie Sula alba, aber einfarbig kaffeebraun mit weißem Bauch. Schnabel gelblich hornfarben, die Basis und die nackten Zügel nebst der nackten Kehle weißlich fleischroth; Iris perlweiß. Gefieder hell kaffeebraun, Bauch und Steiß weiß. Handschwingen schwarzbraun. Beine weißlich fleischfarben.

Der junge Vogel (Spix Figur) hat einen graulichen Schnabel, ein viel matteres Gefieder mit lichteren Federnrändern und keinem weißen, sondern einem gelblich grauweißen Bauch, dessen Farbe sich weiter gegen die Brust hinauf erstreckt, als beim alten Vogel; auch ist der Schwanz kürzer und stumpfer.

Ganze Länge 30″, Schnabelfirste 4″, Flügel 16″, Schwanz 8″, Lauf 1″ 10‴, Mittelzehe 3″ ohne Kralle.

Sehr gemein auf der Bai von Rio de Janeiro, wo man stündlich und fortwährend einige Exemplare stoßend fischen sieht; kommt aber nicht so nahe ans Ufer, wie die Möven und der Fregattvogel und ist ziemlich scheu. Er verbreitet sich am Küstenrande Brasiliens sowohl nordwärts als südwärts, denn ich erhielt ihn noch von der Insel Sta Catharina. —

Anm. Die von Vieillot abgebildete Art Sula fusca *aut.* Gal. III. 191. pl. 277. ist beträchtlich kleiner, nur 25—26″, viel dunkler braun gefärbt und schmächtiger gebaut. Sie bewohnt die süd-afrikanischen Küsten, und kommt an Brasilien nicht vor.

3. Gatt. Tachypetes *Vieill.*

Schnabel mehr flach rund, in der Mitte breiter als hoch, gegen die Stirn hin sanft aufsteigend, mit flacher Firste, neben welcher eine feine aber scharfe Furche zur Spitze verläuft; darin hinten das kleine, enge, spaltenförmige Nasenloch; die Spitze eine hohe, starke, hakige, für sich abgesetzte Kuppe, welche auch am Unterschnabel in ähnlicher Art, nur abwärts gebogen, vom übrigen Schnabelüberzuge sich absetzt. Zügel befiedert, die Kehle aber nackt. Gefieder etwas großfedriger, als bei Sula, die Federn zwar länglich, aber abgerundet; Flügel ganz enorm lang, sehr spitz, die erste Schwinge die längste; Schwanz nicht minder lang, tief gabelig getheilt, zwölffedrig, weit über die ruhenden Flügel hinausreichend. Beine klein, der Lauf kurz, bis zu den Zehen von Federn bedeckt; Zehen nach Verhältniß lang, dünn, mit langen, stark gebogenen Krallen, aber kurzer, tief ausgeschweifter Schwimmhaut; die vordere Mittelkralle sehr lang und mehr gestreckt; die Hinterzehe zwar nach innen gerichtet, aber nur durch eine schmale Spannhaut gehalten. —

Tachypetes Aquilus *aut.*

Pelecanus Aquilus *Linn.* S. Nat. I. 216. 2. — *Buff.* pl. enl. 961. — *Lath.* Ind. orn. II. 883. 10.

Tachypetes aquila *Vieill.* Gal. d. Ois. III. 187. pl. 274. — *Pr. Max z. Wied* Beitr. IV. 885 1. — *Schomb.* Reise britt. Guy. III. 763. 419.

Grapirá der Brasilianer.

Männchen glänzend schwarz, metallisch glänzend.

Weibchen mattschwarz, Kopf, Hals und Brust weiß.

Junger Vogel rauchbraun, ein Wisch über die Deckfedern heller, Brust weiß. —

Ein großer Vogel, im Rumpf größer als ein Tölpel (Sula alba), mit ganz enorm langen Schwingen und Schwanzfedern.

Männchen im reifen Alter glänzend schwarz, grünlich metallisch schillernd, Schnabel und Beine korallroth; Kehle und Vorderhals nackt, dunkel fleischroth.

Weibchen einfach kohlschwarz; Kopf, Hals und Brust weiß; Schnabel und Beine blasser gefärbt, der Schnabel besonders. —

Junger Vogel rußbraun, Schwingen und Schwanzfedern schwarzbraun, nach der Basis zu heller, besonders der Schaft; kleine Deckfedern quer über den ganzen Flügel vom Bug her hell graugelbbraun; Brust weiß, beim Weibchen sich gegen den Hals hinauf weiter ausdehnend; Vorderhals bis zur Kehle schwach befiedert. —

Ganze Länge 36—38″, Schnabelfirste 5″, Flügel 25—26″, Schwanz 15—16″, Lauf 1½″, Mittelzehe 2″ ohne Kralle. —

Am Küstengestade Brasiliens, bis hoch in die See hinaus, aber nicht leicht weiter als etwa eine Tagereise vom Ufer; besonders auf Busen und an den großen Flußmündungen, so namentlich sehr gemein auf der Bai von Rio de Janeiro, wo man die Vögel sowohl in Schwärmen hoch in der Luft schweben, als auch nahe am Ufer zwischen den Schiffen herumfliegen und auf Fische stoßen sieht. Ihr Flügelschlag ist langsam, ihr Flug aber schnell und sicher. Sie brüten auf den unbewohnten Inseln vor der Bai.

4. Gatt. Halieus *Illig.*

Phalacrocorax *Briss.* Carbo *Temm.*

Schnabel von Tachypetes, aber viel kleiner, zierlicher, und die Zügelgegend bis zum Auge hin nackt; Nasengrube und Längsfurche sehr seicht, das Nasenloch eine sehr enge Spalte am hinteren Ende; Kehle und Mundwinkelgegend auch nackt. Hals lang, ziemlich dünn, mit sehr kleinen, weichen Federn bekleidet; Rumpffedern länglich oval, Flügel ziemlich kurz, wenig über den Anfang des Schwanzes hinabreichend, die erste Schwinge die längste. Schwanz ziemlich groß, aus 12 starken kräftigen Federn gebildet, weit über die ruhenden Flügel hinabreichend, abgerundet. Beine sehr stark, der Lauf zwar nicht lang, aber hoch, nackt; die Außenzehe die längste, entschieden länger als die Mittelzehe, doch letztere mit dickerer, breiterer Kralle; Hinterzehe groß, ganz nach innen gerückt.

Halieus brasilianus.

Lichtenst. Doubl. d. zool. Mus. 86. 908. — *Pr. Wied* Beitr. IV. 895. 1. — *Schomb.* Reise III. 764. 420.
Carbo brasilianus *Spix* Av. Bras. II. 83. 1. tb. 106.
Procellaria brasiliana *Gmel. Linn.* S. Nat. I. 2. 564. — *Lath.* Ind. orn. II. 821. 2.
Zaramagullon negro *Azara* Apunt. III. 395. 423.

Kohlschwarz, die Ränder der Federn glänzend metallisch grün; Schnabel und Gesicht gelb. —

Völlig so gestaltet wie unser See-Raabe (Halieus Carbo), auch ebenso groß. Schnabel gelb, die Firstenkante etwas gebräunt; Zügel und Kehle röthlich wachsgelb. Iris hellblau. Gefieder des alten Vogels gleichmäßig kohlschwarz, alle Federnränder grünlich metallisch glänzend, an sich dunkler im Ton. Beine schwarz. —

Junger Vogel braun, Kehle und Backen weißlich; Hals gelbbraungrau, die Spitzen der Federn schwarz. Brust weiß, die Spitzen der Federn schwarzbraun. Rücken, Flügel und Schwanz braun, alle Federnränder kohlschwarz; Bauch und Steiß schwarz, erzgrün schillernd.

Ganze Länge 30″, Schnabelfirste 2″ 6‴, Flügel 12″, Schwanz 6″, Lauf 2″, Außenzehe 3″ 2‴ ohne Kralle.

An Seeküsten wie auf Binnengewässern durch ganz Süd-Amerika, von Guyana bis zum Rio de la Plata verbreitet; geschickt im Tauchen und

Schwimmen und gewandter Fischjäger, der auf kleineren Gewässern, wo er sich sammelt, gleich dem unsrigen viel Schaden anrichtet.

5. Gatt. Plotus *Linn.*

Schnabel fein, grade, spitz, etwas zusammengedrückt, ohne Spur eines Endhakens, mit kurzer, seichter Nasengrube und feinem, spaltenförmigem Nasenloch darin; Zügel, Kehle und Backen nackt. Kopf klein, Hals sehr lang. Gefieder voll, weich, sehr kleinfedrig; das des Rückens und der Flügel scharf zugespitzt. Flügel ziemlich lang, spitz, die erste Schwinge verkürzt, die zweite auch noch etwas kürzer als die dritte längste. Schwanz ungemein lang, aus 12 starken, breiten Federn gebildet, im Ganzen abgerundet. Beine stark und kräftig, der Lauf zwar kurz, aber dick; die Zehen lang, die Außenzehe ebenso lang wie die mittleren, doch letztere mit größerer nach innen erweiterter Kralle.

Plotus Anhinga.

Linn. Syst. Nat. I. 218. 1. — *Buff.* pl. enl. 959. und 960. — *Lath.* Ind. orn. II. 895. 1. — *Pr. Max* Beitr. IV. 900. 1. — *Schomb.* Reise III. 764. 422.
Zaramagullon chorreado *Azara* Apunt. III. 399. 424.
Anhinga *Marcgr.* hist. nat. Bras. 218.
Myuá der Brasilianer.

Männchen ganz schwarz, Rücken und Flügeldeckfedern mit weißgrauem Fleck an der Spitze; die großen Armdecken ganz grau.

Weibchen ebenso, aber Kopf, Hals und Brust graulich braungelb.

Wenig kleiner als ein See-Raabe, aber feiner, schlanker gebaut, der Hals nach Verhältniß viel länger. Schnabel gelbgrau, die Firste gebräunt; Zügel und Kehle wachsgelb, Iris orange. — Gefieder des Männchens ganz kohlschwarz, matt violett schillernd; die Bauchseite mehr ins Erzgrüne fallend; alle Rückenfedern, die langen spitzen Achselfedern und die Flügeldeckfedern mit graulicher Spitze, welche sich als breiter Schaftstreif zur Basis fortsetzt; große Flügeldeckfedern am Armtheil, wie weit sichtbar, ganz weißgrau. Schwanzfedern mit graulichem Endrande. Beine schmutzig rothgelb, die Schwimmhaut nach der Spitze zu dunkler, bräunlicher. — Weibchen mit gelbgrauem Kopfe, Halse und ebenso gefärbter Brust, der Oberkopf dunkler, sonst wie das Männchen. —

Ganze Länge 35″, Schnabelfirste 3″, Flügel 13″, Schwanz 12″, Lauf 1″, Mittelzehe 2″ 2‴. —

Auf Binnengewässern durch ganz Brasilien verbreitet, doch nur auf den größeren Flüssen, so weit sie im Urwalde strömen; nährt sich von Fischen und größeren Wasserthieren, welche er auf dem Wasser schwimmend, nach Art der Reiher, im Wasser stoßend fängt. Nistet auf Bäumen und bringt auch da die Nächte zu, ganz wie der Cormoran, dessen Lebensweise er führt. Ich erhielt ein Weibchen auf meiner Reise am Rio Chipato, dem Anfange des Rio Belmonte. —

Fünfunddreißigste Familie.

Steißfüßer. Pygopodes.

Die ungemein weit zurückgesetzte Stellung der Beine, welche bis nahe an den Hacken heran mit in der Körperhaut stecken, und dadurch dem After nahe kommen, hat diesen Vögeln ihren Namen gegegeben. Im Körperbau und in der Schnabelform sind sie übrigens sehr von einander verschieden. Charakteristisch für sie ist die Kleinheit des Gefieders, worin sie an Plotus sich anschließen, die dichte Stellung der Federn und die weiche z. Th. ganz eigenthümliche Beschaffenheit derselben. Die Flügel sind kurz und erreichen nur den Anfang des Schwanzes, daher diese Vögel schlecht und nie anhaltend fliegen; mehreren fehlen zugleich mit dem Flugvermögen die Schwingen ganz. Auch der Schwanz ist klein, schwach und wenig entwickelt. Ihre Beine haben z. Th. nur drei Zehen, in der Regel aber vier, doch sind nur drei durch Schwimmhaut verbunden; bei einer Gattung, der einzigen, welche in Süd-Amerika auftritt, bildet die Schwimmhaut nur breite Säume an den Zehen, die aber nicht durch Buchten ausgezackt sind. Diese allein haben wir also hier zu betrachten.

Gatt. Podiceps *Lath.*

Schnabel fein, zierlich, grade, fast kegelförmig, etwas seitlich zusammengedrückt; Oberschnabel den Unterschnabel umfassend, mit tiefer Nasengrube bis zur Mitte, worin das ovale, spaltenförmige, aber offene, durchgehende Nasenloch sich befindet. Gefieder dicht, weich, seidenartig; mit wenig zusammenhängender Fahne; Flügel klein, schwach, nur bis zur Bürzeldrüse reichend, die Schwingen schmal, die erste Handschwinge etwas verkürzt. Steuerfedern nicht vorhanden. Beine ziemlich groß, der Lauf kurz, stark, seitlich zusammengedrückt, auf der hinteren Kante mit einer doppelten Reihe scharfer Sägezähne bekleidet; die drei Vorderzehen mit breitem, am Grunde verbundenem Hautsaum, der nach der Innenseite breiter ist, und flachem, plattenförmigem Nagel; Hinterzehe vorhanden, mit feiner, schmaler Kralle; die Oberfläche aller mit schmalen, divergirenden, dünnen Tafeln bekleidet. —

Leben auf Binnengewässern, besonders Landseen, tauchen und schwimmen geschickt, fliegen aber schlecht und nur kurze Strecken.

1. Podiceps dominicus.

Lath. Ind. orn. II. 785. 10. — *Pr. Max z. Wied* Beitr. IV. 885. 2. — *Spix*, Aves Bras. II. 78. 2. tb. 101.
Colymbus dominicus *Linn.* S. Nat. I. 223. 10. — *Licht.* Doubl. d. zool. Mus. 87. 921. — *Schomb.* Reise III. 765. 424.
Macas menor, *Azara* Apunt. III. 467. 445.

Aschgrau; Unterschnabel, Kehle und Bauch weißlich. Beine schwarz; Oberschnabel schwarz, Unterschnabel weiß.

So groß wie unser Podiceps minor. Oberschnabel schwarz, Unterschnabel weiß, Basis und Spitze grau. Iris orange. Gefieder dunkel aschgrau, der Oberkopf etwas ins Bleigraue, der Hals und der Rücken mehr ins Bräunliche spielend; bei alten Vögeln mit leichtem Kupferschiller. Kehle weiß; Unterbrust und Bauchfläche nur weißlich, weil überall der graue Grund scheckig durchscheint, übrigens seidenartig glänzend. Beine grünlichschwarz, die Spitze der platten Nägel weiß gesäumt. Schwingen außen rauchbraungrau, der ganzen Innenfahne bis nahe zur Spitze weiß; ebenso die großen Flügeldeckfedern; aber beide unter den dichten langen Achselfedern und dem Rumpfseitengefieder versteckt. —

Ganze Länge 8″ 8‴, Schnabelfirste 9‴, Flügel 3″, Lauf 1″, Mittelzehe 1″ 6‴ ohne die Kralle.

Gemein auf allen Binnenseen Brasiliens, ich erhielt den Vogel häufig in Lagoa santa.

2. Podiceps ludovicianus.

Lath. Ind. orn. II. 785. 13. — *Buff.* pl. enl. 943. — *Pr. Max z. Wied* Beitr. IV. 830. 1.
Podiceps carolinensis *Lath.* ibid. 12. — *Spix*, Av. Bras. II. 78. 1. tb. 100.

Colymbus Podiceps *Linn.* S. Nat. I. 223. 11.
Colymbus ludovicianus *Gmel. Linn.* S. Nat. I. 592. — *Licht.* Doubl. 88. 922.
Macas pico corvo *Azara* Apunt. III. 464. 444.

Rauchbraungrau am Rücken, weißlich am Bauch, die Seiten gelblich überlaufen; Kehle schwarz, Schnabel weiß mit grauer Binde.

Doppelt so groß wie die vorige Art und ziemlich von der Größe des Podiceps cornutus. Schnabel stärker und dicker, weiß, dicht hinter dem Nasenloch eine graue Querbinde. Oberkopf bis zum Nacken, Rücken und Flügel rauchgraubraun; die Schwingen am Rande der Innenfahne weißlich graugelb. Kehle kohlschwarz; Hals, Brust und Bauchseiten grau, gelblich überlaufen, die letzten bei alten Vögeln ganz rostgelb, dazwischen dunklere Querwellen, wo der graue Grund durchscheint; Bauchmitte reiner silberweiß. Iris citronengelb. Beine schwarz.

Ganze Länge 14″, Schnabelfirste 11‴, Flügel 5″, Lauf 1″ 5‴, Mittelzehe 2″ 2‴ ohne die Kralle. —

Lebt mehr im Küstenwaldgebiet und verbreitet sich am ganzen Rande Süd-Amerikas bis zum La Plata und nordwärts bis nach Süd-Carolina. Der Prinz zu Wied traf den Vogel auf einem See in der Nähe des Rio Belmonte; ich habe ihn nicht erhalten, weil es in der Nähe Neu-Freiburgs keine großen Seen giebt.

Anm. Azara führt aus dem Süden noch eine Art auf, den 3. Podiceps bicornis *Lichtenst.* Doubl. d. zool. Mus. 88. 924. — Macas cornudo *Azara* Apunt. III. 457. 443. — Der Vogel ist viel größer, 23″ lang, hat einen längeren schlankeren Schnabel von 3″ Länge, der sich sanft aufwärts biegt, und einen zweitheiligen Federnschopf am Hinterkopf von stahlblauer Farbe; die Kehle ist weiß, der Vorderhals kastanienbraun, der Hinterhals und der Rücken dunkel schieferschwarz, die Bauchfläche weißlich. —

Anhang.

Im ersten Bande zwischen Pipra und Calyptura einzuschalten (S. 447.) die mir bisher entgangene

Gatt. Jodopleura *Less.*

Cent. zoolog. pl. 26.

Gestalt und Größe von Calyptura, aber der Schnabel größer, breiter, mehr gewölbt, bauchig gerundet, die Firste ziemlich scharfkantig, die Spitze feiner abgesetzt; die Nasengrube vortretend, mit länglich ovalem Nasenloch am unteren Rande. Zügelgefieder mit einigen feinen Borsten besetzt, desgleichen alle Federn am Schnabelgrunde, die Nasengrube und Kinnrand beschattend. Gefieder weich aber ziemlich kleinfedrig; die Flügel nach Verhältniß lang, fast bis ans Ende des sehr kurzen Schwanzes reichend, die erste und zweite Schwinge nur sehr wenig kürzer als die dritte längste, welcher die vierte gleich kommt. Schwanz sehr klein und schmalfedrig. Beine fein und zierlich, die Laufsohle mit mehreren Reihen ovaler Warzen bekleidet, die Zehen dünn, der Daumen lang, die Krallen aber klein; die Außenzehen kaum mit der Mittelzehe verwachsen, nur am Grunde beide etwas inniger verbunden. —

Jodopleura Pipra *Lesson.*

Centurie zoologique pl. 26. — ***Des Murs*** Iconogr. etc. pl. 68. 2. — ***Bonap.*** Consp. I. 171. 331. — ***Hartl.*** Catal. Mus. Brem. 56.
Pipra modesta ***Licht.*** Mus. ber.
Euphone aurora ***Sundev.***

Rückengefieder braunschwarz, etwas seidenartig schillernd; Kehle und Steiß rostgelb, Bauch und Brust weiß.

Junger Vogel matter gefärbt, grau unterlegt, die weiße Unterfläche grau gebändert.

Etwas größer als Calyptura cristata, das Gefieder derber, viel kleinfedriger. Schnabel und Beine schwarz, Iris graubraun; Gefieder des Rückens braunschwarz, Oberkopf kohlschwarz, Nacken und Halsseiten schiefergrau; Flügel und Schwanz bräunlicher, seidenartig schillernd. Kehle, Vorderhals und Steiß hell rothbräunlich, Brustseiten grau, Brustmitte und Bauch weiß, grau quer gebändert. —

Ganze Länge 3½", Schnabel 2''', Flügel 2" 4''', Schwanz 1", Lauf 7'''.

In den Gebüschen bei Lagoa santa, einmal von meinem Sohne erlegt; nordwärts bis zum Amazonenstrom verbreitet. —

Anm. Eine sehr ähnliche Art aus Venezuela hat Parzudacki als Idopleura Isabella Rev. zool. 187. 186. beschrieben; dieselbe hat einen weißen Augenstreif und weißen Bürzel.

Druckfehler.

Im zweiten Bande:

Seite 491 Zeile 19 v. oben lies Spitzenflecken statt Spitzenfedern.

Seite 494. Nach Sclater (a. a. O.) ist die hier anhangsweise beschriebene Gatt. Hapalura *Caban.* der ächte Typus von Swainson's Gatt. Culicivora, und nicht die Bd. III. S. 111. beschriebene, welche er deshalb Polioptila genannt hat.

Seite 518 Zeile 1 von unten lies verkannt statt erkannt.

Unter den Citaten fehlt ebenda bei Taeniptora Neugeta die Abbildung von Strickland, Ann. et Mag. nat. hist. 1844., welche den Vogel ziemlich gut darstellt.

www.ingramcontent.com/pod-product-compliance
Lightning Source LLC
LaVergne TN
LVHW091041021026
849161LV00002BA/243